FENZI FASHE GUANGPU FENXI

分子发射光谱分析

晋卫军　编著

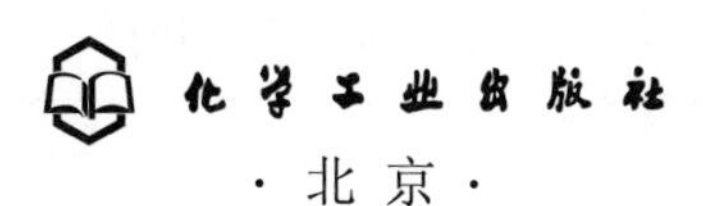

·北京·

本书集成了分子发射光谱分析光物理基础领域新进展和作者多年的研究成果，是一部具有理论创新、对学科发展和科技人才培养有重要作用的系统性理论著作。主要内容包括：荧光光物理基础，分子结构与发射辐射光物理过程，溶剂效应和溶剂化动力学与发射辐射光物理过程，质子转移、温度和黏度与发射辐射光物理过程，电荷转移跃迁，溶液和异相介质的荧光猝灭，荧光偏振和各向异性，磷光光物理基础，发光纳点化学传感及其机理，光散射现象和共振瑞利散射光谱分析，拉曼光谱分析原理和应用。

本书适合分子光谱分析和光化学领域的研究人员、教师、研究生以及高等院校高年级本科生参考；也适合从事环境分析、药物分析、生物分析、法医检验研究和应用的技术工作者参考。

图书在版编目（CIP）数据

分子发射光谱分析 / 晋卫军编著. —北京：化学工业出版社，2018.2

ISBN 978-7-122-31037-8

Ⅰ.①分…　Ⅱ.①晋…　Ⅲ.①分子光谱学-发射光谱分析　Ⅳ.①O561.3

中国版本图书馆 CIP 数据核字（2017）第 285328 号

责任编辑：李晓红　　　装帧设计：王晓宇
责任校对：宋　夏

出版发行：化学工业出版社（北京市东城区青年湖南街 13 号　邮政编码 100011）
印　　装：三河市航远印刷有限公司
710mm×1000mm　1/16　印张 28¾　字数 517 千字　2018 年 3 月北京第 1 版第 1 次印刷

购书咨询：010-64518888（传真：010-64519686）　售后服务：010-64518899
网　　址：http://www.cip.com.cn
凡购买本书，如有缺损质量问题，本社销售中心负责调换。

定　价：**128.00** 元

前言
FOREWORD

播撒光子，收获光子。百余年来，人们观察小到包括原子、分子的微观世界，大到包括宇宙天体在内的宏观世界，主要手段就是观察光、收集光子。当需要引起分子激发时，光子作为入射辐射是绿色的能源；当需要测量发射辐射时，光子作为次级的辐射是期望的产物。荧光光谱、磷光光谱或光散射光谱，其共同点是，光子作为一种特殊的产物被获取，都是辐射吸收或作用后的次级光物理过程，是一种次级光辐射现象。所以，荧光、磷光或光散射光都可以看作发射光谱的范畴。此外，利用分子发射光谱研究分析化学问题的学者，通常较少深入涉及光物理过程，这样光谱分析化学也不可能走得太远。本书以新的视角，较详细地阐述分子发射光谱的光物理过程，试图在分析化学家与光物理学家、光化学家之间架起沟通的桥梁。

本书集成了分子发射光谱分析光物理基础领域的新进展和笔者的研究成果，是一部具有理论创新、对科学发展和培养科技人才有重要作用的系统性理论著作。本书在许多方面具有与众不同的思考，在分子发射光谱分析方面具有独到的理解。如：利用卤键的观点理解卤代溶剂对扭曲的分子内电荷转移荧光光谱的影响；在溶剂效应中，除了传统的偶极-偶极作用和氢键模型外，引入新的专属性的作用方式——σ-穴键和π-穴键，对完善溶剂化作用对光谱行为影响的理论乃至溶液化学平衡基础理论都是有意义的。再如，在荧光猝灭理论中，提出 H^+-π作用是荧光猝灭的作用途径以及将光子看作荧光猝灭试剂；在电荷转移光谱中，指出尚需进一步思考的理论问题，对相关领域的研究者具有启发作用；在第 9 章磷光光谱原理中，引入前沿的 C—X⋯π/lep 卤键（σ-穴键之子集）和π-穴键键合作用模式，为组装磷光晶体材料和磷光光谱分析提供新的思路。凡此不一一列举。

本书主要内容为：绪论，荧光光物理基础，分子结构与发射辐射光物理过程，溶剂效应和溶剂化动力学与发射辐射光物理过程，质子转移、温度和黏度与发射辐射光物理过程，电荷转移跃迁：吸收光谱和荧光光谱，溶液和异相介质的荧光猝灭，荧光偏振和各向异性，磷光光物理基础，发光纳点化学传感及其机理，光散射现象和共振瑞利散射光谱分析，拉曼光谱分析原理和应用。

本书的准备工作可以追溯到 20 年前为研究生开设的《分子发射光谱分析》课

程。但真正计划将原来的讲义整理出版的想法始于 8 年前。笔者曾提议将荧光、磷光、化学发光和生物发光、光散射光谱分析集于一体。后来在拟定写作框架时，考虑到笔者对化学发光和生物发光分析涉猎不够深入，也就没有将其包含在本书中，但愿不是遗憾。

本书的撰写过程充满着艰辛。十几个寒暑假搭进来不提，平时一有空，就琢磨、修改。有时候，忽然半夜醒来有了感悟，立刻记录下来。有时候为了斟酌一个概念，要花费几天时间，重新查阅文献，仔细对照不同文献的叙述，直到认为较为准确、客观为止。本书的撰写过程也颇有收获。通过阅读一些早期的文献，学习到前辈们的探索精神与严谨学风。不恨古人吾不见，但恨吾学力不逮，学风弗重耳。重新阅读那些文献，对笔者的心灵也是一次彻底的洗涤。

书稿即将完成之际，在读研究生们分别阅读了部分内容，并提出许多有价值的修改意见。尤其是博士生胡若欣通读了全部章节，从读者的角度就概念的清晰度、逻辑的缜密性和文字表达的流畅性等方面提出了建设性意见。此外，魏雁声女士、谢剑炜研究员、朱若华教授、王煜教授也提供了诸多帮助。本书所涉及研究内容得到国家自然科学基金的资助（No.21675013，No.90922023，No.20875010）。在此一并表示感谢。

最后，由于笔者才学疏浅，书中错误难免，希望读者不吝赐教，以利校正。再有，近年来国内众多学者在分子发射光谱分析和光化学领域颇有建树，尽管笔者试图尽心尽力予以关注，但也难免挂一漏万，还望读者予以提醒，以利日后补修。

本书适合分子光谱分析、光化学领域的研究人员、教师、研究生，以及高等院校高年级学生；也适合从事环境分析、药物分析、生物分析、法医检验研究和应用的技术工作者。

晋卫军

2017 年 10 月

目录

CONTENTS

第1章 绪论

Chapter 01

播撒光子，收获光子。当需要引起分子激发时，光子作为入射辐射是绿色的能源；当需要引起光化学反应以实现光化学剪裁时，光子又是绿色的化学试剂；当需要测量发射辐射时，光子作为次级的辐射是期望的产物。百余年来，人们观察小到包括原子、分子的微观世界，大到包括宇宙天体在内的宏观世界，主要手段就是观察光，收集光子（人们认识外部自然界，获取对客观世界的知识，其中有 83%的信息是通过“光”获得的，即靠人的眼睛认识世界获得的信息更多）。

光谱（spectrum）是电磁辐射按照波长或频率的有序排列，各个辐射波长都具有相应的辐射强度。光谱学（spectroscopy）是光学的一个分支学科，它主要研究各种物质光谱产生的原理及其同其他物质之间的相互作用。

光谱测量法（spectrometry 或 spectrometric methods）是基于光的吸收、发射和散射等作用而建立的光学分析方法，即以电磁辐射作用于待测物质后所引起的物质特征能级跃迁与物质的结构或物质的某种物理量定性或定量相关为基础的分析方法。“炉火纯青”恐怕算得上最早或较早的实用波谱学了。通过光谱测量法可以洞悉微观世界（原子、分子结构：通过不同种类的光谱学的研究，可以从不同侧面得到原子、分子等的电子组态、能级结构、能级寿命、分子的几何形状、化学键的性质、反应动力学等多方面物质结构的信息；获取纳米材料相关的时空信息也同样需要光谱测量学），可以观察遥远的（时空）星际空间。此外，通过检测光谱的波长和光强度或它们的变化可以完成分析化学测量，即光谱学分析法（spectral analysis 或 analytical spectroscopy）——分为物质的定性分析方法和定量分析方法。荀子《劝学》中讲：“……登高而招，臂非加长也，而见者远；顺风而呼，声非加疾也，而闻者彰。假舆马者，非利足也，而致千里；假舟楫者，非能水也，而绝江河。君子生非异也，善假于物也。”所以，无论要看得更小或更大，更近或更远，也无论定性、定量测量，都摆脱不了有关光子的科学研究，都离不开光谱学或光谱学测量；也绕不开光谱学。

根据研究光谱方法的不同，习惯上把光谱学区分为吸收光谱学、发射光谱学与散射光谱学。荧光光谱和磷光光谱是典型的发射光谱，而瑞利光谱和拉曼光谱是典型的光散射光谱。但是，荧光光谱、磷光光谱和瑞利/拉曼光谱具有一些关键的共同特征：光子作为一种特殊的产物被获取，其现象都是与所“播撒”辐射相互作用后的次级光物理过程，可以认为都是一种次级光辐射现象。此外，共振散射光谱与荧光现象一样，都涉及本征态的电子能级。再有，荧光光谱和共振瑞利散射光谱利用相同的仪器——荧光光谱仪——测量。而原则上，一般的拉曼光谱仪和荧光光谱仪是可以互用的，激光拉曼光谱仪也可以测量荧光信号。

荧光、磷光和光散射光谱的主要区别是，光致发光（荧光和磷光）指分子吸收入射辐射后，使分子处于电子激发态，一定时间后，从激发态电子能级释放光子而辐射失活跃迁到基态或较低的激发态。发射光子的频率可以与入射光子的频率相同或不同。而一般散射光是分子与辐射相互作用到达非本征的虚拟态（较高振动态或转动态），并由此“释放”光辐射的过程。原则上，散射效应可以由任何频率的入射辐射产生。有学者认为，荧光过程涉及光子的完全吸收，而散射效应并没有真正吸收光子。但这种讲法是不完全妥当的，如共振散射效应其实也是真正吸收了光子的。此外，荧光过程涉及分子偶极矩的变化，拉曼过程仅由于光辐射的作用导致分子极化率发生改变，并由此产生诱导偶极矩，而瑞利散射并不需要分子极化率的变化。

基于上述讨论，将荧光、磷光和光散射光谱都看作发射光谱的范畴，并将它们集成在一起予以考虑是合理的。本书将突出分子发射光谱分析的基础性和前沿性、理论性和应用性、学术性和通俗性、确定性和开放性。作为分子发射光谱学的重要方面，本书将涵盖：荧光和磷光光物理基础；分子结构与发光光物理过程；溶剂效应和溶剂化动力学与发光光物理过程；质子转移、温度和黏度与发光光物理过程；电荷转移跃迁吸收和荧光光谱；溶液和异相介质的荧光猝灭；荧光偏振和各向异性；光散射现象和共振瑞利散射光谱、拉曼光谱分析原理和应用等。此外，由于纳米材料的重要性，也将专门介绍发光纳点的化学传感及其机理。

本章主要介绍荧光和磷光光谱的特点和发展简史，散射光谱的发展和特点将在第 11、12 章再介绍。

1.1 发光现象

日常生活中可以观察到各种发光现象，从日焰月辉、电闪燧火，到煤气燃烧产生的蓝色火苗和炽热铁丝产生的黄色火焰、白炽灯泡发光、荧光灯管的电激发发光、娱乐活动中的光棒等。它们的本质是什么？

为了理解上述现象，需要首先介绍一些基本概念。激发：以某种方式把能量交给物质，使电子上升到一定高能态的过程叫激发过程（excitation），此时物质处于激发态。发光：物质（分子、原子、离子或其聚集体等）吸收一定的能量后，其电子从基态跃迁到激发态，如果在返回基态的过程中伴随有光辐射，这种光辐射现象就称为发光（luminescence），即发光就是物体把所吸收的激发能转化为光辐射的过程。发光也被定义为被激发的复杂粒子（指化学尺度的粒子）或由这些粒子组成的物质本征的非平衡辐射。由于处于高能态的粒子服从 Boltzmann 分布，所以发光只是在少数中心进行，不会影响物体的温度，因此也称为冷光（cold light）。以此建立起来的分析方法，即利用物质分子具有激发发光特性所建立的分析技术，称为分子发光光谱分析法。

发光都有哪些类型？发光的分类有各种各样的原则，比如，根据激发的方式分类，根据发光过程的动力学性质分类，根据发光物质的化学组成分类，根据发光物质的用途分类，等等。与本章密切相关的包括光致发光（photoluminescence）、化学发光（chemiluminescence）、生物发光（bioluminescence）和电致发光（electroluminescence）等。其中，光致发光包括荧光（fluorescence/fluorimetry）和磷光（phosphorescence/phosphorimetry）。根据所吸收光子和发射光子的能量之间的关系，荧光有各种说法：当用一种波长的光照射某种物质时，这个物质能在极短的时间内发射出比照射波长更长的光；物质吸收紫外光后所发出的光；物质吸收波长较短的可见光后发出波长较长的可见光；等等。

发光的另一分类体系是根据发光动力学特点：自发光（luminescence）也是一种冷光，可以在正常温度和低温下发出这种光。当已经被激发的粒子受粒子内部电场的作用而回到基态的过程所伴随的发光，即自发光。上述的光致发光都是自发光。另一种是光学激励的自发光或受迫发光（optically stimulated luminescence），指可见光或红外光促发的发光，即在外界因素的影响下才会产生辐射发射的现象。如半导体材料中，以一定形式产生俘获态的电子-空穴对（处于一种亚稳态能级），光可以使得导带中的电子脱离俘获态，进而与价带中的空穴复合（所谓的激子重组，exciton recombination）而产生发光。可见，光仅是释放先前所储备能量的促发剂。这也是光致发光的另一种含义。

其他的发光类型：白热光（incandescence）是指光从热能中来。当一个物体加热到足够高的温度时，它就开始发出光辉。如炼炉中的金属或钨丝灯泡中发出的光、太阳或其他类似星体发出的光。辐射发光（radioluminescence）是指由核辐射引起的发光。一些老式的钟表晚上可以看见发亮的表针，就是在其表面涂了一层放射性发光材料。但辐射发光也可指由X射线引起的发光，也可叫“光”致发光。摩擦发光（triboluminescence）是指由机械运动或由机械运动产生的电流激发的电化学发光。一些矿石撞击或摩擦，如两颗钻石在黑暗中撞击、火镰与火石（燧石或河滩石英质鹅卵石等）快速打击等产生的发光便属于这一类。热致发光（thermoluminescence）是指处于较高温度的物体，当温度达到某个临界点时辐射出可见光。这也许会与热辐射相混淆，但是热辐射需要很高的温度，且随着温度的升高，辐射的总功率增大，辐射的光谱分布向短波长方向移动；在热致发光中，热不是能量的基本来源，仅是其他来源的能量释放的促发剂。如固态发光材料在发光停止后，对其加热，则深俘获态的电子会被释放出来而发光。也就是说，热不是用来激发电子的，而是促进陷阱中的电子释放的。此外，还有热发光（hot glow）、声致发光（sonoluminescence）等。

1.2 发光的表征

如何描述一种发光现象？或者说从哪些方面认识或理解发光现象？就光致发光，或者就与本书相关性而言，包括：发光光谱（spectrum）——中心波长或频率、形状和精细结构、半宽度、光谱的积分面积等；发光强度（intensity）或光子计数、单光子计数（single photon counting）、时间相关单光子计数（time-correlated single photoncounting，TCSPC）或量子产率、光的衰减（decay）或发光寿命；光的偏振（polarization）和各向异性（anisotropy）；光的散射——瑞利（Rayleigh）或拉曼（Raman）散射；光的相干性（coherence）；等等。

1.3 光或辐射的吸收与发射

吸收：在光的作用下，电子从基态$S_0(\upsilon_0)$到各电子激发态$S_j(\upsilon_i)$的跃迁，可表示为$S_j(\upsilon_i) \leftarrow S_0(\upsilon_0)$。式中，$\upsilon_i$表示分子振动能级，$i = 0, 1, 2, 3, \cdots$

发射：激发态电子回到基态（或较低能态）的辐射跃迁，可表示为 $S_{j=1}(\upsilon_0) \rightarrow S_0(\upsilon_i)$。

吸收和发射现象分别携带被观察物体的激发态和基态信息，可以从不同侧面了解物质的内部结构。

吸收和发射的其他光物理特征将在后续各章节中进一步介绍。

1.4 发射光谱分析的特点

与吸收相比，发射灵敏度更高。假定，在吸光测量方式中，吸光度值A的测量极限为0.10或0.010，典型的有机化合物摩尔吸光系数为10^5 L/(mol·cm)，那么根据朗伯-比尔（Lambert-Beer）定律，$c_{limit}=c_{LOD}=A_{limit}/(\varepsilon b)=(0.10\sim 0.010)/10^5$ mol/L=$10^{-6}\sim10^{-7}$ mol/L。这是紫外-可见吸光光度分析的检测极限。

通常，荧光分析的检测限比吸光光度分析至少低两个数量级，或者说，灵敏度高出两个数量级以上。这是因为吸光光度分析是建立在光源背景下的，吸光度相关项为 $\lg[I_0/(I_0-I_a)]$，对于极稀的溶液，I_a很小，对数值接近于零，因此吸光光度分析灵敏度不高。而荧光分析是直接测量暗背景下的发光，原则上只要检测器足够灵敏，就可以检测足够少的分子的发光，甚至单分子发光。而且，增大入射光的强度，可以增大荧光的强度。目前时髦的单分子检测，除了增强的激光共振拉曼单分子检测技术等外，主要是通过荧光单分子检测手段实现的。

此外，发光分析的选择性更好。因为，尽管可以吸收紫外-可见光的物质很多，但并非所有的吸收生色团都能成为发光色团，产生荧光发射。发光分析的可选择因素更多，如激发或发射波长可供选择。

在应用领域方面，其实两种光学方法都是差不多的，涉及科学研究、生物分析、免疫分析、生命过程、基因工程、蛋白组学计划、公安和反恐、检验检疫等领域。

1.5 荧光和磷光光度法简史

由以上讨论可见，发光是一个很广泛的概念。而在此发光主要指物质与光辐射相互作用后的次级光辐射现象，分子荧光和磷光发光是典型代表。

中国关于发光（磷光）的记载非常早，先秦有“町畽鹿场，熠耀宵行”的诗句，《史记》有类似夜明珠的记载，淮南王刘安的《淮南子·汜论训》有“老槐生火，久血为燐”描述，晋有囊萤映雪的励志故事。而王充在《论衡·论死篇》对“燐”有朴素的理解：“人之兵死也，世言其血为燐。血者，生时之精气也。人夜行见燐，不象人形，浑沌积聚，若火光之状。燐，死人之血也。”中国古代把这些现象称为鬼火，或燐光。这些现象直到西方真正的化学科学诞生才得到合理的解释（低燃点 PH_3 和 P_2H_4 的浅蓝绿火焰）。

根据我国的化学元素命名原则，固态的非金属元素名称从石字旁，“磷”作为元素名称就这样约定而成了。从此“燐”就写作“磷”了。大概因此，“燐光”也就写为“磷光”了。当然，如果把“燐光”理解为“燐”（特指磷氢化物或膦的燃烧现象），那么用“磷光”（phosphorescecne）来表示光谱学中的发光现象的确更合适。

而在西方，直接的荧光和磷光观察、记录、机理探索也有 400 多年的历史了。其中一些重要的或有趣的历史节点事件叙述如下。

1565 年，西班牙内科医生 Nicholás Monardes 观察到，在一种产于墨西哥的现在叫做紫檀木（*Lignum nephriticum*，菲律宾紫檀木）的木制杯中泡制过的水，会发出一种神奇迷人的蓝光，如图 1-1 所示。在那个时候，该浸泡液体被用于处理肾脏或泌尿系统疾病，而且能发蓝色光的液体效果最佳，这种光后来才叫做荧光[1,2]。近些年，Acuña 等[3]重新仔细研究鉴定了这种菲律宾紫檀木泡制液主要的发光组分 Eysenhardtia polystachya，如图 1-2 所示。它实际上并不存在于植物中，而是树黄酮类化合物非同寻常的自氧化所致。这是西方学者认为的最早的关于荧光现象的记录材料。但也有化学史学家报道了更早的有关发光现象的记载[2,4]。

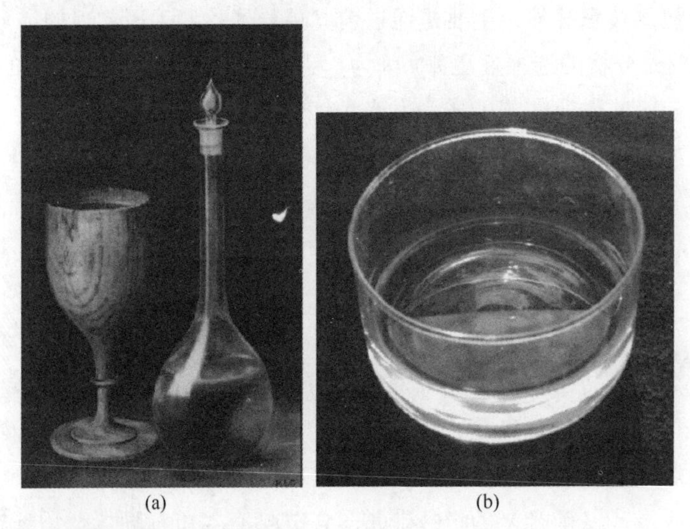

图 1-1　菲律宾紫檀木泡制液在日光下的发光颜色（a）和 Eysenhardtia polystachia 的碱性水溶液（b）（转引自文献[2]）

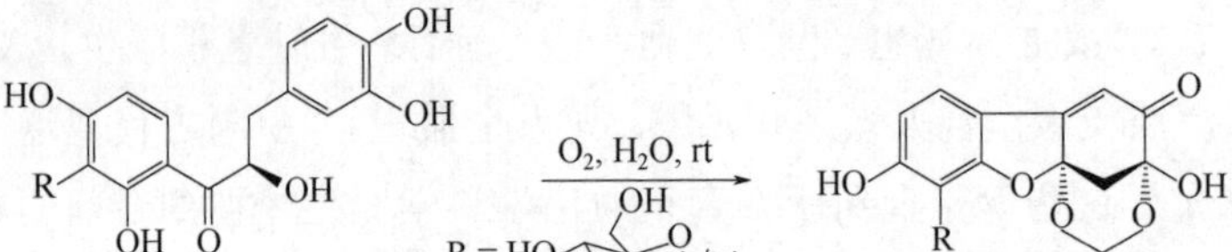

图 1-2　菲律宾紫檀木水泡制液的荧光化合物的结构和形成过程

1602 年，V. Cascariolo（鞋匠、炼金术士）发现一种叫做 Bolognian stone 的著名磷光体，即一种天然的意大利重晶石（$BaSO_4$），其炼烧产物可以发光，此乃第一次有关磷光的报道。重晶石发射的磷光可能源于由重晶石煅烧产生的 BaS 中掺杂的 Bi 或 Mn 等掺杂离子：硫酸钡→煅烧还原→掺杂硫化钡→太阳光辐射→红光发射。图 1-3 为硫酸钡晶体和典型重晶石矿的照片。

图 1-3　硫酸钡晶体和重晶石矿石照片

1819 年，剑桥大学矿物学家 Edward D. Clarke 教授报道了一些非常漂亮的含氟晶体，它在不同条件下可以产生两种颜色。

1822 年，法国矿物学家 R. J. Haüy 注意到双色发光的氟化物晶体——萤石，如图 1-4 所示，当时认为是一种蛋白石（opal）发光。而如今萤石晶体本身的颜色也得到了很好的解释。而蛋白石是一类含有不同发光或不发光矿物质的二氧化硅凝胶，现在看来，蛋白石发光（opalescence）也是一种散射光。图 1-5 展示了一种产于秘鲁的蓝色蛋白石工艺品。

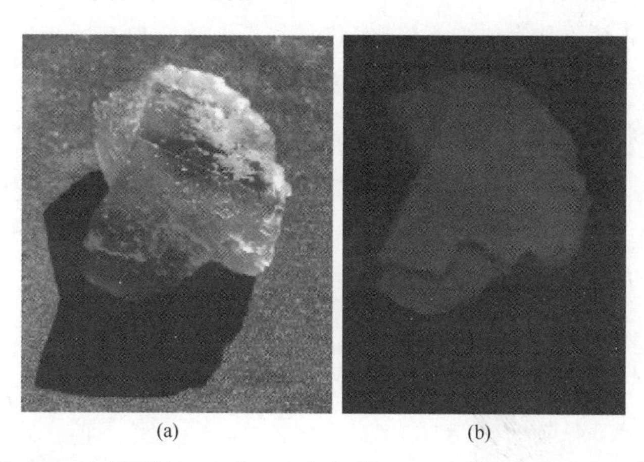

(a)　(b)

图 1-4　日光辐射（a）和 UV 灯辐射（b）下的绿色萤石孪晶[2]

注：萤石呈现明显的双色。纯的萤石无色无荧光；天然的萤石含有许多稀土元素，绿色大概源于 Sm^{2+} 吸收蓝色和红色光。深蓝区域源于 Eu^{2+} 荧光，其发光能态涉及 7 个未成对电子，因此它们的自旋多重度为 8。Sm 和 Eu 两种元素作为杂质，含量在 10～100 μg/g

1833 年，D. Brewster 发现，阳光辐射透过绿色的叶绿素乙醇萃取液，在侧向观察到漂亮的红色荧光。并指出，这种光发射与萤石晶体的蓝光具有相似性，原因也是归于上述 Haüy 提到的蛋白石发光。

1842 年，法国物理学家 Edmond Becquerel 在紫外段阳光辐射下，通过观察沉积在纸上的硫化钙的磷光发射指出，发射光波长比入射光波长更长[2]。

(a)　　　　(b)

图 1-5　两种蛋白石工艺品

1845 年，Sir John Frederick William Herschel 首次观察到奎宁在 450 nm 发射的蓝色荧光。

1852 年，George Stokes 在考察奎宁和叶绿素的荧光时发现，它们的发光波长要比入射光的波长更长。首次阐明这种现象是由于物质吸收了光后重新发出不同波长的光，Stokes 称其为荧光。相比于 Becquerel 在 1842 年提出的关于发射光波长更长的相似结论，Stokes 所描述和定义的是荧光，而 Becquerel 所观察到的是磷光。不过荧光和磷光都属于光致发光，并没有实质上的区别。此外，Stokes 还发现了光强度与物质的浓度成正比，并对荧光的猝灭及自猝灭现象做了研究，提出了应用荧光进行定量分析的可能。图 1-6 为 Stokes 研究荧光现象的实验装置示意图以及 Stokes 的肖像照片。

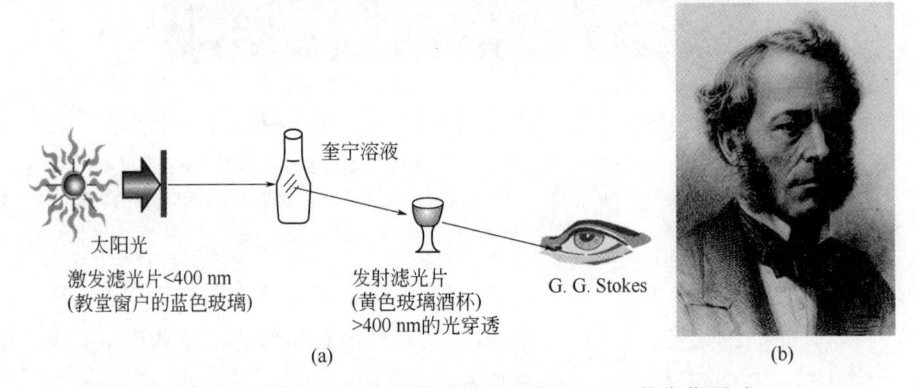

(a)　　　　(b)

图 1-6　Stokes 观察荧光的实验装置示意图（a）及其肖像照片（b）
（George Gabriel Stokes，1819—1903）

1868 年，F. Göppelsröder 利用 Al^{3+}-桑色素配位作用引起的荧光颜色变化，首次实现定量分析工作，见图 1-7。

$\xrightarrow{Al^{3+}}$

非荧光 荧光

图 1-7 桑色素（morin，3,5,7,2′,4′-五羟黄酮）与铝离子的配合导致荧光增强机理

1944 年，G. N. Lewis 及其学生 M. Kasha 证实磷光起源于三线态跃迁，即 T_1-S_0 跃迁[5]；也就是说，自此，磷光被认为是来源于一个实在的本征的电子能级，而不再是人们曾经所猜测的亚稳态电子能级。图 1-8 为他们共同署名发表的论文首页以及他们的肖像。

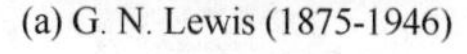

(a) G. N. Lewis (1875-1946) (b) Michael Kasha (1920-2013)

[CONTRIBUTION FROM THE CHEMICAL LABORATORY OF THE UNIVERSITY OF CALIFORNIA]

Phosphorescence and the Triplet State

BY GILBERT N. LEWIS AND M. KASHA

1. **Introduction.**—The property of afterglow, or phosphorescence, in spite of its inherent interest and practical importance, has seemed far removed from more commonly studied physical and chemical properties. We propose, however, to show that a spectroscopic study of phosphorescence provides quantitative data concerning an extremely important state of every type of molecule, the triplet state.

Phosphors may be divided into two classes.[1] The first comprises the "mineral phosphors," in which the active centers are regions of physical or chemical inhomogeneity in a crystalline mass. Their activity cannot be ascribed to well-defined molecular species. In phosphors of the other class phosphorescence may be ascribed to a definite substance, whether this substance is in the pure crystalline state, or adsorbed on a foreign surface (including adsorption on the filaments which form the structure of a gel), or finally, dissolved to form a homogeneous transparent solution in a solvent which is usually, through supercooling, in a rigid or glassy state. It is with these homogeneous solutions that the present paper will deal.[2]

As to the cause of phosphorescence, it is supposed in the case of mineral phosphors that light causes the ejection of an electron from some point in the phosphor, and that after a time the electron returns with re-emission of light. This is certainly not the phosphorescent process for an organic substance dissolved in a rigid medium. The ejection of electrons from many such molecules has recently been studied.[3,4,5,6] The energy necessary for electron ejection is higher than that needed for phosphorescence, and the absorption spectrum of the resulting substance is entirely different from that in the phosphorescent state, as illustrated in the case of diphenylamine.[3] Moreover, such a mechanism would be incompatible with the observed[7,8,9,10] strictly exponential decay of an organic phosphor. This first-order rate of decay proves that a single molecule in the phosphorescent state undergoes the process or processes responsible for phosphorescence.

(1) For the earlier literature concerning phosphors we may refer to P. Pringsheim, "Fluorescenz und Phosphorescenz," 3rd ed., Julius Springer, Berlin, 1928, and P. Lenard, F. Schmidt and R. Tomaschek, "Handbuch der Experimental Physik," 23, Akad. Verlag., Leipzig. 1928.

(2) Many of the substances whose phosphorescence we have studied in rigid solutions give equally characteristic phosphorescence spectra in the pure crystalline state, either at room temperature, or at the temperature of liquid air, usually with a considerable displacement toward the red. It has seemed best to restrict our attention at present to the more easily interpretable dilute solutions.

(3) Lewis and Lipkin, THIS JOURNAL, 64, 2801 (1942).

(4) Lewis and Bigeleisen, *ibid.*, 65, 520 (1943).

(5) Lewis and Bigeleisen, *ibid.*, 65, 2419 (1943).

(6) Lewis and Bigeleisen, *ibid.*, 65, 2424 (1943).

(7) R. Tomaschek, *Ann. Physik*, 67, 612 (1922).

(8) Schischlowski and Wawilow, *Physik. Z. Sowjetunion*, 6, 379 (1934).

(9) Lewschin and Vinokurov, *ibid.*, 10, 10 (1936).

(10) Lewis, Lipkin, and Magel, THIS JOURNAL, 63, 3005 (1941).

(c) Lewis和Kasha发表的关于磷光和三线态的论文首页

图 1-8 Lewis（a）和 Kasha（b）以及二人发表的关于磷光和三线态的论文首页（c）

1948 年，Th. Förster 提出偶极-偶极能量转移（dipole-dipole energy transfer）的量子理论，即 Förster 共振能量转移理论（Förster resonance energy transfer，FRET）。这种理论后来被发展成一种依靠荧光信号变化而测试分子间距离的工具，即光谱尺（spectral rule）。

1950 年，Michael Kasha（Florida State University），提出著名的荧光发射的 Kasha 规则。深化了对荧光产生的光物理机理的认识。

2006 年，Joseph R. Lakowicz 教授的《Principles of fluorescence spectroscopy》（《荧光光谱原理》）第三版出版[6]，见图 1-9。从第一版到第三版内容和厚度的变化，足以反映荧光分析方法的发展趋势。荧光光谱原理三个版本的一些参数统计如下：

第一版，1983 年，12 章，496 页（32 开本），371 篇参考文献；

第二版，1999 年，24 章，698 页（大开本），2287 篇参考文献，98 篇延伸阅读；

第三版，2006 年（原计划 2010 年后），26 章，954 页（大开本），3409 篇参考文献，428 篇延伸参考文献，104 篇延伸阅读。

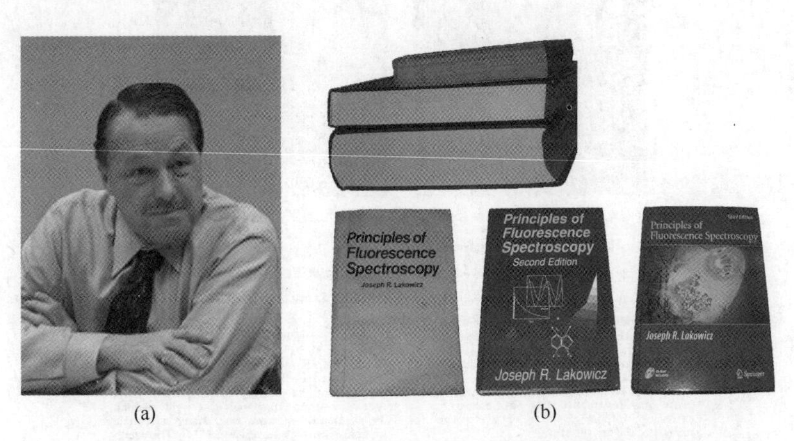

(a) (b)

图 1-9　Joseph R. Lakowicz 教授（a）及其不同版本的《Principles of fluorescence spectroscopy》（b）

当然，由厦门大学完成的《荧光分析法》（科学出版社，第 1～3 版）对国内分析化学的发展起到了相当重要的作用[7]。

2008 年，日本科学家下村修（Osamu Shimomura）、美国科学家马丁·查尔菲（Martin Chalfie）和钱永健（Roger Y. Tsien）因在发现和改造荧光蛋白等方面的突出贡献分享了该年度诺贝尔化学奖。如今，荧光蛋白作为一类重要的荧光生物探针已被广泛应用。

2014年，荧光显纳镜，即超分辨荧光显微镜的出现，突破了传统荧光显微镜的光学极限，3 位科学家因此荣获该年度诺贝尔化学奖。该届获奖是基于两项独立的技术。第一项是 Stefan Hell 于 2000 年研制的受激发射亏蚀（STED）显微技术。此项技术采用了两束激光，一束负责激发荧光分子使其发光，另一束则负责抵消大部分荧光，只留下一块纳米大小体积的荧光区域。用该技术仔细扫描样本，得出的图像分辨率打破了 Abbe 提出的显微分辨率极限。Eric Betzig 和 William Moerner 分别独立地进行研究，为第二种技术打下了基础，即单分子显微技术。这种方法依赖于开关单个分子荧光的可能性。科学家对同一区域进行了多次“绘图”，每次仅仅让很少量的分散分子发光。将这些图像叠加起来产生了密集的纳米尺寸超分辨率图像。

表 1-1 总结了 20 世纪初期到中期荧光和磷光的发展事件。荧光发展过程中，其他诸如荧光偏振现象、荧光相关光谱、共聚焦荧光显微技术、时间相关荧光和时间分辨荧光测量、单分子检测技术、多光子和上转换荧光、荧光量子点或其他各种类型的纳米发光材料等近现代或流行发光技术与理论的重要历史事件参见上述各文献，以及专著[6,8-10]或本书的后续各章节。

表 1-1　20 世纪初期到中期荧光和磷光的发展成就[1,2,8-10]

年份	科学家	观察或成就
1905 1910	E. L. Nichols E. Merrit	首次记录一种染料的荧光激发光谱
1907	E. L. Nichols E. Merrit	吸收光谱和荧光光谱间的镜像对称关系
1918	J. Perrin	染料荧光的光化学理论
1919	Stern-Volmer	荧光猝灭理论
1920	F. Weigert	发现溶液中染料荧光发射的偏振现象
1922	S. J. Vavilov	荧光量子产率与激发波长无关
1923	S. J. Vavilov & W. L. Levshin	首次研究溶液中染料荧光发射的偏振
1924	S. J. Vavilov	首次测定溶液中染料荧光的量子产率
1924	F. Perrin	首次观测到α-磷光（即 E-型延迟荧光）
1925	F. Perrin	研究溶液中染料荧光偏振的黏度相关性
1925	W. L. Levshin	荧光和磷光的偏振理论
1925	J. Perrin	引入术语“延迟荧光”，预测长程能量转移
1926	E. Gaviola	首次通过相分辨荧光光度方法测得纳秒级荧光寿命
1926	F. Perrin	荧光偏振理论（球模型）；提出 Perrin 方程；间接测定溶液中荧光寿命

续表

年份	科学家	观察或成就
1927	E. Gaviola & P. Pringsheim	证明了溶液中共振能量转移
1928	E. Jette,W. West	第一台光电荧光计
1929	F. Perrin	第一个定性的共振能量转移荧光退偏振理论
1932	F. Perrin	原子间长程能量转移的量子力学理论
1934	F. Perrin	荧光偏振理论（椭球模型）
1935	A. Jablonski	Jablonski 能级图
1939	Zworykin & Rajchman	光电倍增管（PMT，增加灵敏度，并容许使用分辨率更高的单色器）
1943	Dutton & Bailey	提出荧光光谱的手工校正方法
1944	G. N. Lewis & M. Kasha	磷光起源于三线态，即 T_1-S_0 辐射跃迁
1948	Studer	第一台自动光谱校正装置
1948	Th. Förster	偶极-偶极能量转移的量子力学理论（即 Förster 共振能量转移理论）
1962	Konev	荧光和磷光可以作为蛋白质和 DNA 研究工具
1962	Parker & Hatchard	光电子磷光计（磷光镜）
1963	Winefordner	阿司匹林的低温磷光光度法
1960	Rudolf Riger	荧光相关光谱

参考文献

[1] T. C. O'Haver. The development of luminescence spectrometry as an analytical tool. *J. Chem. Educ.*， **1978**, *55*: 423-428.

[2] B. Valeur, M. N. Berberan-Santos. A brief history of fluorescence and phosphorescence before the emergence of quantum theory. *J. Chem. Edu.*, **2011**, *88*: 731-738.

[3] A. U. Acuña, F. Amat-Guerri, P. Morcillo, M. Liras, B. Rodríguez. Structure and Formation of the Fluorescent Compound of *Lignum nephriticum*. *Org. Lett.*, **2009**, *11(14)*: 3020-3023.

[4] A. U. Acuña, F. Amat-Guerri. Early history of solution fluorescence: The *Lignum nephriticum* of NicolásMonardes, P1-19, 2007, in Fluorescence of supermolecules, polymeres, and nanosystems, edited by M. N. Berberan-Santos, Springer Series on Fluorescence, Series Editor, O. S. Wolfbeis.

[5] G. N. Lewis, M. Kasha. Phosphorescence and the triplet state. *J. Am. Chem. Soc.*, **1944**, *66*: 2100-2116.

[6] J. R. Lakowicz. Principles of fluorescence spectroscopy. 3rd ed, New York: Springer, 2006.

[7] 许金钩，王尊本. 荧光分析法. 北京：科学出版社，2006.

[8] B. Valeur. Molecular fluorescence, principles and applications, Wiley-VCH, 2001, NY.

[9] B. Nickel. From the Perrin diagram to the Jablonski, diagram. Part 1, EPA Newsletter, 1996, *58*: 9-38.

[10] E. N. Harvey. History of luminescence. The American Philosophical Society, Philadelphia, 1957.

第2章　荧光光物理基础

Chapter 02

2.1　基本概念

2.1.1　光致发光涉及的电子跃迁类型

如图 2-1 所示，根据价键的分子轨道理论，分子轨道包括 σ 成键轨道和 σ*反键轨道、π 成键轨道和 π*反键轨道以及非键轨道 n 等，位于其中的电子分别称为 σ 电子、σ*电子、π 电子、π*电子和 n 电子，n 电子也称为孤对电子或孤单电子、非键电子。电子跃迁类型及相对能量高低次序为：σ→σ*>σ→π*>π→σ*>n→σ*>π→π*>n→π*。其中，π→π*和 n→π*可分别简写为 ππ*跃迁和 nπ*跃迁，依此类推。

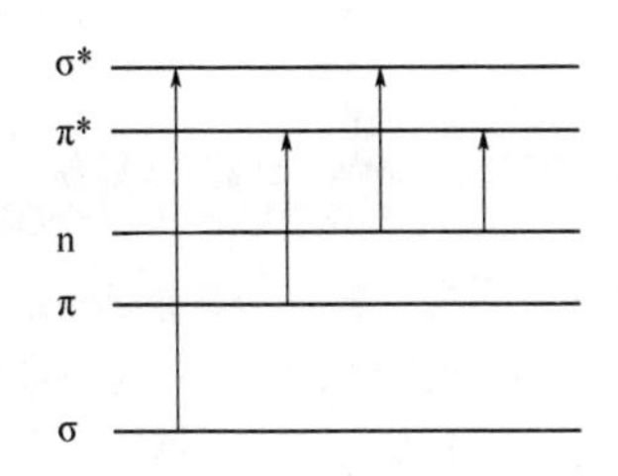

图 2-1　有机化合物的分子轨道和常见的电子跃迁类型

2.1.2　自旋多重度和单线态、三线态

通常有机分子中的电子总是自旋配对地占据不同的轨道。根据 Pauli 不相容原理（Pauli exclusion principle），在一个给定的轨道中的两个电子，必定具有方向相反的自旋，且其总自旋等于零，这种状态叫单线态或单重态（singlet states）。如果基态分子轨道中的一个电子在跃迁过程中不涉及电子自旋方向的变化而到达激发态，这时该分子所处的电子能级就叫激发单线态。相反，如果一个电子从基

态跃迁过程中涉及自旋反转（或翻转）而到达一个较低的激发态，或者由激发单线态通过自旋反转而到达该较低的激发态，那么这个较低的激发态就是三线态或三重态（triplet state）。三重态意即其能级是三重简并的（degenerate energy level）。

分子或原子的多重态是指在适当强度的磁场影响下，化合物在原子或分子吸收和发射光谱中谱线的数目，谱线数为（$2S+1$），或者称为电子自旋可能的取向数目。自旋多重度（spin multiplicity）定义为：

$$M = 2S+1 = 2\sum s_i+1 \tag{2-1}$$

式中，s_i表示第 i 个自旋电子的自旋量子数。图 2-2 简洁地表示了单线态和三线态与电子自旋状态的关系。电子完全自旋配对的有机分子，$M = 1$，对应的这个电子能级为单线态。如果处于激发态的电子仍然与基态的电子保持自旋反平行，$M = 1$，即分子处于激发单线态。如果电子激发或跃迁过程涉及电子自旋反转，激发态的电子与基态电子保持自旋平行，则 $M = 3$，即分子处于激发三线态。有机单电子或三电子稳定自由基，$M = 2$ 或 4，基态为两重态（doublet state）或四重态（quartet state）。对于含有七个单电子的某稀土离子，其自旋多重度 $M = 2(7\times1/2)+1 = 8$，即八重态（octet state）。而基态的氧分子有两个单电子，为三重态。

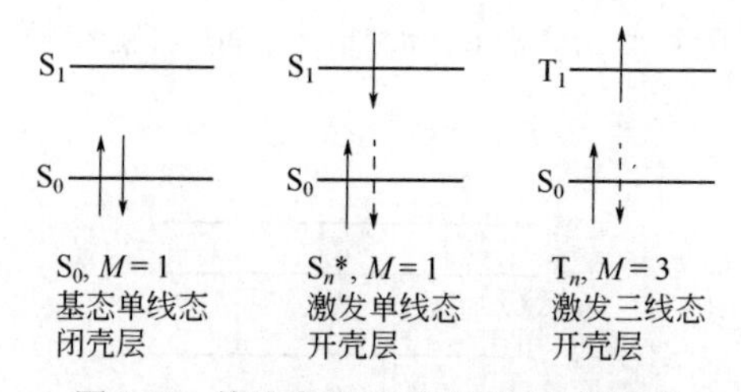

图 2-2　单线态和三线态能级示意图
（箭头表示电子自旋状态/或自旋矢量方向）

图 2-3 以甲醛为例，说明了分子轨道的类型和能级分布。C 原子的电子组态：$1s^22s^22p^2$；氧原子 O 的电子组态：$1s^22s^22p^2$。在甲醛分子中，C 和 O 分别采取 sp^2 和 sp_z 杂化模式成键。甲醛的分子轨道式可以表达为：

$$\sigma^2(1s^2C)\ \sigma^2(1s^2O)n^2(sp_zO)\ \sigma^2(CH)\sigma^2(CH)\sigma^2(COsp_z)\pi^2(COp_x)n^2(O2p_y^2)。$$

甲醛分子基态最高占据的分子轨道为π和 n，各分布有两个电子，$\pi^2(COp_x)$ $n^2(O2p_y^2)$。第一电子激发单线态由 nπ*跃迁形成，而第二电子激发单线态由ππ*跃迁形成。第一和第二电子激发三线态也分别为 nπ*跃迁和ππ*跃迁。

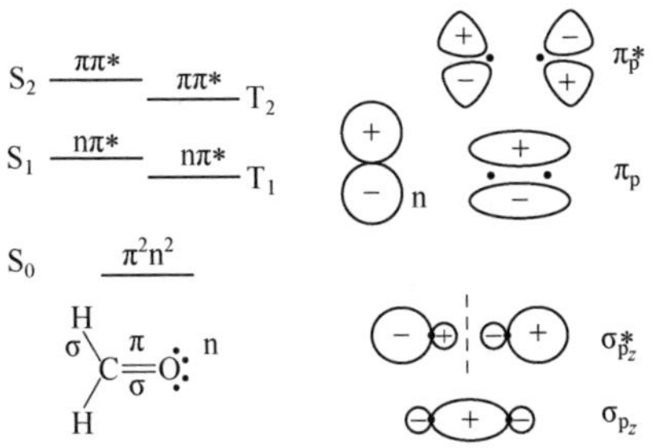

图 2-3　甲醛（HCHO）的分子结构、电子构型和电子能级类型及其相对位置示意图（分子轨道图中的小圆点代表原子核位置）

所谓ππ*跃迁，既表示发生了从成键的π分子轨道到反键的π*分子轨道的电子跃迁，又表示分子处于ππ*电子构型（electronic configuration），或用符号ππ*表示分子所处的一种能量状态。

也可以这样理解：ππ*跃迁，表示其中的一个电子吸收了光子的能量后被提升（激发）到能量较高的π*轨道。这时，留在基态的一个电子仍然排布在π轨道，记作π^1。而另一个电子布居在π*轨道，记作π^{*1}，整个分子处于ππ*这种能量状态，分子外层的电子构型或组态为$\pi^1\pi^{*1}$。

这种能量状态与单线态或三线态是什么关系呢？如图 2-3 所示，甲醛分子中两个电子处于π成键轨道，氧原子两对孤对电子的一对处于能量较高的 n 非键电子轨道（另一对参与杂化的电子处于能量更低的内层分子轨道），这时甲醛分子外层的电子构型或组态可以表示为π^2n^2。也就说，这种情况下甲醛分子处于单线基态，记作 S_0。如果发生了ππ*跃迁或 nπ*跃迁，则所对应分子的能量状态如表 2-1 所示。

表 2-1　电子跃迁类型和分子能态的关系（+½或−½表示电子自旋态）

电子构型	跃迁类型	电子自旋状态	分子能态
π^2n^2		全部自旋配对	基态 S_0（π^2n^2）
$\pi^1n^2\pi^{*1}$	ππ*	$\pi^{+½}n^2\pi^{*-½}$	激发态 S_1（ππ*或$\pi^1\pi^{*1}$）
		$\pi^{+½}n^2\pi^{*+½}$	激发态 T_1（ππ*或$\pi^1\pi^{*1}$）
$\pi^2n^1\pi^{*1}$	nπ*	$\pi^2n^{+½}\pi^{*-½}$	激发态 S_1（nπ*或 $n^1\pi^{*1}$）
		$\pi^2n^{+½}\pi^{*+½}$	激发态 T_1（nπ*或 $n^1\pi^{*1}$）

2.1.3　Jabłoński 能级图

Jabłoński 能级图（Jabłoński energy-level diagram）简洁直观地描述了分子电子能级和跃迁的物理过程。如图 2-4 所示，分子在被激发和去活化时经历了多种光物理过程。分子在被激发后，一般会经历振动弛豫（vibrational relaxation，VR）、内转换（internal conversion，IC）、外转换（external conversion，EC）、系间窜越（intersystem crossing，ISC）、荧光（fluorescence，F）、磷光（phosphorescence，P）、猝灭（quenching，Q）等形式的去活化过程。

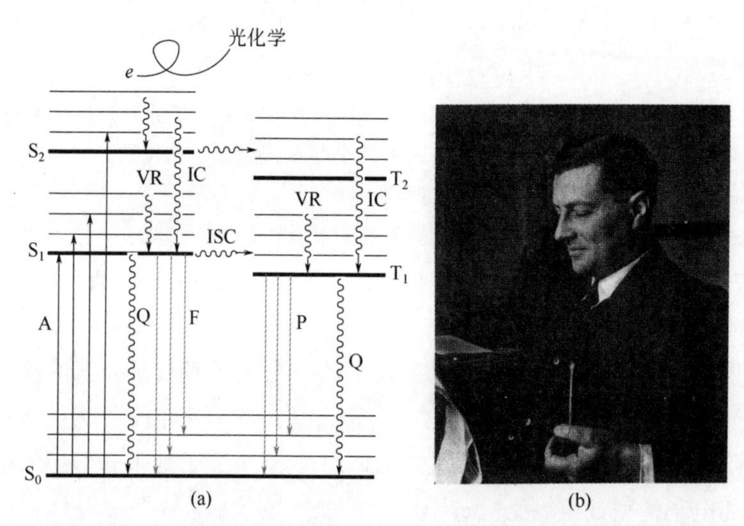

图 2-4　光物理过程的 Jabłoński 能级图（a）和 Alexander Jabłoński（1898—1980）（b）（电子能级差 $\Delta E \approx 160 \sim 600$ kJ/mol，振动能级差 $\Delta E \approx 20$ kJ/mol，常温热能 $E \approx 4$ kJ/mol。所以，常温下，大多分子处于基态势函数的零振动能级，符合 Boltzmann 分布）

2.1.4　分子电子激发态的光物理过程

图 2-4 所示的分子中电子跃迁的光物理过程如下。

（1）辐射的吸收（absorption，A）

辐射作用下，电子由电子基态（S_0）向第一电子激发单线态或三线态或其他更高电子激发态（S_n）跃迁。分子的基态电子可以认为处于休息状态，而激发态电子沿着分子框架以一定方式振荡。也就是说，处在基态零振动能级的电子吸收辐射后可跃迁至激发态的各类振动能级上。因此，吸收过程可以反映激发态振动能级的信息。一般来说，以某跃迁对应的摩尔吸光系数来衡量其跃迁的概率。

按照光谱学习惯，书写跃迁能级时先写上能态，再写下能态。对于吸收过程，能态间用一指向左的箭头连接，如 $S_1 \leftarrow S_0$；对于发射过程，能态间用一指向右的箭头连接，如 $S_1 \rightarrow S_0$，$T_1 \rightarrow S_0$；一般大家也习惯于将跃迁的起始态（initial state）写在左边，终态（final state）写在右边，中间用一短线连接，如 $S_1 \leftarrow S_0$ 也可以写为 S_0-S_1。

（2）振动弛豫

在电子激发过程中，分子可以被激发到任何一个振动能级上。激发态分子将多余的能量传递给介质而衰变到同一电子能级的最低振动能级的过程称为振动弛豫。

（3）内转换

内转换是分子内的过程，是发生在具有相同多重性的电子能态之间的非辐射跃迁。通过该过程，分子很快地从 S_n 态失活降到一个较低的电子能态（如 S_{n-1} 态）的等能量振动能层而产生非辐射跃迁。随后分子再通过振动弛豫（VR）过程降到 S_{n-1} 能级的最低振动能层。内转换是一种非常重要的非辐射失活途径。能级间隔越小，S_n 与 S_{n-1} 势能曲线之间的振动能级交叉程度越大，内转换效率越高，速率常数 k_{IC} 越大，这时处于 S_n 态的电子通过内转化就可以到达 S_{n-1} 态。

（4）发射荧光

荧光发射是分子从激发态跃迁到基态的辐射现象。一般情况下，光的辐射发射（荧光和磷光）或光化学反应只从一定多重性的最低电子激发态发生，这叫 Kasha 规则（1950 年）[1,2]。较高电子激发态都会快速弛豫到最低的电子激发态 S_1，而从较高电子激发态到最低的电子激发态 S_1 或基态 S_0 的荧光过程如此慢而无法与其他弛豫过程相竞争。接着从 S_1 态，分子可以经历：①进一步 IC 和 VR 过程，以非辐射形式下降至 S_0；②不改变自旋多重性而发射一个光子，即荧光；③其他过程。Kasha 规则也可以表述为：发射波长或发射光谱与激发波长无关。这是能隙律（对于振动跃迁的 Franck-Condon 因子）的必然结果（参见第 9 章）。

对于一对给定的能级，Franck-Condon 因子表达为振动波函数的重叠程度。重叠程度越大，分子经历从较高能态到较低能态的跃迁可能就越快。当跃迁耦合的电子能态的无振动水平（振动量子数为零的情况）靠近时，倾向于重叠程度最大。大多数分子，激发态的无振动水平靠近并重叠在一起。这样，在较上能态的分子在其能够发生荧光的这段时间之前会快速到达最低激发态 S_1。

所以，Kasha 规则可从动力学方面来理解：通常情况下，对于确定的振动和电子能态，$E(S_2)-E(S_1) << E(S_1)-E(S_0)$，能隙 $\Delta E_{S_1-S_0}$ 较大，易产生荧光，这是荧光与 IC 动力学竞争的结果。也就是说，无论经历光化学反应、光发射还是内转换，从较高电子激发态到最低的电子激发态的弛豫进行得太快，其他过程都难以与其竞争，受激分子更容易发生内转换过程先降至第一电子激发态。而 S_1 态和 S_0 态之间能隙较大，相比较而言，S_1 态到 S_0 态的 IC 过程为慢的动力学过程，而荧光又是相对快的过程，因此 IC 过程不能够与荧光竞争。另一方面，荧光化合物相对非常少，说明内转换过程是高效率的。不过，Kasha 规则也会出现例外情况

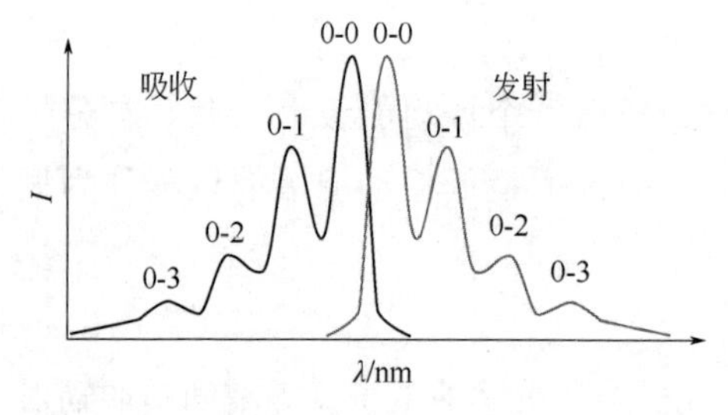

图 2-5 吸收和荧光光谱精细结构示意图

（见本章 2.1.8 节）。

荧光光子的能量是指对应于在激发态的最低振动能层到基态的各振动能层之间的能量差值，所以荧光光谱首要的优势和功能是提供有关基态振动结构的信息，如图 2-5 所示。符合 Kasha 规则的荧光过程可以描述为：$S_n(\upsilon=i)$(IC，VR)→$S_1(\upsilon=0)$→$S_0(\upsilon=i)$。式中，υ 表示分子振动能级，$i = 0, 1, 2, \cdots$。$\Delta E=E_1(\upsilon=0)-E_0(\upsilon=i)$。图中 0-0 或 0-1 等的意义即 $E_1(\upsilon=0)$到 $E_0(\upsilon_0$ 或 $\upsilon_1)$的跃迁，一般表示为 0-0 跃迁或 0-1 跃迁等。

（5）系间窜越（S_1→T_1，ISC_1）

一般，由于 S_1-S_0 能隙较大，通过非辐射机理实现 S_1→S_0 的跃迁的概率并不总是占主导地位。在这种情况下分子有另外两种可能的途径：一是通过荧光发射回到基态；二是非辐射地转移到三线态。这种从单线态到三线态的非辐射转变称为系间窜越，或者电子在自旋多重性不同的状态之间的非辐射跃迁称为系间窜越。按照电子跃迁选律，在自旋多重性不同的状态之间的跃迁是自旋禁阻的。然而，通过自旋-轨道耦合（spin-orbit coupling）作用，有可能实现纯单线态和三线态之间原本禁阻的跃迁，即原本禁阻的跃迁变得部分允许了。通过 ISC 过程，分子从单线态到达三线态能量梯级中的某些振动能层水平，然后分子再通过相继的 IC 和 VR 过程弛豫到达 T_1 态的最低振动能层水平。像 IC 过程一样，如果两个状态的振动能级有重叠，ISC 过程的概率就增大。最低的激发单线态振动能级与较高的三线态振动能级重叠时，自旋态的改变更有可能发生。

（6）逆向的系间窜越（inversed ISC，S_1←T_1，ISC_2）和延迟荧光

在热助作用下，分子有时会经历逆向的 ISC 过程（ISC_2），即由 T_1 态跃迁回 S_1 态，随后，再由 S_1 态跃迁到 S_0 态辐射荧光，这样产生的荧光发射叫延迟荧光或延时荧光（delay fluorescence，DF）。延迟荧光的产生也有不同的机理，这只是其中之一，详见本章的后续部分。

（7）磷光

经由系间窜越布居的激发三线态，既可进一步通过内、外转换而失活，又可通过磷光过程而衰减。由于三线态-单线态跃迁概率很低，三线态平均寿命达 ms 级，甚至数秒。分子磷光起源于分子的最低三线态，所以其衰减时间也与三线态平均寿命基本一致。在此，磷光过程可表述为：S_n(IC→VR)→S_1→ISC→T_n(IC→VR)→$T_1(\upsilon=0)$→$S_0(\upsilon=i)$。

磷光，尤其溶液中的磷光难以测定。一方面，$T_1 \rightarrow S_0$ 是自旋禁阻的过程。另一方面，T_1-S_0 之间的能量差与 S_1-S_0 相比较小，这将有利于发生非辐射能量损失。再有，使 T_1 电子失去能量的最重要的原因是 T_1 的寿命（10^{-5}～10 s）比 S_1（10^{-9} s）长，容易遭受猝灭。而有机磷光分子的 T_1 态与三线基态氧分子的高效 T-T 能量转移几乎可以说是磷光或三线态的天敌。

值得注意的是，磷光的定义具有多样性，除了这里对有机分子分立中心（discrete center）的磷光按照三线态光物理过程的定义外，任何自旋多重性不同的两个电子能态之间的辐射发射跃迁以及长寿命的金属到配体的电荷转移跃迁等都可称作磷光，详见第 9 章。发光材料深俘获态的长寿命发光也习惯性地称作磷光，见第 10 章。

（8）T-T 吸收跃迁（triplet-triplet transitions）或 $T_2 \rightarrow T_1$ 三线态荧光

磷光只是给出最低三线态 T_1 的信息，而 T-T 跃迁则可以提供更多三线态信息。利用 T-T 吸收光度法可以进行较高三线态 T_m 的研究。如图 2-6 所示，先用一强的 Xe 灯或激光闪烁产生 T_1 态（$S_0 \rightarrow S_1 \rightarrow T_1$），继而用一较弱的二次光源（如 Xe 弧光灯或钨丝灯）监测 $T_2 \leftarrow T_1$ 吸收。通过这种方式可以观察非发光化合物的激发三线态寿命，尤其适用于从 ns 级到 ms 级的短寿命的三线态。$T_2 \leftarrow T_1$ 吸收容易发生，但 $T_2 \rightarrow T_1$ 或 $T_1 \rightarrow T_0$ 三线态荧光极其稀少[3]。

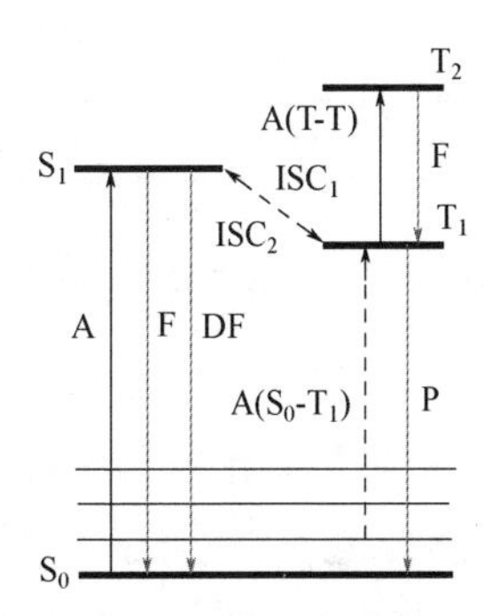

图 2-6　三线态-三线态吸收或三线态荧光示意图

此外，还可以通过观察分子之间三线态能量转移或电子转移来了解分子三线态信息，而且通过监测三线基态氧对激发三线态寿命的影响，可以建立灵敏的氧传感器系统。

（9）各光物理过程的时间尺度比较

比较各光物理过程的时间尺度，可以更好地理解荧光以及非辐射过程。从表 2-2 所列的时间可以估计到激发态期间分子的运动：振动 $10^{-8}/10^{-14} = 10^6$ 次；旋转 $10^{-8}/10^{-11} = 10^3$ 次；碰撞 $10^{-8}/10^{-12} = 10^4$ 次；碰撞 $10^{-4}/10^{-12} = 10^8$ 次（可见磷光更容易遭受猝灭）。分子吸收过程特别快，尽管电子分布可能变化，但分子几何结构很少变化。而相对于吸收过程，在激发态期间，由于较长的时间期间，分子电子云不仅发生改变，而且原子-原子核间距也相应改变，导致分子构象或构型、性质变化，甚至发生光化学反应，形成新的物种。因此，从这个角度讲，分子激发时主要表现为基态性质，而发光时主要表现为激发态性质。激发态分子性质的其他信息将在溶剂化动力学等部分介绍。

表 2-2　各种光过程的时间尺度比较

光过程	时间/s	速率常数/s^{-1}
吸收	10^{-15}	
振动弛豫	10^{-12}～10^{-14}	10^{12}～10^{14}
内转换	$(S_2\text{-}S_1)10^{-11}$～10^{-13} $(S_1\text{-}S_0)10^{-6}$～10^{-12}	10^{11}～10^{13} 10^{6}～10^{12}
系间窜越	$(S_1\text{-}T_1)\ 10^{-4}$～$10^{-12}$ $(T_1\text{-}S_0)\ 10^{-1}$～$10^{-5}$	10^{4}～10^{12} 10^{-1}～10^{5}
荧光	10^{-8}	10^{6}～10^{9}
磷光	10^{-4}	10^{-3}～10
分子转动	10^{-11}	10^{11}
分子碰撞	10^{-12}	10^{12}

2.1.5　吸收和辐射跃迁的选择性规则（光选律）

光选律就是吸收和辐射跃迁的选择性规则（photo-selection rule），是指当光子与电子相互作用、使得电子从一个能级状态到达另一个能级状态时应该遵从的“交通”规则。或者说，选律就是描述在一定条件下，电子在一定的能态之间发生某种特殊跃迁的合理性和可能性（以概率表示）。就分子而言，在两个给定能态间电子跃迁的控制条件与下列因素有关：分子的几何形状和动量的改变、电子自旋态的改变、描述分子轨道的波函数对称性的变化以及轨道空间的重叠程度。电子跃迁选律具体内容如下[4,5]。

2.1.5.1　光选律的量子数相关表达（原子体系）

无论单电子还是多电子原子体系，每个个别电子的运动状态可用四个量子数 n、l、m、m_s 确定。而该原子体系的整体状态（原子能级）需用另一套量子数 S、L、J、M_s 予以确定。

原子能级用光谱项符号来表示：

$$n^{2S+1}L_J \tag{2-2}$$

式中，n 为主量子数；S 为总自旋角动量量子数（定义自旋多重性 $M = 2S+1$，$S = \Sigma s_i$，s_i 为第 i 个电子的自旋状态，在此 M 又称为谱线多重性符号）；L 为总轨道角动量量子数；$L = 0, 1, 2, 3,\ \cdots$，分别对应用大写英文字母 S, P, D, F, …表示；J 为总角动量量子数或内量子数（由总轨道角动量和总自旋角动量矢量耦合而得，$J=L+S$），又称光谱支项。

电子在原子能级之间的跃迁要符合以下规则：

① 主量子数的变化 Δn = 整数，包括 0。

② 电子总自旋守恒（electron spin conservation）：电子跃迁过程中电子的总自旋不能改变，$\Delta S=0$。也就是说，电子在自旋多重性相同的电子能级之间的跃迁是自旋允许的（spin-allowed），而在自旋多重性不同的电子能级之间的跃迁是自旋禁阻的（spin-forbidden）。

③ 总轨道角动量守恒：$\Delta L=\pm 1$。单电子原子轨道角动量量子数即总角量子数；对多电子原子，各个电子的轨道角动量的矢量和就是原子总轨道角动量。允许跃迁相应于角动量变化一个单位，其 $\Delta L=\pm 1$，如电子从 s 轨道（$l=0$）到 p 轨道（$l=\pm 1$）的跃迁，或反过来，都是允许的。但是，不能从 $L=0$ 跃迁至 $L=0$，也就是说单电子原子基态为 s 态，$L=l=0$，虽然 $\Delta L=0$，却是禁阻的。

④ 总角动量守恒：$\Delta J=0,\ \pm 1$，允许总角动量在分子轴方向上的分量改变。但从 $J=0$ 到 $J=0$ 同样是禁阻的。这也可以理解为：光子具有一个单位的量子化角动量，因此在吸收或发射光子过程中，角动量 J 的变化不允许超过一个单位角动量。

2.1.5.2 光选律的波函数/分子轨道相关表达（分子体系）

按照量子力学原理，电子跃迁矩可以表达为核振动波函数的重叠积分、自旋重叠积分和电子跃迁偶极矩三项乘积：

$$\mu_z=\int\chi_i\chi_f\,d\tau_N\int s_i s_f\,d\tau_s\int\psi_i\boldsymbol{\mu}_z\psi_f\,d\tau_e \tag{2-3}$$

式中，i 和 f 分别表示跃迁的始态（基态）和终态（激发态）。其中任何一项的积分为零，三项乘积为零，产生的跃迁矩概率为零，这种跃迁叫作禁阻跃迁。

为了更容易理解光选律的量子力学原理，又避免复杂的推导过程，在此直接引入以下公式：

$$\mu_z=\int\psi_i\boldsymbol{\mu}_z\psi_f\,d\tau \tag{2-4a}$$

或

$$\mu_z=\int\psi_i\boldsymbol{M}\psi_f\,d\tau \tag{2-4b}$$

式中，μ_z 是电子跃迁偶极矩（度量电子跃迁过程中从始态到终态电荷转移的程度）；$\boldsymbol{\mu}_z$ 是跃迁偶极矩矢量算符（有时以 $\boldsymbol{M}$ 表示，算符就是表达一种相互作用或相互作用力）；Ψ_i 和 Ψ_f 是跃迁始态（基态）和终态（激发态）波函数。跃迁偶极矩就是由于电磁辐射与分子相互作用所产生的瞬时偶极极化。$d\tau$ 为所有电子坐标体积元之积。μ_z 为零的跃迁，即基态和激发态波函数积分为零的跃迁称为禁阻跃迁，μ_z 不为零的跃迁称为允许跃迁。如果代入 Ψ_i 和 Ψ_f 具体表达式，也不难理解允许或禁阻跃迁过程对总轨道角动量变化或其他量子数变化的限制。

此外，所谓的态间的共振，就是始态和终态波函数可以混合（如由 Ψ_i 和 Ψ_f 混合为$\Psi_i \pm \lambda\Psi_f$，混合系数λ表示始态和终态的相对混合程度），经过混合到达终态，意即发生跃迁。而发生什么特性的混合，取决于所涉及的算符。文献经常提及两个化学基团之间通过共振作用影响电子能态以及所涉及体系的电子吸收或荧光性质，即为此意。

（1）核振动重叠积分——Franck-Condon 原理

在吸收跃迁过程中（大约 10^{-15} s），分子的几何形状和动量来不及改变。或者，电子跃迁比核运动（大约 10^{-13} s）要快得多，因此，在电子跃迁后的瞬间，分子中的所有原子核几乎仍然处于跃迁前的相对位置并具有跃迁前的动量。这说明，将电子能瞬间转换成振动能是不容易实现的，且不同电子态能级和振动能级间的最可几跃迁（the most probable transition）是那些核位置和核动量没有太大改变的跃迁，这便是 Franck-Condon 原理。这种始态与终态构型不变的跃迁称为垂直跃迁（其势能曲线表达形式见图 9-7）。也就是，描述原子核振动运动的始态波函数χ_i和终态波函数χ_f是接近一致的，核振动波函数的重叠积分〈$\chi_i \mid \chi_f$〉趋于完全重叠时的最大值 1。这是 Franck-Condon 原理的量子力学表达。进而，分子电子跃迁的始态（波函数Ψ_i）和终态（波函数Ψ_f）之间的跃迁（$\Psi_i \rightarrow \Psi_f$）速率正比于〈$\chi_i \mid \chi_f$〉^{2}。〈$\chi_i \mid \chi_f$〉^{2}称为电子跃迁的 Franck-Condon 因子（简称 F-C 因子）。因子$f\nu = e^{-\alpha\Delta E}$，核运动的极限速率为 $10^{13}\ s^{-1}$，所以，

$$k_{IC} = 10^{13} f\nu = 10^{13} e^{-\alpha\Delta E(S\text{-}S)}\ s^{-1}$$

$$k_{ISC} = 10^{13} e^{-\alpha\Delta E(T\text{-}S\ 或\ S\text{-}T)}\ s^{-1}$$

Franck-Condon 原理与 Born-oppenheimer 近似密切相关。Born-oppenheimer 近似认为分子的各种运动都是可分的，而 Franck-Condon 原理表明，处于两种能量状态下的分子，只有核间距离无显著差别、原子核运动速度等于或基本为零时电子跃迁才能发生。

（2）自旋多重性

依据分子轨道理论，假定α和β表示电子自旋函数 s_i 或 s_f 的两种状态，分别为+½和–½，那么一种示意性的表示是：

$$\mu_z = \int \psi_i \boldsymbol{\mu}_z \psi_f d\tau \int \alpha\beta d\sigma \tag{2-5a}$$

或 $$\mu_z = \int \psi_i \boldsymbol{\mu}_z \psi_f d\tau \int \alpha^2 d\sigma \quad 或 \quad \mu_z = \int \psi_i \boldsymbol{\mu}_z \psi_f d\tau \int \beta^2 d\sigma \tag{2-5b}$$

式中，$d\sigma$为自旋坐标中体积元之积。

当始态和终态的自旋状态不同时，积分$\int \alpha\beta d\sigma = 0$，$\mu_z$为零，因此单线态-三线态跃迁是禁阻的；当始态和终态的自旋状态相同时，积分$\int \alpha^2 d\sigma = 1$或$\int \beta^2 d\sigma = 1$，$\mu_z$不为零，因此单线态-单线态或三线态-三线态跃迁是允许的。即电

子自旋多重性改变的跃迁是禁阻的。另外一种表达是，电子自旋是磁效应，因此电偶极跃迁将不改变电子的自旋状态，即电偶极跃迁过程中自旋多重度保持不变。

（3）宇称选律（Laporte selection rule）

由跃迁所涉及的轨道的对称性决定，分子轨道的对称性取决于描述分子轨道的波函数在通过一个对称中心反演时符号是否改变。符号不改变的，为对称性轨道（中心对称），表示为 G（gerade）；符号改变的，为非（或反）对称性轨道（中心反对称），表示为 U（ungerade），图 2-7 展示了一些分子轨道的宇称性。电子跃迁的始态（基态）和终态（激发态）波函数的对称性不同时，电子跃迁是允许的（以量子力学观点，涉及的波函数 Ψ_i 和 Ψ_f 的积分为零即禁阻跃迁，不为零即允许跃迁）。所以，G→U 或 U→G 的跃迁是允许的（有时也用小写字母表示，g→u 或 u→g）。或者说，具有相同对称性（g 或 u）的谱项间的跃迁是宇称禁阻的，即能态（波函数）的对称性保持不变。就宇称而言，图 2-7 中的 π-π*和 n-π*跃迁都是允许的。对于原子光谱，相同角量子数之间的跃迁是禁阻的。角量子数为偶数的轨道具有 g 对称性（偶宇称），角量子数为奇数的轨道具有 u 对称性（奇宇称）。对于具有中心对称的离子（金属配合物，如八面体等），d-f 和 d-p 跃迁为宇称允许跃迁，d-d 和 f-f 跃迁为宇称禁阻跃迁。

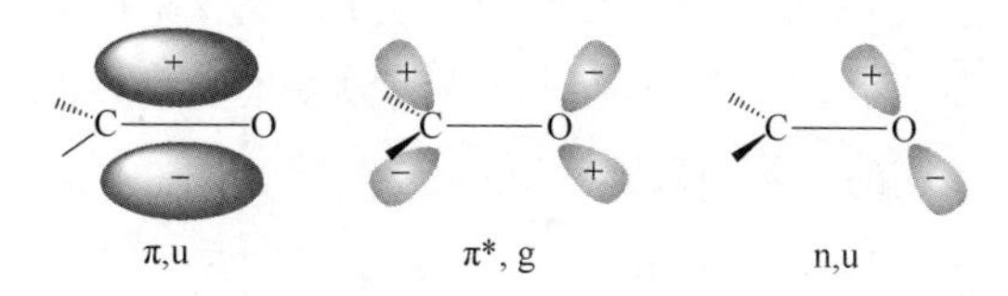

图 2-7　电子吸收和分子发光过程常见轨道的宇称性

（4）轨道重叠

电子跃迁涉及的两个轨道在空间的同一个区域，即两个轨道相互重叠时这种跃迁是允许的，否则是禁阻的。轨道重叠积分（overlap integral）可以简单表示为$\langle n|\pi^*\rangle$或$\langle \pi|\pi^*\rangle$，用于表示轨道重叠程度。许多情况下，并非严格禁阻或完全允许，这与分子轨道之间重叠或可以重叠的程度相关（参见图 2-7 和图 3-4）。以吡啶为例，吡啶氮的孤对电子轨道伸向环外，与苯环平面的π轨道垂直，从轨道重叠看 n-π*跃迁是禁阻的。但由于含有 s 轨道成分，空间上有一定重叠，重叠积分小但不为零，因此并不是严格禁阻的，再加上对称性是允许的，摩尔吸光系数约为 400 L/(mol・cm)；而吡咯氮的孤对电子轨道具有一个平行于π轨道平面的矢量分量，二者重叠程度较大，从轨道重叠角度跃迁是允许的。而甲醛的 n-π*跃迁是宇称禁阻的[4,5]，且两个轨道几乎正交，重叠积分为零，轨道重叠也是禁阻的，摩尔吸光系数仅为 40 L/(mol・cm)。

2.1.6 非辐射跃迁的影响因素

高振动激发态分子在能量的衰减过程中，首先经历振动弛豫并向环境耗散一部分热能而达到激发态的零振动能级，然后再通过非辐射跃迁失活到能量更低的状态。影响非辐射过程的因素，既与上述跃迁选律有关，又有不同。

① Franck-Condon 积分　S_1 态与 T_1 态或 S_0 态的核构型越相近，即 Franck-Condon 重叠积分（F-C 因子）越大，辐射跃迁越容易发生。因此，要使一种化合物的激发态主要通过辐射衰变形式回到基态，必须限制化合物分子构型的变化，使其能在激发态的寿命期间内经辐射跃迁回到基态。这就是分子刚性化原则（见第 3 章 3.2 节）。

② 能态密度　在始态或终态能量上，每单位能量间隔中的振动能级数称为能态密度。对激发态分子来说，能态密度越大，则始态的零振动能级与终态的某一振动能级处于简并态的机会越多，也越有利于非辐射跃迁。

③ 能隙（energy gap）　能隙是两个不同电子态的能差。能隙越小，两个不同电子态越容易发生共振，从而也越容易实现非辐射跃迁，详见前面 Kasha 规则的理解以及第 9 章。

④ 非辐射跃迁的选律与辐射跃迁相反　非辐射跃迁发生在不同电子态的等能或简并振动能级之间（分立中心内部如 IC 或 ISC 过程，或分子间光化学反应），不涉及光子的吸收和发射，不要求电子云节面数发生变化，即始态与终态的分子轨道对称性不发生改变的非辐射跃迁是允许的。

⑤ 振子强度（oscillator strength，f）　振子强度是描述分子吸收光子能力的一种参数。其大小直接反映与吸收峰相对应的跃迁概率的大小，与摩尔吸光系数异曲同工。一个电子吸收跃迁的强度就是在两个给定能态间的吸收概率。

描述分子吸收光谱时，纵坐标可以是吸光度、摩尔吸光系数和振子强度等。振子强度的大小粗略表示为：

$$f \propto \int \varepsilon_{\nu} \mathrm{d}\nu \varepsilon_{\max} \Delta\nu \tag{2-6}$$

式中，ε_{ν}和$\varepsilon_{\max}$分别为不同频率处和最大吸收频率时的摩尔吸光系数；ν为辐射频率；$\Delta\nu$为半带宽或半峰宽（半全宽 full width at half maxima，简称 FWHM；或有效线宽 effective line width）。可见，振子强度是整个吸收频率范围内摩尔吸光系数的总和。具有“最充分允许跃迁（f=1 时）”的化合物，$\varepsilon_{\max}$ 可达到 10^4～10^5 量级。而最弱的允许跃迁，$\varepsilon_{\max}$ 仅为 10，对应于 $f\approx10^{-4}$[6]。在原子光谱中，将振子强度描述为每个原子平均可被入射辐射激发的电子数。所以，在分子光谱中，也可以将振子强度理解为每个分子平均可被入射辐射激发的电子数。

就发射过程而言，振子强度与能隙大小也有相关性。在摩尔吸光系数相同或相近的情况下，发射波长短，或能隙大，振子强度也大。例如，1,4-二甲基苯和芘，摩尔吸光系数接近，荧光发射最大波长分别为 277 nm 和 372 nm，振子强度分别为 0.01 和 0.001，电子跃迁的速率常数分别为 10^7 和 10^6。

⑥ 其他因素　振动耦合、振动模式、轨道类型的变化或轨道类型的混合（π-受体/π-供体轨道与 d 轨道、或σ-π轨道的混合、单线态-三线态混合）等，有的是上述各因素的不同表述，有的与分子结构相关，这些将在第 3 章和第 9 章再述。

2.1.7　光选律和辐射、非辐射跃迁小结

应该指出，在原子/离子体系遵循的电子跃迁选律（包括 $\Delta S=0$），在更复杂的分子体系，由于各种耦合作用或轨道之间的混合常常会失效。在原子体系 $\Delta S \neq 0$ 的禁阻跃迁，在重原子微扰作用下的分子体系显得有效，变成了允许或部分允许的跃迁。在原子体系的总轨道角动量守恒选律（$\Delta L=\pm1$），由于在分子体系角动量失去意义，只能改为用分子总轨道角动量在 z 轴方向的分量量子数 M 来表示，即 $\Delta M=0$，±1。

对分子体系，电子跃迁的概率与跃迁矩的平方成正比。跃迁矩可表示为基态分子被激发时电荷分布的变化。只有电荷分布不对称的电子状态间的跃迁是允许的，电荷分布对称的跃迁（跃迁矩为零）是禁阻的。吸收和辐射跃迁遵从相同的规则，都将导致分子偶极矩的改变。偶极矩变化不允许的跃迁，也许其四极矩跃迁是允许的，但强度要小 1000 倍以上，所以一般只讨论偶极子跃迁。

一个分子体系跃迁受到各种因素的制约。比如，多环芳烃苝（perylene）的 $S_1 \leftarrow S_0$ 跃迁或 $S_1 \rightarrow S_0$ 跃迁（ππ*跃迁），既是自旋允许的跃迁，又是对称性允许的跃迁，具有较大的摩尔吸光系数（约 4×10^4 量级）和振子强度（f 约 0.1）。而芘分子的 $S_1 \leftarrow S_0$ 跃迁或 $S_1 \rightarrow S_0$ 跃迁（ππ*跃迁）是自旋允许的，但是轨道对称性禁阻的，相当于一种部分允许的跃迁，摩尔吸光系数约为 500 L/(mol • cm)，振子强度才 0.001（其他吸收带的摩尔吸光系数和振子强度可能很大）。又如，丙酮中的 $S_1 \leftarrow S_0$ 跃迁或 $S_1 \rightarrow S_0$ 跃迁为 nπ*跃迁，既是轨道重叠禁阻的，又是轨道对称性禁阻的（与甲醛一致），摩尔吸光系数接近 10，振子强度才 0.0001。脂肪羰基中的 nπ*跃迁，虽然宇称性和轨道重叠都是禁阻的，但对于一个实际分子，电子-核振动之间的耦合作用（电子振动耦合）导致量子力学的近似处理部分失效，因而会产生弱的跃迁。当然，上述几种化合物的 $T_1 \leftarrow S_0$ 或 $T_1 \rightarrow S_0$ 跃迁都是自旋禁阻的，摩尔吸光系数小于 1，振子强度为 10^{-5}～10^{-9} 不等。芘荧光的这种禁阻性跃迁作为溶剂极性探针，以及电荷转移或分子内扭曲的分子内电荷转移跃迁过程所涉及的跃迁

选律问题将在以后的各章节再予以具体讨论。

具体到某一化合物荧光发射效率的大小，问题可不那样简单。以刚性结构的化合物为例，如萘和蒽相比，它们的荧光量子产率（quantum yield）分别为 0.20 和 0.70。其差异的原因与萘 $S_1 \leftarrow S_0$ 跃迁的轨道对称禁阻特性有关。由于萘分子结构具有良好的对称性，光的电矢量难以与分子的电子振动轴匹配，因此它的摩尔吸光系数较小，$\varepsilon_{max} \approx 10^2$ L/(mol · cm)（其他吸收带的摩尔吸光系数可能很大）。而荧光发射速率常数 k_F 又因禁阻的关系，与禁阻的 $S_1 \rightarrow T_1$ 的系间窜越常数 k_{ISC} 接近，均为 10^6 s^{-1} 量级，因此发光的量子产率较低，而生成 T_1 态的比例就较大，系间窜越量子产率为 0.80。相反，蒽的 $S_1 \leftarrow S_0$ 跃迁是对称允许的（即蒽的长轴可成为吸收光电矢量引起分子电子振荡最佳的轴）。于是其 $\varepsilon_{max} \approx 10^4$ L/(mol · cm)，$k_F \approx 10^8$ s^{-1}，使其荧光量子产率比较大，而系间窜越量子产率仅为 0.30。

2.1.8 Kasha 规则的例外情况

反 Kasha 规则的荧光也是荧光，如 $S_2(\upsilon=0) \rightarrow S_0(\upsilon=i)$辐射发射。典型的是薁（azulene）❶的荧光产生于 $S_2 \rightarrow S_0$ 的跃迁[7-9]。因为 S_2 到 S_1 的能隙较大，IC 过程变得慢了，而直接从 S_2 跃迁到 S_0 的过程成为辐射跃迁的控制因素。图 2-8 展示了薁的分子结构、能级位置、吸收和荧光光谱。荧光光谱的位置位于 S_0 到 S_1 吸收的高能处，即位于比 $S_1 \leftarrow S_0$ 吸收波长更短的位置。

实验条件下，$S_1 \leftarrow S_0$ 吸收峰位于大约在 577 nm，$S_2 \leftarrow S_0$ 峰大约位于 274 nm，$\Delta E(S_1 \leftarrow S_0)$比$\Delta E(S_2 \leftarrow S_0)$小许多，导致 k_{IC}（$S_2 \rightarrow S_1$）比 k_{IC}（$S_1 \rightarrow S_0$）小得多，因此产生 $S_2 \rightarrow S_0$ 荧光发射，峰值位于大约 370 nm。此外，也可看到 $S_2 \leftarrow S_0$ 吸收光谱和 $S_2 \rightarrow S_0$ 荧光光谱的镜像关系。荧光量子产率约为 0.02，荧光寿命约为 10^{-9} s。一般地，分子较小的多环芳烃母体化合物的 S_0-S_1 吸收光谱的峰值波长不超过 400 nm，其固态为白色或浅灰色、淡黄色等，而薁的 S_0-S_1 吸收光谱的峰值波长为 577 nm，其固态或溶液出现亮蓝色，见图 2-8。

---

❶ Azulene 一词源于西班牙语 Azul，意即蓝色，偶极矩 1.08 D。自然界中某些蘑菇（如 *lactarius indigo*）皱褶部分的蓝色源于甘菊蓝类物质，即 Azulene 的衍生物，如(7-isopropenyl-4-methylazulen-1-yl)methyl stearate，分子结构如下所示。这非常类似于绿色植物中扮演光合作用主角的叶绿素 a 和叶绿素 b。

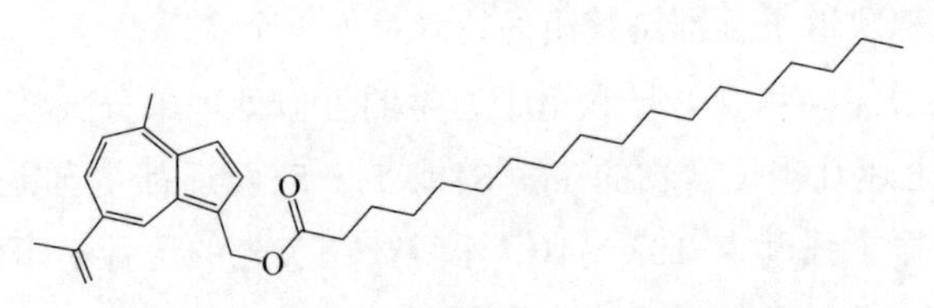

存在于 *L. indigo* 中的 Azulene 衍生物

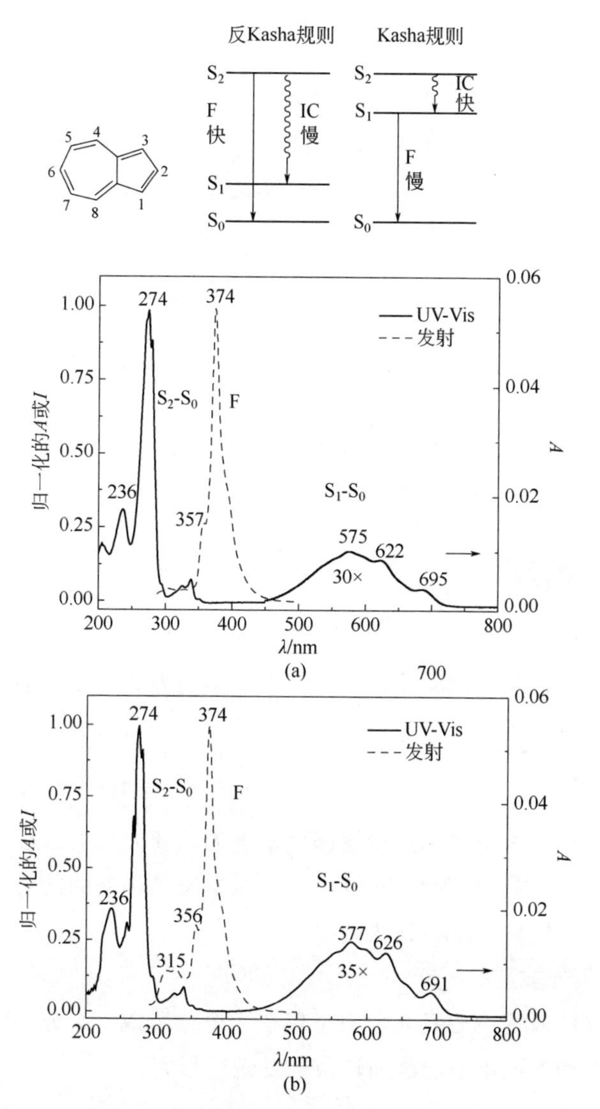

图 2-8　薁的分子结构、相对能级位置以及在乙腈（a）和甲醇（b）中的 UV-Vis 吸收和 S_0-S_2 荧光光谱（强吸收的 S_0-S_2 带和荧光 F 对应左侧纵坐标，弱吸收的 S_0-S_1 带对应右侧纵坐标。薁为蓝色固体，其乙腈和甲醇溶液也是蓝色的）

一些硫酮（C═S）类化合物也具有反 Kasha 规则的 S_2-S_0 发射特征[10]。图 2-9 典型地显示了金刚烷硫酮（三环[3.3.1.1]癸烷-2-硫酮）（Ⅰ）的吸收和荧光光谱。其他两种情况类似。

硫光气（Cl_2C═S）与上述例子相似，量子产率（S_2-S_0）约为 1.0，荧光寿命约为 10^{-6} s[3]。链状的 α-六噻吩包裹在单壁碳纳米管内时也可以产生反 Kasha 规则的荧光[11]。

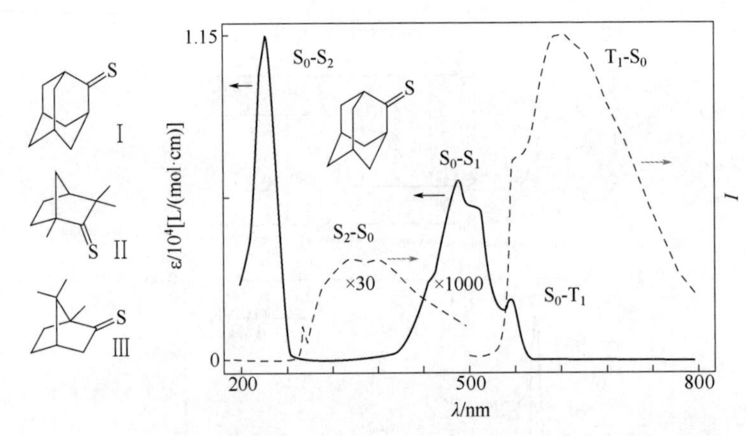

图 2-9 硫酮化合物Ⅰ、Ⅱ和Ⅲ的结构及硫酮Ⅰ在全氟溶剂中的吸收（实线）和发射光谱（虚线）

2.2 荧光的类型

根据不同的标准或条件可将荧光分成不同的类型。在此，以荧光衰减的时间特征为一维参数，以荧光物质的组成、状态、激励方式、激发态特征等为另一维参数分类如下。

2.2.1 瞬时荧光

瞬时荧光指由激发单线态直接返回到基态的快速光辐射过程，即对应于允许跃迁过程的荧光。或具有相同多重性的电子激发态到基态间的直接快速光辐射过程。时间尺度跨越飞秒、皮秒到亚微秒。

2.2.1.1 单体荧光发射

独立或分立的发光中心发光，电子仅在一个分子或一个分子的某个基团内部具有相同多重性的不同电子能级间转换，发光过程如下：

$$S_1 \rightarrow S_0 + h\nu \quad 或 \quad T_2 \rightarrow T_1 + h\nu \qquad (2\text{-}7)$$

2.2.1.2 二聚体荧光发射

（Ⅰ）发光二聚体分类

基于不同的分类依据，发光二聚体可以分为以下几种类型。

（1）动态激基缔合物和激基复合物

激基缔合物最早于 1954 年由 Förster 等在芘的溶液中发现并报道[12,13]。由激发态组分与基态组分同体聚合或缔合作用形成的二聚体为激基缔合物（excimer），即两个相同组分之间的激发态-基态二聚体；而异体聚合或缔合形成的二聚体为激基复合物（exciplex）。也可以说，一个激发态分子以确定的化学计量与同种或不同种基态分子因电荷转移相互作用而形成的激发态碰撞复合物分别称为激基缔合物和激基复合物。如激发态芘分子 Pyr*与基态芘分子形成的二聚体 $Pyr^* \cdot Pyr_0=S_1 \cdot S_0$，由三线态组分形成的 T-T 湮灭（TTA，T-Tannihilation）复合物或 $T \cdot T_0$ 复合物（如 $T \cdot {}^3O_2$）等，详见延迟荧光。

形成激基缔合物通常需要满足的条件如下：第一，两个平面性分子的面间距在约 0.35 nm 范围，具有接近于零的二面角；第二，浓度足够高，以致在激发态寿命期间可产生激基复合物的相互作用（如果两个缔合的分子以适当方式共价连接为一体，则浓度效应无效，见稍后的叙述）；第三，一个激发态的分子和一个基态分子的相互作用是吸引的。

动力学方面，在大约 mmol/L 浓度水平，在非极性溶剂中，对芘而言，从激发单线态形成到激基缔合物的形成大约需要 20～100 ns。因为一个激发态组分，要扩散到一个基态组分附近与之遭遇，并有效碰撞，是需要时间的。从这个角度，激基缔合物二聚体又称为动态激基二聚体（dynamic excimer），其二聚体稳定化能为 170 kJ/mol，而基态两个芘分子聚集体的作用能仅为约 70 kJ/mol[14]。

此外，在非极性溶剂环己烷中，芘激基二聚体形成的焓变ΔH 为−39.4 kJ/mol，熵变ΔS 为−73.7 J/(mol•K)，室温下 $T\Delta S$ 约为−22.0 kJ/mol，因此ΔG 约为−17.4 kJ/mol。说明，芘激基二聚体的形成是热力学有利的[15]。

（2）静态缔合物或复合物/二聚体

在晶体中，芘、蒽或类似分子以基态二聚体形式存在，如 $Pyr_0 \cdot Pyr_0$，属于典型的π-π堆积作用（π-π stacking）。在固态材料中，基态的聚集作用是一种普遍现象[16]。

在一定情况下的溶液中，基态芘分子也可以形成基态二聚体(ground dimer)，或称为静态二聚体（static dimer）。在光辐射吸收作用下，固态中的分子基态缔合物或复合物也可能产生激基缔合物/复合物。吸收光后基态二聚体中的一个单体处于激发态，与处于基态的单体仍然以二聚体形式存在，则可称为静态激基缔合物[17]。例如，如图 2-10 所示，在合成的杯芳烃基的芘分子探针 **1** 中，两个芘分子在基态以单体形式存在，当一个芘分子处于激发态时，可以与另一基态分子形成激基缔合物，属于“正常”的动态激基缔合物，此情况下两个芘分子无须通过长距离的扩散而遭遇。当探针 **1** 与 F^-作用形成 **1** • F^-复合物后，由于强的 N—H…F^-…H—N 双氢键拉近了两个基态芘分子的间距，形成基态二聚体，其特征可从吸收光谱观察到，见图 2-10（a）。与芘单体吸收光谱相比，基态二聚体吸收光谱大幅红移，无特征结构，半宽度更大，最大位于大约 400 nm。探针 **1** 的荧光光谱除了在 385 nm（依据溶剂和其他条件不同，单体最大发光波长不同，见本节其他部分或第 4 章）的单体荧光外，在 482 nm 显示“正常”的激基缔合物发射。但是，**1** • F^-复合物由于静态激基缔合物二聚体的形成，其二聚体发射光谱蓝移至 470 nm（λ_{ex} 346 nm），见图 2-10（b）。基于相似的原理，静态激基缔合物（λ_{ex} 344 nm/λ_{ex} 470 nm，水溶液）可用于测定细菌预警子（bacterial alarmone）ppGpp 和 pppGpp[18]。

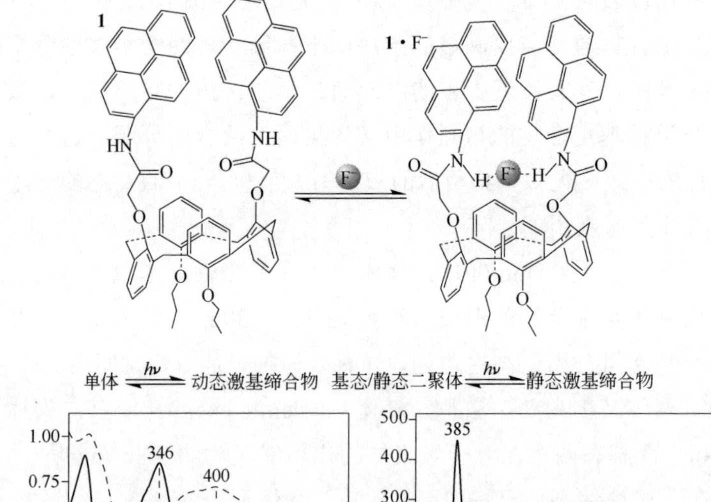

图 2-10　探针 **1** 以及 **1**·F^-复合物的分子结构和吸收（a）、发射（b）光谱（在乙腈溶液中）

（3）单线态激基缔合物和三线态激基缔合物

相对于单线态激基缔合物，三线态激基缔合物（$T_1 \cdot S_0$）键合能更小，缔合作用更弱，存在时间短，相应的延迟荧光或磷光更难以观测。但这也不是绝对的，如 *α*,*α*-二萘基丙烷（DNP）和 *α*,*α*-二萘基甲烷（DNM），这类芳烃二联体可以展示单体荧光、激基二聚体荧光和三线态激基缔合物磷光[19]，如图 2-11 所示。三线态激基缔合物磷光同样没有明显的精细结构，但峰宽度比激基单线态小得多，其磷光寿命与单体磷光寿命一致。而且，激基缔合物三线态应该由激基单线态经 ISC 过程而布居。此外，还可以观察到源于 T-T 湮灭的延迟荧光，且延迟荧光寿命是激基三线态磷光寿命的一半。激基三线态缔合物应该由电荷转移作用驱动，所以萘或更大的芳烃二联体容易形成激基三线态缔合物，而苯的类似二联体却难于形成，因为苯分子之间电荷转移能较小。

此外，也可以观察到分子间的三线态激基缔合物[20,21]，详见本章延迟荧光部分。

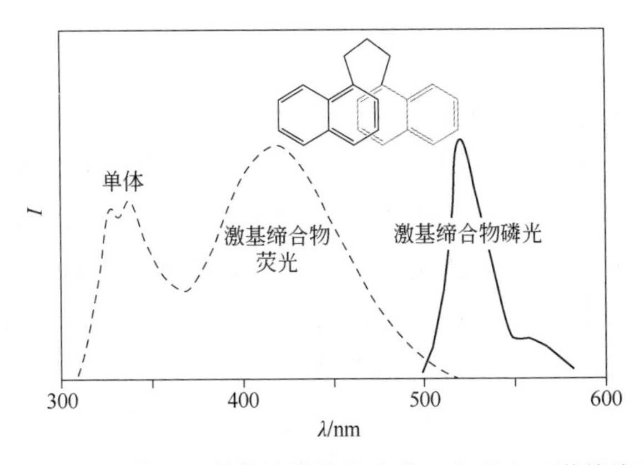

图 2-11　DNP 的荧光（单体和激基缔合物）和磷光（激基缔合物）非校正的光谱（异辛烷）

（Ⅱ）基态或激发态缔合物/复合物形成的驱动力[20]

基态二聚体：非极性分子间可能形成基态二聚体，如由π-π堆积作用形成的二聚体，所谓范德华力（静电力+色散力），实质上是四极矩-四极矩相互作用。相应的聚集体称为π-π堆积复合物。也有用电子供、受体相互作用或电荷供、受体相互作用解释的，即电荷转移或者诱导极化作用导致的静电吸引而引起二聚，相应的聚集体称为电子/电荷供受体复合物。但是，关于π-π堆积作用的驱动力，更流行的观点为克服π-π斥力的σ-π吸引相互作用。

激基缔合物[21]：极性分子间二聚体，由于偶极-偶极相互作用，实质上是静电吸引的，外加色散相互作用（如咔唑、二苯并呋喃和二苯并噻吩[21]）；当然，电荷转移导致的静电吸引也是一种途径。对于非极性分子间激基二聚体，除了上述范德华力（静电力+色散力，即四极矩-四极矩相互作用）外，激发态分子与基态分子间实际上也是静电吸引的，或者说，激发态极性的分子轨道（最低空轨道，LUMO）与基态分子轨道（最高占据轨道，HOMO）之间的轨道相互作用导致电荷转移，电荷转移后的两种组分是静电吸引的。

在三线态激基缔合物中，由于σ轨道和π轨道并非严格正交，一个分子的σ电子可以与另一分子的π电子相互作用。这样，激基缔合物的 $T_1(\pi\pi^*)$态就会混合少量的σπ*和πσ*成分。在此情况下，通过一中心自旋-轨道耦合，激基缔合物禁阻的 $T_1(\pi\pi^*)\rightarrow S_0$ 辐射跃迁可以借用允许的 $S_1(\pi\pi^*)\rightarrow S_0$ 辐射跃迁而大大增强[22]。与分子单体比较，激基缔合物的光谱通常发生红移，其原因是，最低激发三线态的分子具有各向异性分布的电荷，其与基态分子的永久偶极之间产生静电相互作用。

（Ⅲ）激基二聚体荧光发光机理和一般特征

发光过程涉及至少由两个分子形成的聚集体，发射过程即解离过程，如下式所示：

$$S_1+S_0 \longrightarrow [S_1 \cdot S_0] \longrightarrow 2S_0+h\nu \tag{2-8}$$

激基二聚体（包括激基缔合物和激基复合物）荧光具有如下特征：第一，激基缔合物或激基复合物具有不确定的振动特性，因而其发射光谱也显得宽而且没有振动精细结构。同时，与单个激发态分子比较，激基二聚体更稳定（能量更低），故其发射峰总是在波长更长的位置。第二，激基缔合物的极性较弱，其发射光谱对溶剂的依赖性也较小；激基复合物的极性较强，其发射光谱对溶剂的依赖性也较大。图 2-12 比较了芘分子单体、激基缔合物荧光和单体磷光光谱的相对位置以及光谱轮廓特点。在甲基环己烷或环己烷溶液中，芘激基缔合物荧光峰位于 470～480 nm，而在乙醇中位于 460 nm。激基缔合物的相对发光强度随芘浓度 1×10^{-4}～6×10^{-3} mol/L 的增加而增强[23]。同时，为了比较，也给出了芘单体的磷光光谱（测量条件：0.08 mmol/L 芘+4～6 mmol/L β-环糊精+几微升溴代环己烷）[24]。磷光光谱位于波长更长的区域，而且具有振动精细结构，明显区别于激基缔合物发射光谱。

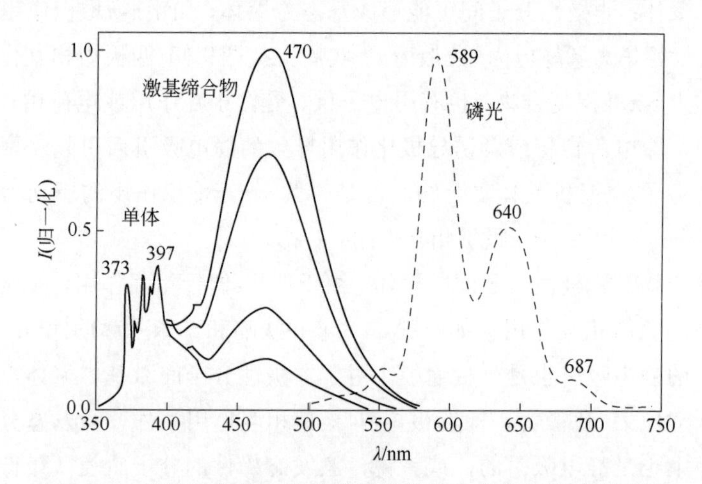

图 2-12　芘分子单体、激基缔合物荧光和单体磷光光谱比较

在单体发光的情况下，所有的电子都是从分子第一电子激发态（M*）的υ=0 振动能级跃迁到基态分子 M 的量子化振动能级的，因此可以看到精细振动结构。而激基缔合物只能存在于激发态，Franck-Condon 跃迁回基态时直接到了不稳定的解离态，在发生振动跃迁之前分子就解离了。聚集体不稳定解离态（但又不是独立或分立的一个分子）的最低能态，可以考虑为具有连续能级的结构状态。所以，发射达到一个不稳定的解离状态，发射光谱无特征精细结构[25]。

图 2-13 中下方的平滑单调曲线（点划线）代表两个基态分子的排斥势能。在大约 0.4 nm 的距离，随着基态 $Pyr_0 \cdot Pyr_0$ 分子对的距离接近（芳香体系的π-π堆积距离一般为 0.35 nm 左右），由于已占有π轨道的排斥作用，排斥势迅速增大。

上方的曲线（实线），相对于一个激发态分子和一个基态分子，其势能出现最小值，对应于由π*-π堆积而成的激基缔合物。实验测得，Pyr^*-Pyr_0距离为0.337 nm。

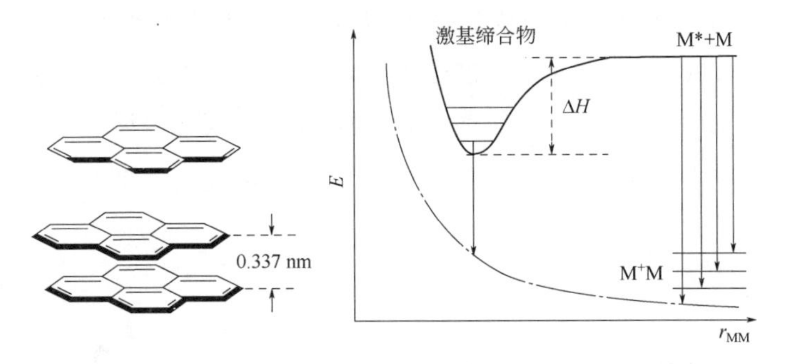

图 2-13　芘分子激基缔合物及其发射过程势能曲线示意图

（Ⅳ）二聚体荧光的某些应用

在实际应用中，一方面需要克服聚集作用对单体发光的猝灭作用；另一方面，可以利用聚集体发光改善或调制发光光谱或光衰减特征，以利于特殊的目的。例如，可以利用单体和激基聚集体发光的平衡转换，建立生物的传感体系，如图 2-14 所示。

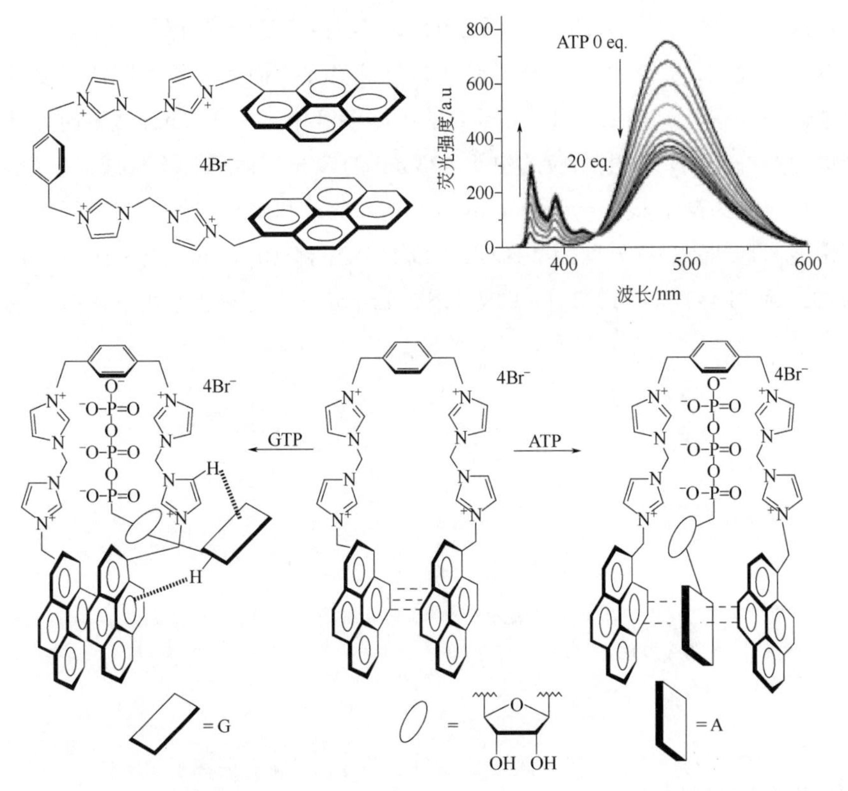

图 2-14　基于碱基腺嘌呤缔合对芘二聚体的破坏建立比率型荧光 ATP 传感器[26]

如图 2-15 所示的荧光探针，在甲醇介质中，芘单体的局域激发态（locally excited state）发射位于 386 nm。由于 Fe^{3+}与 1,2,3-三磷酸肌醇基团的配位作用诱导芘激基缔合物二聚体产生绿色荧光（510 nm），单体荧光猝灭。其二聚体中芘间距离 0.33～0.36 nm，二面角 3.29(3)°。与 Fe^{3+}（高自旋 d^5）电荷相同、半径接近、但非自旋猝灭型的 Ga^{3+}（d^{10}）同样使得芘单体荧光猝灭，激基缔合物二聚体荧光（515 nm）增强，并且强度是 Fe^{3+}存在时的 2 倍。

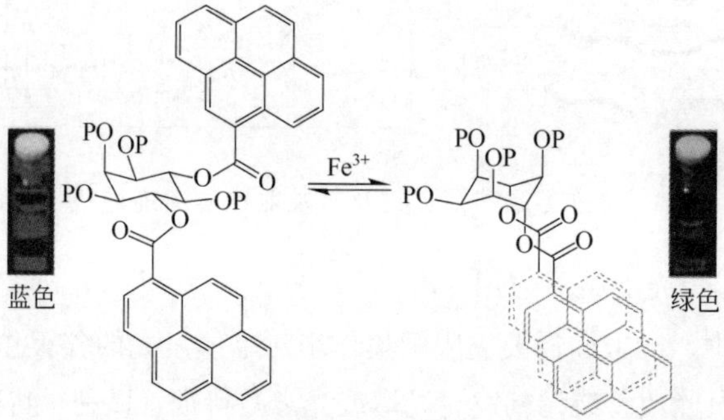

图 2-15　Fe^{3+}与 1,2,3-三磷酸肌醇基团的配位作用诱导芘二聚体绿色荧光[27]

Zapata 等[28]合成了如图 2-16 所示的双三唑鎓-芘基荧光探针 **2** 和 **3**。非常有趣的是两者的差别，前者作为阴离子受体是氢键供体，而后者作为阴离子受体是卤键供体。探针本身，在 2.5×10^{-6} mol/L 的丙酮溶液中，在 340 nm 激发时，前者可以形成激基缔合物，产生相应的位于 473 nm 的荧光，而后者不形成激基缔合物。两种探针对焦磷酸氢根（hydrogen pyrophosphate）和磷酸二氢根阴离子表现出好的识别能力，缔合常数分别为 **2**/$HP_2O_7^{3-}$或 $H_2PO_4^-$，$>10^6$ L/mol 或 3.16×10^5 L/mol；**3**/$HP_2O_7^{3-}$或 $H_2PO_4^-$，$>10^6$ L/mol 或 1×10^6 L/mol。在磷酸盐存在下，探针的单体

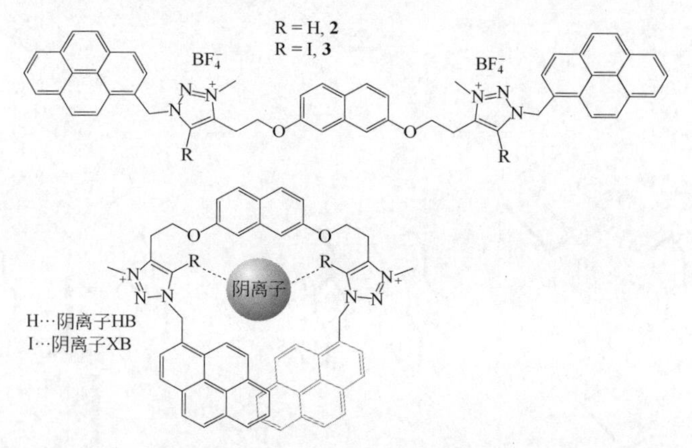

图 2-16　双三唑鎓-芘基荧光探针 **2** 和 **3** 以及键合阴离子的结构

HB—氢键；XB—卤键

荧光基本不变，而二聚体荧光持续增强。利用二聚体荧光和单体荧光强度变化的比率荧光法识别阴离子。由于碘的重原子猝灭作用，卤键供体的单体荧光和激基二聚体荧光大幅减弱，但仍然具有较强的可检测发光信号（前者量子产率 0.012，后者 0.0011）。

除了激基缔合物形成前后单体-聚集体荧光平衡转换外，芘分子的激基缔合物、激基复合物、基态复合物等，也有可能通过共振能量转移、激发态分子内质子转移机制实现离子或分子识别[29]。分子识别（molecular recognition），即当两个分子以某种/某些专属性相互作用的特殊方式相互接近时，作用对的势能将比以其它种不同逼近方式显著地降低。简单讲，分子识别就是分子间以一种专属性相互作用方式彼此结合为一体。分子结晶过程也是分子识别，或称为分子自识别过程，具有超乎寻常的可信度。物质的重结晶提纯是分子识别的典型应用。

相似地，还可利用蒽单体和聚集体发光光谱的相对变化建立（比率型）阴离子识别体系，如图 2-17 所示[30,31]。

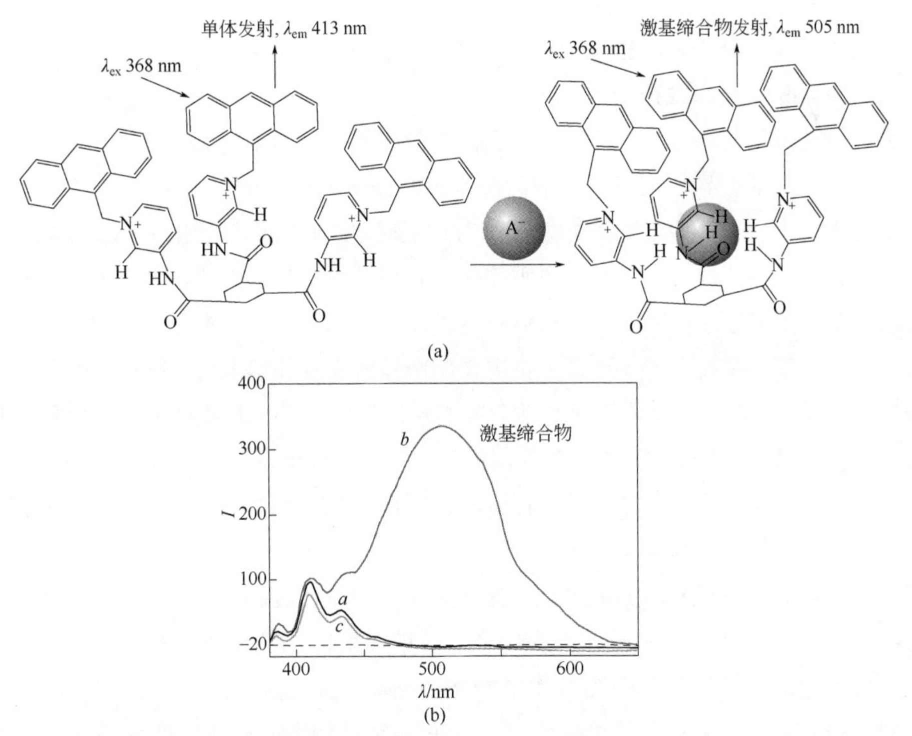

图 2-17 （a）通过蒽单体和激基缔合物转换识别磷酸二氢根离子的受体（A^-为磷酸二氢根离子）；（b）荧光光谱随阴离子的不同而变化［50 μmol/L，乙腈∶乙醇=9∶1（体积比）；激发波长 368 nm，单体发射 413 nm，激基缔合物发射 505 nm；光谱 $a=F^-$，$b=H_2PO_4^-$，c=其他测试过的阴离子和单体发光背景，水平虚线为基线］

2.2.1.3 电荷转移荧光（charge transfer complex fluorescence）

分子内电荷转移（intramolecular charge transfer，ICT）或扭曲的分子内电荷转移（twisted intramolecular charge transfer，TICT）荧光等涉及电子电荷转移现象，详见第6章。

2.2.1.4 激子复合发光

根据激子理论，激子复合荧光（exciton recombination）可以分为分立中心发光和复合中心发光。分立中心发光可以表达为 Frenkel 激子，而复合中心发光源于 Wannier 激子。分立中心发光和复合中心发光具有不同的衰减特征和发光寿命的定义，见本章稍后部分和第10章量子限制状态下的发光理论。分立中心的发光也进一步分为分立中心的自发发光和受迫发光，但本书只介绍前者。正负自由基、电子-空穴对复合过程所发射的荧光属于复合发光。在半导体发光材料中，由激活剂形成两类发光，即分立中心的发光和复合发光。

2.2.1.5 其他分类及多光子激发荧光和上转换荧光

（1）Stokes 荧光、反 Stokes 荧光和共振荧光

在原子荧光分类中，根据荧光波长和吸收波长间的关系，将其分为 Stokes 荧光、反 Stokes 荧光和共振荧光（Stokes 位移为零）。但在分子荧光中较少这样分类，因为分子能级的复杂性，以及容易受到溶剂效应等环境因素的影响，分子荧光与原子荧光有显著的差异，大多情况下，检测到的分子荧光都属于 Stokes 荧光。当某分子荧光光谱与其吸收光谱或激发光谱有重叠时，实际上也体现出反 Stokes 荧光和共振荧光。这种情况下，荧光的自吸收作用将会发生，甚至是严重的，尤其在高浓度时。这对荧光量子产率的测定产生一定程度的干扰。例如，多环芳烃芴的激发光谱最大位置和其荧光发射光谱最大位置之间的差值仅有几纳米，实际可以看作准共振荧光。而瑞利散射和拉曼散射经常会被误判为荧光，这将在第11章予以介绍。目前，也有将双光子吸收或上转换荧光叫做反 Stokes 荧光的，这似乎不太妥当，因为传统的反 Stokes 荧光和双光子或上转换荧光有着本质的差别，参见本节稍后部分。

（2）基体隔离线性荧光

基体隔离线性荧光（Shpol'skii 荧光），即在极端低温条件下荧光分子所产生的线性化或准线性化发射光谱，呈现丰富的精细结构。虽然在早期人们对基体隔离线性荧光比较感兴趣，但测量比较繁琐，如需要液氮 77 K 或液氦 4.2 K，应用受到限制。不过，其在理解能级跃迁特点和能级结构方面有一定的重要性，在此试举一例[32]。图 2-18 为实验装置图，图 2-19 比较了萘的 Shpol'skii 荧光光谱和普通荧光光谱。与室温溶液相比，在 4.2 K 的发光光谱呈现出非常好的光谱精细结构。但无论室温还是 4.2 K，最强的发光都在大约 320 nm，其次为 335 nm。其他

精细结构的位置和强度都能与室温光谱对得上。从 4.2 K 光谱也可看出，萘的 0-0 发射应该位于 315 nm，而在室温光谱中显示为难以分辨的 316 nm 处的肩峰，无论室温还是低温，0-0 跃迁都不是最强的峰。再有，萘的荧光量子产率，在 77 K 为 0.4～0.55，在 4.2 K 为 0.5；菲的荧光量子产率在 77 K 为 0.12～0.14，在 4.2 K 为 0.15。可见，从室温到 77 K，荧光量子产率可能会有一定的提高，但从 77 K 到 4.2 K，荧光量子产率变化并不显著。而荧光带状光谱变成了准线性光谱，变化显著。

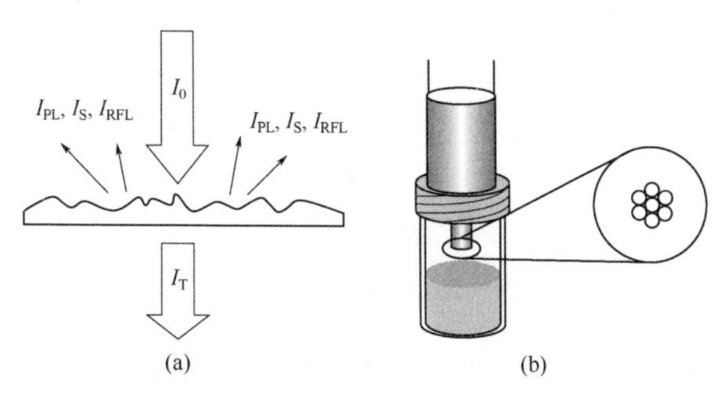

图 2-18　测量 Shpol'skii 荧光实验装置图[32]

（a）冷冻基体表面的光辐射情况［I_0=入射辐射，I_T=透射辐射，I_S=散射，I_{PL}=光致发光（荧光和磷光），I_{RFL}=反射］；（b）位于样品基体之上的低温光纤探头前尖端示意图［光纤探头与铜质套管连接，样品位于铜质套管内，将套管浸入装有液氮或液氦的杜瓦（Dewars）瓶中，样品冷冻仅需 90 s 或更短，每天可以测试 15～20 个样品，60 L 液氦可以维持三周］

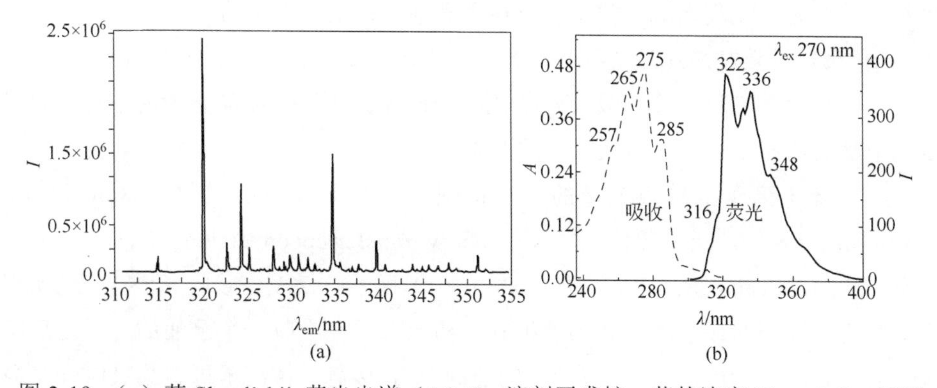

图 2-19　（a）萘 Shpol'skii 荧光光谱（4.2 K，溶剂正戊烷，萘的浓度 10 mg/mL，延迟 10 ns 记录，门时间 1000 ns）和（b）萘的普通吸收和荧光光谱（萘的浓度 1.0×10^{-4} mol/L，溶剂为乙醇，比色皿 10 mm×10 mm，狭缝带宽：吸收光谱 1 nm；激发 10 nm/发射 2.5 nm，激发波长 270 nm）

（3）多光子激发和上转换荧光

多光子激发荧光（multi-photon excitation）和上转换荧光（up-conversion fluorescence）是目前非常热门的研究领域，尤其在生物成像方面，由于使用红外或近红外光子，对生物样品破坏作用小，备受青睐。

① 多光子激发的物理学原理可以简化地借用公式（2-9）予以解释：

$$N_{Pn} = \sigma_n I^n \tag{2-9}$$

N_{Pn} 为 n 光子吸收数目（n=1, 2, 3, …，分别对应于单光子、双光子、三光子等吸收过程），光子数/s；σ_n 为 n 光子吸收过程的有效吸收截面（cross-section），$cm^{2n} \cdot s^{n-1}$/光子 $^{n-1}$；I 为光强度，光子数/($cm^2 \cdot s$)。单光子吸收过程是一阶线性光学过程，相互作用强，吸收效率高。而双光子和三光子等多光子吸收分别为二阶、多阶光学过程，效率低（可类比偶极-偶极相互作用与四极矩-四极矩相互作用的差别）。因此，若将激光束的强度衰减 1/2，则单光子激发的荧光也相应衰减 1/2，而双光子和三光子激发荧光分别衰减 3/4 和 7/8，以此类推。

② 双光子激发涉及几乎同时吸收两个光子的过程，第一个光子激发分子到达一个虚态[33]。按照不确定性原理（Heisenberg uncertainty principle），假定用 810 nm（1.53 eV）光激发时，该虚态具有 0.2 fs 的寿命，时间 t 测不准量约 $\frac{h}{4\pi E_\nu}$，在这个时间窗口内，第二个光子产生微扰作用，使分子被激发到一个稳定的可观察的量子态。

③ 对于中心对称分子，单光子激发时，分子轨道的宇称奇偶性必须发生变化（g→u 或 u→g）；而双光子激发时，分子轨道的宇称奇偶性保持不变。由于吸收选律不同，单光子吸收光谱与多光子吸收光谱难以预期是否相同。

④ 双光子激发是同时吸收两个光子后实现能级跃迁，并发射出较高能量的光子，而上转换荧光泛指连续吸收两个或多个低能光子发射高能光子的过程。这是多光子激发荧光与稀土上转换荧光的区别。

产生稀土离子上转换荧光的三种机理[34]分别是激发态吸收（excited state absorption，ESA）、能量转移上转换（energy transfer upconversion，ETU）和光子雪崩（photon avalanche，PA）。如图 2-20（a）所示，激发态吸收（ESA）是实现上转换荧光过程的最基本的光物理机制。稀土离子在吸收一个泵浦的光子之后，从其基态能级 E_0 跃迁至亚稳态的中间能级 E_1。接着，该离子再继续吸收一个泵浦光子跃迁至较高的激发态能级 E_2，完成激发态能级的布居。在条件允许的情况下，在此基础上还可以继续吸收光子，就形成了多光子的吸收。布居于较高激发态能级的电子以辐射跃迁形式返回基态，从而形成上转换发光。

能量转移上转换（ETU）与 ESA 相似，都是通过连续吸收双或多光子布居较高的电子能级。区别之处在于，ESA 是单个离子的行为，而 ETU 是通过相邻的两个稀土离子之间的能量转移来实现的。如图 2-20（b）所示，两个相邻的相同或异种基态稀土离子，先同时吸收相同能量的泵浦光子达到 E_1 亚稳态，然后两者之间发生非辐射能量转移，其中一个离子弛豫回基态 E_0，另一稀土离子则跃迁至更高激发态 E_2。上转换发光效率与稀土离子的掺杂浓度和距离密切相关。

光子雪崩（PA）机理是较复杂但最有效的。如图 2-20（c）所示，首先，稀土离子从基态通过弱的非共振吸收布居到 E_1 态，接着再通过激发态共振吸收过程布居到 E_2 态。处于 E_2 激发态的稀土离子与其相邻的处于 E_1 能级的稀土离子发生交叉弛豫（cross-relaxation energy transfer）或离子对弛豫（ion pair relaxation），从而使得相邻两个离子都布居到中间激发态 E_1。进一步地，通过激发态共振吸收过程，两个离子都布居到 E_2，每个离子又与各自相邻的离子发生交叉弛豫，如此反复，布居到 E_2 态的离子指数般地增加，可发射荧光的处于 E_2 态的离子数就雪崩般地增加，即“光子雪崩”过程。由此可见，光子雪崩光物理机制是 ESA 和 ETU 相结合的过程。由于光子雪崩过程依赖于在中间能态累积的离子数，所以明显的光子雪崩过程只发生在稀土离子掺杂浓度足够高的体系中。

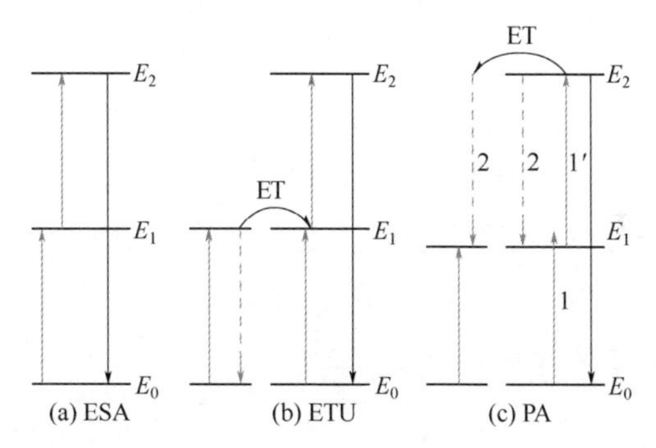

图 2-20　稀土离子上转换荧光的三种光物理机制

⑤ 双或多光子激发荧光需要强光源（多光子吸收过程是非线性二阶、多阶光学过程，效率低）；需要相当强的光子干涉（高光密度激光作用下）；要求强的分子极化作用（一般为共轭体系大的有机分子，摩尔吸光系数达到百万以上）；涉及非本征态；理想的情况下无能量损失（如 800 nm 激发，产生 400 nm 光发射）；需要更大的吸收截面。不过，对于卟啉，如均四（对磺酸基-苯基）卟吩（TSPP），虽然吸收截面相对较低，810 nm 时为 30 GM（1 GM = 10^{-50} cm^{-4} • 光子$^{-1}$ • 分子$^{-1}$），但也能产生可观的双光子吸收和发射。

稀土离子上转换荧光也需要强光源（非线性二阶光学过程，效率低，光越强，上转换效率越高，20%～30%就已经不错了。普通光源转换效率太低，无法检测到）；涉及虚拟和本征态能级间的复杂作用，能量有损失（如 800 nm 激发，产生 600 nm 或 500 nm 光发射）。

⑥ 有机分子荧光体或荧光基团产生的多光子吸收激发荧光也可以经过溶剂弛豫或其他过程损失一部分能量。比如发光源于色氨酸残基的蛋白（从其发光波长的位置可以判断，该残基埋于蛋白折叠结构的深处）[35]，如图 2-21（a）所示，以285 nm单光子激发，产生位于330 nm的荧光。对570 nm的双光子激发或855 nm的三光子激发，同样产生 330 nm 荧光。当利用红外或近红外光激发样品时，是否发生多光子激发过程，可以简单地验证如下：当将激光束的强度衰减 1/2 时，单光子激发的荧光也应该相应衰减 1/2，而双光子和三光子激发荧光分别衰减了 3/4 和 7/8。图 2-21（a）所示的结果符合此理论预测，说明发生了多光子激发吸收过程。判断多光子激发的另一例子如下：图 2-21（b）表示另外一种染料分子与 DNA 复合物（4′,6-二脒基-2-苯基吲哚-DNA 复合物，DAPI-DNA）的单和多光子激发荧光光谱[36]。普通的单光子激发波长为 360 nm，这个波长接近于染料分子的最大吸收位置，发光光谱最大波长大约 453 nm。而采用激发波长 830 nm 和 885 nm 时，发光波长仍然为大约 453 nm。830 nm 激发应该是双光子过程，相应的单光子激发波长应该位于 415 nm，属于所涉及染料分子吸收光谱的较弱位置。而885 nm激发属于双光子过程还是三光子过程？首先从吸收光谱来讲，在420 nm以上区域染料分子没有任何吸收，所以不会是双光子过程。其次，将激光束的强度衰减 1/2，则 360 nm 单光子激发的荧光也相应衰减了 1/2，而 830 nm 和 885 nm 激发的荧光分别衰减了 3/4 和 7/8，符合理论预测的单、双、三光子激发模式。在这两种情况下的多光子激发荧光和上转换荧光并无本质的区别。

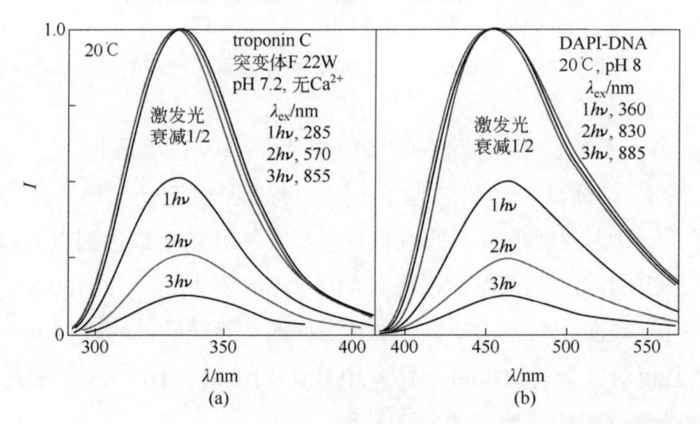

图 2-21 （a）单光子（$1h\nu$）、双光子（$2h\nu$）和三光子（$3h\nu$）激发的蛋白 troponin C 突变体 F 22W 归一化发射光谱；（b）单光子（$1h\nu$）、双光子（$2h\nu$）和三光子（$3h\nu$）激发的 DAPI-DNA 归一化发射光谱

同时显示随着激发光减弱 1/2 相应的发光减弱情况：单光子、双光子和三光子激发光强度降低 1/2，发光强度分别降低 1/2、3/4 和 7/8。（a）和（b）中，单光子、双光子和三光子激发的三条归一化荧光光谱几乎重叠在一起，说明激发能量不同但发光源于同一发光体

2.2.2 延迟或延时荧光

相对于瞬时荧光而言，在时间尺度上，延迟（或延时）荧光（delayed fluorescence，DF）寿命比瞬时荧光长 3～6 个数量级，与磷光相当。延迟荧光主要分为 E 型延迟荧光和 P 型延迟荧光，另外一种类型是通过三线态激基缔合物途径产生的。

2.2.2.1 E 型延迟荧光：热活化延迟荧光

以图 2-22 所示的曙红类荧光分子为代表的延迟荧光，称为 E 型延迟荧光（E-DF）。这类延迟荧光涉及热活化的逆向系间窜越（ISC_2），因此也叫热助或热活化延迟荧光（thermally activated delayed fluorescence，TADF）。

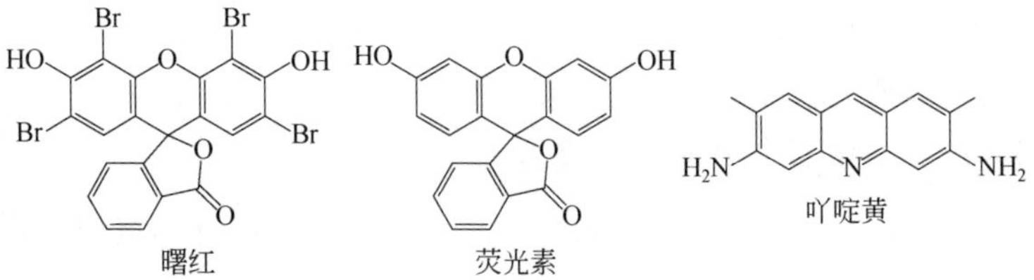

图 2-22 曙红、荧光素和吖啶黄分子结构

E 型延迟荧光产生机理如下：

电子由热助作用经历逆向的系间窜越 ISC_2 返回到 S_1 态，进而以辐射形式释放激发能：

$$S_0 \rightarrow S_1 \rightarrow S_0 + h\nu_F \tag{2-10}$$

$$S_1 \rightarrow T_1 \quad ISC_1 \tag{2-11}$$

$$T_1 \rightarrow S_1 \quad ISC_2 \tag{2-12}$$

$$S_1 \rightarrow S_0 + h\nu_{E\text{-}DF} \tag{2-13}$$

磷光强度和延迟荧光强度可以表示为：

$$I_P = k_P[T_1] \tag{2-14}$$

$$I_{DF} = \Phi_F k_{ISC_2}[T_1]\exp(-\Delta E/RT) \tag{2-15}$$

$$I_{DF}/I_P = (\Phi_F k_{ISC_2}/k_P)\exp(-\Delta E/RT) \tag{2-16}$$

式中，Φ_F 代表荧光量子产率；k_P 代表磷光辐射速率常数；k_{ISC_2} 代表 ISC_2 过程的速率常数；ΔE 代表三线态能级分裂值，也就是产生热活化延迟荧光的活化能。由式（2-15）或式（2-16），可以从实验上测量三线态能级分裂值ΔE。同时，该值也可以通过荧光光谱与磷光光谱的 0-0 跃迁的差值获得，两种途径得到的结果应该接近或一致。

产生 E-DF 的条件是：①$\Delta E_{T\text{-}S}=21\sim42$ kJ/mol（$S_1 \rightarrow S_0$ 和 $T_1 \rightarrow S_0$ 的 0-0 跃迁能量差）。$\Delta E_{T\text{-}S}$ 太小，容易发生 $S_1 \rightarrow T_1$ 窜越，利于磷光，而不利于荧光；$\Delta E_{T\text{-}S}$ 太大，会超出热助力所能及的范围。②由于自旋禁阻的过程，相对于 ππ*组态，当激发态电子组态为 nπ*时 k_{ISC} 更大，更易产生 E-DF。

E-DF 寿命与所伴随的磷光寿命基本相同。这可从速率常数来理解，$\tau_P=1/(k_{ISC_1}+k_{ISC_2}+k_P)$，$\tau_{E\text{-}DF}=1/(k_{E\text{-}DF}+k_{ISC_1}+k_{ISC_2})$；假定 k_{ISC_2} 和 k_{ISC_1} 基本相等，为 10^9。瞬时荧光过程非常快，也为 10^9 量级。也就是说，在寿命表达式的分母项中，无论 k_P 或 $k_{E\text{-}DF}$，都是一个可以忽略的因素。所以就有：$\tau_P \approx 1/(k_{ISC_1}+k_{ISC_2})$，$\tau_{E\text{-}DF} \approx 1/(k_{ISC_1}+k_{ISC_2})$，$\tau_{E\text{-}DF}/\tau_P \approx 1$。

E-DF 强度与磷光强度之比，与三线态形成速率、三线态的猝灭无关，与吸收强度也无关。但 E-DF 发射速率与温度有关[37,38]：

$$k_{E\text{-}DF}=A\exp(-\Delta E_{T\text{-}S}/RT) \quad 或 \quad \Phi_{E\text{-}DF}/\Phi_P=\tau_{P0}\Phi_F A\exp(-\Delta E_{T\text{-}S}/RT) \qquad (2\text{-}17)$$

式中，A 为频率因子，可视为常数。可见，在一定范围，随温度升高，E 型延迟荧光强度增加。假定 k_{ISC_1} 与温度无关，通过实验估计热活化延迟荧光活化能的 Arrhenius 方程（2-17），以延迟荧光与磷光量子产率或发光强度之比的对数值对 $1/T$ 作图，即可得到活化能。式中，量子产率比值可以用发光强度或光谱积分面积比值代替。

另外，在固态光致或电致发光材料领域，假定 $k_P << k_{ISC_2} << 1/\tau_F$，可推导出 E 型延迟荧光热活化能的表达式[39,40]：

$$k_{ISC_2}=\overline{k_{ISC_2}}\exp(-\Delta E_{ST}/k_BT) \quad 或 \quad k_{ISC_2}=\overline{k_{ISC_2}}\exp(-\Delta E_{ST}/RT) \qquad (2\text{-}18)$$

式中，$\overline{k_{ISC_2}}$ 为绝热逆向 ISC 过程的平均速率常数，k_B 是玻尔兹曼常数，R 是气体常数。

$$k_{ISC_2}=(k_F k_{E\text{-}DF}/k_{ISC_1})(\Phi_{E\text{-}DF}/\Phi_F) \Rightarrow \overline{k_{ISC_2}}\exp(-\Delta E_{ST}/k_BT) \qquad (2\text{-}19)$$

假定 k_{ISC_1} 与温度无关，并根据实际情况估计一个数，如 $10^7\ s^{-1}$ 量级。由此测得不同温度下的荧光、延迟荧光速率常数和相应的量子产率，即得 k_{ISC_2}。再由对数化的式（2-18）作图，可得到活化能。

单就活化能测量而言，式（2-17）也许更简便。

多环芳烃有时候也产生 E 型延迟荧光[41]。晕苯（coronene）或均六苯并晕苯在多氢晕苯中可以产生 E 型延迟荧光和磷光。电子基态具有 D_{6h} 对称性，由于磷光带的 0-0 跃迁非常弱，应该属于对称性禁阻的跃迁。但在振子外重原子效应（vibronic external heavy-atom effect，即振动诱导电子态的自旋-轨道耦合）影响下，0-0 跃迁会增强，甚至变得最强。其中，均六苯并晕苯在不同温度下的发光寿命分别为：23℃，5.10 s 和 5.00 s；33℃，4.95 s 和 4.95 s；58℃，4.25 s 和 4.20 s；74℃，3.80 s 和 3.80 s；81℃，3.35 s 和 3.50 s。可见，E 型延迟荧光和相伴的磷光寿命基本一致。均六苯并晕苯的荧光带 0-0 跃迁位于大约 21650 cm^{-1}，磷光带的 0-0 跃迁位于大约 17700 cm^{-1}。通过 $\ln(I_{E\text{-}DF}/I_P)$对 $1/T$(K)作图，求得活化能 3700 cm^{-1}（44.4 kJ/mol），与荧光和磷光光谱 0-0 跃迁差值 3950 cm^{-1}（47.3 kJ/mol）具有统计学的一致性。

2.2.2.2 P 型延迟荧光：三线态-三线态湮灭

这类分子的延迟荧光是通过三线态-三线态湮灭（T-T 湮灭）而产生的，由于首先在以芘（pyrene）为代表的芳香烃分子中观察到，所以称之为 P 型延迟荧光，缩写为 P-DF。所谓 T-T 湮灭，即两个激发三线态相互碰撞，通过物间能量重新分配，一个上升到 S_1（能量上转换），另一个下降到 S_0，而 S_1 态分子衰减发光，即延迟荧光。可以表示如下：

$$T_1(\uparrow\uparrow) + T_1(\downarrow\downarrow) \longrightarrow S_1(\downarrow\uparrow) + S_0(\uparrow\downarrow) \tag{2-20}$$

这是一个自旋允许交换过程，自旋守恒，由扩散控制。

$$S_1 \longrightarrow S_0 + h\nu_{P\text{-}DF} \tag{2-21}$$

产生这类延迟荧光，一般要求 $\Delta E_{T\text{-}S}$>83.7 kJ/mol，以防止发生逆向系间窜越；激发态电子组态为 ππ*时，通常发生系间窜越速率较小，相比于 nπ*态，更易产生 P-DF（详见磷光一章）。至于三线态的产生机制，大多通过 S_1-T_1 系间窜越产生，但也可以由直接激发、三线态敏化等机制产生。

P 型延迟荧光受 T-T 湮灭机制支配，但当活化能接近于热活化机制的阈值时，也许由于热活化机制会额外地增加延迟荧光强度[42]。

P 型延迟荧光强度应随溶液黏度增加而下降，因双分子过程是扩散控制的。所以：

$$\frac{\Phi_{P\text{-}DF}}{\Phi_F} = \frac{1}{2} P_c k_{diff} I_0 (\Phi_T \tau_T)^2 \tag{2-22}$$

式中，P_c 为有效碰撞概率；k_{diff} 为扩散速率。

P 型延迟荧光寿命约为相伴随磷光寿命的一半。这是双分子 T-T 湮灭机制的特点，与三线态产生过程、三线态衰减以及三线态湮灭进而发光过程有关，可以表示如下[23,38,43-45]：

$$S_0 \xrightarrow[I_a]{h\nu_a} S_1 \tag{2-23}$$

$$S_1 \longrightarrow S_0 + h\nu_F \qquad k_F[S_1] \tag{2-24}$$

$$S_1 \xrightarrow{k_{ISC}} T_1 \qquad I_a \Phi_T \tag{2-25}$$

$$T_1 \xrightarrow{k_p} S_0 + h\nu_p \qquad \sum k_T[T] \tag{2-26}$$

$$T_1 + T_1 \xrightarrow{k_x} X \qquad k_x[T]^2 \tag{2-27}$$

$$X \xrightarrow{k_s} S_1 + S_0 \qquad k_s[X] \tag{2-28}$$

$$X \xrightarrow{k_{pro}} S_0 + S_0 \qquad k_{pro}[X] \tag{2-29}$$

$$S_1 \xrightarrow{k_{DF}} S_0 + h\nu_{P\text{-}DF} \qquad k_{P\text{-}DF}[S_1] \tag{2-30}$$

式中，I_a为吸收强度；X 代表 T-T 复合物；k_s为单线态形成速率；k_{pro}为基态产物速率。

由于自旋禁阻跃迁的特性，预期在不太强的激发辐射作用下，三线态浓度[T]不会太大，所以稳态近似处理中可忽略三线态浓度的高次方项$[T]^2$。这时延迟荧光的发光强度可以表示为：

$$I_{P\text{-}DF} = \frac{k_X k_s}{k_s + k_{pro}} \left[\frac{k_{ISC} I_a}{k_P (k_{P\text{-}DF} + k_{ISC})} \right]^2 \tag{2-31}$$

可见，延迟荧光强度是与入射光强度的平方成正比的。同时，延迟荧光的速率常数为：

$$k_{P\text{-}DF} = -\frac{d(\ln I_{P\text{-}DF})}{dt} = -\frac{d(\ln[T]^2)}{dt} = -2\frac{d(\ln[T])}{dt} = 2k_P \tag{2-32}$$

所以：

$$\tau_{P\text{-}DF} = \frac{1}{2}\tau_P \tag{2-33}$$

这一结论是在一定的近似条件下得到的。

理解 P 型延迟荧光和相伴磷光寿命关系的详细过程如下[46]。对于晶体或固态材料，延迟荧光和磷光两种衰减过程源于三线态，时间相关性三线态激子密度 n（可替代三线态浓度[T]）为：

$$\frac{dn}{dt} = kI_0 - k_P n - k_{P\text{-}DF} n^2 + D\vec{\nabla}^2 n \tag{2-34}$$

式中，k、k_P、$k_{P\text{-}DF}$ 和 D 分别为激发强度相关常数、磷光衰减速率常数、延迟荧光（T-T 湮灭）速率常数和溶液扩散常数。

为了解析方程（2-34），不得不对其简化，可以忽略 kI_0 和 $D\vec{\nabla}^2 n$ 项（在延迟测量或磷光模式下，观察信号时辐射于晶体材料或溶液的 I_0 项为零；对于 T_1-S_0 辐射跃迁的一级衰减过程，扩散项影响很小）。于是：

$$\frac{dn}{dt}=-k_P n-k_{P\text{-}DF}n^2 \tag{2-35}$$

此式可以变形为：

$$\frac{dn}{n}-\frac{dn}{n+\dfrac{k_P}{k_{P\text{-}DF}}}=-k_P dt \tag{2-36}$$

对其积分产生：

$$\lg\frac{(n_0 k_{P\text{-}DF}+k_P)n(t)}{[n(t)k_{P\text{-}DF}+k_P]n_0}=-k_P t \tag{2-37}$$

取自然对数：

$$\frac{n(t)}{n_0}\times\frac{(n_0 k_{P\text{-}DF}+k_P)}{[n(t)k_{P\text{-}DF}+k_P]}=e^{-k_P t} \tag{2-38}$$

$$n(t)=n_0 e^{-k_P t}\times\frac{1}{1+\dfrac{k_{P\text{-}DF}n_0}{k_P}(1-e^{-k_P t})} \tag{2-39}$$

式（2-39）是时间相关三线态激子密度 $n(t)$的指数形式表达式，其中乘号右边一项代表偏差，是 T-T 湮灭影响的结果。取对数后，式（2-39）变形为：

$$y=\ln\frac{n(t)}{n_0}=-k_P t-\ln\left[1+\frac{k_{P\text{-}DF}n_0}{k_P}(1-e^{-k_P t})\right] \tag{2-40}$$

实验观察到的$\Phi_P \propto n$、$\Phi_{P\text{-}DF} \propto n^2$，或 $I_P \propto n$、$I_{P\text{-}DF} \propto n^2$。于是得到：

$$I_P=Ak_P n=n_0\times\frac{Ak_P}{1+\dfrac{k_{P\text{-}DF}n_0}{k_P}(1-e^{-k_P t})}\times e^{-k_P t} \tag{2-41}$$

$$I_{P\text{-}DF}=\frac{1}{2}Bk_{P\text{-}DF}n^2=\frac{1}{2}Bk_{P\text{-}DF}n_0\left[\frac{1}{1+\dfrac{k_{P\text{-}DF}n_0}{k_P}(1-e^{-k_P t})}\right]^2 e^{-2k_P t} \tag{2-42}$$

式中，A 和 B 分别为磷光辐射跃迁一级衰减动力学分数和 T-T 湮灭产生荧光单线态的分数。

由于三线态寿命 $\tau_T = \dfrac{1}{k_P}$，则：

$$\tau_T = \tau_P = 2\tau_{P\text{-}DF} \quad (2\text{-}43)$$

延迟荧光衰减比磷光快两倍。

延迟荧光（DF）测量的优点：DF 具有高的灵敏度，为研究溶液中三线态性质提供了一种工具。从 DF 中可以得到三种系间窜越速率，并可直接观察到 T-T 猝灭作用。

由 T-T 湮灭产生的 P-DF 和由激基二聚体产生的二聚体荧光有所不同：

这两种过程都涉及一个复合物（complex）的中间态。但是，由 T-T 湮灭而产生的 P-DF 是一个双光子过程，受体本身也是受激体：

$$T_1+T_1 \rightarrow [T_1 \cdot T_1] \rightarrow S_1+S_0 \quad (2\text{-}44)$$

$$S_1 \rightarrow S_0+h\nu_{P\text{-}DF} \quad (2\text{-}45)$$

而激基二聚体产生的荧光是一个单光子过程：

$$S_1+S_0 \rightarrow [S_1 \cdot S_0] \rightarrow 2S_0+h\nu \quad (2\text{-}46)$$

2.2.2.3 通过三线态激基缔合物产生的延迟荧光

为了区分激发单线态-基态型激基缔合物或复合物，这里将三线态-基态激基缔合物或复合物表示为 T-激基缔合物或复合物（T-excimer/exciplex，为了简便起见，以下简称为 T-激基缔合物）。如上所述，单分子的三线态可以经历 T-T 湮灭途径而产生 P-DF，由一个 T-激基缔合物衰减产生磷光（T-ex-P），而由一对 T-激基缔合物之间经历 T-T 湮灭途径而产生延迟荧光（T-ex-DF）[20]。如下所示：

$$^1M \rightarrow {}^1M^* \quad (2\text{-}47)$$

$$^1M \rightarrow {}^3M^* \quad (2\text{-}48)$$

$$^3M^*+{}^3M^* \rightarrow {}^1M^*+{}^1M \rightarrow 2{}^1M+h\nu_{P\text{-}DF}\ (P\text{-}DF) \quad (2\text{-}49)$$

$$^3M^* \rightarrow {}^1M+h\nu_P \text{（正常的磷光）} \quad (2\text{-}50)$$

$$^3M^*+{}^1M \rightarrow {}^3E^*\ ({}^3M^*\cdot{}^1M) \text{（T-激基缔合物）} \quad (2\text{-}51)$$

$$^3E^*+{}^3E^* \rightarrow {}^1E^*({}^1M^*\cdot{}^1M)+{}^1E(2{}^1M) \rightarrow 2{}^1E(4{}^1M)+h\nu_{T\text{-}ex\text{-}DF} \quad (2\text{-}52)$$

$$^3E^* \rightarrow {}^1E(2{}^1M)+h\nu_{T\text{-}ex\text{-}P} \quad (2\text{-}53)$$

式中，$^1M^*$表示激发单线态；^1M 表示基态单线态；$^3E^*$表示分子间三线态激基缔合物；^1E 表示基态单线态二聚体（大多情况下解缔合为两个基态单体分子）。

从上述方程也可以预测，T-激基缔合物产生 T-T 湮灭进而产生延迟荧光需要较高的浓度，而产生磷光则需要较低的浓度。因此，T-T 湮灭机制的延迟荧光容易获得，而磷光则不容易获得，信噪比较差（光谱显得不那么平滑）。但是，在室温和激光激发条件下的流体溶液中同时观察 T-激基缔合物的 T-T 湮灭延迟荧光和 T-激基缔合物磷光也非难事。当 T-激基缔合物的湮灭速率大大超过总的一分子衰减速率时，开始出现延迟荧光的起始时间就代表分子间 T-激基缔合物形成的时间或时间范围［式（2-51）］。

咔唑、二苯并呋喃和二苯并噻吩三种杂环类似物可以形成这种特征的延迟荧光和磷光，并可同时观察到。三种化合物的磷光峰分别位于 490 nm、520 nm 和 550 nm。相对于单体的磷光［式（2-50）］，T-激基缔合物磷光［式（2-53）］表现出红移趋势，其原因是，最低激发三线态分子具有各向异性分布的电荷，其与基态分子的永久偶极之间产生比分子四极矩更强的静电相互作用。而且，T-激基缔合物的磷光寿命是 T-激基缔合物延迟荧光寿命的 2 倍，这个结果为 T-激基缔合物磷光和延迟荧光的归属提供了动力学依据[23,24]。要观察到 T-激基缔合物的磷光和 T-激基缔合物的延迟荧光，需要通过时间分辨技术将瞬时荧光、延迟荧光和磷光逐层辨离，在适当长的延迟时间状态得到清晰的 T-激基缔合物磷光光谱。如图 2-23 所示，咔唑仅有较短波长处单体的瞬时或 T-T 湮灭延迟荧光［式（2-49）］和大约

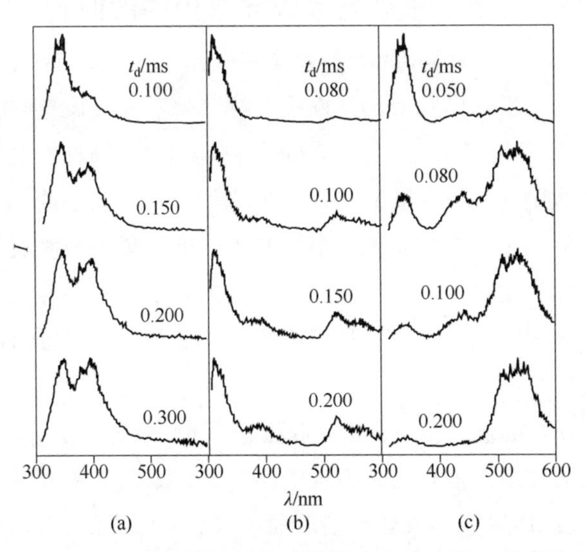

图 2-23　三种杂环类似物的时间分辨发光光谱比较（异辛烷溶剂）

（a）咔唑，1.5×10^{-4} mol/L；（b）二苯并呋喃，2.0×10^{-4} mol/L；（c）二苯并噻吩，5.4×10^{-4} mol/L

400 nm 处的 T-激基缔合物延迟荧光［式（2-52）］，随着延迟时间的增加，T-激基缔合物延迟荧光显得更明显。而其他两个化合物，除了单体荧光和更弱的 T-激基缔合物延迟荧光外，还产生 T-激基缔合物磷光［式（2-53）］，波长大于 500 nm，且随延迟时间的增加而凸显。此外，二苯并噻吩在大约 450 nm 弱发射为其单体磷光。

2.3 荧光光谱的基本特征

荧光激发和荧光发射光谱所提供的信息包括发光强度、光谱形状（中心频率和半峰宽）、光谱整体位置、光谱的精细结构以及精细结构间的距离（即相关振动能级差）、最可几跃迁能级等。解析和剖析光谱信息时也要留意光谱的肩峰（shoulder peak），即在吸收、激发和荧光光谱曲线的上升或下降一侧（光谱的较短波长边或较长波长边）有停顿或稍有增加的趋势，可以根据这种趋势直接估计肩峰的位置，也可以更准确地利用高斯模型对其进行解析（假定纯的光谱符合高斯曲线模型，重叠的光谱是由高斯曲线叠加的），这可由 OriginLab 软件完成。吸收或发光光谱的这种肩峰一定包含着一些结构信息，包括分子之间相互作用的信息。再者注意，荧光光谱的强度不能准确代表荧光量子产率。荧光量子产率是与荧光光谱整个覆盖的面积相关的。所以，比较两个荧光染料的荧光行为时，不仅仅要比较其在特定频率或波长处的发光强度。

2.3.1 荧光激发光谱的形状与吸收光谱极为形似

吸收光谱：吸光度（absorbance）或摩尔吸光系数（ε）或振子强度（f）与吸收波长的函数关系。仅表示物质选择性吸收特定频率或波长光子的能力。

荧光激发光谱（fluorescence excitation spectrum）：简称激发光谱。是测量荧光样品的总荧光量随激发波长变化而获得的光谱，它反映不同频率或波长的激发光产生荧光的相对效率。在固定的发射波长处，变化激发或吸收波长，测量发光强度，就得到激发光谱。所以，激发光谱实际为物质发光强度与吸收波长的函数关系，利用激发光谱可以得知选择性地吸收什么波长光子可以引起在特定波长处产生最强的光发射强度。

荧光发射光谱（fluorescence emission spectrum）：常称为荧光光谱或发射光谱。是分子吸收辐射后在不同波长处再发射的结果，它表示在所发射的荧光中各种波长组分的相对强度。用物质的发射光谱的面积来表示荧光的总量称为“总荧光量”。在固定的激发或吸收波长处，测量一定波长范围内的发光强度，就得到发射光谱。所以，发射光谱就是物质发光强度与发射波长的函数关系。利用荧光发射光谱可知选择性吸收特定频率的光子后，物质从 S_1 或 S_2 激发态零振动能级到基态的什么振动能级之间的光辐射跃迁是最可几的。

任何荧光化合物都具有特征的激发光谱和发射光谱，它们是荧光分析法进行定性和定量分析的最基本的参数。如图 2-24 所示，常温下大多数荧光物质的荧光光谱只有一个荧光带，而吸收光谱具有几个吸收带。当分子刚性强或处于刚性环境中时，光谱将呈现特征的振动精细结构。荧光激发光谱与吸收光谱既相似，又有差异性，就吸收带（ππ*或 nπ*）而言，吸光系数大的吸收带未必导致强的荧光。这样的结果就是，吸收光谱最强的吸收带，在荧光激发光谱中可能表现很弱，而在吸收光谱中吸收较弱的吸收带，在荧光激发光谱中可能表现为较强的光谱带。然而，一般情况，就第一电子激发态与基态之间的吸收和荧光辐射过程而言，吸收过程是最可几的，相应的荧光辐射过程也一定是最可几的。

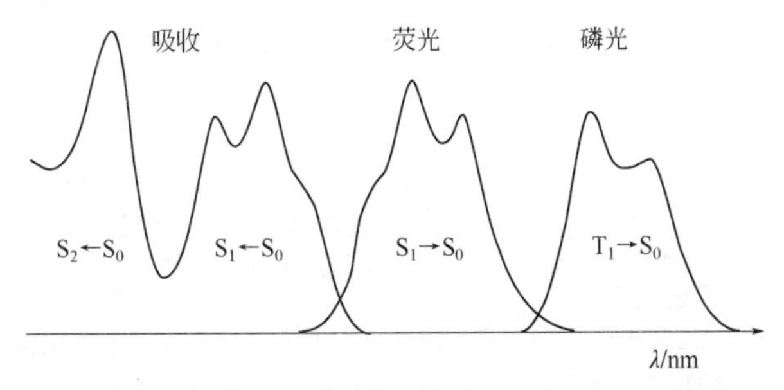

图 2-24　吸收光谱（两个吸收带）和发光光谱（荧光和磷光各为一个发射带）

2.3.2　荧光发射光谱的形状与激发光的波长无关

如图 2-4 所示，荧光起源于第一电子激发单线态的最低振动能级，而与荧光物质原来被激发到哪个能级无关，这是 Kasha 规则的必然结果。激发波长会影响发光的强度，但不会影响发射光谱的现状，或者说不影响发射光谱带的中心频率和半峰宽。

荧光激发光谱或荧光发射光谱的精细结构间的能量差，反映激发态或基态振动能级，与红外吸收光谱的特征振动频率相吻合。

对于无机半导体激子复合发光，尤其对于近些年半导体量子点的发光，虽然发射光谱的形状（中心频率和半宽度）也是固定的，由于导带和价带以及带隙的特点，不好用 Kasha 规则解释，不过，其荧光发射光谱的形状与激发光波长也无关。而目前报道的许多荧光纳米材料，如贵金属纳米簇、碳点等，其发射光谱形状则展现出激发光波长依赖性。再有，在无机半导体本体、无机半导体量子点、无机纳米材料中掺杂金属离子发光，如 Mn^{2+}、稀土离子等也不好用 Kasha 规则解释。Mn^{2+}的发光光谱简单，似乎符合 Kasha 规则。但稀土离子发光呈现多个具有线光谱特征的磷光带，分别源于同一激发态到基态不同能级的跃迁（见第 9 章），而不像分子分立能级间的跃迁那样，发光源于第一电子激发单线态最低振动能级到基态各振动能级的跃迁。

2.3.3 发射光谱的轮廓和镜像关系

分子发射光谱的轮廓与第一电子激发能级吸收光谱极为相似，且呈镜像关系，如图 2-25 所示。按照跃迁选律和 Franck-Condon 原理，最可几吸收跃迁也是最可几发射跃迁。在辐射衰变过程中，Franck-Condon 因子的作用和吸收过程一样，将决定光谱的带宽或带的形状。

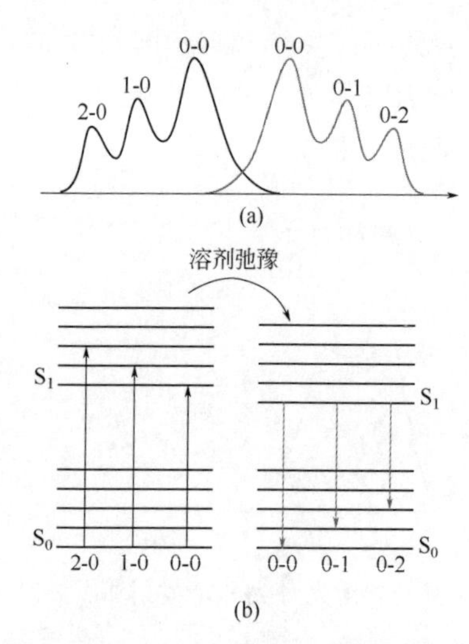

图 2-25 第一电子激发态能级吸收光谱与发射光谱呈镜像关系（a）和相应的跃迁过程（b）

同样，薁分子的 $S_2 \rightarrow S_0$ 荧光光谱与 $S_2 \leftarrow S_0$ 吸收光谱也具有镜像关系（见图 2-8）。

荧光光谱与第一激发单线态镜像关系有时会发生偏离，这与基态分子和激发态分子的性质差别有关，详见第 3 章 3.3 节。

荧光激发光谱或第一电子激发态能级吸收光谱和发射光谱呈镜像关系，那么磷光光谱也是这样吗？分两种情况：①$S_1 \leftarrow S_0$ 吸收（因为大多情况下，T_1 态的布居是通过 $S_1 \leftarrow S_0$ 吸收，进而 $S_1 \rightarrow T_1$ 系间窜越完成的）和 $T_1 \rightarrow S_0$ 跃迁的磷光光谱之间；②$T_1 \leftarrow S_0$ 吸收和 $T_1 \rightarrow S_0$ 跃迁的磷光光谱之间。应该说，在这两种情况下，有时都能观察到这种镜像关系，在刚性的介质中比在流动性的介质中镜像关系更好，但不如图 2-25 所示的荧光光谱那样典型。图 2-26 进一步比较了蒽分子的荧光和三线态吸收布居的磷光光谱的镜像关系。蒽分子具有刚性结构，基态和激发态势能曲线最低点具有一定小的位移（以 9, 10-位为轴线，激发态蒽分子略微弯曲为 V 形对称结构）。所以，具有强的 0-0 和 0-1 跃迁。图 2-26 所示的荧光光谱与相应的吸收光谱的镜像关系优于磷光光谱与三线态吸收光谱之间的镜像关系。那么为什么大多情况下磷光发射光谱与吸收光谱之间的镜像关系较差呢？首先，因为三线态寿命长，具有足够的时间与溶剂分子或环境化学组分相互作用，达到与单线激发态不同的平衡构象。其次，三线态和激发单线态之间的能隙相对较小，振动耦合也可能会使得光谱变形。第三，猝灭剂的作用也许导致磷光光谱变形。

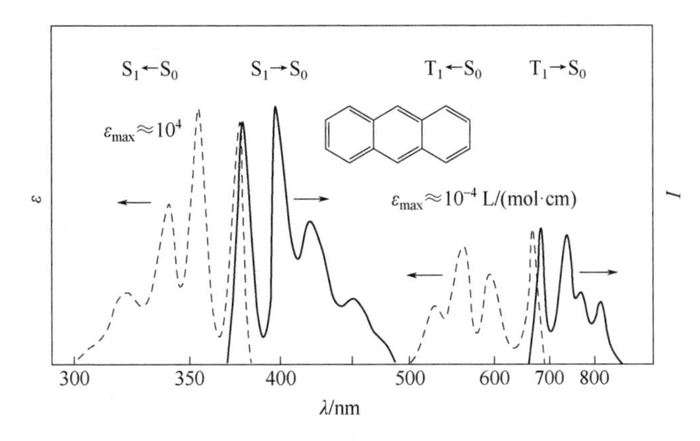

图 2-26　蒽分子 $S_1 \leftarrow S_0$ 吸收和荧光光谱以及 $T_1 \leftarrow S_0$ 吸收和磷光光谱的镜像关系

在传统的有机分子荧光染料中，物质的激发光谱与发射光谱基本呈镜像关系，在纳米荧光材料中是否有这样的性质？答案是否定的。在凝聚态或纳米荧光材料中的带隙能级（或激子复合发光）不具有分子体系那样分立的振动结构。

2.3.4　斯托克斯位移

斯托克斯位移$\Delta\nu$（Stokes shift）指吸收或激发峰位与发射峰位的能量之差（以波数 cm^{-1} 表示）。它表示激发态分子在返回到基态之前，在激发态寿命期间能量的消耗，是振动弛豫、内转换、系间窜越、溶剂效应和激发态分子变化的总和。可表示为：

$$\Delta\nu = 10^7\left(\frac{1}{\lambda_{ex}} - \frac{1}{\lambda_{em}}\right) \tag{2-54}$$

式中，λ_{ex} 和 λ_{em} 分别是校正后的最大激发波长和发射波长（以 nm 为单位）。严格地讲，$\Delta\nu$应该指荧光光谱相对于到第一电子激发态吸收光谱的红移，通常应该用吸收和发射光谱的 0-0 跃迁来表示。但由于一般情况下最可几吸收也是最可几发射，所以采用最大激发和发射波长也可以。不过需要注意，斯托克斯位移并不一定都是基态到第一电子激发态 0-0 吸收跃迁与荧光发射光谱 0-0 跃迁的能量差，比如芘分子的 $S_1 \leftarrow S_0$ 吸收是对称性禁阻的，相应的吸收或激发光谱很弱，甚至难以检测得到，所以无法从实验光谱估计 0-0 吸收跃迁的位置。

在一定的高温条件下，由于热助作用，可能出现反斯托克斯荧光，与此对应的为反斯托克斯位移，此处将不予讨论。

产生斯托克斯位移的机理将在溶剂效应中介绍（详见第 4 章）。在此以萘的光谱为例说明斯托克斯位移。与图 2-19 萘的 Shpol'skii 荧光光谱比较来看，0-0 发射跃迁估计为 316 nm 更合适。如图 2-27 所示，萘的吸收光谱与荧光光谱 0-0 跃迁的差值为(316−285) nm=31 nm，而斯托克斯位移 $\Delta\nu = 10^7(1/\lambda_{ex}-1/\lambda_{em}) = 10^7\times(1/285-1/316)\ \text{cm}^{-1} = 3442\ \text{cm}^{-1}$。

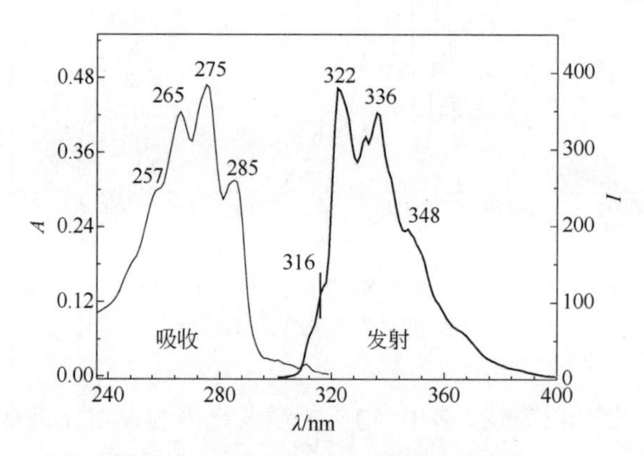

图 2-27　萘的吸收光谱和发射光谱

室温，萘的浓度为 1.0×10^{-4} mol/L，溶剂为乙醇，比色皿 10 mm×10 mm；
狭缝带宽：吸收光谱 1 nm，荧光激发 10 nm，荧光发射 2.5 nm；激发波长 270 nm

2.4　荧光衰减和荧光寿命

2.4.1　荧光衰减模型

分立中心是指被激发出的电子始终未离开中心，从吸收到发射光子的整个光物理过程完全局限在一个中心内部，发光中心之间没有相互作用。对于固体或晶体发光材料，分立中心在晶格中比较独立，基质晶体场对发光中心只能产生一种微扰作用（perturbation）。分立中心发光不会产生光电导。三价稀土离子形成的发光中心是典型的分立发光中心。量子点发光不是分立中心发光，但掺杂其中的 Mn^{2+}、Cu^{2+}或 Co^{2+}等也属于分立发光中心，金簇或纳米金粒子的发光也可能源于分立发光中心，参见第 9、10 章。

对于分立中心发光，假设不存在任何其他的衰减过程，则激发态粒子 M*随机的自发发射遵从一级动力学模型：

$$\text{M}^* \xrightarrow{k} \text{M} + h\nu \tag{2-55}$$

$$\frac{\text{d}[\text{M}^*]}{\text{d}t} = -k[\text{M}^*] \tag{2-56}$$

$$[M^*] = M_0^* e^{-kt} \quad (2\text{-}57)$$

假设发光强度正比于激发的发光中心的数目：

$$I_F \propto [M_t^*] \quad (2\text{-}58)$$

则其随时间的变化符合指数模型：

$$I_t = I_0 e^{-kt} \quad (2\text{-}59)$$

式中，I_0为指前因子。

如果体系存在两个独立的组分，则可以双指数衰减模型来表达：

$$I_t = I_{t1} + I_{t2} = I_{01} e^{-k_1 t} + I_{02} e^{-k_2 t} \quad (2\text{-}60)$$

也就是说，对于包含多个独立的衰减组分的荧光体系，总的发光强度等于个别组分单指数衰减强度之和：

$$I(t) = \sum_{i=1}^{n} \alpha_i \exp(-k_i t) \quad (2\text{-}61)$$

式中，α_i为第 i 种组分的指前因子。比如，含单或多色氨酸残基的蛋白质，因所处位置不同，或蛋白质基体环境不同，色氨酸残基可能具有不同的构象状态，因而发光衰减特征不同。

2.4.2 荧光寿命的定义

定义荧光的自然寿命（或称本征寿命，即辐射的自然寿命）τ_0为：在光脉冲激励之后，使发射强度下降到它的初始强度的 1/e 所需要的时间。根据此定义和单组分荧光衰减模型 $I_t = I_0 e^{-kt}$ 可以得到如下的表达式：

$$\frac{1}{e} I_0 = I_0 e^{-kt} \Rightarrow \tau_0 = \frac{1}{k} \quad (2\text{-}62)$$

式中，k为激发态分子单位时间内发射的光子次数，即荧光速率常数。将 $\tau_0=1/k$ 代入单组分荧光衰减方程可得：

$$I_t = I_0 e^{-t/\tau_0} \quad (2\text{-}63)$$

式（2-63）和式（2-59）实际上是一致的，都表示荧光衰减过程中，某时刻 t 时的荧光强度，只不过一个通过荧光寿命来表达，一个与荧光速率常数相关。由此可以从实验上测量荧光寿命或速率常数。

荧光自然寿命可通过摩尔吸光系数或振子强度加以估计：

$$\tau_0 \approx \frac{10^{-5}}{\varepsilon_{\max}} \tag{2-64}$$

或

$$\tau_0 \approx \frac{1.5}{\bar{\nu}_{\max}^2 f} = 10^{-9}\,\mathrm{s} \tag{2-65}$$

一般说来，越易激发的能级衰减越快。对于禁阻的跃迁，振子强度小于1或非常小，自然寿命较长。因此，弱吸收带暗含着长寿命，而强吸收带暗含着短寿命。

假定除了荧光衰减过程外，还有其他与之竞争的非辐射过程，则实际或表观的荧光寿命为：

$$\tau_{\mathrm{obsd}} = \frac{1}{\Sigma k_i} = \frac{1}{k_{\mathrm{F}} + k_{\mathrm{IC}} + k_{\mathrm{q}} + \cdots} \tag{2-66}$$

式中，k_{F}为荧光发射速率常数；k_{IC}为内转换速率常数；k_{q}为荧光猝灭速率常数。与式（2-62）相比，可以看到，由于其他猝灭过程的影响，荧光寿命是下降的。

应该注意，通常遇到的荧光或磷光发光体系，实际上是众多相同或不同发光分子的集体贡献。这些化学性质相同或不同的分子，各自吸光或发光是相互独立的。也就是说，分子发射都是自发地、独立地、非相干地进行的，因而各个分子发出来的光子在发射方向和初始位相等方面都是不同的。因而，实验上测定到的荧光寿命或荧光的其他参数都是一种统计平均结果。当荧光物质被激发后，有的在激发态停留时间长，有的在激发态停留时间短，这就构成了荧光衰减曲线。除非，测量单分子或单纳米粒子的荧光（单分子荧光成像检测一例，见第4章4.2.3节）。这就像一颗枣树上成熟的红枣，不人为地扰动它，枣儿会不时地、一粒一粒地掉下来（相当于光的自发发射）。但是，如果剧烈地摇动枣树，枣儿会在极短的时间内几乎一起掉落下来（相当于光的受激发射）。

假定一体系具有n个荧光组分，如组成不同的荧光分子，在同一激发辐射作用下，都能发光；或同一组成的荧光分子，可能具有不同的构象，或存在于不同的微环境，并且在每一环境中发光体具有相同的辐射衰减速率。那么，这种多发光组分在某一时刻t的总的荧光强度与第i种发光组分的发光寿命τ_i相关的表达式（2-61）可以变化为[47,48]：

$$I(t) = \sum_{i=1}^{n} \alpha_i \exp(-t/\tau_i) \tag{2-67}$$

每一个衰减组分相对于总的稳态（steady-state）强度的分数贡献（fractional contribution）f_i 为：

$$f_i = \frac{\alpha_i \tau_i}{\sum_{i=1}^{n} \alpha_i \tau_i} \tag{2-68}$$

式中，$\alpha_i \tau_i$ 项正比于每一衰减时间对应的衰减曲线下覆盖的面积。$\sum \alpha_i$ 和 $\sum f_i$ 可归一化到一个单位。假如存在 n 个衰减组分，则平均寿命为：

$$\overline{\tau} = \frac{\sum_{i=1}^{n} \alpha_i \tau_i^2}{\sum_{i=1}^{n} \alpha_i \tau_i} = \sum_{i=1}^{n} f_i \tau_i \tag{2-69}$$

寿命以及寿命的分数贡献/贡献分数是表达激发态分子的衰减和特定激发态组分与激发态总组分的比例问题。在多组分衰减体系中，分数贡献不一定正比于某一组分基态分子的浓度。基态组分 A 的浓度高，也可能对发光强度的贡献小；而基态组分 B 的浓度低，也可能对总发光强度的贡献大。所以要看在测量条件下激发态失活的速率。虽然基态浓度高，但形成激发态的分子并不一定多，且激发态的分子失活也可能快。这样对可测发光的贡献可能并不大。比如，同一化合物在环糊精水溶液中，若处于环糊精刚性的腔体内，其激发态分子寿命长，尽管浓度低，但对总发光强度贡献大；而在环糊精腔体外的同一分子，尽管浓度可能比包在腔体中的大，但可能发光寿命短，对总发光强度贡献小。

2.4.3 荧光寿命的测量——时间分辨技术

2.4.3.1 基本原理

时间分辨技术，即利用各组分发光衰减的差异性将激发光波长相近的各组分的发光信号进行分离的方法。关于激发态的衰减，可以通过记录时间与强度/光子数目的关系，或者光频位相的变化给予表征，分别对应于时域（time domain）和频域（frequency domain）方法。前者，即所谓的时间分辨技术，更容易受到化学家青睐。所以，该处仅介绍时域时间分辨技术。

荧光衰减规律可以表达为：

$$I_t = I_0 e^{-t/\tau_0} \tag{2-70}$$

上式取对数可得：

$$\ln I_t = \ln I_0 - \frac{t}{\tau_0} \tag{2-71}$$

由 $\ln I_t$ 对 t 作图，如图 2-28 所示，由斜率求出 τ_0（注：由于发光强度对应于 t 时刻的激发态群体，如此得到的荧光寿命为平均寿命）。

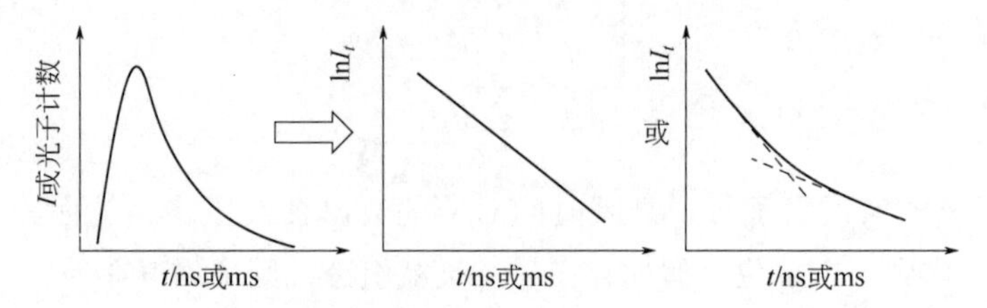

图 2-28　发光衰减以及利用作图估计荧光寿命

衰减曲线为发光强度或光子计数与时间的函数关系，随后转化为对数强度或对数计数与时间的关系曲线

可分辨的时间尺度与仪器能力相关：几十毫秒到秒级的发光寿命测量，利用稳态光源附加斩波器（shopper）或旋转筒（rotating can）或示波器（oscilloscope）就可以实现。实际上，现在还有荧光分光光度计采用斩波方式分辨荧光和磷光的，如日立荧光分光光度计系列，仅可用于估计几十毫秒以上的磷光寿命。而原 Varian 和原 Perkin-Elmer 公司的荧光分光光度计系列则采用微秒级闪烁灯光源和时间-门控装置区分荧光和磷光，所测磷光寿命在几十微秒以上应该是可信的，100 μs 以上应该是准确的。而亚毫秒到微秒或纳秒，甚至皮秒级的发光寿命测量，必须利用纳秒到飞秒级脉冲光源（闪烁 Xe 灯或激光器等）和时间-门控装置的瞬态光谱仪。此外，利用条纹相机（streak camera）光谱仪测量发光衰减、研究激发态动力学行为更为方便[49]。

脉冲法激发测量荧光寿命，可采用脉冲取样法和光子记数法。脉冲取样法在激发脉冲之后的一定时间间隔直接记录发射光谱，但会受到光源脉冲宽度变形的影响，须加以校正。光子记数法检测的是脉冲和第一个光子到达之间的时间。光子记数法灵敏度高，可以得到很好的时间分辨（约 0.2 ns）[50]。

测试原理可用图 2-29 和图 2-30 表示：

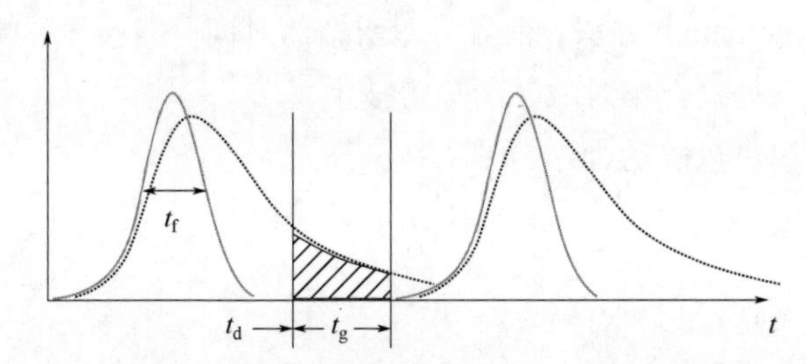

图 2-29　光源衰减-样品衰减光谱和寿命测试中时间参数的设置原理

t_f—脉冲半宽度；t_d—延迟时间，即脉冲开始到观测信号之间的时间间隔；t_g—门时间，记录信号的时间

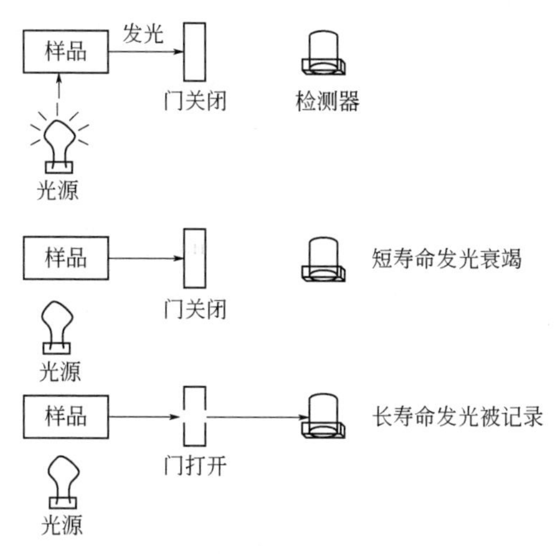

图 2-30　寿命测量中的门控装置原理（尤其是机械的旋转筒式寿命测量）

2.4.3.2　实验数据的解析：解卷积法和尾部拟合

（1）卷积的概念

若已知函数 $f_1(t)$和 $f_2(t)$，则其积分：

$$\int_{-\infty}^{+\infty} f_1(\tau)f_2(t-\tau)\mathrm{d}\tau \tag{2-72}$$

称为函数 $f_1(t)$与 $f_2(t)$的卷积（convolution），记为 $f_1(t)f_2(t)$：

$$f_1(t)f_2(t)=\int_{-\infty}^{+\infty} f_1(\tau)f_2(t-\tau)\mathrm{d}\tau \tag{2-73}$$

卷积就是一种数学运算方式，满足交换律、结合律。其物理意义就是一个函数在另一个函数上的加权叠加（而不是简单的线性叠加）。

（2）解卷积

按照前述的发光衰减模型测到的实验数据，可以利用卷积数学模型来处理。为了得到个别函数的表达式，就需要将卷积函数解析开来，这就是解卷积（reconvolution）。实际上，脉冲激励后，测到的原始衰减数据包括快、慢衰减的样品组分，脉冲光源的贡献和可能的噪音等。而且快衰减的组分可能与脉冲光源的衰减在同一量级，如果不采用解卷积分析，则会失去那些有价值的信息。

仪器响应函数（脉冲源+噪声）$E(t)$、样品响应函数 $X(t)$和样品衰减模型 $R(t)$可以用卷积积分来表达：

$$X(t)=\int_0^t E(t')R(t-t')\mathrm{d}t' \tag{2-74}$$

$$R(t)=C+\sum_{i=1}^{n}\alpha_i\exp(-t/\tau_i) \tag{2-75}$$

式中，$R(t)$代表样品的真实的发光衰减，其中常数 C 为仪器相关的常数，如暗电流带来的噪声等。图 2-31 为实际测得的荧光衰减曲线。图中标注了适于尾部拟合和含有卷积数据的区域。

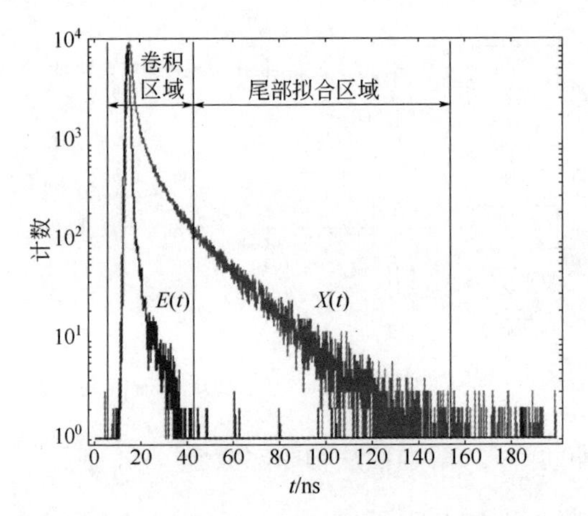

图 2-31 典型发光衰减曲线以及卷积区域和尾部区域

（3）尾部拟合

尾部拟合（tail fit analysis）适用于不再有激发光脉冲干扰的衰减曲线区域。或者说，尾部拟合适用于样品中那些具有长衰减时间的组分。这种情况下，就不需要仪器响应函数了。图 2-32 显示的是典型的时间曲线以及适合于尾部拟合的数据范围。

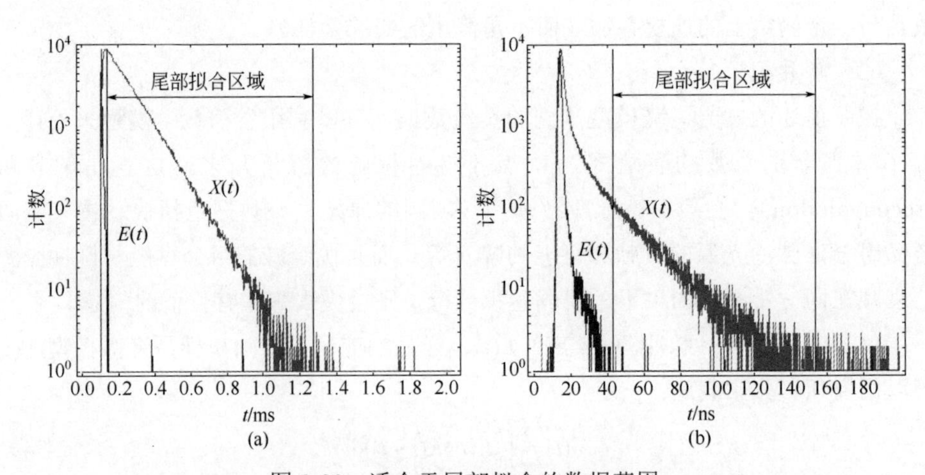

图 2-32 适合于尾部拟合的数据范围

（a）慢衰减曲线（磷光或三线态衰减在这一时间尺度）；（b）典型的纳秒级荧光衰减曲线

（4）拟合质量评估

多种方法可以评判拟合质量（goodness of fit）。其中，最简单的是残差或加权残差计算。即每个实测数据点与拟合曲线预测点之间的差值或偏差。残差的表达很直接，容易理解。

$$Y_i = X_i - R_i \quad 或 \quad Y(t_i) = X(t_i) - R(t_i) \tag{2-76}$$

式中，$X(t_i)$和$R(t_i)$的含义同前；X_i和R_i分别为测量值和按照拟合函数所得的预测值。好的拟合残差应该分布在0上下。进而，可以利用每个数据点的标准偏差，对残差进行权重，即得加权残差$Y(t_i)$：

$$Y(t_i) = \frac{X(t_i) - R(t_i)}{\sigma(i)} = w_i[X(t_i) - R(t_i)] \tag{2-77}$$

式中，$\sigma(i)$是第i次测量数据的标准偏差，也就是预期结果的不确定性；$w_i=1/\sigma(i)$，称为权重因子。在单光子检测体系中，数据符合泊松（Poisson）分布，$\sigma(i)=X(t_i)^{1/2}$。利用权重残差表示拟合质量更好，因为加权残差比残差更明显。好的拟合曲线，加权残差应该分布在0上下，且其平均值接近单位1[51]。

同样，最常见最广泛应用的另一判断方法是基于非线性最小二乘法（the nonlinear least squares）的卡方（χ^2）检验（chi-square test/chi-square goodness-of-fit test）[52]。卡方，即样品的实验响应函数$X(t)$（或数据）与计算或拟合函数或拟合模型函数$R(t)$（或根据拟合函数预期的数据）之间偏差的加权平方和。

$$\chi^2 = \sum_{i=1}^{N}\left[\frac{X(t_i) - R(t_i)}{\sigma(i)}\right]^2 \tag{2-78a}$$

或

$$\chi^2 = \sum_{i=1}^{N} w_i^2[X(t_i) - R(t_i)]^2 \tag{2-78b}$$

式中，N为数据点总数；$\sigma(i)$意义同上。为了使χ^2独立于N和拟合参数p（双指数衰减p=3：2个衰减时间，1个指前因子），可将χ^2归一化处理，χ^2除以自由度ν（$\nu=N-p$）。这就是简化卡方χ^2_{Re}。

$$\chi^2_{\mathrm{Re}} = \frac{1}{\nu}\sum_{i=1}^{N}\left[\frac{X(t_i) - R(t_i)}{\sigma(i)}\right]^2 \tag{2-79}$$

在单光子计数检测系统中，数据符合泊松分布，则上式可以演化为：

$$\chi^2_{\mathrm{Re}} = \frac{1}{\nu}\sum_{i=1}^{N}\frac{[X(t_i) - R(t_i)]^2}{X(t_i)} \tag{2-80}$$

则 χ^2_{Re} 理论限值为 1.0。大于 1.0 就意味着坏的拟合结果，不过，一些条件下 1.3 或 1.5 以下也是可以接受的。χ^2_{Re} 的优点是 χ^2 值与数据点数无关，与拟合参数无关。

三乙醇胺表面修饰的 CdSe 量子点（triethanolamine-capped CdSe quantum dots，QDs），在 Hg^{2+} 和 I^- 共同存在下，荧光猝灭，可以作为 Hg^{2+} 高选择性的荧光探针[53]。而随着 Hg^{2+} 的加入，量子点荧光寿命显著降低，图 2-33 表示荧光衰减特征和扣除仪器相应函数后三指数拟合效果。除了残差外，图右边也标出了 χ^2 值，分别为 1.068 和 0.745。

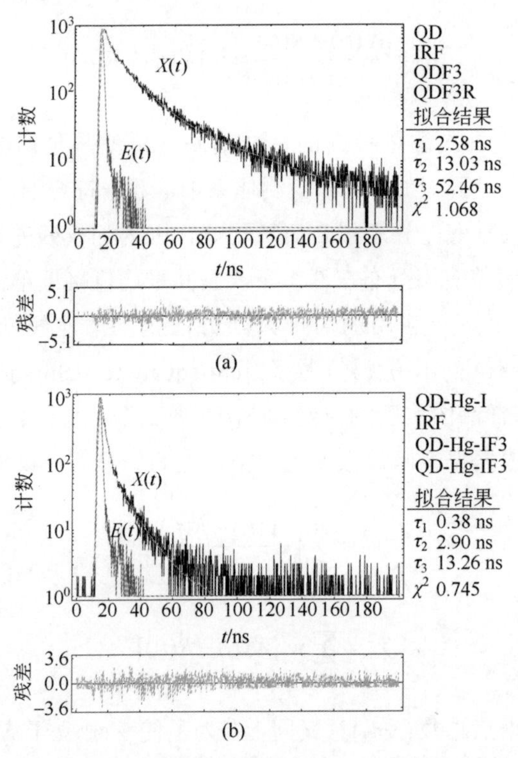

图 2-33 Hg^{2+} 和 I^- 引起 QDs 荧光衰减曲线变化

（a）QDs；（b）同时加入 Hg^{2+} 和 I^- 后

2.4.4 分子发光寿命的时域分布特性

如图 2-34 所示，典型有机发光分子的发光寿命分布是不连续的。其荧光寿命从皮秒延伸到亚微秒，而磷光寿命从亚毫秒延伸到数秒或更长，荧光和磷光寿命之间存在一个时间域间隙，即亚微秒到亚毫秒间隙。而许多金属配合物的发光正好位于这一间隙区，尤其是金属钌（Ru）、锇（Os）、铱（Ir）等配合物，使得发光寿命从皮秒到数秒的整个跨度能够连续起来。钌（Ru）、锇（Os）、铱（Ir）具有 d 和 ds 外层电子结构，外层电子结构会形成强烈的自旋-轨道耦合，使得由其形成的金属有机配合物的有机配体部分的单线态和三线态发生混合，从而导致有些三线态具有单线态特征，原来三线态在外层电子分布上的对称性就会被破坏，那么三线态所对应的磷光辐射的寿命就被缩短。这类发光体的发光包含金属 d 轨道和配体反键轨道之间的 d→σ*/π*电荷转移跃迁，称作金属到配体电荷转移（MLCT）。比如钌（Ⅱ）联吡啶配合物的室温磷光寿命约为 0.06～0.4 μs[54]，Os 的类似配合物 MLCT 发光寿命为 0.20～1.99 ms[55]，铱配合物的发光寿命在 0.1 μs 到几十微秒或亚毫秒级别[56,57]。这些金属配合物的发光大多情况下属于自旋多重性不同的状态间的电子跃迁，所以，将在第 9 章给予更多介绍。

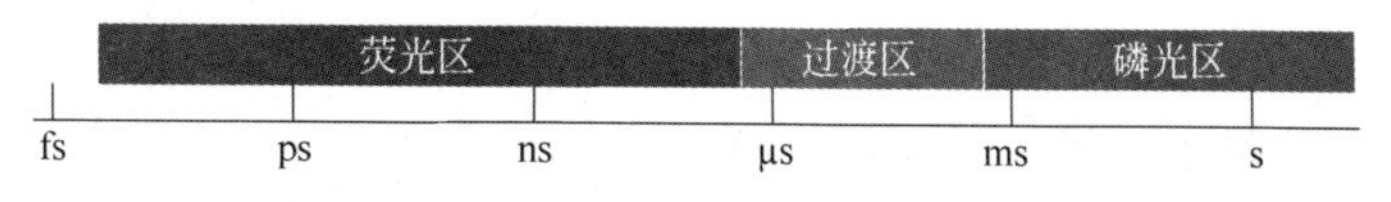

图 2-34 发光寿命的时域分布特性（荧光区-过渡区-磷光区）

2.4.5 荧光寿命测量的应用

① 荧光寿命是荧光物质的一个基本物理参数，对于了解物质的光物理特性是必不可少的。通过比较荧光物质的本征寿命和测得的寿命或表观寿命，可以估计固态或液态物质的纯度。也可以研究溶液中物质间的相互作用特点，比如可以给出激发态分子或激发态分子与基态分子间相互作用的动力学信息，如聚集作用（形成二聚体、多聚体、激基复合物、激基缔合物等）或其他光解产物信息（如瞬态自由基）等。

② 时间分辨技术：在临床上，时间分辨免疫分析具有重要的实用意义。发光分析中可能遇到的干扰如多组分光谱的重叠、各种散射信号等，可以采用同步导数技术、多波长方法、恒能量同步扫描、化学计量学、时间分辨和相分辨技术等予以完全或部分消除。

③ 给出能量转移效率，可测定分子内及分子间或基团与基团间的作用距离，进行生物分析、微环境性质研究等。

④ 量子产率的测定，见下节。

2.5 量子产率

量子产率是荧光/磷光生色团或材料的一个关键参数。它反映了电子跃迁的辐射和非辐射光物理过程之间的竞争，因此，它是表征材料发光有用性的以及研究凝聚相环境因素对发光生色团影响的最重要的、也是最适宜的参数。

2.5.1 定义

发射光量子数与吸收光量子数之比是一种物质荧光特征的重要参数，它表示物质发射荧光的本领。其定义为：

$$\Phi = \frac{\text{发射光子的数目}}{\text{吸收光子的数目}}$$

或

$$\Phi = \frac{k_F}{k_{ISC} + k_F + k_{IC} + k_{EC} + k_{pd} + k_d} = \frac{\tau}{\tau_0} \tag{2-81}$$

式中，k_{ISC} 指系间窜越速率常数；k_F 指荧光速率常数；k_{EC} 指外转换速率常数；k_{IC} 指内转换速率常数；k_{pd} 指预解离速率常数；k_d 指解离速率常数。

原则上，发射一个光子，可以测量一个光子。但从实际测量的角度看，就目前的水平，如果量子产率小于 10^{-5}，测量是有困难的。因此，这个数量可以作为一个标准，即如果某物质的荧光或磷光量子产率大于 10^{-5}，就说该物质是荧光的或磷光的、亮的；反之，就是暗的、不发光的。

在相同条件下，测得荧光量子产率和激发态寿命，那么辐射速率常数 k_r 和非辐射速率常数 k_{nr} 可以表达如下：

$$k_r^S = \frac{\Phi_F}{\tau_S} \tag{2-82}$$

$$k_{nr}^S = \frac{1}{\tau_S}(1 - \Phi_F) \tag{2-83}$$

式中，上角标 S 表示单线态，即产生荧光发射的 S_1-S_0 去活化过程。

同时，要区分量子产率（quantum yield）和量子效率（quantum efficiency）。量子效率指发射的光子数与所形成的激发态分子数的比值，或者说，发射的光子数与导致激发态产生的成功吸收的光子数的比值。也可以定义为辐射发射速率常数与所有弛豫过程的速率常数之和的比值。而量子产率指发射光子数（光子作为产物）与吸收的总的光子数（光子作为反应物）的比值，或者说，分子吸收一个光子事件的概率（molar extinction coefficient）与给定吸收的发射概率（quantum efficiency）的乘积。

2.5.2 荧光量子产率的相对和绝对测定法

荧光强度表达式为：

$$I_F = 2.303\,\Phi I_0 KA \tag{2-84}$$

在一定的仪器条件下，将两种发光物质的荧光强度加以比较可得：

$$I_S/I_U=\Phi_S A_S/\Phi_U A_U \quad (2\text{-}85)$$

式中，I 为荧光强度；Φ 为量子产率；I_0 为入射光强度；A 为在激发波长处的吸光度；K 为仪器常数；S 为标准物质（参考物质）；U 为待测物质。

通过比较待测发光物质和已知量子产率的参比物质在同样激发条件下所测得的积分发光强度（校正的发光光谱面积）和对该激发波长入射光的吸光度就可以测得量子产率。

量子产率的相对测量法简单，容易实现，适用于吸收不是太强、各向同性（如稀溶液）的样品。但其缺点是需要适宜的已知量子产率的标准或参比物质，这些标准与样品要有相近的光学特征。一般，吸收和荧光发射位于 UV-Vis 区的标准较容易选择，而位于近红外或红外区的较少。更严重的是，如果发光组分具有各向异性的取向或一定形式的长程有序，这种情况下，发光生色团的位置或取向将会影响到测量结果。这时利用已知的荧光标准将是不可行的。取而代之的是，需要收集样品所有发射，以克服取向或位置的影响。幸运的是，积分球（integrating sphere）装置可以完成这种测量需求，它可以收集源于样品的所有弧度（2π）的发射，这就是量子产率的绝对测量法。

按照量子产率的定义所测得的量子产率为绝对量子产率（absolute quantum yield），测量绝对量子产率的主要问题是，测量过程要用到全反射吸收积分球，使用起来不太方便。所吸收的总光子数和发射总光子数难以准确计数测量，需要完成各种复杂的校正，以获得准确的量子产率测量结果。有关绝对量子产率的测量方法可参考早期的文献[58-61]。然而，近些年关于利用荧光分光光度计测量绝对量子产率的技术探索取得了进展。溶液或固态样品的绝对量子产率，都可以在普通的荧光分光光度计样品池位置加工一个积分球附件装置来完成测定[62]。关键问题是，积分球要有非常高的反射效率。一些商用的积分球附件装置，采用 Teflon®（棒/柱和样品支架）或 Spectralon®（反射板 baffle）反射材料，在 400～1500 nm 范围内反射率可达 99%（或 250～2500 nm，>95%）。另外一个重要的问题[63]是，光源波动或光强度变化对测量误差的影响。通常，样品可能只吸收入射光的 2%，激发光源能量输出的不稳定性在发射光谱、吸收的光子数测量方面显得非常重要。发射光子的数目是入射光强度、样品吸光度和量子产率的积。所以，假定量子产率为 100%，激发光源 1%的波动可能导致所计算吸收的光子的数目有 50% 的变化，而发射光子数变化仅 0.02%。这种情况的测量误差可以通过适当增加测量次数予以克服。

目前有些荧光分光光度计有绝对量子产率测量附件的可选项，也有专门的绝对量子产率测定仪器（图 2-35），可以测量固态或溶液样品的绝对量子产率（图

2-36），将吸收积分球和发光测量装置集成在一起，样品池伸入积分球内，方便任何形式的样品的测量。先检测空白和在发光物质存在下的反射强度(代表光子数)，再检测发光的强度（积分面积），适当地比较就得到量子产率[64,65]。上一段提到，测量绝对量子产率要求光源输出稳定。正是这种因素，磷光绝对量子产率的测量难以完成。也就是说，为了吸收光子数的稳定性，光源只能采用稳态输出，而不能采用脉冲输出。而测磷光需要脉冲输出和门控装置。但是，磷光绝对量子产率仍然可以估计：①磷光光谱与荧光光谱位置差别较大，可以明显区分开来，可以根据荧光和磷光光谱空间上的这种区别，分别得到总的量子产率和荧光、磷光量子产率；②如果磷光光谱与荧光光谱重叠，当计算出总的发光量子产率后，采用一定的数学分峰模型，如高斯分峰，将荧光和磷光分解开来，利用其面积比，就可从总的发光量子产率中估计出来。但是，如果荧光光谱严重覆盖了磷光光谱，磷光光谱难以分辨出来，那么就无能为力了。当然，如果可以将低温附件（杜瓦瓶）伸入到积分球内的样品池位置，低温磷光通常比较强，有时可以大大提高对荧光的分值，也许可以改善磷光量子产率的估计效果。

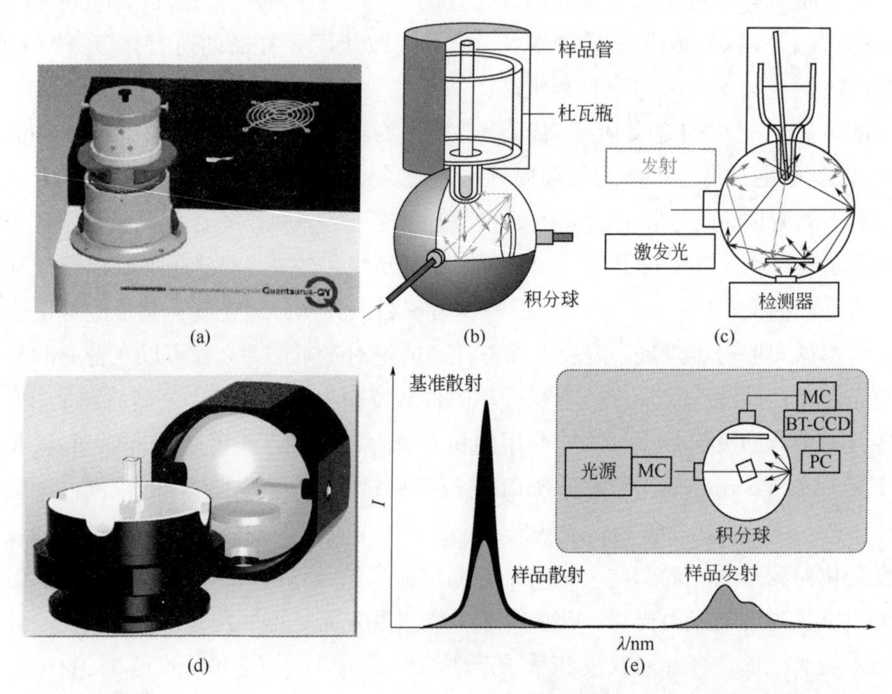

图 2-35　滨松公司推出的 C9920-02 系统和爱丁堡 FLS980 荧光系统

（a）量子产率测定仪 C9920-02 实物图；（b）积分球-杜瓦瓶（用于低温发光测量）-样品管；（c）积分球内光反射-检测示意图[65]；（d）爱丁堡 FLS980 稳态/瞬态荧光光谱仪的积分球附件；（e）积分球内检测示意图及荧光光谱图（短波长区域反射曲线下黑色和灰色的面积差代表吸收的光子数，而较长波长区域反射曲线下灰色面积代表发射的光子数[65]）

从测量的角度，绝对测量法荧光量子产率定义为下式：

$$\Phi_{\mathrm{F}}=\frac{N_{\mathrm{em}}}{N_{\mathrm{Abs}}}=\frac{\int\frac{\lambda}{hc}[I_{\mathrm{em}}^{\mathrm{s}}(\lambda)-I_{\mathrm{em}}^{\mathrm{ref}}(\lambda)]\mathrm{d}\lambda}{\int\frac{\lambda}{hc}[I_{\mathrm{ex}}^{\mathrm{ref}}(\lambda)-I_{\mathrm{ex}}^{\mathrm{s}}(\lambda)]\mathrm{d}\lambda} \tag{2-86}$$

式中，N_{Abs}是样品吸收的光子的数目；N_{em}是样品发射的光子的数目；$I_{\mathrm{ex}}^{\mathrm{s}}$和$I_{\mathrm{ex}}^{\mathrm{ref}}$是有样品和没有样品（仅反射材料空白）时的激发光的积分强度，$I_{\mathrm{em}}^{\mathrm{s}}$和$I_{\mathrm{em}}^{\mathrm{ref}}$是有样品和没有样品（仅反射材料空白）时发光的积分强度。

此外，FLS980 稳态/瞬态荧光光谱仪系统对绝对量子产率的定义为：

反射比：在λ_{ex}处，$R=\dfrac{E_{\mathrm{sam}}}{E_{\mathrm{ref}}}$　（2-87）

吸光度：在λ_{ex}处，$A=\lg\dfrac{E_{\mathrm{ref}}}{E_{\mathrm{sam}}}$　（2-88）

量子产率：$\Phi_{\mathrm{F}}=\dfrac{E_{\mathrm{F\text{-}sam}}}{E_{\mathrm{ref}}-E_{\mathrm{sam}}}$　或　内量子产率$=\dfrac{E_{\mathrm{ref}}-E_{\mathrm{sam}}}{E_{\mathrm{ref}}}$　（2-89）

式中，E_{ref}为空白散射面积；E_{sam}为样品散射面积；$E_{\mathrm{F\text{-}sam}}$为样品的发射光谱总面积。

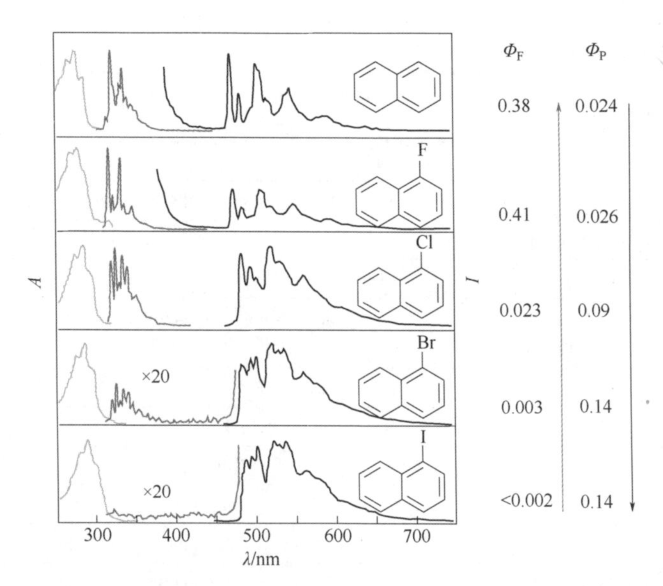

图 2-36　1-卤代萘在室温的吸收光谱和 77 K 发光光谱以及所测得绝对量子产率

2.5.3　量子产率相对测定注意的几个问题

① 选择适宜的荧光标准：测定荧光绝对量子产率无须参考荧光物质，但是现

阶段看来还不是特别方便。所以，人们更倾向于测量相对量子产率。但采用相对法必须选择一个合适的参考标准[66]。在经常引用的标准物质中，目前只有三个是最可靠的，即硫酸奎宁、荧光素和罗丹明 6G，见表 2-3。其他的标准物质不能说不可靠，但至少缺少系统地确证。

另外，样品和标准的量子产率不要相差太大，以免引起较大的测量误差。但这一点实践中难以完全做到，似乎也没有引起人们的注意。

再有，小于 400 nm 和大于 650 nm 发射波长的荧光标准似乎比较欠缺，尤其是随着生物成像技术的发展，人们更青睐于近红外荧光染料，这样长波长的荧光量子产率标准就显得重要了。也正因为如此，前述的正在发展的量子产率的绝对测量法越来越受重视。

选择标准的原则：a．标准和试样有相近的性质和激发光谱；b．激发和发射光谱不重叠；c．溶液性质尤其是光学性质稳定。

表 2-3　常用的荧光标准及其测量条件（水溶液、极性和非极性有机溶剂）

荧光标准	测量条件	量子产率
硫酸奎宁	0.05 mol/L H_2SO_4	0.55
λ_{em} 380～580 nm，λ_{max} 451 nm	0.1 mol/L H_2SO_4，λ_{ex} 350 nm，22℃	0.577
λ_{ex} 280～380 nm，λ_{max} 347 nm	0.1 mol/L H_2SO_4，λ_{ex} 366 nm，22℃ 氯离子猝灭验证	0.53±0.02
	0.5 mol/L H_2SO_4，λ_{ex} 366 nm，25℃ 自猝灭校正	0.546
	0.05 mol/L H_2SO_4，λ_{ex} 350 nm，积分球，5×10^{-3} mol/L	0.52±0.02
	0.05 mol/L H_2SO_4，λ_{ex} 350 nm，积分球，10^{-5} mol/L	0.60±0.02
β-咔啉（9-*H*-吡啶并[3,4-*b*]吲哚）	0.5 mol/L H_2SO_4，λ_{ex} 350 nm，25℃	0.60
荧光素	0.1 mol/L NaOH，λ_{ex} 496 nm，22℃	0.95±0.03
λ_{em} 490～620 nm，λ_{max} 515 nm λ_{ex} 470～490 nm，λ_{max} 491 nm	0.1 mol/L NaOH，λ_{ex} 476 nm 积分球	0.91±0.05
色氨酸	H_2O，λ_{ex} 280 nm	0.13±0.01
	蛋白质	0.118
酪氨酸	H_2O，λ_{ex} 280 nm，23℃	0.14±0.01
苯丙氨酸	H_2O，λ_{ex} 260 nm，23℃	0.024
$Ru(bpy)_3^{2+}$	H_2O，氮气饱和的，λ_{ex} 436 nm，λ_{em} 625 nm	0.042
	H_2O，空气饱和的，λ_{ex} 436 nm，λ_{em} 625 nm	0.028
	H_2O，积分球；氮气饱和的，λ_{ex} 450 nm，λ_{em} 625 nm	0.063
	MeCN，氮气饱和的，λ_{ex} 436 nm	0.06
	MeCN，积分球；氮气饱和的λ_{ex} 450 nm	0.094
结晶紫	MeOH，λ_{ex} 540～640 nm，22℃	0.54

续表

荧光标准	测量条件	量子产率
罗丹明 6G λ_{em} 510～700 nm，λ_{max} 552 nm λ_{ex} 470～510 nm，λ_{max} 530 nm	EtOH，λ_{ex} 488 nm，不被 O_2 猝灭，低于 2×10^{-4} mol/L 时与浓度无关	0.94
	EtOH，λ_{ex} 530 nm	0.95±0.01
	H_2O，λ_{ex} 530 nm	0.92±0.02
香豆素-153	EtOH，脱气，λ_{ex} 421 nm，λ_{em} 531 nm	0.38
	环乙烷，λ_{ex} 393 nm，λ_{em} 455 nm	0.90
罗丹明 101	EtOH，λ_{ex} 450～465 nm，25℃	1.00
9,10-二苯基蒽	环己烷，λ_{ex} 366 nm	0.95
	环己酮，λ_{ex} 366 nm	1.00±0.05
POPOP［1,4-二(5-苯并噁唑-2-基)-苯］	环己烷，λ_{ex} 366 nm	0.97
	EtOH，λ_{ex} 366 nm	0.885

② 准确地测出真实光谱的面积。

③ 浓度的影响：一般溶液吸光度在 0.05 左右或更低，因为稀溶液样品对量子产率没有影响。浓度高时必须考虑自吸收以及形成多聚体等的影响。

④ 激发波长的影响：许多化合物的量子产率与激发波长无关，所以激发波长可选择在既接近样品的激发峰，又接近标准的激发峰位置。但激发波长有时对量子产率是有影响的，见表 2-4。如果试样和标准需要用不同的激发波长，则用下式校正：$\Phi_1/\Phi_2=(I_{F1}I_{02}A_2)/(I_{F2}I_{01}A_1)$。式中，下标 1 和 2 分别表示在所选激发波长处的测量参数。

表 2-4　激发波长对硫酸奎宁量子产率的影响

激发波长/nm	250	313	345	348	366	380	390
相对值	1.01	1.00	0.98	0.99	1.09	1.20	1.23

⑤ 温度的影响：温度对溶液的吸收和荧光的影响程度有所不同。如图 2-37 所示，温度对荧光量子产率产生更加显著的影响。因此，经常要注意标准物质量子产率测定的温度。

⑥ 溶剂的选择：要求溶剂本身在测定范围内应没有吸收，荧光本底要弱。标准与试样所用溶剂的折射率 n 要相近，否则要作如下校正[67]：

$$\frac{\Phi_{校}}{\Phi_{未校}}=\frac{n_1^2(样)}{n_2^2(样)} \qquad (2\text{-}90)$$

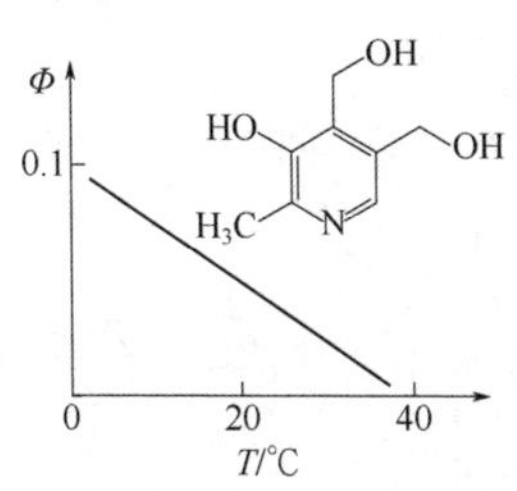

图 2-37　温度对吡哆醛（VB6）荧光量子产率的影响

2.6 稳态荧光强度

2.6.1 光吸收的 Lambert-Beer 定律

当一束平行单色光垂直通过某均匀溶液时，假设液层厚度为 b，吸收截面积为 S，溶液中吸光物质的浓度为 c，入射光强度为 I_0，若一部分光被溶液所吸收，吸收光的强度为 I_a，剩余部分透过溶液，透射光强度减弱为 I_t，如图 2-38 所示，则可以推得：

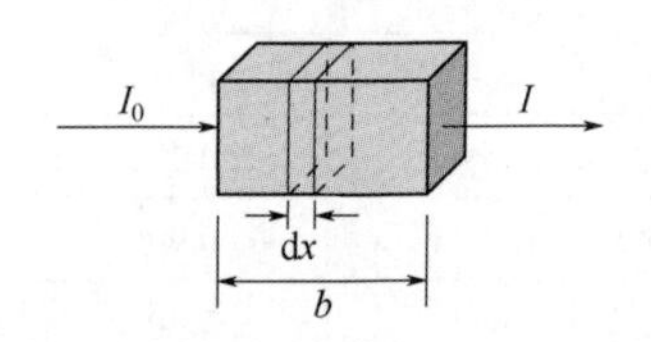

图 2-38 光吸收示意图

$$A=-\lg T=-\lg(I_t/I_0)=\varepsilon bc \tag{2-91}$$

此即光吸收的 Lambert-Beer（朗伯-比尔）定律。式中，A 为吸光度（absorbance）；T 为透射率（transmittance）；b 为光程（平行单色光在溶液中传播的路程或距离，cm）；c 为浓度；ε 为摩尔吸光系数（molar absorptivity 或 molar extinction coefficient），L/(mol • cm)。其中，ε 与物质吸光性质、吸收波长、体系温度、溶剂等因素有关。

Lambert-Beer 定律的适用条件：

① 入射光为单色光。如果使用非单色光，$\varepsilon_\lambda=\varepsilon_{\lambda'}$时，不偏离；$\varepsilon_\lambda>\varepsilon_{\lambda'}$时，负偏离；$\varepsilon_\lambda<\varepsilon_{\lambda'}$时，正偏离。此外，仪器输出光谱带宽越宽（单色性越差），得到的吸收光谱越宽，精细结构随之变得模糊或消失。

② 吸收作用发生在均匀分布的连续介质内。

③ 吸收过程中，吸收组分的行为互不相干，在同一频率处的吸光度具有加和性。

④ 辐射与物质的相互作用仅限于吸收，无散射和光化学反应等。注意，吸收光谱对于研究化学平衡反应是非常有用的。一个化合物或一个化学平衡体系，具有两种相互可逆的吸收型体（且两种相互可逆的吸收型体的总量保持不变），在某一波长处一定会出现一等吸收点（the isosbestic point），即处于平衡的吸收型体在这一特定波长处具有共同的ε值。但反之不一定是正确的。

⑤ 吸收物质浓度很低，即稀溶液。在高浓度，吸收组分（质点）之间的平衡距离将缩小到一定程度，邻近质点彼此的电荷分布都会相互受到影响，将改变它们对特定辐射的吸收能力。从溶剂折射率 n 考虑，虽然摩尔吸光系数与吸光物质浓度无关，但在稀溶液中溶剂折射率 n 可以看作常数，浓溶液时溶剂折射率会发生变化，随浓度的增加而增加，表观摩尔吸光系数随因子 $\dfrac{n}{(n^2+2)^2}$ 而减小 $\left[\varepsilon_{\text{obd}}=\varepsilon_0\dfrac{n}{(n^2+2)^2}\right]$，对吸收定律产生负偏离[68]。其物理实质是，随折射率增加，溶质分子的基态和激发态都可以瞬间借助溶剂分子的电子运动而达到稳定化，导

致基态和激发态之间的能量差减小（见第 4 章），影响摩尔吸光系数。

⑥ 其他因素如溶剂效应等在后续的章节中介绍。

2.6.2 荧光定量分析的基础

如图 2-39 所示，在光程为 b 的液池中，物质浓度为 c 的稀溶液的稳态荧光强度（steady-state intensity）可以表示为：

$$I_{\mathrm{F}}=\Phi_{\mathrm{F}}I_0\mathrm{e}^{-2.303\varepsilon bc} \qquad (2\text{-}92)$$

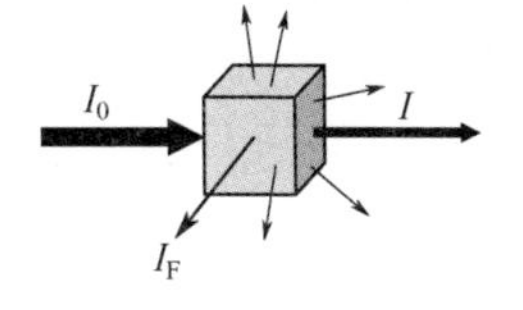

图 2-39 光发射示意图

如果，$2.303\varepsilon bc<0.05$（或$\varepsilon bc<0.02$），上式可以简化为：

$$I_{\mathrm{F}}=2.303\Phi_{\mathrm{F}}I_0\varepsilon bc \qquad (2\text{-}93)$$

由此引起的最大相对误差为 0.13%。

荧光量子产率与荧光强度强的关系体现在式（2-93）中。但须注意，比较两种物质的荧光特性时，荧光量子产率大并不等同于荧光强度强。荧光强度通常指在设定的激发或吸收和发射波长处的光子数。而荧光量子产率是在设定激发/吸收波长处测到的总光子数。所以，只能说在光谱半宽度相差不大的情况下，荧光量子产率高等同于荧光强度强。

荧光分析的灵敏度由三个因素决定：①荧光体本身（结构和电子跃迁类型），即荧光体的摩尔吸光系数 ε 和量子产率Φ，$\varepsilon\Phi$可以看作一个灵敏度指数。②仪器因素，包括光源的强度、单色器的杂散光水平、检测器的光谱相应特性、高压电源的稳定性和放大器的特性等。所以，荧光分光光度计通常使用强光源。③环境因素，凡是能够影响 ε 和Φ的外界因素，都会左右荧光分析的灵敏度，详见第 4、5 章。

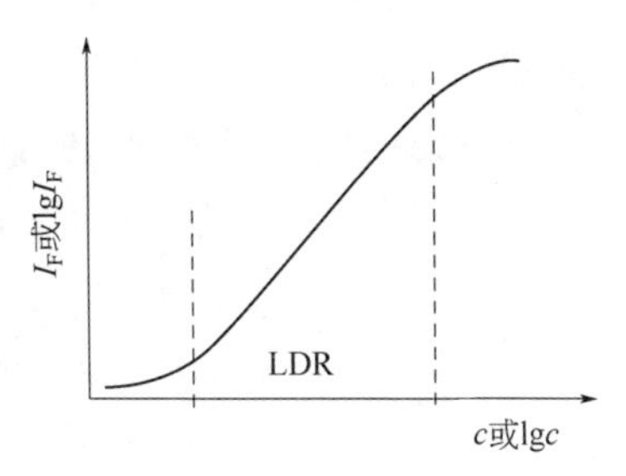

图 2-40 一种典型的荧光分析校正曲线

荧光定量测量可以采用图 2-40 所示的工作曲线作图法，由公式（2-93）可以假定，$I=Kc$，由图可以确定比例系数 K。随后便可根据荧光强度计算样品浓度。有关定量分析的一些概念如下。

① 仪器的灵敏度（sensitivity） 通常以信噪比表示，以在一定波长处水的拉曼信号与另一波长处仪器噪声平均值的信噪比来表示。这是一个仪器验收或评价的指标。对于光强度为纵坐标的情况下，信噪比为几百比一，而对于光子计数技术，可以达到上万比一。

② 方法的灵敏度 校正曲线的斜率，即$\Delta I/\Delta c$，单位浓度变化时所引起的信号强度或光子计数变化。

③ 检出限（limit of detection 或 detection limit，LOD）的表示　是指由特定的分析步骤能够合理地检测出的最小分析信号对应的最低浓度（或质量），可把它看作定性检出限。也可表述为以空白背景或空白信号的标准偏差的若干倍（2～3倍）作为检测信号代入校正曲线方程所计算的可检测浓度。空白指与待测样品组成完全一致但不含待测组分的样品。此时的置信度应该 >90%。

④ 定量检出限（quantification limit）的表示　只有当分析信号比噪声和空白背景大到一定程度时才能可靠地分辨、检测出来的组分浓度。

⑤ 线性动力学范围（linear dynamic range，LDR）根据校正曲线，可检出最高浓度与定量检出限的比值。也有用浓度范围来表示的，即检出限或定量检出限到最高可检出浓度之间的浓度范围。有时候，在文献中可看到用 0～0.1 nmol/L 这种方式表示线性动力学范围，这是不妥当的，因为，从“0”无法判断方法的检出特点，它是一个意义不明确的数字。

⑥ 荧光定量测定的方法　a．直接比较法，样品浓度 = (样品的荧光值/标准的荧光值) × 标准浓度；b．工作曲线法（同上）；c．其他方法，如标准加入法。

⑦ 为什么是 S 形曲线　荧光分析的校正曲线通常为图 2-40 所示的 S 形曲线。因为在高浓度范围，内滤效应或其他类型的自猝灭效应导致荧光强度减弱，偏离线性关系；而在低浓度范围，仪器噪声或试剂背景信号贡献凸显出来，导致荧光信号假增强。

⑧ 荧光检测方式　直接荧光检测和间接荧光检测。有些样品自身可以产生荧光，可以直接进行荧光检测，像少数氨基酸如色氨酸、酪氨酸、苯丙氨酸和部分蛋白质、核黄素、水杨酸钠等自己可以发出荧光，这就是直接荧光检测。

一般选择激发和发射光谱中的最高峰处的波长为激发和发射波长（$\lambda_{ex}/\lambda_{em}$），差值尽可能大。尽可能选择激发波长较长的光，以减少样品可能产生的光分解现象。选择激发波长还应考虑尽量使它产生的拉曼散射与荧光波长分开。

有些物质本身荧光很弱，或不发荧光，需要使其转化成荧光物质再进行检测，就是间接荧光检测。间接测量至少可分如下多种情况。

a．待测物本身可能并不发光，但它们可以直接作用于发光传感试剂，引起荧光物质发光强度的降低或增强、光谱的规律位移、发光寿命的规律变化等，这种情况更为普遍。如顺磁性离子或分子、一般金属离子和无机阴离子等对发光的猝灭作用。基于发光熄灭法研制的氧传感器、湿度传感器、温度传感器等就是典型的例证。再如，次氯酸根作用于荧光试剂的识别基团，引起荧光的增强或减弱等等[69]。

b．“介体”作用于待测物和发光试剂之间，担当桥梁作用。分子间的或分子内的能量转移或电子转移作用，为这种情况提供了更为灵活多样的测定方式，如图 2-41 所示。

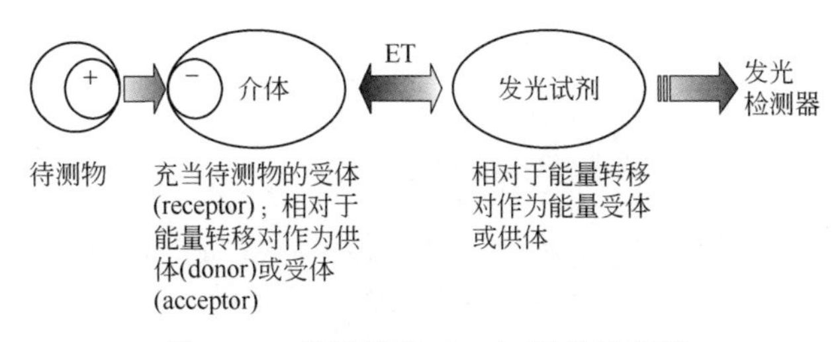

图 2-41　能量转移（ET）测量示意图

c. 分子内光诱导电子转移或电荷转移分子发光传感器是间接测量的第三种形式。在这种模式中，金属离子与其受体配合后，使得电子供体向发光体的光诱导电子转移作用增强或减弱，从而引起发光从 off 到 on 或从 on 到 off 的转变。

d. 其他形式的间接测量：化学衍生法等。

此外，发光信号测量又可分为稳态和动态方法；也有将荧光信号测量方式分为增强法、猝灭法和比率法的，在以后各章节进一步介绍。

2.6.3　荧光分析的局限性

① 空白信号的干扰　溶剂的拉曼散射和瑞利散射，浑浊介质的 Tyndall（丁铎尔）散射等；样品池的发光（现在已经不多见）；溶剂中杂质或固相样品基质所产生的荧光背景；生物样品基体的发光；样品的光分解等。

② 内滤效应（inner filter effect）和猝灭作用　初级内滤效应（primary inner filter effect）指分析物或其他分子对激发光的吸收，次级内滤效应（secondary inner filter effect）指分析物本身或其他分子对所发射的荧光的吸收。内滤效应仅仅是减少了可检测荧光分子的数目。而猝灭作用（quenching）则指降低荧光过程的量子产率（随后专讲）。

在体系有背景或内滤效应干扰情况下，荧光强度表达式（2-93）需适当校正[70]：

$$I_{\text{corr}} = I_{\text{raw}} 10^{A_{\text{ex}} + A_{\text{em}}/2} \tag{2-94}$$

式中，I_{corr} 为归一化的荧光校正光谱的积分面积；I_{raw} 为未校正或校正前的荧光校正光谱的积分面积；A_{ex} 为样品在激发波长处的光学密度（吸光度值）；A_{em} 为在最大发射波长处的光学密度（吸光度值）。

其他类似校正方法：

$$\frac{I_{\text{corr}}}{I_{\text{obsd}}} = \frac{2.3bA_{\text{ex}}}{1-10^{-bA_{\text{ex}}}} 10^{gA_{\text{em}}} \frac{2.3sA_{\text{em}}}{1-10^{sA_{\text{ex}}}} \tag{2-95}$$

式中，s 是光束的高度；g 是光束底面到荧光皿溶液底部的垂距；其他参数的意义参见前面各处。

参 考 文 献

[1] M. Kasha. Characterization of Electronic Transitions in Complex Molecules. *Discuss. Faraday Soc.*, **1950**, *9*: 14-19.

[2] IUPAC. Kasha rule-Compendium of Chemical Terminology, 2nd ed. (the "Gold Book"). Compiled by A.D. McNaught and A. Wilkinson. Blackwell Scientific Publications, Oxford, 1997.

[3] N. J. Turro. Modern molecular photochemistry, Theuniversity scicence books, Sausalito, California, 1991: 148.

[4] H. H. Jaffé, M. Orchin. Theory and Applications of Ultraviolet Spectroscopy. John Wiley and Sons, Inc., New York and London, 1962, Chapter 6.

[5] K. K. Rohatgi-Mukherjee. Fundamentals of photochemistry, John Wiley & Sons, 1978; K. K. 罗哈吉-慕克吉. 光化学基础. 丁革非，孙林，盛六四，等译. 北京：科学出版社，1991：49-56.

[6] 吴世康. 具有荧光发射能力有机化合物的光物理和光化学问题研究. *化学进展*, **2005**, *17(1)*: 15-39.

[7] A. D. Harmon, K. H. Weisgraber, U. Weiss. Preformed azulene pigments of Lactarius indigo (Schw) Fries (Russulaceae, Basidiomycetes). *Cellular and Molecular Life Sciences (Experientia)*, **1980**, *36(1)*, 54-56.

[8] A. G. Jr. Anderson, B. M. Stecker. Azulene. Ⅷ. A study of the visible absorption spectra and dipole moments of some 1- and 1,3-substituted azulenes. *J. Am. Chem. Soc.*, **1959**, *81 (18)*: 4941-4946.

[9] N. Tétreault, R. S. Muthyala, R. S. H. Liu, R. P. Steer. Control of the photophysical properties of polyatomic molecules by substitution and solvation: The second excited singlet state of azulene. *J. Phys. Chem. A*, **1990**, *103 (15)*: 2524-2531.

[10] K. J. Falk, R. P. Steer. Photophysics and intramolecular photochemistry of adamantanethione, thiocamphor, and thiofenchone excited to their second excited singlet states: evidence for subpicosecond photoprocesses. *J. Am. Chem. Soc.*, **1989**, *111*(*17*): 6518-6524.

[11] K. Yanagi, H. Kataura. Carbon nanotubes: Breaking Kasha's rule. *Nat. Photonics,* **2010**, *4*: 200-201.

[12] Th. Förster, K. Kasper. Ein konzentrationsumschlag der fluoreszenz. *Z. physik. Chem. N. F.*, **1954**, *1*: 275-277.

[13] Th. Förster, K. Kasper. Ein konzentrationsumschlag der fluoreszenz des pyrens. *Z. Elektrochem.*, **1955**, *59*: 976-980.

[14] X. Pang, H. Wang, W. Wang, W. J. Jin. Phosphorescent π-hole···π bonding cocrystals of pyrene with halo-perfluorobenzenes (F, Cl, Br, I). *Cryst. Growth Des*, **2015**, *19*: 4938-4945.

[15] J. B. Birks. Photophysics of aromatic molecules. John Wiley & Sons, Inc., New York, 1970: 357.

[16] S. Varghese, S. Das. Role of molecular packing in determining solid-state optical properties of π-conjugated materials. *J. Phys. Chem. Lett.*, **2011**, *2(8)*: 863-873.

[17] S. K. Kim, J. H. Bok, R. A. Bartsch, et al. A fluoride-selective PCT chemosensor based on formation of a static pyrene excimer. *Org. Lett.*, **2005**, *7(22)*: 4839-4842.

[18] H. W. Rhee, C. R. Lee, S. H. Cho, et al. Selective fluorescent chemosensor for the bacterial alarmone (p)ppGpp. *J. Am. Chem. Soc.*, **2008**, *130*: 784-785.

[19] S. Okajima, P. C. Subudhi, E. C. Lim. Triplet excimer formation and phosphorescence in fluid solutions of diarylalkanes: Excimer phosphorescence of dinaphthylalkanes and monomer phosphorescence of diphenylpropane. *J. Chem. Phys.*, **1977**, *67*(*10*): 4611-4615.

[20] J. J. Cai, E. C. Lim. Time-resolved emission studies of intermolecular triplet excimer formation in fluid solutions of dibenzopyrrole, dibenzofuran, and dibenzothiophene. *J. Chem. Phys.*, **1992**, *97*: 3892-3896.

[21] J. J. Cai, E. C. Lim. Intermolecular triplet excimers of aromatic molecules with permanent dipole moments: Carbazole, dibenzofuran, and dibenzothiophene. *J. Phys. Chem.*, **1992**, *96*: 2935-2942.

[22] E. C. Lim. Molecular triplet excimer. *Acc. Chem. Res.*, **1987**, *20*: 8-17.

[23] J. B. Birks. *Photophysics of aromatic* molecules. John Wiley & Sons, New York, 1970: 302-385.

[24] 白衡. 多环芳烃一卤代咔唑胶态微晶室温磷光. 太原：山西大学. 2007.

[25] N. J. Turro. Modern molecular photochemistry. The university scicence books, Sausalito, California, 1991: 142.

[26] Z. C. Xu, N. J. Singh, J. Lim, et al. Unique sandwich stacking of pyrene-adenine-pyrene for selective and ratiometric fluorescent sensing of atp at physiological pH. *J. Am. Chem. Soc.*, **2009**, *131(42)*: 15528-15533.

[27] D. Mansell, N. Rattray, L. L. Etchells, et al. Fluorescent probe: complexation of $Fe^{3+}$with the *myo*-inositol 1,2,3-trisphosphate motif. *Chem. Commun*, **2008**: 5161-5162.

[28] F. Zapata, A. Caballero, P. Molina, et al. Open bis(triazolium) structural motifs as a benchmark to study combined hydrogen- and halogen-bonding interactions in oxoanion recognition processes. *J. Org. Chem.*, **2014**, *79*: 6959-6969.

[29] 钟克利, 郭宝峰, 周雪, 等. 基于芘的离子荧光化学传感器. *化学进展*, **2015**, *27*: 1230-1239.

[30] 包爽，贡卫涛，宁桂玲. 含吡啶鎓阳离子的阴离子受体的研究进展. *高等学校化学学报*, **2011**, *32*: 1986-1995.

[31] W. Gong, K. Hiratani. A novel amidepyridinium-based tripodal fluorescent chemosensor for phosphate ion via binding-induced excimer formation. *Tetrahedron Lett.*, **2009**, *49*: 5655-5657.

[32] A. D. Campiglia, S. Yu, A. J. Bystol, H. Wang. Measuring Scatter with a Cryogenic Probe and an ICCD Camera: Recording Absorption Spectra in Shpol'skii Matrixes and Fluorescence Quantum Yields in Glassy Solvents. *Anal. Chem.*, **2007**, *79*: 1682-1689.

[33] M. Pawlicki, H. A. Collins, R. G. Denning, H. L. Anderson. Two-photon absorption and the design of two-photon dyes . *Angew. Chem. Int. Ed.*, **2009**, *48*: 3244-3266.

[34] F. Wang, X. G. Liu. Recent advances in the chemistry of lanthanide-doped upconversion nanocrystals. *Chem.Soc.Rev.*, **2009,** *38*: 976-989.

[35] I. Gryczynski, H. Malak, J. R. Lakowicz, et al. Fluorescence spectral properties of troponin c mutant F22W with one-, two-, and three-photon excitation. *Biophys. J.*, **1996**, *71*: 3448-3453.

[36] J. R. Lakowicz, I. Gryczynski, H. Malak, et al. Time-resolved fluorescence spectroscopy and imaging of DNA labeled with DAPI and Hoechst 33342 using three-photon excitation. *Biophys. J.*, **1997**, *72*: 567-578.

[37] C. A. Parker, C. G. Hatchard. Triplet-singlet emission in fluid solutions. *Trans. Faraday Soc.*, **1961**, *57*: 1894-1904.

[38]K. K. Rohatgi-Mukherjee. Fundamentals of photochemistry, John Wiley & Sons, 1978; K. K.罗哈吉-慕克吉. 光化学基础. 丁革非, 孙林, 盛六四，等译. 北京: 科学出版社, 1991: 112.

[39] M. N. Berberan-Santos, J. M. M. Garcia. Unusually strong delayed fluorescence of C70. *J. Am. Chem., Soc.*, **1996**, *118*: 9391-9394.

[40] H. Uoyama, K. Goushi, K. Shizu, et al. Highly efficient organic light-emitting diodes from delayed fluorescence. *Nature*, **2012**, *492*: 234-240.

[41] J. C. Fetzer, M. Zander. Fluorescence, phosphorescence, and E-type delayed fluorescence of hexabenzo [bc, ef, hi, kl, no, qr] coronene. *Z. Naturforsch.*, **1990**, *45A*: 727-729.

[42] F. B. Dias. Kinetics of thermal-assisted delayed fluorescence in blue organic emitters with large singlet–triplet energy gap. *Phil. Trans. R. Soc. A*, **2015**, *373*: 20140447(1-11).

[43]C. A. Parker, C. G. Hatchard, T. A. Joyce. Selective and mutual sensitization of delayed fluorescence. *Nature*, **1965**, *205*: 1282-1284.

[44] C. A. Parker, C. G. Hatchard. Delayed fluorescence from solutions of anthracene and phenanthrene. *Proc. Roy. Soc. A*, **1962**, *269(1339)*: 574-584.

[45] [英] J. 巴尔特洛甫, J. 科伊尔. 光化学原理. 宋心琦, 等, 译. 北京: 清华大学出版社, 1983: 107-110; 宋心琦, 周福添, 刘剑波. 光化学: 原理、技术、应用. 北京: 高等教育出版社, 2001.

[46] physik.unibas.ch/.../Fluorescence_and_Phosphorescence.pdf, 2006.

[47] J. R. Lakowicz. Principles of fluorescence spectroscopy, The 2nd Ed, Kluwer Academic/Plenum Publishers, New York, 1999: 129-130.

[48] D. Frackowiak, B. Zelent, H. Malak, et al. Fluorescence of aggregated forms of Chla in various media. *J Photochem. Photobiol. A: Chem.*, **1994**, 78: 49-55.

[49] Y. F. Zhao, G. Y. Gao, S. F. Wang, W. J. Jin. The solvation dynamics and rotational relaxation of protonated *meso*-tetrakis(4-sulfonatophenyl)porphyrin in imidazolium-based ionic liquids measured with a streak

camera. *J. Porphyrins Phthalocyanines*, **2013**, *17*: 367-375.

[50] J. R. Lakowicz. Principles of fluorescence spectroscopy, The 1st ed, Plenum Publishers, New York, **1983**: 58.

[51] B. Valeur. Molecular Fluorescence, principles and applications, Wiley-VCH, NY, 2001: P183.

[52] J. R. Lakowicz. Principles of fluorescence spectroscopy. 3rd ed, New York: Springer, **2006**: 130-133.

[53] Z. B. Shang, Y. Wang, W. J. Jin. Triethanolamine-capped CdSe quantum dots as fluorescent sensors for reciprocal recognition of mercury (Ⅱ) and iodide in aqueous solution. *Talanta,* **2009**, *78*: 364-369.

[54] 朱伟玲, 刘学文, 王 惠, 等. 3 种钌配合物与 DNA 相互作用的瞬态发光特性研究. *中国科学 G 辑: 物理学力学天文学*, **2007**, *37*: 777-782.

[55] J. Y. K. Cheng, K. K. Cheung, C. M. Che. Highly luminescent neutral cis-dicyano osmium(ii) complexes. *Chem.Commun*., **1997**: 623-624.

[56] M. C. DeRosa, D. J. Hodgson, G. D. Enright, et al. Iridium luminophore complexes for unimolecular oxygen sensors. *J. Am. Chem. Soc*., **2004**, *126*: 7619-7626.

[57] A. L. Medina-Castillo, J. F. Fernández-Sánchez, C. Klein, et al. Engineering of efficient phosphorescent iridium cationic complex for developing oxygen-sensitive polymeric and nanostructured films. *Analyst*, **2007**, *132*: 929-936.

[58] R. J. Hurtubise. Solid-matrix luminescence analysis: photophysics, physicochemical interactions and applications. *Anal, Chim. Acta*, **1997**, *351*: 1-22.

[59] S. M. Ramasamy, V. P. Senthilnathan, R. J Hurtubise. Determination of room-temperature fluorescence and phosphorescence quantum yields for compounds adsorbed on solid surfaces. *Anal. Chem*., **1986**, *58*(*3*): 613-616.

[60] J. W. Bridges, in: J. N. Miller (Ed.), Standards in fluorescence spectrometry, Chapman & Hall, New York, 1981: 68-77.

[61] Z. L. Morgenshtem, V. B. Neustruev, M. I. Epshtein. Spectral distribution of the relative and absolute luminescence quantum yield of some organic luminophors. *Zhumal Prildadnoi Spektmskopii*, **1965**, *3*(*1*): 49-55.

[62] L. Porrès, A. Holland, L. O. Pålsson, et al. Absolute measurements of photoluminescence quantum yields of solutions using an integrating sphere. *J. Fluoresc*., **2006**, *16*(*2*): 267-272.

[63] J. Makowiecki, T. Martynski. Absolute photoluminescence quantum yield of perylene dye ultra-thin films. *Organic Electronics*., **2014**, *15*: 2395-2399.

[64] A. Kobayashi, K. Suzuki, T. Yoshihara, S. Tobita. Absolute measurements of photoluminescence quantum yields of 1-halonaphthalenes in 77 K rigid solution using an integrating sphere instrument. *Chem. Lett*. **2010**, *39*(*3*): 282-283.

[65] K. Suzuki, A. Kobayashi, S. Kaneko, et al. Reevaluation of absolute luminescence quantum yields of standard solutions using a spectrometer with an integrating sphere and a back-thinned CCD detector. *Phys. Chem. Chem. Phys*., **2009**, *11*: 9850-9860.

[66] A. M. Brouwer. Standards for photoluminescence quantum yield measurements in solution (IUPAC Technical Report). *Pure Appl. Chem*., **2011**, *83*(*12*): 2213-2228.

[67] J. R. Lakowicz. Principles of Fluorescence Spectroscopy, 3rd ed, New York: Springer, 2006: 55.

[68] G. Kortüm, Dr. M. Seiler. Über physikalische Methoden im chemischen Laboratorium. XLI. Die kritische Auswahl colorimetrischer, spektralphotometrischer und spektrographischer Methoden zur Absorptionsmessung. *Angew. Chem*., **1939**, *52*(*48*): 687-693.

[69] X. Li, X. Gao, W. Shi, H. M. Ma. Design strategies for water-soluble small molecular chromogenic and fluorogenic probes. *Chem. Rev*., **2014**, *114*: 590-659.

[70] T. Gauthier, E. Shane, W. Guerin, et al. Fluorescence quenching method for determining equilibrium-constants for polycyclic aromatic-hydrocarbons binding to dissolved humic materials. *Environ. Sci. Technol*., **1986**, *20*: 1162-1166.

第3章　分子结构：影响发光光物理过程的内在因素

Chapter 03

分子结构是影响光致发光性质或发光光物理过程的关键内在因素，包括分子的几何结构、化学组成、取代基的类型与位置和空间效应、产生跃迁的分子轨道类型以及激发态能量耗散的各种途径等。

3.1　电子跃迁类型和轨道类型的改变

在发光分析中常见的电子跃迁为 nπ*和 ππ*跃迁，由其产生的单线态或三线态的能级水平不同，如图 3-1 所示。当最低激发单线态 S_1 为 nπ*时，与相应的 nπ*激发三线态 T_1 之间的能级差则比较小。相反，当最低激发单线态 S_1 为 ππ*时，与相应的 ππ*激发三线态 T_1 之间的能级差则比较大。较小的单线态-三线态能级差（$\Delta E_{S\text{-}T}$）更容易发生系间窜越，这是 nπ*跃迁具有较大的系间窜越量子产率的原因之一，将在磷光部分予以详细地介绍。此外，一般 ππ*跃迁吸光系数大，荧光强，而 nπ*跃迁相反，见表 3-1。而表 3-2 则给出了由 nπ*和 ππ*跃迁产生的发光性质差异性的具体例子。

卤甲烷、醇（包括硫醇）、胺等可能发生 nσ*跃迁，但相应的吸收波长更短。由于反键轨道布居电子会削弱共价键的强度，所以紫外辐射常导致共价键的断裂。

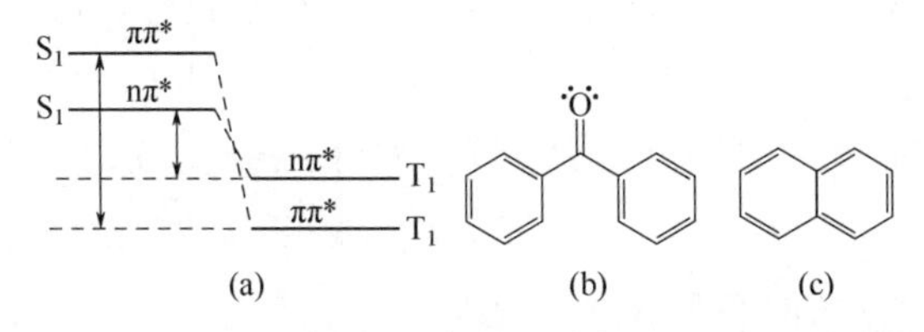

图 3-1　nπ*和 ππ*跃迁相对能级示意图（a）以及代表性的二苯甲酮（b）和萘（c）分子

表 3-1　nπ*和 ππ*吸收性质一般性比较

跃迁类型	ε_{max}	光谱区域	ISC
nπ*	100	UV-Vis	更容易
ππ*	12000	UV-Vis	容易
πσ*	200	真空 UV	—

表 3-2　nπ*和 ππ*跃迁发光性质比较

化合物	S_1 性质	T_1 性质	Φ_F	Φ_{ISC}	Φ_P
二苯甲酮	nπ*	nπ*	0	1.0	0.74
萘	ππ*	ππ*	0.29	—	0.03

对于有机分子电子能级而言，是分子基态 S_0 对应于 HOMO 轨道，分子第一电子激发态 S_1 对应于 LUMO 轨道吗？假设荧光物质 A 发生 nπ*跃迁，是否意味着分子基态 S_0 对应于 n 分子轨道，而 π*轨道对应于第一电子激发态 S_1（LUMO）轨道呢？通常物质的吸收光谱出现多个吸收带。如果不考虑σ轨道的跃迁，也可能至少会出现 nπ*跃迁和 ππ*跃迁两个吸收带或激发带。那么，第三、第四激发态轨道相应称作什么轨道？还是 nπ*跃迁或 ππ*跃迁吗？

实际上，电子跃迁不一定仅仅起源于 HOMO 轨道（既可以起源于 n 轨道，又可起源于 π 轨道，甚至是σ轨道）。激发态分子轨道也并非上述那么简单，电子不仅仅止于第一电子激发态（π*轨道），也可能止于σ*轨道。在介绍荧光光谱相关分子轨道时，通常很少考虑电子之间的相互作用（电子相关性），给出的电子能级和相应的吸收带显得简单化。但是，如果考虑电子之间的相关性，情况就没有那么简单了。

比如苯分子的电子能级可以表示为图 3-2，假如忽略电子相关时苯分子的电子吸收跃迁带只显示一个吸收带［但实验上不可能只观察到一个吸收带；基态 π 轨道（HOMO）也可以表示为 $a^2_{1u}e^4_{1g}$，LUMO-π*是简并轨道，可以表示为 $a^2_{1u}e^3_{1g}e_{2u}$］。当考虑电子之间的相互作用时，则苯分子显示三个特征的吸收带，它们都是由 ππ*跃迁引起的。其中激发态 $^1E_{2u}$ 也可以表示为 ^1B，仍然是简并的。

一般情况下，nπ*跃迁和 ππ*跃迁会显示独立的吸收带。就多环芳烃母体而言，同时，ππ*跃迁与苯环的振动耦合也会产生新的吸收带，除了显示整体离域态的 ππ*跃迁外，相邻双键之间的相互作用也会使得 ππ*跃迁分裂，产生新的吸收带。所以，吸收光谱中显示多个吸收带，都是由 nπ*跃迁或 ππ*跃迁引起的，是由于电子之间相互作用导致的多个激发态能级。

再有，如图 3-2 所示，仅仅使用分子轨道表示电子跃迁，有时的确显得简单化。而用对称性符号表示，可以更清楚些。

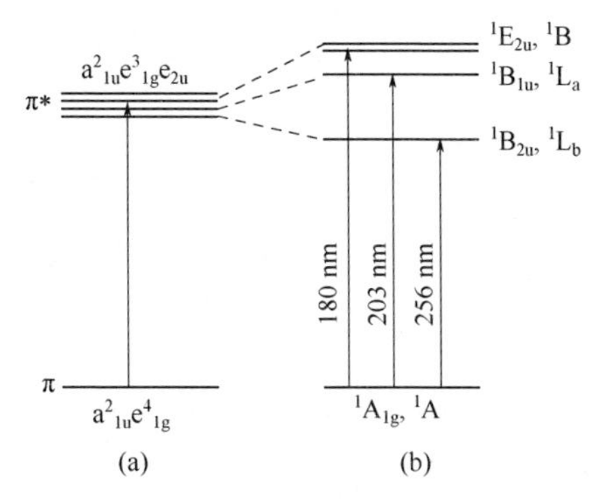

图 3-2　忽略（a）和考虑（b）电子相关时苯分子的电子吸收跃迁带

类似地，2-丁烯醛（巴豆醛）的能级状态和跃迁过程如图 3-3 所示：

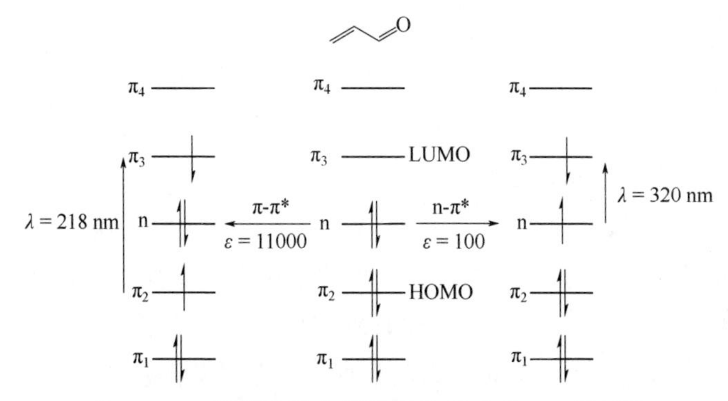

图 3-3　2-丁烯醛的分子轨道和相应的 UV 跃迁[1]

再回到表 3-2，之所以产生表 3-2 所示的差别，可能的原因如下：

① $\Delta E_{S_1}(\pi\pi^*) > \Delta E_{S_1}(n\pi^*)$：因为非键的 n 电子的能级高于成键的 π 电子能级。

② 吸光系数：ππ*跃迁是从定域分子轨道跃迁到非定域分子轨道的，这两个轨道的空间重叠度大，因此吸光系数大。而 nπ*跃迁时，非键的 n 轨道与反键的 π*轨道的空间重叠度差，因此吸收系光小。nπ*跃迁概率比 ππ*小大约 100 倍。越易激发的跃迁越易发射，因此 ππ*跃迁的荧光量子产率也较高。并且，轨道重叠匹配性差的 nπ*跃迁寿命长，容易遭受猝灭，所以酮类和硝基杂环类荧光弱。

如图 3-4 所示，在甲醛分子中，不会出现 nπ*跃迁，因为在氧原子上的非键轨道垂直于 C═O 基团中的π*反键轨道平面，属于重叠禁阻跃迁。如果发生了弱的 nπ*跃迁，那可能是由非对称的分子振动的诱导作用引起的。在吡啶分子中，氮原子尽管也有孤对电子，但氮原子采取的是 sp^2 杂化，孤对电子所在的杂化轨道具有 s 轨道特征，nπ*轨道有一定的重叠，属于部分允许（参见第 2 章 2.1.5.1 节光选律），所以 nπ*跃迁可以发生，但强度较弱。这也与非对称的分子振动的诱导作用有关。

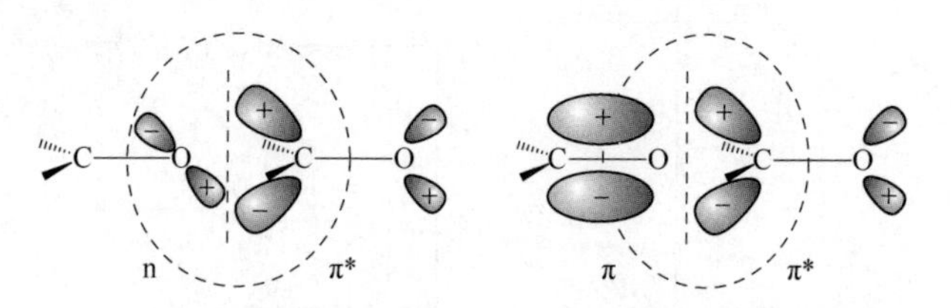

(a) n-π*空间重叠度差，吸光系数小　(b) π-π*空间重叠度大，吸光系数大

图 3-4　甲醛分子中的轨道重叠示意图[2]

参见图 2-7，n-π*轨道对称性要求是禁阻的。轨道取向不一致，轨道重叠禁阻性：nπ*跃迁的两个轨道几乎是正交的，重叠积分〈n|π*〉接近于零

③ 能级差越小，越易产生非辐射跃迁，因此 nπ*跃迁相应的 ISC 量子产率比 ππ*跃迁的大。或者说，ππ*跃迁的电子自旋-自旋耦合作用大，电子的自旋方向不易改变；nπ*跃迁的电子自旋-自旋耦合作用小，电子的自旋方向容易改变。

④ $E_{T_1}(n\pi^*)>E_{T_1}(\pi\pi^*)$的原因：ππ*性质的 T_1 能级电子离域性比 nπ*的大得多，因而电子间的斥力比较小，造成能级更低[2-4]。

杂环共轭体系的尺寸、杂原子孤对电子轨道相对取向以及杂原子的质子化或配位作用也会改变基态分子轨道特点，进而对电子跃迁类型产生影响。如图 3-5 所示，简单的杂环分子不产生荧光，而具有稠环结构的化合物通常可以产生荧光。比如，吡啶与喹啉比较，由于 π 体系的扩展，π 轨道范围更宽，nπ*激发态不再是最低激发态，前者是非荧光的，后者是荧光的。

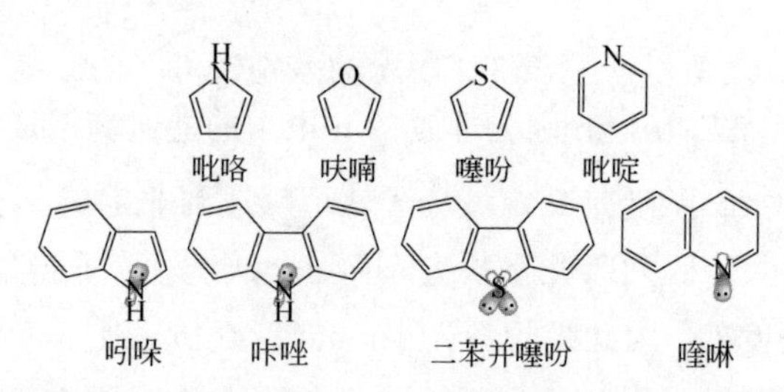

图 3-5　几种简单的和具有稠环结构的杂环分子

杂环分子跃迁类型或荧光能力也受到杂原子酸碱性质的影响。在吡咯、吲哚或咔唑分子中，杂原子氮采用 sp^3 杂化，形成三个σ键，而孤对电子所在分子轨道具有一个实质上平行于环π轨道的矢量分量，满足对称性需求，可以与π轨道共轭，这种氮的碱性是很弱的。因此，咔唑的荧光相当强。几种氮杂环的碱性，pK_b 值，在一定程度上反映了氮原子的离域性，见表 3-3。

表 3-3 几种氮杂环的 pK_b 值

氮杂环	pK_b	文献
咔唑	−1.16	笔者所测
啡啶	9.48	笔者所测
苯并[*f*]喹啉	8.85	[5]
苯并[*h*]喹啉	9.75	[5]
吖啶	8.40	[5]
吩嗪	12.8	[6]
芳环π电子	13.9	[7]

呋喃和噻吩中的杂原子采用 sp^3 杂化，剩余的两对孤对电子难以与π电子体系共轭，导致荧光/磷光较弱。同样的道理，与咔唑相对比，二苯并噻吩或二苯呋喃中的 O 和 S 原子孤对电子所在的两个杂化轨道对π轨道平面的矢量分量较小，共轭程度差。而 S 和 O 原子的差别在于，S 原子空的 d 轨道为 S-S 相互作用导致多聚现象提供了可能性。从 N、O 到 S，二苯并五元杂环的吸收或荧光光谱发生红移。分子实验和计算都表明，二苯并噻吩或二苯呋喃具有复杂的能级结构[8]。S 原子同时还具有重原子效应，减弱荧光。

喹啉分子是基于吡啶的稠合杂环分子，其中杂原子氮都采用 sp^2 杂化，其中两个杂化轨道与碳原子形成两个σ键，而未参与杂化的 p 轨道则与碳的 p 轨道形成π键，氮的另外一个杂化轨道——孤对电子轨道垂直于环的π轨道，在空间上不能与所形成的σ键或π键作用。这样，吡啶基氮的非键电子对并不满足与π轨道共轭的对称性需求，于是就表现出较强的电子供体特性。与基态相比，在激发态氮原子碱性更强。

喹啉在气相中的荧光源于 $S_1(n\pi^*)$态，而磷光源于 $T_1(\pi\pi^*)$态。$S_1(n\pi^*)$态能级比 $S_2(\pi\pi^*)$态略低。在气相中，$S_1(n\pi^*)$态吸收带难以观测到，因为 $S_1(n\pi^*)$态和 $S_2(\pi\pi^*)$态能差很小，很可能其吸收带被强的 $S_2(\pi\pi^*)$态吸收带掩盖[9,10]。S_3 也是ππ*态。

喹啉和异喹啉的磷光起源于 ππ*激发态，寿命分别为 0.80 s±0.02 s 和 0.95 s±0.1 s。而噌啉，即 1,2-邻二氮（杂）萘的磷光起源于 nπ*三线态[11]。喹喔啉，即 1,4-邻二氮(杂)萘应该与噌啉具有相似的激发态性质。

吖啶荧光起源于ππ*最低激发单线态，其吸收光谱与荧光光谱具有很好的镜像关系。而如果起源于 nπ*最低激发态，则不应该具有很好的镜像关系[12]；实验确定吖啶第一三线态也是起源于ππ*跃迁[13]。吖啶、吩嗪或喹啉分子的ππ*最低激发单线态略高于 nπ*态，仅相差不大于 2400 cm^{-1}[14]，很容易受溶剂影响而反转。吖啶系间窜越量子产率在苯中为 0.73，正丁醇中为 0.61，水中为 0.39。所以，吖啶在有机溶剂中是弱荧光或非荧光的，而在水中是强荧光的，量子产率 0.37（非氘代）或 0.40（氘代）[12]。吩嗪属，于 D_{2h} 点群。最低激发单线态为 $^1B_{1u}(n\pi)$，最低激发三线态为 $^3B_{3u}(\pi\pi^*)$，由于强的自旋-轨道耦合作用，$^1B_{1u}$ 和 $^3B_{3u}$ 存在有效的混合，具有高的系间窜越速率[15]。上述分子中的氮原子采取 sp^2 杂化，而吩噻嗪中的 N 和 S 采取 sp^3 杂化，两个苯环并不共面、共轭，整个分子呈蝴蝶状，可以产生荧光、延迟荧光以及非常弱的磷光[16]。

单氮杂菲（monoazaphenanthrenes）、啡啶（phenanthridine，PHN）或 7,8-苯并喹啉（BfQ）在非质子溶剂中可以产生较强的荧光，起源于ππ*激发单线态。在可以发生氢键合的质子溶剂中，荧光进一步增强，因为源于第一激发单线态的非辐射弛豫通道被抑制。相对于非取代的母体菲而言，单杂环的分子对称性降低，导致整个的对称性振动和平面振动具有非零的 F-C 因子，即电子跃迁中的活性振动数目增加[17]。所以，不同条件下，吸收光谱、荧光激发或发射光谱精细结构的变化，也为寻找荧光变化的原因提供了有用信息。

二氮杂菲类化合物，除了二苯并哒嗪（5,6-二氮杂菲）外，具有相似的电子跃迁特征。

电子跃迁过程轨道类型的改变对荧光和磷光的影响，见第 9 章埃尔-萨耶德选择性规则（El-Sayed's selection rule）。电子跃迁过程与能级间能量差的关系——能隙规律——也影响荧光和磷光，见第 9 章。

3.2 分子结构方面

有机物产生荧光的条件：除了光吸收的选律外，关键是分子特定的结构使得其所吸收的光难于产生非辐射跃迁。

第一法则：共轭双键。具有共轭双键的环状刚性的化合物，相对于直链烯烃，激发能向振动能的转换更困难，因而荧光强；sp^2 杂化 N 原子会使荧光减弱，当(C═C 数)/(—N═数)≤2.5 时，无荧光或荧光弱，如吡啶；当>2.5 时，荧光增强，如喹啉（但比萘荧光弱见稍后分子结构的影响）。但共轭体系太大也不行，如石墨烯，当激发能级接近红外或位于红外区，非辐射跃迁的速率呈指数般增大。又如 C_{60} 也是弱荧光的。

第二法则：助荧光团。当分子中的适当位置具有适当数量的难于发生系间窜越和光离解的取代基，即助荧光团（Mf 基）时，荧光增强[18]，见稍后取代基的影响。

3.2.1 分子平面性和刚性的影响

稠结构（the fused ring structure）使得分子具有更强的刚性结构，将抑制通过振动模式转移能量。分子中所有原子或主要生色团都在一个平面内，则誉之为分子平面性好。这样的分子无论在基态或激发态都不容易变形，表现出好的刚性。分子平面性和刚性既有一致的地方，也有不同点。分子的刚性化原则见第 2 章光选律，分子刚性是分子柔性的反义词，不容易变形的分子（结构）就是刚性分子（结构）。平面型分子是刚性的分子，但刚性的分子不一定是平面型的分子。在光选律允许的情况下，这样的分子具有良好的吸收或荧光行为。表 3-4 比较了几种常见荧光分子的结构特点，图 3-6 则表明结构刚性化对荧光量子产率的影响。

表 3-4　刚性平面结构和电子跃迁类型对荧光影响的典型实例

名称	分子结构	电子结构和荧光特性
荧光素阴离子	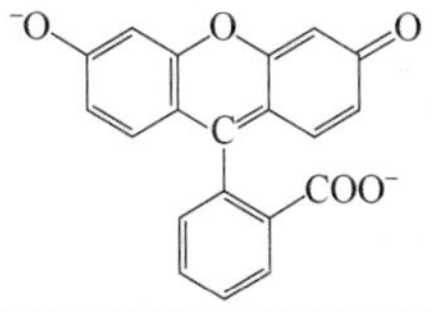	强荧光物质； 大的共轭平面体系； 尽管含酮基，但 ππ*态为最低激发态
酚酞	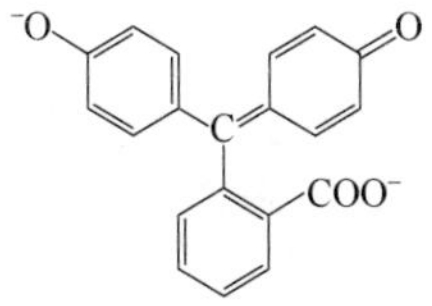	非荧光物质； 键的自由旋转
环己基苯基酮	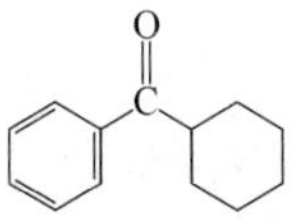	非荧光的； nπ*激发态比 ππ*态能级低
色氨酸	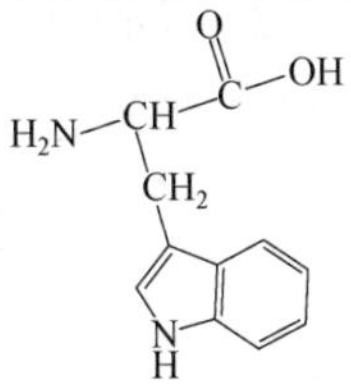	强荧光的； 吡咯衍生物中的孤对电子离域到整个环的π-体系，nπ* 跃迁不再可能
吡啶	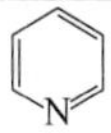	非荧光的； nπ*激发态比ππ*态能级低
喹啉	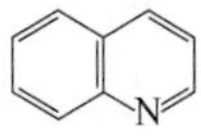	荧光的； 由于 π 体系的扩展，π 轨道范围更宽，nπ*激发态不再是最低激发态
8-羟基喹啉	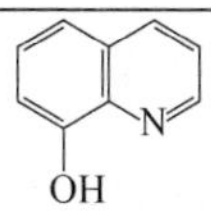	非或弱荧光的； S_1 为 nπ*态，质子化或与铝离子配位后荧光增强

3.2.2 双键转子和刚性化效应

双键转子（double-bond-rotor）是指以双键连接的基团，其相对位置可以转移重置。由双键变化导致的光学异构化、顺反异构化、烯醇与酮式结构转换、类似C—N═N—结构与C═N—N—结构等也是影响发光的重要因素。而双键转子和刚性化效应是一对互相制约因素，与内转换非辐射途径有关。沿着C═C或C═N等双键的旋转或扭曲，导致分子顺反异构变化，显著改变如图3-6所示化合物的荧光量子产率。而将发色团固定后，会显著增强发光能力。这类分子的荧光特性应该取决于分子内部和分子所处环境对可以旋转部分的约束程度或者阻碍程度。第5章激发态分子内质子转移部分，还会提到—C═N—基团顺式异构化是一种重要的非辐射弛豫途径。

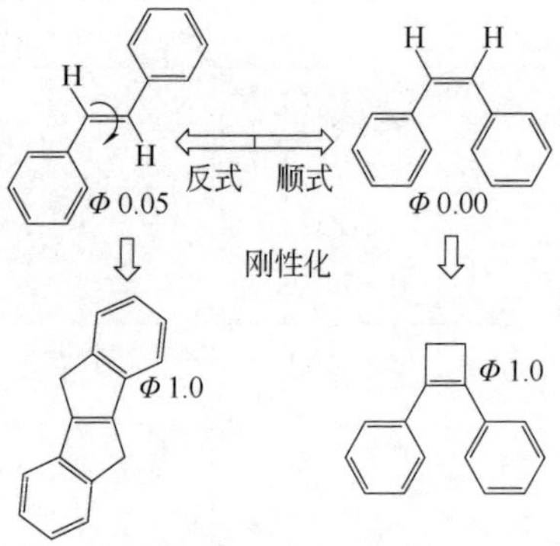

图3-6　自由转子和结构刚性化对荧光量子产率的影响[19]

同样，简单的烯烃和多烯烃通常不产生荧光或荧光极弱。因为这类柔性分子的激发态能量会快速通过沿着碳链的伸缩振动或绕C═C双键的扭曲振动而消耗。但是，在一些刚性的甾族化合物体系，简单的双烯单元也是可以发光的，见图3-7。

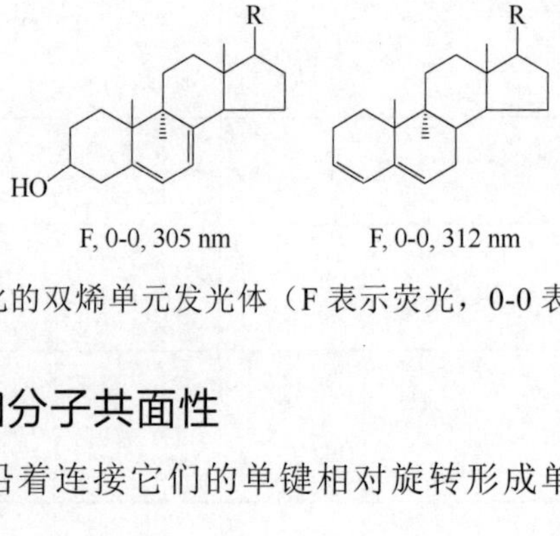

图3-7　刚性化的双烯单元发光体（F表示荧光，0-0表示0-0跃迁）

3.2.3 单键转子和分子共面性

分子中两个基团沿着连接它们的单键相对旋转形成单键转子（single-bond-rotor）。分子中生色团之间或发光体基团之间，或者荧光基团与其他基团之间沿着相连的单键的旋转也会耗散激发态能量（参见第 5 章温度和黏度对荧光的影响）。比如二联苯和芴的差别，两个苯环之间通过一个—CH_2—单元桥联起来就是芴，既限制了苯环之间通过单键转子旋转消耗激发态能量，又提高了分子的刚性和平面性。同时，二联苯在溶液中或固态，苯基间具有共面的可能，因此可以产生荧光和磷光。不过，二联苯荧光量子产率只有 0.18，而芴的荧光量子产率有 0.5～0.7。但是，如果苯基之间具有较大的固定的二面角，则是不发光的，如图 3-8 所示，在复合晶体中，二联苯分子中两个苯基拥有 48.7(2)° 的二面角，这时它既不产生荧光，也不产生磷光[20]。

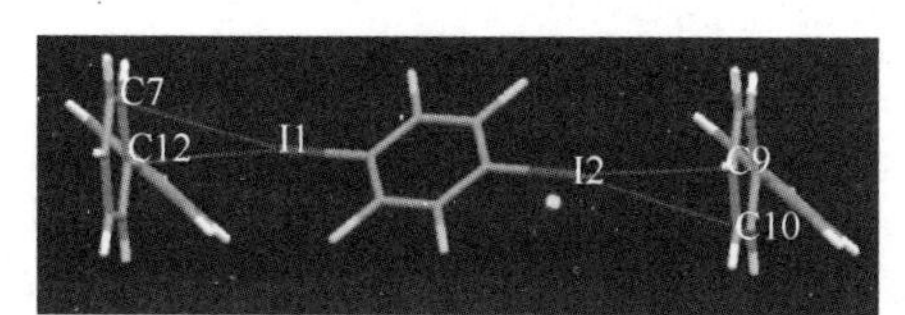

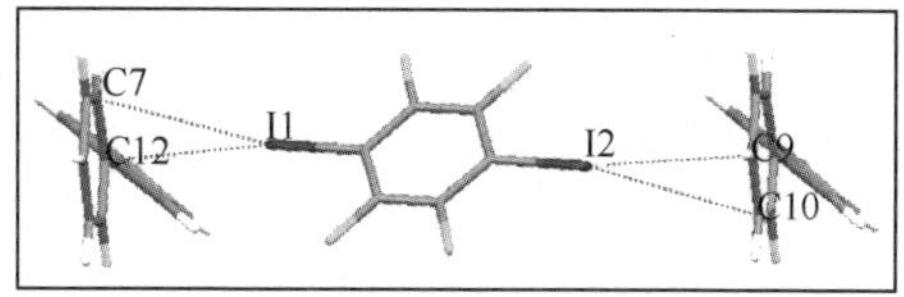

图 3-8　联苯与 1,4-二碘代四氟苯间的 C—I…π卤键和苯基间的相对几何位置

此外，受限的单键转子（立体阻碍效应）也会产生奇特的光学效应，如手性分子的旋光性或发光行为。联二萘酚（BINOL）对映体在自由的溶液中无论吸收光谱还是荧光和磷光光谱均无差别。但在 γ-环糊精或 γ-环糊精和 1,2-二溴丙烷共同存在下，联二萘酚对映体的手性作用显示出一定的差别，如吸收光谱法、荧光光谱法和磷光光光谱法测到的包结、缔合常数 K_R/K_S 依次分别为(170±61)/(132±73)、(267±87)/(178±31)、[(1.92±0.63)×10^4]/[(3.05±0.48)×10^4]，单位为 L/mol。比较起见，对映体的磷光和荧光行为虽然都表现出一定的差别，但磷光行为差别更明显。除了包结常数方面的差别外，两种对映体的磷光衰减动力学也有显著不同[21]。

水杨酸由于分子内氢键的形成，增加了分子的平面性和刚性，产生荧光，且邻位比间、对位荧光强。

单键转子的另外一种情况，即近些年由唐教授报道的聚集诱导荧光增强现象（aggregation-induced emission enhancement，AIE）[22,23]。目前，这类现象已经被广泛地应用于荧光探针、光学材料等领域。严格地讲，聚集诱导单体荧光猝灭（aggregation-induced quenching）是没有任何问题的。而唐报道的聚集诱导荧光增强，从本质上讲应该属于分子内旋转弛豫受阻（restricted intramolecular rotation relaxation）。如图 3-9 所示，在硅杂环戊二烯的苯基衍生物中，苯基自由转子沿着单键的快速旋转，消耗激发态能量，荧光处于暗的状态。而在受限的状态下，苯基旋转受阻，荧光增强，处于亮的状态。利用这种具有聚集诱导荧光性质的带正电荷硅杂环戊二烯衍生物——1-甲基-1-(3-三甲氨基)丙烯-2,3,4,5-四苯基硅杂环戊二烯碘盐，与 DNA 分子通过静电作用结合并形成聚集体，从而荧光增强，发展高效的无标记 DNA 荧光传感和核酸酶活性分析方法[24]。汪铭等进一步将此化合物应用于免标记 DNA 四链体的检测和凝血酶的荧光分析[25]。

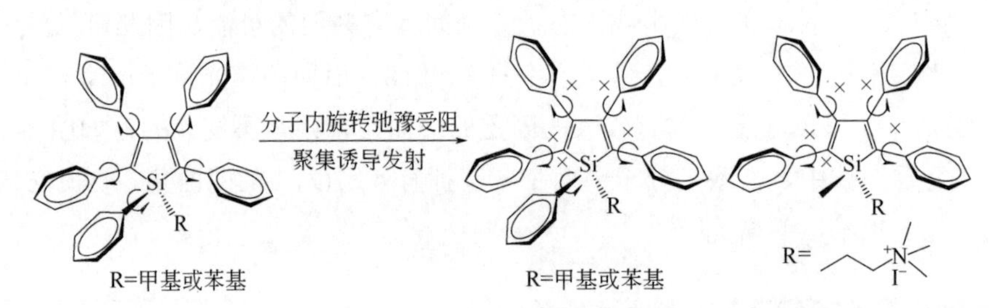

图 3-9　旋转弛豫诱导荧光猝灭和聚集诱导荧光增强示意图[23]（以晶态、非晶型固态或寡聚态存在，或高黏性环境下分子内旋转受阻，激发态能量非辐射的耗散途径被抑制，从而增强辐射发射，即增强荧光）

基于单键旋转的分子转子（rotor）旋转以及聚集诱导荧光增强等现象在第 5 章的黏度对荧光的影响一节将进一步详细介绍。由此构建黏度探针的内容见第 6 章电荷转移部分。分子内扭转的电荷转移现象以及分子内扭转的电荷转移态，也可以归于单键转子一类（见第 6 章）。

前面提到光选律，其实量子力学在解释一个真实体系物质对光辐射的吸收、荧光或光化学现象时，经常显得力不从心。对于解释聚集诱导荧光增强和扭曲的分子内电荷转移（TICT）现象（第 6 章）也是如此。尽管人们从限制分子内单键旋转，从而阻止内转换激发能消耗以增强荧光发射的角度阐释了聚集诱导荧光增强现象，但这一解释是有争议的。最近的报道认为[26]，在黏度较低的介质中，激发态分子可以发生分子内转动，将部分能量弛豫到环境中，降阶到最低激发单线态暗态（dark state），再以非辐射跃迁回到基态。弱的荧光发射过程是符合 Franck-Condon 原理和 Kasha 规则的。在高黏度介质或固态中，荧光分子转子（包含常见的聚集诱导增强荧光分子体系和 TICT 体系）的发光是反 Kasha 规则的结果，即电子并不需要弛豫到最低激发单线态再发射荧光：通过抑制 Kasha 规则以提高发光效率。而且该报道中所设计的探针，在黏度相近但极性差别很大的二氧六环和水混合溶剂体系中，其发光效率对极性的依赖性远小于对黏度的依赖性（注意，选择表示溶剂极性的参数是很重要的，如介电常数、偶极矩或其他。选择不同的参数可能会导致结论完全不同）。因此该报道认为，对 TICT 的传统解释是有问题的。

不过笔者认为，上述报道也是有问题的：①所谓的最低激发单线暗态，无论量子力学的还是实验方面的证据都显得不足；②反 Kasha 规则的辐射跃迁也缺乏充分的实证，也就是说，反 Kasha 规则的荧光发射光谱应该位于 S_0-S_1 和 S_0-S_2 或 S_0-S_3 吸收或激发光谱之间。但无论如何，该报道仍然是有启示性的，即对于任何新的现象，不要墨守成规，从常规中寻找新的契机。

3.2.4 螺栓松动效应

激发态能量会通过耦合到“松动的” $C^{Ar}—C^{\alpha}$伸缩振动模式而耗散，与 $H—C^{\beta}$振动无关，此即非辐射跃迁的螺栓松动效应（loose-bolt effect）。发光分子或基团（moiety）的激发态能量经过相同分子其他部分的强烈振动而去活，是一种经过内转换途径的非辐射衰减[27,28]。如图 3-10 所示，甲苯的荧光量子产率为 0.14，荧光寿命为 35 ns，而叔丁基苯的荧光量子产率为 0.032，荧光寿命仅 10 ns，显示更快的内转换效率。与苯环直接连接的 C 标记为 C^{α}，叔丁基的其他 C 标记为 C^{β}。叔丁基的 $C^{\alpha}—C^{\beta}$伸缩振动模式可以与 $C^{Ar}—C^{\alpha}$伸缩振动模式耦合，就像能够松动螺栓一样，耗散激发能，增加内转换速率常数[27-29]，即非辐射跃迁的螺栓松动效应。而且，当 $C^{\alpha}—C^{\beta}$处于苯环平面外时更有效。该效应与 C^{β}—H/D 振动无关，即 C^{β}—H/D 振动没有耦合到 $S_1 \rightarrow S_0$ 衰减过程。例如，甲苯的内转换速率常数为 $10^7\ s^{-1}$，而叔丁基苯的内转换速率常数高出约一个数量级，为 $10^8\ s^{-1}$。异丙基苯比甲苯和乙基苯具有更大的内转换速率常数，但小于叔丁基苯。氘代叔丁基苯的量子产率与叔丁基苯基本一致，也说明 C—H/D 振动不会影响内转换速率，辅证了这种螺栓松动效应[29]。表 3-5 的数据也说明，取代基的微扰作用（使得 ISC 速率变化）也是不明显的。

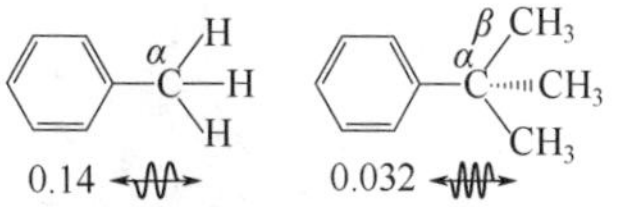

图 3-10　螺栓松动效应示意图
（波线疏密表示螺栓松动效应的程度）

表 3-5　几种烷基苯的光物理特征

烷基	Φ_F	Φ_{ISC}	τ/ns	$k_F/10^6\ s^{-1}$	$k_{IC}/10^6\ s^{-1}$	$k_{ISC}/10^6\ s^{-1}$
甲基	0.14	0.52	35.2	4.0	9.6	15.0
异丙基	0.073	0.34	24.5	3.1	24.0	14.0
叔丁基	0.032	0.086	10.0	3.2	88.0	8.6

此外，笔者预计了另外一种非辐射途径，即β-甲基氢与最邻近的苯环氢，通过σ···σ非共价键合型的 $C^{sp^3}—H^{\delta-}\cdots{}^{+\delta}H—C^{sp^2}$或 $C^{Ar}—H^{\delta+}\cdots{}^{-\delta}H—C^{\beta} \leftrightarrow C^{Ar}—H^{\delta-}\cdots{}^{+\delta}H—C^{\beta}$相互作用，加速内转换过程的 $H—C^{Ar}$ 弛豫，如图 3-11 所示。假定苯环是不动的，

甲苯中甲基沿着C^{sp^2}—C^{sp^3}键转动时不会影响苯环的C—H振动，而叔丁基苯中的叔丁基沿着C^{sp^2}—C^{sp^3}键转动时，会影响苯环的C—H振动，使得C—H振动发生向平面外的扭曲，向平面外的扭曲振动使得叔丁基苯激发能通过内转换的途径消耗。这种设想正在论证中。

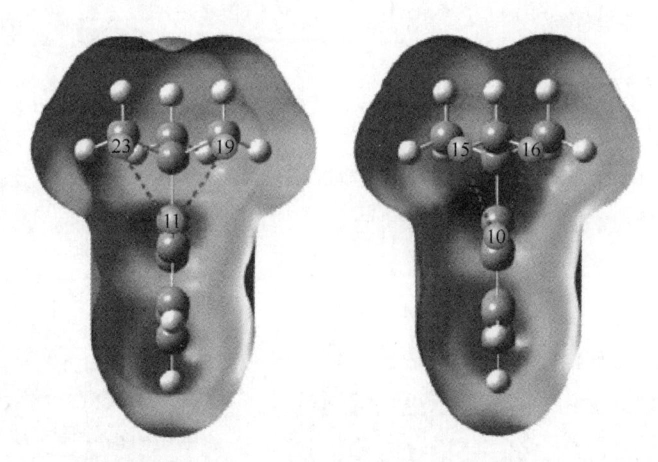

图 3-11 两组双叉的C^{sp^3}—H…H—C^{sp^2}非共价相互作用和计算的分子表面静电势图（基组水平 aug-cc-pVTZ）

3.2.5 取代基的影响

取代基的种类繁多，影响复杂。大致上，可以将取代基的影响分为电子效应和非电子效应。

3.2.5.1 取代基的电子效应

可以通过取代基的 Hammett 常数和 Taft 常数经验地、定性地或定量地研究取代基对荧光、磷光行为的影响[30,31]。不过，人们常常简单地将取代基分为供电子取代基和吸电子取代基两类，它们对发光行为的影响主要表现如下。

（1）供电子取代基（electron donating groups）

—NH_2、—NHR、—NR_2、—OH、—O—（酚羟基与酚阴离子经常对荧光有相反的影响）、—OR、—CN、—Ar、—SH、—S—、SR。取代基上的孤对电子（lone electron pairs，lep）的电子云在基态几乎与芳环上的π轨道平行（或者具有一个与π轨道平行的矢量），因而实际上它们共享了共轭π电子结构，同时扩大了共轭体系，如图 3-12 所示。nπ*跃迁比ππ*能量更低，激发态酸性比基态更强。就是说，含有供电子取代基的芳烃，在激发态时芳烃显得比基态更缺电子（因为最高占有轨道的π成键电子被激发到π*轨道），因此具有分子内电荷转移态特征，孤对电子参与共轭的程度更强[32]。如果苯基和甲基相连，那么苯基是吸电子基，甲基是供电子基。但是，与强吸电子基相连时，苯基的供电子效应远远大于甲基，因为苯环是一个富电子体系。

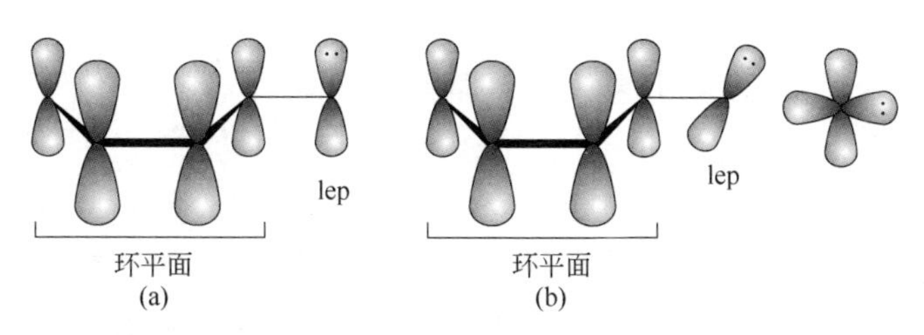

图 3-12　供电子取代基（a）和吸电子取代基（b）分子轨道与环平面的相对取向及共轭情况

有供电子取代基时，会增强由 ππ*跃迁产生的荧光，并使光谱向红移（bathochromic shift 或 red-shift）。例如，荧光量子产率：苯 0.17，二联苯 0.18，二联苯基乙烯 0.16，三联苯 0.93。或者说，供电子基的质子化使光谱向蓝移（hypsochromic shift 或 blue-shift），而去质子化光谱向红移。

（2）吸电子取代基（electron withdrawing groups）

—C═O、—COOH、—COO—（羧基与其阴离子经常对荧光有相反的影响）、—OCOR、—NO_2、—N═N、—X。虽然也含有 n 电子，然而，在基态其 n 轨道的电子云与芳环上的 π 电子云并不共平面，如图 3-12 所示。S_1 为 nπ*型，属于禁阻跃迁。这些吸电子基团具有能量更低的空 π 轨道（vacant π orbitals），芳烃环最高占有轨道的电子可以被激发到吸电子基的空轨道，形成分子内电荷转移激发单线态，往往这是最低激发单线态。于是，在激发态，吸电子取代基在激发单线态具有更高的电子电荷密度。就是说，这些吸电子功能基与芳香环间在最低电子激发单线态比其在基态具有更好的共轭作用。导致这些功能基的 π 电子密度在最低电子激发单线态比在基态具有更强碱性（更弱的酸）。吸电子取代基积累电荷，激发态电荷积累更显著。吸电子取代基质子化使得吸收、荧光光谱红移，去质子化使得吸收、荧光光谱蓝移。

具有吸电子取代基化合物，产生 nπ*跃迁，减弱荧光，增强 ISC 量子产率。例如：二苯甲酮 Φ_{ISC} 1.0，硝基苯 Φ_{ISC} 0.60。硝基质子化后，可转化为 ππ*跃迁。

（3）取代基位置

简单苯衍生物的邻、对位有利于荧光，间位不利于荧光[33]。在一定范围，π 电子离域化程度越大，越有利于荧光。无论单取代还是双取代、无论吸电子还是供电子取代基，折中的影响是增加了 π 电子离域化还是减弱了离域化，从而判断对荧光有利与否。

（4）含羰基的芳香族化合物Φ_F小，Φ_{ISC}大；含羰基的脂肪族化合物Φ_F大，Φ_{ISC}小（见第9章）。

取代基的电子效应，有时候还可以从其他角度阐述：

① 共振效应：取代基中的π电子或孤对电子与主色团之间的相互作用，可以看作出现一个新色团。这种作用，大都导致主色团吸收或荧光光谱红移。

② 电负性效应：电负性取代基的诱导效应使得π电子密度降低，进而降低基态和激发态势能。有时候使得磷光最大波长红移。这样，诱导效应就会降低非辐射衰减跃迁的活化能（见第5章）。其结果是，荧光量子产率的温度系数降低（量子产率变化幅度对温度变化的依赖性减弱），且一定情况下量子产率降低[34,35]；S_1-S_0内转换的速率常数增加，荧光动力学猝灭程度增加。还有，诱导效应使得三线态能量$\Delta E(T_1\text{-}S_0)$降低，因此T_1-S_0非辐射速率常数增加[36]。

③ 分子内的跨环共轭和/或跨环电荷转移作用，一种电子跃迁或电荷转移的空间效应（见6.6节介绍）。

④ 电荷转移致正交分离也将在后面适当的章节予以介绍。

3.2.5.2 取代基的非电子效应

这里所叙述的取代基的非电子效应，可能部分地与3.2.2节至3.2.4节的讨论是重复的。但可以从不同的侧面更深入理解取代基的影响。

① 重原子效应（详见第9章），重原子取代基使得Φ_F减小，Φ_{ISC}增大。如碘代苯（iodobenzene）是非荧光的，因为碘的重原子效应（heave iodine atom）加速了非辐射的ISC过程。

② 氘代效应（见第9章）。

③ 分子内能量转移，两个能级接近但未共轭的色团之间会发生分子内能量转移，发光将源于单线态/三线态能级较低的色团。如苯巴比妥［5-乙基-5-苯基-2,4,6(1*H*,3*H*,5*H*)-嘧啶三酮］，如图3-13所示，其荧光源于杂环，而磷光源于苯基[37]。再有，在寡肽、多肽或蛋白质中酪氨酸、苯丙氨酸和色氨酸之间的能量转移也可以看出类似的取代基效应。

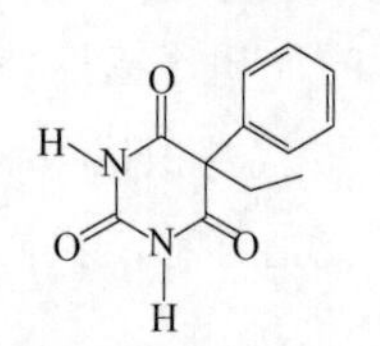

图3-13 苯巴比妥分子结构

④ 立体障碍效应和结构的刚性化。通过影响分子几何结构或分子内基团运动，如共面性或分子手性，而影响分子发光行为。

大自然在选择取代基方面超乎寻常的优化能力令人敬畏，值得学习和模仿。为了更有效地利用太阳光辐射进行光合作用，诞生了叶绿素a和叶绿素b，二者结构上的差别仅为7位取代基的不同［见图3-14（a）］。卟啉化合物吸收光谱的一般特征参见稍后部分，而叶绿素 a 和叶绿素 b 的两个强吸收带，一个位于 630～680 nm 的红光区，另一个位于 400～460 nm 的蓝紫光区。叶绿素 a 主要吸收太阳辐射光谱的红光，叶绿素 b 主要吸收蓝紫光。它们的荧光激发和发射光谱如图 3-14 所示[38]。叶绿素 a（Chl a）λ_{ex} 408 nm/427 nm，λ_{em} 666 nm；叶绿素 b（Chl b）λ_{ex} 455 nm，λ_{em} 648 nm。

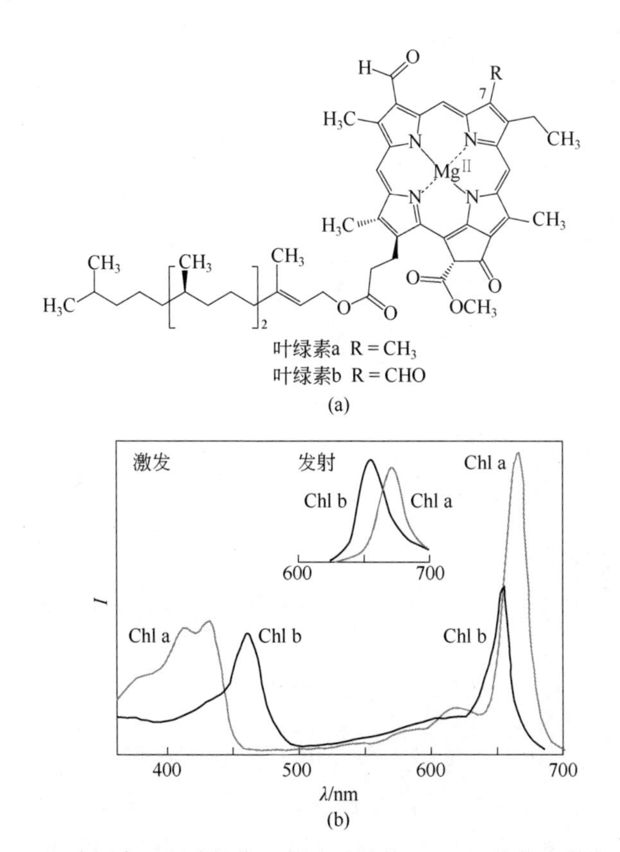

图 3-14 叶绿素 a 和叶绿素 b 的分子结构（a）及其荧光激发光谱和发射光谱（90%丙酮，0.2 μg/mL）（b）

总之，取代基对荧光光谱影响的要点如下：

① 无论吸电子取代基还是供电子取代基，均使光谱振动精细结构（fine structure）丧失。

② 讨论取代基的影响或电子跃迁类型时，注意溶剂极性对 n 电子的影响。

③ 有些取代基受光激发时发生离解，如卤族元素，形成新的组分。

④ 强荧光物质应具有的一般特征：具有大的刚性的共轭 π 键结构；具有最低的单线电子激发态 S_1 为 ππ*型；取代基团为给电子取代基。

3.3 基态与激发态分子性质的差别

① 原子间距改变，导致分子几何结构变化。荧光光谱与第一激发单线态镜像关系的偏离与基态和激发态分子性质的差别有关。如图 3-15 所示，基态的联苯分子共面性差，而激发态两个苯环的共平面性增强，即吸收过程仍然保持 Franck-Condon 基态构型，而发光过程保持激发态构型，所以吸收光谱呈现平滑的轮廓，而荧光光谱出现更好的振动结构。激发态也可能形成电荷转移结构。乙炔基态为直线型结构，而其激发态的∠H—C≡C = 120°。苯分子的键长也会发生改变，基态 0.140 nm，激发态 0.144 nm。

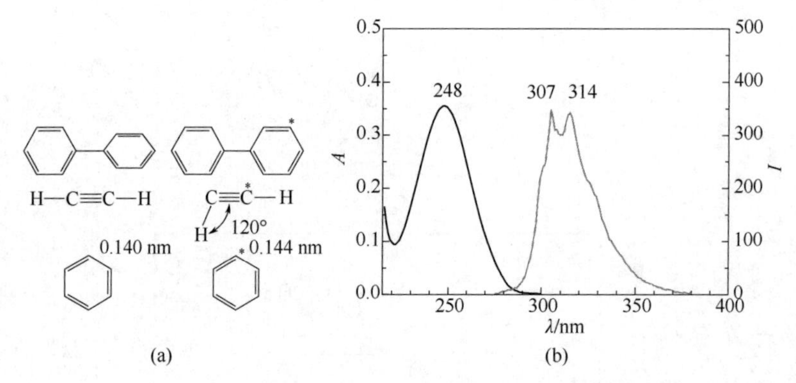

图 3-15 几种分子基态和激发态性质（a）以及联苯吸收和荧光光谱的比较

（b）荧光测量条件：λ_{ex} 248 nm，激发光谱测量狭缝 10 nm，发射光谱测量狭缝 1 nm。吸收光谱测量狭缝 2 nm。乙醇浓度 1×10^{-4} mol/L

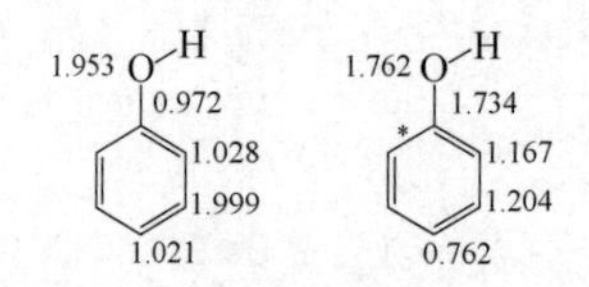

图 3-16 基态和激发态（*）苯酚的电子密度分布

② π电子云分布的变化，引起化学性质的变化。如图 3-16 所示，苯酚基态和激发态电荷密度的变化，导致质子的离解常数发生显著变化，基态 pK_a 10.02，激发态 pK_a^* 5.7。同样，α-萘酚 pK_a 9.23，pK_a^* 2.0；β-萘酚 pK_a 9.46，pK_a^* 2.5；对氯苯酚 pK_a 9.38，pK_a^* 3.6。8-羟基喹啉 pK_a 5.1，pK_a^*–7。5-氟-8-羟基喹啉 pK_a 4.9，pK_a^*–11。一般地，酚类、硫醇类、芳香胺类激发态质子酸性变强，而氮杂环类、羧酸类、醛类、酮类激发态碱性变强。

③ 键长的变化，伴随电子键能的减小，激发态分子更容易发生光解或其他化学反应。

④ 电子跃迁，造成电子云再分布，所以基态和激发态的偶极矩一般不同。溶剂对基态和激发态的荧光分子的影响不同，此即溶剂弛豫现象（见一般溶剂效应，

Stokes 位移）。

⑤ 势能曲线：处于一定电子能级状态的分子势能作为分子中两个原子间距的函数。两个原子之间在相对振动运动。如果激发态势能曲线相对于基态势能曲线发生位移，并趋向较大的核间距，说明激发态的结构比较松弛。交于势能曲线的竖直线表示激发态的不同振动能级和基态的振动能级的分子总能量。

⑥ Franck-Condon 原理：分子的几何位置在吸收光子前后没有变化，因而光吸收是一个垂直过程。若两个态的平衡位置没有发生变化或变化很小，则 0-0 跃迁带是强吸收带。若平衡几何位置变化很大，就会出现一些高能量的振动跃迁。可见，0-0 跃迁带不重叠主要是由溶剂弛豫引起的，若 0-0 跃迁带是强吸收带，说明核在基态-激发态平衡位置变化不大；光谱发生大的变形，说明基态、激发态性质变化较大。

3.4 几类典型荧光体的结构

在光学领域，生色团（chromophore）是颜色的载体，可以定义为分子实体中对光产生吸收作用的一个单元——原子或原子基团、或分子整体。而发光体或发色团（lumophore）、荧光体（fluorophore）或磷光体（phosphore）是光的载体，可以定义为分子实体中发射荧光或磷光的一个单元——原子或原子基团、或分子整体。通常，发光体也同时是生色团，但生色团不一定是发光体。

3.4.1 生物类荧光基团举例

（1）色氨酸（tryptophan，Trp）

色氨酸吸收在 280 nm，荧光发射在 320～350 nm，荧光寿命 1～6 ns。其他会发生荧光的氨基酸还有酪氨酸（tyrosine，Tyr）和苯丙氨酸（phenylalanine，Phen）等。有意思的是，在生物体系常常发生由酪氨酸→苯丙氨酸→色氨酸的共振能量转移作用。此时，将只能观察到色氨酸发光。

（2）核黄素（riboflavin，维生素 B_2）、黄素单核苷酸和黄素腺嘌呤二核苷酸

核黄素（riboflavin）、7,8-二甲基-10-(1′-D-核糖基)-异咯嗪、黄素单核苷酸（flavin mononucleotide，FMN）或黄素腺嘌呤二核苷酸（flavin adenine dinucleotide，FAD）是可以产生荧光的一类生物分子。图 3-17 表示氧化型和还原型核黄素的分子结构，它们的最大吸收为 450 nm。荧光发射 515 nm，荧光寿命大约 4.7 ns（FMN）或 2.3 ns（FAD）。

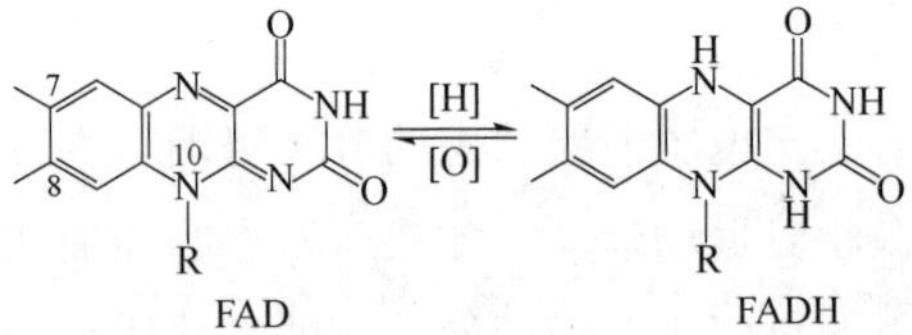

FAD　FADH

图 3-17　氧化和还原型核黄素分子结构

（3）天然绿色荧光蛋白

如图 3-18 所示，绿色荧光蛋白具有由 11 个肽链组成的刚性的、疏水的圆筒状结构，荧光部分通过母体蛋白三个顺序毗邻的氨基酸 Ser-Tyr-Gly 自催化缩合、环化和氧化而形成。荧光团 *p*-hydroxybenzylideneimidazolidinone 以顺式的去质子化酚阴离子异构体包封其中，如此增加了荧光团的荧光量子产率[39]。通过增加分子共轭体系，可以增加色团的荧光波长。所以，通过分子改造和基因工程技术，可以制备黄色、红色或其他颜色的荧光蛋白[40,41]。

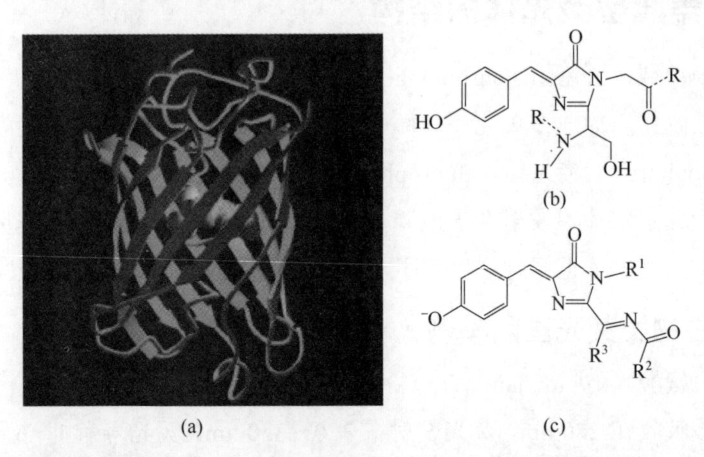

图 3-18　天然绿色荧光蛋白（a）、发色团（b）和改造的红色发光蛋白发色团（c）的结构比较

（4）卟啉及金属卟啉

大环卟啉（porphyrins）具有ππ*性质，是强荧光的。所谓 Soret 带或 B 带即 $S_2 \leftarrow S_0$ 吸收带，ππ*跃迁，源于卟吩环内的 18 个π电子组成的离域大π键，一般位于 400～450 nm，吸收强，摩尔吸光系数很高，可达 10^6 级别。而 $S_1 \leftarrow S_0$ 吸收带为 Q 带，是由于 nπ*跃迁所致，摩尔吸光系数小。也有文献认为，Soret 带和 Q 带均起源于ππ*跃迁。Q 带位于 450～700 nm，结构精细，且有 4 个特征吸收峰（其形状和相对强弱依取代基、吡咯氮质子化或金属配位而各异）。当吡咯环氮原子上的氢被金属离子取代而形成金属卟啉后，Q 带的 4 个峰或减弱或消失。同样，金属卟啉的 Q 带吸收要比 B 带吸收弱得多，且减弱的程度随金属离子的性质不同而不同。

这说明卟吩环上的电子受到了金属原子中电子轨道的扰动，当卟啉的环侧连接有亲电基团时，卟啉的B带将产生红移效应。图3-19为均四苯基卟吩（卟啉）的吸收光谱和荧光光谱，也能观察到吸收光谱和荧光光谱之间不太严格的镜像关系。但是金属卟啉（metalloporphyrins）是否产生荧光或磷光取决于中心离子的特点。像 Zn^{2+}、Pd^{2+}和 Pt^{2+}或 Cd^{2+}、Mg^{2+}等金属离子配位后，其Q带吸收光谱结构特征地减少、减弱，荧光强度增强，并能产生磷光。磷光光谱形状与荧光相似，位置也没有显著变化。而3d轨道未充满的金属离子 Fe^{3+}、Co^{2+}、Ni^{2+}、Cu^{2+}的卟啉配合物是不产生荧光或磷光的[42,43]。荧光分子的π电子与这些磁性金属离子的轨道相互作用，形成特殊的能级，增加了系间窜越速率。

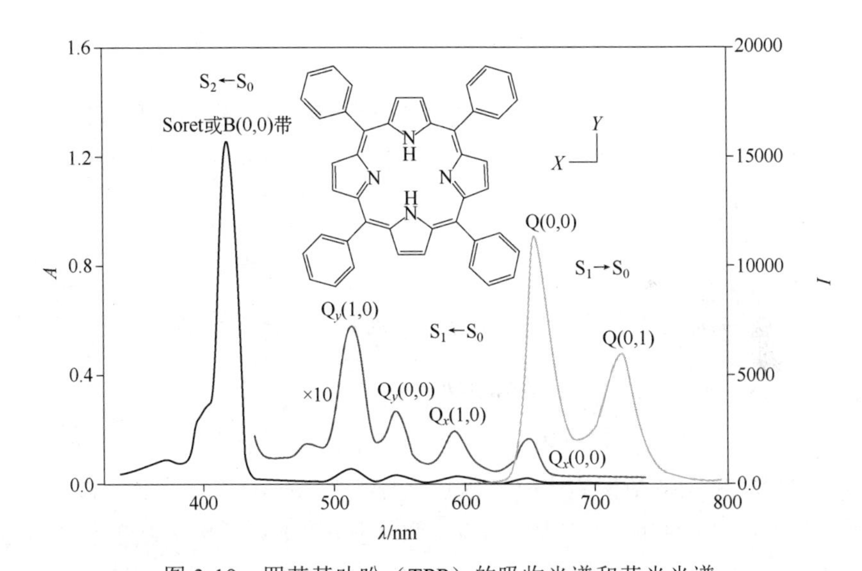

图3-19　四苯基卟吩（TPP）的吸收光谱和荧光光谱

激发波长418 nm，甲苯溶剂，测量吸收光谱时TPP为5 μmol/L，测量荧光光谱时TPP为0.5 μmol/L

卟啉或金属卟啉在不同条件下形成两种一维的聚集型态，即 *J* 型（side-by-side，端对端排列）和 *H* 型（face-to-face，面对面）聚集体。*J* 型聚集时，分子自身的跃迁偶极矩与分子中心连线是平行的，*H* 型聚集时跃迁偶极矩与中心连线的夹角为 90°。一般可以通过非常简化的图示方式表示聚集体特征与能级变化的情况，如图3-20所示。其中箭头表示分子单体的跃迁偶极矩。θ为跃迁偶极矩与中心连线的夹角，r 为单体中心之间的距离。该图典型地显示了 *J*-聚集到 *H*-聚集分子跃迁矩或极化轴之间角度的连续变化。当角度为魔角54.7°时，激子分裂为零，即分子间的偶极-偶极相互作用消失，不管分子间距离如何。

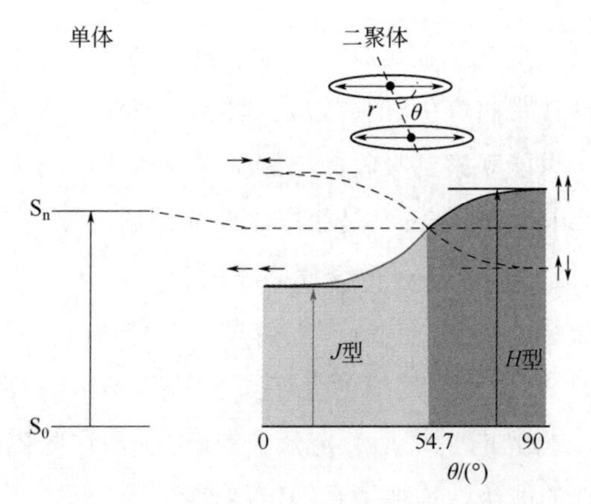

图 3-20　分子单体和二聚体激子带能级（靠上部分的单箭头表示 *J*-聚集或 *H*-聚集形式的两个卟啉分子的偶极取向）

尽管对于这种强的复合物原本就是靠静电力简单结合的，但利用分子轨道理论处理这类聚集体是成功的。以单体分子 a 和分子 b 形成的二聚体为例，二聚体的基态波函数 Ψ_G 具有下列唯一形式：

$$\Psi_G=\psi_a\psi_b \tag{3-1}$$

式中，ψ_a 和 ψ_b 分别表示分子 a 和分子 b 的基态波函数。经过一定处理可得：

$$\Delta E_D=\Delta E_M+\Delta D\pm\varepsilon \tag{3-2}$$

此即分子激子理论中聚集体能态之间跃迁能的特征形式。式中，ΔE_D 是分子聚集体的能级差；ΔE_M 是聚集体中单体分子的能级差；ΔD 是二聚体中激发态分子 a 和基态分子 b 范德华作用势与基态分子 a 和基态分子 b 范德华作用势之差；ε 表示激子分裂能，而$\Delta\varepsilon = E_H-E_J$，式中 E_H 和 E_J 分别表示激发态的高低能级，见图 3-20。所以激发态的激子效应表现为强烈的光谱分裂和可能的三线态激发的增强[44-46]。

当卟啉化合物形成 *J*-聚集体时，其 Soret 带移向 490 nm 左右（在水溶液中），或 460～490 nm（在离子液体中），荧光减弱[47-49]。当形成 *H*-聚集体时，吸收光谱较其单体分子的吸收峰呈明显的蓝移效应[50]。

虽然聚集作用使得卟啉的荧光减弱，但聚集体仍然可以产生弱的荧光[51]。当采用卟啉单体的 Soret 带激发波长进行激发时，部分单体可以将能量从其 S_2 和 S_1 能级分别转移至 *J*-聚集体的 S_2 和 S_1 能级，因此也可以得到 *J*-聚集体的荧光。当采用 *J*-聚集体的激发波长（482 nm）进行激发时，*J*-聚集体也可被激发至其 S_2 能级，随后弛豫至 S_1 能级，由能级 S_1 回到能级 S_0 并发射荧光。由于 *J*-聚集体的能级 S_2 和 S_1 对应的能量分别比单体的能级 S_2 和 S_1 对应的能量低，因此 *J*-聚集体不

能将其 S_2 或 S_1 的能量分别转移至单体的能级 S_2 或 S_1，故当采用 *J*-聚集体的激发波长（482 nm）进行激发时，也就观察不到单体的荧光。另外，由于 *J*-聚集体的荧光寿命比较短，因此 *J*-聚集体能级间的跃迁过程进行得非常快，来不及向单体的能级进行跃迁，这也成为观察不到单体荧光的一个重要原因。TPPS 在酸性的 $BMIMBF_4$ 离子液体中的荧光寿命随含水量增加的变化：寿命从 0.8～3.2 ns 到微量水存在下的约 3～10 ns[51]，或激发波长为 488 nm 时约为 290 ps，激发波长为 706 nm 时约为 80 ps[52,53]。另外，某些能级间的跃迁也许是禁阻的。

3.4.2 合成荧光染料

目前，尽管人们十分钟情于各种纳米发光材料，但有机的合成荧光染料仍然是荧光探针和传感器应用的主力军。荧光探针不仅在细胞水平上具有良好的检测性能，而且能够快速定位亚细胞器，比如三苯基鏻阳离子是靶向线粒体活性氧荧光探针重要的定位基团之一[54,55]，吡啶阳离子是检测线粒体 HOCl 的定位基团等[56]，其他几种定位基团见图 3-21。而特定目标的识别或化学的、酶反应的识别基团参见中科院化学所马会民研究员课题组和大连理工大学袁景利教授课题组有关论文。2014 年，马会民教授系统评述了分子荧光探针的发展[57]，具有重要的文献价值。笔者坚信，荧光探针在分子水平上发展才更具前景，在此谨介绍若干常见的荧光染料或携带定位基团和识别基团的荧光染料。

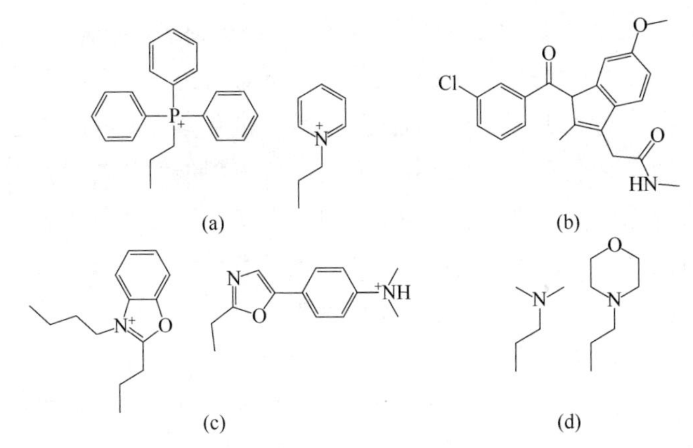

图 3-21　亚细胞器水平的一些常见定位基团

（a）（b）（c）（d）分别对应于线粒体、高尔基体、内质网和溶酶体

（1）荧光素和罗丹明类

荧光素和罗丹明具有类似的结构，都具有氧杂蒽骨架，根据取代基 R 的不同，通常可以作为荧光染色试剂、生物标记试剂或示踪剂、能量转移供体以及

各向异性探针等使用，但直接的化学传感不具选择性。其衍生物可以发展为形形色色的化学或生物的传感体系[56]。图 3-22 表示荧光素分子基本结构，在碱性介质中是强荧光的，常作为相对荧光量子产率测定标准使用。图 3-23 表示反应型罗丹明类荧光探针，金属阳离子、活性氧化物和阴离子等许多组分可以选择性地诱导β-内酰胺或类似物开环，使得荧光静默（silence）状态的罗丹明类探针激活，产生荧光[57,58]。

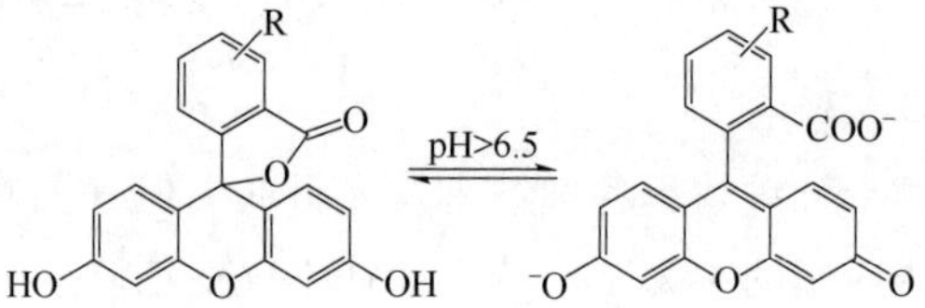

图 3-22　荧光素分子基本结构和 pH 的影响

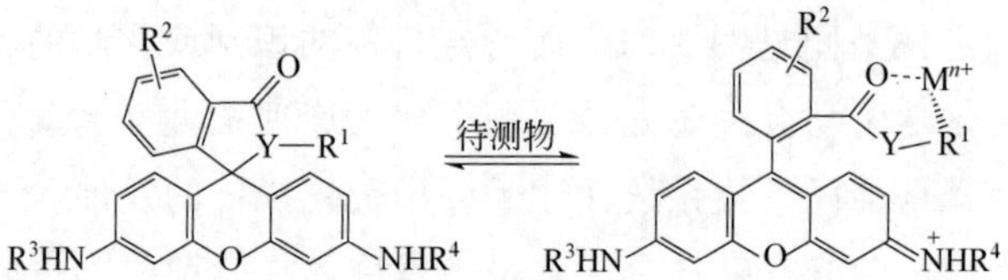

图 3-23　反应型罗丹明类荧光探针的检测原理［Y=O、S、Se（此时无 R^1）或 N 等］

近些年，所谓的“反应型荧光传感器”（reactive fluorescent chemosensors/probes）受到越来越多的重视。反应型化学传感器是指，一定的传感器（有机分子）与客体组分（离子或分子）之间经过专属性的化学反应（共价键的断裂与形成）使反应产物具有荧光性质，或原来具有荧光发射能力的传感器荧光猝灭，从而实现传感或测定。传感器中的反应活性基团与荧光团或发色团为一体，与客体组分反应前后，能够直接或间接影响荧光团的光物理性质。上述即为一例典型的反应型传感器。

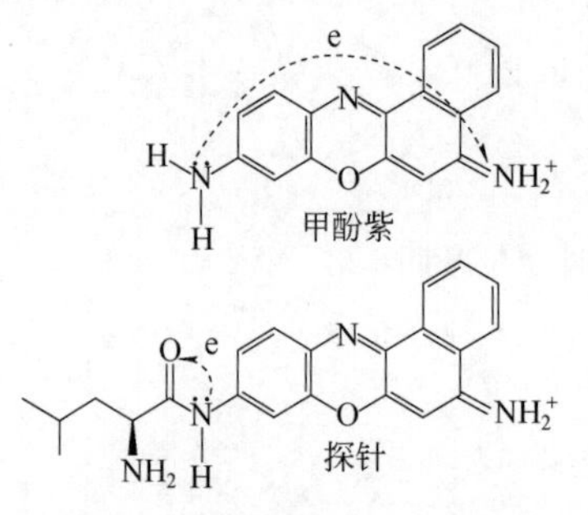

图 3-24　甲酚紫及其亮氨酸氨肽酶荧光探针

（2）甲酚紫

如图 3-24 所示，甲酚紫具有非常好的荧光行为，最大激发和发射波长分别为 585 nm 和 625 nm，红色荧光。非常适于设计生物探针。当 9-氨基被取代为酰胺基后，大概由于邻近羰基的吸电子作用导致荧光猝灭，探针处于静默状态。当探针与 L-亮氨酸氨肽酶专属性作用后，L-亮氨酸被释放，9-氨基和阳离子吸电子基团 $C{=}NH_2^+$

之间的电荷转移作用恢复到原先状态，荧光由静默态（off）激活为亮态（on），可以专属性、高灵敏地检测癌细胞 L-亮氨酸氨肽酶，并用于细胞成像分析[59]。

（3）试卤灵类

试卤灵（resorufin）的结构如图 3-25 所示，7 位酚羟基取代后可以衍生出各种探针，并导致荧光静默状态。当与化学的（如次氯酸氧化切割）或生物物质（酶）作用后，释放出母体单元，并且 pH>7 时以阴离子型体存在，为粉色溶液，发射红色荧光，最大吸收波长 574 nm，荧光波长 585 nm，量子产率高达 0.75[60]。

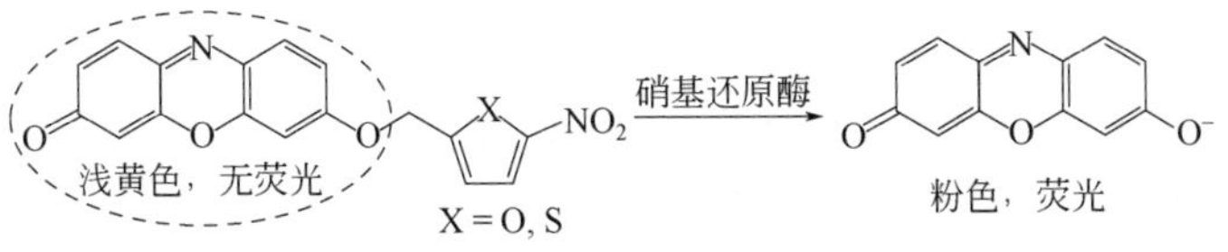

图 3-25　试卤灵基硝基还原酶探针检测原理（椭圆形虚线环指示的为试卤灵母体结构）

（4）吩噻嗪类

吩噻嗪（phenothiazine）母体分子具有蝴蝶状结构[16]，以 N—S 为轴，两个苯环像是蝴蝶的两个翅膀，不共面，但可以产生荧光。而 Xiao 等[56]制备的同时具有定位（吡啶盐）和识别基团（硫）的探针，如图 3-26 所示，呈现荧光静默态，当与次氯酸钠作用后，呈现荧光激活态，激发波长 400 nm，荧光波长 562 nm，用于细胞中线粒体定位检测次氯酸盐。

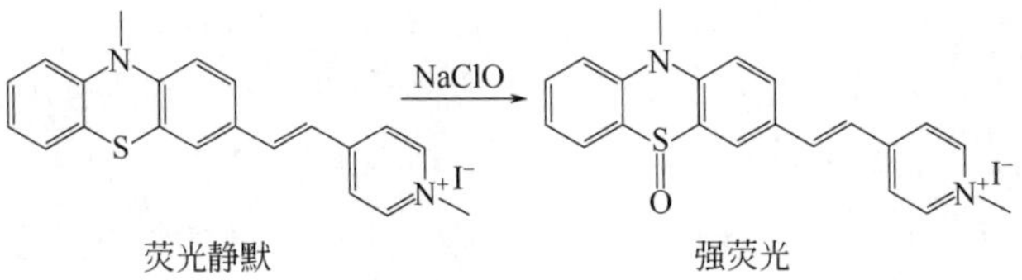

图 3-26　吩噻嗪基定位荧光探针可能的作用原理

（5）吖啶荧光团

吖啶荧光团是具有刚性平面结构的大环共轭体系，具有较高的荧光量子产率且荧光发射波长出现在可见光区。该荧光团可以分别在 9 位或 4,5 位进行修饰，为改善该类探针的水溶性和键联识别基提供了方便。如在 4,5 位修饰二乙醇胺[61]基团得到如图 3-27 所示新荧光试剂，由 5 个配位原子构成的配位空间尺寸正好适合于镉离子，形成复合物荧光增强，激发波长和发射波长分别为 356 nm 和 454 nm，选择性非常好。同样在 4,5 位修饰亚氨基二乙酸，得到猝灭型铜离子荧光试剂[62]。

（6）蒽醌荧光团

刚性平面的蒽醌类化合物具有不饱和酮的结构，当分子中键连助色团后会呈现出多种颜色变化。高度不饱和的母核使其在紫外和可见光区具有多个吸收带，且随着助色团的增多而颜色加深。蒽醌类化合物的荧光激发和发射波长均出现在可见光区，为可视荧光比色提供了便利。另外，羟基蒽醌及氨基蒽醌等容易连接识别基团，实验操作简捷，合成成本不高。如商购的茜素氟蓝（AC）可在水溶液中识别检测铝离子[63]。如图 3-28 所示，在乙醇∶水=4∶1 和 pH 4.6 的条件下，形成 1∶2（$AC/2Al^{3+}$）复合物后，试剂蓝色荧光转变为橙色荧光，激发波长和发射波长分别为 429 nm 和 487 nm、558 nm。溶液颜色的变化和伴随的荧光发射峰的红移，可作为一种比率荧光探针用于铝离子的检测。

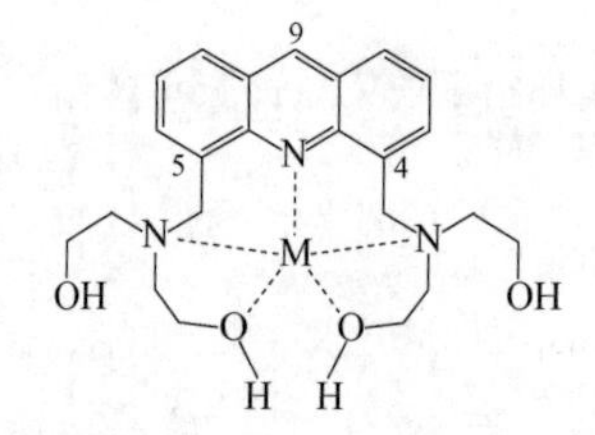

图 3-27　吖啶-二乙醇胺衍生物及其与 Cd^{2+} 的复合物

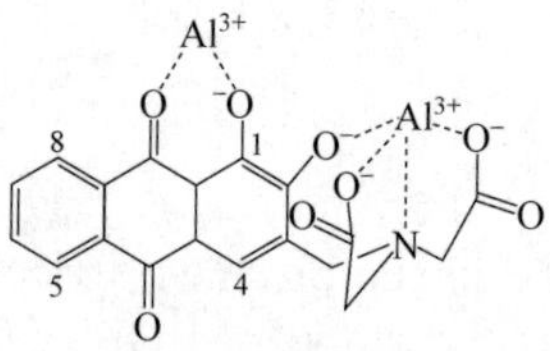

图 3-28　AC 和 Al^{3+} 可能的结合模式（λ_{ex} 429 nm，λ_{em} 分别为 487 nm 和 558 nm）

更有意义的是，以 1,4-二羟基蒽醌-Cu^{2+}复合物为探针，在水溶液中可选择性检测硫离子[64]。如图 3-29 所示，1,4-DHAQ 与 Cu^{2+}结合以后体系表现出从黄色到粉红色的颜色变化并且荧光猝灭，最佳激发和发射波长分别为 470 nm 和 538 nm。基于竞争配位机制，随后加入 S^{2-}，体系颜色从粉红色恢复到黄色，同时荧光恢复。从而可作为一种变色荧光探针用于水溶液中硫离子的检测。实验结果表明，体系具有较高的选择性和灵敏度，检测限为 5.98×10^{-8} mol/L。

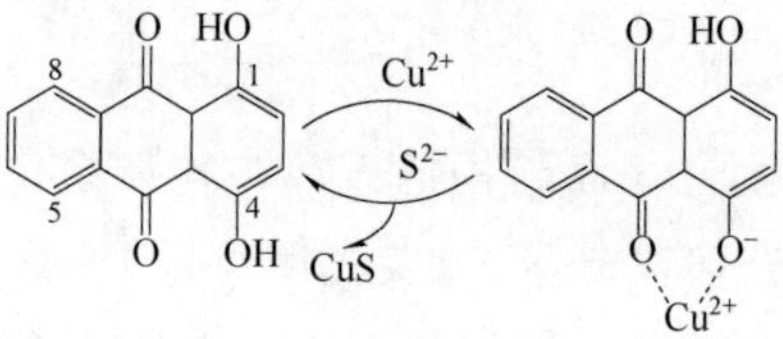

图 3-29　基于竞争配位机制的 S^{2-} 检测原理

（7）久洛尼定

虽然久洛尼定（julolidine）是个简单的荧光母体化合物，但限制电子供体氨基旋转扭曲的特性有利于增强荧光，且含有久洛尼定基团的荧光探针通常都具有很好的水溶性。以 8-羟基久洛尼定和氨基脲为原料合成一种可逆性比色荧光席夫碱探针，激发波长和发射波长分别为 390 nm 和 440 nm[65]。Al^{3+}使配体的蓝色荧光增强，同时溶液颜色从无色变为黄色，由此可以识别并检测缓冲水体系中的 Al^{3+}，如图 3-30 所示。检测限为 4.67 nmol/L，远低于 WHO 规定的饮用水中 Al^{3+}最大含量（7.41 μmol/L）。此外，该试剂还可通过荧光共聚焦成像用于活体细胞中 Al^{3+}的检测。

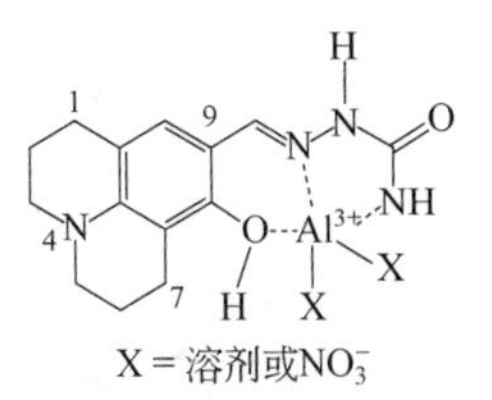

图 3-30　配体与 Al^{3+}结合模式图

以 4-苯基氨基脲代替氨基脲，合成的席夫碱在甲醇-水［4∶1（体积比），HEPES，pH=7.4］缓冲溶液中，以 1∶1 与 Cu^{2+}选择性结合，溶液颜色从绿色变为黄色。同时，以 450 nm 光激发，540 nm 处的绿色荧光猝灭。加入氰酸根离子（CN^-），荧光恢复。CN^-的检测限为 1.33×10^{-8} mol/L，可应用于实际水样中 CN^-的检测。此外，探针还可用于检测活细胞中的 Cu^{2+}和 CN^-，见图 3-31[66]。

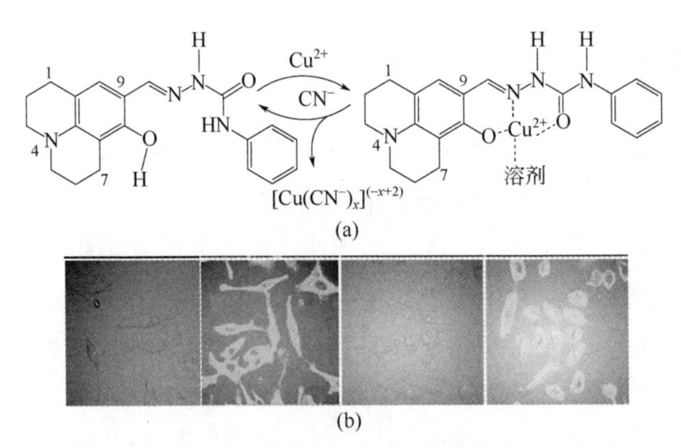

图 3-31　基于竞争配位机制的 CN^-检测原理（a）以及通过荧光成像检测细胞中的 CN^-（b）

（8）菁类-半菁类-螺吡喃

菁类或花菁类染料（cyaninedyes，Cy）是以亚甲基（—CR═CR—）链结合两个氮杂环所构成的共轭体系，可以表达为：

$n = 1, 2, 3, \cdots$

近些年，作为生物标记或能量转移体系供受体的 Cyn 以及磺化 Cyn（n=3, 3.5,

5, 5.5, 7, 7.5, …）等就是这一类。其特点是，基本结构不变，但可以衍生出多种光学特征的类似物。而半菁类染料，在保持铵阳离子一端结构不变的情况下，在结构的另一端任意衍生出化学基团，以适应各种需要。螺吡喃也可以看作半菁类荧光染料的代表。图 3-32 展示的 Cy5 即为花菁类荧光试剂的典型代表。R^3 表示链中间可以连有杂环、芳环化合物、环烯化合物等，与共轭链组成一个大的共轭体系。苯环也可以换成萘环等，R^2 是包括磺化基团的各种取代基。

图 3-33 展示的半菁染料（hemicyanine）一端含有亚细胞器溶酶体的识别基团吗啉（morpholine），是一种具有精确的溶酶体靶向功能、优良的光稳定性以及比率型响应的近红外 pH 光学探针，用于研究热休克蛋白在热休克过程中溶酶体的 pH 值与温度的变化关系[67]。

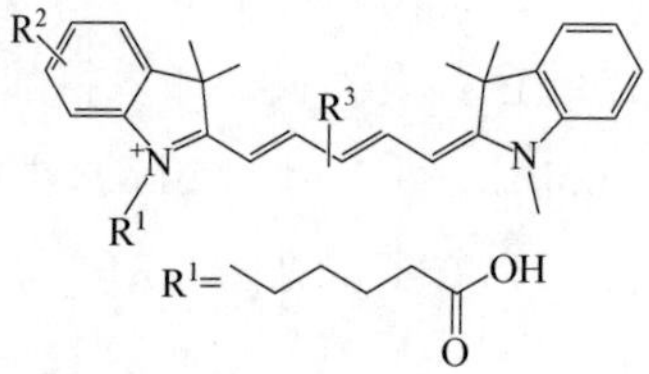

图 3-32　花菁类荧光试剂 Cy5 的结构

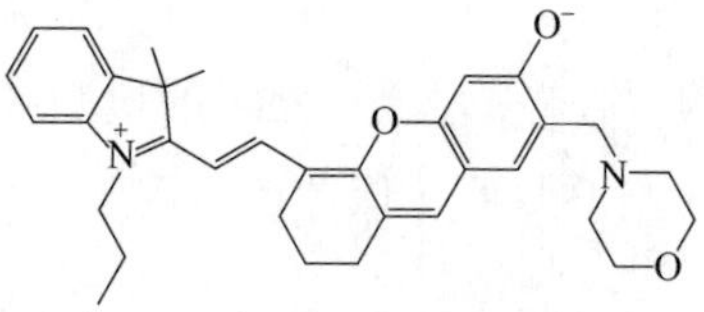

图 3-33　半菁 pH 敏感探针

图 3-33 最大吸收波长 598 nm（pH 4.0）、681 nm（pH 7.4）；激发波长 635 nm，发射波长 670 nm（pH 4.0）、681 nm（pH 7.4）。

螺吡喃分子中的吲哚环和苯并吡喃环通过中心处的螺碳原子相连接，因而两个环相互正交，不存在共轭。在紫外线（< 400 nm）辐射或金属离子作用下，螺环处的 C—O 键发生异裂，继而分子构象和电子排布发生显著变化，螺碳原子由 sp^3 态逐步转变为 sp^2 态，两个环系变为平面型，在 500～600 nm 范围出现强的吸收峰。而在可见光或热或去金属离子等条件下，发生可逆闭环，如图 3-34 所示[68,69]。在此转变过程中，荧光光谱也随之变化。

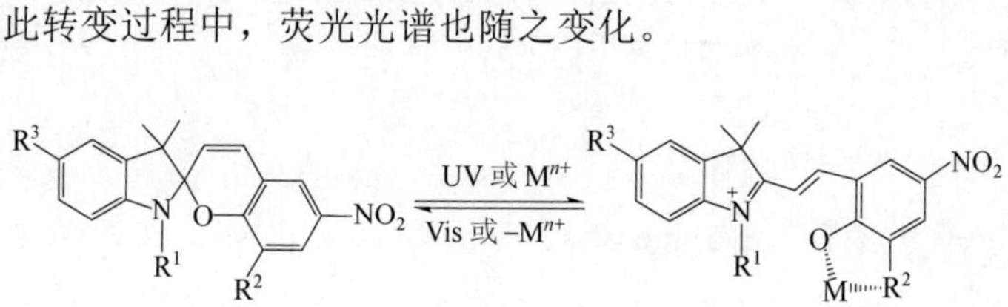

图 3-34　螺吡喃及其衍生物开-闭环平衡

（9）氟硼二吡咯类

氟硼二吡咯（dipyrromethene boron difluoride 或 boron dipyrromethene dyes,

BODIPY)，化学名称 4,4-二氟-4-硼-3a,4a-二氮杂-对称引达省染料，基本结构见图 3-35。该类染料平面型好、量子产率高，光学性质稳定，抗光漂白能力强，可衍生无穷。吸收波长 450～650 nm，荧光波长 500～750 nm。2,6-二碘/溴取代可以衍生出有效的光动疗试剂。

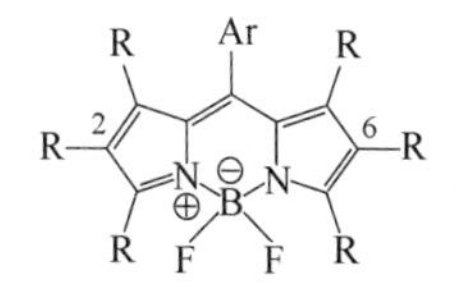

图 3-35　氟硼二吡咯荧光染料的基本结构

【知识拓展】光漂白作用

物质颜色成因可以分为三种类型，即互补成色、结构成色和发光显色。光漂白作用涉及互补成色和发光显色。一种荧光颜料在日光下所显示的颜色是互补成色，而在日光或单色光的作用下所发出的光是发光显色。对于荧光量子产率很高的荧光染料，如第 1 章图 1-1 所呈现的颜色、荧光素和罗丹明系列等在日光下所呈现的颜色就是两种成色机制的结果。而当使用激光等强光照射荧光物质时，可以导致基态 S_0 的去布居（depopulation）作用，这时物质分子既不再吸收光子，也不能发射光子，就观察不到其颜色（或测不到其荧光信号的变化）了，这就是光漂白（photobleaching）作用。

另一种情况是，荧光分子在激发光的照射下，经历多次受激、退激过程后，往往造成分子内部结构发生不可逆的变化，不能吸收更多的光子而进一步发射荧光。这时也称该分子被光漂白了。通常说，量子点具有更强的抗光漂白能力就是从这个方面讲的。

分子荧光和磷光分子都可以发生光漂白。尤其在黏度较大的溶液体系，分子扩散比较慢，光漂白作用明显。在显微光谱领域，如果观察域的分子漂白了，本体域的分子可以扩散进入观察域，又可以继续观察到发光信号，这是漂白的恢复。但这与量子点发光的盲闪（blinking）并非一回事。所以事物总有其两面性，漂白基态的恢复（recovery after photobleaching）也是研究溶液分子扩散行为、旋转扩散行为、发光光物理过程的一种工具[70-72]。

（10）萘酰亚胺和苝酰亚胺类

如图 3-36 所示，萘酰亚胺（naphthalimides）和苝酰亚胺（perylene bisimides）及其衍生物具有大的共轭 π 体系，是一类具有强荧光的缺电子染料，具有优良的光、热和化学稳定性，广泛地应用在生物荧光探针分子和其他领域，如液晶显示材料和太阳能电池等方面[73-76]。

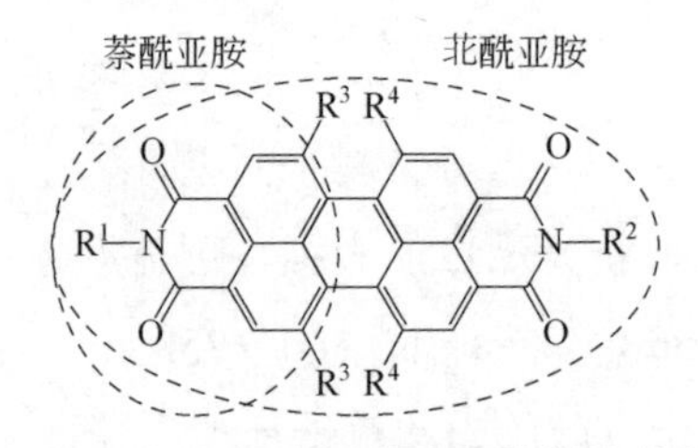

图 3-36 萘酰亚胺和苝酰亚胺的母体结构

3.5 非典型荧光生色团及其发光聚合物

在有机化合物发光体系中，通常涉及共轭的或非共轭的π体系，而且涉及两种类型的电子跃迁，即ππ*或 nπ*跃迁。然而，一些不含π键、不含π共轭体系的简单有机化合物也可能发射荧光。比如，甲醇和乙醇分子，在激光辐射条件下，据报道也产生 nσ*型跃迁的荧光。还有，在 298 nm 激光激发下，甲基环己烷产生对应于σσ*跃迁的双光子吸收，并产生荧光。其荧光可被甲醇动态地猝灭[77]。

脂肪胺、羰基、酯基、酰胺等基团一般是作为助色团参与荧光发射过程的，通常条件下其本身几乎不发光，或发光量子产率很低。但近年来发现，仅含有这些所谓助色团的聚合物，在适当条件下也能发射强的荧光，图 3-37[78-82]。例如，树枝状聚酰胺（PAMAM）和超支化聚酰胺（*hb*-PAMAM）等。目前，这类聚合物已被扩展到含有叔胺基元的聚氨酯、聚醚酰胺和聚脲等体系。据认为，在这些体系中叔胺基元的氧化是产生荧光的根源（见图 3-38）[81]。而那些不含叔胺基元、仅含羰基和酯基的马来酸酐与醋酸乙烯酯交替共聚物、异丁烯与顺丁烯二酸酐共

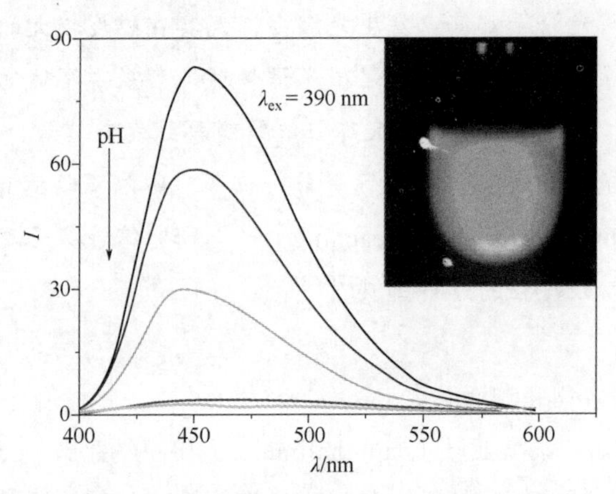

图 3-37 在 pH 2、4、5、9 和 11（从上到下）变化时第四代 NH_2-终端 PAMAM 树枝聚合物荧光光谱[79]

插图为 pH=2 时紫外灯辐射下 0.7 mmol/L 水溶液样品发光

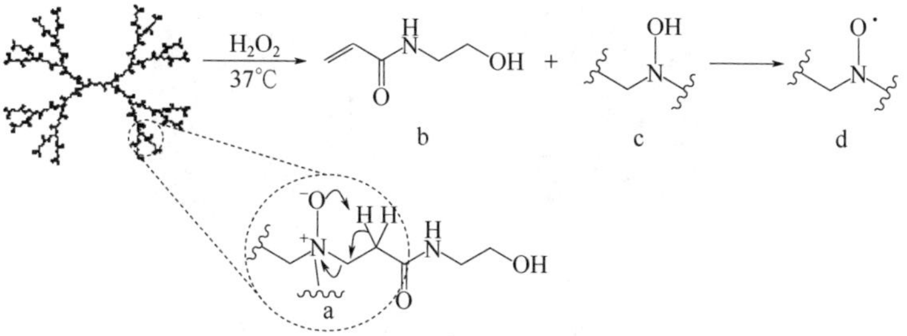

图 3-38 PAMAM 解体的可能机理[77]

a 是反应中心，b、c、d 是消除反应所产生的碎片

PAMAM 荧光的可能起源：在 H_2O_2 的氧化作用下，PAMAM 通过级联 Cope 消除反应而解体，产生的碎片中有一种羟胺片段，这才是产生荧光的组分

聚物、聚多糖动态高分子、聚酰脲以及通过 RAFT 试剂制备的含聚三硫碳酸酯的多嵌段共聚物等也可以发射荧光，其发光机理也许与多羰基聚集效应或羰基和苯环之间的相互作用有关。但尚缺乏更准确的、彻底的解释。

这种现象自然使人联想到所谓的石墨烯点或碳点的发光。无论石墨烯点还是其他碳点，由于碳元素的电子结构，不大可能形成像半导体（ZnS、CdSe、Si 等）量子点那样的激子结构。而石墨烯点表面或石墨烯片层边缘的化学基团是引起发光的决定性因素，也许与此介绍的非典型生色团有类似性。

3.6 最低双重激发态自由基的发光

某些含共轭体系的稳定有机自由基可以产生奇特的源于双重态的荧光[83]。如图 3-39 和图 3-40 所示，在 CH_2Cl_2 中，利用 370 nm 光激发时，PyBTM [(3,5-二氯- 4-吡啶基)-二(2,4,6-三氯苯基)甲基自由基] 产生 585 nm 的荧光，激发光谱与吸收光谱形状相似。激发态呈单指数衰减，发光寿命 6.4 ns±0.2 ns，与 TTM [三(2,4,6-三氯苯基)甲基自由基] 的 7.0 ns±0.2 ns 和 PTM (全氯代三苯甲基自由基) 的 7 ns 寿命相近。PTM 在 CCl_4 中，发光波长 605 nm，量子产率 0.015。PyBTM 荧光量子

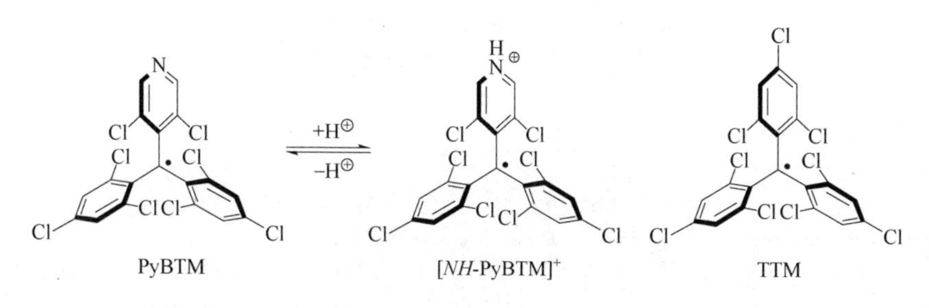

图 3-39 PyBTM、质子化的 PyBTM 以及 TTM 的分子结构

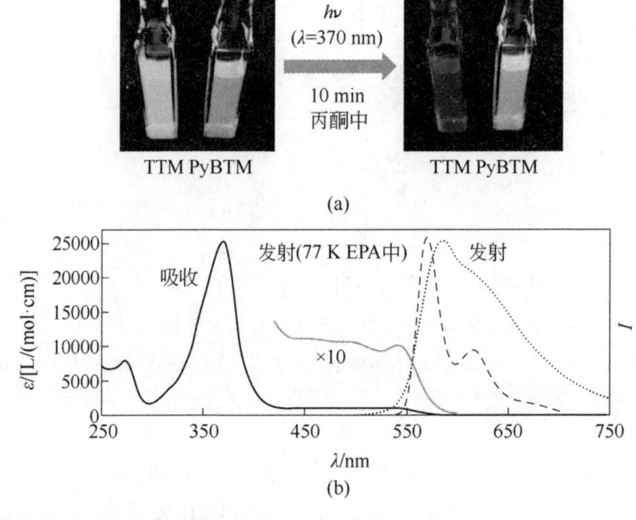

图 3-40 产生于最低双重激发态发光自由基 TTM 和 PyBTM 的时间稳定性的发光照片（a）和荧光光谱（b）

PyBTM 的发光稳定性是 TTM 的 115 倍，在丙酮中光辐射 10 min，TTM 黄色发光消失，而 PyBTM 如初
— PyBTM 在室温 CH_2Cl_2 溶液中的吸收光谱，…… 表示校正的发光光谱，---- 表示在 77 K 的 EPA（乙醚-异戊烷-乙醇）基体中校正的发光光谱

产率：0.03（室温，溶剂氯仿）、0.26（室温，聚甲基丙烯酸甲酯膜）和 0.81（77 K，EPA 基体）。到目前为止，对已经报道过的稳定有机自由基而言，PyBTM 荧光量子产率是最高的。这些稳定自由基的双重态荧光，在荧光探针或发光材料领域具有非常好的应用前景。

参 考 文 献

[1] http://www.slideserve.com/errol/electronic-absorption-spectroscopy-of-organic-compounds. W. R. Murphy, Jr. Electronic Absorption Spectroscopy of Organic Compounds. Department of Chemistry and Biochemistry, Seton Hall University.

[2] N. J. Turro. Modern molecular photochemistry, The university scicence books, Sausalito, California, **1991**: 23-31.

[3] 程极济. 光生物物理学. 北京：高等教育出版社, **1987**: 10, 20.

[4] 陈国珍, 黄贤智, 郑朱梓, 等. 荧光分析法. 北京：科学出版社, **1990**: 36; 许金钩, 王尊本. 荧光分析法. 北京：科学出版社, **2006**.

[5] E. A. Braude and F. C. Nachod. Determination of organic structures by physical methods. Academic Press, New York, **1955**.

[6] J. A. Dean. Lange's Handbook of Chemistry. fifteenth edition. McGraw-Hill, Inc., **1998**.

[7] W. S. Zou, Q. J. Shen, Y. Wang, W. J. Jin. *Chem. Res. Chin. Univ.*, **2008**, *24*: 712-716.

[8] J. Spanget-Larsen, E. W. Thulstrup. The electronic transitions of dibenzothiophene: Liner dichroism spectroscopy and quantum chemical calculation. *J. Mol. Struct.*, **2003**, *661-662*: 603-610.

[9] T. Itoh. Fluorescence and phosphorescence emission of quinoline vapor. *J. Mol. Spectrosc.*, **2014**, *301*: 9-12.

[10] A. Hiraya, Y. Achiba, K. Kimura, E. C. Lim. Identification of the lowest energy nπ* states in gasphase polycyclic monoazines: Quinoline and isoquinoline. *J. Chem. Phys.*, **1984**, *81*: 3345-3347.
[11] J. S. Vincent, A. H. Maki. Paramagnetic resonance of the phosphorescent states of quinoline and isoquinoline. *J. Chem. Phys.*, **1965**, *42*: 865-868.
[12] S. J. Ladner, R. S. Becker. Acridine: a low temperature investigation of its enigmatic spectral characteristics. *J. Phys. Chem.*, **1963**, *67*: 2481-2486.
[13] A. Kellmann. Intersystem. Crossing and internal conversion quantum yields of acridine in polar and nonpolar solvents. *J. Phys. Chem.*, **1977**, *81(12)*: 1195-1198.
[14] R. M. Hochstrasser. Absorption spectrum of phenazine single crystals at 77 and 4.2 K in the region of the n→π* Transition. *J. Chem. Phys.*, **2004**, *36*: 1808-1813.
[15] S. Dutta-Choudhury, S. Basu. Singlet state exciplex formation of phenazine with some aromatic amines. *Chem. Phys. Lett.*, **2003**, *373*: 67-71.
[16] H. Wang, W. J. Jin. Cocrystal assembled by 1,4-diiodotetrafluorobenzene and phenothiazine based on C—I···π/N/S halogen bond and other assisting interactions. *Acta Cryst. B*, **2017**, *73*: 210-216.
[17] J. Prochorow, I. Deperasin, Y. Stepanenko. Fluorescence excitation and fluorescence spectra of jet-cooled phenanthridine and 7,8-benzoquinoline. *Chem. Phys. Lett.*, **2004**, *399*: 239-246.
[18] 西川泰治, 平木敬三. 基础讲座——荧光、磷光分析法. 郑永章, 译. 分析化学译刊 **1987**, *4(5-6)*: 140-165.
[19] N. J. Turro. Modern molecular photochemistry, Theuniversity scicence books, Sausalito, California, **1991**, 23-29.
[20] Q. J. Shen, X. Pang, X. R. Zhao, et al. Phosphorescent cocrystals constructed by 1,4-diiodotetrafluorobenzene and polyaromatic hydrocarbons based on C—I···π halogen bonding and other assistant weak interactions. CrystEngComm, **2012**, *14*: 5027-5034.
[21] X. H. Zhang, Y. Wang, W. J. Jin. Enantiomeric discrimination of 1,1-binaphthol by room temperature phosphorimetry using γ-cyclodextrin as chiral selector. *Anal. Chim. Acta*, **2008**, *622*: 157-162.
[22] J. D. Luo, Z. L. Xie, J. W. Y. Lam, et al. Aggregation-induced emission of 1-methyl-1,2,3,4,5-pentaphenylsilole. *Chem. Commun.*, **2001**: 1740-1741.
[23] Y. Hong, J. W. Y. Lam, B. Z. Tang. Aggregation-induced emission: phenomenon, mechanism and applications. *Chem. Commun.*, **2009**: 4332-4353.
[24] M. Wang, D. Q. Zhang, G. X. Zhang, et al. Fluorescence turn-on detection of DNA and lable-free fluorescence nuclease assay based on the aggregation-induced emission of silole. *Anal. Chem.*, **2008**, *80*: 6443-6448.
[25] 汪铭, 张关心, 张德清. 基于聚集诱导荧光性质的免标记 DNA 四链体检测以及凝血酶的传感研究. *影像科学与光化学*, **2015**, *33*, 77-83.
[26] H. Qian, M. E. Cousins, E. H. Horak, et al. Suppression of Kasha's rule as a mechanism for fluorescent molecular rotors and aggregation-induced emission. *Nat. Chem.*, **2016**, *8*: 83-87.
[27] G. N. Lewis, M. Calvin. The color of organic substances. *Chem. Rev.*, **1939**, *25*: 273-328.
[28] N. J. Turro, V. Ramamurthy, J. C. Scaiano. Principles of molecular photochemistry, an introduction. University Science Books, Sausalito, California, **2009**: 233-290.
[29] W. W. Schloman Jr., H. Morrison. Organic photochemistry. 35. Structural effects on the nonradiative decay of alkylbenzenes. The nature of the "α-substitution effect" *J. Am. Chem. Soc.*, **1977**, *99*: 3342-3345.
[30] L. A. King. Polar substituents and luminescence of organic compounds. Part 2. Anthracene derivatives. *J.C.S. Perkin II*, **1977**: 919-920.
[31] P. Stang, A. G. Anderson. Hammett and Taft Substituent Constants for the Mesylate, Tosylate, and Triflate Groups. *J. Org. Chem.*, **1976**, *41*: 781-785.
[32] S. G. Schulman. "Acid-base chemistry of excited singlet states. Fundamentals and analytical implications" in

"Modern fluorescence spectroscopy 2" ed by E. L. Wehry. Plenum press, New York and London, 1976.

[33] J. W. Bridges, R. T. Williams. Fluorescence of some substituted benzenes. *Nature*, **1962**, *196*: 59-61.

[34] L. A. King. Inductive effect in the relative fluorescence quantum yields of oxybarbiturates. *J.C.S. Perkin II*, **1976**: 844-845.

[35] L. A. King. Polar substituents and the luminescence of organic compounds. *J.C.S. Perkin II.*, **1976**: 1725-1728.

[36] L. A. King. Polar substituents and the luminescence of organic compounds. part 3. structural determinants. *J.C.S. Perkin II*, **1978**: 472-473.

[37] L. A. King. Intramolecular energy transfer in the phosphorescence of phenobarbitone. Spectrochim. *Acta A*, **1975**, *31*: 1933-1935.

[38] 黄贤智，许金钩，蔡挺. 同步荧光分析法同时测定叶绿素 a 和叶绿素 b. *高等学校化学学报*, **1987**, *8*(*5*): 418-420.

[39] L. Wu, K. Burgess. Syntheses of highly fluorescent GFP-chromophore analogues. *J. Am. Chem. Soc.*, **2008**, *130*: 4089-4096.

[40] S. Olsen, S. C. Smith. *trans-cis* Isomerism and acylimine formation in DsRed chromophore models: Intrinsic rotation barriers. *Chem. Phys. Lett.*, **2006**, *426*: 159-162.

[41] S. Olsen, S. C. Smith. Radiationless decay of red fluorescent protein chromophore models via twisted intramolecular charge-transfer states. *J. Am. Chem. Soc.*, **2007**, *129(7)*: 2054-2065.

[42] E. I. Zeńkevich, E. I. Sagun, V. N. Knvukshto, et al. Deactivation of S_1 and T_1 states of porphyrins and chlorins upon their interaction with molecular oxygen in solutions. *J. Appl. Spectrosc.*, **1996**, *63(4)*: 502-513.

[43] M. Uttamlal, A. Sheila Holmes-Smith. The excitation wavelength dependent fluorescence of porphyrins. *Chem. Phys. Lett.*, **2008**, *454*: 223-228.

[44] M. Kasha, H. R. Rawls, M. A. El-Bayoumi. The exciton model in model in molecular spectroscopy. *Pure. Apple. Chem.*, **1965**, *11*: 371-392.

[45] G. Scheibe. Variability of the absorption spectra of some sensitizing dyes and its cause. *Angew. Chem.*, **1936**, *49*: 563.

[46] E. E. Jelly. Spectral absorption and fluorescence of dyes in the molecular state. *Nature*, **1936**, *138*, 1009-1010.

[47] H. L. Ma, W. J. Jin, L. Xi, Z. J. Dong. Investigation on solvation and protonation of meso-tetrakis(*p*-sulfonatophenyl)porphyrin in imidazolium-based ionic liquids by spectroscopic methods. *Spectrochim. Acta A*, **2009**, *74*: 502-508.

[48] H. L. Ma, W. J. Jin. Studies on the effects of metal ions and counter anions on the aggregate behaviors of *meso*- tetrakis(*p*-sulfonatophenyl) porphyrin by absorption and fluorescence spectroscopy. *Spectrochimi. Acta A*, **2008**, *71*: 153-160.

[49] L. L. Liu, W. J. Jin, L. Xi, Z. J. Dong. Spectroscopic investigation on the effect of pairing anions in imidazolium-based ionic liquids on the J-aggregation of meso-tetrkis-(4-sulfonatophenyl)porphyrin in aqueous solution. *J. Luminesc.*, **2011**, *131*: 2347-2351.

[50] Y. T. Wang, W. J. Jin. H-aggregation of cationic palladium-porphyrin as a function of anionic surfactant studied using phosphorescence, absorption and RLS spectra. *Spectrochim. Acta A*, **2008**, *70*: 871-877.

[51] L. L. Liu, Y. F. Zhao, W. J. Jin. Investigation on the effect of water on the spectroscopic behaviors of TPPS in acidic imidazolium-based ionic liquids. *J. Porphyrins Phthalocyanines*, **2012**, *16*: 1132-1139.

[52] N. C. Maiti, M. Ravikanth, S. Mazumdar, N Periasamy. Fluorescence dynamics of noncovalently linked porphyrin dimers, and aggregates. *J. Phys. Chem.*, **1995**, *99*(*47*): 17192-17197.

[53] D. L. Akins, S. Özçelik, H. R. Zhu, C. Guo. Fluorescence decay kinetics and structure of aggregated tetrakis

(p-sulfonatophenyl)porphyrin. *J. Phys. Chem.*, **1996**, *100(34)*: 14390-14396.

[54] G. Masanta, C. H. Heo, C. S.Lim, et al. A mitochondria-localized two-photon fluorescent probe for ratiometric imaging of hydrogen peroxide in live tissue. *Chem. Commun.*, **2012**, *48*: 3518-3520.

[55] J. Zhou, L. Li, W. Shi, et al. HOCl can appear in the mitochondria of macrophages during bacterial infection as revealed by a sensitive mitochondrial-targeting fluorescent probe. *Chem. Sci.*, **2015**, *6*: 4884-4888.

[56] H. Xiao, K. Xin, H. Dou, et al. A fast-responsive mitochondria-targeted fluorescent probe detecting endogenous hypochlorite in living RAW 264.7 cells and nude mouse. *Chem. Commun.*, **2015**, *51*: 1442-1445.

[57] X. Li, X. Gao, W. Shi, H. M. Ma. Design Strategies for Water-Soluble Small Molecular Chromogenic and Fluorogenic Probes. *Chem. Rev.*, **2014**, *114*: 590-659.

[58] 付杨, 颜范勇, 郑坦承, 等. 反应型罗丹明类荧光探针. *化学进展*, **2015**, *27*: 1213-1229.

[59] Q. Y. Gong, W. Shi, L. H. Li, H. M. Ma. Leucine aminopeptidase may contribute to the intrinsic resistance of cancer cells toward cisplatin as revealed by an ultrasensitive fluorescent probe. *Chem. Sci.*, **2016**, *7*: 788-792.

[60] 李照, 马会民. 试卤灵类光学探针的研究进展. *影像科学与光化学*, **2014**, *32*: 60-68.

[61] Y. Wang, X. Y. Hu, W. J. Jin. A new acridine derivative as a highly selective 'off-on' fluorescence chemosensor for Cd^{2+}in aqueous media. *Sens Actuat. B*, **2011**, *156*, 126-131.

[62] Y. Wang, L. L. Shi, H. H. Sun, et al. A new acridine derivative as a highly selective fluoroionophore for Cu^{2+}in 100% aqueous solution. *J. Luminesc.*, **2013**, *139*: 16-21.

[63] Y. Wang, L. J. Hou, Y. B. Wu, et al. Alizarin Complexone as a highly selective ratiometric fluorescentprobe for Al^{3+}detection in semi-aqueous solution. *J. Photochem. Photobiol. A*, **2014**, *281*: 40-46.

[64] Y. Wang, H. H. Sun, L. J. Hou, et al. 1,4-Dihydroxyanthraquinone-Cu^{2+}ensemble probe for selective detection of sulfide anion in aqueous solution. *Anal. Methods*, **2013**, *5*: 5493-5500.

[65] L. Y. Qin, L. J. Hou, J. Feng, et al. A reversible turn-on colorimetric and fluorescent sensor for Al^{3+}in fully aqueous media and its living cell imaging. *Synthetic Metals*, **2016**, *22*: 1206-213.

[66] L. Y. Qin, L. J. Hou, J. Feng, et al. A novel chemosensor with visible light excitability for sensing CN^{-}in aqueous medium and living cells via a Cu^{2+}displacement approach. *Anal. Methodsm*, **2017**, *9*: 259-266.

[67] Q. Q. Wan, S. Chen,W. Shi, et al. Lysosomal pH rise during heat shock monitored by a lysosome-targeting near-infrared ratiometric fluorescent probe. *Angew. Chem. Int. Ed.*, **2014, *53***: 10916-10920.

[68] 邵娜，张向媛，杨荣华. 螺吡喃化合物在分析化学中的应. *化学进展*, **2011**, *23*： 842-810.

[69] 张国峰, 陈涛, 李冲, 等. 螺吡喃分子光开关. *有机化学*, **2013**, *33*: 927-942.

[70] R. M. Zimmermann, C. F. Schmidt, H. E. Gaub. Absolute quantities and equilibrium kinetics of macromolecular adsorption measured by fluorescence photobleaching in total internal reflection. *J. Coll. Interf. Sci.*, **1990**, *139*: 268-280.

[71] D. E. Wolf. Theory of fluorescence recovery after photobleaching measurements on cylindrical surfaces. *Biophys. J.*, **1992**, *61*: 487-493.

[72] R. Swaminathan, C. P. Hoang, A. S. Verkman. Photobleaching recovery and anisotropy decay of green fluorescent protein GFPS65T in solution and cells: cytoplasmic viscosity probed by green fluorescent protein translational and rotational diffusion. *Biophys. J.*, **1997**, *72*: 1900-1907.

[73] 孙京府, 钱鹰. 一种萘酰亚胺-罗丹明衍生物的合成、聚集诱导荧光增强及其双通道荧光探针性能. *有机化学*, **2016**, *36(1)*: 151-157.

[74] 王克让. 基于芳香分子-糖类手性超分子组装体及功能. *化学进展*, **2015**, *27*: 775-784.

[75] 王 辉, 孟江平, 周成合, 等. 苝类化合物研究与应用. *化学进展*, **2015**, *27*: 704-743.

[76] F. Würthner, C. R. Saha-Möller, B. Fimmel, et al. Perylene bisimide dye assemblies as archetype functional supramolecular materials. *Chem. Rev.*, **2016**, *116*: 962-1052.

[77] I. Gryczynski, J. R. Lakowicz. Quenching of methylcycohexane fluorescence by methanol. *Photochem.*

Photobiol., **1995**, *62*(*3*): 426-432.

[78] 黄田, 汪昭旸, 秦安军, 等. 含非典型性生色团的发光聚合物. *化学学报*, **2013**, *71*: 979-990.

[79] D. Wang, T. Imae. Fluorescence emission from dendrimers and its pH dependence. *J. Am. Chem. Soc.*, **2004**, *126*: 13204-13205.

[80] L. Pastor-Pérez, Y. Chen, Z. Shen, et al. Unprecedented blue intrinsic photoluminescence from hyperbranched and linear polyethylenimines: Polymer architectures and pH-effects. *Macromol. Rapid Commun.*, **2007**, *28*: 1404-1409.

[81] S. Y. Lin, T. H. Wu, Y. C. Jao, et al. Unraveling the photoluminescence puzzle of PAMAM dendrimers. *Chem. Eur. J.*, **2011**, *17*: 7158-7161.

[82] W. Yang, C. Y. Pan. Synthesis and Fluorescent Properties of Biodegradable Hyperbranched Poly(amido amine)s. *Macromol. Rapid Commun.*, **2009**, *30*: 2096-2101.

[83] Y. Hattori, T. Kusamoto, H. Nishihara. Luminescence, stability, and proton response of an open-shell (3,5-dichloro-4-pyridyl)bis(2,4,6-trichlorophenyl)methyl radical. *Angew. Chem. Int. Ed.*, **2014**, *53*: 11845-11848.

第4章　溶剂效应和溶剂化动力学：影响发光光物理过程的外在因素

Chapter 04

大多情况下，荧光测试在凝聚相中完成，发光分子所在的凝聚相，诸如溶剂分子、或由溶剂分子组成的溶剂笼、与纳米发光晶体或膜发光材料相关的基体环境如晶格场以及其他共存组分（如质子、溶解氧、含重原子组分、氢键供受体、卤键供受体、π-穴键供受体等等），对光致发光都可能产生不同程度的影响。此外，温度、黏度，以及影响分子或离子扩散、迁移、碰撞或振动、转动的其他条件也通常对荧光和磷光相关光物理过程产生显著的影响。在仪器方面，光强度、光检测器件的光学响应特性等也会影响发光特征。多光子荧光过程对光源的依赖性尤为显著。本章将主要讨论非仪器的外在因素对光致发光的影响。

溶剂化（solvation）指溶质与其周围的溶剂分子相互作用，从而使溶质分子稳定化的现象。由于溶剂化而给予反应物分子物理化学性质的异常影响及化学反应现象的异常变化称为溶剂效应（solvent effect）。溶剂效应可分为一般溶剂效应（general solvent effect）和专属性溶剂效应（specific solvent effect）。前者指溶质与溶剂之间的范德华作用力，包括离子-偶极作用、偶极-偶极作用、偶极-诱导偶极作用等，这些非专属性的分子间相互作用没有方向性和饱和性；后者指溶质和溶剂分子间具有方向性和饱和性的作用力，包括溶质与溶剂分子间的氢键、配位作用、电子供体-受体作用、电荷转移作用等。专属性溶剂效应发生在溶质的溶剂化壳层中，与溶剂本体中的情况有着较大的差别，属于分子微观的相互作用。一般溶剂效应和专属性的溶剂效应的一些特点简单总结在表 4-1 中。

溶剂化动力学是指：当溶质吸收光被激发到激发态后，溶质的偶极矩发生变化，从而扰动溶质周围的溶剂分子，并使溶剂分子围绕着激发态溶质重新取向的过程。即溶剂偶极如何快速地围绕瞬时产生的电荷/电子或偶极而重新排列。

表 4-1 一般溶剂效应和专属性溶剂效应比较

溶剂效应	一般溶剂效应	专属性溶剂效应
作用特点	无方向性和饱和性的相互作用；本体效应	分子间有方向性和饱和性的相互作用；微观有序性
作用距离	远程作用	短程作用
影响因素	溶剂和溶质分子的极化率	溶剂分子是否含有键合供体或受体
溶剂参数	偶极矩、介电常数、折射率、$E_T(30)$值等	溶剂受体数AN或供体数DN、氢键参数α值、$E_T(30)$值等
举例	偶极-偶极相互作用、偶极-诱导偶极相互作用、诱导偶极-诱导偶极相互作用	氢键、卤键、各种σ-穴键、π-穴键、阳离子-π相互作用、电子或电荷转移、质子转移等

在化学中与溶剂效应相关的一些基础知识参见本章的附录部分（第 148 页）。掌握这些基础知识，对更好理解溶剂效应是必要的。

4.1 溶剂效应

许多发光分子对其所处的溶剂环境的极性是很敏感的，比如溶剂极性的变化可能引起发光光谱的向红移（经常伴随着荧光量子产率的降低）或向蓝移。

那么这些极性依赖性的光谱位移的物理起因是什么？简单地讲，这些起因可分为一般溶剂效应和专属性溶剂效应。考察发光分子的溶剂效应，至少应该从以下三个方面考虑：溶剂的性质（极性、酸碱性或电子供/受特性）；溶质的性质（基态和激发态的极性、酸碱性或电子供/受特性）和溶质分子基态和激发态分子几何的变化等；由溶剂极性变化引起的可能的溶质-溶质相互作用。注意观察光谱的变化，包括光谱形状、半宽度、精细结构、峰值频率或波长位置、光谱峰值强度或精细结构各峰的相对强度、校正光谱的总积分面积或积分强度等，可以为理解溶剂效应提供重要信息。

在理解溶剂效应方面，基于电子供给和接受的酸碱性或软硬酸碱性概念是非常有用的。碱性是指该物质分子含有可以给出的孤对或孤单电子或π电子。就氢键、卤键、π-穴键而言，酸性是指该物质分子含有可以接受电子电荷的酸性质子或酸性卤素原子（即拥有空的或缺电子的轨道，或具有称为σ-穴的区域；注意酸性质子并不一定是可解离的质子），或含有缺π电子的体系（即拥有空的或缺π电子的轨道，或具有称之为π-酸/π-穴的区域，相关概念稍后将介绍）。

4.2 一般溶剂效应

一般溶剂效应是指荧光体与溶剂分子之间的偶极-偶极（dipole-dipole）相互

作用，或者荧光体偶极子与周围溶剂分子形成的介电场的相互作用，包括溶质分子和溶剂分子之间的色散力（dispersion），即静电相互作用、排斥力（色散-排斥作用）。在色散力中，相互作用分子的极化率或极化度（polarizability）起着重要的作用，即静电极化效应，并引起发光分子的吸收和荧光光谱发生微弱的“向红移”。

4.2.1 一般溶剂效应对吸收光谱的影响[1-3]

（1）溶剂化作用致吸收光谱的精细结构消失

如图 4-1 所示，苯酚在环己烷中的吸收光谱具有精细结构，而在极性乙醇中精细结构变得模糊，光谱趋于成平滑轮廓。

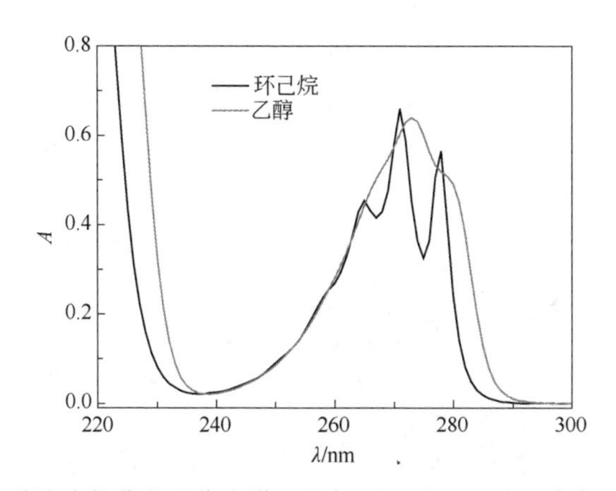

图 4-1 苯酚溶液的紫外吸收光谱（溶剂环己烷、乙醇，浓度 3 mmol/L）

气态物质的吸收光谱是由孤立的分子给出的，光谱的精细结构，即振动-转动光谱，能够呈现出来。但气压增加时，振动精细结构的分辨也会降低；在溶液中，物质分子被溶剂化，转动受限，转动能级消失；如果溶剂-溶质相互作用极强，由于相互作用状态的随意性，分子的振动也不一致，并趋向连续，难以分辨，振动精细结构光谱消失。

许多情况下，在稀的非极性或弱极性溶液中，分子间的相互作用，抑或分子的吸收光谱或荧光光谱，偏向于在气相介质中的行为。而在浓的或极性的溶液中，溶剂效应或溶质间的相互作用变得更加严重，从而严重影响光谱特征。

（2）影响吸收光谱移动的一般因素

下列因素可以帮助判断溶剂化作用对吸收光谱移动的程度。

① 溶剂对基态和激发态能级稳定化作用的相对强弱。

② 禁阻跃迁的位移比非禁阻的强吸收带的位移小。

③ 非极性溶质分子与非极性溶剂分子间仅有弱的色散作用，光谱移动不大。

④ 激发态有偶极或伴有电荷转移，吸收波长随溶剂介电常数的增加而向红移。

⑤ Franck-Condon 原理：电子跃迁期间原子核的相对位置是稳定的，溶剂电子可以随着跃迁电子而移动。由于大多情况下电子跃迁产生比基态极性更大的激发态，随着溶剂极性的增加，吸收光谱则会出现 10～20 nm 的向红移。

一些具体现象如下。极性增加，ππ*吸收跃迁向红移，nπ*吸收跃迁向蓝移。例如，乙烯分子基态π电子分布均匀，而在激发态电子位于π*反键轨道。由于π*反键轨道电子分布的特点，每个碳原子分布激发态电子的概率是相等的，这样就形成了共振体。当基态π电子和激发态π*电子都趋于同一个碳原子时，另一个碳原子就成为缺电子极（标注δ^+的碳），形成激发态δ^+-δ^-偶极，极性溶剂稳定化作用比基态更强，π*反键能级降低幅度更大，如图 4-2 所示。简单说就是，π*反键轨道极性比基态π成键轨道极性更强，溶剂化稳定能更大，能级降低幅度更大，溶剂极性增加时，ππ*吸收跃迁向红移。

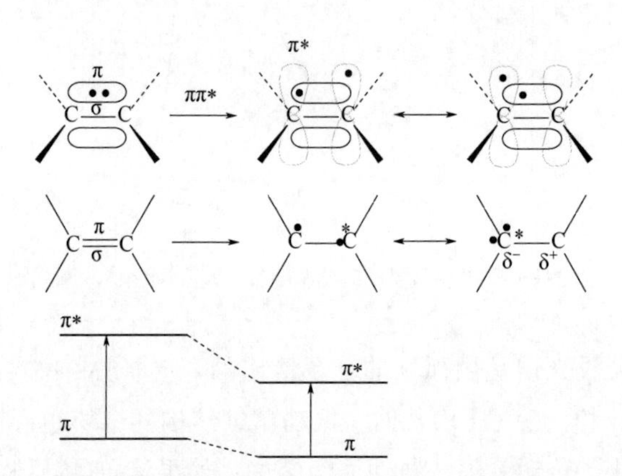

图 4-2 溶剂极性对乙烯 π-π*跃迁能的影响

极性增加，π-π*跃迁向红移；圆点表示布居在 π 成键或 π*反键轨道的电子；*C 表示激发态 π*电子布居在该碳原子上

图 4-3 显示了四碘乙烯（TIE）分子在不同溶剂中的紫外吸收光谱[4]。第一吸收带在低于 222 nm 处有一简单的吸收峰，并且总体上来说，其最大吸收峰随溶剂极性的增加呈红移趋势，这可将其归属于乙烯基的ππ*跃迁。第二吸收带在位于 222～270 nm 处呈现出 6 个振动精细结构，其在二氯甲烷中分别为：262 nm、256 nm、248 nm、241 nm、236 nm 和 230 nm；在乙腈或甲醇溶液中分别为 260 nm、253 nm、245 nm、239 nm、233 nm 和 227 nm。这 6 个振动精细结构之间的λ_{max}

的差值为 6～7 nm，即约 1100 cm^{-1}。可明显看出，第二吸收带随溶剂极性的增加呈蓝移趋势，因此将其归属于 nπ*跃迁。

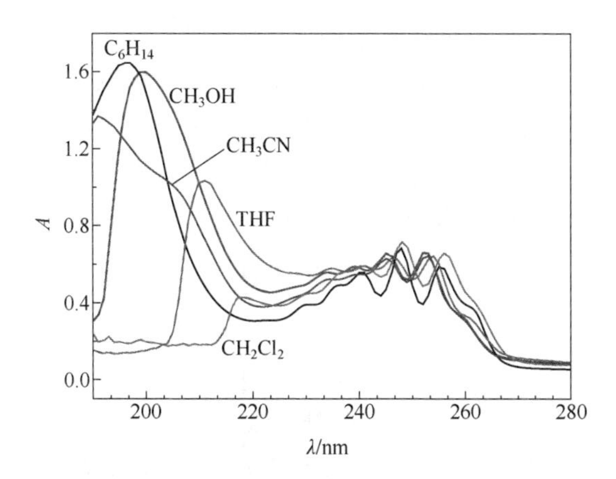

图 4-3　四碘乙烯在不同溶剂中的紫外吸收光谱（0.5 mmol/L）

又如，二苯甲酮既含有羰基，又含有苯基，是一个典型的既可检测到 ππ*跃迁谱带，又可检测到 nπ*跃迁谱带的化合物。在稍后的荧光猝灭的电子转移途径一节中将更详细介绍电子吸收和荧光的关系。图 4-4 为二苯甲酮（benzophenone）在不同极性溶剂中的吸收光谱。在环己烷中，在较长波长处的吸收光谱具有可分辨的精细结构，336.5 nm、346.5 nm、360 nm、377.5 nm，其中 346.5 nm 为最大吸收波长；而在较短波长处最大吸收峰为 248 nm，没有精细结构。在乙醇中，在较长波长处的吸收光谱没有精细结构，峰值为 332 nm；在较短波长处最大吸收峰为 252 nm，也没有精细结构。那么，哪个带是 ππ*跃迁，哪个带是 nπ*跃迁？光谱的位置和吸收强度说明了什么？

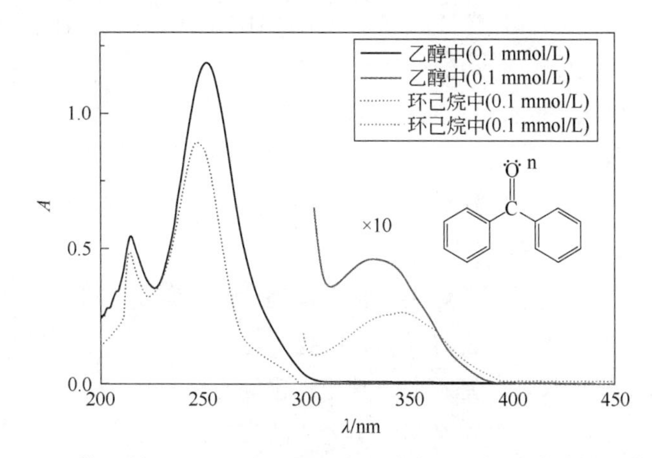

图 4-4　二苯甲酮（benzophenone）在乙醇和环己烷溶液中的吸收光谱

一般讲，对于 nπ*跃迁，介电常数致吸收带向蓝移的幅度在 100～1000 cm^{-1}量级，而氢键在 4000 cm^{-1}量级。

从正己烷到乙醇随着溶剂极性的增加，对吸收光谱的影响只有几纳米到约 20 nm 的光谱位移。因为大多的跃迁产生激发态，而激发态比基态极性更大。溶剂折射率对吸收光谱的影响要比介电常数大，这一点与溶剂对荧光光谱的影响正好相反，原因见后续内容。

总之，在极性溶剂中，化合物与溶剂的静电或氢键相互作用都可使基态或激发态趋于稳定化。如果基态的极化比激发态强，基态能量比激发态降得更低；反之，激发态能量比基态降得更低。n 轨道的极性比 π*轨道大，π*轨道的极性比 π 轨道大，溶剂对其能级水平的一般影响如图 4-5 所示。

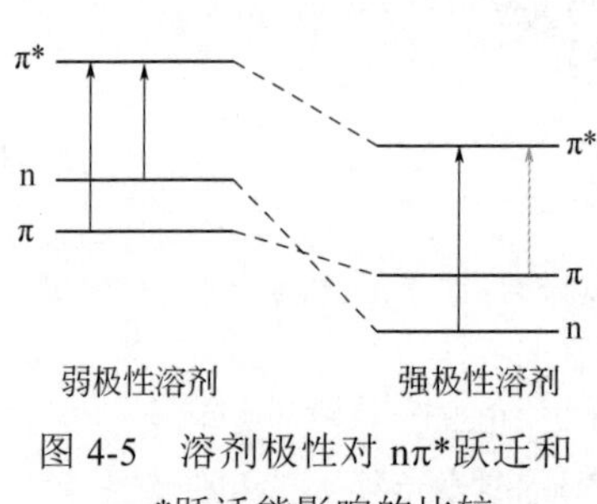

图 4-5 溶剂极性对 nπ*跃迁和 ππ*跃迁能影响的比较

除了根据溶剂效应判断跃迁类型外，根据光谱的精细结构特征也可以辅助判断跃迁类型。假如，吸收或发射光谱源于苯甲酮中羰基单元的 nπ*跃迁，其精细结构应该呈现约 1200 cm^{-1} 的峰值频率差（吸收过程，相应于 S_1 态 C═O 的伸缩振动），如果是丙酮羰基单元的 nπ*跃迁，其精细结构则呈现大约 1700 cm^{-1} 的分离（磷光过程，S_0 态 C═O 的伸缩振动）。萘的发光光谱精细结构之间的分离应该对应于芳香环 C═C 振动频率（有时也显示与 C—H 振动相适应的频率），无论吸收还是发射过程，由于复杂的 C═C 振动模式，精细结构也可能显得较为复杂。

一般溶剂效应对吸收光谱的影响，符合以上所涉及的结果或规则，但也有例外的情况发生。4-甲基-3-戊烯-2-酮[$(CH_3)_2C{=}CHCOCH_3$]吸收带与溶剂极性的关系：

在正己烷中：ππ* 229 nm；nπ* 327 nm。

在甲醇中：ππ* 244 nm；nπ* 305 nm。

表观上，4-甲基-3-戊烯-2-酮分子中的两种跃迁方式与溶剂极性的关系也符合图 4-5 所示的规则。然而，如图 4-6 所示，4-甲基-3-戊烯-2-酮分子的 ππ*跃迁为分子内电荷转移，电子由乙烯基转移至羰基，所以激发态极性更大，受极性溶剂稳定化作用也较基态大；但对于 nπ*跃迁，电子由羰基氧原子转移至羰基双键π*，氧变得缺电子，极性比基态弱，且稳定化能略有升高。只不过基态得到的稳定化作用比激发态大，两种能级间隙加大，波长还是向蓝移。可见，溶剂极性增加，nπ*跃迁波长向蓝移这个规则适合于羰基、硫羰基、偶氮化合物等。

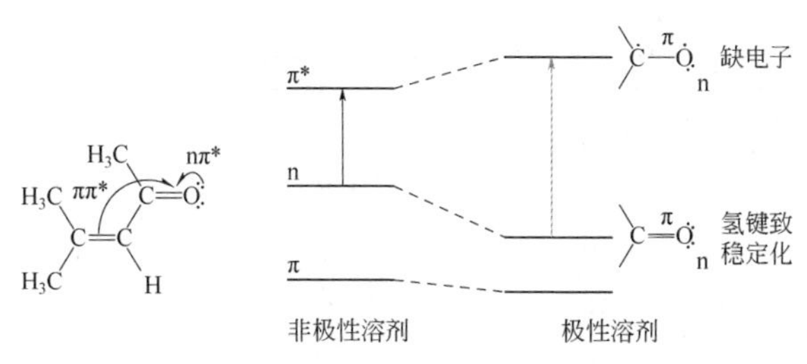

图 4-6　溶剂极性对羰基化合物 nπ*跃迁能的影响

氢键的影响（属于专属性溶剂效应，为了便于比较，在此提前给予介绍，稍后将进一步详述）：如果羰基化合物与极性溶剂作用涉及氢键，则影响结果如图 4-6 所示。氢键导致的稳定化能，接近于氢键的能量。在激发态时，羰基的一个 n 电子跃迁至 π*轨道后，留下一个 n 电子，不利于氢键的形成，极性对激发态的稳定作用减小，跃迁能增大，吸收带向蓝移。

有些芳香烃或杂环芳香烃分子的基态轨道虽然为非极性或弱极性，但激发态的可极化性比基态更小，在极性溶剂中，相关吸收带向蓝移。例如，萘的 310 nm (α 带)和蒽的 252 nm (β 带)。啡啶（phenanthridine，PHN）、苯并[*f*]喹啉（benzo[*f*]quinoline，BfQ）和苯并[*h*]喹啉（benzo[*h*]quinoline，BhQ）也是如此，其在不同溶剂中的吸收光谱如图 4-7 所示，最大吸收波长见表 4-2。

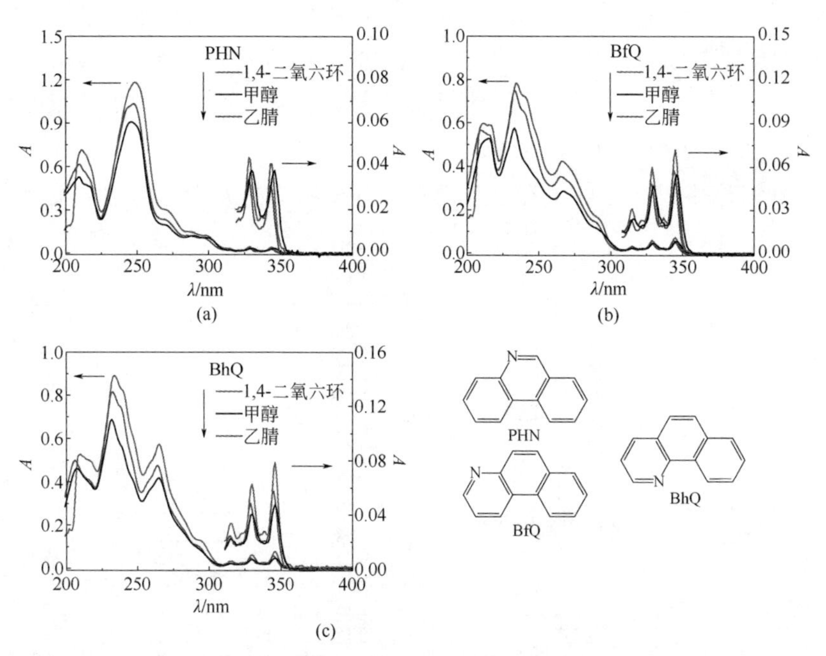

图 4-7　啡啶（a）、苯并[*f*]喹啉（b）、苯并[*h*]喹啉（c）在甲醇、乙腈和 1,4-二氧六环中的电子吸收光谱

表 4-2　三种单氮杂菲在三种不同极性溶剂中吸收光谱的精细结构

化合物	溶剂	吸收带Ⅰ/nm		吸收带Ⅱ/nm				
PHN	甲醇	209	246	270	300	330	—	346
	乙腈	210	248	269	295	328	—	343
	1,4-二氧六环	211	249	270	297	328	—	343
BfQ	甲醇	215	233	267	290	316	330	346
	乙腈	210	233	265	290	314	328	344
	1,4-二氧六环	211	234	266	292	315	329	345
BhQ	甲醇	207	232	265	—	315	330	346
	乙腈	206	233	264	—	315	329	345
	1,4-二氧六环	210	234	265	—	315	330	346

4.2.2 一般溶剂效应对荧光光谱的影响

溶剂化效应使得极性更大的分子稳定化能更大，一般激发态分子具有比基态分子更大的偶极矩，因此具有更大的稳定化能。也就是说，荧光光谱通常会发生红移，即所谓的斯托克斯位移（见第 2 章光谱特征），见图 4-8 和图 4-9。在此，仅涉及斯托克斯荧光和斯托克斯位移，而不涉及反斯托克斯荧光和反斯托克斯位移，因为斯托克斯荧光更为普遍些。而且，通常相对于激发或吸收光谱，荧光光谱位移的幅度更大。当然，这种红移所显示的能量损失是一个综合结果，可以利用溶剂化笼模型较好地解释。在化学中，笼效应就是描述一个分子的特征是如何受到环绕它的分子所影响的，此模型的要点如下[5,6]：

① 在溶液中，一个分子存在于由溶剂分子组成的笼中，即溶剂笼（solvent cage）。

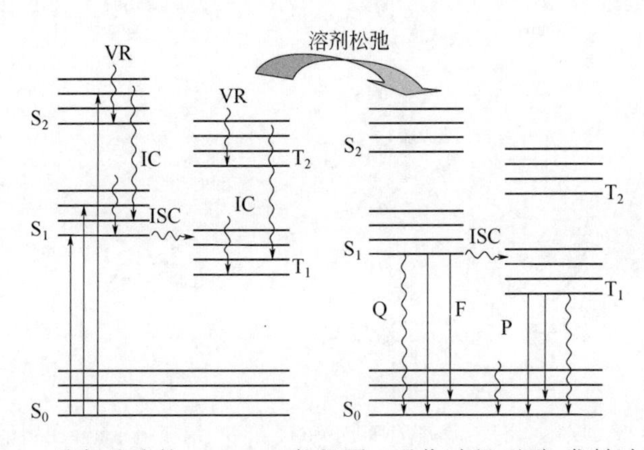

图 4-8　溶剂弛豫的 Jabłoński 能级图（吸收过程-弛豫-发射过程）

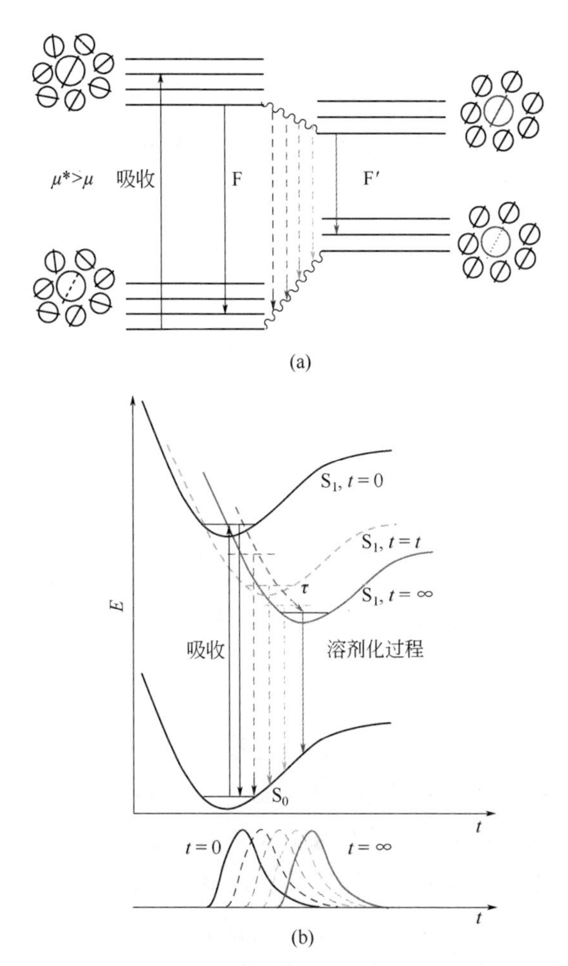

图 4-9　激发态比基态偶极矩更大的探针的溶剂弛豫过程

（a）四种状态的溶剂笼和用较细箭头表示溶剂化动力学过程的能级水平（时间从 $t=0$ 到 $t=\infty$）；（b）溶剂化动力学过程势能曲线和相应逐渐向长波长移动的时间分辨光谱（这种溶剂化动力学可以利用瞬态光谱仪采用适当的溶剂化动力学模型进行检测，见本章稍后部分）

② 在低压的气相中可以包含正常高反应活性和短寿命的分子。

③ 在包结化合物（inclusion compounds）或包结复合物（inclusion complex）中，发生专属性的主客体相互作用。

图 4-10 利用溶剂笼模型解释了荧光光谱的红移现象，或者说解释了斯托克斯位移是如何产生的。对于任意溶剂化态，总的溶剂极化可以划分为取向极化和电子极化两种。其中电子极化是快响应过程，即根据溶质分子电荷分布的突然变化，溶剂分子也在瞬间调整其电荷分布以达到与溶质新的电荷分布相平衡的状态。而取向极化是慢响应过程，不能够随溶质电荷分布的变化而迅速改变。对于在极性溶剂中发生的电子转移反应或者光谱吸收和发射这类超快过程，在 Franck-Condon

跃迁发生前，溶质的电荷分布就能与总的溶剂极化达成平衡，此时体系处于平衡溶剂化态；在 Franck-Condon 跃迁瞬间，溶质构型保持不变，但电荷分布发生改变。此时溶剂的电子极化迅速调整以达到与新的溶质电荷分布相平衡，而取向极化短时间内仍保持跃迁发生前的状态不变，体系处于非平衡溶剂化态；随着时间的增加，取向极化逐渐弛豫并最终与跃迁后的溶质电荷分布达成静电平衡，体系达到一个新的溶剂化平衡态。

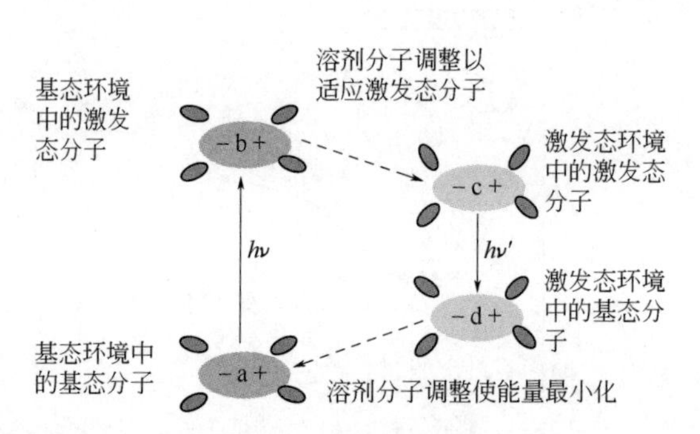

图 4-10　斯托克斯位移的产生机理：溶剂笼模型（a、b、c、d 代表分子构型）

电子跃迁造成电子云的再分布，所以分子的基态和激发态的偶极矩一般是不同的，溶剂极性分子对分子的基态和激发态的影响也因此不同，这一效应称为溶剂弛豫。溶液中，溶剂在溶质分子周围形成溶剂笼 a；由于激发过程的时间极短，溶剂笼来不及改变处于能量较高的 b 态；而在激发态，寿命较长，溶剂化分子有足够的时间以使溶剂笼进行调整，形成较为稳定的状态 c（10^{-11} s 内）；进一步，处于介稳态 c 的分子发光，荧光发射过程也较快，溶剂笼在发光过程来不及调整，到达能量较高的 d 态；之后溶剂笼再调整回到原始的基态 a。所以，荧光分子吸收过程的 0-0 带与其发光过程的 0-0 带不能完全重叠。

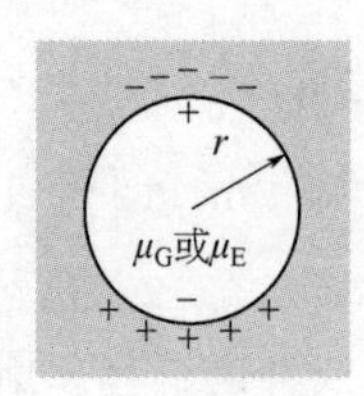

图 4-11　在介电场中的偶极

r 为溶剂笼半径，μ_G 和 μ_E 分别为荧光分子基态和激发态偶极矩

4.2.3　一般溶剂效应的定量表示

如图 4-11 所示，溶质分子在溶剂中可以看作一个处于介电介质中的偶极子。

溶剂和荧光分子之间的相互作用，影响到基态和激发态之间的能级差。该能级差与溶剂的折射率 n（refrective index）和介电常数 ε 密切相关，由 Lippert 方程描述如下：

$$\tilde{\nu}_{\text{abs}}-\tilde{\nu}_{\text{F}}\approx\frac{2}{hc}\left(\frac{\varepsilon-1}{2\varepsilon+1}-\frac{n^2-1}{2n^2+1}\right)\frac{(\mu_{\text{E}}-\mu_{\text{G}}{}^2)}{r^3}+\text{Const.}\qquad(4\text{-}1)$$

式中，$\tilde{\nu}_{\text{abs}}$和$\tilde{\nu}_{\text{F}}$为吸收和发射峰（0-0 跃迁）的平均波数；μ_{G}和μ_{E}分别为荧光体在电子基态和激发态的偶极矩；r 为荧光体所处的溶剂笼半径，*Const.* 表示常数。此式适于非质子传递溶剂。

或者，按照 Lippert-Mataga 相关[7]，电荷转移带的最大发射能量线性依赖于溶剂参数Δf：

$$\tilde{\nu}_{\text{abs}} - \tilde{\nu}_{\text{F}} \approx \frac{2}{4\pi\varepsilon_0 hcr_{\text{w}}^3}(\mu_{\text{E}} - \mu_{\text{G}})^2 \Delta f + \text{Const.} \tag{4-2}$$

式中各项的意义同上，其中 $\Delta f = \left(\dfrac{\varepsilon - 1}{2\varepsilon + 1} - \dfrac{n^2 - 1}{2n^2 + 1}\right)$称为取向极化度。

讨论如下：

（1）取向极化度 Δf

① Δf 增加，波数差增加（即斯托克斯位移增加）；

② n 增加，波数差减小（即斯托克斯位移减小）；

③ ε 增加，波数差增加（即斯托克斯位移增加），对发光光谱，介电常数起主导作用。

其中，第一项$(\varepsilon-1)/(2\varepsilon+1)$说明光谱的位移是由溶剂偶极子的重新取向和溶剂分子中的电子重新分布两者引起的；而第二项$(n^2-1)/(2n^2+1)$是电子重新取向的影响。两项之差说明，光谱的实质性位移由溶剂分子的重新取向引起。由此可见，通常折射率 n 对吸收光谱变化起主导作用，而介电常数 ε 对发射光谱变化起主导作用。随折射率 n 增加，溶质分子的基态和激发态两种状态都可以瞬间借助溶剂分子的电子运动而达到稳定化，导致基态和激发态之间的能量差减小。介电常数 ε 增加，也导致基态和激发态的稳定化。然而，这个过程需要整个溶剂分子的运动，而不仅仅是其电子。所以，在溶剂偶极子重新取向以后才能发生激发态能量降低的现象。其结果是，ε 导致荧光体基态和激发态的稳定化是时间相关的，稳定化速率与温度和溶剂黏度有关。激发态位移到较低的能量水平，在时间尺度上近似于溶剂分子重新取向的时间，且一般都假定，溶剂弛豫先于荧光发射完成。换言之，荧光发射（电子跃迁）通常是在激发态振动能衰减（振动跃迁）以后才发生的[8]。

图 4-12 展示了 4′-*N*,*N*-二甲基氨基-3-羟基黄酮的分子内电荷转移（ICT）荧光斯托克斯位移与 Δf 的相关性。除了甲醇和水外，在其他溶剂中线性相关性良好。但在甲醇和水中，偏离线性较为严重，说明可能除了一般的溶剂效应外，还有氢键的形成。

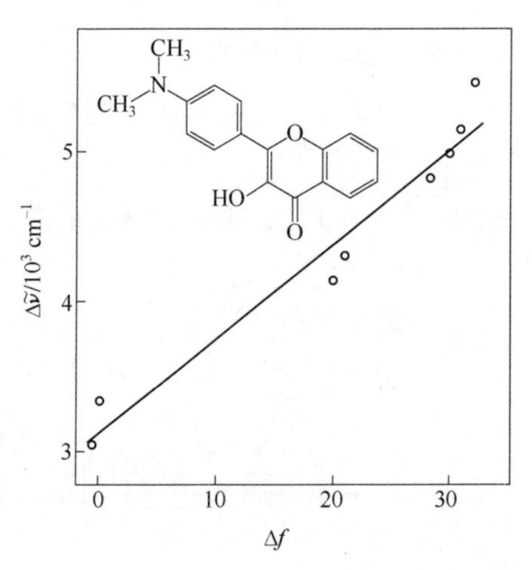

图 4-12 斯托克斯位移与 Δf 的相关性（4′-*N*,*N*-二甲基氨基-3-羟基黄酮，ICT，氢键）

溶剂自左往右依次为环己烷、甲苯、乙酸乙酯、四氢呋喃、丙酮、乙醇、甲醇、水

（2）关于$\Delta\mu$，分子激发时偶极矩越大，该荧光分子对溶剂极性变化越敏感

一些分子的一端含有供电子基团，而另一端有吸电子基团，这类分子内的电荷转移作用导致分子偶极矩变化巨大，溶剂效应更加明显，斯托克斯位移大。随着溶剂极性的变化，无论其吸收过程还是荧光过程，都可以观察到显著的颜色变化，产生所谓的溶致变色效应（solvatochromic shift/effect)，可以说是溶剂效应的极端情况。许多同时带有氨基和羰基的荧光化合物就具有这种溶致变色行为，这在分析化学领域和材料化学领域是非常有用的一种现象[9,10]。

一般来说，支链烷氨基，尤其是芳香族取代的支链烷氨基会增加荧光体对溶剂极性的敏感性。如图 4-13 所示的 1-苯氨基-8-萘磺酸，在水中荧光量子产率仅为0.002，与蛋白结合后量子产率增大到0.4，光谱位移100 nm以上；6-丙酰基-2-(二甲基氨基)-萘在环己烷中发射波长为 392 nm，在水中为 523 nm，位移极大。这是因为正负电荷分别分布在氨基和羰基上，引起电荷分离，导致偶极矩变化巨大。在荧光光谱上表现为较大的光谱位移。1-氨基萘在丙酮、甲酰胺和甲醇中不符合Lippert 式，因为有氢键生成。2-苯氨基萘（2-AN），（$\mu^*-\mu$）估计值为 20 D，在环己烷中加入3%乙醇，发射波长从372 nm位移到400 nm；继续加入乙醇到100%，由于乙醇和氨基的氢键作用，发射波长移动到430 nm，出现新的发射带。2-对甲苯氨基萘-6-磺胺（$TNS-NH_2$），（$\mu^*-\mu$）估计值为 15 D，2-对苯氨基萘-6-磺酸（2,6-ANS），（$\mu^*-\mu$）估计值为 20 D，也都是极性敏感探针。

除了对荧光发射光谱有明显影响外，$\Delta\mu$也可引起激发光谱显著地改变。溴化乙锭（ethidium bromide，EB）与 DNA 结合后，引起激发光谱向红移和荧光量子产率大幅度增加。如图 4-14 所示，激发波长由在缓冲溶液中的 480 nm 位移到 540 nm，而位于 585 nm 的荧光波长没有变化[11]。

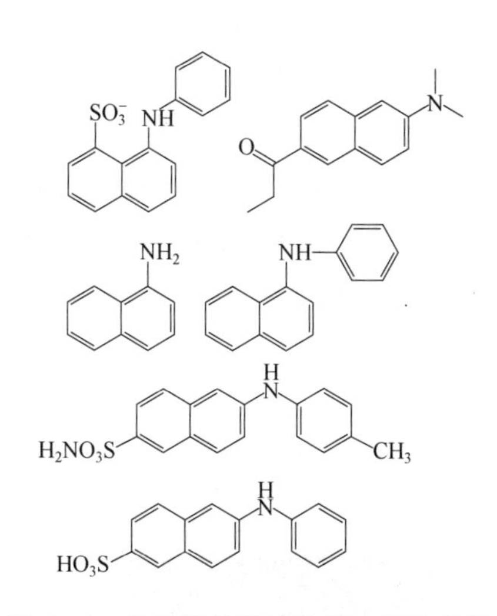

图 4-13　几种极性敏感的荧光探针分子

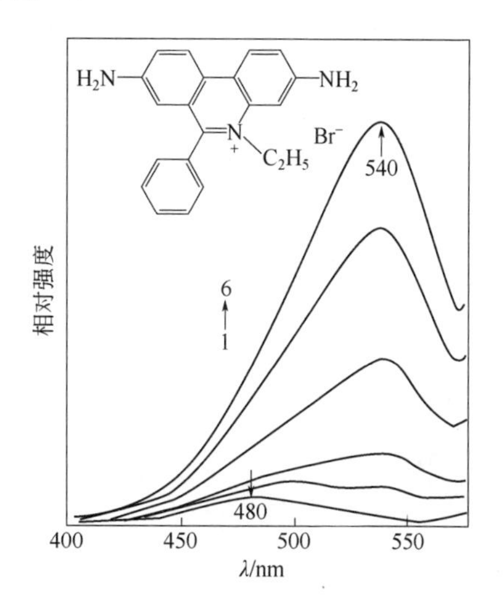

图 4-14　在磷酸缓冲液中 EB 的激发光谱

EB 5 μmol/L，NaCl 10 mmol/L，曲线 1～6 中 DNA 的浓度（以碱基对计算）分别是：0 μmol/L，0.5 μmol/L，2 μmol/L，6 μmol/L，10 μmol/L，14 μmol/L

（3）应用

一般溶剂效应的定量化表示可用于：①探测未知微环境极性；②判断是否存在特殊溶剂效应；③定性估计$\Delta\mu$（$\mu_E-\mu_G$或表达为$\mu^*-\mu$）的大小。

例 1　荧光探针法研究表面活性剂胶束微环境性质

β-CD 和 SDS 有协同增敏 4,5-二氨基萘-Se 荧光的作用[12]，表现在以下两方面：

荧光强度变化：β-CD + SDS 混合介质相对于单一介质，β-CD + SDS > SDS（5～6 倍）> H_2O（30 倍）；

发射光谱变化（激发 379 nm）：H_2O（650 nm）→ SDS（640 nm）→ β-CD（610 nm）→ SDS + β-CD（567 nm）→ CH（567 nm）；

由此可以证明 β-CD 的分子腔（cavity）极性小于 SDS 胶束微环境。

例 2　蛋白质结构或区域微环境探索

如图 4-15 所示，蛋白质发光源于 Trp（色氨酸）残基的吲哚环，其发射波长在环己烷中为 297 nm，在水中 347 nm。在蛋白质分子中，Trp 分子可能存在其内部结构中，即芯区，与周围环境隔绝，也可能存在于蛋白质近表面区，与周围的水相环境接触。前者发射波长短，后者长，从而可以判断出 Trp 残基暴露到水相中的平均程度。

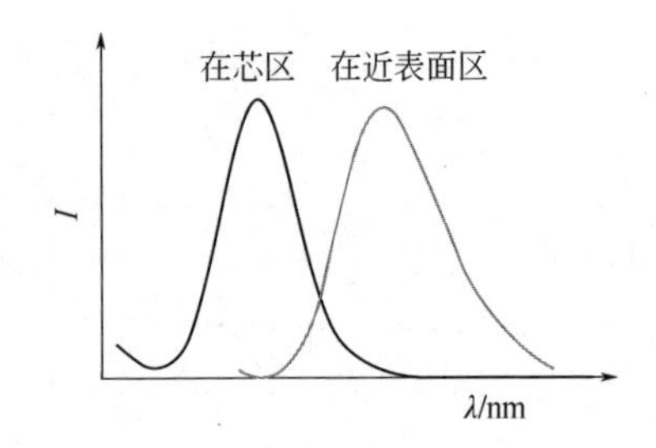

图 4-15 Trp 残基的荧光

在蛋白质的芯区，波长短；
在近表面区，发射波长较长

例 3 最近报道的一系列 D-π-A 型芘基的荧光染料，具有非常好的溶致变色行为，如图 4-16 所示[13]。三哌啶基（piperidyl）-一醛基（formyl），或二哌啶基-二醛基芘衍生物，分别标记为 PA1 和 PA13。第一电子激发态具有ππ*性质。典型地，从非极性溶剂到极性溶剂，PA1 展示显著的溶致变色行为，分别发射明亮的绿色荧光（正己烷，最大吸收 466 nm，发射 557 nm，量子产率 0.94）、黄色荧光（丙酮，最大吸收 477 nm，发射 581 nm，量子产率 0.95）和红色荧光（甲醇，最大吸收 480 nm，发射 648 nm，量子产率 0.50）。按照 Lippert-Mataga 方程式（4-2）预测的偶极矩变化$\Delta\mu$为 6.6 D。

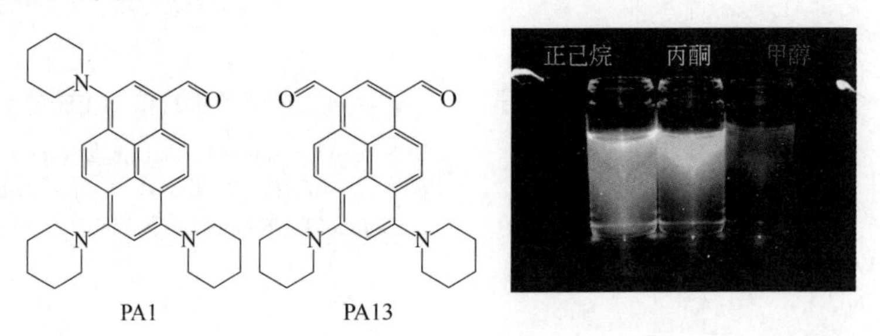

图 4-16 探针 PA1 和 PA13 的分子结构以及 PA1 溶致变色荧光照片（彩图扫二维码）

溶致变色荧光探针 PA1 被应用于聚甲基丙烯酸薄膜基体的单分子荧光成像（epifluorescence image），如图 4-17 所示。图 4-17（a）显示出良好的对比度和信噪比。通过图 4-17（b）所示的 6 个单个分子的荧光强度演化可以看到，PA1 是相对稳定的，也不宜发生盲闪（blinking），在前 100 s，大约 28%的分子发生盲闪，而类似近红外荧光成像探针分子则达到 37%。图 4-17（c）通过分析每个分子光漂白之前所检测到的总光子数来考察单分子水平总体光稳定性。平均而言，光漂白作用符合一级光化学反应模式，呈单指数衰减。416 个 PA1 分子检测到的光子总数为 2.5×10^5 个，而类似近红外分子为 1.9×10^5 个，稳定性前者比后者高 1.3 倍。这些结果表明 PA1 的确是一种非常优秀的溶致变色探针。

4.2.4 荧光极性探针——芘/蒽探针尺度

电荷转移荧光为探测溶剂极性提供了一种有效方法，即通过光谱的位移、相对强度的变化或者偶极矩的变化等可以测量溶剂的极性，这将在第 6 章电荷转移或扭曲的分子内电荷转移荧光现象部分予以介绍。此外，Ham 效应指出，各种禁

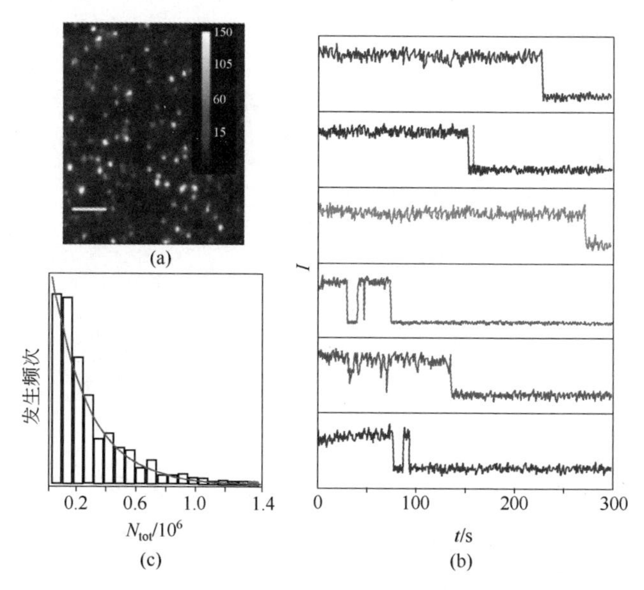

图 4-17　探针 PA1 在聚甲基丙烯酸基体中单分子荧光成像特征

（a）连续 300 帧单 PA1 分子成像叠加（色尺表示每个像素在 30 s 检测到的总的光子数×1000；长度标尺为 4 μm）；（b）6 个单个分子的荧光强度演化（表明间歇性荧光或盲闪和单步光漂白）；（c）光漂白前发射的总光子数与发生频次统计（416 个分子，拟合结果符合单指数衰减模式）

阻的振动带的强度对溶剂极性是高度敏感的。所以，可以通过一般溶剂效应引起的荧光光谱中振动发射带的相对强度变化探测溶剂极性。多环芳烃类物质萘、蒽、芘和苝等大都具有这种性质[14]，而芘分子是最典型的，在此介绍如下。

图 4-18 为芘分子的吸收和荧光激发光谱，大约在 250～290 nm 为 $S_3 \leftarrow S_0$ 吸收带，290～350 nm 为 $S_2 \leftarrow S_0$ 吸收带，这两个吸收带都比较强。而 350～380 nm

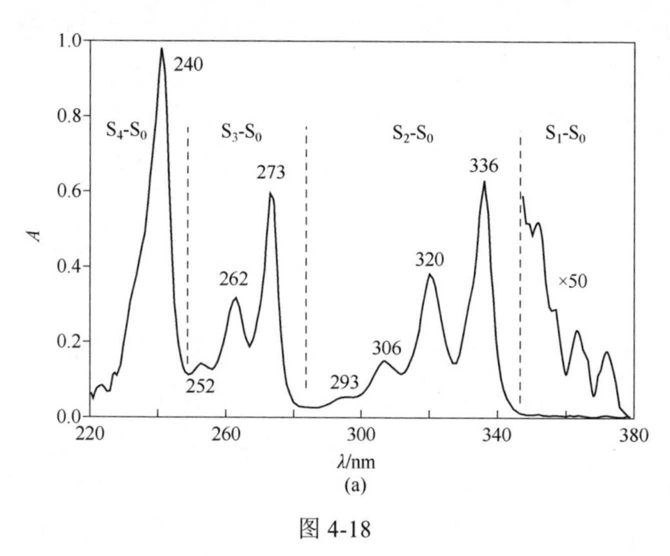

图 4-18

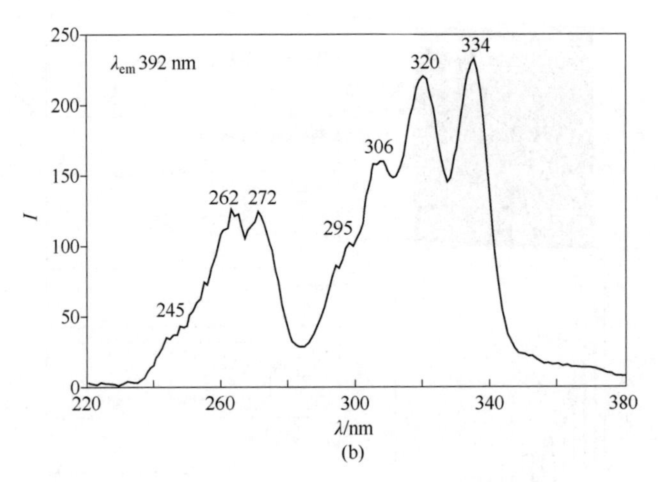

图 4-18　芘的吸收光谱（a）和激发光谱（b）

实验条件：芘的 THF 溶液浓度均为 1.0×10^{-5} mol/L。紫外吸收光谱：狭缝宽度为 2 nm；激发光谱：激发/发射带宽均为 5 nm

非常弱的吸收带应该为 $S_1 \leftarrow S_0$ 吸收带，因为这一吸收带是自旋允许的，但是轨道对称性禁阻的，相当于部分允许的跃迁。同样，对于芘分子荧光，$S_0 \leftarrow S_1$ 跃迁也是部分允许的。对荧光的贡献主要源于第二、第三吸收带 $S_3/S_2 \leftarrow S_0$（室温溶液中），也就是说 S_1 态的布居主要经由第二、第三吸收带的内转换途径。

芘分子 $S_1 \leftarrow S_0$ 吸收带部分允许的性质可能会因某种因素而打破，如在复合晶体状态，由于 C—I…π卤键、C—H…π氢键、π-穴…π键等作用，π体系的轨道对称性可能发生变化，从而 $S_1 \leftarrow S_0$ 吸收带变得与 $S_2 \leftarrow S_0$ 吸收带相当或更强[15,16]。

在极性溶剂中，0-0 带的强度增加，而其他带的强度几乎不变。这样，就可以根据芘荧光光谱中 0-0 带的强度与其他发射带强度之比与溶剂极性的关系，建立比率型的荧光极性尺度[17]。芘单体在不同极性溶剂中的荧光谱见图 4-19，各发射峰和振动带的归属见表 4-3。第一发射带为 373 nm，第三发射带为 383 nm，强度比值 $I_3/I_1>1$，预示一个非极性较强的环境；而 I_3/I_1 达到约 0.5，预示一个非常强的极性环境。

（1）芘荧光极性尺度的应用 1：探索生物表面活性剂脱氧胆酸钠（NaDC）聚集体微环境特性

图 4-20 表明，随着 NaDC 浓度增加，芘探针的荧光强度增加，同时荧光光谱中的第三振动带（383 nm）相对增加快。强度比值 I_1/I_3 与 NaDC 浓度的相关曲线呈现明显的三个特征区域：小于 5×10^{-4} mol/L，I_1/I_3 比值最大，意味着极性大，近似于水的环境；从 8×10^{-4} mol/L 到$(5\sim6)\times10^{-3}$ mol/L，I_1/I_3 比值下降到一个较低的稳定区域，探针所处的微环境极性降低，应为 NaDC 的第一聚集区；从$(5\sim6)\times10^{-3}$ mol/L

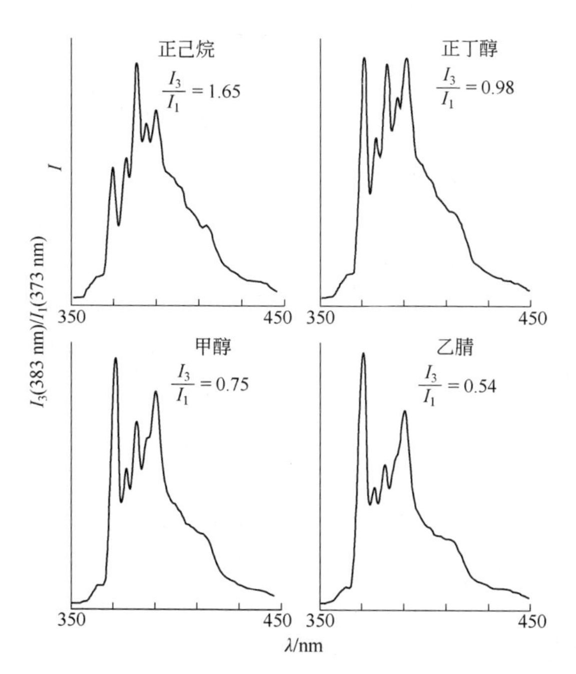

图 4-19　芘单体在不同极性溶剂中的荧光光谱和相应允许的（b_{1g}）和禁阻的（a_g）振动带

［图中标注的是 $I_3/I_{1(0-0)}$比率。测量条件：芘单体的浓度为 1.0×10^{-5} mol/L，λ_{ex} 310 nm，入射狭缝 10 nm，出射狭缝 2.5 nm］

表 4-3　芘单体荧光的主要振动带[17]

峰	波长/nm	频率/cm^{-1}	到 0-0 线的距离	IR/拉曼活性归属①	振动模式和对称类型
Ⅰ	372.51	26845	0	0-0	
	378.23	26439	406	0-406 (R)	a_g (ω)
Ⅱ	378.95	26389	456	0-456 (IR)	b_{1g} (τ)
	379.58	26345	500	0-500 (IR)	b_{1g} (τ)
Ⅲ	383.03	26108	737	0-737 (IR)	b_{1g} (κ)
	384.00	26042	803	0-803	a_g (κ)
	387.99	25774	1071	0-1071 (R)	a_g (δ)
Ⅳ	388.55	25737	1108	0-1108 (R)	b_{1g}
	389.08	25702	1143	0-1143 (R)	a_g (δ)
	390.42	25613	1232	0-1232 (R)	a_g (δ)
	391.80	25523	1322	0-1322 (R)	(a_g+b_{1g}) (κ)
	392.49	25478	1367	0-1367 (R)	b_{1g}
	392.85	25455	1390	0-1390 (R)	a_g (ω)
Ⅴ	393.09	25439	1406	0-1406 (R)	a_g (ω)
	395.34	25295	1551	0-1551 (R)	a_g
	396.04	25250	1595	0-1595	b_{1g} (ω)

① IR 表示红外，R 表示拉曼。

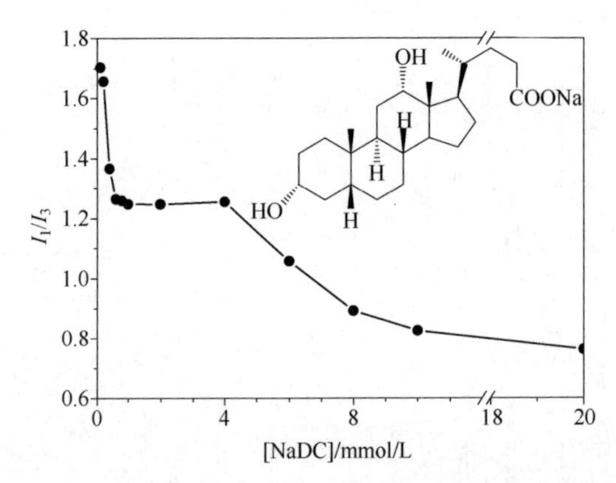

图 4-20 随着 NaDC 浓度的变化芘荧光带 I_1/I_3 比值的变化

到大于 1×10^{-2} mol/L，I_1/I_3 比值下降到一个新的区域，为第二聚集区，该聚集体也许没有固定的聚集数，会随 NaDC 浓度的变化而逐步地变化，直到凝胶的形成，可以看作无限的聚集体。NaDC 的第一聚集区以二聚体和四聚体形式存在，二聚体为背靠背式的聚集方式，背靠背区域是疏水的，可以将疏水的分子三明治般地包夹在该区域[18]。四聚体，即四个 NaDC 分子背靠背形成一个类似于四方空腔的盒子。这两种聚集形式可以保护三线态免遭溶解氧的猝灭，可以不除去溶解氧而测量磷光，是磷光测量的一个重要体系[19,20]。

（2）芘荧光极性尺度的应用 2：探测离子液体的极性

Zhao 等[21]利用芘探针测定了不同离子液体的极性，其 I_1/I_3 值列于表 4-4 中。同时为了比较起见，还测定了分子溶剂乙醇和水的 I_1/I_3 值，结果列于表 4-4 中。当组成离子液体的阴阳离子不同时，离子液体的极性也不同。在测定的体系中：①对于双取代离子液体：a. 当阴离子相同、阳离子不同时，咪唑环上的烷基取代基的链越长，其极性越小，如 $BMIMBF_4$ 的极性小于 $EMIMBF_4$ 的。这个结果和文献中报道的 $E_T(30)$值趋势相符。b. 当阳离子相同、阴离子不同时，阴离子越大，极性越小，如 $BMIMBF_4$ 的极性最大，$BMIMCF_3SO_3$ 次之，BMIMTS 最小。②对于单取代离子液体，当阳离子相同、阴离子不同时，极性大小的顺序为：$HBIMBF_4$ 的极性最大，HBIMTS 次之，$HBIMCF_3SO_3$ 最小。离子液体的极性和阴离子的大小之间没有规律。③当阴离子相同时，单取代离子液体的极性比双取代的小，如 $BMIMBF_4$ 的极性大于 $HBIMBF_4$ 的、$BMIMCF_3SO_3$ 的极性大于 $HBIMCF_3SO_3$ 的、BMIMTS 的极性大于 HBIMTS 的。④单取代离子液体的 I_1/I_3 值和水的 I_1/I_3 值相差较小，但是比乙醇的 I_1/I_3 值大很多。⑤双取代离子液体的 I_1/I_3 值比水的 I_1/I_3 值大。说明在此情况下，芘探针“侦探”到的也许不仅仅是一般意义上的极性了。即除了偶极-偶极作用外，也许还存在更强的阴、阳离子电荷对探针的作用。

表 4-4　不同离子液体和溶剂中芘荧光发射带 1 和 3 的强度比率（I_1/I_3）

（1～5、8 和 9 在 25℃，6 和 7 在 60℃，激发波长 337.0 nm）

序号	离子液体	中文名称	I_1/I_3	$E_T(30)$
1	$HBIMBF_4$	1-丁基咪唑四氟硼酸盐	1.85	
2	$EMIMBF_4$	1-乙基-3-甲基咪唑四氟硼酸盐	2.33	49.1
3	$BMIMBF_4$	1-丁基-3-甲基咪唑四氟硼酸盐	2.19	48.9
4	HBIMTfO	1-丁基咪唑三氟甲基磺酸盐	1.61	—
5	BMIMTfO	1-丁基-3-甲基咪唑三氟甲基磺酸盐	2.06	52.3
6	HBIMTS	1-丁基咪唑对甲基苯磺酸盐	1.72	—
7	BMIMTS	1-丁基-3-甲基咪唑对甲基苯磺酸盐	1.83	—
8	水		1.91	63.1
9	乙醇		1.35	51.9

刘等[22]利用芘探针测定了水含量对离子液体极性的影响。在离子液体环境中，强度比值 I_1/I_3 比纯水环境大。随着水含量的增加，I_1/I_3 比值逐渐减小，说明相对于离子液体阴、阳电荷的电场作用，探针感受到了更多的水分子偶极作用，如图 4-21 所示。这些结果为探讨离子液体反应介质与溶质的相互作用机理提供了基础数据。

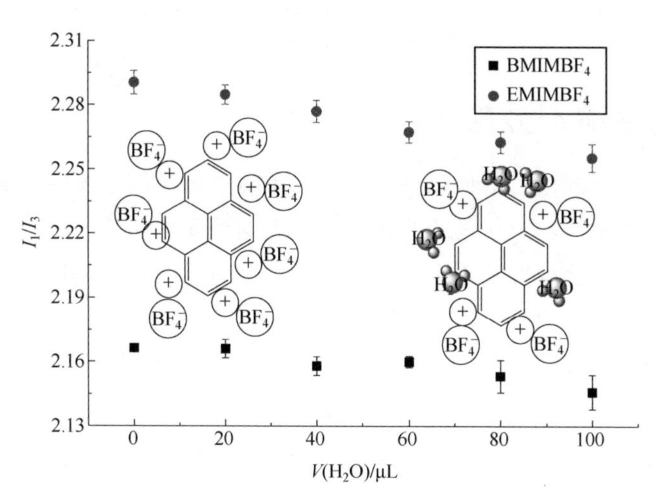

图 4-21　在两种咪唑基离子液体中芘探针荧光强度 I_1/I_3 比值与水含量的关系（pH ≈ 2，浓度 5.0 μmol/L）

（3）蒽荧光极性探针的应用

蒽也是一个非常好的极性探针，经常应用于生物体系。其较芘探针更优越的一点是，分子为线性，更适于细胞膜介质极性的探索。图 4-22（a）展示了合成的双极蒽基磷脂膜探针结构，因为它与组成磷脂双层的生物表面活性剂结构相似，可以插入磷脂双层结构中。图 4-22（b）展示了探针在磷脂双层结构中的光谱行为与已知极性体系的比较，从而可以判断生物体系键合位点的极性特点，为生物分子之间的相互作用，或为一定的药物设计提供重要的参考[23]。

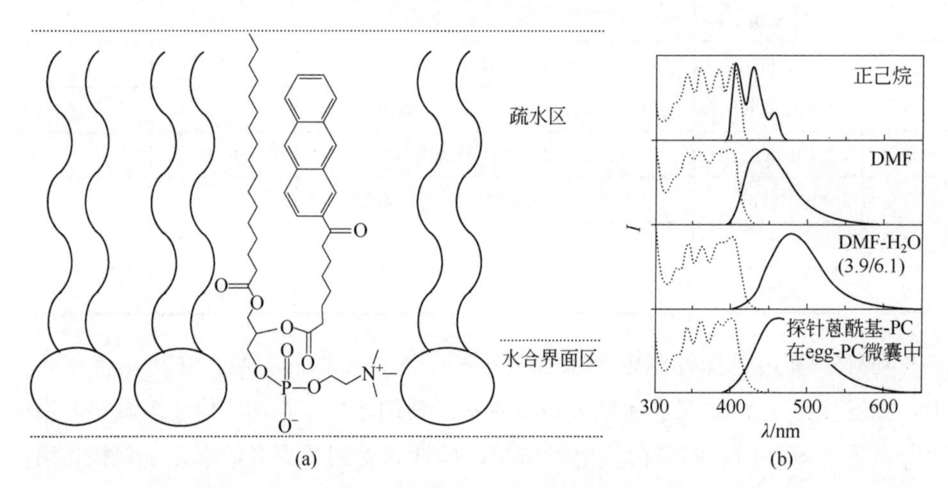

图 4-22 （a）通过极性探针探测生物膜键合位点极性的原理（b）探针甲基-8-(2-蒽酰基)辛酸酯在各种溶剂中的归一化激发（虚线）和发射（实线）光谱

（b）图中，激发波长 340 nm，相应的发射波长位置分别为 430 nm，440 nm，475 nm/和 460 nm；PC = 磷脂酰胆碱

4.3 专属性溶剂效应Ⅰ：氢键

前已述及，一般溶剂效应表现出溶剂的整体效应，而专属性溶剂效应表现出在分子的或微观水平的分子间相互作用具有方向性和饱和性，也表现出溶剂和溶质分子间的可模型化反应特点，专属性溶剂效应引起的光谱位移的程度，通常超出一般溶剂效应引起的结果，即专属性溶剂效应更强。

氢键的早期探索工作是很有意思的。基于 Lewis 的电子共享理论，Latimer 和 Rodebush[24]使用弱键（weak bond）解释氨分子和水分子之间的结合，并强调氢核的重要性，氢核将两个八隅体连接在一起，构成了弱键（the hydrogen nucleus held between **2** octets constitutes a weak“bond”）。该论文在 weak “bond” 处的一个注释（Mr. Huggins of this laboratory in some work as yet unpublished, has used the idea of a hydrogen kernel held between two atoms as a theory in regard to certain organic compounds，kernel 等于 nucleus）也说明 Huggins 对氢键早期发展的贡献。随后，Pauling[25]也以同样的方式揭示了 HF 和 F^-的结合。重要的是，1935

年，基于晶体结构，Bernal 和 Megaw[26]提出分子间存在氢键，算是首次使用氢键（hydrogen bond）这一术语，他们认为氢氧化物之间存在羟基键（the hydroxyl bond），酸或其盐应该存在氢键。并认为，氢键可以看作极性键和离子键之间的一种键合类型。随后，Pauling[27]利用氢键阐释了水和冰以及其他一些物质的结构。

4.3.1 基本概念

大家可能注意到，一般教科书，只是从氢键的形成角度对氢键描述一番，很难找到氢键的准确定义。例如，当氢原子与电负性很大的 X 原子（如 F、O、N）以极性共价键相键合时，共用电子对强烈地偏向 X 原子，使氢核几乎“裸露”出来，这个半径小且带正电的氢原子，吸引另一个电负性大的 Y 原子（F、O、N 等）中的孤对电子而形成氢键。常表示为 X—H···Y，点线（···）表示氢键，实线（—）表示共价键，X、Y 可以是同种或不同种原子。最近，有学者试图定义氢键，如 IUPAC—2010 定义：分子中共价键合的氢原子与其他电负性位点或 π 电子体系间的有方向性的吸引相互作用（The hydrogen bond is an attractive interaction between a hydrogen atom from a molecule or a molecular fragment X–H in which X is more electronegative than H, and an atom or a group of atoms in the same or a different molecule, in which there is evidence of bond formation）。其实，赋予氢键准确的定义的确是困难的，强的氢键含有 5%～10%的共价成分，其余 95%～90%为静电部分[28-30]；而对弱的氢键，静电吸引作用能也许并不一定占主导作用，而以色散或诱导作用贡献为主。所以，关于氢键的本质一直是值得探索的课题。

虽然如此，此处仍然试图从溶剂化的角度了解一些与氢键有关的基本概念。

① 氢键供体：与电负性相对较强的元素原子（F、O、N 等）或吸电子基团（—CX_3、—NO_2、C═C 等）共价键合的氢原子。

② 氢键受体：电负性的原子如 F、O、N 等，或 π-电子，与其是否和氢原子相连无关。

③ 氢键供体溶剂：具有正的极化氢原子，并能进行氢键合的溶剂，如 H_2O、CH_3CH_2OH、HCH_2CN。

④ 氢键受体溶剂：具有孤对电子或孤单电子原子的溶剂，如 CH_3CN、二氧六环、二甲亚砜、乙醚和丙酮等。

定性地讲，氢键供体、受体的分类是以 Lewis 酸碱电子理论为基础的，是以电荷获取或给予为基础的。前者是极弱的 Brønsted 酸，但又不会像通常的弱酸一样解离出质子。而氢键受体溶剂是一种极弱的 Brønsted 碱，可以接受质子，但也难以形成质子化产物。一般而言，由于在 nπ*跃迁和某些分子内电荷转移跃迁中包含了非键的孤对电子，这一类型跃迁的光谱位置受氢键溶剂的影响较严重；而在 ππ*跃迁和某些分子内电荷转移跃迁中，因为伴随着电子的重排而产生较大的偶极矩变化，所以这一类型的光谱极易受溶剂极性影响。

溶质分子可以在基态或激发态形成氢键，从而影响吸收光谱或荧光光谱。氢键的形成使电子云分布发生改变，影响了 ππ 或 nπ 共轭程度，导致分子能级降低、光谱位移，同时常常增大非辐射跃迁速率，使得荧光量子产率降低。

经验溶剂参数 α 值表示溶剂分子作为氢键供体形成氢键的能力[31-35]。图 4-23 显示，氢键供体溶剂 α 值与 DMACA 的扭曲的分子内电荷转移（TICT）荧光峰位置间具有良好的线性关系，即形成氢键的能力趋势与羟基氢原子的缺电子能力是相关的。卤代溶剂分子可以提供酸性质子与溶质发生氢键作用，如形成 $NCCH_2$—H···Cl^-或 CCl_3—H···Cl^-氢键[36,37]。

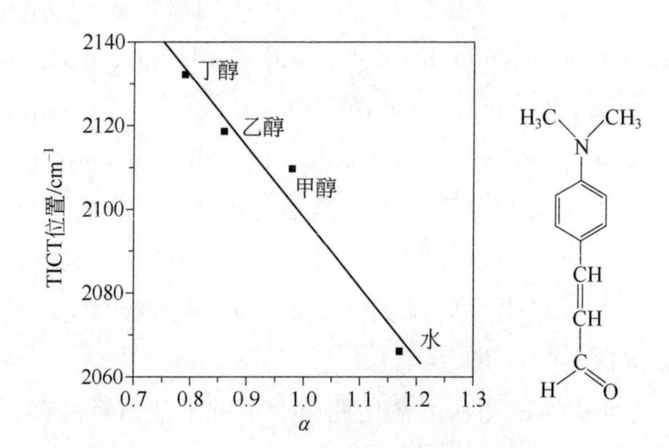

图 4-23　氢键参数（α）与 DMACA 的 TICT 荧光带位置的相关性[35]

吸收和 TICT 峰位置分别为 330～484 nm（水）、310～474 nm（甲醇）、323～472 nm（乙醇）和 323～469 nm（正丁醇）；氢键参数（α）分别为 1.17（水）、0.98（甲醇）、0.86（乙醇）和 0.79（丁醇）

4.3.2　对荧光光谱的影响

激发光谱和衰减动力学数据表明，喹啉和异喹啉的磷光起源于非氢键组分，而荧光起源于氢键组分，与溶剂无关。在少量的氢键体（hydrogen bonder）存在下，可以检测到一个新的紫色的荧光带，应该是杂环激发态质子化的结果，其基态虽是非质子化的，但是应该是强烈地氢键合的或密切与氢键相关的[38]。专属性溶剂效应对发光光谱的影响总结于表 4-5 中。同时参见 3.2.5.1 节。

表 4-5　专属性溶剂效应对发光光谱的影响

发光分子特点	在氢键供体溶剂中，如 CH_3OH	在氢键受体溶剂中，如 CH_3CN
芳香环上有供电子取代剂，如—NH_2、—OH 等；	发射波长蓝移，孤对电子氢键化	发射波长红移，有利于孤对电子与芳环共轭
芳香环上有吸电子取代剂，如—CO—等	发射波长红移，因为有利于羰基与芳环共轭，不利于电子效应	发射波长蓝移，不利于孤对电子与芳环共轭，利于电子效应

4.3.3　对荧光强度的影响

激发态分子形成氢键往往导致其荧光量子产率下降。如，相对于在烷烃溶剂中，5-羟基喹啉在极性的乙醚、乙腈和二氧六环等溶剂中的量子产率下降。

氢键常常作为一种非辐射通道而影响发光[35,39]，尤其是分子内氢键作用，使得荧光和磷光量子产率下降更大。因此，在测定含—OH、—COOH、—NR、—SR 等功能基团分子的荧光时，尽量选择不与取代基发生强烈氢键作用的溶剂。如图 4-24 所示的两种喹啉衍生物吸收光谱相同，但 8-羟基喹啉的荧光量子产率只有 5-羟基喹啉 1%。因为前者形成分子内氢键，促进了 S_1-S_0 的系间窜越效率。8-羟基喹啉在氢键受体溶剂中，分子内氢键可能转换为分子间氢键，量子产率上升。

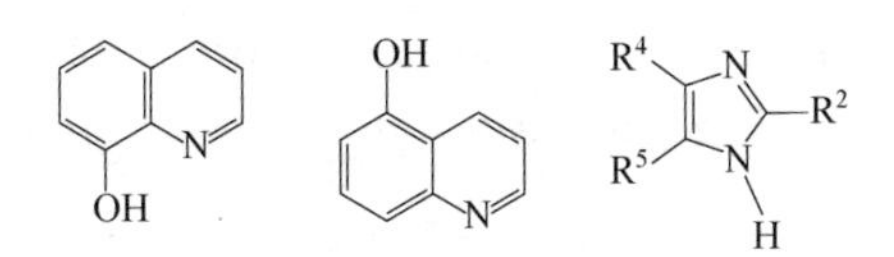

图 4-24　羟基喹啉和咪唑衍生物分子结构

在不同溶剂中，包括 pH 变化条件下，如图 4-24 所示的 2-苯基-、4,5-二苯基-和 2,4,5-三苯基取代的咪唑的荧光研究表明，4,5-二苯基咪唑的氢键二聚体形成非辐射衰减通道，而其他两个衍生物没有这种情况。4,5-二苯基咪唑荧光的酸/碱依赖性说明，在激发单线态，2 位氢属于酸性质子。在碱性介质中，由于分子呈阴离子形式，荧光量子产率增加到 0.68，并且伴随着约 1500 cm^{-1} 的红移，也就是增加了分子平面型。2-苯基和 2,4,5-三苯基取代的咪唑的荧光与 pH 无关，说明在 4,5-二苯基咪唑的激发单线态存在一个绝热质子转移[39]。

但在某些情况下，氢键的形成反而会增加荧光强度。例如，某些羰基化合物和氮杂环化合物，它们的 $S_1(\pi\pi^*)$能量比 $S_1(n\pi^*)$能量高的并不多。在非极性、疏质子溶剂中，最低激发单线态为 $S_1(n\pi^*)$态，Φ_F 小；但加入高极性氢键供体溶剂时，最低 $S_1(n\pi^*)$态转变为 $S_1(\pi\pi^*)$态，Φ_F 增大，如图 4-25 所示[40]。

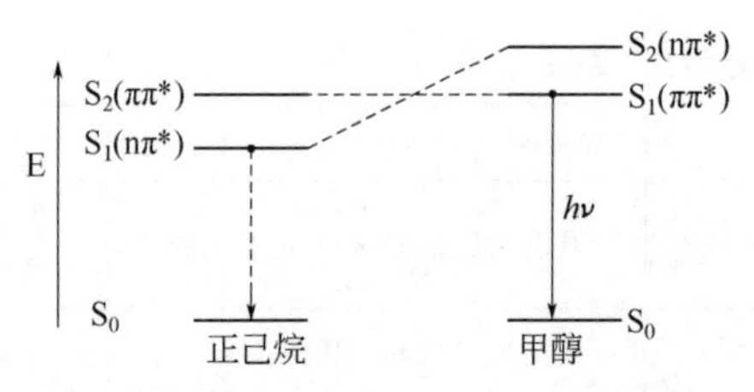

图 4-25　氢键诱导的 nπ*-ππ*转换[35]

4.4　专属性溶剂效应Ⅱ：卤键/σ-穴键

基于电子供-受相互作用，人们较早给卤键的定义是，卤键（halogen bond/bonding）是一种吸引相互作用，其中电子给体与受体之间的相互作用是电子密度从密集区到贫瘠区的供给，这种转移对卤键复合物的贡献大小因具体对象而异。但是，许多情况下形成卤键时并没有明显的电荷转移作用，或者说，电荷转移作用不是主导因素（仅为分子间闭壳层相互作用）。有机化学中的亲电和亲核反应，实际上是电子供-受相互作用概念的延伸，科学家基于亲电或亲核作用对卤键的定义为：一个分子实体中与卤素原子相关的亲电区域与另一分子或相同分子的亲核区域之间的净的吸引相互作用［the halogen bond (XB) refers to a net attractive interaction between an electrophilic region associated with a halogen atom in a molecular entity and a nucleophilic region in another, or the same, molecular entity］[41]。分子实体中共价键合的卤素原子 X 作为卤键供体，包括 I、Br、Cl 和 F，它们都是 Lewis 酸。但氟原子形成卤键的能力要弱得多。卤键受体或电子给体，即 Lewis 碱，包括含有 n 电子和π电子的分子实体，前者如阴离子，中性的含孤对电子（lep）或孤单电子的各种分子或基团、自由基等，后者如共轭的或不共轭的π电子体系，如 C═O、C═C、稠环芳烃等。卤键与氢键一样也是有方向性的。

然而，最近更流行于从分子表面静电势（surface electrostatic potential of molecule，SEP）这一分子的物理特征来描述卤键[42a]。如图 4-26 所示，沿着共价键延伸方向在卤素的外表面有一个正的表面静电势区域，该区域称为σ-穴。该σ-穴可以与富电性的位点发生静电吸引作用，有方向性，这种作用称为σ-穴键[43]。σ-穴键不仅是一个名称的变化，重要的是，它的外延更宽，还包括从第四主族到第六主族甚至第八主族元素［O═Xe(F)$_2$］的类似作用[44]，即硅素键、磷素键、硫素键、Xe 素键等，也包含氢键。卤键以及其他元素键只是σ-穴键的一个子集[42a,45,46]。

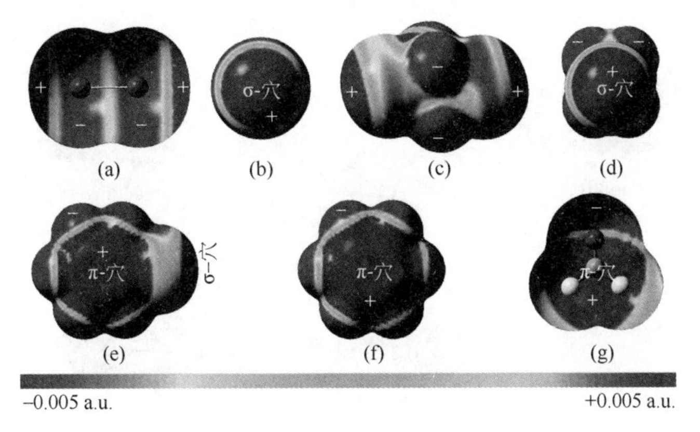

图 4-26　几种典型的分子表面静电势图

I_2和 1,2-二碘四氟乙烷拥有σ-穴；六氟苯和 F_2CO 拥有π-穴；碘代五氟苯既有σ-穴，又有π-穴。计算分子表面静电势的方法和基组：M06-2X/6-311++G(d,p)/LANL2DZdp ECP；“+”区域为正的分子表面静电势区域，“−”区域为负的分子表面静电势区域，“−”和“−”之间的区域为过渡区域。a.u.代表原子单位

同时，在垂直于分子的σ-骨架平面、沿 p 或π轨道伸展的方向，具有正的表面静电势区域，这个区域称作π-穴。该π-穴可以与富电性的位点发生静电吸引作用，有方向性，这种作用称为π-穴键[42a]。卤键大多是以静电作用为主的(偶极矩贡献)，而π-穴键以色散作用为主（四极矩贡献的静电作用弱），尽管随着π-穴表面静电势变得越正，静电作用成分贡献越大[42a]。

其实，关于解决化学键（尤其共价键）和分子间非共价的弱相互作用（σ-穴键和π-穴键）的本质问题，历来就有两种途径——能量和力。化学键喜爱量子化学、波函数和能量；而物理学家偏向量子力学、电子密度（波函数平方相关）和力。物理学家强调电子密度是一个可观测的物理量，化学键理论应该以电子密度为基础，而不是波函数。就σ-穴键而言，利用 Hellmann-Feynman 大定理，基于极化和色散作用力，就可以很圆满理解，用不着乞求没有物理基础的分子轨道。σ-穴键的本质就是库仑力或静电力，键合供、受体之间的极化和色散是产生静电吸引的两个核心因素。而基于分子轨道理论的解释，包括交换排斥、极化作用、静电或诱导作用、色散作用、电荷转移作用等。Politzer 等认为，不管能量和力，都是不可分解的，因为这些力在物理学上是不可能相互独立的。而以分子轨道为基础的理论，经常把相互作用分解为若干组分，并归属任一组分对总能量的贡献。详情参见文献[42]。

图 4-27 典型地展示了卤键（σ-穴键）和π-穴键的形成。利用分子表面静电势来命名分子间的非共价相互作用，使得各种弱相互作用之间就有了共同的物理基础，有了系统性联系。对化学学科体系、超分子化学、材料科学和生命科学等学科的发展有重要意义。

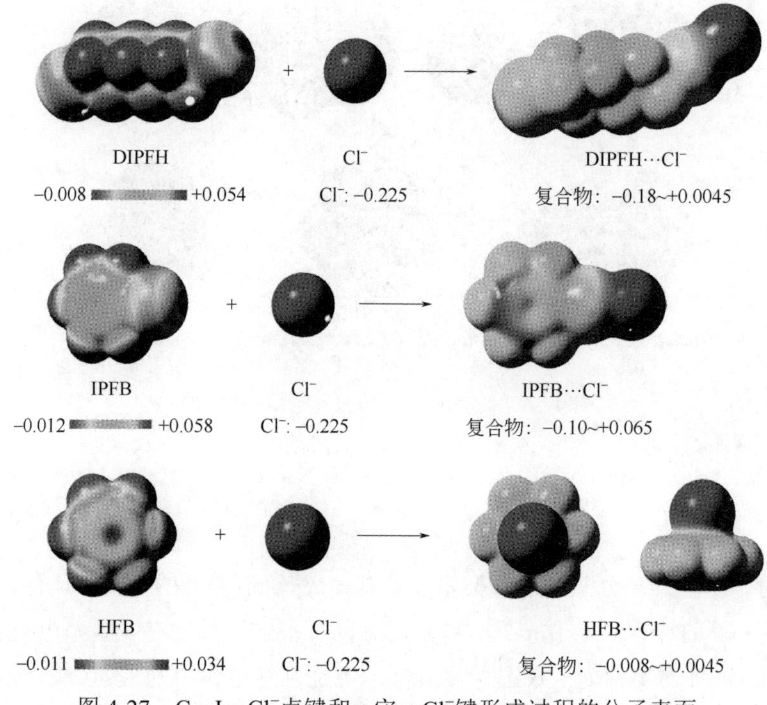

图 4-27　C—I···Cl^-卤键和π-穴···Cl^-键形成过程的分子表面静电势图变化

［SEP 坐标单位：a.u.（原子单位）］

卤键作为专属性溶剂效应表现在两个方面。

① 卤代溶剂作为卤键供体参与溶剂化作用。这对于理解卤代分子溶剂异常的溶剂化作用、卤代溶剂中化学反应动力学以及卤代分子参与的化学反应平衡有重要意义。

庞雪等[47,48]观察到，4-羟基-2,2,6,6-四甲基哌啶-1-氧自由基（4-OH-TEMPO）或 2,2,6,6-四甲基哌啶-1-氧自由基（TEMPO）电子自旋共振的超精细耦合常数 A_N 随溶剂微观反应常数 $E_T(30)$和电子受体数 AN 的增加而上升。令人称奇的是，如图 4-28 所示，4-OH-TEMPO 自由基的超精细耦合常数 A_N 值与相应溶剂的电子接受数 AN 值之间具有良好的线性关系。随溶剂的 AN 值增大，超精细耦合常数随之线性增大。$CHCl_3$ 和 CH_2Cl_2 具有较大的 AN 值，按照传统的知识，这似乎是难以理解的。对照甲醇和乙醇的情况，含卤溶剂在性质上更接近于醇，也许预示存在某种专属性溶剂效应。其他含卤溶剂的 AN 值在手册中没有查到，但预期应该是比较大的，应该与超精细耦合常数 A_N 值变化趋势相匹配。

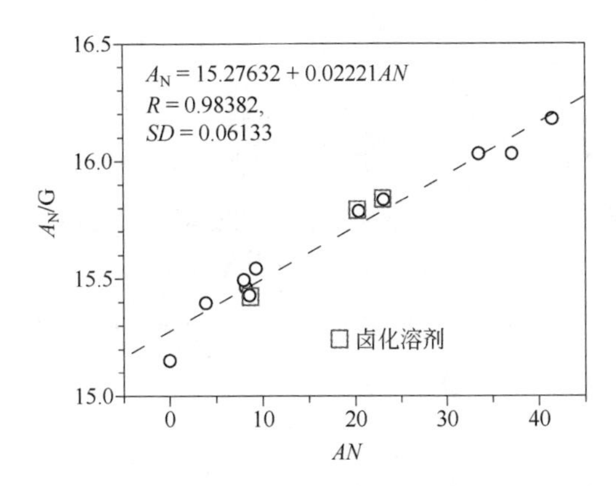

图 4-28　超精细耦合常数 A_N 值与相应溶剂的 AN 值关系

图中带框点分别表示四氯化碳、氯仿、二氯甲烷

该实验的探测原理如下。如图 4-29 所示，有机自由基具有共振杂化结构 A 和 B，随溶剂极性的增加，共振杂化结构倾向于向 B 杂化体移动，氧原子电子电荷密度增加，但氮原子自旋密度增加（自旋密度迁移），因而 ^{14}N 同位素原子的超精细耦合常数 A_N 增加[49]。按照 Karplus-Fraenkel 理论[49,50]：

$$A_N = (S^N + Q_{NO}^N + 2Q_{NC}^N)\rho_N^{\pi} + Q_{ON}^N \rho_O^{\pi} + 2Q_{CN}^N \rho_C^{\pi} \tag{4-3}$$

式中 ρ_N^{π}、ρ_O^{π} 和 ρ_C^{π} 分别为氮、氧和相邻碳原子π电子自旋密度；S^N 代表氮原子 1s 电子对分裂的贡献；Q 代表 2s 电子对分裂的贡献（例如，Q_{ON}^N 代表由于 ON 键和氧原子π电子密度相互作用而产生的氮核σ-π参数）。对于一定的自由基，S 和 Q 可以按照一定方式加以估计。如二苯基 N—O 自由基 $A_N = 35.61\rho_N^{\pi} - 0.93\rho_O^{\pi}$（另一项可以忽略不计）；杂环氨基 N—O 自由基阴离子 $A_N = 42.57\rho_N^{\pi} - 18.98\rho_O^{\pi} - 6.66\rho_C^{\pi}$；二叔丁基 N—O 自由基和 2,2,6,6-四甲基哌啶 N—O 自由基 $A_N = 23.9\rho_N^{\pi} + 3.6\rho_O^{\pi}$。任何情况下，增加 N 原子自旋密度，降低氧原子自旋密度，都会增加 A_N 变化幅度。

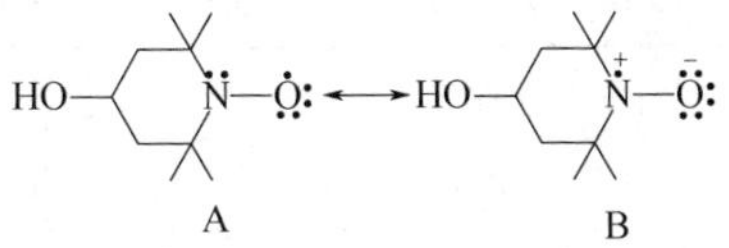

A　　B

图 4-29　有机自由基的共振杂化结构 A 和 B

在此特别提醒，选择溶剂参数时，不要只考虑介电常数、偶极矩和折射率。溶剂供体数或受体数、$E_T(30)$ 值等（参见本章末的附录部分）对于考察专属性溶剂效应往往结果更好，对更深入、全面理解溶剂效应非常有益。

由以上的实验可见，总体上超精细耦合常数在含卤溶剂中比较大。含卤溶剂具有较大的溶剂受体数 *AN* 值，导致 A_N 值增大的现象也许与溶液中的氢键或卤键有关。在 CH_3Cl、CH_2Cl_2、氯苯、溴苯、碘苯等溶剂中，由于卤素原子的强吸电子效应使邻近的氢原子表现出一定的酸性，使自由基与氢原子之间的 N—O···H—C—X 氢键模式是可能的，如图 4-30 所示。氢键或卤键的形成可以使氧原子上的电子离域到氢或卤素原子上，有益于自由基由 A 共振杂化体向 B 转移，造成自旋密度由氧向氮迁移，从而增大 A_N 值。

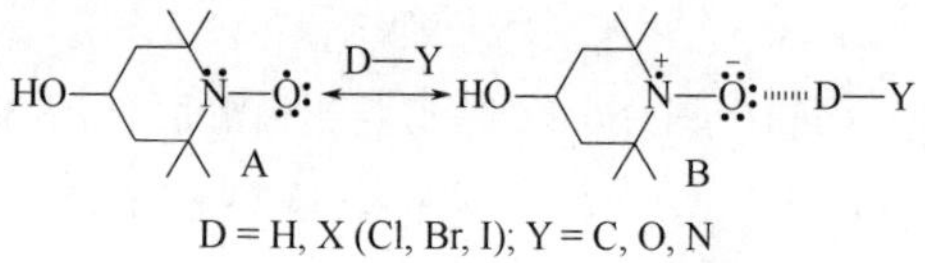

D = H, X (Cl, Br, I); Y = C, O, N

图 4-30　专属性溶剂效应（X—C—H···O—N 氢键和 C—X···O—N 卤键）对 4-OH-TEMPO 自由基两种共振结构平衡的影响

实际上，图中的电子密度转移应该表示为部分或单位电子密度转移。但文献都如此表达，本书也权且如此

在一定程度上 N—O···X—C 相互作用具有更强的方向性和竞争力。当含卤溶剂与自由基形成卤键时，超精细耦合常数 A_N 值也同样会随之增大。为了避免氢键的影响，选取了碘代全氟苯作为溶剂。结果显示，碘代全氟苯的超精细耦合常数值是 19 种溶剂中最大的，预示存在 I···O 卤键。同时，I···O 卤键还使得线宽变大。如图 4-30 所示，溶液中的确存在 N—O···X—C 卤键作用，同时与 N—O···H—C—X 氢键相互竞争，甚至协同与共存。

卤代全氟溶剂与含有 O═P 基团的化合物发生卤键作用[51]。Gutmann[52]提出溶剂受体数来衡量溶剂分子接受电子的能力。笔者研究组根据 Gutmann 方法，测得 12 种卤代分子的溶剂受体数值，见表 4-6。对于四氯化碳，不含有质子，只有形成卤键的可能性，因此其拥有的受体数值应该是形成 C—Cl···O═P 卤键作用的

表 4-6　由探针 $Et_3P{=}O$ 的 ^{31}P-NMR 化学位移估计的卤代溶剂的受体数 *AN*

溶剂	*AN*	溶剂	*AN*	溶剂	*AN*
正己烷①	0.00	溴苯	11.5	1-溴代全氟正丁烷	15.7
四氯化碳①	8.6	碘苯	11.9	1-碘代全氟正丁烷	28.8
二氯甲烷①	20.4	氯代全氟苯	7.44	1-碘代全氟正己烷	28.3
氯仿①	23.1	溴代全氟苯	12.8	水	54.9
氯苯	11.6	碘代全氟苯	27.2	水①	54.8

① 引自文献[52]。

体现。对于含有酸性质子的卤代分子，形成氢键的能力通常比形成卤键的能力强。但随着卤素原子原子序数的增大，原子半径逐渐变大，可极化程度变大，形成卤键的能力变强，对于碘代化合物，卤键作用是氢键作用的强有力的竞争者。全氟代的卤代物，尤其碘代物形成卤键能力强。图 4-31 为计算的卤键键合能与溶剂受体数间的相关性，说明在这些溶剂中，溶剂分子与溶质之间的确发生了卤键作用，一种新的专属性溶剂效应。

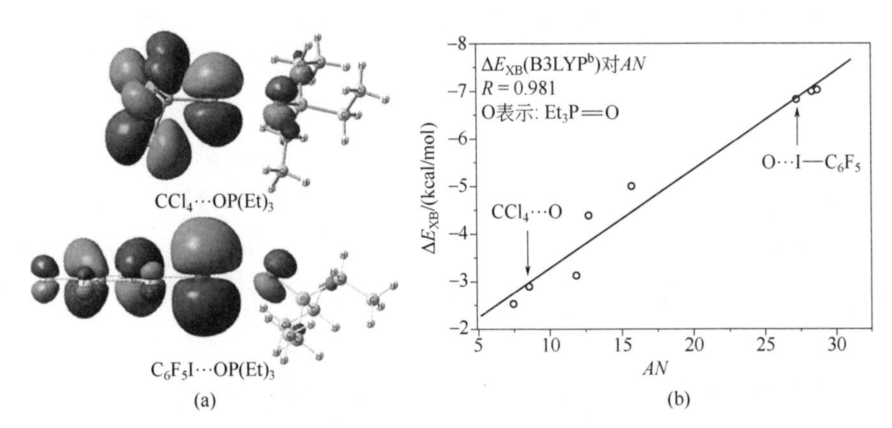

图 4-31　卤键复合物的分子轨道图（a）以及为计算的卤键键合能与溶剂受体数间的相关性（b）

笔者课题组试图研究卤键作为专属性溶剂效应对 TICT 光谱的影响。图 4-32 和表 4-7 为 4-(*N*,*N*-二甲氨基)苯甲腈（DMABN）扭曲的分子内电荷转移荧光（TICT）和定域激发的荧光（LE）与溶剂极性的关系。总体上，随着溶剂极性的增大，TICT 光谱红移，而 LE 光谱位移变化相对较小，极性溶剂有利于 CT 态的稳定化，因此

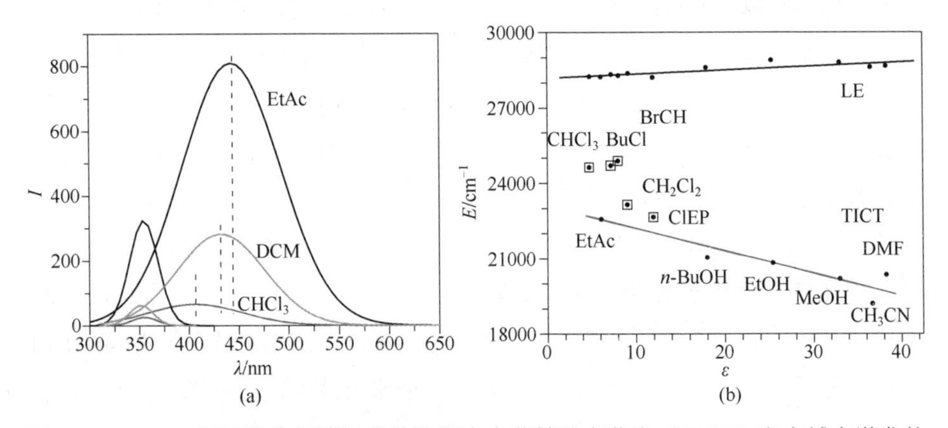

图 4-32　*N*,*N*-二甲氨基苯甲腈扭曲的分子内电荷转移态荧光（TICT）和定域态激发的荧光（LE）光谱（a）以及发射能级位置 E 与溶剂极性的关系（b）

表 4-7　DMABN 双荧光发射能量与溶剂极性的关系

测量参数	$CHCl_3$	EtAc	ClBu	BrCH	MeF	DCM	ClEP	BuOH	EtOH	MeOH	ACN	DMF
ε	4.807	6.081	7.276	8.003	8.5	9.14	11.95	17.84	25.3	33.0	36.64	38.25
μ	1.04	1.78	2.0	1.08	1.77	1.60		1.66	1.69	1.7	3.92	3.82
LE/nm	355	355	353	354		352	356	348	344	347	350	350
TICT/nm	406	443	405	402		432	442	476	483	495	523	490

溶剂名称缩写如下：氯仿（$CHCl_3$）、乙酸乙酯（EtAc）、甲酸甲酯（MeF）、二氯甲烷（DCM）、乙腈（ACN）、正丁醇（BuOH）、*N,N*-二甲基甲酰胺（DMF）、溴代环己烷（BrCH）、1-氯丁烷（ClBu）、2-氯乙酸丙酯（ClEP）和甲醇（MeOH）。

在极性溶剂中 TICT 荧光强度也比较大[53]。同时，在卤代的溶剂中，TICT 态的能量偏离线性，偏高，即发光波长显得偏短。这种现象可能与溶剂分子和激发态发光分子之间的氢键或卤键（$CCl_3H\cdots\pi$/lep 或 $CHCl_2Cl\cdots\pi$/lep）有关。荧光物质在卤代溶剂中的荧光现象与卤键的关系，是今后值得探索的一个领域，尽管目前的研究报道还非常有限。

② 卤键作为专属性的溶剂效应的另一方面是，含孤对电子溶剂作为卤键受体参与溶剂效应。如四溴化碳与含氧溶剂可能发生的 C—Br…O 卤键作用[54]。或溴分子与 1,4-二氧六环之间形成 Br—Br…$O(CH_2)_2O$…Br—Br 卤键作用等[55,56]。

4.5　专属性溶剂效应Ⅲ：π-穴键

可以从两个方面定义 π-穴键。像 C_6F_6 这样的溶剂分子，由于电负性的氟原子强烈的吸电子行为，实际上 π 体系是“缺”电子的，有的学者将其称为 π 酸或缺 π 电子体系。所以，π-穴键是指，分子实体中垂直于σ-骨架平面的缺 π 电（亲电）区域与另一分子实体中富电性区域或阴离子之间的吸引相互作用。而从分子表面静电势的角度，分子实体中垂直于σ-骨架平面的缺 π 电（亲电）区域具有正的分子表面静电势，可将其称为 π-穴，如前所述。该区域可以与富电性的位点发生具有方向性的静电吸引作用，这种作用称为 π-穴键[42,57]。例如，π-穴与卤阴离子形成 π-穴…Cl^-键合作用，如图 4-33 所示[58]。π-穴与三辛基氧膦形成的 π-穴…O═P 键合作用在生物学或药物设计领域具有重要意义[59]。π-穴也可以与富 π 电子的苯环形成 π-穴…π 键。同样，这些作用，对于特定条件下的溶剂化效应是有贡献的，也应该引起重视。例如，六氟苯（C_6F_6）是一个非极性溶剂，氮氧自由基 TEMPO 在其中的顺磁共振谱超精细耦合常数 A_N 比在具有相似极性的直链烷烃 n-C_8F_{18} 或 n-C_6F_{14} 中大约 0.2 G，原因应该与形成 π-穴…O—N 键有关。

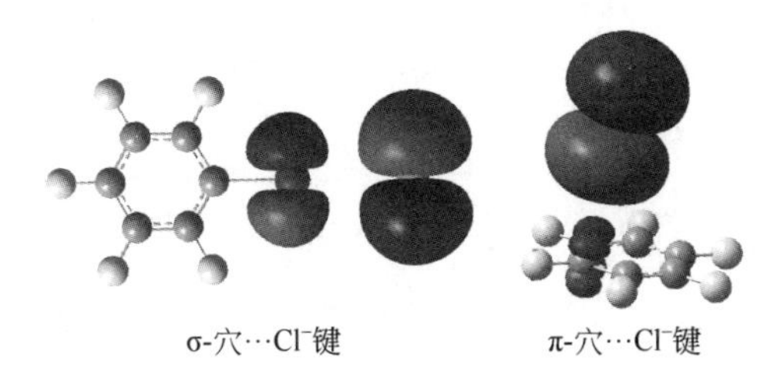

图 4-33 碘代五氟苯和六氟苯与氯离子间的σ-穴…Cl^-键和π-穴…Cl^-键的分子轨道图示[58]

最近计算研究表明，液态一溴五氟苯（C_6F_5Br）与 CO 的 C 端或 O 端形成σ-穴/π-穴…C≡O/O≡C 键，见图 4-34。也许这种特殊的溶剂效应对于 CO 的催化化学、吸收和储存是很有意义的[60]。

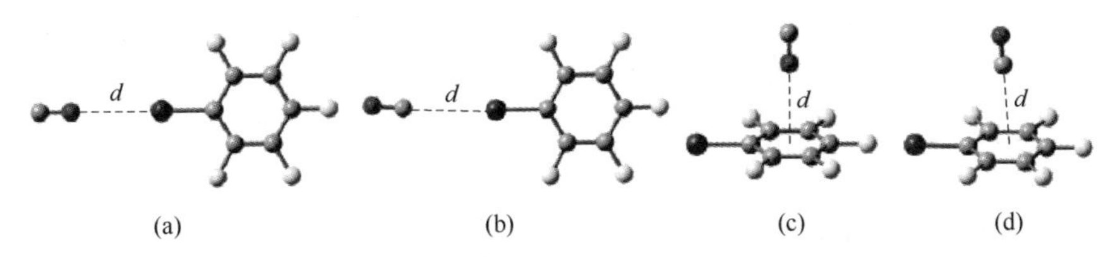

图 4-34 利用连续介质极化模型在 M06-2X/aug-cc-pVTZ 水平优化的键合复合物的几何结构

4.6 溶剂化动力学的定量处理

本章稍前的图 4-9 和图 4-10 定性展示了斯托克斯位移产生的原理，紧接着的一节又讨论了介电常数和溶剂折射率对斯托克斯位移的贡献，其中涉及溶剂分子根据溶质分子（荧光分子）的重新取向过程。在这一节，将定量地处理溶剂化的动力学过程。首先从光物理的角度建立溶剂化动力学的数学模型。

4.6.1 构建时间分辨荧光发射光谱

时间分辨荧光发射光谱（time-resolved fluorescence emission spectrum，TRFES）可以采用直接测定方法构建，如采用条纹相机（streak camera）的光谱仪系统；也可以采用间接测定方法构建，如时间相关单光子计数法、荧光上转换法、光克尔门技术、非共线的光学参量放大技术等。此处，介绍条纹相机光谱方法。条纹相机又称为变像管扫描相机，它类似于高速电子摄像机，是唯一一种可以同时显示空间信息和时间信息的测试设备。

根据探针的稳态荧光发射光谱，固定激发波长不变，在整个发射光谱范围内，每间隔一定波长（如 5 nm 或 10 nm）测量一次不同发射波长处的衰减曲线，然后按照下面步骤构建 TRFES[61]：

将不同发射波长处的荧光衰减曲线，按照单指数或多指数方式进行拟合得到在发射波长 λ 处的衰减时间 $\tau_i(\lambda)$，

$$I(\lambda,t)=\sum\alpha_i(\lambda)\exp[-t/\tau_i(\lambda)] \tag{4-4}$$

式中，$I(\lambda, t)$是在波长 λ 处的荧光强度衰减曲线；$\alpha_i(\lambda)$是指前因子。

为了使在每一个波长处的时间积分强度（time-integrated intensity）和在同一波长处的稳态光谱强度相等，需引入参数 $H(\lambda)$，其定义为

$$H(\lambda)=\frac{I_{ss}(\lambda)}{\sum\alpha_i(\lambda_i)\tau_i(\lambda)} \tag{4-5}$$

式中，$I_{ss}(\lambda)$是波长 λ 处的稳态发射光谱的强度。

根据式（4-4）和式（4-5），可以得到不同时间、不同荧光发射波长处归一化的强度衰减函数 $I'(\lambda, t)$，其计算公式为

$$I'(\lambda,t)=H(\lambda)I(\lambda,t) \tag{4-6}$$

以波数作为横坐标，$I'(\lambda, t)$作为纵坐标，即可得到探针的 TRFES。

4.6.2 探针的溶剂化动力学和溶剂化弛豫时间或旋转弛豫时间

溶剂化相关函数 $C(t)$的计算公式为[61-65]：

$$C(t)=\frac{[\overline{\nu}(t)-\overline{\nu}(0)]}{[\overline{\nu}(0)-\overline{\nu}(\infty)]} \tag{4-7}$$

式中，$\overline{\nu}(0)$、$\overline{\nu}(t)$、$\overline{\nu}(\infty)$ 分别是 TRFES 中探针在 0、t 和∞时刻的峰值频率。0 时刻是指荧光探针分子被激发后立刻进行测定的时刻，可以通过外推法[64]和实验法[66]得到；而∞时刻是指激发态的荧光探针分子周围的溶剂重新取向达到平衡的时刻。当探针分子只有一个荧光寿命时间常数时，选择稳态发射光谱为∞时刻的光谱。如果有两个荧光寿命时间常数，根据仪器因素和时间长短的匹配性选择其一，或换一种探针。而在磷光 TRPES 测量方面，0 时刻和∞时刻的选择并无文献可供参考，建议选择测定衰减曲线时所设定的延迟时间（如 0.01 ms）为 0 时刻，而∞时刻则选择磷光光谱不再发生变化的时刻[67]。为了得到每个时刻瞬态光谱的峰频率 $\overline{\nu}(t)$ 值，需要将 TRFES 中每个时刻的瞬态光谱曲线使用对数正态线型函数进行拟合处理[64,68]（其他可供选择的拟合函数有 Gaussian、Lorentz 和 GCAS 函数等）。

以时间为横坐标，$C(t)$为纵坐标作图，然后将 $C(t)$按照多指数衰减函数式（4-8）进行拟合，可以得到探针分子在不同溶剂中的溶剂化弛豫时间 τ_i，即激发态探针周围的溶剂分子的重新取向定位的时间。

$$C(t)=\sum_{i=1}^{n}\alpha_i \exp(-t/\tau_i) \tag{4-8}$$

式中，α_i是归一化的指前因子。

时间分辨荧光各向异性 $\gamma(t)$的计算为[61]：

$$\gamma(t)=\frac{I_{\parallel}(t)-GI_{\perp}(t)}{I_{\parallel}(t)+2GI_{\perp}(t)} \tag{4-9}$$

式中，G 是仪器的校正因子，是检测器对垂直偏振和水平偏振的灵敏度的比值；$I_{\parallel}(t)$ 和 $I_{\perp}(t)$ 分别表示水平和垂直偏振发射衰减强度。

以时间为横坐标，$\gamma(t)$为纵坐标作图，然后将 $\gamma(t)$按照多指数衰减函数式(4-10)进行拟合，可以得到探针分子在不同溶剂中的旋转弛豫时间（在此，$\tau_i=\tau_{\mathrm{rot}}$。注意，分子的旋转弛豫时间和旋转相关时间是不同的，详见第 8 章）。

$$\gamma(t)=\sum_{i=1}^{n}\alpha_i \exp(-t/\tau_i) \tag{4-10}$$

4.6.3 荧光探针研究离子液体的溶剂化动力学[69,70]

图 4-35 显示了探针 H_4TPPS^{2-}在离子液体中的条纹光谱（从右到左波长增加，从上到下时间增加，红色或黄色越深强度越大，室温 25℃）和三维荧光发射光谱图，由此图可以得到不同发射波长处的荧光衰减曲线（图 4-36）。

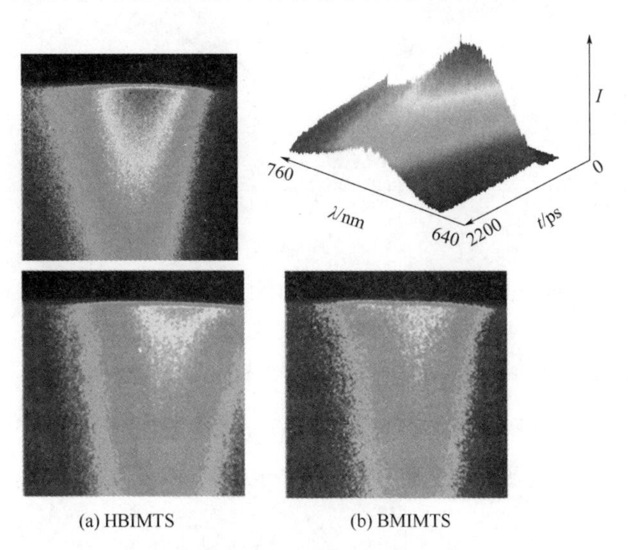

图 4-35 室温下（25℃）探针 H_4TPPS^{2-}在 HBIMTS（a）和 BMIMTS（b）中的条纹光谱以及时间-波长-强度三维荧光发射光谱

上面的两幅图是一次实验结果的两种表示方式，下面的两幅图是一组平行实验结果，用于后续的数据处理

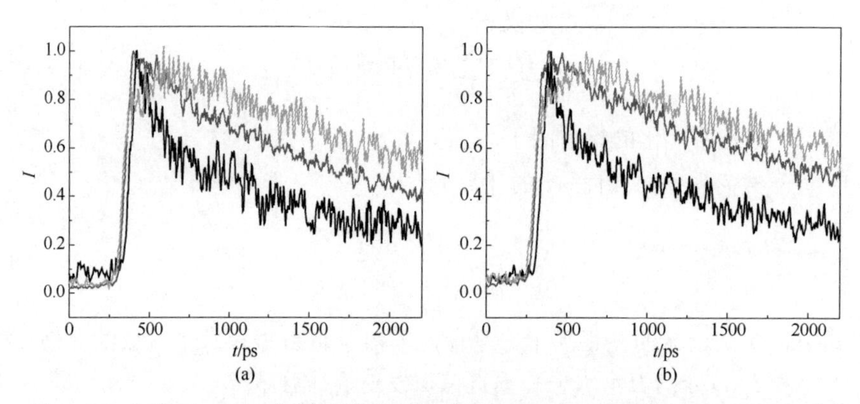

图 4-36 室温（25℃）条件下在离子液体 HBIMTS（a）和 BMIMTS（b）中探针 H_4TPPS^{2-}归一化的波长依赖性的荧光衰减曲线

衰减曲线从下到上，发射监测波长分别为 641.0 nm、680.0 nm 和 740.2 nm

H_4TPPS^{2-}在两种离子液体中的时间分辨的荧光发射光谱（TRFES）也可以从条纹相机的图像得到，如图 4-37 所示。由图 4-37 可知，随着时间的增大，H_4TPPS^{2-}的瞬态发射光谱持续地向低波数方向移动（即波长红移），同时瞬态光谱的半峰宽没有明显的变化。TRFES 同样证实 H_4TPPS^{2-}激发态周围的溶剂发生了弛豫现象。

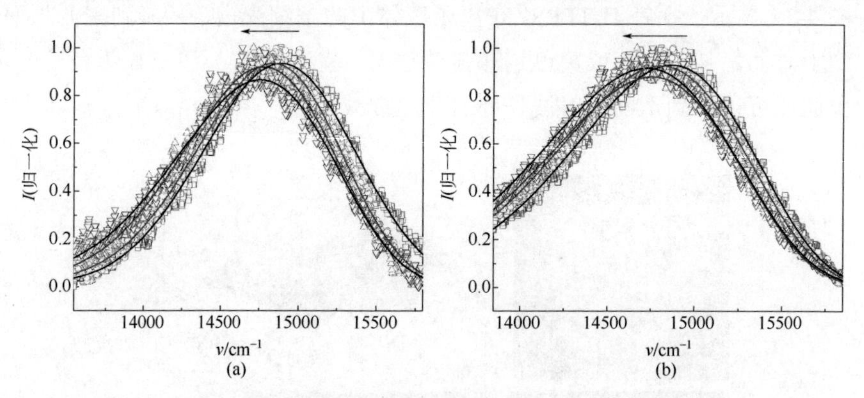

图 4-37 卟啉 H_4TPPS^{2-}在离子液体 HBIMTS（a）和 BMIMTS（b）中归一化的时间分辨发射光谱（25℃）

发射光谱分别在 0（□）、301 ps（○）、956 ps（△）和 1597 ps（▽）

为了得到每个时刻瞬态光谱的峰频率 $\bar{\nu}(t)$ 值，需要将瞬态光谱进行拟合处理。本处采用对数正态线型函数（偏斜的高斯分布）进行拟合[64,68]，函数如下式所示：

$$g(\nu)=g_0\exp\left\{-\ln(2)\left[\ln\left(\frac{1+\alpha}{\Delta}\right)\right]^2\right\},\quad \alpha>1$$
$$=0,\alpha\leqslant 1 \tag{4-11}$$
$$\alpha=2b(\nu-\nu_{\mathrm{p}})/\Delta$$

式中，g_0代表峰高；ν_p代表峰频率；b代表非对称性参数；Δ代表峰宽参数，将四个参数按照最小二乘法进行迭代，得到最优化结果。

由上式拟合得到的峰频率$\bar{\nu}(t)$值用来计算溶剂化相关函数$C(t)$，见式（4-7）。以时间为横坐标，以$C(t)$值为纵坐标可以得到如图4-38所示的时间依赖的$C(t)$衰减曲线，然后将$C(t)$按照式（4-12）所示的双指数衰减函数进行拟合：

$$C(t)=\alpha_1\exp(-t/\tau_1)+\alpha_2\exp(-t/\tau_2) \tag{4-12}$$

式中，α_1和α_2是归一化的指前因子。由此可以得到探针分子在不同离子液体中的溶剂化弛豫时间τ_1和τ_2。而平均溶剂化弛豫时间$\bar{\tau}_{\mathrm{solv}}$可以通过式（4-13）得到，结果列于表4-8中。

$$\bar{\tau}_{\mathrm{solv}}=\alpha_1\tau_1+\alpha_2\tau_2 \tag{4-13}$$

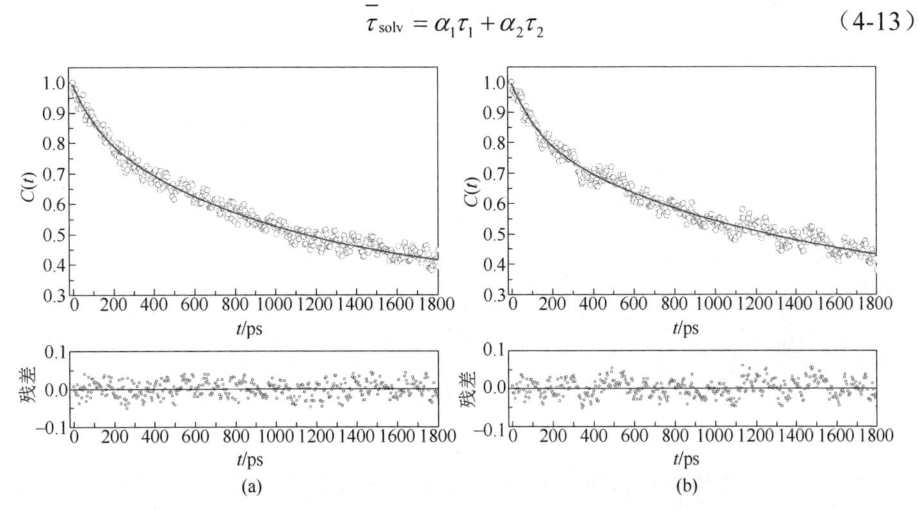

图4-38　室温下（25℃）探针H_4TPPS^{2-}在HBIMTS（a）和BMIMTS（b）中的归一化斯托克斯位移相关函数$C(t)$的衰减轮廓

表4-8　卟啉探针H_4TPPS^{2-}在离子液体中的溶剂化弛豫参数（25℃）

序号	溶剂	α_1	τ_1/ps	α_2	τ_2/ps	$\bar{\tau}_{\mathrm{solv}}$/ps	$\bar{\nu}(0)-\bar{\nu}(\infty)$/cm^{-1}
1	HBIMTS	0.197	121.2	0.803	1056.6	872.4	417.1
2	BMIMTS	0.236	128.6	0.764	1261.8	994.4	434.9

由表4-8可知，H_4TPPS^{2-}在这两种离子液体中的溶剂化动力学弛豫过程发生在两个不同的时间域。在HBIMTS和BMIMTS中，振幅较小的快组分的寿命分别为121.2 ps和128.6 ps，振幅较大的慢组分的寿命分别为1056.6 ps和1261.8 ps，平均溶剂化时间分别为872.4 ps和994.4 ps，动力学斯托克斯位移[$\bar{\nu}(0)-\bar{\nu}(\infty)$]分别为417.1 cm^{-1}和434.9 cm^{-1}。结果意味着，在实验的范围内，随着两种离子液

体的阳离子半径的增大，H_4TPPS^{2-}的所有溶剂化参数随之增大。

极性溶质在分子偶极溶剂和离子液体中的溶剂化动力学行为具有显著性差异。在分子偶极溶剂中（如水、乙醇、乙腈等），探针周围的溶剂分子的溶剂化时间比较短，通常发生在飞秒或皮秒级，溶剂化动力学过程是激发态探针周围的溶剂分子的重新取向定位过程，此时溶剂分子并没有平移离开原来的位置。而在离子液体中，溶剂化时间长，通常发生于 0.1～10 ns，因为组成离子液体的阳离子和阴离子带有电荷，探针在离子液体中的溶剂化动力学过程是单个离子或者离子对的平移运动过程，此时离子离开原来的位置。

尽管 HBIMTS 和 BMIMTS 在室温下是固体，但它们是由含有咪唑环的大阳离子和含有苯环的大阴离子组成的，所以离子之间的作用力比小分子的离子化合物（如 NaCl 等）小很多，缺陷密度很大。这两种固态离子液体具有类似于液态离子液体的性质，其阴阳离子是可以运动离开原位的。H_4TPPS^{2-}在这两种固态离子液体中的溶剂化弛豫行为和其在含有相同阳离子的液态离子液体中的溶剂化弛豫行为相似，只是弛豫时间比较长。

在此涉及的两种固态离子液体，阳离子和阴离子之间不仅存在着静电吸引力，还存在 π-π 作用和疏水作用。因为在咪唑环阳离子中，与 2、4、5 位 C 原子相连的 H 原子容易和阴离子形成氢键，所以可以推测，在研究体系中对甲基苯磺酸根阴离子和 H 原子形成了氢键。因此，可以认为 H_4TPPS^{2-}在这两种离子液体中的溶剂化动力学过程是阴阳离子组成的离子对运动的过程。当 H_4TPPS^{2-}吸收光子被激发后，其激发态的偶极矩和电荷分布与基态时的相比发生了变化，此时在探针周围的离子液体平衡排布被打乱，离子液体开始重排形成新的平衡构象。离子液体重排发生在两个时间域，快组分是紧邻卟吩环的离子对在小范围内的局域运动，它在整个溶剂化过程中所占的比例较小（在 HBIMTS 中为 2.7%，在 BMIMTS 中为 3.1%）；慢组分是离子对的集体平移运动，在整个溶剂化过程中所占的比例较大（在 HBIMTS 中为 97.3%，在 BMIMTS 中为 96.9%）。快组分受阳离子半径变化的影响比较小，但是慢组分的寿命随着阳离子半径的增大而增大。由于 H_4TPPS^{2-}分子比较大，而且具有特殊的“内正外负”的电荷结构（多偶极结构），当探针处于激发态时，周围的离子和探针之间存在着偶极-偶极作用、离子-偶极作用、π-π 作用、疏水作用和离子-离子静电吸引作用等，这些作用力都会使离子对的运动加快，从而使溶剂化时间缩短。中性小分子探针的类似现象能够佐证上述结论：香豆素-153 在熔融盐及固态盐中的溶剂化弛豫过程是相同的，都是发生在两个时间域，只是探针在固体盐中的溶剂化时间比液体中的长，快组分的衰减与阴离子的运动相关，而慢组分的衰减与阳离子的运动相关。

又如，H_4TPPS^{2-}二质子酸在离子液体中的旋转弛豫行为研究[70]。时间分辨荧光各向异性 $\gamma(t)$按照式（4-9）计算。其中，仪器的校正因子 G 通过条纹相机自带的绿色荧光蛋白测定为 0.94。

图 4-39 典型地显示了 H_4TPPS^{2-}在 $BMIMBF_4$ 中的荧光各向异性衰减曲线。将衰减曲线按照单指数函数进行拟合，所得荧光各向异性数据列于表 4-9 中。初始各向异性值 γ_0（指不存在旋转扩散时荧光物质内在各向异性）在 0.11～0.18 范围之内，H_4TPPS^{2-}在离子液体中的旋转弛豫时间（τ_{rot}）分别为 1157.9 ps（在 $HBIMBF_4$ 中）、388.6 ps（在 $EMIMBF_4$ 中）、634.8 ps（在 $BMIMBF_4$ 中）、998.0 ps（在 HBIMTfO 中）和 516.2 ps（在 BMIMTfO 中）。同时，H_4TPPS^{2-}在离子液体中的荧光各向异性衰减曲线显示探针在无穷大时刻的各向异性值（γ_∞）并不为零，说明探针和离子液体之间存在强烈的相互作用，这种作用力通常存在于离子探针和溶剂的表面之间。

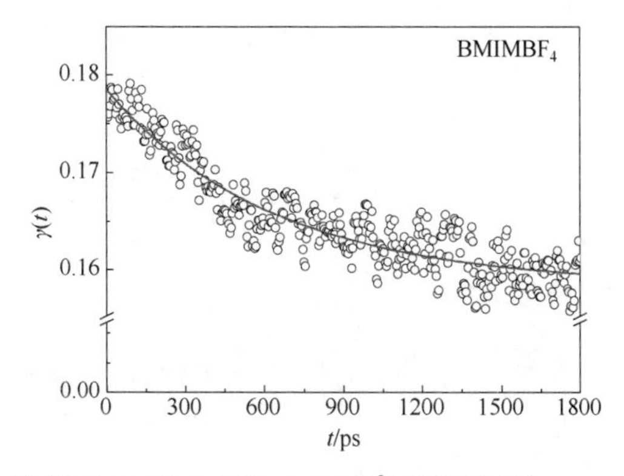

图 4-39　室温下（25℃）探针 H_4TPPS^{2-}在离子液体 $BMIMBF_4$ 中的荧光各向异性衰减曲线 $\gamma(t)$

注：圆圈代表实验数据，实线表示单指数拟合的结果

表 4-9　探针在不同离子液体中的旋转弛豫参数（25℃）

序号	溶剂	η/cP	γ_0	τ_{rot}/ps
1	$HBIMBF_4$	172.8	0.14	1157.8
2	$EMIMBF_4$	29.2	0.12	388.6
3	$BMIMBF_4$	91.4	0.18	634.8
4	HBIMTfO	140.6	0.11	998.0
5	BMIMTfO	76.7	0.14	516.2

4.6.4　磷光探针研究毫秒级溶剂化动力学

磷光方法可以得到毫秒级溶剂化动力学参数，赵云芳等[67]在此方面完成了创新

性的工作。以对（4-羧基苯基）卟吩钯（Pd-TCPP）为探针，Pd-TCPP 的磷光光谱和磷光寿命使用 Cary Eclipse 荧光分光光度计（Varian）在磷光模式下测定，测定磷光光谱时激发和发射狭缝分别为 5 nm 和 10 nm，延迟时间为 0.1 ms，门时间为 2 ms，测定磷光寿命时激发和发射狭缝均为 10 nm，延迟时间为 0.01 ms，门时间为 0.05 ms。时间分辨磷光发射光谱（TRPES）参照时间分辨荧光发射光谱（TRFES）的方法来构建，即固定激发波长不变，改变发射波长，在整个磷光发射光谱范围内每间隔一定波长（如 10 nm）测量一次 Pd-TCPP 不同发射波长处的衰减曲线和磷光寿命。

图 4-40（a）为激发波长固定不变测得的 Pd-TCPP 在不同离子液体中于不同发射波长处的磷光衰减曲线（这里选择了具有代表性的 3 个发射波长）。然后按照下面步骤得到 TRPES：

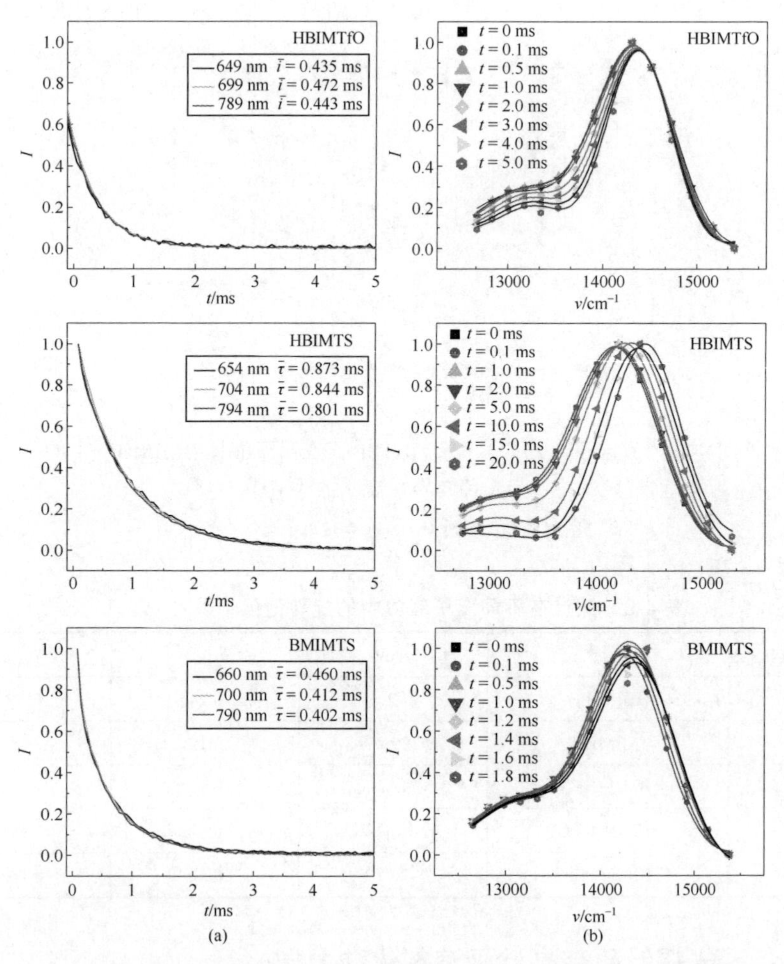

图 4-40　Pd-TCPP 在离子液体 HBIMTfO、HBIMTS 和 BMIMTS 中于不同发射波长处的磷光衰减曲线（激发波长固定不变）（a）和归一化时间分辨磷光发射光谱（25℃）（b）

① 计算磷光寿命：多组分磷光衰减曲线的数学模型为式（4-4）。

② 为了使在每一个波长处的时间积分强度（time-integrated intensity）和在同一波长处的稳态光谱强度相等，需要引入参数 $H(\lambda)$进行计算，见式（4-5）。

③ 根据式（4-4）和式（4-5），可以得到不同时间、不同磷光发射波长处归一化的强度衰减函数 $I'(\lambda, t)$，见式（4-6）。

④ 以波数作为横坐标，$I'(\lambda, t)$作为纵坐标作图，即可得到 TRPES，如图 4-40（b）所示。

溶剂化动力学的时间常数用归一化的斯托克斯位移相关函数 $C(t)$来表示，即式（4-7）。特别指出，在时间分辨的磷光发射光谱（TRPES）测量方面，0 和∞时刻的选择无文献可以参考，本文选择测定衰减曲线时设定的延迟时间（即 0.01 ms）为 0 时刻，而∞时刻则选择磷光光谱不再发生变化的时刻。

将 $C(t)$按照多指数方式，即式（4-8），进行拟合，结果见图 4-41，可以得到探针分子在不同溶剂中的溶剂弛豫时间，见表 4-10。

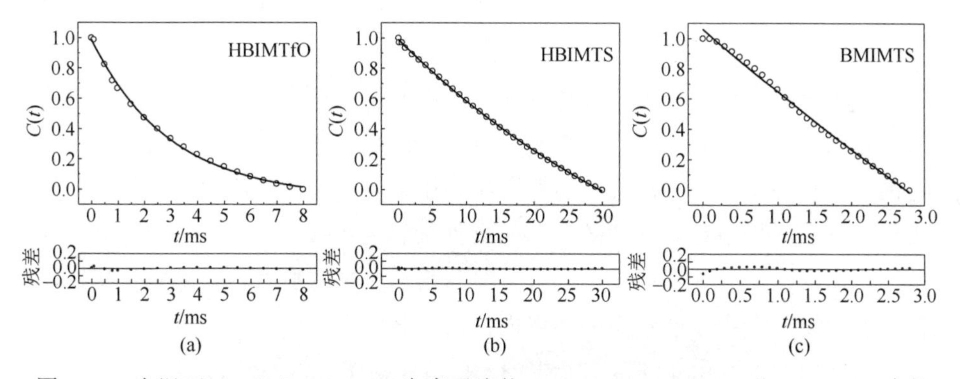

图 4-41 室温下（25℃）Pd-TCPP 在离子液体 HBIMTfO、HBIMTS 和 BMIMTS 中的归一化斯托克斯位移相关函数 $C(t)$的衰减曲线

圆圈代表实验数据，实线表示单指数拟合的结果

表 4-10 室温（25℃）下在离子液体 HBIMTfO、HBIMTS 和 BMIMTS 中探针 Pd-TCPP 的溶剂弛豫时间

序号	离子液体	弛豫时间/ms
4	HBIMTfO	4.59
6	HBIMTS	42.6
7	BMIMTS	8.00

在离子液体 HBIMTfO（室温下介于液体和固体之间）、HBIMTS、BMIMTS（室温下为固体）中，Pd-TCPP 的 TRPES 明显蓝移。Pd-TCPP 在离子液体 HBIMTfO、

HBIMTS 和 BMIMTS 中的溶剂化弛豫时间是按照单指数形式衰减的，弛豫时间分别为 4.59 ms、42.6 ms 和 8.00 ms。溶剂化动力学过程是咪唑基阳离子和其对阴离子（或称为抗衡离子）共同向 Pd-TCPP 探针分子周围平移扩散的过程。

4.7 红边效应

红边效应（red-edge effect）是在 1970 年由三个实验室独立发现的[71-74]，是指荧光光谱与激发波长有关的一种现象（激发波长依赖性的荧光行为）。红边效应是一种由于激发波长向吸收谱带红边移动而引发的发射波长向长波长方向移动的现象[71,75]，即发射光谱随激发光波长增加而发生红移。红边效应的其他名称有 “edge excitation shift”“edge excitation red shift” 和 “red edge excitation shift（REES）” 等。红边效应的起因是荧光色团与邻近偶极子电子的结合作用。因此，出现红边效应的条件一般要求：①溶剂要有黏性；②溶质激发态的弛豫时间比溶质的荧光寿命长。在低黏性的常规介质一般不会发生红边效应。但是，在高黏性或冷冻介质，如低温玻璃体、高分子基体或有序化的组装体（如膜、蛋白质）等体系，经常发生红边效应。

在有关蛋白质的研究中，红边效应是色氨酸电子跃迁能分配的结果，是监测发色团运动的一项良好的方法，它是获得有关色氨酸周围环境以及结构组成方面信息的一种得力工具。当溶剂介质存在缓慢作用时，色氨酸的吲哚环与邻近偶极子的电子结合作用引起了红边效应。如果色氨酸残基的周围环境是流动的，溶剂涨落作用出现在色氨酸发射前，并且由涨落状态产生的最大发射不发生变化。如果色氨酸被置于一个运动受限的环境内，在色氨酸吲哚环激发态将会产生缓慢的溶剂涨落作用，并且由非涨落态产生的发射波长决定于激发波长。

附　录

Ⅰ　溶剂极性强弱的表示——极性参数

溶剂极性参数的测定、分类，为溶剂极性的分类和选择提供了关键依据。如果关注溶剂的本体效应，就选择溶剂的介电常数、偶极矩或折射率等；而如果关注专属相互作用，则多选择溶剂受体数、氢键参数 α 值等。$E_T(30)$ 值经常在两种情况下都可考虑。下面的介绍期望能为恰当地选择溶剂提供参考。

Ⅰ-1　溶剂极性参数

目前，人们已经建立起了多种溶剂经验参数系统来评价溶剂-溶质间的相互作用。如：衡量电子受体（EA）溶剂或电子供体（ED）溶剂对电子供体或电子受体作用影响的溶剂受体数 AN[76]（图 4-42）和溶剂供体数 DN[77,78]；衡量溶剂氢键供体强度（酸性）的 α 值[33,79]和氢键受体强度（碱性）的 β 值[80]，用以估计氢键供体（HD）溶剂或氢键受体（HA）溶剂对溶液中氢键作用的影响，即 α 值量度在溶剂到溶质氢键形式中溶剂提供一个质子的能力，β 值量度在溶质到溶剂氢键形式中溶剂接受一个质子（或提供电子对）的能力[33]。

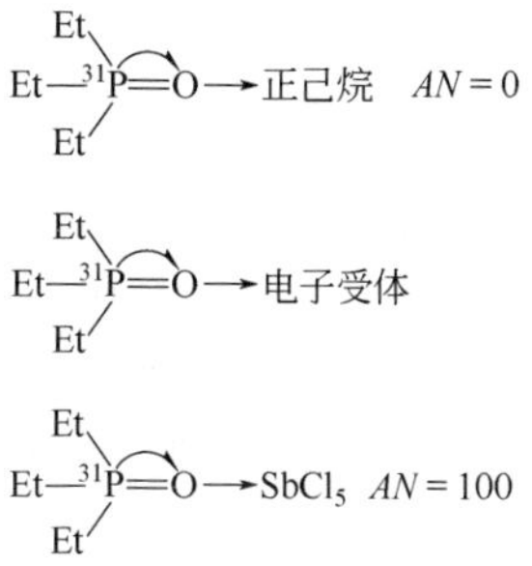

图 4-42 用于确定溶剂参数 AN 的探针

还有，Kosower's Z 值和 the Dimroth-Reichardt 的 $E_T(30)$值[81,82]，如图 4-43 所示，都是通过测量探针分子在不同溶剂中其 UV 电荷转移（CT）峰所具有的不同能量而建立的反映溶剂极性的经验参数，即吡啶鎓-N-苯氧内铵盐染料（对应于文献[83]中序号为 30 的染料，基态具有约 15 D 的偶极矩[84]）的最长波长溶剂化显色的吸收谱带的跃迁能[49,83,85]。$E_T(30)$值的定义：染料 $E_T(30)$的摩尔电荷转移能（kcal/mol），$E_T(30)=hcN_A\nu_{max}=28591/\lambda_{max}$。式中，$\nu_{max}$ 和 λ_{max} 分别是染料长波长处电荷转移吸收带的最大吸收频率和最大吸收波长。

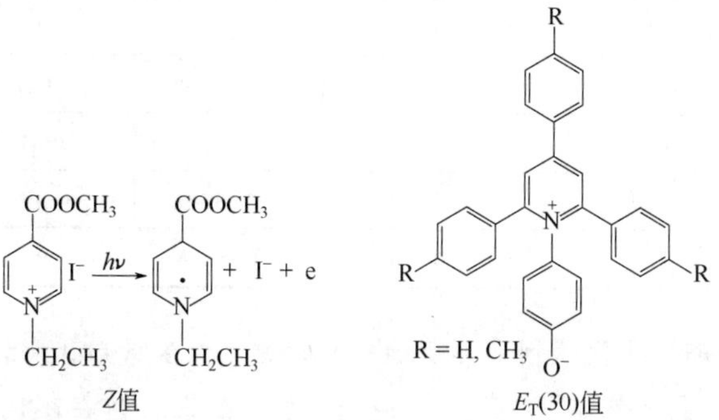

图 4-43 用于确定溶剂参数 Z 值和 $E_T(30)$值的电荷转移吸收探针

另外，如图 4-44 所示，mY 尺度是量度在溶剂解反应过程中溶剂对溶质分子正电荷积累程度的影响。而 π*尺度是溶剂偶极性或极化度指数，通过溶剂介电效应度量溶剂增稳电荷或偶极的能力[33]，对于非氯代的、非质子的脂肪溶剂，并拥有单一键支配的偶极，其 π*尺度一般正比于分子偶极矩。

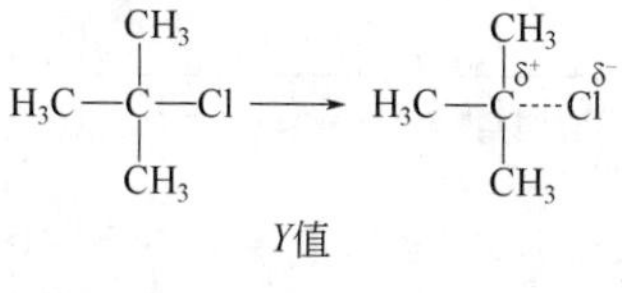

图 4-44 用于确定溶剂参数 Y 值的溶剂解反应

为了反映非极性的全氟碳烃（perfluorocarbons）溶剂的极性，Freed 等[86]引入一个光谱极性指数 P_s。随着溶剂极性的增加，探针α-全氟庚基-β,β-二氰基乙烯基-氨基二苯乙烯的吸收光谱最大峰向红移，由此确定 P_s。

其他的经验参数还包括溶剂极化度 SP（the solvent polarizability）、溶剂偶极性 SdP（solvent dipolarity）、溶剂酸性 SA（solvent acidity）和溶剂碱性 SB（solvent basicity）等[87~89]，表 4-11 罗列了部分溶剂的上述参数。

表 4-11　部分常见溶剂的 SP、SdP、SA 和 SB

序号	溶剂	SP	SdP	SA	SB
1	正己烷	0.616	0	0	0.056
2	乙醚	0.617	0.385	0	0.562
3	四氢呋喃	0.714	0.634	0	0.591
4	乙酸乙酯	0.656	0.603	0	0.542
5	甲醇	0.608	0.904	0.605	0.545
6	乙醇	0.633	0.783	0.4	0.658
7	四氯甲烷	0.768	0	0	0.044
8	氯仿	0.783	0.614	0.047	0.071
9	二氯甲烷	0.761	0.769	0.04	0.178
10	氯苯	0.833	0.537	0	0.182
11	溴苯	0.875	0.497	0	0.192

在此，重点介绍卤代试剂受体数 AN 值的测定，参照 Gutmann[52]的经典方法，即以二苯基磷酰氯为外标，测定一系列浓度三乙基氧膦在不同含卤溶剂中 ^{31}P NMR 的化学位移值δ_i，将浓度 c_i 和化学位移值δ_i 关联并外推得到无限稀释时的极限值δ_∞，以消除高浓度时溶质-溶质相互作用的影响，根据文献值矫正极限值δ_∞，将实验测得的δ_∞与在参比溶剂正己烷中的极限化学位移值相比较修正得δ_{corr}。将校正值与基准值（三乙基氧膦在 1,2-二氯乙烷中与 $SbCl_5$ 的 1∶1 加合物的 AN 值为 100）比较，得到各卤代溶剂或含卤试剂的受体数。由公式（4-14）可得到各含卤溶剂的受体数 AN 值。

$$AN = \frac{\delta_{corr}(A) - \delta_{corr}(n\text{-}C_6H_{14})}{\delta_{corr}(Et_3PO\text{-}SbCl_5) - \delta_{corr}(n\text{-}C_6H_{14})} \tag{4-14}$$

样品配置过程在干燥氮气保护下的手套箱中进行，采用同轴核磁套管，样品置于外管中，外标置于内管中。测试时采用质子去耦方法以保证准确性和灵敏度，扫描次数 32 次，实验温度控制在 25℃。

Ⅰ-2 溶剂极性参数分类

溶剂极性参数可分为宏观参数及微观参数两类。宏观溶剂效应参数描述溶剂的整体特性，如介电常数、偶极矩和折射率等。微观溶剂效应参数，则在分子水平上反映溶剂分子在溶质周围的微观有序效应、溶剂与溶质分子间的专属性作用。但是，有些情况下，微观溶剂效应涉及比较复杂的相互作用，可以说反映了分子间的全部作用力，是全面的溶剂极性的度量，很难用一些简单的模型从理论上予以概括，因此就出现了所谓的经验性溶剂参数，比如氮氧自由基的超精细耦合常数 A_N 值。因为 A_N 值涉及非模型反应，但又是源于微观效应。所以，如果要探测的对象涉及的微观有序性比模型反应更重要的时候，溶剂极性参数 AN 值也许更好。AN 值容易测量，是一个有用的经验性参数，尤其当其他参数难以发挥作用时，比如由于溶解度的限制，或者电子吸收或发光光谱存在干扰时。

Y、Z 和 $E_T(30)$称为溶剂极性的模型参数，因为这些参数都是源于溶剂极性对一种化合物一定的（模型）化学过程所产生的一种特殊效应，例如，对 Y 而言，由中性的叔丁基氯形成一个离子对而估计；就 Z 而言，涉及 1-乙基-4-甲氧羰基吡啶碘鎓离子对到中性组分的转换，如图 4-42 和图 4-43 所示。同时，Y、Z 和 $E_T(30)$又是微观有序的参数。相反，ε和μ是溶剂极性的非模型和非微观有序参数，因为，在测定它们时并不涉及一定的模型反应。这 5 个参数中没有一个是非模型同时又是微观有序的。也没有任何一个既是模型的又是非微观有序的参数。如前文所述，有些时候也把 $E_T(30)$、α 或β、N_A 或 N_D 等称作经验或半经验参数[82,84]。

然而，二叔丁基氧化氮自由基中 ^{14}N 同位素原子的超精细耦合（或分裂）常数（hyperfine splitting constants）A_N 与 $E_T(30)$呈现线性关系。由此，文献可认为 A_N 是一种非模型反应的微观极性效应参数[90]。但从上述卤键和自旋密度迁移的角度，也许也可以认为 A_N 表现为模型反应-微观有序极性参数。

如果溶剂极性参数被用于评价溶剂极性对一种化学反应某些特征（如反应速率）的影响，最好利用微观有序反应探针（cybotactic probe），因为该反应主要受到微观有序区域的影响，而不是溶剂本体。同样，也可利用涉及一定反应的模型探针。而且，一个模型探针所携带的信息应与研究的反应具有相似性，而非模型探针或没有这种相似性信息，或相似性较差。

在计算化学方面，利用溶剂和溶质分子间相互作用的可模型化反应特点，即可直接采用一定的模型，如微溶剂化模型（microsolvation model），或显性溶剂化模型（explicit solvation model），通过直观的量子力学方法研究溶剂分子和反应活性中心的作用，并考虑这种作用对反应区域和反应过渡态结构和能量的影响。而一般溶剂效应，难以利用一定的溶剂化模型来处理，多采用一定的物理近似（一定的物理模型），即虚拟溶剂模型（implicit solvation model）来模拟。这种虚拟溶剂模型通常是把溶剂效应看成溶质分子分布在具有均一性质的连续介质（continuum）当中而产生的，也称为反应场（reaction field）。极化连续介质模型（polarized continuum model，PCM）是非常成功的模型之一。

Ⅰ-3 各种极性参数汇总

为了更方便设计溶剂效应或溶致变色效应实验，表4-12罗列了一些常见溶剂的不同类型的溶剂参数。而文献[33]总结了近150种有机溶剂和某些固体碱的综合溶致变色参数π^*、β和α值可供参考。

表4-12 在25℃时的溶剂参数①

溶剂	ε_r②	$\mu/10^{-30}$ C·m	$E_T(30)$/(kcal/mol)	AN/(kcal/mol)	DN/(kcal/mol)
正己烷	1.9		30.9	0.0	—
乙醚	4.3	3.8	34.6	3.9	19.2
四氢呋喃	7.58	5.8		8.0	
苯	2.3		34.5	8.2	0.1
四氯化碳				8.6	
乙酸乙酯				9.3	
乙酸甲酯				10.7	
二噁烷	2.2	1.5	36.0	10.8	14.8
丙酮				12.5	
N,N-二甲基乙酰胺				13.6	
吡啶				14.2	
苯甲腈				15.5	
N,N-二甲基甲酰胺	36.1		43.8	16.0	26.6
1,2-二氯乙烷				16.7	
乙腈	38.0	13.0	46.0	18.9	14.1
二甲亚砜				19.3	
二氯甲烷	9.1	3.8	41.4	20.4	1.0
硝基甲烷				20.5	
氯仿	4.8	3.8	39.1	25.1	4.0
叔丁醇	10.9		43.9	27.1	21.9

续表

溶剂	ε_r[②]	$\mu/10^{-30}$ C·m	$E_T(30)$/(kcal/mol)	AN/(kcal/mol)	DN/(kcal/mol)
2-丙醇	18.3		48.6	33.6	21.1
正己醇	13.3		—	—	—
正戊醇	13.9		—	—	—
苯甲醇	15.8		50.8	34.5	15.8
正丁醇	17.8		50.2	36.8	—
正丙醇	20.1		50.7	—	—
乙醇	24.3	5.5	51.9	37.9	20.0
甲酰胺				39.8	
甲醇	32.6	9.6	55.5	41.5	19.0
d^4-甲醇	—		—	—	—
醋酸				52.9	
水	78.35	6.2		54.8	
三氟乙醇				53.3	
六氟异丙醇				61.6	
三氟乙酸				105.3	

① 所有参数引于文献[7,52,91]。

② 纯液体为相对介电常数ε_r。

Ⅰ-4 按照极性大小溶剂的分类

极性溶剂和非极性溶剂：溶剂极性可以根据介电常数粗略地分类，介电常数小于15的为非极性溶剂，而水是强极性的溶剂，20℃时其介电常数是80.10。

极性的质子溶剂和非质子溶剂：介电常数大于15的溶剂可以再细分为质子溶剂和非质子溶剂。质子溶剂可以通过氢键强烈地溶剂化阴离子，或含有孤对电子的物质，以及π体系等。非质子溶剂，如丙酮或二氯甲烷具有较大的偶极矩，趋于通过它们负的偶极溶剂化带正电荷的组分。在化学反应中，极性的质子溶剂倾向于S_N1反应，而极性的非质子溶剂倾向于S_N2反应（注意，二氯甲烷或氯仿中的质子是有一定酸性的，在一定条件下，表现为质子溶剂。因此这些分类只是粗略和相对的）。

溶剂极性也可以根据其他溶剂参数分类。基于分子间非共价的弱相互作用研究的需要，按照卤键和氢键或溶剂化作用的竞争关系，结合溶剂受体数和α尺度，可以将溶剂分类[92]，见表4-13和图4-45。

表 4-13　溶剂分类以及碘离子 CTTS 光谱的最大吸收波长和相应的跃迁能

序号		溶剂	溶剂极性参数			CTTS 能级	
			AN	α	$E_T(30)$/(kcal/mol)	λ_{max}/nm	E_{CTTS}/eV
Ⅰ	1	乙醚	3.9	0	34.5	292	4.25
	2	二噁烷	10.8	0	36.0	293	4.23
	3	四氢呋喃	8.0	0	37.4	295	4.21
Ⅱ	4	乙腈	18.9	0.19	45.6	248	5.00
	5	二氯乙烷	20.4	0.13	40.7	245	5.06
	6	氯仿	23.1	0.20	39.1	244	5.08
Ⅲ	7	乙醇	37.1	0.86	51.9	220	5.64
	8	甲醇	41.5	0.98	55.4	221	5.61
	9	水	54.8	1.17	63.1	226	5.49

注：1．极性数据源于文献[7]。

2．$E_T(30)$值反映染料电荷转移吸收带的能量；溶剂受体数 *AN* 反映溶剂的亲电特征；溶剂 α 尺度反映溶剂氢键能力；CTTS 即电荷转移到溶剂。

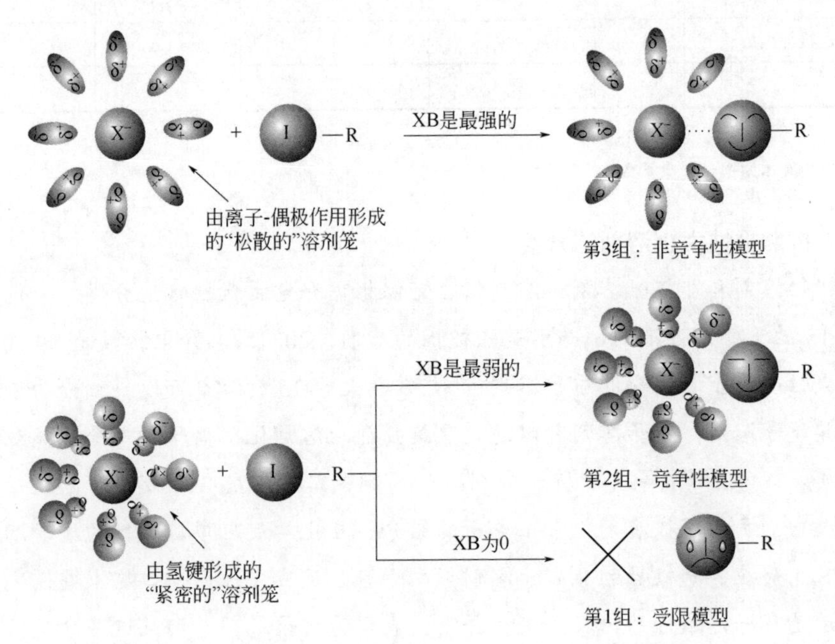

图 4-45　二碘全氟烷烃与卤阴离子间卤键（DIPFA…X^-）与溶剂的分类（XB 代表卤键）

第 1 组：卤键的非竞争性溶剂（non-competitive solvents of halogen bonding），也可以称之为非氢键供体或弱的电子受体溶剂，α值为零或接近于零，*AN* 值小于 15；如乙醚、二氧六环和四氢呋喃；第 2 组：卤键的弱竞争性溶剂（weak-competitive solvents of halogen bonding)，也可以称之为弱的氢键供体或中等的电子受体溶剂，α 值 0.13～0.2，AN 值小于 30，如乙腈、二氯甲烷和氯仿，它们都有弱酸性的 C—H 质子；第 3 组：卤键的强竞争性溶剂(strongly-competitive solvents of halogen bonding)，也可以称之为强的氢键供体或强的电子受体溶剂，α值大于 0.80，AN 值大于 30，如乙醇、甲醇和水，它们都有强的 C—H、N—H、O—H 质子。

Ⅱ 疏水性和疏水相互作用

非极性分子离开水相进入非极性相的趋势，即所谓的疏水性(hydrophobicity)。非极性溶质与水溶剂的相互作用则称为疏水效应(hydrophobic effect)[93-95]。非极性分子聚集在一起的力称为疏水相互作用(hydrophobic interaction)。材料对水的排斥性能也是疏水性的表现。疏水性尺度常用辛醇指数来表示。疏水效应和疏水作用的本质如下：

① 焓驱动：疏水作用导致一种体系更稳定的状态，释热。

② 熵驱动：疏水作用是打破疏水溶质周围水分子的有序结构导致熵的增加，即疏水作用在 25℃时是熵驱动的[96-98]：两个疏水分子分别与水分子形成溶剂笼，熵是减少的。而如果两个疏水分子聚集在一起，则只有一个溶剂笼，熵是增加的。

③ 熵焓补偿(其原理见下)。

Ⅲ 超分子化学中主客体相互作用的驱动力

根据 Van't Hoff 方程：

$$2.303\lg K = -\Delta H^{\circ}/RT + \Delta S^{\circ}/R \tag{4-15}$$

通过 $1/T$ 对 $\lg K$ 作图，得到 ΔH° 和 ΔS°，即超分子配合过程的焓变。

自由能变化：

$$\Delta G^{\circ} = -RT\ln K \tag{4-16}$$

$$T\Delta S^{\circ} = \Delta H^{\circ} - \Delta G^{\circ} \tag{4-17}$$

Ross 等[99]根据大量的实验结果，总结出了判断生物大分子与小分子结合力性质的热力学规律：

① 疏水作用力对体系的ΔH°和ΔS°产生正的贡献。

② 氢键或者范德华力使ΔH°和ΔS°变负。

③ 静电作用力使$\Delta H^{\circ} \approx 0$、$\Delta S^{\circ} > 0$。

④ 熵焓补偿(Enthalpy-Entropy Compensation)[100]规律在超分子作用体系普遍存在。分子间的弱相互作用力会引起负的焓变 ΔH° 和负的熵变 ΔS°。ΔH° 越负，超分子作用越强，自由焓变 ΔG° 也越负，超分子作用的自发性越强。环糊精主客

体包结作用主要来自熵变。但同时，主客体作用后，客体的活动自由度减小，从而使熵变减小，甚至产生较小正的熵变。

但是在利用上述热力学参数解释实验结果时一定要谨慎，不要生搬硬套，要视具体情况而定，否则容易出现错误。比如，金属离子与蛋白质的作用，有文章根据所测热力学数据并对照上述规则后判断称，作用机理为疏水相互作用，这显然是不对的。

参考文献

[1] E. S. Stern, C. J. Timmons. Electronic absorption spectroscopy in organic chemistry. 3rd, Edward Arnold Ltd, London, 1970.

[2] H. H. Faffé, M. Orchin. Theory and applications of ultraviolet spectroscopy. John Wiley & Sons, Inc., New York, London, 1962.

[3] 黄量, 于德全. 紫外光谱在有机化学中的应用（上）. 北京: 科学出版社, 2000: 272-275.

[4] H. Wang, X. R. Zhao, W. J. Jin. The C—I···X-halogen bonding of tetraiodoethylene with halide anions in solution and cocrystals investigated by experiment and calculation. *Phys. Chem. Chem. Phys.*, **2013**, *15*(*12*): 4320-4328.

[5] M. Kasha, A. Sytnik, B. Dellinger. Solvent cage spectroscopy. *Pure Appl. Chem.*, **1993**, *65*(*8*): 1641-1646.

[6] N. J. Turro. Molecular structure as a blue-print for supramolecular structure chemistry in confined spaces. *PNAS*, **2005**, *102*(*31*): 10766-10770.

[7] C. Reichardt. Solvents and Solvent Effects in Organic Chemistry. 3rd. Weinheim, Wiley-Vch, **2003**: 359.

[8] 郑用熙. 微环境性质和发光及吸光现象. *化学通报*, **1991**, (*5*): 1-7.

[9] J. J. Wu, Y. Wang, J. B. Chao, et al. Room temperature phosphorescence of 1-bromo-4-(bromoacetyl) naphthalene induced synergetically by β-cyclodextrin and Brij30 in the presence of oxygen. *J. Phys. Chem. B*, **2004**, *108*: 8915-8919.

[10] W. H. Liu, Y. Wang, W. J. Jin, et al. Solvatochromogenic flavone dyes for the detection of water in acetone. *Anal. Chim. Acta,* **1999**, *383*: 299-307.

[11] W. J. Jin, Y. S. Wei, C. S. Liu, et al. Fluorescence quenching of ethidium ions by porphyrin cations and quaternary ammonium surfactants in the presence of DNA. Spectrochim. *Acta A*, **1997**, *53*: 2701-2707.

[12] Y. X. Zheng, D. H. Lu. Synergistic enhancement of the fluorescence intensity of 4,5-benzopiaselenol by surfactants and β–cyclodextrin in aqueous solution. Microchim. *Acta*, **1992**, *106*: 3-9.

[13] Y. Niko, S. Sasaki, K. Narushima, et al. 1¯, 3¯, 6¯, and 8-Tetrasubstituted asymmetric pyrene derivatives with electron donors and acceptors: high photostability and regioisomer-specific photophysical properties. *J. Org. Chem.*, **2015**, *80*: 10794-10805.

[14] J. Slavik. Fluorescent probes in cellular and molecular biology. CRC Press, Inc., **1994**, Boca Raton, Florida.

[15] Q. J. Shen, H. Q. Wei, W. S. Zou, et al. Cocrystals assembled by pyrene and 1,2- or 1,4-diiodotetrafluorobenzenes and their phosphorescent behaviors modulated by local molecular environment. *CrystEngComm*, **2012**, *14*: 1010-1015.

[16] X. Pang, H. Wang, W. Z. Wang, W. J. Jin. Phosphorescent π-hole···π bonding cocrystals of pyrene with halo-perfluorobenzenes (F, Cl, Br, I). *Cryst. Growth Des.*, **2015**, *15*(*10*): 4938-4945.

[17] K. Kalyanasundaran, J. K. Thomas. Environmental effects on vibronic band intensities in pyrene monomer fluorescence and their application in studies of micellar systems. *J. Am. Chem. Soc.*, **1977**, *99*: 2039-2044.

[18] Y. Wang, W. J. Jin, J. B. Chao, L. P. Qin. Room temperature phosphorescence of 1-bromo-4-(bromoacetyl)

naphthalene induced by sodium deoxycholate. *Supramol. Chem.*, **2003**, *15(6)*: 459-463.

[19] 刘力宏，谢剑炜，张淑珍，晋卫军．胆酸盐簇集体刚性化微环境的灵敏指示-室温磷光探针法．*高等学校化学学报*, **2002**, *23(2)*: 219-221.

[20] Y. Wang, J. J. Wu, Y. F. Wang, et al. Selective sensing of Cu(Ⅱ) at ng ml^{-1} level based on phosphorescence quenching of 1-bromo-2-methyl- naphthalene sandwiched in sodium deoxycholate dimer. *Chem. Comm.*, **2005**: 1090-1091.

[21] Y. F. Zhao, L. L. Liu, W. J. Jin. The solvation dynamics at millisecond scale of Pd(II)-meso-tetra(4-carboxyphenyl)porphine in solid imidazolium-sulfonate-based ionic liquids. *Spectrochim. Acta A*, **2013**, *112*: 146-151.

[22] L. L. Liu, Y. F. Zhao, W. J. Jin. Investigation on the effect of water on the spectroscopic behaviors of TPPS in acidic imidazolium-based ionic liquids. *J. Porphyrins Phthalocyanines*, **2012**, *16*: 1132-1139.

[23] E. Perochon, A. Lopez, J. F. Tocanne. Polarity of lipid bilayers. A fluorescence investigation. *Biochemistry*, **1992**, *31*: 7672-7682.

[24] W. M. Latimer, W. H. Rodebush. Polarity and ionization from the standpoint of the Lewis theory of valence. *J. Am. Chem. Soc.*, **1920**. *42*: 1419-1433.

[25] L. Pauling. The shared-electron chemical bond. *Proc. Nat. Acad. Sci.USA*, **1928**, *14*: 359-362.

[26] J. D. Bernal, H. D. Megaw. The function of hydrogen in intermolecular forces. *Proc. R. Soc. Lond. A*, **1935**, *151*: 384-420.

[27] L. Pauling. The structure and entropy of ice and of other crystals with some randomness of atomic arrangement. *J. Am. Chem. Soc.*, **1935**, *57(12)*: 2680-2684.

[28] T. W. Martin, Z. S. Derewenda. The name is bond — H bond. *Nat. Struct. Biol.*, **1999**, *6(5)*: 403-406.

[29] L. Pauling. The Nature of the Chemical Bond. Cornell University Press, Ithaca, NY, **1960**: P453.

[30] E. Arunan. Hydrogen bond: A fascination forever! *Curr. Sci.*, **1999**, *77(10)*: 1233-1235.

[31] R. Kumar, G. V. Betageri, R. B. Gupta. Partitioning of oxytetracycline between aqueous and organic solvents effect of hydrogen bonding. *Int. J. Pharmaceutics*, **1998**, *166*： 37-44.

[32] H. E. Ungnade, E. D. Loughran, L. W. Kissinger. Hydrogen bonding in *β*-nitroalcohols. Ⅱ. association in solution. *J. Phys. Chem.*, **1962**, *66* (*12*): 2643-2645.

[33] M. J. Kamlet, J. L. M. Abboud, M. H. Abraham, R. W. Taft. Linear solvation energy relationships. 23. A comprehensive collection of the solvatochromic parameters, π^*, α, and β, and some methods for simplifying the generalized solvatochromic equation. *J. Org. Chem.*, **1983**, *48*: 2877-2887.

[34] J. M. Walsh, M. L. Greenfield, G. D. Ikonomou, M. D. Donohue. An ftir spectroscopic study of hydrogen-bonding competition in entrainer-cosolvent mixtures **1**. *Int. J. Thermophys.*, **1990**, *11(1)*: 119-132.

[35] P. R. Bangal, S. Panja, S. Chakravorti. Excited state photodynamics of 4-*N*,*N*-dimethylamino cinnamaldehyde: A solvent dependent competition of TICT and intermolecular hydrogen bonding. *J. Photochem. Photobiol. A.*, **2001**, *139*, 5-16.

[36] Y. J. Wu, X. R. Zhao, H. Y. Gao, W. J. Jin. Triangular halogen bond and hydrogen bond supramolecular complex consisting of carbon tetrabromide, halide, and solvent molecule: a theoretical and spectroscopic study. *Chin. J. Chem. Phys.*, **2014**, *27(3)*: 265-273.

[37] X. R. Zhao, Y. J. Wu, J. Han, et al. Theoretical study of the triangular bonding complex formed by carbon tetrabromide, a halide, and a solvent molecule in the gas phase. *J. Mol. Model.*, **2013**, *19*: 299-304.

[38] M. F. Anton, W. R. Moomaw. Luminescence and hydrogen bonding in quinoline and isoquinoline. *J. Chem. Phys.*, **1977**, *66*: 1808-1818.

[39] A. C. Testa. Evidence for a hydrogen bonded dimer as a fluorescence quenching channel in 4,5-diphenylimidazole. *J. Luminesc.*, **1991**, *50(4)*: 243-248.

[40] A. Prasanna de Silva, H. Q. Nimal Gunaratne, T. Gunnlaugsson, et al. Signaling recognition events with

fluorescent sensors and switches. *Chem. Rev.*, **1997**, *97*: 1515-1566.

[41] G. R. Desiraju, P. S. Ho, L. Kloo, et al. Definition of the halogen bond (IUPAC Recommendations 2013). *Prue Appl. Chem.*, **2013**, *85*: 1711-1713.

[42] (a) H. Wang, W. Wang, W. J. Jin. σ-hole bond *vs.* π-hole bond: A Comparison Based on Halogen Bond. *Chem. Rev.*, **2016**, *116*: 5072-5104. (b) P. Politzer, J. S. Murray, T. Clark. σ-hole bonding: A physical interpretation. *Top Curr. Chem.*, **2015**, *358*: 19-42.

[43] T. Clark, M. Hennemann, J. S. Murray, P.Politzer. Halogen bonding: the σ-hole. *J. Mol. Model.*, **2007**, *13(2)*: 291-296.

[44] A. Bauz, A. Frontera. Aerogen bonding interaction: a new supramolecular force? *Angew. Chem. Int. Ed.*, **2015**, *54*, 7340-7343.

[45] L. C. Gilday, S. W. Robinson, T. A. Barendt, et al. Halogen bonding in supramolecular chemistry. *Chem. Rev.*, **2015**, *115*: 7118-7195.

[46] G. Cavallo, P. Metrangolo, R. Milani, et al. The Halogen bond. *Chem. Rev.*, **2016**, *116*: 2478-2601.

[47] 庞雪，申前进，赵晓冉，晋卫军．电子自旋共振作为探针研究卤代溶剂的专属性效应．*化学学报*, **2011**, *69*: 1375-1380.

[48] X. Pang, W. J. Jin. Exploring the specific halogen bond solvent effects in halogenated solvent systems by ESR probe. *New J. Chem.*, **2015**, *39*: 5477-5483.

[49] B. R. Knauer，J. J. Napier. The Nitrogen hyperfine splitting constant of the nitroxide functional group as a solvent polarity parameter. the relative importance for a solvent polarity parameter of its being a cybotactic probe vs. its being a model process. *J. Am. Chem. Soc.*, **1976**, *98*: 4395-4400.

[50] M. Karplus, G. K. Fraenkel. Theoretical interpretation of carbon-13 hyperfine interactions in electron spin resonance spectra. *J. Chem. Phys.*, **1961**, *35*: 1312-1323.

[51] X. R. Zhao, Q. J. Shen, W. J. Jin. Acceptor number of halogenated solvents and its possibility as criteria for the ability of halogen bond as specific solvent effect using ^{31}P-NMR chemical shift of triethylphosphine oxide as probe. *Chem. Phys. Lett.*, **2013**, *566*: 60-66.

[52] V. Gutmann. The donor-acceptor approach to molecular interactions. Plenum Press, New York, 1978.

[53] 吴玉杰．卤键及其专属性地对 DMABN 双荧光性质的影响．北京：北京师范大学, 2010.

[54] W. S. Zou, J. Han, W. J. Jin. Concentration-dependent Br···O halogen bonding between carbon tetrabromide and oxygen-containing organic solvents. *J. Phys. Chem. A*, **2009**, *113*: 10125-10132.

[55] O. Hassel, J. Hvoslef. The structure of bromine 1,4-dioxanate. *Acta. Chem. Scand.*, **1954**, *8(5)*: 873-873.

[56] O. Hassel, C. Romming. Direct structure evidence for weak charge-transfer bonds in solids containing chemically saturated molecules. *Quart. Rev. Chem. Soc.*, **1962**, *16*: 1-18.

[57] X. Pang, H. Wang, X. R. Zhao, W. J. Jin. Co-crystallization turned on the phosphorescence of phenanthrene by C—Br···π halogen bonding, π-hole···π bonding and other assisting interactions. *CrystEngComm.*, **2013**, *15(14)*: 2722-2730.

[58] X. Q. Yan, X. R. Zhao, H. Wang, W. J. Jin. The competition of C—X···Cl$^-$halogen bond and π-hole···Cl$^-$bond between C_6F_5X (X═F, Cl, Br, I) and chloride and potential in separation of C_6F_5I. *J. Phys. Chem. B*, **2014**, *118*: 1080-1087.

[59] X. R. Zhao, H. Wang, W. J. Jin. The competition of C—X···O=P halogen bond and π-hole···O═P bond between halopentafluorobenzenes C_6F_5X (X=F,Cl, Br, I) and triethylphosphine oxide. *J. Mol. Model.*, **2013**, *19*: 5007-5014.

[60] P. P. Zhou, X. Yang, W. C. Ye, et al. Competition and cooperativity of σ-hole and π-hole intermolecular interactions between carbon monoxide and bromopentafluorobenzene. *New J. Chem.*, **2016**, *40*: 9130-9147.

[61] Lakowicz, J. R. Principles of fluorescence spectroscopy. 3rd ed, New York: Springer, 2006.

[62] B. Bagchi, D. W. Oxtoby, G. R. Fleming. Theory of the time development of the Stokes shift in polar media.

Chem. Phys., **1984**, *86(3)*: 257-267.

[63] Van der Zwan, G., Hynes, J. T. Time-dependent fluorescence solvent shifts, dielectric friction, and nonequilibrium salvation in polar solvents. *J. Phys. Chem.*, **1985**, *89(20)*: 4181-4188.

[64] M. Maroncelli, G. R. Fleming. Picosecond solvation dynamics of coumarin 153: The importance of molecular aspects of salvation. *J. Chem. Phys.*, **1987**, *86(11)*: 6221-6239.

[65] M. Horng, J. Gardecki, A. Papazyan, M. Maroncelli. Subpicosecond measurements of polar solvation dynamics: coumarin 153 revisited. *J. Phys. Chem.*, **1995**, *99(48)*: 17311-17337.

[66] R. Fee, M. Maroncelli. Estimating the time-zero spectrum in time-resolved emmsion measurements of solvation dynamics. *Chem. Phys.*, **1994**, *183(2)*: 235-247.

[67] Y. F. Zhao, L. L. Liu, W. J. Jin. The solvation dynamics at millisecond scale of Pd(II)-meso-tetra(4-carboxyphenyl)porphine in solid imidazolium-sulfonate-based ionic liquids. *Spectrochim. Acta A*, **2013**, *112*: 146-151.

[68] D. B. Siano, D. E. Metzler. Band shapes of the electronic spectra of complex molecules. *J. Chem. Phys.*, **1969**, *51(5)*: 1856-1861.

[69] Y. F. Zhao, G. Y. Gao, S. F. Wang, W. J. Jin. Excited-state solvation dynamics of meso-tetrakis(4-sulfonatophenyl)porphyrin in solid imidazolium-sulfonate-based ionic liquids. *Chin. Sci. Bull.*, **2014**, *59(5-6)*: 492-496.

[70] Y. F. Zhao, G. Y. Gao, S. F. Wang, W. J. Jin. The solvation dynamics and rotational relaxation of protonated *meso*-tetrakis(4-sulfonatophenyl)porphyrin in imidazolium-based ionic liquids measured with a streak camera. *J. Porphyrins Phthalocyanines*, **2013**, *17*: 367-375.

[71] A. P. Demchenko. The red-edge effects: 30 years of exploration. *Luminescence*, **2002**, *17*: 19-42.

[72]W. C. Galley, R. M. Purkey. Role of heterogeneity of the solvation site in electronic spectra in solution. *Proc. Natl. Acad. Sci. USA*, **1970**, *67*: 1116-1121.

[73] A. N. Rubinov, V. I. Tomin. Bathochromic luminescence of organic dyes at low temperatures. *Opt. Spektr.*, **1970**, *29*: 1082-1086.

[74] G. Weber, M. Shinitzky. Failure of energy transfer between identical aromatic molecules on excitation at the long wave edge of the absorption spectrum. *Proc. Natl Acad. Sci. USA*, **1970**, *65*: 823-830.

[75] A. P. Demchenko. Site-selective excitation: a new dimension in protein and membrane spectroscopy. *Trends Biochem. Sci.*, **1988**, *13(10)*: 374-377.

[76] U. Mayer, V. Gutmann, W. Gerger. The Accepor Number−A Quantitative Empirical Parameter fot the Electrophilic Properties of Solvents. *Monatsh. Chem.*, **1975**, *106*: 1235-1257.

[77] V. Gutmann. Coordination chemistry of certain transition-metal ions. *Coord. Chem. Rev.*, **1967**, *2*: 239-256.

[78] V. Gutmann. Coordination and Redox Properties in Solution. *Pure Appl. Chem.*, **1971**, *27*: 73-87.

[79] R. W. Taft, M. J. Kamlet. The Solvatochromic comparison method. 2. The α-scale of solvent hydrogen-bond donor (HBD) acidities. *J. Am. Chem. Soc.*, **1976**, *98*: 2886-2894.

[80] M. J. Kamlet, R. W. Taft. The solvatochromic comparison method. Ⅰ. The β-scale of solvent hydrogen-bond acceptor (HBA) basicities. *J. Am. Chem. Soc.*, **1976**, *98*: 377-383.

[81] C. Reichardt. Solvatochromic dyes as solvent polarity indicators. *Chem. Rev.*, **1994**, *94*: 2319-2358.

[82] V. G. Machado, R. I. Stock, C. Reichardt. Pyridinium N-phenolate betaine dyes. *Chem. Rev.*, **2014**, *114*: 10429-10475.

[83] K. Dimroth, C. Reichardt. Über pyridinium-*N*-phenol-betaine und ihre verwendung zur charakterisierung der polarität von lösungsmitteln, V: Erweiterung der lösungsmittelpolaritätsskala durch verwendung alkyl-substituierter pyridinium-*N*-phenol-betaine. *Liebigs Ann. Chem.*, **1969**, *727*: 93-105.

[84] C. Reichardt. Pyridinium *N*-phenolate betaine dyes as empirical indicators of solvent polarity: Some new findings. *Pure Appl. Chem.*, **2004**, *76*: 1903-1919.

[85] Kosower E M. An introduction to physical organic chemistry, John Wiley & Sons, New York, 1968: 293-382.

[86] B. K. Freed, J. Biesecker, W. J. Middleton. Spectral polarity index: a new method for determining the relative polarity of solvents. *J. Fluor. Chem.*, **1990**, *48*: 63-75.

[87] J. D. Weckwerth, M. F. Vitha, P. W. Carr. The development and determination of chemically distinct solute parameters for use in linear solvation energy relationships. *Fluid Phase Equilibria*, **2001**, *183-184*: 143-157.

[88] J. Catalán, H. Hopf. Empirical treatment of the inductive and dispersive components of solute−solvent interactions: the solvent polarizability (SP) scale. *Eur. J. Org. Chem.,* **2004**, *2004*: 4694-4702.

[89] J. Catalán. Toward a generalized treatment of the solvent effect based on four empirical scales: dipolarity (SdP, a new scale), polarizability (SP), acidity (SA), and basicity (SB) of the medium. *J. Phys. Chem. B*, **2009**, *113*: 5951-5960.

[90] 刘有成，江致勤，吴树屏. 氮氧自由基的研究（Ⅱ）：哌啶类氮氧自由基的溶剂效应及其分子结构的研究. *高等学校化学学报*, **1982**, *2*: 67-74.

[91] L. R. Floyd, Jr. M. Frederick. Spectral shifts in acid-base chemistry. I. van der Waals contributions to acceptor numbers. *J. Am. Chem. Soc.*, **1990**, *112(9)*: 3259-3264.

[92] H. Wang, Q. J. Shen, W. Wang. Weakening and leveling effect of solvent polarity on halogen bond strength of diiodoperfluoroalkane with halide. *J. Solution. Chem.*, **2017**, *46*: 1092-1103.

[93] C. Tanford. The Hydrophobic effect: Formation of micelles and biological membranes. New York: Wiley, **1980**.

[94] E. Creighton. Protein-Structures and Molecular Properties, Freeman, New York, 1993.

[95] 王亭，周家驹. 疏水作用及其研究进展. *化学通报(网络版)*, **1999**(*1*). http://d.g.wanfangdata.com.cn/Periodical_hxtb199901008.aspx.

[96] A. L. Lehninger, D. L. Nelson,M. M. Cox. Principles of biochemestry, Worth Publishers, New York, **1993**.

[97] A. Nicholls, K. A. Sharp, B. Honing. Protein folding and association: insights from the interfacial and thermodynamic properties of hydrocarbons. *Protein*, **1991**, *11*: 281-296.

[98] K. A. Sharp, A. Nicholls, R. Friedman, B. Honing. Extracting hydrophobic free energies from experimental data: relationship to protein folding and theoretical models. *Biochemistry*, **1991**, *30*: 9686-9697.

[99] P. D. Ross and S. Subramanian. Thermodynamics of protein association reactions: forces contributing to stability? *Biochemistry*, **1981**, *20*: 3096-3102.

[100] Y. Inoue, T. Hakushi, Y. Liu, et al. Thermodynamics of molecular recognition by cyclodextrins. 1. Calorimetric titration of inclusion complexation of naphthalenesulfonates with α-,β-, and γ-cyclodextrins: Enthalpy-entropy compensation. *J. Am. Chem. Soc.*, **1993**, *115*: 475-481.

第5章 质子转移、温度和黏度对发光光物理过程的影响

Chapter 05

本章所涉及的三个因素，其实每一个都有丰富的内容。限于篇幅，将其合并在一起讨论。此外，像重原子效应、光化学因素等外界因素，以及上述各因素对荧光光谱、量子产率、荧光寿命、各向异性等光物理行为的影响和应用将分别在其他各章节详细介绍。

5.1 质子转移对荧光的影响

质子转移实际上是分子结构对发光影响内容的一部分。因为质子的传递、分子间或分子内氢键的形成与破坏，不仅导致分子组成发生变化，也会导致分子结构、分子构象变化。但是，质子的转移或传递大多可以在外界条件诱导下完成，或受介质性质影响较大，所以在此讨论更为合适。

在质子供体溶剂（Lewis 酸）和质子受体溶剂（Lewis 碱）中，溶质和溶剂之间经常发生弱的质子交换。重要的是，在水溶液中，在一定的 pH 条件下，从介质到发光分子，或从发光分子到介质的质子转移经常发生。有的发生在分子的基态，即基态质子转移；有的发生在分子激发态，即激发态质子转移。基态或激发态质子转移包括质子离解、质子化作用或酮-烯醇互变异构（keto-enol tautomerism）等，质子转移对荧光性质有显著的影响。

5.1.1 基态和激发态质子解离

当荧光物质为弱酸或弱碱时，溶液 pH 改变，将会影响其荧光强度和荧光光谱[1,2]。图 5-1 所列几种化合物可作为酸碱指示剂，即使在浑浊或有色体系中也是适用的。

基态 pK_a 与激发态 pK_a^* 的差别，可反映出激发态质子传递速率与荧光速率（即荧光发射过程的速率）的差别[2]。

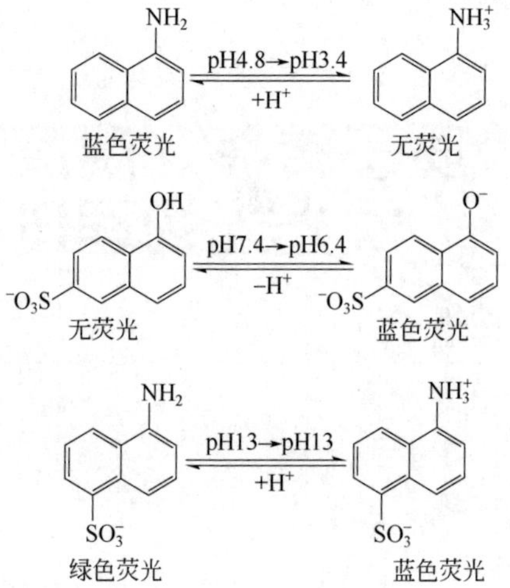

NH_2 $\xrightleftharpoons[+H^+]{pH4.8\rightarrow pH3.4}$ NH_3^+

蓝色荧光 无荧光

OH $\xrightleftharpoons[-H^+]{pH7.4\rightarrow pH6.4}$ O^-

^-O_3S ^-O_3S

无荧光 蓝色荧光

NH_2 $\xrightleftharpoons[+H^+]{pH13\rightarrow pH13}$ NH_3^+

SO_3^- SO_3^-

绿色荧光 蓝色荧光

图 5-1　几种荧光 pH 指示剂的变色原理

$pK_a=pK_a^*$，说明激发态质子转移速率慢于荧光速率，激发态质子转移之前，分子已经衰变到基态，然后离解出质子。或者说，激发态寿命期间，分子并不解离出质子。也有可能是，分子激发态电荷密度的重新分布并不影响键合质子的共价键强度。

$pK_a\neq pK_a^*$，说明激发态质子转移速率快于荧光速率，激发态质子转移之后，分子才衰变到基态。或者说，激发态寿命期间，分子解离出质子，变成激发态的阴离子或去质子态。

萘酚和苯酚基态和激发态 pK_a 比较如下。

萘酚：基态 pK_a 为 9.23，激发态 pK_a^* 为 2.0。当 pH=6 时可研究基态的分子性质，当 pH >9.23 时，分子才失去质子，因此激发态具有离子性质。

苯酚：基态 pK_a 为 10.02，激发态 pK_a^* 为 5.7。这是由于与基态比较，激发态电子云分布发生了改变，质子变得容易离去。

也应注意到，质子传递速率与溶质失去质子能力及溶剂接受质子能力（极性）有关（拉平效应）。分子激发态在极性溶剂中质子转移速率最快，但乙醇接受质子能力差。

例如，如图 5-2 所示，在弱酸性介质中，1-萘酚（1-ROH）吸光受激成为 1-ROH*后，在其寿命期内，只有经酸式离解为 $1\text{-}RO^-$*的那部分能发荧光（pH 5.8，$1\text{-}RO^-$*荧光峰值位于 466 nm，量子产率较大），未离解的 1-ROH*则被猝灭而不发光。但在乙醇介质中，由于乙醇接受质子能力较弱，激发单线态的 1-ROH*不离解，只观察到分子型体 1-ROH*所发射的荧光（356 nm），观察不到去质子态 $1\text{-}RO^-$*所发的荧光，萘酚的发光特征列于表 5-1。

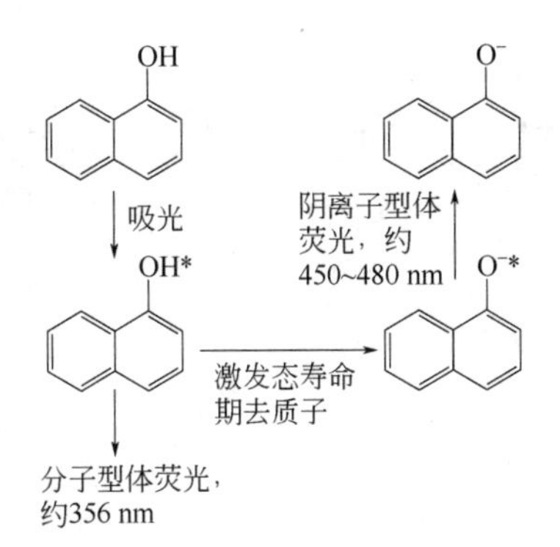

图 5-2 萘酚的发光型体（在乙醇中仅能观察到 1-萘酚的分子光谱，说明激发态时 1-萘酚不会失去质子）

表 5-1 萘酚的发光特征[3,4]

萘酚	0.1 mol/L H_2SO_4，ROH^*	0.1 mol/L NaOH，RO^{-*}
1-萘酚	λ_{ex} 324 nm/λ_{em} 360 nm	λ_{ex} 336 nm/λ_{em} 455 nm & 479 nm
2-萘酚	λ_{ex} 331 nm/λ_{em} 355 nm	λ_{ex} 352 nm/λ_{em} 411 nm

pH 是影响质子传递的重要因素，在此再以 3-喹啉硼酸（3-QBA）为例介绍 pH 对质子传递和荧光性质的影响[5]。图 5-3 为 pH 对 3-喹啉硼酸和 3-喹啉硼酸单糖酯（3-QBA 单糖酯）荧光性质的影响。3-QBA 的荧光强弱取决于两个方面：①nπ*跃迁和ππ*跃迁的转换。3-QBA 的ππ*态是荧光的，但 3-硼酸基或其酯化组分的吸电子性质，使得喹啉的荧光有所降低；而 3-QBA 的 nπ*态是非荧光的，即对荧光不利的。②硼酸基（B）存在 sp^2 和 sp^3 杂化态，其中吸电子的 sp^2 杂化态的 B 基对荧光不利。如图 5-4 所示，分子型体 **1** 和 **4**，都是ππ*态，都有 sp^2 杂化

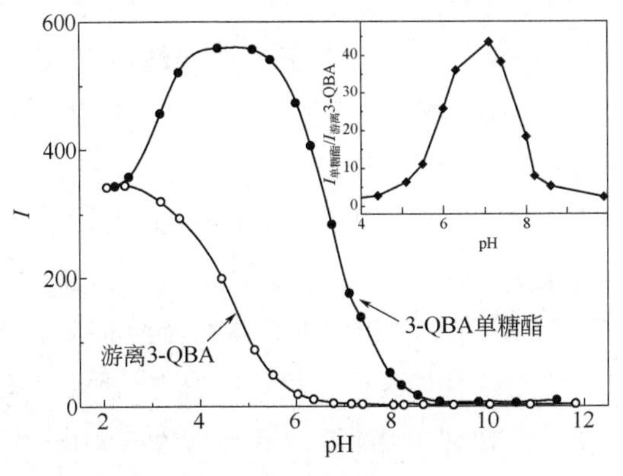

图 5-3 3-QBA 及其酯化型体的荧光- pH 滴定曲线（发光体浓度 5.0×10^{-5} mol/L，D-果糖 0.1 mol/L。插图为强度比率 $I_{单糖酯}/I_{游离3\text{-}QBA}$ 与 pH 关系）

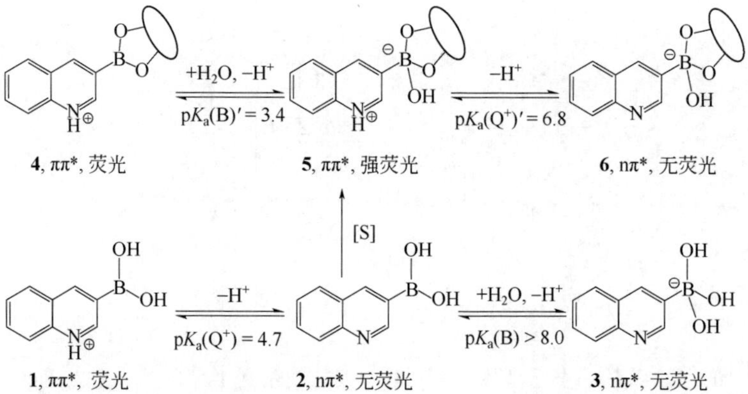

图 5-4 pH 对 3-QBA 及其酯化型体的电子特征和荧光性质的影响

B：硼酸基；Q^+：喹啉根；从 2 到 3 变化的 pK_a 可通过 B-NMR 等方法测定

态的 B 基，荧光较强。对自由的 3-QBA 型体 **1** 而言，在 pH 2～3，荧光强度是最大的；而其酯形式 **4**，只要将 sp^2 的 B 基水解（与 HO^-结合）为 sp^3 杂化态，荧光强度还可以进一步升高，所以 3-QBA 酯随 pH 升高，荧光强度达到最高，然后下降。在碱性范围，两种型体的荧光全部猝灭，起主导作用的是ππ*态到 nπ*态的转换。另外，3-QBA 酯化前后对氮原子的碱性有显著的影响，因此 3-QBA 和 3-QBA 酯由荧光体到非荧光体转换的 pK_a 显著不同，分别对应于型体 **1** 和 **2** 之间、**5** 和 **6** 之间的变化。这就是为什么图 5-3 中，3-喹啉硼酸在 pH 约 6 以上，荧光完全猝灭，而 3-喹啉硼酸酯荧光在 pH 8 以上才完全猝灭。

除了 pH 值对质子转移有较大影响外，如果在溶液体系中形成了主客体结构，主体的存在可能影响到客体的质子转移能力。例如，在胶束体系，如 Brij-35 和 SDS 中，由于胶束对 2-萘酚的增溶作用，使 ROH 与水分开，在疏水环境中缺乏质子受体，ROH*无法传递质子，难以酸式离解。因此也只表现出分子型体激发态的荧光。即在这样的胶束介质中，2-萘酚的酸性减弱（较相应于水相中的 ROH*）。同样在 SDS 中，仅能观察到 1-萘酚的分子光谱，说明其增溶于胶束内芯，难以失去质子，或者难以找到质子受体。

另外，以麦穗宁-瓜环体系为例。麦穗宁（fuberidazole，FBZ）化学名称为 2-(2-呋喃基)-1*H*-苯并咪唑，是一种内吸性能较强的保护性苯并咪唑类杀菌剂。麦穗宁与瓜环 Q[*n*]（*n*=6, 7, 8）均形成 1∶1 的主客体配合物，瓜环-麦穗宁超分子体系的形成对麦穗宁有助溶作用，且使麦穗宁的 pK_a 发生了明显移动[6]，如图 5-5 所示。虽然该体系不涉及荧光测量，但 pK_a 随瓜环环境的变化还是值得介绍，类似于环糊精或表面活性剂胶束介质。在溶液中，FBZ 存在着质子化（FBZ^+）和非质子化（FBZ）的平衡过程，质子的离解常数以 pK_{a1} 表示。

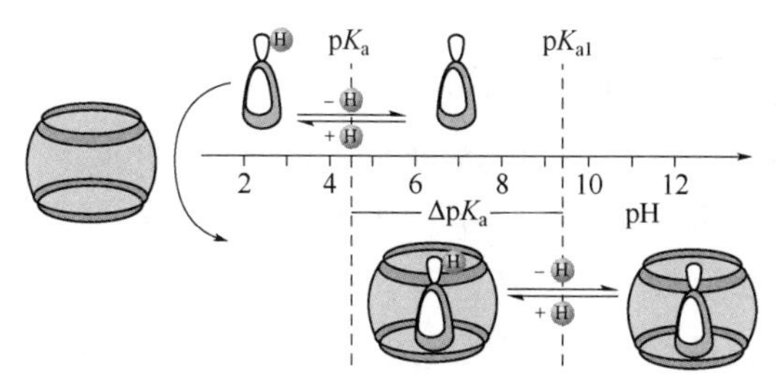

图 5-5　受瓜环包结作用影响产生的氢键以及离子偶极作用导致客体 pK_a 变化的示意图

图 5-6 显示了 FBZ 及 Q[6]/FBZ 体系在 328 nm 处的吸光度 A 与 pH 关系曲线。由此可求得 pK_a=4.7±0.1，Q[6]/FBZ 的 pK_{a1}=8.4±0.2，比游离 FBZ 的 pK_a 增加了 3.7 个单位。同样，pK_{a1}(Q[7]/FBZ 体系)=7.6±0.1，ΔpK_a(Q[7])=2.9±0.1。pK_{a1}(Q[8]/FBZ 体系)=7.8±0.1，ΔpK_a(Q[8])=3.1±0.1。

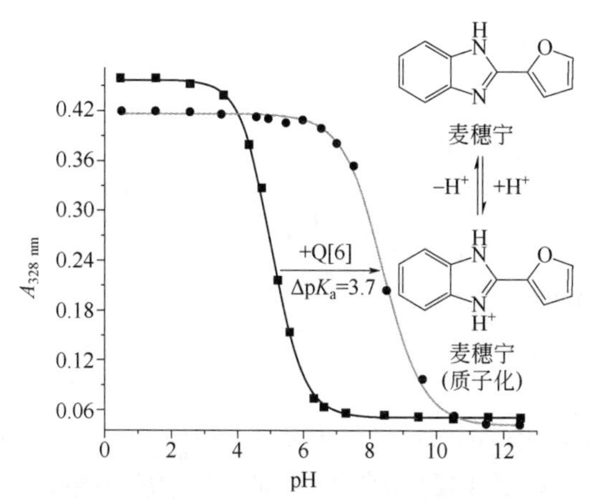

图 5-6　六元瓜环（2×10^{-5} mol/L）对麦穗宁（2×10^{-5} mol/L）pK_a 移动的影响

Q[n]（n=6, 7, 8）与 FBZ 主客体配合物的形成使得其 pK_a 比游离 FBZ 的 pK_a 增加 3～4 个单位。在超分子体系中，主客体配合物的形成引起客体分子的 pK_a 值移动的原因主要有两个：①由于非水溶性的有机小分子与大环分子的疏水空腔因疏水作用力形成主客体配合物而引起了 pK_a 值的变化；②由于特殊的静电相互作用力而引起，即客体分子的酸性或碱性功能基靠近大环主体分子的负或正电区域而导致了 pK_a 值的增加或减少。由于瓜环疏水性空腔及极性端口的特殊结构，客体 FBZ 分子的咪唑-鎓离子（midazolium/onium ion）与瓜环端口羰基氧不仅存在离子-偶极作用，而且鎓离子基质子与瓜环端口羰基氧形成氢键，离子-偶极作用与氢键的共同驱动力使得客体与瓜环结合得更稳定，即使质子化氮原子电离出质子的能力下降，相对游离客体来说，pK_a 值也就相应地增大。

5.1.2 激发态分子内或分子间的质子转移

激发态分子内质子转移（excited state intramolecular proton transfer，ESIPT）[7,8]，是指当某些有机分子在激发态时，分子中的羟基或氨基上的质子通过分子内的氢键，转移给分子内邻近的O、N或S等杂原子，形成互变异构体的过程。两种互变异构体具有不同的荧光性质，是光学双稳态，如图5-7所示[9]，荧光分子2-(2-羟基苯基)苯并噁唑（HBO）可表现出两种荧光。即短波长处正常激发态荧光（normal excited state，标记为N）和长波长处光互变异构体态荧光（photo-tautomer state，标记为T。类似于LE和TICT荧光）。换言之，在激发态时，分子发生由烯醇式向酮式转变的互变异构，使分子发射波长发生红移。这种激发态分子的质子转移也可以通过分子间的氢键完成。

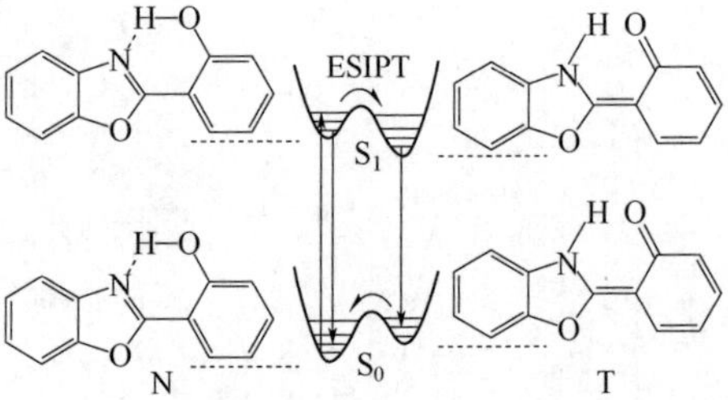

图5-7　荧光分子HBO激发态质子转移机理示意图

一般来说，ESIPT转移过程要经历形成含有氢键的分子内五元或六元环结构，并且要求空间距离要小于0.2 nm。而且相对于电子转移而言，形成ESIPT过程的速度非常快，只需要几皮秒到几纳秒的时间。基态的HBO分子，主要以含有分子内氢键的烯醇式（enol）结构存在。受光激发后，经快速的分子内质子转移过程，转变为酮式（keto）互变异构体激发态，再以发射更长波长荧光的方式衰减至基态，然后经过反向的质子转移恢复到原始的烯醇结构。这样ESIPT通过一个基态获得两个激发态，达到双发射比率荧光检测的效果[10]。

ESIPT最显著的光物理性质是这类化合物的吸收和发射光谱之间具有很大的斯托克斯位移，可以有效消除发光分子由于自吸收导致的发光猝灭及内滤效应的影响，改善和提高荧光分析选择性和灵敏度。

业已证明，在绿色荧光蛋白中发光色团经历激发态质子转移过程，以阴离子形式发光。黄色或其他颜色的荧光蛋白大致相似，如图5-8所示[11]。图5-8（a）为在野生型绿色荧光蛋白中发光色团的中性和阴离子状态（pH 6.0，相应的发射波长应该为508 nm）。图5-8（b）为黄色荧光蛋白发光分子中性型体的归一化吸收光谱和经过激发态质子转移形成的阴离子形式的荧光光谱。激发波长 400 nm，发射波长 527 nm，pH 7.8。

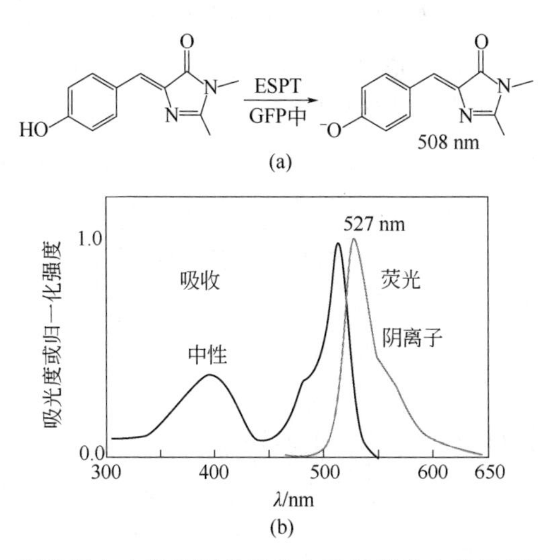

图 5-8　荧光蛋白中荧光团的发光也涉及激发态的质子转移过程

荧光蛋白或荧光蛋白中的荧光团发光动力学与其结构或筒状蛋白环境的关系，也是科学家感兴趣的课题。如图 5-9 所示，飞秒、纳秒到毫秒级 UV-Vis 瞬时吸收光谱、瞬时各向异性光谱表明，荧光蛋白中荧光团 Tyr66 反式异构体的激发态经过溶剂化动力学和/或振动冷却（vibrational cooling）弛豫到一个较为稳定的状态 OFF*′的时间为 190 fs。而 OFF*′以多组分形式衰减产生顺式激发态 X。反式到顺式异构化先于去质子化过程，并且发生在皮秒尺度。伴随该激发态的衰减，基态顺式异构体去质子化过程大约 10 μs，并直接从中性的顺式异构体演化到最终的状态而不再经历其他任何中间态[12]。质子转移包含在两个基态和两个激发态的相互转换中。围绕发色团的极性相互作用可以适应质子的重排。在循环中根据

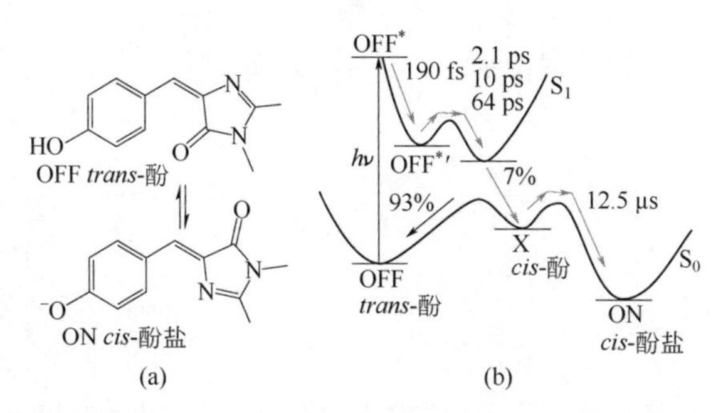

图 5-9　（a）荧光团模型分子的光活化机理以及（b）相应过程的寿命和量子产率

Tyr66 处于羟基形式或它的酚盐形式，荧光色团分别吸收 395 nm 或 470 nm 的光。酚在激发态比在基态具有更强的酸性，可以认为，由荧光色团质子化的激发形式转换成的激发酚盐是仅有的发光物种，可以发射 509 nm 的光。在这个循环中荧光色团吸收一个光子，失去一个质子，发射一个光子，得到一个质子，回到原来的状态。

最近王等[13]合成了荧光探针 4′-羟基-3′-[(8–喹啉亚氨)甲基]-4-氰基联苯（QBC）。QBC 的吸收光谱大约在 250 nm、286 nm 和 327 nm 产生三个吸收峰。后两个吸收带的摩尔吸光系数分别为 2.73×10^4 L/(mol·cm)和 7.39×10^3 L/(mol·cm)。与锌离子配位后，新增吸收带位于 438 nm，其与螯合物中酚质子的离去相关[14]，摩尔吸光系数 6.09×10^4 L/(mol·cm)。随锌离子浓度增加，新的吸收带和位于 327 nm 的吸收带随之增强，而 250 nm 和 286 nm 两个带逐渐减弱，并在 298 nm 观察到等吸收点。

当发射波长固定为 524 nm 时，在 QBC 的激发光谱中存在两个激发峰，分别位于 335 nm 和 442 nm（相应于吸收光谱新带 438 nm）。其中 442 nm 处激发可被归属于 QBC 的酮式结构，该结构是激发态下通过 ESIPT 产生的[15]。在 327 nm 光激发作用下，QBC 发射很弱的荧光，最大发射峰位于 524 nm，荧光量子产率仅 0.01。如图 5-10 所示，其原因可能是：①亚胺键（—C═N—）的异构化是重要的非辐射弛豫过程，不利于荧光[16]。相对于 C═N 双键，喹啉基和联苯基是反式的，反式结构稳定（NMR 和吸收光谱提供佐证）。室温热作用不足以导致 QBC 顺、反异构化，但紫外光可以促使其异构化。吸收激发光后分子存在向顺式异构转化的能力，尽管基态存在 O—H···N 氢键，但它无力阻止激发态分子向顺式的异构化，所以荧光弱。②可能发生了从—OH 到亚胺基 N 上的激发态分子内质子

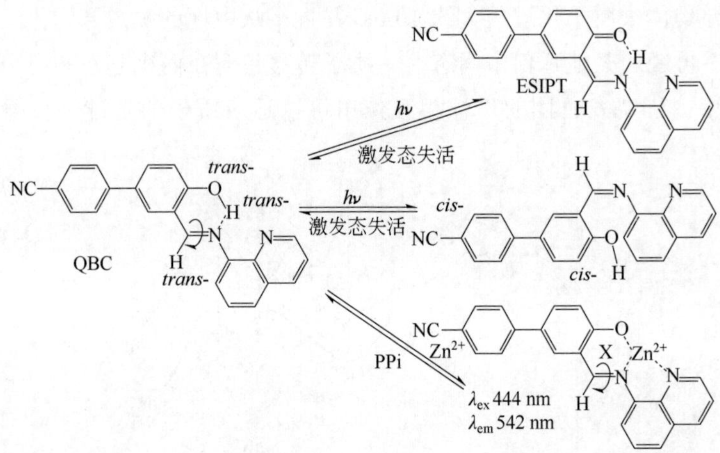

图 5-10　试剂 QBC 的顺/反异构化和 ESIPT 态以及对 Zn^{2+}和 PPi 的响应机制

转移（ESIPT）[15,17,18]。ESIPT 状态只是在激发态的行为，所以 NMR 和 UV-Vis 谱难以获取有关信息。激发态辐射或非辐射失活后，又回到基态-非质子转移态。逐渐滴加 Zn^{2+}（0～2 倍量）可以看到 QBC 的荧光逐渐增强（Φ_F=0.13），最大发射峰从 524 nm 红移到 542 nm。这是由于当与 Zn^{2+}配位后，强配位键的形成使 C═N 异构化及 ESIPT 过程被禁阻。同时，螯合作用导致分子刚性增强，所以在紫外灯下显示强的黄色荧光，荧光量子产率大大提高。

5.2 温度和黏度对荧光强度及荧光光谱的影响

就液态或准液态而言，温度和黏度对荧光强度及荧光光谱的影响有时候可以说是一致的，因为这两种因素都会影响荧光双分子反应的速率常数，$k_2 = 8RT/(3000\eta)$，详见第 7 章。就分子动力学而言，两种因素具一致性。例如，温度降低或介质的黏度增加，抑制单键旋转弛豫（relaxation）或基团振动弛豫，以减弱通过这些途径耗散激发态能量，可能使得发光增强。因此，本节将从以上方面阐述温度和黏度对荧光和磷光的影响。

5.2.1 温度的影响

温度对荧光和磷光的自然辐射寿命没有影响。但对其强度及光谱有显著影响，例如荧光素钠在 0℃以下的乙醇中，温度每降低 10℃，量子产率增加 3%，至−80℃时，量子产率达到 100%。温度的影响通常可归于下列原因。

① 温度变化影响到介质黏度，进而影响碰撞速率（见荧光猝灭）。此外，温度可能影响分子本身或基团间相对的转动或扭曲速率，影响发光强度（见第 3 章以及本章稍后黏度的影响）或各向异性行为。

② 温度变化影响分子内部能量转化。如图 5-11 所示，当激发态分子接受额外的热能而沿激发态势能曲线移动至交点 *C* 时，则转换至基态的位能曲线 G，使

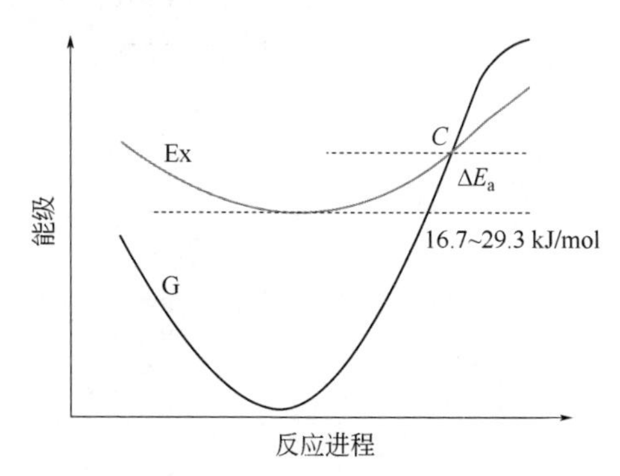

图 5-11　激发态分子内热能沿着势能曲线转换示意图

Ex—激发态势能曲线；G—基态势能曲线

激发能转换为基态的振动能量，随后又通过振动松弛而丧失振动能量。溶液荧光强度与温度的关系如式（5-1）所示，ΔE_a为激发热（也称为非辐射衰减跃迁的活化能），I_0和I分别为起始和较高温度时的荧光强度，k是常数。

$$\frac{I_0 - I}{I} = k\exp\left(-\frac{\Delta E_a}{RT}\right) \tag{5-1}$$

③ 在一定范围，温度有利于热活化延迟荧光（见第 2 章）。

④ 温度依赖性的光谱位移。常温下，可以假定荧光发射之前已经完成了溶剂弛豫过程（参见第 4 章溶剂笼模型）。但是在低温下，溶剂黏度可以变得更大，溶剂重新取向所需要的时间增加。如图 5-12 所示，受激发光体最初处于 Franck-Condon 态（F 态）。如果溶剂弛豫速率 k_S 比荧光衰减速率 k_F（k_F=1/τ）慢得多，可以预期将观察到没有弛豫的 Franck-Condon 态的发射光谱。如果溶剂弛豫速率为 k_S 比荧光衰减速率 k_F 快得多，即，$k_S>>k_F$，发光将源于弛豫的状态（R）。在适当的温度下，$k_S≈k_F$，荧光发射和溶剂弛豫将同时进行。在这种情况下，由于 F 和 R 的共同贡献，介于 F 和 R 之间的更宽的发射光谱可以观测到。一个具体例子见图 5-13，在丙二醇中，随着温度降低，*N*-乙酰基-L-色氨酸胺（NATA）的发射光谱向更短波长处移动[19]。虽然荧光衰减速率对温度没有显著的依赖性，但非辐射的弛豫速率却强烈地依赖于温度。因此，在低温下观察到的荧光产生于没有弛豫的 F 态。重要的是，在最低的温度下（−68℃），NATA 有结构特征的 ^1L_b 发射光谱并没有观测到。很明显，NATA 的温度依赖性的光谱位移是由于取向极化度（orientation polarizability）Δf 的温度依赖性引起的[19]。

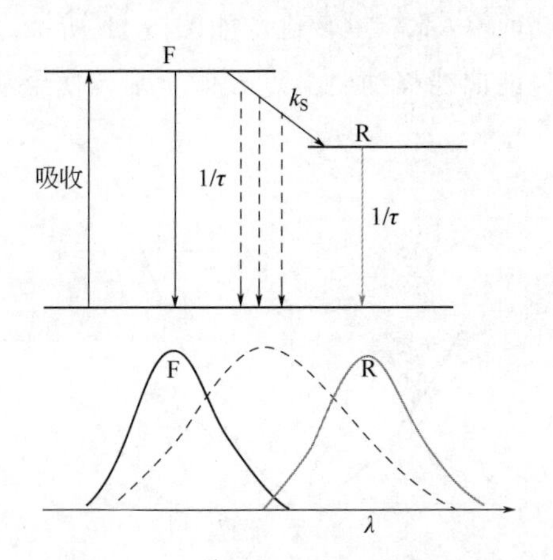

图 5-12 随着温度增加光谱红移

F—Franck-Condon 态；R—弛豫态；宽的虚线表示 F 和 R 态的共同贡献

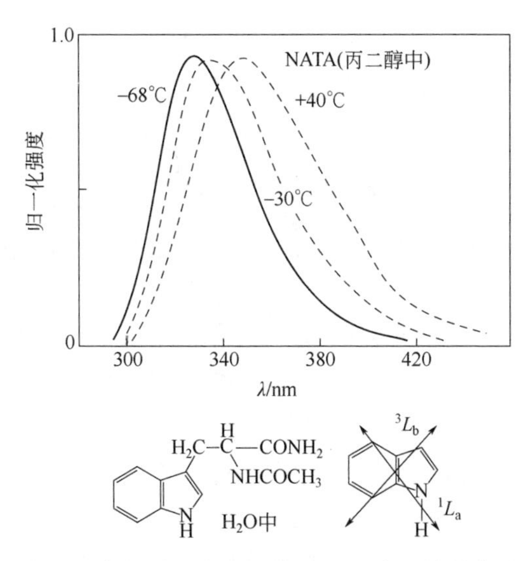

图 5-13 *N*-乙酰基-L-色氨酸胺在丙二醇中的温度依赖性发光光谱和跃迁矩

⑤ 温度影响的其他方面包括（详见有关章节）：

a．超低温荧光和磷光光谱（Shpol'skii 发光光谱）；

b．对扭曲的分子内电荷转移荧光（TICT）的影响；

c．分子结构的变化，如热敏材料，可以通过吸收光谱来判断。

5.2.2 黏度的影响

就溶液碰撞理论而言，在一定条件下，由于双分子反应的速率常数 $k_2 = 8RT/(3000\eta)$，温度和黏度对荧光的影响具有同等效果（参见第 7 章 7.2.1 节）。但对于许多分子内的运动，温度和黏度对荧光的影响既有一致的结果，又能表现出各自不同的方面。

非刚性化的荧光生色团之间单键的快速自由旋转是激发能耗散的重要途径之一（参见第 3 章 3.2.2 节～3.2.4 节）。比如图 5-14 所示的联苯类分子，如果能固定苯基不旋转，且保持尽可能小的扭曲（二面角），甚至部分共面，它们就可以发光，这实际就是构象旋转异构体（conformational rotamers）通过构象控制发光，或者旋转弛豫受制发光。再如，如图 5-14 所示，硅的σ*反键轨道与丁二烯基的π*反键轨道通过σ*π*相互作用形成共轭体系，与硅基中心共轭体系连接的 5 或 6 个苯基可以自由旋转，在丙酮中激发态衰减寿命小于 150 ps（ps 级的超短寿命表明旋转弛豫主导了激发态能量耗散），几乎不发光。然而，在固态时分子发光寿命延长至 4.1 ns。激发态寿命增长，发光量子产率增加，这种现象被称为聚集诱导发光增强（AIE）[20,21]，其实质就是与硅基化合物中心连接的苯基旋转弛豫受到严格限制。

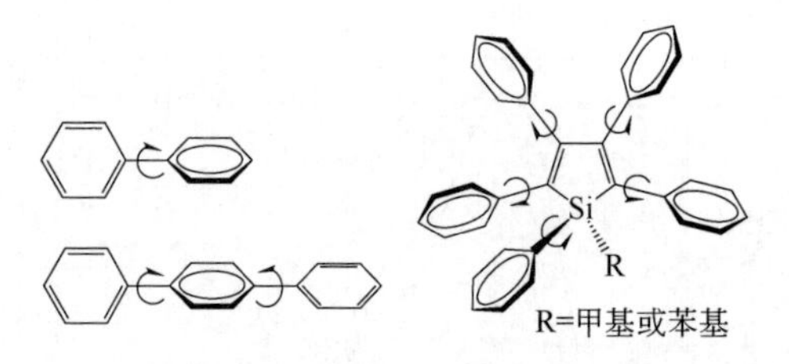

图 5-14　联苯类和硅基化合物单键旋转弛豫示意图

反式结构的二苯乙烯，拥有平面结构，可以发射荧光。而顺式的为非平面结构，是非荧光的。如图 5-15 所示，顺式结构的苯基单键自由旋转也是激发能耗散的重要途径。因此，正常非荧光的顺式二苯乙烯（*cis*-stilbene）和立体阻碍的反式二苯乙烯（*trans*-stilbene）在非常黏性的介质中也会变得发射强的荧光。在烃类玻璃体中，顺式二苯乙烯的最大荧光量子产率可达 0.75。这类化合物的荧光深度依赖于温度和黏度，这是由于 S_1 到 S_0 内转换过程的速率常数依赖于溶剂自由体积和黏度。这种依赖性可以用于探索溶剂黏度增加对围绕中心双键扭转和平面外弯曲模式的概率和幅度减弱作用的影响[22]。

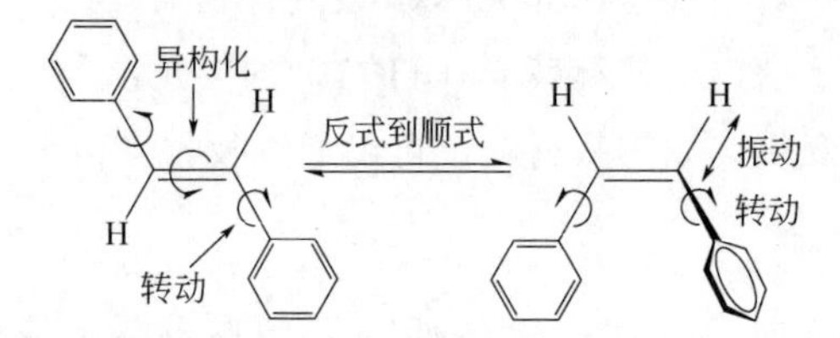

图 5-15　控制荧光的因素：异构化和振动、转动激发态能量耗散途径

假定，77 K 时的量子产率最大，记为 Φ_F^0，那么可以推得荧光量子产率与温度的相关关系为式(5-2)。图 5-16 以两种反式二苯基乙烯为例，在温度大于 200 K 的条件下，实验证实了这种相关性。温度再低时，量子产率比值 $\Phi_F/(\Phi_F^0-\Phi_F)$ 变得更加缓慢，偏离线性关系式（5-2）。

$$\Phi_F/(\Phi_F^0-\Phi_F)\approx k_F/k_{ISC}^0\mathrm{e}^{-E_a/(RT)} \tag{5-2}$$

式中，k_{ISC}^0 为 77 K 时的系间窜越速率常数；E_a 为系间窜越过程的活化能。由图 5-16 中线性部分得到的活化能分别为 17.1 kJ/mol（二苯乙烯）和 15.9 kJ/mol（四甲基二苯乙烯）。

类似情况下，假定对于任何溶剂，在最大黏度时的极限荧光量子产率记为 Φ_F^0，那么可以推得荧光量子产率与黏度的相关关系为式（5-3）。式中，η_0 为最大黏度，k_{IC}^0 为最大黏度时的内转换速率常数，α为溶质移动所需的临界自由体积分数，是

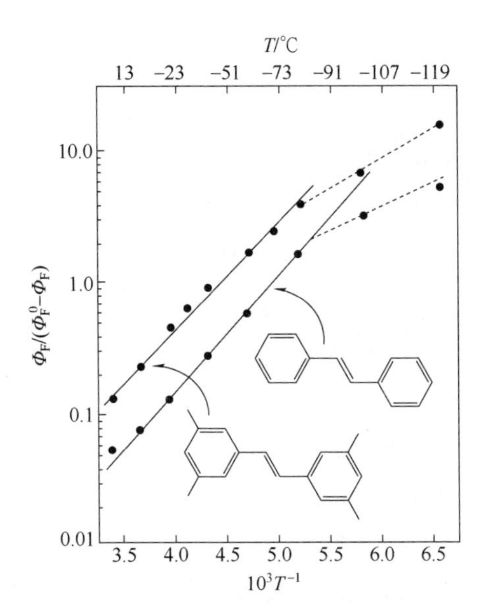

图 5-16　两种反式二苯基乙烯的量子产率（$\Phi_F/(\Phi_F^0-\Phi_F)$）与 T^{-1} 的相关性（溶剂为甲基环己烷-异己烷）

一个与溶质和溶剂有关的常数，即直线的斜率。A 为式（5-4）所表达的常数。图 5-17 以顺式二苯基乙烯为例，证实了式（5-3）所示的量子产率比值［$\Phi_F/(\Phi_F^0-\Phi_F)$］与黏度的对数相关关系。

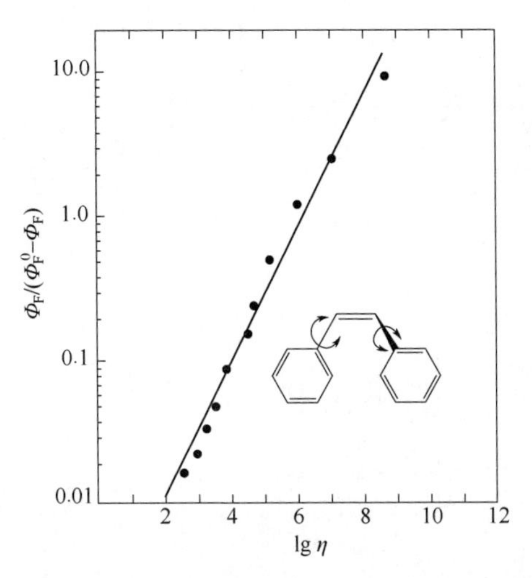

图 5-17　顺式二苯基乙烯的量子产率［$\Phi_F/(\Phi_F^0-\Phi_F)$］与黏度的相关性［混合溶剂甲基环己烷-甲基环戊烷（1∶1），MCH-MCP。溶剂体系的黏度值准确地按照温度的变化依据公式 $\lg\eta = A+B/T^3$ 获得，可达 10^6 cP］

$$\Phi_F / (\Phi_F^0 - \Phi_F) = k_F / [k_{IC}^0 (\eta_0 / \eta)^\alpha] = A\eta^\alpha \tag{5-3}$$

$$A = k_F / (k_{IC}^0 \eta_0^{\ \alpha}) \tag{5-4}$$

方程式（5-3）成立最根本的原因是，S_1 到 S_0 内转换过程的速率常数依赖于溶剂自由体积和黏度：

$$k_{IC} = k_{IC}^0 (\eta_0 / \eta)^\alpha \tag{5-5}$$

荧光上转换（up-conversion）方法也用于研究二苯乙烯顺反异构化的动力学，如图 5-18 所示[23]。在基态，围绕乙烯基双键的旋转具有较大的能垒。而在激发态能垒很小，旋转发生在 70 ps，这样就提供了一种返回基态的途径。顺式的旋转更快，导致非常短的荧光寿命。激发态的旋转作用是许多荧光探针重要的性质之一，而这种性质与黏度的相关性，是黏度荧光探针的设计原理之一，见电荷转移荧光部分。

上述二苯乙烯分子围绕乙烯基旋转产生顺反异构化，从而产生荧光强度增减。其实，还有一个因素影响其荧光，那就是苯基单键旋转弛豫的限制。如四苯基乙烯（tetraphenylethene，TPE），其显然不存在顺反异构的变化问题。以四苯基乙烯为发光基团，通过变化苯基对位 R 基团，使其具有特定功能，进而引起四个苯基旋转弛豫受阻，产生强的荧光或磷光[24]，如图 5-19 所示。这大多情况由纯黏度变化引起，并不像是所谓的聚集诱导荧光增强，因为似乎没有形成聚集体，也没有形成晶体或沉淀状态。例如，当 R 为卤化季铵阳离子时，通过与 DNA 骨架的磷酸根阴离子缔合作用，增加探针 TPE 周围黏度，或直接限制苯基旋转，使得荧光增强。从而建立 DNA 测定方法。同样，如果 R 为各种糖基，可以建立糖蛋白的识别方

反式到顺式
H
H
S1,B
70 ps
1.0 ps
E
S0,A
trans
cis
0
90
180
旋转角/(°)

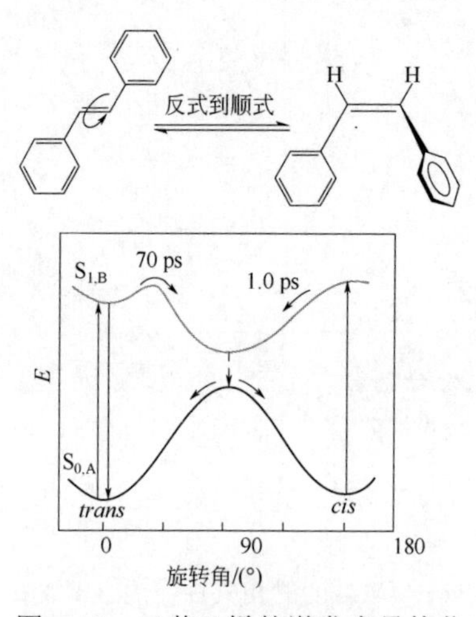

图 5-18　二苯乙烯的激发态异构化

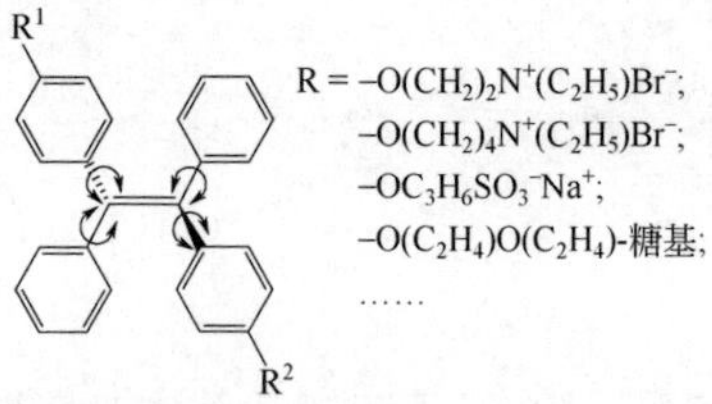

R1
R2
R = –O(CH2)2N+(C2H5)Br−;
–O(CH2)4N+(C2H5)Br−;
–OC3H6SO3−Na+;
–O(C2H4)O(C2H4)-糖基;
……

图 5-19　四苯基乙烯的旋转弛豫受限的增强型荧光探针（R_3EF 探针）

法。但是研究聚集诱导荧光增强的学者认为，该类探针在与生物分子作用后一定产生了沉淀或结晶，才有了聚集增强发光。图 5-20 展示了其他各种类型的 AIE 探针。

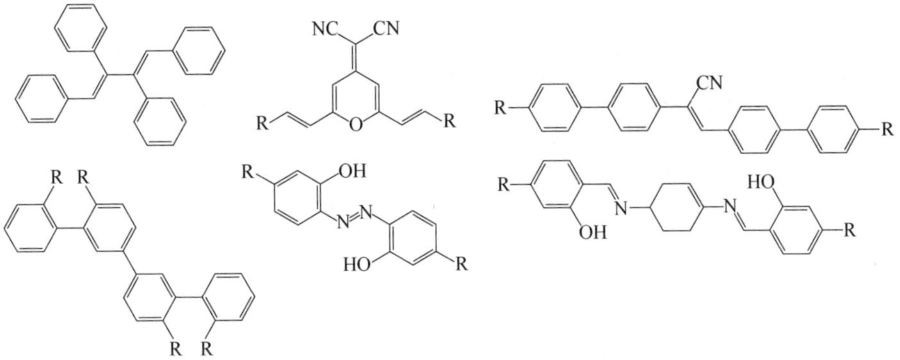

图 5-20　各种类型的 AIE 探针（多苯基乙烯类、吡喃类、水杨醛腙类、联苯类、氰基取代二苯基乙烯类和席夫碱类衍生物）

除此之外，许多平面型芳基有机染料在连接适当的靶受体情况下，目标组分可以诱导受体分子以特定方式聚集或解聚集，所伴随的荧光特征的变化构成了一类奇特的化学或生物传感体系[25-28]。如图 5-21 所示，芘分子是容易聚集的，而硼酸基是单糖的选择性受体。没有单糖存在时，分子 **7** 的聚集不那么规则。但在单

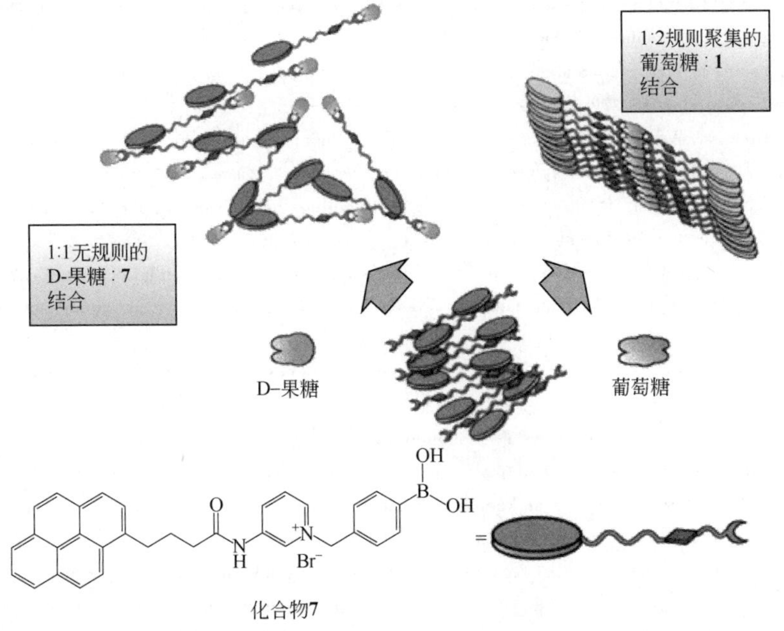

图 5-21　D-果糖或葡萄糖存在下高度有序结构化和荧光的共轭体形成示意图[25]

糖存在下，聚集显得更加有序化。这种现象与所谓“AIE”是有区别的，不仅在结构方面，在发光机制方面也不同。

参考文献

[1] J. Slavik. Fluorescent probes in cellular and molecular biology. CRC Press, Inc. Boca Raton, Florida. 1994.

[2] S. G. Schulman. “Acid-base chemistry of excited singlet states. Fundamentals and analytical implications” in “Modern fluorescence spectroscopy 2” ed by E. L. Wehry. Plenum press, New York and London, 1976.

[3] 白宝林，张海荣. 荧光法研究 β-环糊精体系中对有机小分子对萘酚离解常数的影响. *光谱学与光谱分析*, **2003**, *23*: 772-775.

[4] 张海荣. 环糊精超分子室温磷光分析中除氧技术及第三组分影响的研究. 太原：山西大学, 1999: 34.

[5] Q. J. Shen, W. J. Jin. Chemical and photophysical mechanism of fluorescence enhancement of 3-quinolineboronic acid upon change of pH and binding with carbohydrates. *Luminescence*, **2011**, *26*: 494-499.

[6] 郭改英，唐青，黄英，等. 胍环/麦穗宁超分子体系的形成对麦穗宁的 pK_a、溶解性及抑菌活性的影响. *有机化学*, **2014**, *34*: 2317-2323.

[7] S. Schemer. Theoretical studies of excited state proton transfer in small model systems. *J. Phys. Chem. A*, **2000**, *104(25)*: 5898-5909.

[8] N. Agmon. Elementary steps in excited-state proton transfer. *J. Phys. Chem. A*, **2005**, *109(1)*: 13-35.

[9] M. M. Henary, C. J. Fahrni. Excited state intramolecular proton transfer and metal ion complexation of 2-(2’-hydroxyphenyl)benzazoles in aqueous solution. *J. Phys. Chem. A*, **2002**, *106(21)*: 5210-5220.

[10] W. H. Chen, Y. Xing, Y. Pang. A highly selective pyrophosphate sensor based on ESIPT turn-on in water. *Org. Lett*, **2011**, *13(6)*: 1362-1365.

[11] X. H. Shi, J. Basran, H. E. Seward, et al. Anomalous negative fluorescence anisotropy in yellow fluorescent protein (YFP 10C): quantitative analysis of FRET in YFP dimers. *Biochemistry*, **2007**, *46*: 14403-14417.

[12] D. Yadav, F. Lacombat, N. Dozova, F. Rappaport, P. Plaza, A. Espagne. Real-time monitoring of chromophore isomerization and deprotonation during the photoactivation of the fluorescent protein dronpa. *J. Phys. Chem. B*, **2015**, *119*: 2404-2414.

[13] Z. M. Dong, W. Wang, L. Y. Qin, et al. Novel reversible fluorescent probe for relay recognition of Zn^{2+} and PPi in aqueous medium and living cells. *J. Photochem. Photobiol. A Chem.*, **2017**, *335*: 1-9.

[14] J. F. Wang, Y. B. Li, E. Duah, et al. A selective NIR-emitting zinc sensor by using Schiff base binding to turn-on excited-state intramolecular proton transfer. *J. Mater. Chem. B*, **2014**, *2*: 2008-2012.

[15] R. Alam, T. Mistri, R. Bhowmick, et al. ESIPT blocked CHEF based differential dual sensor for Zn^{2+} and Al^{3+}in a pseudo-aqueous medium with intracellular bio-imaging applications and computational studies. *RSC Adv.*, **2016**, *6*: 1268-1278.

[16] J. S. Wu, W. M. Liu, X. Q. Zhuang, et al. Fluorescence turn on of coumarin derivatives by metal cations: a new signaling mechanism based on CN isomerization. *Org. Lett.*, **2007**, *9*: 33-36.

[17] B. Naskar, R. Modak, Y. Sikdar, et al. A simple Schiff base molecular logic gate for detection of Zn^{2+} in water and its bio-imaging application in plant system. *J. Photochem. Photobiol. A*, **2016**, *321*: 99-109.

[18] C. Patra, A. K. Bhanja, C. Sen, et al. Vanillinyl thioether Schiff base as a turn-on fluorescence sensor to Zn^{2+} ion with living cell imaging. *Sens. Actuators B*, **2016**, *228*: 287-294.

[19] J. R. Lakowicz, A. Balter. Direct recording of the initially excited and the solvent relaxed fluorescence emission of a tryptophan derivative in viscous solution by phase-sensitive detection of fluorescence. *Photochem. Photobiol.*, **1982**, *36*: 125-132.

[20] J. Luo, Z. Xie, J. W. Y. Lam, et al. Aggregation-induced emission of 1-methyl-1,2,3,4,5-pentaphenylsilole. *Chem. Commun.*, **2001**: 1740-1741.

[21] M. H. Lee, Doseok Kim, Y. Q. Dong, B. Z. Tang. Time-resolved photoluminescence study of an aggregation-induced emissive chromophore. *J. Korean Phys. Soc.*, **2004**, *45*(*2*): 329-332.

[22] S. Sharafy, K. A. Muszkat. Viscosity dependence of fluorescence quantum yields. *J. Am. Chem. Soc.*, **1971**, *93*: 4119-4125.

[23] D. C. Todd, J. M. Jean, S. J. Rosenthal, et al. Fluorescence upconversion study of *cis*-stilbene isomerization. *J. Chem Phys.*, **1990**, *93*(*12*): 8658-8668.

[24] 夏晶，吴燕梅，张亚玲，等. 具有聚集诱导发光特性的四苯基乙烯研究进展. *影像科学与光化学*, **2012**, *30*: 9-25.

[25] Q. Wang, Z. Li, D. Tao, et al. Supramolecular aggregates as sensory ensembles. *Chem. Commun.*, **2016**, *52*: 12929-12939.

[26] X. Wu, Z. Li, X. X. Chen, et al. Selective sensing of saccharides using simple boronic acids and their aggregates. *Chem. Soc. Rev.*, **2013**, *42*: 8032-8048.

[27] Y. J. Huang, W.-J. Ouyang, X. Wu, et al. Glucose sensing via aggregation and the use of “knock-out” binding to improve selectivity. *J. Am. Chem. Soc.*, **2013**, *135*: 1700-1703.

[28] P. Zhang, M. S. Zhu, H. Luo, et al. Aggregation-switching strategy for promoting fluorescent sensing of biologically relevant species. A simple nearinfrared cyanine dye highly sensitive and selective for ATP. *Anal. Chem.*, **2017**, *89*: 6210-6215.

第6章 电荷转移跃迁：吸收光谱和荧光光谱

Chapter 06

电子电荷转移（以下简称电荷转移）是一种常见物理化学现象。电荷转移复合物（charge transfer complex，CTC）其实是伴随着化学的历史而发展的。只不过，明确地报道电荷转移复合物概念的时间可以追溯到 1954 年[1,2]，如具有低电导率的苝（perylene）-溴分子复合物[2]。典型的电荷受体分子 7,7,8,8-四氰基对醌二甲烷（TCNQ）于 1962 年合成，经典的电荷供体四硫富瓦烯（tetrathiafulvalene，TTF）于 1970 年合成，旋即由二者形成的 CTC，一种有机的导体，于 1973 年报道[3]。1981 年报道了有机的四甲基四硒富瓦烯六氟化磷[$(TMTSF)_2PF_6$]超导体[4]。上述分子结构如图 6-1 所示。

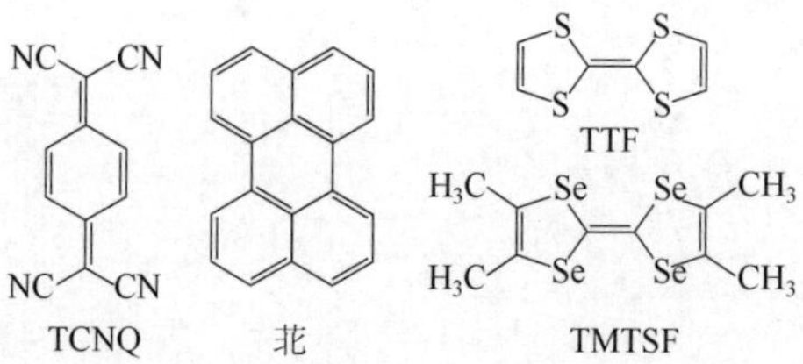

NC CN NC CN TCNQ　苝　TTF　H_3C Se Se CH_3 H_3C Se Se CH_3 TMTSF

图 6-1　几种电子供体和受体分子结构

电荷供受体相互作用与电荷转移的关系。1923 年 Lewis 提出酸碱电子理论，即可以接受电子的分子或离子为酸，可以供给电子形成配位共价键的分子或离子为碱[5]。在此理论框架内，1927 年 Sidgwick 提出电子供体（donor）和电子受体（acceptor）概念[6]。从而使得许多配位化学现象得到系统的、统一的解释。分子间电荷转移相互作用，是 Lewis 提出的酸碱电子理论和电子供体-受体相互作用概念的扩展[7]。分子间的供体-受体相互作用必然或大多情况下涉及电荷转移，发生电荷转移相互作用的两种组分间的电荷重新分配又增加了两种组分间极化，进而强化或增稳了供受体复合物。供体和受体概念表明了电荷转移过程中的两种组分各自所担当的角色。现在，理论化学计算可以定量处理供受体相互作用和电荷转移作用。

6.1 基本现象

当一个电荷供体分子和电荷受体分子混合在一起时，它们可能形成一种松散的或弱的基态复合物，在吸收光谱中常出现一个新的无特征结构的吸收谱带，如图 6-2 所示。松散复合物的结构大多情况下是可以分离出来的，并可以通过 X 射线衍射方法予以表征。或在荧光光谱的较长波长区域出现一个新的无特征结构的发射谱带，如图 6-3 所示。荧光光谱新的发射带预示激基缔合物或激基复合物的形成。

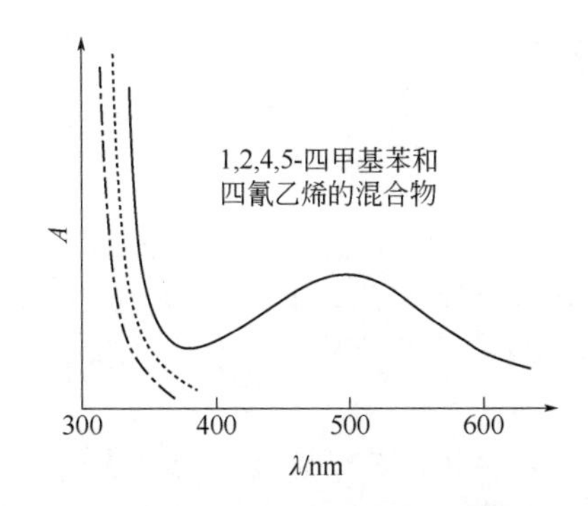

图 6-2　电荷转移吸收光谱

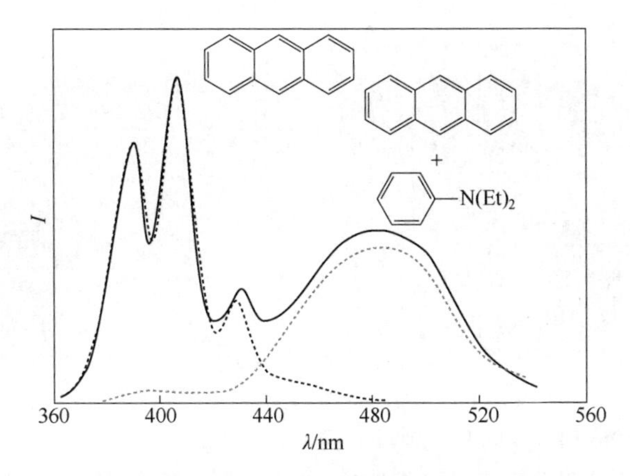

图 6-3　由蒽和 *N*,*N*-二乙氨基苯所形成的 CTC 荧光发射带[8]

1,2-二碘四氟乙烷或 1,6-二碘全氟己烷（DIPFH）与卤阴离子间的相互作用属于卤键，形成基态的卤键复合物，但也属于电荷转移复合物，作用强度较大，键合常数（L/mol）分别为 DIPFE…$Cl^-/Br^-/I^-$：98.2/66.5/45.7；DIPFH…$Cl^-/Br^-/I^-$：

251.7/149.2/81.3。其主要是由静电驱动的。然而，其中电荷转移的贡献比较显著。所以，UV 吸收光谱可以检测到卤键复合物吸收带。除了利用 ^{19}F NMR 谱、IR 光谱、拉曼光谱等手段表征复合物外，X 射线单晶衍射结构给出了复合物的几何结构和相关参数，如图 6-4 所示[9]。

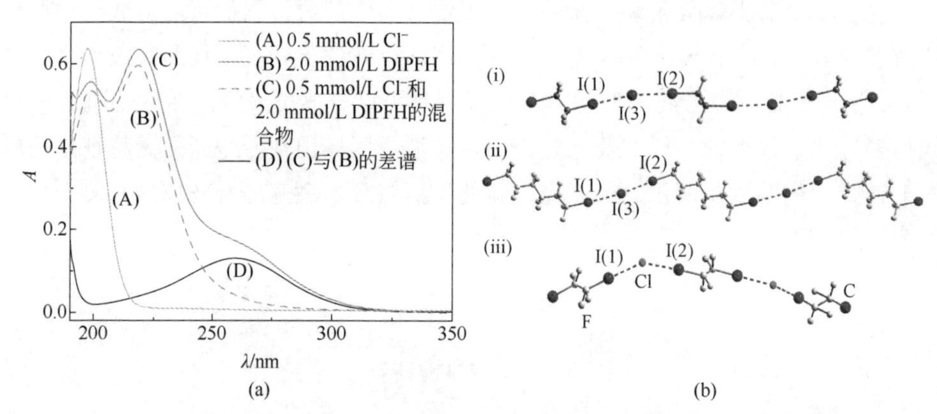

图 6-4 （a）1, 6-二碘全氟己烷与氯离子作用前后的吸收光谱（溶剂乙腈）；（b）碘离子与二碘四氟乙烷和二碘全氟己烷以及氯离子与二碘四氟乙烷作用形成的卤键复合物的晶体结构

图 6-5 是另一种卤键复合物，分子碘作为卤键供体（电荷受体）与三苯基膦首先形成卤键复合物，紧接着发生电荷转移，最终完全转移形成电荷转移盐[10]。其中形成的 I_3^- 也是由碘分子和碘离子通过卤键形成的，这恐怕是最强的卤键。

图 6-5 二氯甲烷中 I_2 • PPh_3 CTC 颜色变化与组成的关系（从左到右：I_2 单独溶于二氯甲烷中；过量 PPh_3 加入后的几秒钟，形成了 I_2 • PPh_3，亮浅黄色；仅仅 1 min 后颜色退去，形成电荷转移盐$[Ph_3PI]^+I^-$，无色溶液；在此基础上，加入过量碘后的瞬间，含有$[Ph_3PI]^+[I_3]^-$成分，深棕色）[10]

分子 I_2 与稳定有机自由基 4-苯甲酰氧基-2,2,6,6-四甲基哌啶-1-氧自由基（BTEMPO）之间也可以发生类似的相互作用，形成一种特殊的以多碘离子和碘

分子构成的三维网格框架，而自由基还原 I_2 得到的二聚化阳离子哌啶氧铵离子（oxoammonium）缔合体包裹其中，如图 6-6 所示，V 形 I_5^-的 I_3^-单元中，碘与碘间的距离分别为 0.2829 nm 和 0.3029 nm，表明碘间作用力分别为共价键和卤键。其反应机理涉及卤键复合物的形成（在卤仿中 I_2 和 BTEMPO 自由基间的缔合常数为 6.94 L/mol）、电荷分离、多碘离子形成和结晶化过程，如式（6-1）～式（6-9）所示[11]。

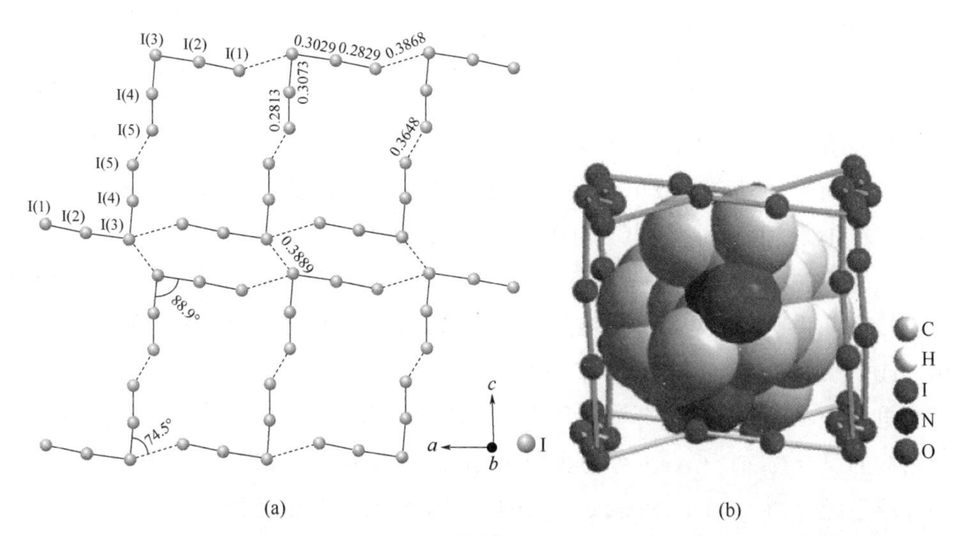

图 6-6 （a）以多碘离子和碘分子通过卤键和 $I^-\cdots I^-$接触构成的 2D 和三维网格框架结构和（b）填充在 3D 网状结构中的以氢键缔合的二聚化哌啶氧铵阳离子

注：（a）中键长的单位为 nm

$$R+I_2 \longrightarrow R\cdot I_2 \qquad I—I\cdots O^{\bullet}—N \text{ 卤键复合物} \tag{6-1}$$

$$R\cdot I_2 \longrightarrow [R^{\delta+}\cdot I]\cdot I^{\delta-} \qquad \text{电荷转移} \tag{6-2}$$

$$[R^{\delta+}\cdot I]\cdot I^{\delta-} \longrightarrow BTEMPO^{+}I\cdot I^{-} \qquad \text{电荷分离和离子缔合} \tag{6-3}$$

$$BTEMPO^{+}I\cdot I^{-} \longrightarrow [BETMPO^{+}\cdot I]+I^{-} \qquad \text{离子对解离} \tag{6-4}$$

$$[BETMPO^{+}\cdot I]+R \longrightarrow [2BETMPO^{+}]\cdot I^{-} \qquad \text{电荷分离和离子缔合} \tag{6-5}$$

$$[2BETMPO^{+}]\cdot I^{-} \longrightarrow (BETMPO)_2^{\ 2+}+I^{-} \qquad \text{离子对解离} \tag{6-6}$$

$$I^{-}+I_2 \longrightarrow I_3^{-} \qquad \text{三碘离子} \tag{6-7}$$

$$I_3^{-}+I_2 \longrightarrow I_5^{-} \qquad \text{五碘离子} \tag{6-8}$$

$$(BETMPO)_2^{\ 2+}+2I_5^{-}+4I_2 \longrightarrow [(BETMPO)_2^{\ 2+}\cdot 2I_5^{-}\cdot 4I_2] \qquad \text{共结晶} \tag{6-9}$$

注：R = BETMPO 自由基

6.2 基本概念和电荷转移的分子轨道理论

电子或电荷供受体概念实际上是与 Lewis 酸碱概念直接关联的。具有较低离子化势（ionization potential）的基团为电子供体，具有较高电子亲和势（electron affinity）的基团为电子受体。它们之间发生基态的或激发态的相互作用，电荷转移，甚至氧化-还原反应。

电荷转移复合物的形成可以表示如下[12~16]：

$$D+A \rightleftharpoons (D \cdot A) \rightleftharpoons (D^{\delta+} \cdot A^{\delta-}) \rightleftharpoons (D^{+}\text{-}A^{-}) \tag{6-10}$$

两种组分间发生电荷转移后，形成的 $D^{\delta+}(D^+)$和 $A^{\delta-}(A^-)$静电吸引在一起，就形成了电荷转移复合物或电子供受体复合物（electron-donor-acceptor-complex，DAC）。CTC 或 DAC 是静电吸引的：$D^{\delta+}\cdots A^{\delta-}$或 $D^+\cdots A^-$。

如果 CTC 被破坏，电荷转移随即终止，回到 D 和 A 状态。如果发生完全的电子转移，并且反应是不可逆转的，则形成新的离子组分 D^+和 A^-，游离在溶液中，或仍然处于缔合状态，即 $D^+\cdots A^-$。

电荷转移复合物可以分为两种类型或两种结构共振杂化体[17]：基态主型、非键结构的复合物（D • A），范德华型（van der Waals 型，vdW 型）即 Taube 所谓的外层型配合物（outer sphere complexes）。对于有机分子之间的相互作用而言，有时，这种配合物的束缚能可能很小，$< kT$[k 为玻尔兹曼常数（1.380×10^{-23} J/K）]，将难以观察到电荷转移吸收带。

激发态主型、离子键结构的复合物（D^+—A^-），静电型，即 Taube 所谓的内层型配合物（inner sphere complexes）。当然，要注意区分与联系分子间非共享的（即定域的、闭壳层的）或共享的（即离域的、开放壳层的）相互作用与上述两种类型 CTC 间的共性和差异性。

对于外层型金属配合物，金属离子内配位层原封不动，即没有金属-配体间化学键的断裂和形成，只发生简单的电子跃迁。外层型配合物有较小的荷移现象，作用力较弱。内层型配合物，有更大程度的实质性的荷移，作用力强，甚至发生电离。对于金属配合物，内层型配合物，有一桥配体把金属离子连接起来，并为电子转移提供系列连续交叠的轨道[18]。Kochi 等[19]认为，实际上在内层型配合物和共价键之间还应该有一个中间型（interior）的复合物。

基态的电荷转移或电荷离域，甚至是电荷分离，在有机化学中是一种普遍现象。分子轨道理论可以成功处理电荷转移复合物[15,19,20]。一个 1∶1 型电荷转移复合物的分子轨道波函数可以表示如下[15,20]：

$$\Psi_{GS}=a\Psi_{D,A}+b\Psi_{D^+A^-} \qquad \Psi_{ES}=b\Psi_{D,A}-a\Psi_{D^+A^-} \tag{6-11}$$

式中，Ψ_{GS}和 Ψ_{ES}是指基态和激发态的波函数；系数 a 和 b 表示每种结构的贡献；$\Psi_{D,A}$对应于“非键”（no-bond）结构；$\Psi_{D^+A^-}$对应于“配价”（dative bond）结构，在此结构中电子由电子供体完全转移至电子受体。对于大多数电荷转移复合物，在基态下 $a>>b$，因此“非键”形式是占优势的。Mulliken 关注更多的是与 Ψ_{ES} 相关的吸收带，即主要为“配键”结构。电荷转移复合物的光学颜色的变化（即 D 和 A 混合后颜色的变化，或者所谓的 CT 吸收光谱）源于非绝热的 $\Psi_{GS}\rightarrow\Psi_{ES}$ 的非辐射跃迁。电荷转移的程度 q［大体上对应于式（6-11）中的 b/a 值］随电子供受体强度的增加而增加，甚至可接近 100%。电荷转移配合物大多情况下，可以得到晶体，并通过 X 射线衍射技术表征其结构。图 6-7 比较了几种典型 CTC 电荷转移量，从弱的 0.05e 到强的单位电荷（1.0e）转移都可能发生[21-23]。

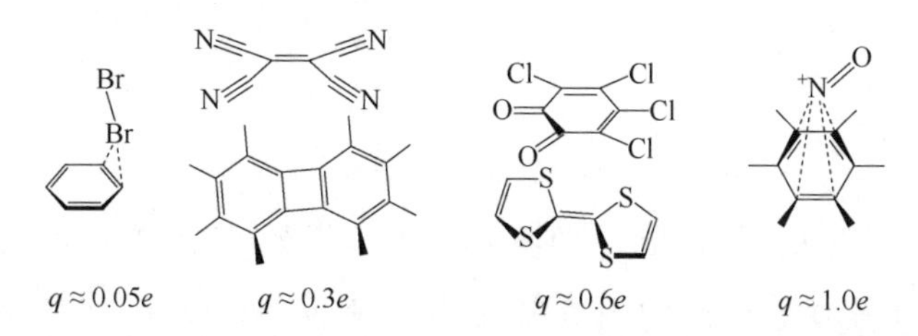

图 6-7 几种电荷转移复合物的 X 射线晶体结构和电荷转移量

6.3 电荷转移的热力学和动力学基础

所谓的电荷转移吸收带是由一个电子从带有高电荷密度的分子（供体）向低电荷密度分子（受体）的跃迁引起的，这种跃迁发生在供体的最高填充分子轨道和受体的最低空分子轨道之间。即电子向受体的较高未占据轨道的激发可产生附加的电荷转移吸收谱带。

电荷转移吸收带的能量（峰值频率或波长）：因为 CT 带是由给体转移一个电子到受体而产生的，则所需要的能量 $h\nu_{CT}$ 将取决于电子供体的电离势 I_P 和受体的电子亲和势 E_A，经验上符合下列方程式：

$$h\nu_{CT}=I_P-E_A+\Delta \tag{6-12}$$

式中，对于一定供体系列Δ是常数。

或者，根据 Mulliken 能量相关理论[15,16]，光致电子转移（电荷转移）与电子从基态（GS）到激发态（ES）的激发能有关：

$$h\nu_{CT}=E_{ES}-E_{GS}=[(E_{D^+A^-}-E_{D,A})^2+4H_{DA}^2]^{1/2} \tag{6-13}$$

多个不同供体与同一个受体的配合物的吸收波段的能量或同一个供体与多个不同受体的能量改变由与供受体性质相关的能量差（$E_{D^+A^-}-E_{D,A}$）决定。H_{DA}对应于电子耦合矩阵元（the electronic coupling element）。通过公式（6-14）可知，它与电荷转移吸收带的半峰宽$\Delta\nu_{1/2}$或ν_{FWHM}（full width at half-max）相关，因此$\Delta\nu_{1/2}$或ν_{FWHM}也是电荷转移跃迁的重要参数[24,25]：

$$H_{DA}=0.0206(\nu_{CT}\Delta\nu_{1/2}\varepsilon_{CT})^{1/2}/R_{DA} \tag{6-14}$$

式中，ε_{CT}为电荷转移带的摩尔吸光系数；R_{DA}为作用的供受体之间的距离（可以通过计算化学和晶体结构数据而获得），比如卤键供受体位点之间的距离。在溶液中，这种性质通过氧化还原电位来体现[19,24]。H_{DA}随着溶剂介电常数的增大而降低，与溶剂极性对缔合常数的影响一致。

由于原子波函数线性组合与距离间存在指数衰减的关系，所以H_{DA}和电子受体与供体间的距离也呈现指数关系，由如下的关系式表达：

$$H_{DA}=H_{DA}^{0}\exp[-\beta(R_{DA}-\sigma)] \tag{6-15}$$

当式中的$\sigma=R_{DA}$，即σ等于反应中分子对间的有效半径时，则$H_{DA}=H_{DA}^{0}$。β为依赖于介质电导的一个常数，在许多体系中该值在0.82～1.2，一般可认为β=1。在传感器设计中，分子（D-A）中的电子供体D与电子受体A两个部分间因电子转移而形成（D^+-A^-），两者间有一定的距离。电子转移速率常数和转移的距离间存在下列关系：距离每增加0.2 nm时，速率常数将减小10倍。

由上可见，同一受体或同一供体情况下，CTC吸收波长（eV或cm^{-1}）与E_{D/D^+}或$E_{A^-/A}$具有线性相关，称之为Mulliken相关，即上述的经验公式（6-12）。

图6-8为二碘代全氟乙烷和二碘代全氟己烷与卤阴离子所形成复合物的Mulliken相关图，即电荷转移吸收带的最大波长（以能量eV表示）与卤阴离子的氧化电势之间表现出良好的线性相关性[26]。

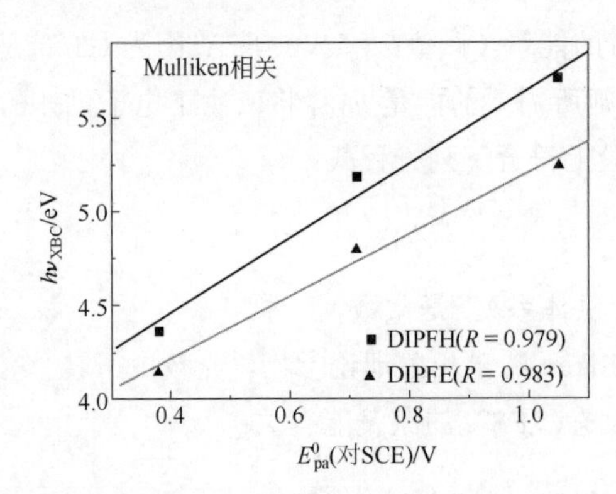

图6-8　卤键复合物吸收带能量与卤阴离子氧化电势间的Mulliken相关（溶剂氯仿）

电荷转移作用的趋势：电荷转移复合物的形成自由能变化ΔG_q由下式决定[12]：

$$\Delta G_q = E_{D/D^+} - E_{A^-/A} - {}^1\Delta E_A - \frac{e_0^2}{\varepsilon r} \tag{6-16}$$

式中，E_{D/D^+}为电子供体的氧化电势，$E_{A^-/A}$为电子受体的还原电势，${}^1\Delta E_A$是电子激发能，最后一项为离子之间的库仑吸引能，其中e为电子电荷量，ε为介电常数，r为D-A作用半径（参见7.3.2节）[2]。从公式看，介电常数增加，ΔG增大，有利于分子间电子转移。电子转移/电荷转移荧光发生在激发态和基态分子之间，激发态和基态组分形成离子对，介电常数大的极性溶剂稳定了电子转移离子对，所以电荷转移荧光光谱向红移（能隙减小）。但同时，随着极性增加，电子转移形成的离子对分离并形成溶剂化离子组分的可能性增加，所以荧光强度减弱，激发态复合物发光寿命缩短[12]。

表6-1总结了一些CT荧光发生过程自由能的改变。

表6-1 乙腈中荧光猝灭和闪烁光解实验相关数据（D为*N,N*-二乙基苯胺）

受体	D半浓度	k/[L/(mol·s)]	r/nm	瞬时组分	ΔG/kJ/mol
蒽	0.0096	2.1×10^{10}	0.75	A^-，$^{3*}A$，D^+	−58.604
芘	0.0081	2.0×10^{10}	0.76	A^-，$^{3*}A$，D^+	−46.046
丁省	0.0125	1.2×10^{10}	0.43	A^-，$^{3*}A$，—	−29.302
晕苯	0.00017	1.9×10^{10}	0.78	A^-，—，(D^+)	−20.9

公式（6-17）预测了CT荧光峰位置与溶剂介电常数、折射率之间的相关性。

$$\tilde{\nu}_{CT} = \tilde{\nu}_0 - \frac{2\mu_{ct}^2}{hcr^3}\left(\frac{\varepsilon-1}{2\varepsilon+1} - \frac{1}{2}\times\frac{n^2-1}{2n^2+1}\right) + \text{Const.} \tag{6-17}$$

式中，$\tilde{\nu}_0$为在参比溶剂（非极性或实验条件下极性最弱的一种溶剂）中CT荧光峰位置。

但就扭曲的分子内电荷转移（TICT）荧光而言，介电常数增加，有利于分子稳定在扭曲状态，即有利于稳定电荷分离状态，所以LE态的荧光会减弱，而处于TICT态的荧光会增强，参见TICT部分。

图6-9表明，CT荧光发射的最大波长随溶剂极性［$E_T(30)$或介电常数ε］的增加而红移[27]。随之，荧光强度下降，荧光寿命缩短。说明，只有在低极性的溶剂中才能或更容易观察到CT荧光，或者只有接触离子对（contact ion-pairs）才能产生CT荧光。产生CT荧光的组分具有离子性质，极性溶剂使得这种激发态

更稳定，所以 CT 荧光发射的最大波长红移。但在强极性的介质中，溶剂会分离离子对，导致溶剂化离子形式，CT 荧光减弱或消失。

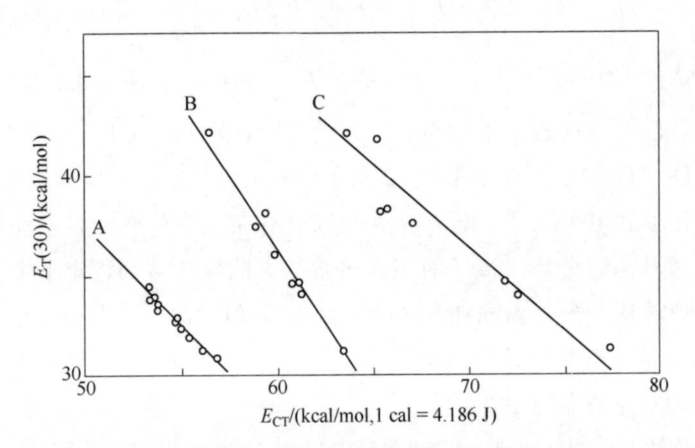

图 6-9　电荷转移荧光带最大能量（E_{CT}）与溶剂极性参数［$E_T(30)$］之间的相关性[27]

A—基态复合物六甲基苯/四氯邻苯二甲酸；B—激发态复合物 1-(*N*,*N*-二甲基氨基)萘/甲基苯甲酸；C—联苯/*N*,*N*-二乙基苯胺

在第 2 章提到，荧光二聚体的荧光发射带为平滑无精细结构的谱线，并解释了原因。CTC 吸收带也是同样原理，即受体 A 激发态具有不确定的振动结构，因此光谱无特征振动结构。因为这是一种分子群体事件，每一个分子的能级（受体分子的 LUMO 轨道）是确定的，但整个宏观表现出来的能级结构不具有确定性。

经常产生的问题是：这种电荷转移是基态的性质，还是激发态的性质？如果基态已经转移了电荷，那么不应该观察到所谓的 CTC 的吸收光谱。如果说是一种基态性质，就像普通的氧化还原反应一样，在无光辐射参与的情况下就发生了，那么为什么在光辐射的情况下又会观察到所谓的电荷转移吸收带呢？其实，基态发生的是电荷转移，非完整的单位电子电荷转移，所以通常用符号δ^+或δ^-来表示，可理解为弱的电子共享作用。或者，电荷转移程度用 q 表示，见方程（6-11）。如果基态时发生了一个单位电荷的转移，那么就是发生了氧化还原反应，形成电荷转移盐，即 D^+A^-。这种状态是无法得到 CT 吸收光谱的。所谓的 CT 吸收光谱，实际就是部分或完整的单位（电子）电荷由供体的 HOMO 到受体的 LUMO 转移跃迁光谱。基态已经发生电荷转移，只要不是转移单位电荷，仍然应该观察到 CT 吸收光谱，见图 6-10。

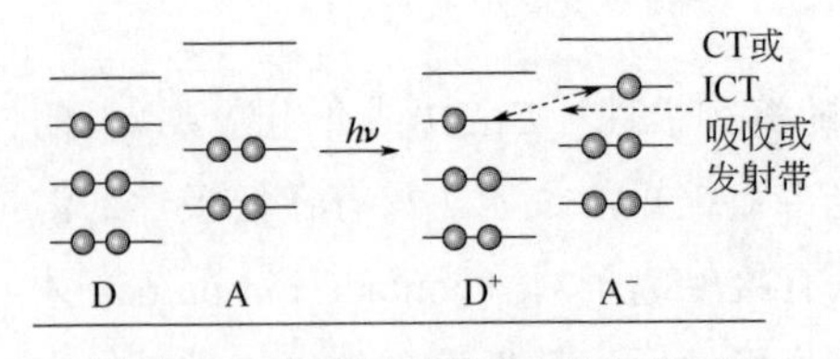

图 6-10　电子转移吸收跃迁示意图

特殊地，按照 Politzer 观点，在基态 D 和 A 之间的卤键是静电吸引的，因为它们可以通过 σ-穴键[28]或 π-穴键[29]自然地形成复合物，如氢键复合物、卤键复合物、σ-穴/π-穴键复合物等，而且对其本质的描述完全可以不借助分子轨道理论。然而，在光辐射情况下，发生了图 6-11 所示的跃迁，观察到了吸收光谱。基态的电荷离域或迁移是普遍现象，但与电荷转移应该区别开来。就此而言，Politzer 的观点是可以接受的。Politzer 和 Clark 等[30,31]又发表论文称，可以利用 Hellmann-Feynman 理论框架处理分子间的非共价相互作用。而对于利用分子轨道理论解释的电荷转移吸收带，他们则用极化、色散观点解释。类似于无机化学中的离子间的极化、变形作用。其实，分子轨道理论是一种成功的理论，而所谓的 Hellmann-Feynman 理论权当一种处理方式，也是可以自洽的(详见第 4 章 4.4 节)。

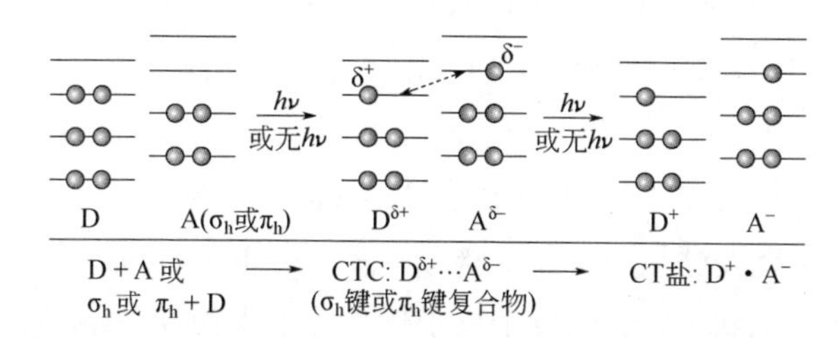

图 6-11 电子或 CT 吸收跃迁示意图（δ^-或δ^+也可以理解为弱的电子共享作用）

6.4 常见电子/电荷供体和受体类型

电子或电子电荷供体：π供体，如芳烃或芳香杂环，或其他任何含有π电子的基团，如 C═C、C═O、N═N、N═O 等；n 供体，如胺、醇、醚或其他任何含有孤对电子的基团等，以及各种阴离子和自由基等。

电子或电子电荷受体：无机受体，如金属卤化物、金属离子 Ag^+等；有机受体，如四氰乙烯、四氰苯醌、三硝基苯、三嗪类、卤代全氟苯或卤代全氟烷烃等。

对于有机受体，目前也可以利用一种新的概念来表示，即σ-穴和π-穴[28,32]，也可统称为分子表面静电势穴（SEP-hole）。有机受体接受电荷的能力与取代基的类型和位置有关。这可以通过 Hammett 取代基常数（$\sigma_{m,x}$）加以衡量，如$\sigma_{m,x}$：$\sigma_{m,H}(0)<\sigma_{m,F}(0.34)<\sigma_{m,CN}(0.56)<\sigma_{m,NO_2}(0.71)$[33]。角标 m 和 x 代表间位和取代基种类。$\sigma_{m,x}$越大，相应的化合物的σ-穴和π-穴越强，接受电荷的能力越强[29]。

6.5 电荷向溶剂转移（CTTS）跃迁

通常，激发态分子轨道是分子的基本特征，分子发生由其基态分子轨道到激发态分子轨道的吸收跃迁为分子内跃迁，电子仍然被束缚在分子内，吸收最大对应于基态和激发态能级的能量差，光谱经常呈现振动精细结构，这是分子吸收光谱。那么什么是 CTTS 跃迁光谱？以碘离子为例说明，阴离子（X^-中的I^-等）的吸收光谱对它们所处的溶剂成分非常敏感。一般来说，它们会形成溶剂化物，即被溶剂壳层所包围，组成溶剂化壳层的分子不断和壳层外的溶剂分子交换位置。如果溶剂分子有能级更低的未满轨道，这很可能对电子有强的亲和力[34]。如果溶剂分子接受了从溶质分子跃迁的电子，就形成了 CTTS 复合物，所观察到的吸收光谱就是 CTTS 光谱。这种 CTTS 跃迁中，电子不是进入到溶剂化的溶质单分子或单离子的激发态轨道，而是注入由该溶剂壳层中的分子基团所确定的势阱。因而，CTTS 复合物也可以看作是溶剂化的电子。

气相中的碘离子，在基态以上没有稳定的成键原子能级水平，与 $5p^6 \rightarrow 5p^5s^1$ 跃迁对应的能量位于比离子化势（70 kcal/mol）更高的位置。在 20℃的水溶液中，吸收光谱在高能量处显示两个清晰的吸收带，分别位于 618.7 kJ/mol 和 530 kJ/mol，对应于 51700 cm^{-1}（193.5 nm）和 44300 cm^{-1}（226 nm）。这两个带/峰最大的能级分离（大约 7600 cm^{-1}）非常接近于碘原子 $^2P_{1/2}$（激发态）和 $^2P_{3/2}$（基态）能态间的能级差。于是，光吸收过程产生一个碘原子和一个电子，即，$I^-_{aq} \rightarrow (I+e^-)_{aq}$，电子被束缚在一个固定的状态，该态位于离子化势之上大约 50 kcal/mol 之内，并且该激发态实质上取决于离子的环境。这种类型的跃迁所产生的吸收光谱因此称为 CTTS 光谱，是 CT 光谱的特例[35]。吸收双带分别源于光解产物碘原子的两个自旋轨道状态（$^2P_{1/2}$ 和 $^2P_{3/2}$）到溶剂的跃迁[36]。在低频处碘离子的 CTTS 峰以吸收最大为中心相当的对称。而较高频率处的吸收峰更强些，光谱对称性差些，这可能源于某种未知原因的光谱重叠干扰。一般情况下研究碘离子的 CTTS 行为，均以较长波长或较低频率处的吸收峰位置和形状为根据。

碘离子的跃迁过程可以表示如下[34]：

$$X^-_{aq} \overset{h\nu}{\rightleftharpoons} X^{-*}_{aq} \rightleftharpoons (X^{\cdot} + e^-)_{aq} \rightleftharpoons X^{\cdot}_{aq} + e^-_{aq} \qquad (6\text{-}18)$$

溶剂化电子在溶剂壳层中直至被 I_2 俘获形成自由基离子 $I_2^{\cdot-}$。最后稳定为 I_3^-。

在卤素离子的溶液中，既可以观察到 X_2 的吸收带，也可以观察到 X^-的吸收带，同时还有 CTTS 吸收带。人们也已详细研究过在不同极性的有机溶剂中的 CTTS 光谱[35,36]。

图 6-12 所示的是 0.5 mmol/L I^-在各种溶剂中的紫外吸收光谱。以乙腈为例，I^-本身的吸收带位于 200 nm 附近（194 nm 和 208 nm 两个峰），可归属为其外层电子的 $5p^6 \rightarrow 5p^5 6s^1$ 跃迁。在 245 nm 处的吸收则为电子由碘离子跃迁到溶剂的 CTTS 吸收[34,36]。CTTS 吸收带缺乏精细振动结构，呈对称的高斯分布。由于该吸收带

容易受到溶剂性质的影响，因此比碘离子本身的吸收峰能更直接地反映碘离子与溶剂分子间的作用信息。除了在吸光强度和吸收峰形状（半峰宽）方面的变化外，溶剂对 CTTS 吸收的影响主要反映在最大吸收波长和相应的跃迁能量方面。

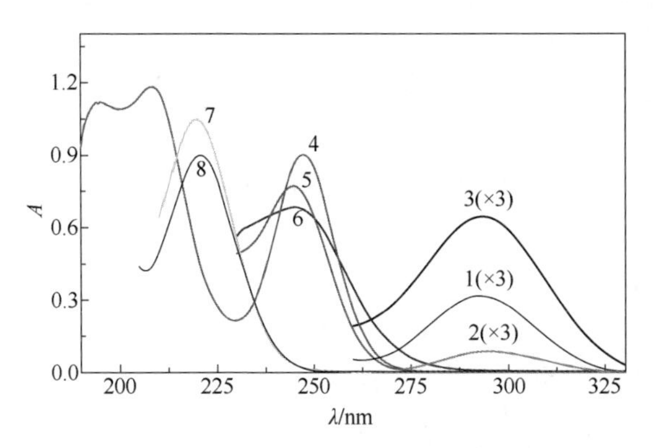

图 6-12　0.5 mmol/L I^-在不同溶剂中的紫外吸收光谱

1—乙醚；2—THF；3—二噁烷；4—乙腈；5—CH_2Cl_2；6—$CHCl_3$；7—乙醇；8—甲醇

卤阴离子在 UV 区的吸收光谱具有如图 6-13 所示的特征[37]。碘离子在乙腈中较长波长处的吸收带为 CTTS 带。由图 6-13 可见，所有吸收峰的位置都对溶剂极性表现出敏感性，而碘离子在短波长处的吸收似乎对极性更敏感。在 H_2O 中为 193.5 nm，在其他介质中分别为：CH_3CN，206.8 nm；CH_2Cl_2，222.9 nm；$CHCl_3$，235 nm；CCl_4，251.2 nm。这些吸收带对应的跃迁能与介电常数具有一定相关关系，见图 6-14。

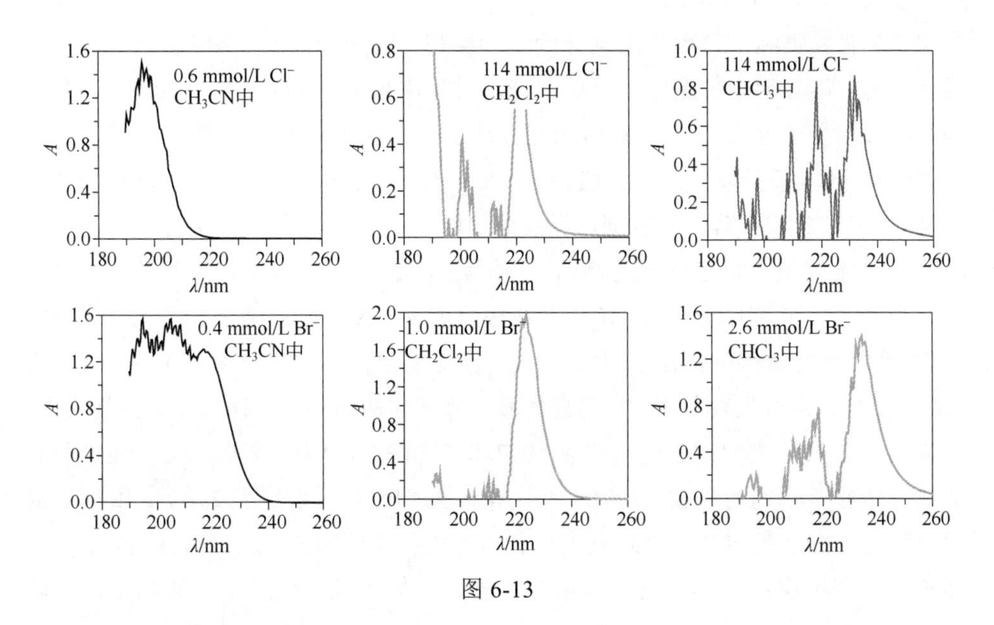

图 6-13

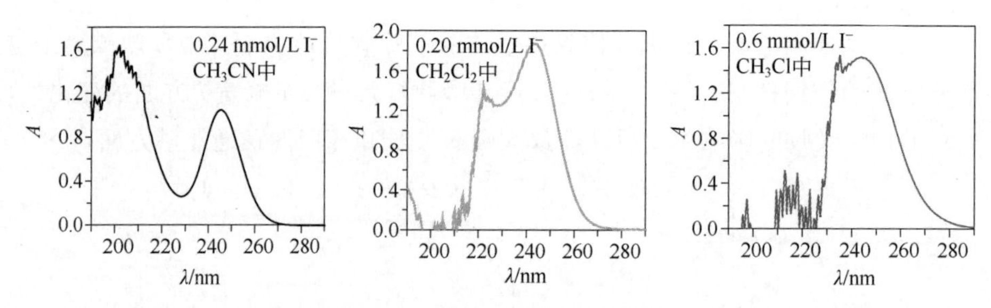

图 6-13　卤阴离子的吸收光谱和向溶剂电荷转移（CTTS）吸收光谱

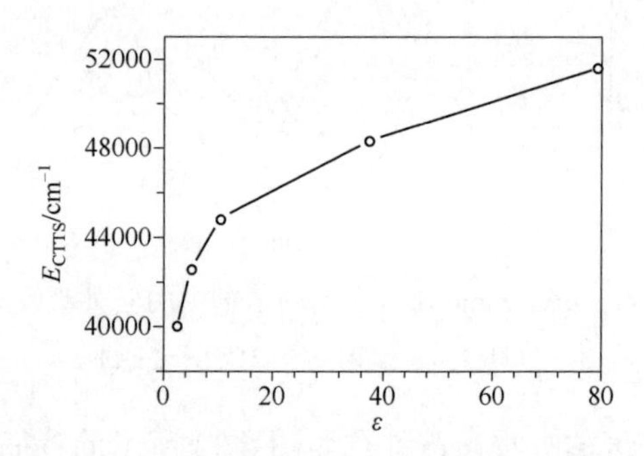

图 6-14　碘离子短波长处吸收带对应的跃迁能与介电常数的关系

重新测试的碘离子在各溶剂中 CTTS 吸收的λ_{max}和相应的电子跃迁能量E_{CTTS}，如表 6-2 所列[38]。卤阴离子作为强的电子供体，可以预测其在具有电子受体性质或氢键供体性质的溶剂中会发生强烈的溶剂化作用，并产生 CTTS 吸收。重要的是，由图 6-12 和表 6-2 可见，根据碘离子在不同溶剂中的紫外吸收光谱差异性，实际上可以将溶剂分为三种类型。溶剂极性参数α值表示溶剂氢键供体能力，即溶剂分子提供一个质子与溶质形成氢键的能力；溶剂受体数 AN 作为半经验参数表示在电子供受体相互作用中溶剂的亲电特征。第一类溶剂，非氢键供体-弱电子受体溶剂，α 值为零，受体数 AN 小于 15，代表性溶剂有乙醚、四氢呋喃和二噁烷；第二类溶剂，弱氢键供体-中等电子受体溶剂，α值介于 0.13～0.2（也许上限值可以延续至更高），受体数 AN 小于 30，典型代表有乙腈、二氯甲烷和氯仿，都有酸性的 C—H 质子或极化的 C—X 原子；第三类溶剂，强氢键供体-强电子受体溶剂，α 值大于 0.8（也许下限值可以延续至更高），受体数 AN 大于 30，典型代表为甲醇、乙醇和水，都有酸性的 O/N—H 质子。主要结论：①碘离子在第一类溶剂乙醚、四氢呋喃和二噁烷中溶解性较差，仅表现出微弱的电荷转移至溶剂的吸收（CTTS 吸收峰）。CTTS 吸收带位于 290 nm 附近，说明卤阴离子在这类溶剂中没有发生显著的溶质-溶剂作用，可能只有微弱的离子-偶极相互作用存在。②在第二类溶剂乙腈、二氯甲烷和氯仿中，碘离子的溶解度增加，较第一类溶剂产生更为显著的 CTTS 吸收，并蓝移至 240～250 nm 处。这是由于这类溶剂分子的 H 原子具有弱酸性，表现出一定的吸电子特征，可以与卤阴离子形成弱的氢键作用。③在第三类溶剂甲醇和乙醇中，碘离子的 CTTS 吸收带进一步蓝移至 220 nm 处，说明碘离子在这类溶剂中发生了强烈的溶剂化作用，醇分子羟基中的 H 原子可与其形成强氢键作用，使碘离子的基态具有较低的能量，电荷转移跃迁需要更高的能量才能发生。同时，由振动光谱试验和计算指出，水分子与碘离子间的氢键 O—H…I^-与卤阴离子系列中的其他离子相比较是最弱的[39]。

表 6-2　溶剂分类以及碘离子 CTTS 的跃迁最大波长和能量

序号	溶剂	溶剂极性参数（25℃）①			CTTS	
		AN	α	$E_T(30)$/(kJ/mol)	$\lambda_{CTTS\text{-}max}$/nm	E_{CTTS}/eV
1	乙醚	3.9	0	144.4	292	4.25
2	四氢呋喃	8.0	0	156.6	295	4.21
3	二噁烷	10.8	0	150.7	293	4.23
4	乙腈	18.9	0.19	190.9	248	5.00
5	二氯甲烷	20.4	0.13	170.4	245	5.06
6	氯仿	23.1	0.20	163.6	244	5.08
7	乙醇	37.1	0.86	217.2	220	5.64
8	甲醇	41.5	0.98	231.9	221	5.61
9	水	54.8	1.17	264.1	226	

① 参数引自文献[40]。

溴离子和氯的 CTTS 吸收带大幅度蓝移，例如在水中，溴离子的双峰之一为 199 nm，两峰分离约 3690 cm^{-1}。氯离子约 185 nm，两峰分离约 875 cm^{-1}[35]。

申前进[38]研究了卤阴离子 CTTS 谱及其与卤阴离子-碘代全氟烷烃之间卤键的相关性。在乙腈中，对于I^-，其本身的吸收位于约 210 nm，而 CTTS 带位于 247 nm 处；Br^-的 CTTS 带（219 nm）比I^-的有明显的蓝移，并与其本身的吸收（203 nm）有较大程度的重叠；而Cl^-的 CTTS 带已经与其本身的吸收几乎完全重复（197 nm）而不能分辨。此外，随着二碘全氟烷烃浓度增加，C—I…X^-卤键复合物的吸收逐渐增加，同时卤阴离子自身的吸收带却逐渐下降，特别是卤阴离子的 CTTS 吸收带明显减弱（如果在图 6-15 的光谱中继续差减去卤阴离子的吸收光谱，会在原卤阴离子 CTTS 带的位置出现明显的“负吸收”，或者用高斯分布将 CTTS 带和卤键复合物吸收带分峰后，CTTS 带呈明显的下降趋势，图中未给出）。这意味着这里的卤键作用实际上是卤阴离子的电荷向二碘全氟烷烃跃迁（卤键作用驱动）与卤阴离子的电荷向溶剂转移跃迁（CTTS 跃迁，一般性电荷转移作用驱动）间“此消彼长”的竞争关系。卤键作用在图 6-15 中各紫外吸收光谱图中均出现了等吸收点。不同卤键复合物的等吸收点位置不同：DIPFH…Cl^-位于 201 nm，DIPFH…Br^-位于 210 nm，DIPFH…I^-位于 220 nm；DIPFB…Cl^-位于 200 nm，DIPFB…Br^-在 209 nm，DIPFB…I^-位于 220 nm；DIPFE…Cl^-位于 204 nm，DIPFE…Br^-位于 214 nm 和 223 nm，DIPFE…I^-位于 221 nm、242 nm 和 254 nm。这些等吸收点反映了卤阴离子的电荷转移在 DIPFA…X^-卤键作用与电荷转移至溶剂作用（CTTS）间的化学平衡。

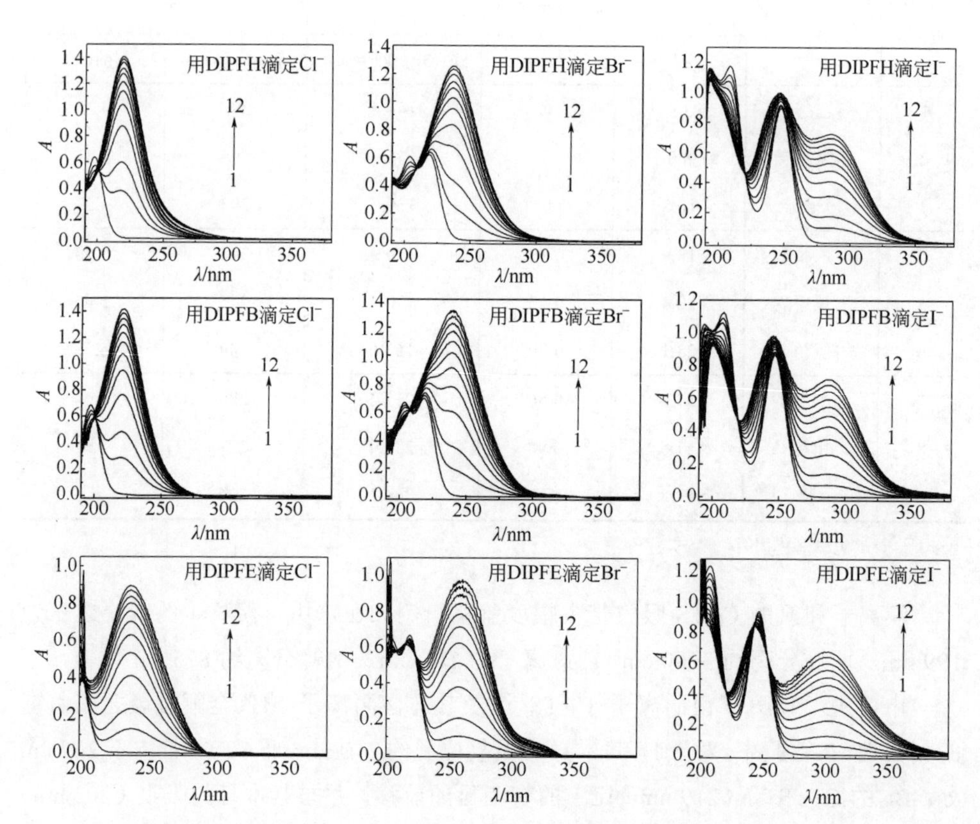

图 6-15　差减的紫外吸收滴定光谱（乙腈溶剂，固定卤阴离子为 0.5 mmol/L，1～12 分别相应于[DIPF 烷]/(mmol/L) = 0，1.0，2.0，4.0，6.0，8.0，10.0，12.0，14.0，16.0，18.0，20.0）

6.6　分子内的跨环共轭和/或跨环电荷转移

跨环共轭和跨环电荷转移是一种空间效应。一般认为，如果两个共价π键之间间隔两个共价σ键，那么这两个π键之间就没有共轭关系，相互独立，其吸收光谱与一个单共价π键的没有区别。然而，对于一些如图 6-16 所示的特殊分子，虽然两个共价π键之间有两个共价σ键，但在空间上它们可以靠得更近些，只要分子轨道对称性许可，就可产生分子内的跨环共轭和/或跨环电荷转移[41-44]，包括π-π或 n-π跨环共轭、N 孤对电子到羰基 C═O 的电荷转移等。乙酰唑胺（一种利尿剂）分子中的氧和硫可以形成两个分子内的 S(σ-穴)···O 硫素键，也有电荷转移的成分[45]。有时，两个平面的芳香环之间也可以产生 σ 型重叠[32,46]，如图 6-17 所示。这种重叠，不同于π-π堆积（stacking），也是一种跨越两个分子甚至连续几个分子之间的π-π离域作用。所谓 σ 型重叠，就像形成共价键时的情形，正-正相长，正-负相消。共轭体系，或杂原子之间的π轨道或 p、d 轨道位相相同的部分重叠，形成离域。这些特殊的共轭或离域现象的一个共同特征，就是其吸收光谱，或发光光谱产生显著的向红移效应。

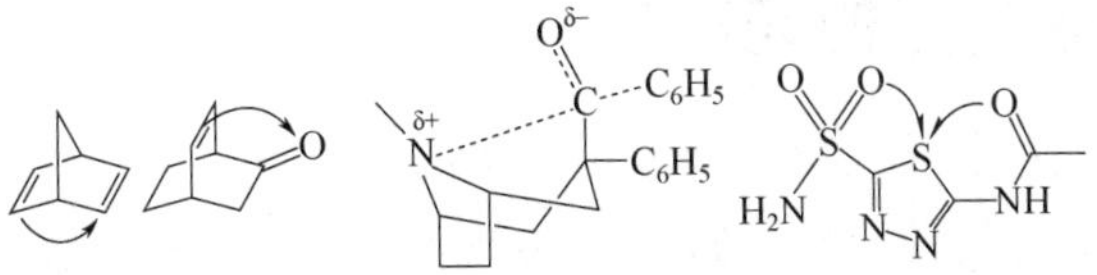

图 6-16　具有分子内的跨环共轭或跨环电荷转移现象的几个典型代表

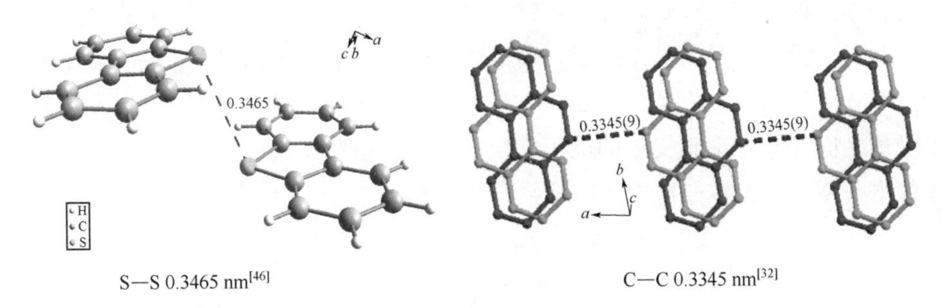

S—S 0.3465 nm[46]　　　C—C 0.3345 nm[32]

图 6-17　分子间由 σ 型重叠可能引起的离域作用（键长单位为 nm）

最近文献报道，一种类似跨环电子转移的 n→π*相互作用（隔键转移）正成为新的研究热点[47]。如图 6-18 所示，计算结果显示甲酸苯酯的顺式结构存在 n→π*相互作用。这类相互作用的强度都比较弱，键合能大约 4.186 kJ/mol，所以检测比较困难。但是，该化合物 n→π*相互作用导致 C═O 伸缩振动频率由 1797 cm^{-1}（反式结构无 n→π*相互作用）红移至 1766 cm^{-1}。这类电负性原子和羰基或芳香环之间的 n→π*相互作用是一种普遍现象：$\pi_{C=O}$···L 或π_{Ar}···L 键合作用，L═N 和 O。

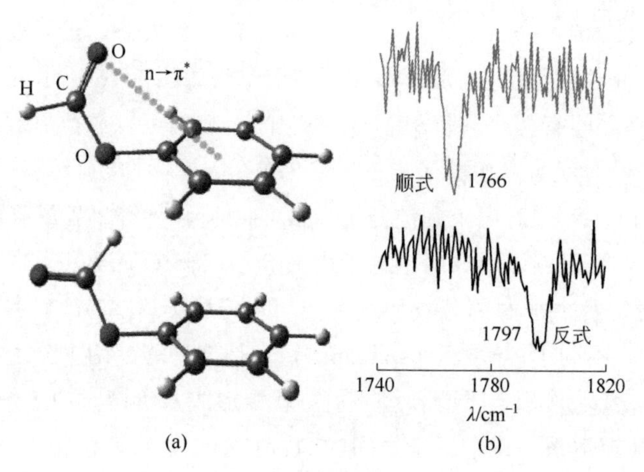

图 6-18　在 MO5-2X/augccpVDZ 水平计算的顺式结构中的 n→π*相互作用（甲酸苯酯）（a）和实验观察到的 C═O 伸缩振动光谱（b）

6.7　电荷转移荧光的两种机理

电子供受体之间由于电荷转移作用产生的荧光可以由两种机制实现，即发光激发态产生的方式有两种途径。如图 6-19 所示，一种是激发态的供体 D，将其激发态能级的电子转移到受体 A 的 LUMO 轨道，然后从受体的 LUMO 轨道再辐射去活到本身的 HOMO 轨道，产生荧光。另一种途径，供体的 HOMO 的电子，转移到激发态受体分子的基态轨道，而处于受体激发态能级的电子辐射去活到供体的 HOMO 轨道，产生荧光。在前一种情况下，实际上受体就是充当一个介体，供受体之间没有实际意义上的电子交换。而后一途径，供受体之间存在实际意义上的电子交换，并遵循自旋守恒规则，$\Delta S = 0$。

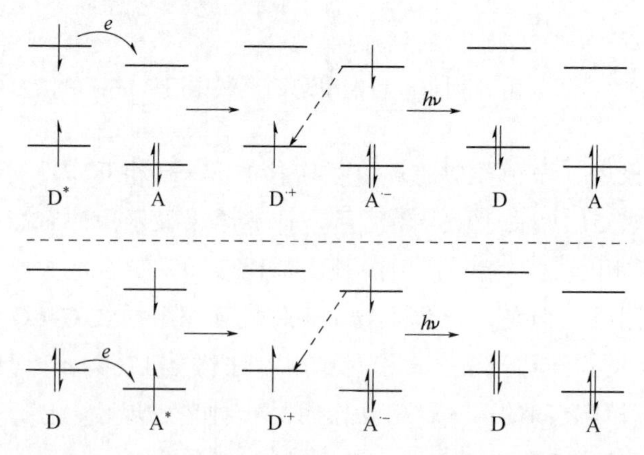

图 6-19　电荷转移荧光产生机理（分别对应电子供体为激发态和受体为激发态）

金属配合物所生产的吸收或荧光光谱涉及几种机理。其中两种常见的机理是，配体到金属电荷转移（LMCT）或金属到配体的电荷转移（MLCT）。有时也涉及金属的带间电荷转移或电子转移（见本章末知识拓展部分）。

电荷转移跃迁产生的吸收光谱和荧光光谱可以用于药物分析或其他目标物的检测[48]。常见的电荷受体包括 7,7,8,8-四氰基对醌二甲烷、氯冉酸、7,7,8,8-四氰基对苯醌、四氰乙烯和其他各种类型的受体[19]。

6.8 分子内和扭转的分子内电荷转移荧光

1962 年 Lippert[49]系统报道了在极性溶剂中，源于 4-二甲氨基苯甲腈（DMABN）“不正常的”双重荧光的现象。如图 6-20 所示，在正己烷中，DMABN 仅产生位于较短波长处的“正常”的荧光，而在极性的四氢呋喃溶剂中，除了正常的荧光外，在较长波长处又出现了一个“不正常”的荧光发射带，即出现了双荧光（dual fluorescence）现象。为了解释这种现象，Grabowski 和 Rotkiewicz 等[50,51]引入了扭转的分子内电荷转移态（twisted intramolecular charge transfer states，TICT）概念。

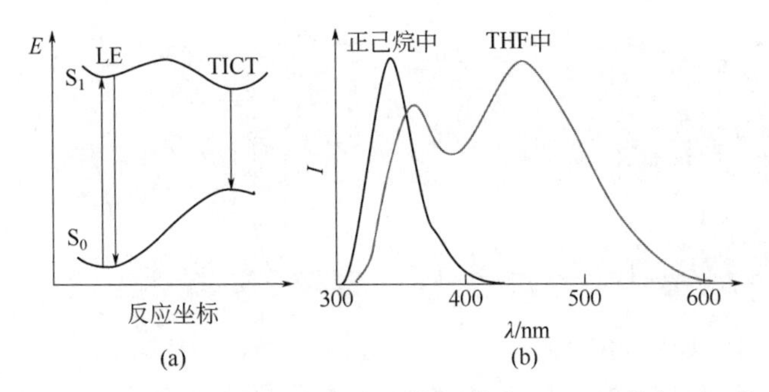

图 6-20 DMABN 基态和激发态势能曲线（a）及其在正己烷和四氢呋喃溶液中的室温荧光光谱（b）

1979 年波兰化学家 Grabowski 等[51]及以后德国的 Rettig 等[52]进一步研究提出：①在分子处于激发态时，因光诱导的强烈电荷转移使分子强烈极化，再由溶剂化作用使分子内给体二甲氨基扭曲弛豫。即使原来共轭的电荷转移结构体系变成二甲氨基和氰基苯平面相互正交的电子转移结构，发生了 π 体系的自去偶（self-decoupling）作用。②相互正交的完全的电子转移结构引起电荷分离。分子的这一电荷分离状态，就是扭曲的分子内电荷转移（TICT）态。这种扭曲的分子内电荷转移结构可被其周围的溶剂分子或环境所稳定。③这种电子转移可引起分子内的荧光自猝灭（fluorescence self quenching），即正常荧光的猝灭。但由于在强烈的分子运动时可引起上述正交平面离开正交状态，即两个正交平面的电子云会离开“节点”（无电子云的点）使各自的电子云发生部分重叠，于是就出现了“反常的”温度效应和黏度效应（参见本章末知识拓展部分Ⅰ，Q8）[53]。

TICT 态的出现是一个自发进行的过程，只要分子内的电荷转移达到较大程度，这种自动去偶的扭曲过程即可发生，因此也称之为绝热的光化学反应。

DMABN 是柔性的分子，两个取代基可以自由旋转。但是，基态是共面的。激发态 TICT 的形成，涉及在 S_1 高势能面的一个绝热的光反应过程。在局域激发态（locally excited state，LE 态，即 F-C 态），分子没有显著的变形，拥有部分的电荷转移特征和平面构型（planar conformation）。而在 TICT 态，D 和 A 被锁定为扭曲状态以达到电荷分离，是一个完整的电荷转移，见图 6-21[54]。

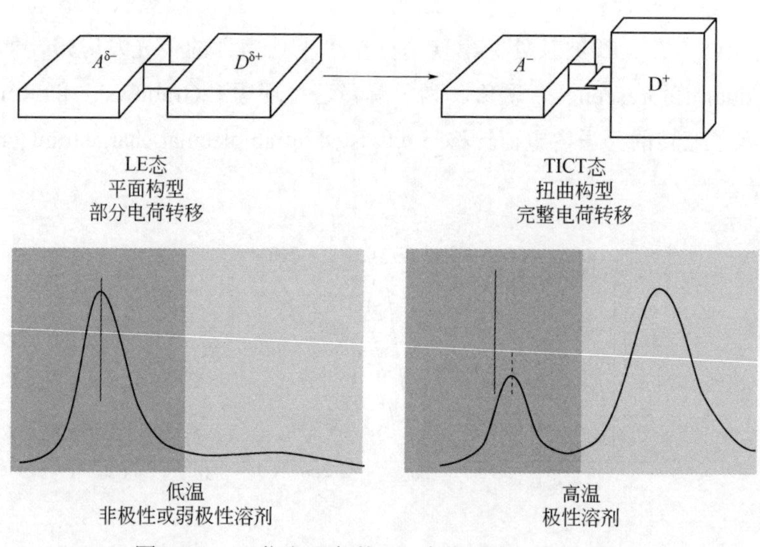

图 6-21　双荧光现象的 LE 态和 TICT 态示意图

如上所述，对于双荧光现象，二甲氨基的扭曲是导致 TICT 的直接原因。为了验证 TICT 态是可信的，人们合成了如图 6-22 所示的三种荧光体。第一个分子即 DMABN 分子中的供体和受体部分，既可以共面，也可以形成扭转的（或近乎正交的）构型。第二个分子，不可扭转的平面结构。而第三个分子为完全扭转的构型。如果 LE 态和 TICT 态理论是正确的，那么第一种分子，既可产生 LE 态的荧光，又可产生 TICT 态的荧光；第二种分子仅能产生 LE 态的荧光，不具双荧光现象；第三种分子仅能产生 TICT 态的荧光，也不具双荧光现象。实验结果证明了上述猜想：二甲氨基被固定在同一平面不能发生扭曲的化合物不能观察到 TICT 峰；二甲氨基被固定在扭曲位置的化合物，只能观察到 TICT 峰。

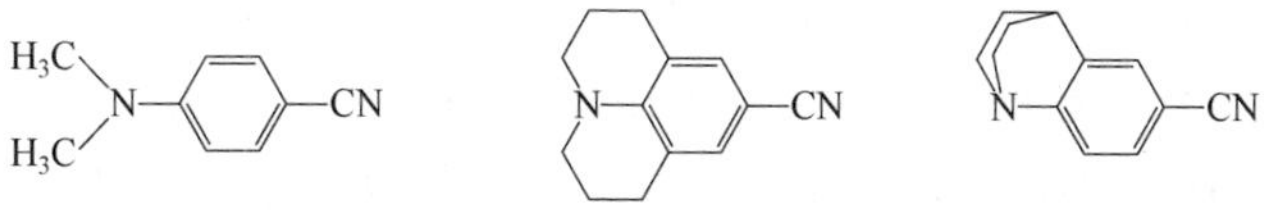

(a) 可共面、可扭转的结构　(b) 不可扭转的平面结构　(c) 完全扭转的结构

图 6-22　TICT 和非 TICT 态荧光分子结构

如图 6-23 所示的荧光分子，氨基不是离域电子体系的一部分，因为 *N*-苯基平面并不平行于萘环的平面。因此，激发过程定域在萘环部分。但是，对于该分子的构象异构体之一，氨基和苯环之间的共轭貌似是可信的。在 ICT 或 TICT 态，氨基扭转以允许氮孤对电子处于与萘环共轭的状态。在非极性溶剂中，LE 态具有低能量态，发射荧光。在极性溶剂中，CT 态变成了低能量态，并发射较长波长的荧光[55]。

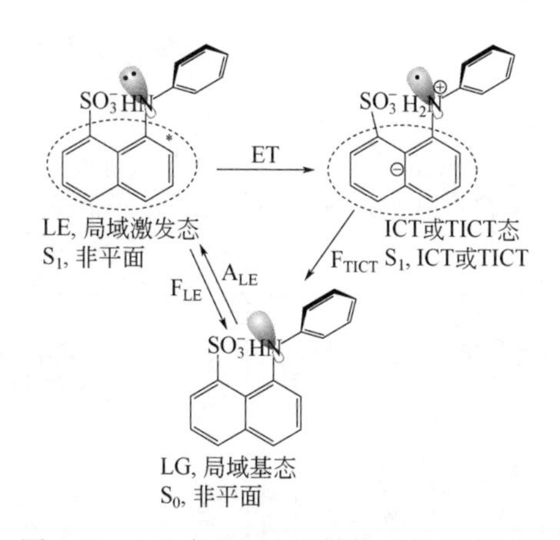

图 6-23　LE 态和 CT 态转换以及荧光过程

双荧光现象的主要特点可以总结为：①光谱特征：短波长处呈现正常的荧光峰（LE 态），长波长处呈现反常的电荷转移峰（TICT 态）。②溶剂效应：在极性溶剂中出现双荧光现象，且最大发射波长位置随溶剂极性的增大而明显红移。③温度效应：随温度的上升，长波长处的发射峰逐渐增强，而短波长处的发射峰不断减弱。因为从动力学方面，温度有利于分子扭曲。④发射强度变化并不依赖于溶液浓度，即不可能存在分子间的缔合现象。

TICT 荧光是有用的，但是抑制 TICT 态的发生，可以提高 LE 态的荧光量子产率。通过溶剂极性效应，也可以改变 LE/TICT 双途径荧光的比率。利用氮丙啶（三元氮丙啶环）作为荧光团电子供体，由于氮丙啶巨大的环张力和空间位阻，不仅有效抑制荧光猝灭和阻止由于形成分子内电荷转移态（TICT）而引起的染料光漂白，而且可以获得高荧光强度和光稳定性的系列新型荧光染料，荧光量子产率达到 70%[56]。在所设计的分子中，氮丙啶中 N 原子位于萘亚酰胺基所在平面，而氮丙啶中的—CH_2—CH_2—位于平面之外（上），见图 6-24，这样 N 的孤对电子轨道处于不可扭曲的状态，电荷不能处于分离状态。就像图 6-22（b）那个化合物，N 被固定不可扭曲。当三元环换为四元环、五元环时，荧光量子产率分别为 63%和 2.3%。而换成二甲基时，量子产率只有不到 1%。图 6-25 展示了计算的氨基取代基、电子供受体二面角θ等因素与 TICT/LE 过程势能面和能垒的关系。相比之下，氮丙啶取代基导致 TICT 和 LE 之间转换的较高的能垒，为 0.303 eV。

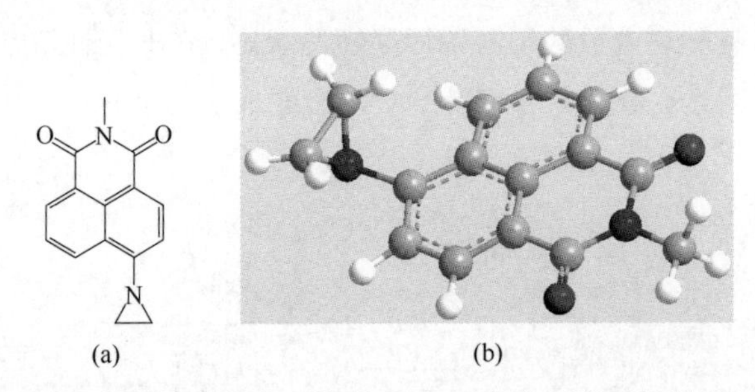

图 6-24　氮丙啶-萘亚酰胺基荧光染料（a）以及电子供受体的相对取向（b）

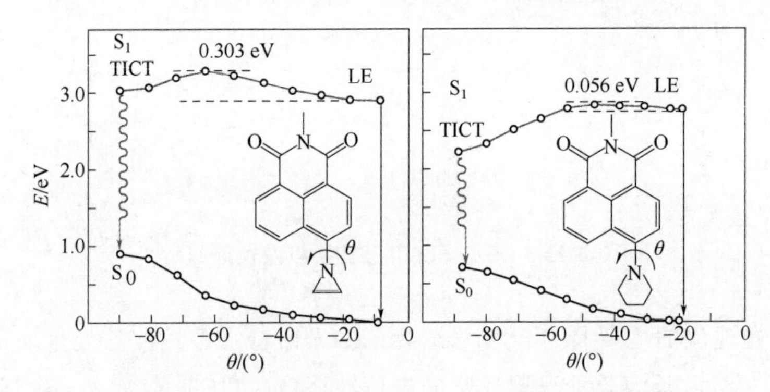

图 6-25　氨基取代基对 TICT/LE 过程势能面的影响

6.9　电荷转移荧光的应用

例 1　监控共聚反应进程

利用设计的分子转子（molecular rotor）电荷转移态对黏度变化的敏感性监控共聚反应进程。室温下分子转子的旋转速率可以达到 3 MHz[57,58]。而这种转子的旋转速率与介质的黏度密切相关。实际上反映的是电荷转移态、发光强度或量子产率与介质黏度的相关性。由此，设计图 6-26 所示的探针用于监测高分子反应进程。由图 6-26 可见，聚合反应开始阶段，介质的黏度较低，探针可以沿着单键快速旋转，荧光量子产率低，发光强度低。随后，随反应的进行，介质黏度增大，荧光强度迅速增加，并达到最大。而且，不同单体产生的聚合反应荧光动力学不同[59]。

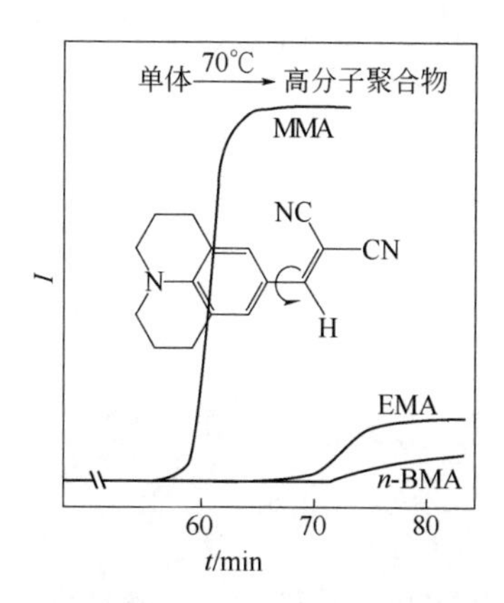

图 6-26　基于 CT 荧光设计的黏度探针和分子聚合过程中荧光变化的动力学曲线

甲基丙烯酸（MMA）、乙基丙烯酸（EMA）和正丁基丙烯酸（n-BMA）；

检测波长$\lambda_{ex}/\lambda_{em}$：430 nm/500 nm

例 2　比率荧光法测定黏度或微黏度

转子探针的荧光量子产率与介质黏度的关系可以用 Förster-Hoffmann 方程表示[60]：

$$\lg I = x\lg\eta + C \tag{6-19}$$

式中，I 为荧光发射强度；η为介质黏度；x 为与探针和溶剂有关的常数；C 为浓度和温度常数。

荧光强度与黏度直接相关，但这种方法容易受到环境和仪器因素的影响，因此发展比率型荧光探针（ratiometry）显得更有意义。比率型黏度传感器的设计可以将两种独立的荧光基团耦联为一体：荧光与黏度无关的部分（作为强度内标）和荧光与黏度相关的部分。图 6-27 所示探针由两部分组成，具有 CT 特征的氰基-对-甲氨基苯基丙烯酸酯部分（CMAM）和 7-甲氧基香豆素部分（MCCA）[61]。分子转子（CMAM）含有电子供体单元和电子受体单元。随着光激发，两个单元发生相对旋转，而这种旋转受到介质黏度的影响。MCCA 部分作为内标，同时有可能作为能量供体与 CMAM 发生共振能量转移，从而提高这种方式激发 CMAM，导致黏度依赖性的转子荧光发射。图 6-27 的实验结果说明所设计的比率型黏度探针是可行的。用 444 nm 光激发时，仅能产生黏度依赖性的 CMAM 的荧光（光谱

C），而用 360 nm 光激发时，不仅产生了不受黏度影响的香豆素基团的荧光（光谱 A），而且还监测到 MCCA 共振能量激发 CMAM 的受黏度影响的荧光（光谱 B）。

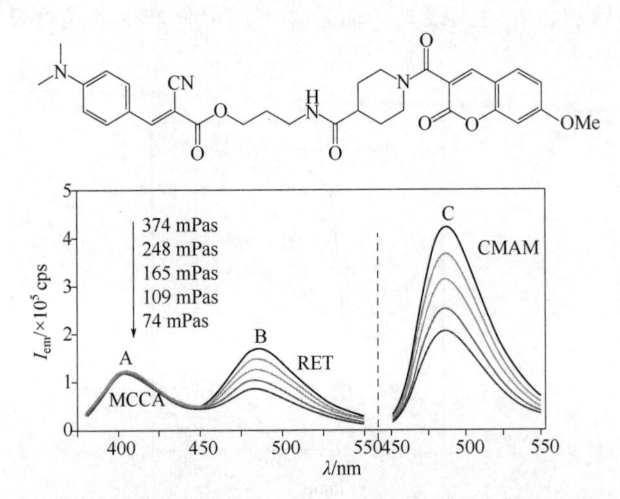

图 6-27　比率型黏度荧光探针及其在乙二醇+甘油介质中的发射光谱

峰 A、B 和 C 对应于 MCCA（参比）、Förster 共振能量转移 RET 和 CMAM 发射。峰 A 和 B 激发 360 nm，而峰 C 激发 444 nm。仅峰 B 和 C 是受黏度影响的

例 3　光学响应开关

在分子器件化学中，调控分子内旋转运动以控制其功能是一项挑战性的工作。半硫靛蓝（hemithioindigo）是一类奇特的分子开关。最近 Dube 等[62]报道，通过溶剂极性可以控制同一分子内的单键转子或双键转子的光学响应行为，并详细研究了变化的热力学和动力学特征，如图 6-28 所示。

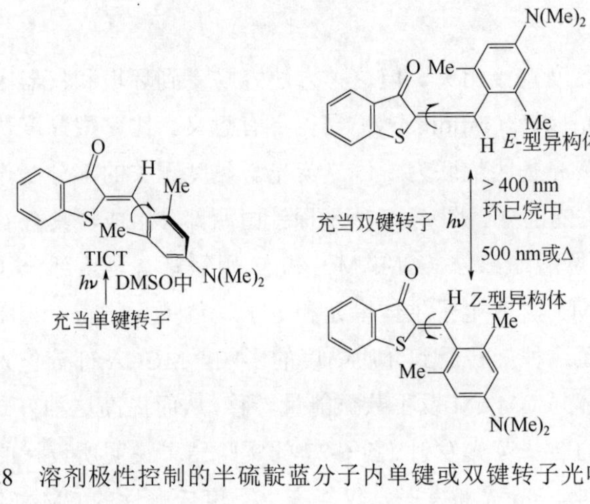

图 6-28　溶剂极性控制的半硫靛蓝分子内单键或双键转子光响应开关

例 4 调节质子的酸性

图 6-29 所示的两种 *N*-水杨酰苯胺化合物，一个有 *p*-CN 吸电子基团，电荷转移作用使得两个苯环质子更缺电子，形成更强的芳烃 H^{AR}-σ-穴（H^{AR} 表示芳环 H，参见溶剂效应部分）。如此，阴离子可以与两个苯环上的质子以及酰胺上的质子形成图示的氢键（一种σ-穴键），而不需水杨酸的羟基，从而调节探针的荧光波长，建立阴离子 $H_2PO_4^-$ 传感器[63]。

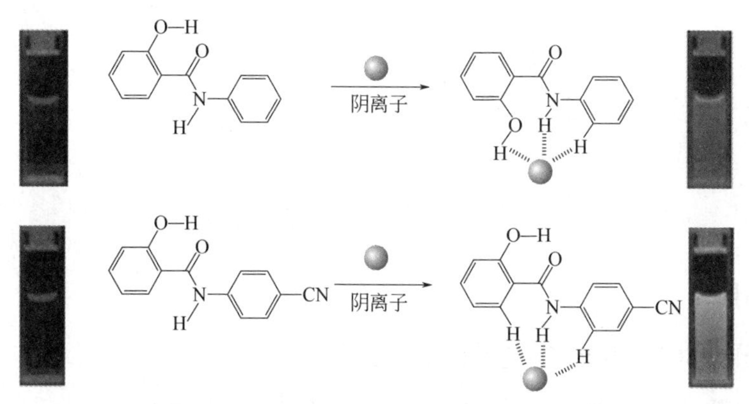

图 6-29 *N*-水杨酰苯胺化合物传感阴离子原理

例 5 几种基于冠醚的超分子金属离子配合物体系

具有荧光的主体/受体化合物，无论其处于静默态还是激活态，与客体/底物金属离子的配位，一定会影响荧光化合物的分子内电荷转移或电子转移，进而影响分子发光，使其由静默态（Off）转变为激活态（On），或相反。从分子开关和逻辑门的角度，上述过程即为 Off→On 或 On→Off 的响应。从化学或生物传感器的角度，即荧光增强型或荧光猝灭型响应。如图 6-30 所示，这种体系可以分为 PET 增强或猝灭型（见第 7 章）、光诱导分子内电荷转移（PCT 或 PICT）猝灭型、可变价过渡金属离子可向配体转移电子或电荷（MLCHT）的增强型。在 PCT 体系中，自由的氨基由于直接与芳香环连接，并且其非键轨道具有平行于苯环π轨道的分量，轨道可以部分重叠，实际上参与了共轭体系，即向共轭体系转移了电子电荷。但当与金属离子配位后，显然阻断了这种电荷转移，进而影响荧光信号。荧光信号（相对强度、光谱位移或激发态衰减特征）的变化与金属离子浓度相关。而在 MLCT 体系中，可变价金属离子转移电子给配体，其正电荷由低到高，传感器荧光增强，或产生电荷转移荧光。

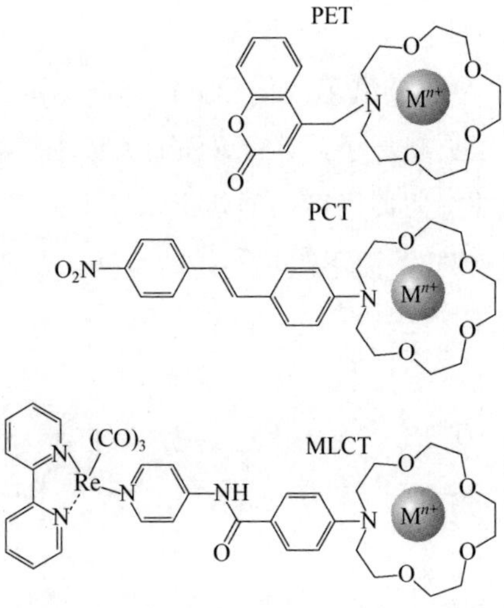

图 6-30　几种冠醚类荧光体与金属离子形成的主客体配合物

【知识拓展】

Ⅰ　关于 TICT 的一些更深入的问题

Q1：CT 态是如何产生的？TICT 态发光是源于 CT 发光，还是拥有 TICT 态分子的新的 LE？要看 CT 能级最低还是新的 LE 能级最低？要看光谱的特征？

一般认为分子存在两种激发态：一种为类似于 Franck-Condon（F-C）态，另一个为 CT 态。F-C 态，即吸光后的瞬间状态，此时分子结构还未改变，而与基态构型相同，此状态又称为局部激发态（locally excited state，LE 态）。CT 态则由 LE 态经过一连串分子中的电子重组及构型转变后得到，此状态涉及分子内电荷的重新分布、与外部溶剂分子在空间上的重组等，所以此状态极性较 LE 态大。此两种状态间的平衡与溶剂的极性密切相关。在非极性的溶液中，LE 态较占优，但是当极性逐渐增加时，CT 态则因溶剂的稳定作用，而成为较低能阶的激发态。这样的特性，使得此类分子在光物理性质的表现上，对溶剂的极性极为敏感。

LE 和 CT 态在本质上的不同，使得 ICT 化合物在荧光光谱的表现上，与一般化合物不同。CT 态的荧光发射不具振动峰结构，且电荷转移本身容易造成非辐射去活化行为（nonradiative decay），所以此类分子通常在极性较高的溶剂中，有较低的荧光量子产率。换言之，此类分子的荧光会因为周围环境（如溶剂）极性不同，而有明显位移现象并伴随形状和强度变化。此外，部分 ICT 化合物在低极性溶剂中，可能出现双重荧光（分别源于 LE 和 ICT 态发射）。

Q2：在 TICT 态，D 和 A 相对旋转角度是多少？完全正交吗？

开始认为是正交，但现在理论和晶体结构或 ps 级脉冲-X 射线探针研究表明不一定正交。

如图 6-31 所示，在 DMABN 的电子激发态，存在明显的由二甲氨基向芳环π*轨道转移电荷现象，并有 TICT 荧光产生。但是，可以看到二甲氨基与苯基平面之间的扭转角只有约 25°。基态的锥体角度约为 1°，而激发态也只有约 3°。也就是说，在非正交的状态下也可以产生 TICT 发射[64]。

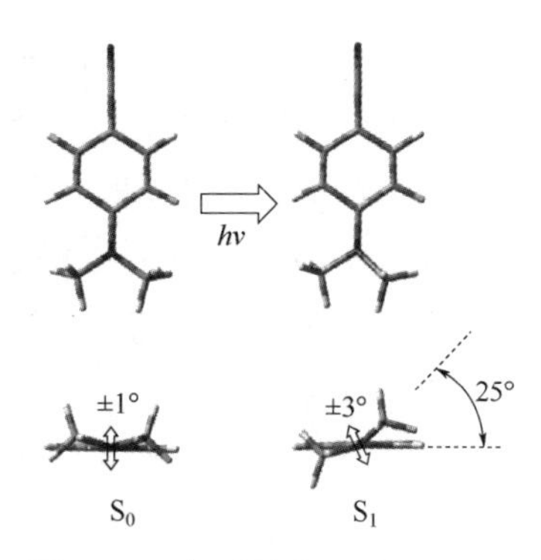

图 6-31　光诱导作用致 DMABN 几何结构变化（25°）

如图 6-32 所示，晶态 *N,N*-二异丙基氨基苯甲腈（DIABN）ICT 态比 LE 基态更具平面性，电子供体相对于苯环的扭转角由基态的 14° 减小为激发态的 10°[65]。在 267 nm 激发作用下，形成 LE 特征的 S_1 态，接着在 11 ps（25℃）内形成 ICT 态，速率常数为 k_a 9.1×10^{10} s^{-1}。ICT 态荧光寿命 3.28 ns。这就说明，ICT 态并非更加扭转的。或者说，平面的分子内电荷转移态（planar intramolecular charge transfer，PICT）是可以存在的[66]。

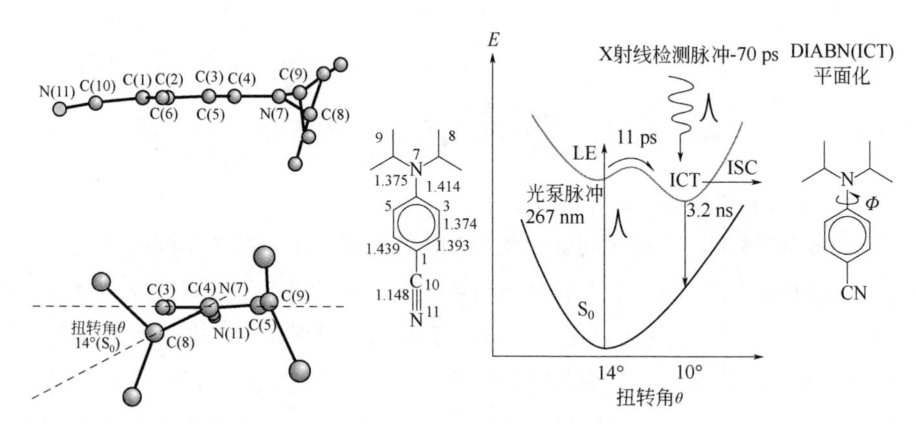

图 6-32　DIABN 的晶体结构和激发态的光物理途径（键长单位为 Å，1 Å = 0.1 nm）

Q3：供体 D 形成氢键和质子转移的影响？

电子供体通过跨环（如跨环共轭或跨环电荷转移）或π轨道重叠的共轭性质，转移电荷至电子受体，称为分子内电荷转移。对于一个拥有分子内电荷转移性质的分子，当供体质子化（protonation）时，则因供电子能力的消失，进而破坏此分子的 ICT 性质。但假如受体质子化，则因正电荷的出现而使其吸电子能力增强，进而增强此分子 ICT 的表现。由于电子受体在激发态具有较大碱性（参见第三章取代基部分），因此基态中存在的氢键化合物可能在受光激发后出现质子转移。而对一般具双发光团（bichromophoric）的荧光性有机分子（D-A），若供受体推拉电子的能力超过某一程度，此分子便具有 ICT 的能力。然而若供受体推拉电子的能力并不足以诱发 ICT，则分子只能呈现原来官能基所拥有的性质[67]。

具有 ICT 的分子在受光激发后，将具有更明显的电荷转移行为，于是对此分子的受体官能基而言，光激发后将因电子密度的增加而使其碱性增加。相反，对此分子的供体官能基而言，光激发后反而将因电子的重新分配而使其碱性变弱。于是，若此分子在基态与另一具有氢质子供体的分子作用，激发后将因此分子不同官能基碱性的改变，而有质子转移的出现，此现象称为激发态质子转移（excited-state proton transfer，ESPT）[67]。

Q4：内或外重原子效应分别对 LE 态和 TICT 态荧光产生什么影响？

ICT 或 TICT 是对称性禁阻的，重原子效应对其不产生明显的影响[55,68,69]。如图 6-33 所示，在 6-*N*-芳氨基-2-萘磺酸（6,2-ANS）或其衍生物的芳基引入重原子取代基 X（X = F，Cl，Br）使得萘中心的 $S_{1,np}\rightarrow S_{0,np}$（np 表示非极性）发射量子产率下降，而 ICT 态 $S_{1,ct}\rightarrow S_0$ 发射量子产率基本不受影响。而且，磷光磷光量子产率略有增加，磷光寿命不受影响。但是，应该注意，如果重原子取代基产生重原子效应以外的作用，那可能也会对 ICT 或 TICT 发光产生影响。

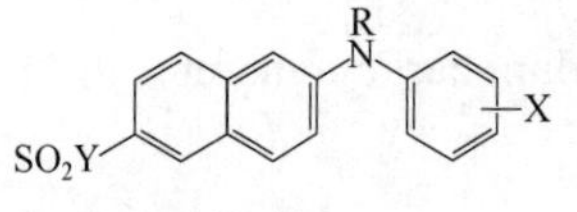

R
N
X
SO_2Y

1H, R=H, Y=O^-
1M, R=CH_3, Y=O^-
1HA, R=H, Y=$N(CH_3)_2$
1HA, R=Ch_3, Y=$N(CH_3)_2$

图 6-33　ANS 衍生物结构式

Q5：卤代溶剂对 TICT 态发射能量的专属性影响的本质是氢键还是卤键？

如图 6-34 所示，在氯代的溶剂中，DMABN 的 TICT 发光能级明显高于非氯代溶剂，而且 LE 态和 TICT 态的转换需要更高的活化能。对于这种反常现象，文献[70,71]基于电子供、受体理论对其进行了尝试性的探讨，作者认为与氯代溶剂-DMABN 之间的氢键有关。^{1}H NMR 表明，氨基在高受体数溶剂中存在专属性的溶剂效应。但是要注意，NMR 测量的是分子基态的性质，与分子激发态的溶剂化效应是有区别的，而作者忽略了这一点。其实，现在看来，上述现象应该与卤键或卤键、氢键共同作用有关。CCl_4 与发光分子的富电子部分仅能形成卤键，而含有酸性质子的卤代溶剂与发光分子的富电子部分既可形成卤键，又能形成氢键，在许多情况下，可能卤键更具竞争性[37,72-74]。因此，卤键作为一种专属性的溶剂效应，对荧光分子，特别像具有电荷供受体特征的荧光分子的 TICT 相关过程的光物理行为产生与极性影响“反常”的结果也就不足为奇了（如 DMABN 中的氨基或氰基部分，由于基态的电荷转移以及激发态电荷分离的正交或准正交状态，氰基部分负电荷密度更大，而氨基实质上是正电荷的或缺电子的。所以，卤键受体位点最大可能性为氰基）。还有一种可能的途径需要探索，那就是，卤素的“重核”对 TICT 相关过程的光物理行为产生何种影响？尽管前面已经提到，内重原子效应对 IC 过程不产生影响（见 Q4）。无论如何，卤代溶剂对 TICT 态发射能量的专属性影响的本质需要进一步探索。可查阅其他更多相关参考文献[75-77]。

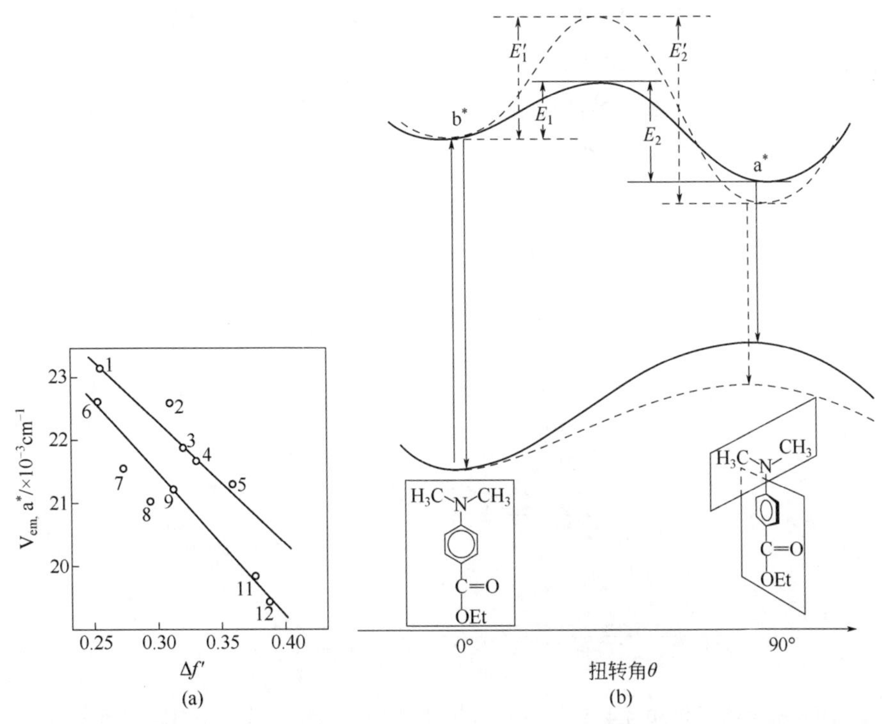

图 6-34　4-(*N*,*N*-二甲氨基)苯甲酸酯溶致色移图（1～5 为氯代溶剂，6～11 为非氯代溶剂：1 为氯仿，2 为氯代正丁烷，3 为二氯甲烷，4 为 1,2-二氯乙烷，5 为二氯乙醚，6 为乙醚，7 为乙酸丁酯，8 为乙酸乙酯，9 为四氢呋喃，10 为丁腈，11 为乙腈）（a）和溶剂对能级水平影响示意图（实线：非氯代溶剂；虚线：氯代溶剂。a*表示 TICT 态，b*表示 LE 态）（b）

Q6：对称性禁阻跃迁与 d 轨道参与的影响？

对比 4,4′-二甲氨基苯基磺酸（4,4′-dimethylaminophenyl sulfone，DMAPS）、4,4′-二氨基苯基磺酸（4,4′-diaminophenyl sulfone，APS）和 DMABN 的荧光行为（荧光寿命和量子产率）表明，TICT 辐射跃迁具有禁阻特点。然而，LE 态和 TICT 态之间的平衡对溶剂极性的敏感性与硫原子 d 轨道的参与有关，其降低了对称性对形成 TICT 态的限制。最小重叠几何或最小重叠选律（minimal overlap geometry or rule）支配着 TICT 态形成[76,78]。

Q7：温度和黏度的影响？

如图 6-35 所示，在−95～−20℃范围内，DMAPS 的 LE 发射逐步降低，而 TICT

发射相对增强。此外，利用 Debye-Stokes-Einstein 流体动力学模型准确描述了黏度对 4-对-二甲氨基苯乙烯基吡啶盐（4-*p*-dimethylaminostyrylpyridinium salt）荧光的影响：在低黏度条件下，电荷转移荧光的量子产率与溶剂黏度线性相关，电荷转移态热活化重新取向弛豫的活化能也与介质黏度相关[76,79]。虽然黏度对 TICT 荧光或光诱导的电子转移（PET）弛豫是有影响的，但如果有强的猝灭取代基，如在 *N*-苯基-9-蒽基甲酰胺的苯基上存在甲氧基，则蒽的 TICT 和 PET 过程相关的荧光被猝灭，即便是在高黏度介质中也难以恢复；而如果是亚甲基，在极性和黏性介质中都可诱导荧光发射[58,80-83]。

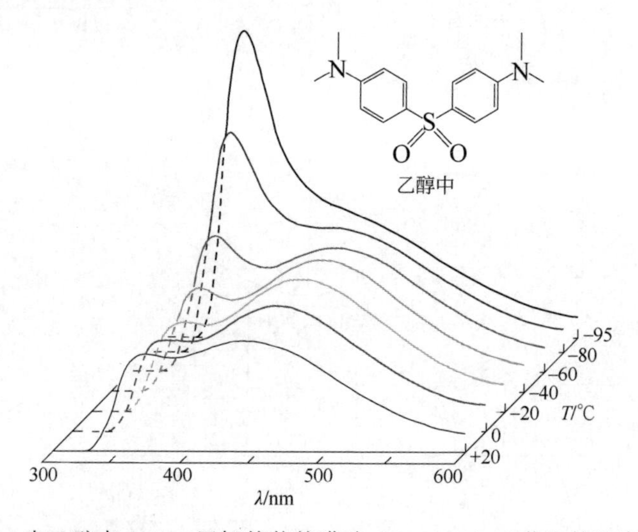

图 6-35　在乙醇中 4,4′-二甲氨基苯基磺酸（DMAPS）双荧光的温度相关性

Q8：纯电子转移态和电荷转移态的判据？

纯电子转移态，即在 D-A 体系中，一个完整的电荷定域在 D 和 A 单元，形成 $D^{+\cdot}$ 和 $A^{-\cdot}$ 荷电自由基。而在电荷转移态，D 和 A 各自的轨道延伸到本体之外，相互部分地重叠，即形成 $D^{\delta+}$ 和 $A^{\delta-}$ 单元。两种状态的判据是[70]：①激发态偶极矩与完全的电荷分离态相对应；②跃迁偶极应该非常小，因为荧光过程对应于重叠-禁阻跃迁；③激发态吸收光谱应该匹配于阳离子自由基 $D^{+\cdot}$ 和阴离子自由基 $A^{-\cdot}$ 光谱的叠加。前两点不可以直接地从光谱实验观察到。第三点比较容易实现，如果出现 $D^{+\cdot}$ 和 $A^{-\cdot}$ 各自的吸收带，则是电荷分离的状态，就是发生了电子转移；如果除了 $D^{+\cdot}$ 和 $A^{-\cdot}$ 各自的吸收带，还有新的吸收带或肩峰出现，则有可能 ET 和 CT 处于平衡状态，这种平衡状态往往是电荷完全分离的前奏[11]；如果两种自由基光谱重叠严重，则意味着分子可能从正交态演变到醌型平面构型。需注意，有时获得纯的电荷转移光谱并非易事，常常要采用差减光谱或分峰方法。

近些年，Kochi 关于电荷转移和电子转移的论文非常有分量，值得一读。除了前面各章节提到的外，还有文献[84-86]。

Ⅱ 无机电荷转移配合物

除了前面已经介绍过的有机分子或有机分子与无机的阴离子之间的电荷转移作用外，在无机配位化学中，有机配体或无机配体与金属离子之间经常发生电荷转移现象，这种现象对配位化合物的光学、电学、磁学等性质产生或轻或重的影响。依照电荷转移的方向，这种电荷转移可以分为配体到金属的电荷转移和金属到配体的电荷转移两种类型。也包括以配体为桥的同种或异种金属离子间的价间电子转移，因为价间电子转移对配合物的发光性质也产生显著的影响。

电荷转移吸收带通常具有如下特征[87]：①电荷转移复合物具有强的电荷转移吸收带。因为电荷转移吸收跃迁既非自旋禁阻（spin-forbidden）跃迁（实际上在 TICT 一节的阅读材料中已经提及），也非对称性禁阻（symmetry- 或 Laporte-forbidden），拥有大的摩尔吸光系数，一般 5×10^4 L/(mol · cm)。而金属离子的 d-d 跃迁 $t_{2g}\rightarrow e_g$ 是一种禁阻的跃迁，摩尔吸光系数不及 20 L/(mol · cm)，甚至更低。②具有溶致变色行为（solvatochromism）：电荷转移跃迁带的频率随着溶剂极性的变化而显著变化，表明相应于跃迁的结果电荷密度大幅地移动。而电荷转移跃迁带的这种特征是配体的$\pi^*\leftarrow\pi$所不能企及的。

紫色高锰酸根离子（MnO_4^-）涉及从氧的 p 轨道到锰空轨道的电荷转移。黄色颜料 CdS 涉及 $Cd^{2+}(5s)\leftarrow S^{2-}(\pi)$跃迁。红色 HgS 涉及 $Hg^{2+}(6s)\leftarrow S^{2-}(\pi)$跃迁。红色和黄色氧化铁涉及 $Fe(3d)\leftarrow O^{2-}(\pi)$跃迁。

参考文献

[1] Y. Okamoto, W. Brenner. Organic Semiconductors. Rheinhold, New York, **1964**.

[2] H. Akamatsu, H. Inokuchi, Y. Matsunaga. Electrical conductivity of the perylene-bromine complex. *Nature*, **1954**, *173*: 168-169.

[3] P. W. Anderson, P. A. Lee, M. Saitoh. Remarks on giant conductivity in TTF-TCNQ. *Solid State Commun.*, **1973**, *13*: 595-598.

[4] P. M. Chalkin, P. Haen, E. M. Engler, R. L. Greene. Magnetoresistance and Hall effect in tetramethyl-tetraselenafulvalene-phosphorus hexafloride [(TMTSF)2PF6]. *Phys. Rev. B*, **1981**, *24*(*12*): 7155-7161.

[5] G. N. Lewis. Valence and structures of atoms and molecules. The chemical Catalog Co., New York, **1923**.

[6] N. V. Sidgwick. The electronic theory of valency. Clarendon Press, Oxford, **1927**.

[7] V. Gutmann. The donor-acceptor approach to molecular interactions. Plenum, New York, **1978**.

[8] J. R. Lakowicz, A. Balter. Analysis of excited state processes by phase-modulation fluorescence spectroscopy. *Biophys. Chem.*, **1982**, *16*: 117-132.

[9] Q. J. Shen, W. J. Jin. Strong halogen bonding of 1,2-diiodoperfluoroethane and 1,6-diiodoperfluorohexane with halide anions revealed by UV-Vis, FT-IR, NMR spectroscopes and crystallography. *Phys. Chem. Chem.*

Phys., **2011**, *13*: 13721-13729.

[10] C. E. Housecroft, A. G. Sharpe. Inorganic Chemistry. 3rd ed. Prentice Hall, 2008: 541. ISBN 978-0131755536.

[11] X. Pang, H. Wang, X. R. Zhao, W. J. Jin. Anionic 3D cage networks self-assembled by iodine and V-shaped pentaiodides using dimeric oxoammonium cations produced *in situ* as templates. *Dalton Trans*., **2013**, *42*(*24*): 8788-8795.

[12] A. Weller. Electron-transfer and complex formation in the excited state. *Pure Appl. Chem*., **1968**, *16*: 115-123.

[13] R. A. Bissell, E. Calle, A. P. de Silva, et al. Luminescence and charge transfer. Part 2. Aminomethyl anthracene derivatives as fluorescent PET (photoinduced electron transfer) sensors for protons. *J. Chem. Soc., Perkin Trans. 2*, **1992**: 1559-1564.

[14]R. A. Marcus. Electron transfer reactions in chemistry: theory and experiment (Nobel lecture). *Angew. Chem. Int. Ed*., **1993**, *32*: 1111-1121.

[15] R. S. Mulliken. Molecular compounds and their spectra. II. *J. Am. Chem. Soc*., **1952**, *74*: 811-824.

[16] R. S. Mulliken, W. B. Person. Molecular complexes: A lecture and reprint volume, Willey-Interscience, New York, **1969**.

[17] H. Taube, H. J. Myers, R. L. Rich. The mechanism of electron transfer in solution. *J. Am. Chem. Soc*., **1953**, *75*: 4118-4119.

[18] 郭庆祥, 王隽, 刘有成. 电子转移反应的 Marcus 理论. *化学通报*, **1993**(*8*): 3-21.

[19] S. V. Rosokha, J. K. Kochi. Fresh look at electron-transfer mechanisms via the donor/acceptor bindings in the critical encounter complex. *Acc. Chem. Res*., **2008**, *41*: 641-653.

[20]Mulliken, R. S. Molecular compounds and their spectra. III. The Interaction of electron donors and acceptors. *J. Phys. Chem*., **1952**, *56*(*7*): 801-822.

[21] A. V. Vasilyev, S. V. Lindeman, J. K. Kochi. Molecular structures of the metastable charge-transfer complexes of benzene (and toluene) with bromine as the pre-reactive intermediates in electrophilic aromatic bromination. *New J. Chem*., **2002**, *26*: 582-592.

[22] S. V. Rosokha, J. K. Kochi. Mechanism of inner-sphere electron transfer via charge-transfer (precursor) complexes. Redox energetics of aromatic donors with the nitrosonium acceptor. *J. Am. Chem. Soc*., **2001**, *123*: 8985-8999.

[23] S. V. Rosokha, J. K. Kochi. Strong electronic coupling in intermolecular (charge transfer) complexes. Mechanistic relevance to thermal and optical electron transfer from aromatic donors. *New J. Chem*., **2002**, *26*: 851-860.

[24] S. V. Rosokha, J. K. Kochi. X-ray Structures and Electronic Spectra of the π-Halogen Complexes between Halogen Donors and Acceptors with π-Receptors. *Struct. Bond*., **2008**, *126*: 137-160.

[25] W. S. Zou, J. Han, W. J. Jin. Concentration-dependent Br···O halogen bonding between carbon tetrabromide and oxygen-containing organic solvents. *J. Phys. Chem. A*, **2009**, *113*: 10125-10132.

[26] Q. J. Shen, W. J. Jin. Strong halogen bonding of 1,2-diiodoperfluoroethane and 1,6-diiodoperfluorohexane with halide anions revealed by UV-Vis, FT-IR, NMR spectroscopes and crystallography. *Phys. Chem. Chem. Phys*., **2011**, *13*: 13721-13729.

[27] K. M. C. Davis. Solvent effect on charge-transfer fluorescence bands. *Nature*, **1969**, *223*: 728-728.

[28]T. Clark, M. Hennemann, J. S. Murray, P. Politzer. Halogen bonding: the σ-hole. *J. Mol. Model*., **2007**, *13*(*2*): 291-296.

[29] H. Wang, W. Wang, W. J. Jin. σ-hole bond *vs*. π-hole bond: a comparison based on halogen bond. *Chem. Rev*., **2016**, *116*: 5072-5104.

[30] J. S. Murray, Z. P. I. Shields, P. G. Seybold, P. Politzer. J. Comp. *Science*, **2015**, *10*: 209-216.

[31] T. Clark, P. Politzer, J. S. Murray. Correct electrostatic treatment of noncovalent interactions: the mportance of polarization. *WIREs Comput. Mol. Sci.*, **2015**, *5*: 169-177.

[32] X. Pang, H. Wang, X. R. Zhao, W. J. Jin. Co-crystallization turned on the phosphorescence of phenanthrene by C-Br⋯π halogen bonding, π-hole⋯π bonding and other assisting interactions. *CrystEngComm.*, **2013**, *15(14)*: 2722-2730.

[33] S. E. Wheeler, K. N. Houk. Substituent Effects in the Benzene Dimer are Due to Direct Interactions of the Substituents with the Unsubstituted Benzene. *J. Am. Chem. Soc.*, **2008**, *130(33)*: 10854-10855.

[34] K. K. Rohatgi-Mukherjee. Fundamentals of photochemistry. John Wiley & Sons, 1978; K.K.罗哈吉-慕克吉. 光化学基础. 丁革非, 孙林, 盛六四, 等, 译. 北京: 科学出版社, 1991: 62-63.

[35] A. E. Bragg, B. J. Schwartz. The ultrafast charge-transfer-to-solvent dynamics of iodide in tetrahydrofuran. 1. exploring the roles of solvent and solute electronic structure in condensed-phase charge-transfer reactions. *J. Phys. Chem. B.*, **2008**, *112*: 483-494.

[36]M. J. Blandamer, M. F. Fox. Theory and applications of charge-transfer-to-solvent spectra. *Chem. Rev.*, **1970**, *70*: 59-93.

[37] 吴玉杰. 卤键及其专属性地对 DMABN 双荧光性质的影响. 北京: 北京师范大学, 2010.

[38] 申前进. C—I⋯X^-复合物及磷光复合晶体中的卤键作用. 北京: 北京师范大学, 2011.

[39] P. Ayotte, C. G. Bailey, G. H. Weddle, M. A. Johnson. Vibrational spectroscopy of small Br^-·(H_2O)n and Br^- • (H_2O)n clusters: infrared characterization of the ionic hydrogen bond. *J. Phys. Chem. A*, **1998**, *102*: 3067-3071.

[40] C. Reichardt. Solvents and solvent effects in organic chemistry. 3rd, Updated and Enlarged Edition. Weinheim, Wiley-Vch, **2003**.

[41] R. C. Smith. Covalently Scaffolded inter-π-system orientations in π-conjugated polymers and small molecule models. Macromol. *Rapid Commun.*, **2009**, *30*: 2067-2078.

[42] W. L. Wang, J. W. Xu, Y. H. Lai. Alternating conjugated and transannular chromophores: tunable property of fluorene-paracyclophane copolymers via transannular π−π interaction. *Org. Lett.*, **2003**, *5*: 2765-2768.

[43] P. S. Kalsi, Spectroscopy of organic compounds, 6th ed, New Age International (P) Ltd., New Delhi 2004.

[44] 黄量，于德全. 紫外光谱在有机化学中的应用（上）. 北京: 科学出版社，2000.

[45] S. P. Thomas, D. Jayatilaka, T. N. Guru Row. S⋯O Chalcogen bonding in sulfa drugs: insights from multipole charge density and X-ray wavefunction of acetazolamide. *Phys. Chem. Chem. Phys.*, **2015**, *17(38)*: 25411-20254.

[46] H. Y. Gao, X. R. Zhao, H. Wang, et al. Phosphorescent cocrystals assembled by 1,4-diiodotetrafluoro-benzene and fluorene and its heterocyclic analogues based on C—I⋯π halogen bonding. *Cryst. Growth. Des.*, **2012**, *12(9)*: 4377-4387.

[47] S. K. Singh, K. K. Mishra, N. Sharma, A. Das. Direct spectroscopic evidence for an n→π* interaction. *Angew. Chem. Int. Ed.*, **2016**, *55*: 7801-7805.

[48] 杜黎明, 吴昊, 陈彩萍. 喹诺酮类药物的分析方法与应用. 北京: 科学出版社, 2006.

[49] E. Lippert, W. Liider, H. Boos. Adv. Mol. Spectrosc. (Proc. 4th Int. Meet.) (ed. Mangini A) . Oxford: Pergamon Press , 1962: 443-443.

[50] K. Rotkiewicz, K. H. Grellmann, Z. R. Grabowski. Reinterpretation of the anomalous fluorescense of *p*-N,N-dimethylamino-benzonitrile. *Chem. Phys. Lett.*, **1973**, *19*: 315-318 (a correction in Chem. Phys. Lett. 1973, 21, 212: In the caption to fig 2c the “compound IV” and “compound II” should be mutually replaced by one another).

[51] Z. R. Grabowski, K. Rotkiewiez, A. Siemiarczuk, et al. Twisted intramolecular charge transfer states (TICT). A new class of excited states with a full charge separation. *Nouv. J. Chim.*, **1979**, *3*: 443-454.

[52] W. Rettig. Charge separation in excited states of decoupled systems—TICT compounds and implications

regarding the development of new laser dyes and the primary process of vision and photosynthesis. *Angew. Chem. Int . Ed.*, **1986**, *25*: 971-988.

[53] 吴世康. 具有荧光发射能力有机化合物的光物理和光化学问题研究. *化学进展*, **2005**, *17*: 15-39.

[54]W. Rettig. Photophysical and photochemical switches based on twisted intramolecular charge transfer (TICT) states. *Appl. Phys. B*, **1988**, *45*: 145-149.

[55] E. M. Kosower, H. Kanety. Intramolecular donor-acceptor systems. 10. multiple fluorescences from 8-(phenylamino) 1-naphthalenesulfonates. *J. Am. Chem. Soc.*, **1983**, *105*: 6236-6243.

[56] X. G. Liu, Q. L. Qiao, W. M. Tian, et al. Aziridinyl fluorophores demonstrate bright fluorescence and superior photostability by effectively inhibiting twisted intramolecular charge transfer. *J. Am. Chem. Soc.*, **2016**, *138* (*22*): 6960-6963.

[57] M. Klok, N. Boyle, M. T. Pryce, et al. MHz Unidirectional rotation of molecular rotary motors. *J. Am. Chem. Soc.*, **2008**, *130*: 10484-10485.

[58] M. A. Haidekker, T. P. Brady, D. Lichlyter, E. A. Theodorakis. Effects of solvent polarity and solvent viscosity on the fluorescent properties of molecular rotors and related probes. *Bioorg. Chem.*, **2005**, *33*: 415-425.

[59] R. O. Loufty. Fluorescence probes for polymer free-volume. *Pure Appl. Chem.*, **1986**, *58*: 1239-1248.

[60] Th. Förster, G. Hoffmann. Die viskositätsabhängigkeit der fluoreszenzquantenausbeuten einiger farbstoffsysteme. *Z. Phys. Chem. Neue Folge.*, **1971**, *75*: 63-76.

[61] M. A. Haidekker, T. P. Brady, D. Lichlyter, E. A. Theodorakis. A ratiometric fluorescent viscosity sensor. *J. Am. Chem. Soc.*, **2006**, *128*: 398-399.

[62] S. Wiedbrauk, B. Maerz, E. Samoylova, et al. Twisted hemithioindigo photoswitches: solvent polarity determines the type of light-induced rotations. *J. Am. Chem. Soc.*, **2016**, *138*: 12219-12227.

[63] L. Guo, Q. L. Wang, Q. Q. Jiang, et al. Anion-triggered substituent-dependent conformational switching of salicylanilides. new hints for understanding the inhibitory mechanism of salicylanilides. *J. Org. Chem.*, **2007**, *72(26)*: 9947-9953.

[64] A. E. Nikolaev, G. Myszkiewicz, G. Berden, et al. Twisted intramolecular charge transfer states: Rotationally resolved fluorescence excitation spectra of 4,4′-dimethylaminobenzonitrile in a molecular beam. *J. Chem. Phys.*, **2005**, *122*: 084309-1-10. s2005d.

[65] S. Techert, K. A. Zachariasse. Structure determination of the intramolecular charge transfer state in crystalline 4-(diisopropylamino)benzonitrile from picosecond X-ray diffraction. *J. Am. Chem. Soc.*, **2004**, *126*: 5593-5600.

[66] I. Gómez, M. Reguero, M. Boggio-Pasqua, M. A. Robb. Intramolecular charge transfer in 4-aminobenzonitriles does not necessarily need the twist. *J. Am. Chem. Soc.*, **2005**, *127*: 7119-7129.

[67] 王丽雅, 王顺利. 氢键与质子化对分子内电荷转移化合物的影响. *化学* (中国化学会志，台北), **2006**, *64(3)*: 407-416.

[68] Edward M. Kosower and Hanna Dodiuk. Intramolecular donor-acceptor Systems. 5. heavy atom effects on excited states of 6-*N*-arylamino-2-naphthalenesulfonate derivatives. *J. Phys. Chem.*, **1978**, *82(18)*: 2012-2015.

[69] E. M. Kosower, H. Dodiuk, K. Tanizawa, et al. Intramolecular donor-acceptor systems. Radiative and nonradiative processes for the excited states of 2-N-arylamino-6-naphthalenesulfonates. *J. Am. Chem. Soc.*, **1975**, *97*: 2167-2178.

[70] Z. R. Grabowski, K. Rotkiewicz, W. Rettig. Structural changes accompanying intramolecular electron transfer: Focus on twisted intramolecular charge-transfer states and structures. *Chem. Rev.*, **2003**, *103*: 3899-4031.

[71] R. K. Guo, N. Kitamura, S. Tazuke. Anomalous solvent effects on the twisted intramolecular charge transfer

fluorescence of ethyl 4-(*N*, *N*-dimethylamino) benzoate in chlorinated solvents. *J. Phys. Chem.*, **1990**, *94*(*4*): 1404-1408.

[72] X. R. Zhao, Q. J. Shen, W. J. Jin. Acceptor number of halogenated solvents and its potential as a criterion for the ability of halogen bonding as a specific solvent effect using the 31P-NMR chemical shift of triethylphosphine oxide as a probe. *Chem. Phys. Lett.*, **2013**, *556*: 60-66.

[73]庞 雪，申前进，赵晓冉，晋卫军．电子自旋共振作为探针研究卤代溶剂的专属性效应．*化学学报*, **2011**, *69*: 1375-1380.

[74] X. Pang, W. J. Jin. Exploring the specific halogen bond solvent effects in halogenated solvent systems by ESR probe. *New J. Chem.*, **2015**, *39*: 5477-5483.

[75] S. Tazuke, R. K. Guo, R. Hayashi. Influence of polymer side chains on the adjacent microenvironment. A fluorescence probe study by means of twisted intramolecular charge-transfer Phenomena. *Macromolecules*, **1989**, *22*: 729-734.

[76] W. Rettig, E. A. Chandross. Dual Fluorescence of 4,4′-Dimethylamino- and 4,4′-Diaminophenyl Sulfone. Consequences of d-Orbital Participation in the Intramolecular Charge Separation Process. *J. Am. Chem. Soc.*, **1985**, *107*: 5617-5624.

[77] R. J. Visser, Cyril A. G. O. Varma. Source of anomalous fluorescence from solutions of 4-N,N-dimethylaminobenzonitrile in polar solvents. *J. Chem. Soc., Faraday Trans. 2*, **1980**, *76*: 453-471.

[78] R. Grabowski, J. Dobkowski. Twisted intramolecular charge transfer (TICT) excited states: energy and molecular structure. *Pure Appl. Chem.*, **1983**, *55*: 245-252.

[79] B. Wandelt, P. Turkewitsch, B. R. Stranix, G. D. Darling. Effect of temperature and viscosity on intramolecular charge-transfer fluorescence of a 4-*p*-dimethylaminostyrylpyridinium salt in protic solvents. *J. Chem. Soc., Faraday Trans.*, **1995**, *91*: 4199-4205.

[80] B. Hiroki, K. Hara. Solvent viscosity effect on the formation of TICT state. Program and abstracts of papers. *High pressure conference of Japan*, **2001**, *42*: 102.

[81] S. K. Saha, P. Purkayastha, A. B. Das. Excited state isomerization and effect of viscosity- and temperature-dependent torsional relaxation on TICT fluorescence of trans-2-[4-(dimethylamino) styryl] benzothiazole. *J. Photochem. Photobiol. A Chem.*, **2008**, *199*(*2-3*): 179-187.

[82] J. D. Simon, S. G. Su. Effect of viscosity and rotor size on the dynamics of twisted intramolecular charge transfer. *J. Phys. Chem.*, **1990**, *94*(*9*): 3656-3660.

[83] J. Kim, T. Morozumi, H. Nakamura. Control between TICT and PET using chemical modification of N-phenyl-9-anthracenecarboxamide and its application to a crown ether type chemosensor. *Tetrahedron*, **2008**, *64*(*47*): 10735-10740.

[84] S. V. Rosokha, D. Sun, J. Fisher, J. K. Kochi. Spectroscopic and electrochemical evaluation of salt effects on electrontransfer equilibria between donor/acceptor and ionradicals pairs in organic solvents. *ChemPhysChem.*, **2008**, *9*: 2406-2413.

[85] D. Sun, S. V. Rosokha, J. K. Kochi. Reversible interchange of charge transfer *versus* electron transfer states in organic electron transfer via cross exchanges between diamagnetic (donor/acceptor) dyads. *J. Phys. Chem. B*, **2007**, *111*(*24*): 6655-6666.

[86] S. V. Rosokha, J. K. Kochi. Continuum of outerand inner sphere mechanisms for organic electron transfer. Steric modulation of the precursor complex in paramagnetic (ion radical) self exchanges. *J. Am. Chem. Soc.*, **2007**, *129(12)*: 3683-3697.

[87] P. J. Atkins, D. F. Shriver. Inorganic chemistry (3rd ed.). New York: W. H. Freeman and CO. 1999. ISBN 0-7167-3624-1.

第7章　溶液和异相介质的荧光猝灭

07 Chapter

一般人们更喜欢荧光增强法，因为从一个暗的背景产生光发射更容易被识别，而逐渐降低亮度的荧光猝灭信号似乎不是很容易觉察。但实际上，当目标物浓度很低时，小幅度的荧光信号增强与小幅度的荧光猝灭一样，也很容易被“埋没”在黑或亮的背景中。就人的眼睛感光能力而言，不管由亮变暗，还是由暗变亮，还与光的颜色关系密切。而从仪器检测灵敏度的角度，在相同检测器的情况下，就对荧光信号变量的响应而言，荧光猝灭法和直接荧光增强法似乎没有显著差别。此外，猝灭法常被认为是非专属性的，只适用于分子对象是唯一猝灭组分的情况。就一般情况而言，激发态的确可以被多种非选择性的组分所猝灭。

荧光猝灭效应的研究还可用以揭示猝灭剂的扩散速率，或在生物化学研究中用以推测蛋白质的结合位点、蛋白质构象变化等。

此外，由于最近对聚集诱导发光增强现象的兴趣，有必要了解其与浓度自猝灭原理的区别。在第 2 章的最后已经提到，荧光分析的工作曲线呈现 S 形，在高浓度段向浓度轴弯曲，即由浓度猝灭现象引起。浓度猝灭的原因可能有以下几种：第 2 章介绍过的内滤效应，由于荧光物质激发光谱与发射光谱的重叠，由自吸收引起的内滤效应极有可能发生；同样，由于光谱重叠，在高浓度时异种组分间的重吸收也是一种内滤效应；第 2 章介绍过的各种基态或激基聚集体的形成；第 3 章和第 5 章介绍的分子内旋转弛豫受阻现象；本章将要介绍的各种与浓度相关的能量转移猝灭过程；第 8 章将要介绍的偶极-偶极浓度退偏振效应等。

本章主要介绍溶液中的荧光猝灭现象及其本质。然而，许多情况下荧光的猝灭或与荧光猝灭相关的过程发生在非均一的体系之间，如固-液、固-气界面间的猝灭传感体系，细胞内外的电子传递等。所以，本章也将讨论非均一体系的发光猝灭。

7.1 荧光猝灭概述

7.1.1 荧光猝灭现象

一般地讲，荧光强度或荧光量子产率降低的现象都可以称为荧光猝灭。如前文所述，在超过荧光定量分析范围的上限，荧光强度可能开始向浓度轴弯曲，偏离线性关系，这种现象也可以称为荧光猝灭。然而，实质上，荧光猝灭过程是指与发光过程相互竞争从而缩短发光分子激发态寿命的过程，能量转移和电子转移等是荧光猝灭的重要途径。一些化学或物理过程，如基态或激发态质子转移、光学异构化、光解、分子多聚化等也都可能导致荧光猝灭。

依据是否涉及与激发态相互作用，一般可将荧光猝灭分为动态和静态两种猝灭途径，如表 7-1 所示。动态猝灭是猝灭剂和荧光物质的激发态分子之间所发生的相互作用过程，如能量转移或电子转移过程等。在某些情况下，可能生成激基复合物（exciplex）或激基缔合物（excimer），而它们可能不发光，或者荧光的性质与原先的荧光物质不同，从而引起荧光猝灭现象。由此可见，动态荧光猝灭的效率受荧光物质激发态分子的寿命和猝灭剂浓度所限制。静态猝灭是猝灭剂和荧光物质分子在基态时发生配合反应，所形成的复合物（coordination compound 或 complex）通常是不发光的。即使复合物在激发态时可能离解而产生发光的型体，但激发态复合物的离解作用可能比较缓慢，以致激发态复合物经由非辐射的途径衰变到基态更为有效。结果是基态配合物与未配合分子争夺入射光，减弱荧光（可看作内滤效应，inner filter effect）。

表 7-1 动态猝灭和静态猝灭的一般性比较

动态猝灭	静态猝灭
能量转移、电子/电荷转移、聚集作用等	形成基态复合物
特点：猝灭剂与荧光物质的激发态分子之间所发生的相互作用过程；猝灭是动力学控制的，即受荧光物质激发态寿命和猝灭剂的浓度所限制。激发态衰减特征和扩散碰撞特征决定猝灭行为	特点：猝灭剂与荧光物质分子形成不发光的基态配合物；通常只受基态配合物的热力学控制。没有与发射过程竞争,寿命不受影响。基态配合物与未配合分子争夺入射光，减弱荧光（内滤）

7.1.2 常见荧光猝灭剂及其猝灭机理

荧光猝灭剂（quenchers），即使荧光强度下降或荧光量子产率降低的化学物质，或有效地加速激发态分子失活的物质。一般，这些猝灭剂通过两种途径猝灭荧光，即电荷转移机理和能量转移机理。在此，首先介绍一些常见猝灭剂及其猝灭荧光的光物理过程。当然，许多情况下猝灭剂是通过化学反应导致荧光分子的结构改变而猝灭发光的，所以，也会涉及一定的化学反应机理。再有，光化学反应也是荧光猝灭的重要途径。

7.1.2.1 顺磁性猝灭剂

（1）O_2和 NO

分子氧无处不在，是最常见的荧光或磷光猝灭剂，其基态分子轨道的表示式为$[Be_2](\sigma_{2p_z})^2(\pi_{2p_y})^2(\pi_{2p_x})^2(\pi^*_{2p_y})^1(\pi^*_{2p_x})^1$。可以看出，基态 O_2 分子轨道中布居着两个自旋平行的单电子，自旋多重性为 3，为三线态，可以表示为 $^3O_2$（或 $^3\Sigma_g^-$），同时是中等的电子受体[1]。而激发态 O_2 分子，其中一个单电子跃迁到较高轨道时自旋反转，与基态轨道中的单电子形成自旋反平行电子对，为单线态。氧分子的猝灭机理涉及电荷转移复合物的形成和自旋-轨道耦合作用。既可增强 $S_0 \rightarrow T_1$ 吸收，又可通过能量转移，增大 $S_1 \rightarrow T_1$ 和 $T_1 \rightarrow S_0$ 的非辐射跃迁速率，而自身激发为有活性的单线态氧 $^1O_2$（$^1\Delta_g$，$^1\Sigma_g^+$，相应激发能分别为 7882 cm^{-1} 和 13121 cm^{-1}），可以用式（7-1）简单表示。这样的结果是，基态氧分子既可以猝灭分子三线态，也可以猝灭分子单线态。

$$^3M^* + {}^3O_2 \rightarrow ({}^2M \cdots {}^2O_2 \text{ 或 } {}^1M^* \cdots {}^3O_2) \rightarrow {}^1M + {}^1O_2^* \quad (7\text{-}1)$$

因为自旋交换的需要，荧光体和猝灭体必须互相紧密靠近。因此，氧的猝灭是扩散控制的。如在室温下的甲苯溶液中，氧对䓛（chrysene）的最低ππ* 激发单线态的猝灭速率常数为$(3.2 \pm 0.3) \times 10^{10}$ L/(mol·s)。

另一个可能的猝灭作用应该是基态 $^3O_2$ 的氧化作用，但是这一点比较少见，除非遇到非常容易氧化的荧光分子。激发态氧分子为单线态，$^1O_2$，是活性氧，对化学键具有破坏作用，与其他体内含氧自由基一样，充当生物分子的杀手。这种作用是光动力学治疗的基础。另外一种重要的氧化反应是氧化基态芳烃分子，产生过氧化产物，如 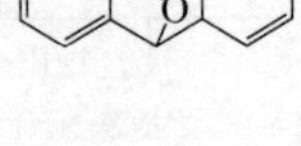 或 ：

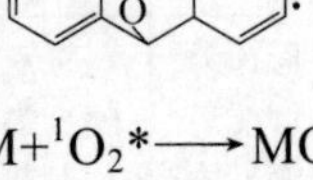

$$^1M + {}^1O_2^* \longrightarrow MO_2 \quad (7\text{-}2)$$

非常类似于蒽的光二聚化反应，形成由 9-9′和 10-10′一对共价σ键连接的二聚化蒽。

NO 的分子轨道的表示式为$[Be_2](\pi_{2p_y})^2(\pi_{2p_x})^2(\sigma_{2p_z})^2(\pi^*_{2p_y})^1$，基态 NO 分子中布居一个自旋单电子，为两重态（doublet ground state），^2NO 或$X^2\Pi_r$，与基态氧分子一样，都是顺磁性物种，是电子受体。一氧化氮自由基 ^2NO 也是一种受激单线态或三线态的高效猝灭剂，其猝灭机理与氧分子相似[1]。然而，NO 的最低激发态 ^4NO 位于 37900 cm^{-1}，远高于芳烃分子的 T_1 和 S_1 能级，因此，它既不能像氧分子那样，发生从 $^1M^*$或 $^3M^*$到 ^2NO 的能量转移［式（7-1）所示的整个过程，即氧分子通过能量转移产生 $^1O_2^*$，而 ^2NO 通过与三线态接触并不产生 $^4NO^*$］，又不能与芳烃发生过氧化反应。

^2NO 的猝灭过程可以表示为（E 表示键合的激基复合物态，Bound exciplex state）：

$$^1M^* + ^2NO \longrightarrow ^2E_3^* \quad (7\text{-}3)$$

$$^2E_3^* \longrightarrow ^2M^+ + ^{1,3}NO^- \quad (7\text{-}4)$$

$$^3M^* + ^2NO \longrightarrow ^2E_1^* \quad (7\text{-}5)$$

$$^2E_3^* \longrightarrow ^2E_1^* \longrightarrow ^2E_0 \longrightarrow ^1M + ^2NO \quad (7\text{-}6)$$

而且，作为三线态猝灭剂，猝灭速率常数 $k_{QT}(O_2) \approx 10 \sim 20\, k_{QT}(NO)$。

另外，像形成静态猝灭复合物 $^3(M{\cdot}O_2)^*$一样，$^2(M{\cdot}NO)^*$也是可能的，只不过 NO 形成这种复合物的能力比氧要差许多。

综上，O_2 和 NO 既可以通过交换机制，也可以通过非交换机制猝灭激发态发光。

由于 NO 重要的生物学意义，在过去的数十年间荧光作为一种最有效的方法之一，在 NO 检测方面引起科学界的高度关注，文献丰富。

（2）稳定的有机自由基

如 2,2,6,6-四甲基哌啶氮氧自由基（2,2,6,6-tetramethylpiperidine-*N*-oxyl free radical，TMPO），其两种共振结构见图 7-1，其猝灭行为类似于 NO 分子。

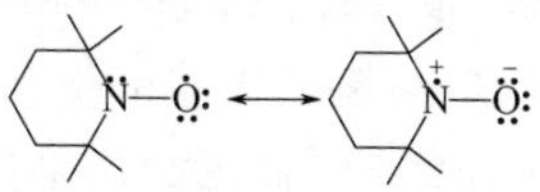

图 7-1 哌啶基氮氧自由基的两种共振结构（图中为文献表达形式，实际上，图中的电子密度转移也许应该表示为部分或单位电子密度转移）

有机的稳定自由基以及一氧化氮和氧分子都是顺磁性物种，也是适度的电子受体，与有机分子能形成碰撞复合物（或电荷转移复合物），或许能够借助介于类似内、外重原子效应的过程，增加非辐射的 $S_1 \rightarrow T_1$ 系间窜越速率 k_{ISC} 或辐射与非辐射的 $T_1 \rightarrow S_0$ 跃迁速率，从而引起荧光或磷光的增强或猝灭[2]。最近报道的一篇文章颇有意思[3]，在有机自由基 TEMPO-氟硼二吡咯甲烷二联体中，TEMPO 可以有效地增强系间窜越，使得氟硼二吡咯甲烷（boron dipyrromethene，Bodipy）荧光体产生长寿命的三线态（微秒级），导致其瞬时荧光猝灭。该自由基-三线态对激发态（整个分子为四重态）可以敏化苝产生三线态，三线态苝通过三线态-三线态湮灭（TTA）途径产生延迟荧光。TTA 是能量上转换（up-conversion）和下转换的联合过程，上转换量子产率为 6.7%。

顺磁性组分引起有机染料分子或半导体量子点荧光猝灭的自旋交换机制也可以表示如下[4]：

$$\mathrm{QD}(\uparrow)+\mathrm{Q}(\downarrow)\longrightarrow \mathrm{QD}(\downarrow)+\mathrm{Q}(\uparrow) \tag{7-7}$$

式中，QD 表示量子点或其他荧光物体；Q 表示自由基猝灭剂；箭头表示自旋电子及其自旋矢量状态。自由基对量子点的荧光猝灭被认为是电子转移途径[5,6]。但实际上，也应该是电子自旋交换转移。

需要注意的是，丙酮是一种有效的三线态光敏剂，单线态能量为 350 kJ/mol，单线态寿命短（10^{-9} s）。三线态能量高（326 kJ/mol），三线态寿命长（10^{-5} s）；而系间窜越速率大，系间窜越量子产率 Φ_{ST} 接近 1.0[7]，荧光测试尽量不选择丙酮溶剂。

（3）顺磁性金属离子猝灭剂

稍后再述。

7.1.2.2 电子或电荷供体类猝灭剂：有机胺类

可以通过光诱导电子转移（PET）、光诱导电荷转移（PCT）或形成电荷转移复合物（charge transfer complex，CTC）、电子供-受体复合物（donor-acceptor complex，DAC）、激基二聚体等途径猝灭荧光。对于荧光量子点而言，则通过捕获空穴、减弱激子复合概率，导致荧光量子点荧光或磷光猝灭。

7.1.2.3 重原子效应类猝灭剂：卤素、卤阴离子和重金属离子

这是一类重要的荧光猝灭剂。卤素取代基可能会通过所谓的内重原子效应（详见磷光一章）猝灭有机化合物的荧光。而卤阴离子，尤其是 I^-，通过外重原子效应（heavy atom effect，HAE）或称为自旋-轨道耦合作用（spin-orbital coupling）的途径产生猝灭作用。由于卤阴离子高的电子电荷密度，有时通过电荷或电子转移、形成电荷转移复合物、电子供-受体复合物等猝灭荧光，猝灭过程是动力学控制的。

许多情况下，阴离子的荧光猝灭能力可能具有如下次序：$CN^->I^->CNS^->Br^->Cl^->C_2O_4^{2-}>SO_4^{2-}>NO_3^->F^-$。与离子的电荷转移能力次序一致，可以说明电荷转移猝灭的贡献。有时候可能次序相反，那是具有静电作用特征的表现。

重金属离子类猝灭剂的猝灭机理之一也是重原子效应，而其他猝灭机理稍后再述。

7.1.2.4 化学反应型猝灭剂：硝基、亚硝基和亚硝酸根、醛胺缩合等

共轭的有机分子具有硝基取代基时，通常对荧光是不利的，但由于快速的系间窜越速率有时可以产生弱的磷光[8]。

由于亚硝酸盐是一种限制量的食品添加剂、食品着色剂，过多食用会导致严重疾病，甚至死亡。所以，荧光方法检测亚硝酸盐在食品安全方面显得十分重要。亚硝酸根 NO_2^-是水溶液中常见的荧光猝灭剂，NO_2^-可以通过电子转移或电子交换作用猝灭荧光和磷光，这种情况下，猝灭速率常数与距离呈现指数相关，即 $\ln k_q$ 与距离呈线性关系[9]。

可以设计有特殊功能基的荧光探针，通过发生亚硝化反应（nitrosation reaction），导致荧光猝灭或增强，进而检测亚硝酸根离子。有机分子中的氢被亚硝基（—NO）取代的反应称为亚硝化反应。被强共轭供电子基团活化的苯环，例如酚、某些酚醚、萘酚、三级芳胺，在亚硝酸或亚硝酸盐和酸共存条件下，可发生亲电取代的亚硝化反应。二级脂肪族胺和二级芳香族胺与亚硝酸反应，生成 *N*-亚硝基二级胺。一级胺在此反应条件下则发生重氮化反应。类似地，可形成 *O*-亚硝基化合物（RONO）、*S*-亚硝基化合物 （RSNO）。

典型反应如下[10]：

$$NO_2^- + 2\,H^+ \longrightarrow NO^+ + H_2O \tag{7-8}$$

$$RNH_2 + NO^+ \longrightarrow RNH{-}NO + H^+\ （R 为芳基） \tag{7-9}$$

Griess 反应也常用于测定亚硝酸根。如图 7-2 所示，在酸性条件下，亚硝酸根可以与芳香伯胺（如对氨基苯磺酰胺）形成重氮盐，其进一步与氨基芳香化合物（如 *N*-萘基乙烯基二胺）反应形成偶氮染料，进而根据吸收或荧光光谱和强度的变化测定亚硝酸根。NO 在酸性条件下也会发生类似反应。

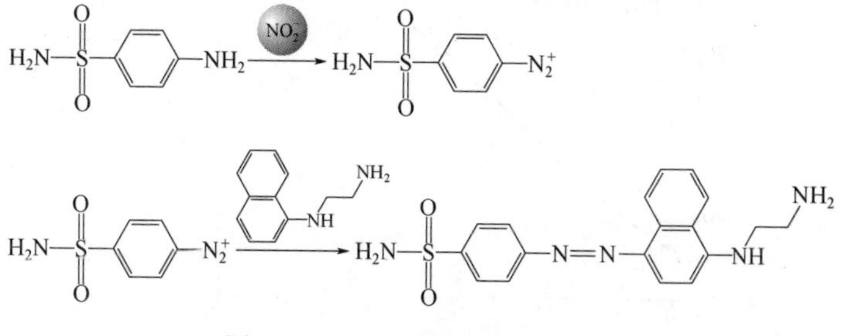

图 7-2 Griess 反应过程示意图

也可以通过与过量碘离子反应，生成三碘离子 I_3^-，进而引起荧光猝灭[11]，或生成 I_2，进而与荧光分子加成反应，引起荧光猝灭[12]。

近些年来，许多温和的有机化学反应在用于生物探针的正交标记（bioorthogonal labeling reactions）时被称为生物的点击化学反应[13]，其目的是选择性地利用一键启动化学标记光学的或电化学的敏感基团，但又对生物体系不产生扰动。也可以借鉴这类反应体系，通过荧光的猝灭或增强达到特定检测目的。式（7-10）表示通过铜催化环化加成反应将荧光探针（F）标记于生物分子（大的圆球）。其他许多反应如光催化环加成反应、醛胺缩合等都可作为点击化学反应。

$$\bullet\!-\!N_3 + \equiv\!-\!(F) \xrightarrow[\text{配体}]{Cu(II)} \bullet\!-\!N\!\!<\!\!\text{(N=N triazole)}\!-\!(F) \qquad (7\text{-}10)$$

另外，值得一提的是，通过点击化学的发展，应关注如何把一个看似孤立的但有潜势的事件发展或“炒作”为系统的化学现象，引起或促进一个科学领域的重大进展。

7.1.2.5 质子-π 相互作用

质子 H^+-π相互作用在超分子化学中也是一个令人感兴趣的课题。除了第 5 章已经介绍的质子离解或缔合对荧光的影响外，质子-π作用引起荧光猝灭也是可能的[14]。如图 7-3 所示，在研究的体系［1,2-二(4-吡啶基)乙烯，BPE］中，N 的

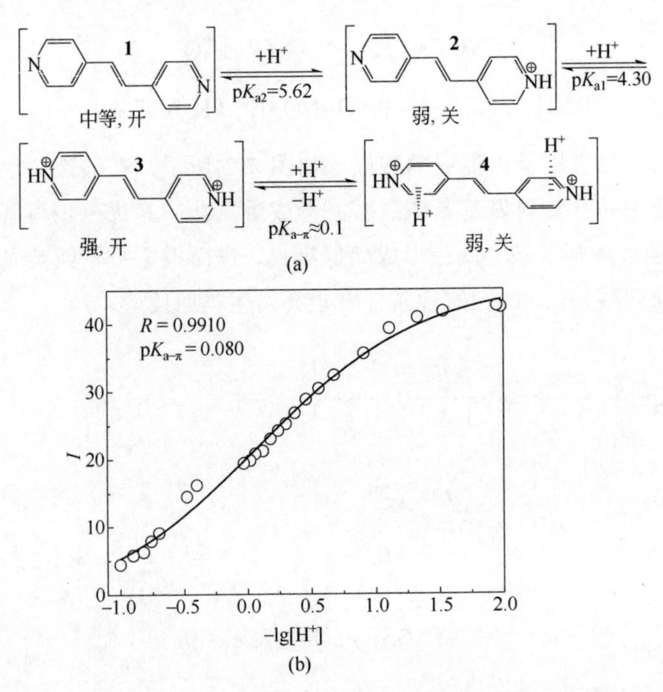

图 7-3 （a）质子-π作用机制（**1** 和 **3** 为正常态；**2** 和 **4** 的单质子-π组分是 CT 态）以及（b）芳香 π 的 $pK_{a\text{-}\pi}$ 估计

碱性是比较强的，而π电子的碱性非常弱。随着 pH 降低，两个 N 原子首先被质子化，化合物的荧光光谱以及吸收光谱均发生变化，荧光强度经历从较强到减弱又增强的过程。但是，当 pH 再进一步降低时，只能发生质子-π 相互作用，导致 π 电子密度降低，荧光又进一步减弱。

中性及质子化型体的最大激发波长分别为 298 nm 和 313 nm，最大发射波长分别为 418 nm 和 359 nm。

受测定方法和离子强度影响，pK_a 可能会有不同。BPE 的 pK_{a1} 为 3.65～4.49，pK_{a2} 为 5.6～5.9。根据荧光猝灭现象，可以估计型体 4 的 $pK_{a\text{-}\pi}$（芳香 π 电子的质子化常数或质子离解常数）为 0.08，$pK_{b\text{-}\pi}$ 为 13.9。实验证明，上述 pH 对荧光光谱和强度的影响是可逆的，表明 BPE 在 pH 值的调整过程中并未发生乙烯基或苯环的加成反应。

7.1.2.6 金属离子和金属

金属离子猝灭剂的作用机理显得复杂些，这与金属离子的电子结构和原子核的磁性特点有关，分为以下 10 种情况。

① 重金属离子如 Tl^+、Pb^{2+}、Hg^{2+}、Ag^+等像前面所述的碘离子一样，也可以通过自旋-轨道耦合作用猝灭荧光，增强磷光（详见第 9 章）。

② 顺磁性金属离子如 $Fe^{2+}(d^6)$、$Co^{2+}(d^7)$和 $Cu^{2+}(d^9)$等，也可能通过增加 k_{ISC}（S_1-T_1）而实现对荧光的猝灭[15~18]。同样也可以通过增加非辐射的 k_{ISC}（T_1-S_0）而实现磷光猝灭。当然，顺磁性金属离子对荧光猝灭作用的选择性还可能与荧光受体基团具体的螯合过程有关，发生 MLCT 或 LMCT，要具体情况具体分析。

有些条件下，与前面所述的顺磁性猝灭剂 O_2 相比，顺磁性金属离子的猝灭更为有效，大概因为其重核磁场也在起作用。例如，生物表面活性剂脱氧胆酸钠（sodium deoxycholate，NaDC）可以自聚形成二聚体或四聚体，并可与疏水性的发光分子形成三明治式的夹心聚集体。如 1-溴-2-甲基萘位于聚集体中心可以产生磷光，溶解氧不产生猝灭作用，但 Cu^{2+}和 Fe^{2+}显著猝灭磷光。用 H_2O_2 将 Fe^{2+}氧化为 Fe^{3+}消除猝灭，可以建立选择性测定 Cu^{2+}的方法[19]。

③ 饱和型+稳定的金属离子，如 $K^+/Zn^{2+}/Cd^{2+}$，与有机配体的配位作用，引起电荷转移或抑制光诱导电子转移（photo-induced electron transfer，PET）过程导致荧光变化，Cd^{2+}还可能同时具有重原子效应。

④ 饱和型+可变价的金属离子，如 Pb^{2+}/Hg^{2+}，除了上述作用外，氧化或还原作用/电子转移也是常见的猝灭机制。

⑤ 不饱和型+可变价的金属离子，如 $Cu^{2+}/Co^{2+}/Fe^{2+}$，除了前述的顺磁效应外，氧化还原/电子转移也是荧光猝灭的重要机制，如 $Cu^{2+} \rightarrow Cu^+$。利用 Cu^{2+}-Cu^+的相

互转化对荧光的影响，建立 NO 传感器：Cu^{2+}猝灭荧光，所以 Cu^{2+}配合物应无荧光，而 NO 将 Cu^{2+}还原为 Cu^{+}，自身形成 NO^{+}，并与 N 配位，Cu^{+}对荧光无影响，所以荧光增强[20]。利用此原理可完成活细胞中 NO 自由基的荧光检测，见图 7-4。

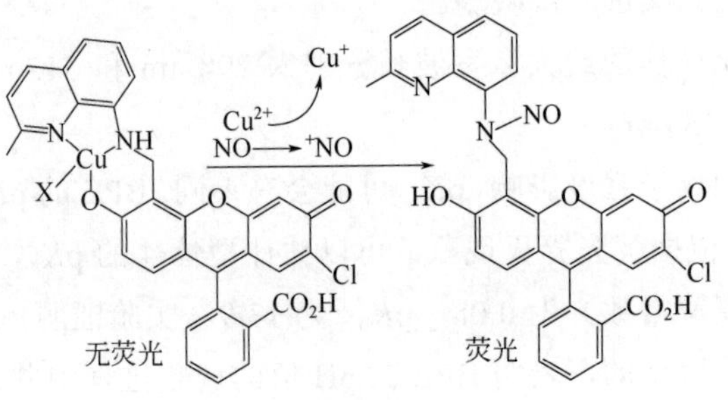

图 7-4　荧光增强型 NO 传感器

⑥ Ru、Ir 或 Os 以及 Fe 与有机配体之间通过发生类似于 $Ru^{2+} \rightleftharpoons Ru^{3+}$的氧化还原反应或 Ru^{2+}-配体-Ru^{3+}价（带）间转移（intervalence charge transfer）、金属到配体或配体到金属的电荷转移（MLCT/LMCT）等方式影响吸收或荧光、磷光。有时，Ru、Ir 或 Os 等金属离子配合物自身也可发光。

⑦ 除了上述各种可能性外，金属阳离子-π 相互作用（如 Ag^{+}-π、Li^{+}-π、Be^{2+}-π），类似于 C—X…π 卤键（X=Cl、Br、I），引起荧光猝灭，而磷光增强（参见第 9 章磷光部分）。

⑧ 配位或配位交换作用。金属离子与有机荧光体配位作用或与配合物交换中心离子引起荧光的猝灭或增强。对于有机配体修饰的发光纳米材料而言，除了上述提及的可能的机理外，金属离子与纳米粒子表面修饰的配体配位交换，从而引起纳米材料聚集或表面态的变化也是引起猝灭的重要途径（参见第 10 章）。

⑨ 亲金键或亲金属键也是影响金簇或其他金属溶胶发光性质的主要途径之一（详见第 10 章）。

⑩ 内滤效应。严格讲，内滤效应不是一种动态的荧光猝灭作用，但这是一个容易忽视的问题，在归属金属离子的猝灭效应时可能会发生误判。许多水合金属离子在紫外-可见光区具有显著的吸收，尤其当金属离子浓度位于微摩尔级别以上时对激发光的吸收导致的内率效应是必须考虑的[21]。

金属：临近于金属表面的有机分子荧光也会遭受猝灭，这与金属到有机分子的电子转移有关。但是，如果有机荧光染料分子位于金属膜或金属纳米粒子、金属簇表面的适当远的距离（位于所谓热点区域），在光辐射作用下产生的金属表面等离子体波或基元会增强荧光、拉曼散射等，这在分析化学领域是非常有用的（详见本章 7.5.3 节和第 10 章、第 12 章）。

7.1.2.7 石墨烯或氧化石墨烯

石墨烯作为平面刚性的π电子共轭体系，可以通过π-π堆积作用，吸附有机染料分子或核酸碱基，并通过能量转移猝灭吸附分子的荧光。利用此原理，可以构建生物传感器[22]。而π-π堆积的本质，传统认为是分子间克服了π-π排斥的净的σ-π吸引作用[23]。通过能量分解分析表明，碱基在石墨烯表面的吸附相互作用能中，色散能（E_{disp}）>静电能（E_S）>诱导能（E_{ind}），它们的和足以克服交换排斥能（E_{exp}），即石墨烯与碱基之间的π-π堆积作用的主要驱动力为色散相互作用，且作用的碱基次序为 G>A>T>C>U[24]。

碳纳米管也具有类似作用，尤其是利用芘分子在碳纳米管表面的吸附作用建立各式各样的生物或化学传感体系[25]。

7.1.2.8 光子

当需要引起分子激发时，光子作为入射辐射是绿色的能源；当需要引起光化学反应时（以实现光化学裁剪），光子又是绿色的化学试剂；当需要测量发射辐射时，光子作为次级的辐射是期望的产物。这就是 N. J. Turro 教授的重要观点[26~29]。光子作为试剂具有如下特点，选择性地激发分子中特殊的基团或者混合物中特定的分子，因为光吸收取决于确定的能隙（能量匹配）以及其他选律；光子吸收的这种选择性可以通过激光光源或单色器随意控制和变换；光子的“浓度”也是可以通过光的强度随意控制的；通过利用圆偏振光（circularly polarized light），光子可以光学活性地起作用；最后，通过短脉冲激光，高“浓度”光子可以注入到一种体系，在飞秒或皮秒尺度以触发（trigger）反应。

同样，光子虽不是化学物质，但它可以充当猝灭剂的角色[1]。光子可以多种途径引起荧光或磷光猝灭，如光化学猝灭、光降解或光解、光学异构化、光诱导能量转移或电子转移等。

① 光化学猝灭：激发态分子由于核间距加大，比基态更容易发生光化学反应，导致发光猝灭。

② 光二聚化（photodimerization）：如光辐射引起 9,9′,10,10′-蒽二聚体、激基缔合物或激基复合物的形成。苊烯在环己烷溶剂中光化学二聚化的主要产物是顺式二聚体，当在体系中加入碘乙烷形成共溶剂（环己烷+碘乙烷）时，光引发反式二聚体。

③ 光还原（photoreduction）：是指由光引发的还原反应，如向激发态物质转移一个或多个电子，或者由某种物质在光化学过程中产氢。无机离子或有机分子都有可能发生光还原反应，有机物的光还原指分子增加一个氢原子或一个电子对

的加成反应。

④ 光氧化（photooxidation）：由光引发的氧化反应。如化学物质受光激发并失去一个或多个电子、在光的作用下使一种物质和氧发生反应，并使氧加成在产物中。O_2参与的光加成反应有两种形式：

$$M+h\nu \longrightarrow M^*,\quad M^*+O_2 \longrightarrow MO_2 \tag{7-11}$$

$$M+O_2^* \longrightarrow MO_2\text{（过氧化物）} \tag{7-12}$$

⑤ 光敏化（photosensitization）：即光动力作用（photodynamics），通过敏化剂 S 吸收能量，再经能量转移使 M 激发为 M*，进而与 X 反应，如式（7-13）所示。最典型的光敏化反应是通过敏化剂（如卟啉、酞菁、量子点等）三线态能量转移产生活性的单线态 $^1O_2$，其具有较强的氧化能力，在临床上作为光动力治疗试剂。

$$S+h\nu \longrightarrow S^*,\quad S^*+M \longrightarrow M^*+S,\quad M^*+X \longrightarrow P \tag{7-13}$$

⑥ 光降解或光解，光辐射导致有机或生物化合物分解，或生成自由基，都可能引起物质发光行为改变。

⑦ 光学异构化（第 3 章）和光诱导能量转移或电子转移（见其他章节）也存在相应影响。

7.2 碰撞猝灭和静态猝灭理论

7.2.1 溶液中的碰撞作用

双分子作用过程的基本条件是两个分子的紧密接近，即碰撞。对于基态分子的动力学碰撞来说，要求两个分子相互接触，而对于处在激发态的分子来说，并不一定需要两个作用分子的直接接触，它们之间便可能发生碰撞，即光学碰撞（optical collision），如图 7-5 所示。

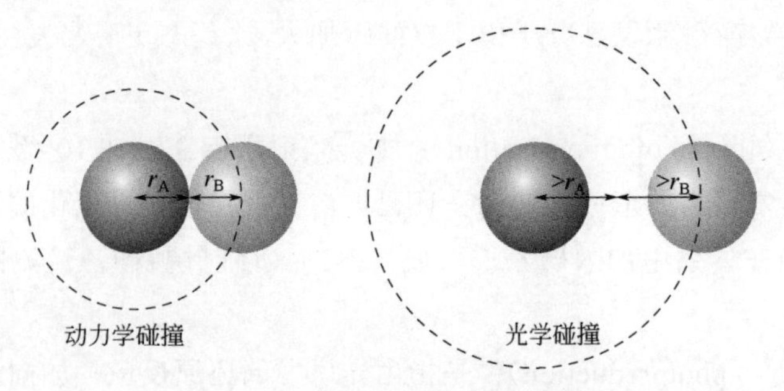

图 7-5 动力学和光学碰撞示意图

在溶液中，被溶剂分子所包围的两个邻近的溶质分子，在它们漂离之前，彼此可能进行20～100次的重复碰撞，这称为一次遭遇。每次遭遇所含的碰撞次数及遭遇持续时间，与溶液的黏度及温度有关。

假定发生碰撞作用的两个分子半径相等，而且相互作用半径和动力学半径相等，每次遭遇的概率系数为1，则得到双分子反应的速率常数 $k_2 = 8RT/(3000\eta)$。说明双分子反应的速率常数 k_2 只与溶剂的黏度和温度有关。黏度和温度，对于理解荧光猝灭过程是重要的两个参数（参见第5章）。

7.2.2 碰撞猝灭方程：Stern-Volmer 方程

荧光分子M的激发和衰减过程可以表示如下：

$$M+h\nu_a \longrightarrow M^* \qquad I_a \tag{7-14}$$

式中，I_a 为辐射吸收速率（即强度），分子吸收光而被激发。

$$M^* \longrightarrow M+h\nu_F \qquad k_F[M^*]\text{（荧光辐射衰减）} \tag{7-15}$$

$$M^* \longrightarrow M+\Delta H \qquad k_{nr}[M^*]\text{（非辐射衰减）} \tag{7-16}$$

辐射和非辐射衰减符合一级反应速率，k_F 为荧光速率常数，k_{nr} 为各种非辐射速率常数，k_{-1} 为逆向的反应速率，$k_{-1}[M^*] = (k_F-\Sigma k_{nr})[M^*]$ 或 $k_F[M^*] = (k_{-1}+\Sigma k_{nr})[M^*]$。

在猝灭剂Q存在下：

$$M^*+Q \longrightarrow M+Q^*\text{（或 }Q+\Delta H\text{）} \qquad k_q[M^*][Q] \tag{7-17}$$

式中，$k_q[M^*][Q]$ 为双分子荧光猝灭反应速率。

根据稳态假设，无猝灭剂存在时：

$$d[M^*]/dt = I_a-(k_F+\Sigma k_{nr}+k_{-1})[M^*] = 0$$

$$I_a = (k_F+\Sigma k_{nr}+k_{-1})[M^*] \tag{7-18}$$

荧光分子M的荧光量子产率：

$$\Phi_F^0 = k_F[M^*]/I_a = k_F[M^*]/(\Sigma k_{nr}+k_{-1})[M^*] = k_F/(k_F+\Sigma k_{nr}+k_{-1}) \tag{7-19}$$

$$\tau_0 = 1/(k_F+\Sigma k_{nr}+k_{-1}) \tag{7-20}$$

在猝灭剂Q存在下：

$$d[M^*]/dt = I_a-(k_F+\Sigma k_{nr}+k_{-1}+k_q[Q])[M^*] = 0 \tag{7-21}$$

M的荧光量子产率：

$$\Phi_F = k_F[M^*]/I_a = k_F/(k_F+\Sigma k_{nr}+k_{-1}+k_q[Q]) \tag{7-22}$$

在激发态寿命期间，猝灭剂扩散接近荧光体，在接触瞬间，荧光体返回基态而无光子发射，缩短了激发态分子寿命，所以：

$$\tau = \frac{1}{k_{\mathrm{F}} + \Sigma k_{\mathrm{nr}} + k_{-1} + k_{\mathrm{q}}[Q]} \quad (7\text{-}23)$$

$$\Phi_{\mathrm{F}}{}^{0}/\Phi_{\mathrm{F}} = 1 + \frac{k_{\mathrm{q}}[Q]}{k_{\mathrm{F}} + Sk_{\mathrm{nr}} + k_{-1}} = 1 + k_{\mathrm{q}}\tau_0[\mathrm{Q}] \quad (7\text{-}24)$$

同样：

$$\tau_0/\tau = 1 + k_{\mathrm{q}}\tau_0[\mathrm{Q}] \quad (7\text{-}25)$$

根据荧光强度表达式，$\Phi_{\mathrm{F}}{}^{0}/\Phi_{\mathrm{F}} = I_{\mathrm{F}}{}^{0}/I_{\mathrm{F}}$，于是可得：

$$\frac{I_0}{I} - 1 = \frac{k_q[\mathrm{Q}]}{k_{\mathrm{F}} + \Sigma k_{\mathrm{nr}} + k_{-1}} = k_q\tau_0[\mathrm{Q}] = K_{\mathrm{SV}}[\mathrm{Q}] \quad (7\text{-}26)$$

$$K_{\mathrm{SV}} = \frac{k_q}{k_{\mathrm{F}} + \Sigma k_{\mathrm{nr}} + k_{-1}} \quad (7\text{-}27)$$

式中，I_0 和 I 分别为无猝灭剂和猝灭剂浓度为[Q]时的荧光强度；τ_0 和 τ 分别为无猝灭剂和猝灭剂浓度为[Q]时荧光分子的平均寿命，s；K_{SV} 为双分子猝灭常数，mol/L；k_{q} 为双分子猝灭速率常数，L/(mol · s)；k_{F} 为荧光过程速率常数。可以将 k_{-1} 看作各种非辐射速率 k_{nr} 的一种，这样显得更简单：

$$K_{\mathrm{SV}} = \frac{k_q}{k_{\mathrm{F}} + \Sigma k_{\mathrm{nr}}} \quad (7\text{-}28)$$

所以，K_{SV} 可理解为双分子猝灭速率常数与单分子衰变速率常数的比率，意味着两种衰变过程的竞争，且 k_{F} 与 k_{q}[Q]量纲一致。

注意：自然或本征寿命是指仅存在荧光过程的寿命，而在实际的光物理过程中，还可能存在内转换、振动弛豫、ISC 等非辐射的过程，因此在未加入猝灭剂时的荧光分子的平均寿命 τ_0 比其本征寿命更短，即 $\tau_0 = \frac{1}{k_{\mathrm{F}} + \Sigma k_{\mathrm{nr}}}$，而不是 $\tau_0 = \frac{1}{k_{\mathrm{F}}}$，在有猝灭剂存在时，荧光寿命进一步缩短，$\tau = \frac{1}{k_{\mathrm{F}} + \Sigma k_{\mathrm{nr}} + k_{\mathrm{q}}[\mathrm{Q}]}$。

如此，式（7-26）可以改写为：

$$\frac{I_0}{I} - 1 = \frac{\tau_0}{\tau} - 1 = k_q\tau_0[\mathrm{Q}] = K_{\mathrm{SV}}[\mathrm{Q}] \quad (7\text{-}29)$$

此即双分子猝灭过程的 Stern-Volmer 方程，它说明，I_0/I（或 τ_0/τ ）与猝灭剂的浓度呈线性关系。对此，可进一步讨论如下。

① $k_q = K_{SV}/\tau_0$，由此可以估算双分子猝灭的速率常数，并进一步估计猝灭作用是否受扩散控制。

② 由 $I_0/I = 1+K_{SV}[Q]$，得 $K_{SV} = k_q\tau_0 = 1/[Q]_{1/2}$，即 $1/K_{SV}$ 在数值上等于 50%的荧光强度被猝灭时猝灭剂的浓度。假定 k_q 约 10^{10}，τ_0 约 10^{-8} s，则$[Q]_{1/2}$ 约 0.01 mol/L。假定 k_q 约 10^{10}，τ_0 约 10^{-3} s，则$[Q]_{1/2}$ 约 10^{-7} mol/L。说明，磷光由于寿命更长，更易被痕量杂质所猝灭。也许这是金属 Ru 或 Ir、Os、Pt、Pd 等长寿命发光配合物常用于设计氧传感器的原因之一。

③ 假定式（7-17）所表示的双分子荧光猝灭反应是由两步完成的，即

$$M^*+Q \longrightarrow [M^*Q] \qquad k_q[M^*][Q]，k_{dif}[M^*][Q]，k_{dis}[M^*Q] \qquad (7\text{-}30)$$

$$[M^*Q] \longrightarrow M+Q \qquad k_C[M^*Q] \qquad (7\text{-}31)$$

式中，k_{dif} 和 k_{dis} 分别是扩散（复合物形成，假定每次遭遇的概率系数为 1 时）和复合物离解速率常数；k_C 是复合物内实际猝灭速率常数；$k_C[M^*Q]$是相应的猝灭速率。根据稳态假定，可以得到：

$$k_q = k_C k_{dif}/(k_C+k_{dis}) \qquad (7\text{-}32)$$

在此情况下，如果 $k_C>>k_{dis}$，则 k_q 和 k_{dif} 在同一量级，猝灭过程受扩散控制；如果 $k_C<<k_{dis}$，则 $k_q≈k_C K_S$（$K_S=k_{dif}/k_{dis}$，为复合物形成常数），即猝灭与黏度无关，相当于静态猝灭，如弱猝灭剂溴苯猝灭芳香族碳氢化合物荧光的猝灭常数，在己烷和黏性的液体石蜡中几乎相同；如果 k_C 和 k_{dis} 在同一量级，则 k_q 小于扩散速率常数。

现在，离子液体也是一种常用的反应介质。这种介质，离子强度大，黏度高，而且宏观黏度与猝灭体所经历的微观黏度有所不同。因此，其中的荧光猝灭速率常数与由一般介质推导出的 $k_2=[8RT/(3000\eta)]$或 Stoke-Einstein 扩散系数是难以有效比较的。

7.2.3 静态猝灭理论

静态猝灭（static quenching）的主要特征：发光分子与猝灭剂组成基态（吸收光谱可能改变）或激基配合物（吸收光谱不改变）；温度上升荧光增强。

静态猝灭类型可以用图 7-6 表示[30]。该模型可以分为两种情况，一是直接碰撞形成非荧光的复合物 MQ 或[M···Q]［图 7-6（c）]，二是存在一种作用氛［图 7-6（b)]，在氛内虽然没有复合物，但也能发生有效猝灭，猝灭概率为 1。

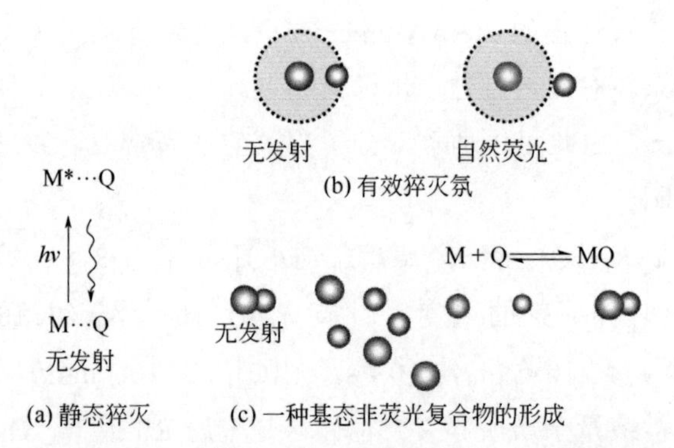

图 7-6　静态猝灭示意图（形成碰撞复合物或作用氛模型）

发光分子 M 与猝灭剂 Q 双分子反应形成不发光的基态或激基复合物的平衡方程如下：

$$M + Q \xrightleftharpoons{K_S} MQ\text{（或 M⋯Q）} \tag{7-33}$$

$$M + h\nu \rightleftharpoons M^* \tag{7-34}$$

$$M^* \rightleftharpoons M + h\nu_F \tag{7-35}$$

$$MQ\text{（或 M⋯Q）} + h\nu = M^*Q\text{（或 M}^*\text{⋯Q）} \tag{7-36}$$

$$M^*Q = M + Q + \Delta H \tag{7-37}$$

根据质量作用定律，反应的平衡常数可以表示为：

$$K_S = \frac{[MQ]}{[M][Q]} \tag{7-38}$$

根据物料平衡：

$$[M_0] = [M] + [MQ] \tag{7-39}$$

假定体系可观察到的荧光强度为：

$$I_F = k[M]\text{（猝灭剂存在时）} \quad \text{或} \quad I_F^0 = k[M_0]\text{（无猝灭剂时）} \tag{7-40}$$

式中，k 是常数，与有无猝灭剂无关。

$$(I_F^0 - I_F)/I_F = ([M_0] - [M])/[M] = [MQ]/[M] = K_S[Q] \tag{7-41}$$

于是：

$$I_F^0/I_F = 1 + K_S[Q] \tag{7-42}$$

式中，K_S 为配合物的形成常数，静态猝灭方程式（7-42）与 Stem-Volmer 方程在形式上是一致的。

磷光和荧光的动态猝灭行为遵从 Stem-Volmer 方程（线型）。由式（7-42）可见，荧光的静态猝灭行为也具有线性关系特征，但磷光的静态猝灭经常服从 Lineweaver-Burk 方程（双曲线型）[31,32]。在具体实例分析时可根据不同方程的特征判断猝灭行为，如 Pb^{2+}猝灭 Mn^{2+}掺杂的 ZnS 量子点磷光，呈现 Lineweaver-Burk 方程［式（7-43）］的典型特征：L-B 双倒数作图为直线，说明该磷光猝灭行为以静态猝灭为主，推测可能是 L-Cys 的羧基与 Pb^{2+}的配位作用，见图 7-7。

$$\frac{1}{I_{\mathrm{P}}^{0}-I_{\mathrm{P}}}=\frac{1}{I_{\mathrm{P}}^{0}}+\frac{1}{KI_{\mathrm{P}}^{0}}\frac{1}{[Q]} \tag{7-43}$$

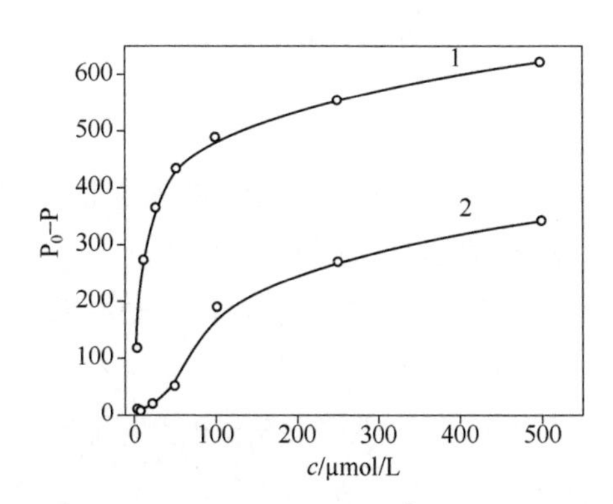

图 7-7　Mn 掺杂 ZnS 量子点检测不同浓度 Pb^{2+}（1）和氯化三乙基铅（2）的 Lineweaver-Burk 曲线

[Pb]=2.5 μmol/L、10 μmol/L、25 μmol/L、50 μmol/L、100 μmol/L、250 μmol/L、500 μmol/L

7.2.4　动态和静态猝灭的偏差

7.2.4.1　静态猝灭引起 Stern−Volmer 关系偏差（混合猝灭解析）[33]

存在混合猝灭时，如果得到一个弯向 Y 轴的猝灭曲线（upward curvature），如图 7-8 所示，该曲线应符合一个新的猝灭方程：

$$I_0/I = 1+(K_{\mathrm{D}}+K_{\mathrm{S}})[\mathrm{Q}]+K_{\mathrm{D}}K_{\mathrm{S}}[\mathrm{Q}]^2 \tag{7-44}$$

$$(I_0/I-1)/[\mathrm{Q}] = (K_{\mathrm{D}}+K_{\mathrm{S}})+K_{\mathrm{D}}K_{\mathrm{S}}[\mathrm{Q}] \tag{7-45}$$

式中，K_{D} 为动态猝灭常数；K_{S} 为静态猝灭常数，即缔合物形成常数。

设表观猝灭常数 $K_{\mathrm{app}}=(I_0/I-1)/[\mathrm{Q}]$，则：

$$K_{\mathrm{app}} = (K_{\mathrm{D}}+K_{\mathrm{S}})+K_{\mathrm{D}}K_{\mathrm{S}}[\mathrm{Q}] \tag{7-46}$$

以 K_{app}，即$(I_0/I-1)/[\mathrm{Q}]$对[Q]作图，得一直线。截距为（$K_{\mathrm{D}}+K_{\mathrm{S}}$），斜率为 $K_{\mathrm{D}}K_{\mathrm{S}}$。上述虽然解析出两个常数，但是如何区分哪一个是 K_{D}，哪一个是 K_{S}？还需要进一步由 τ_0/τ 对[Q]作图求得 K_{D}，另外一个即 K_{S}。

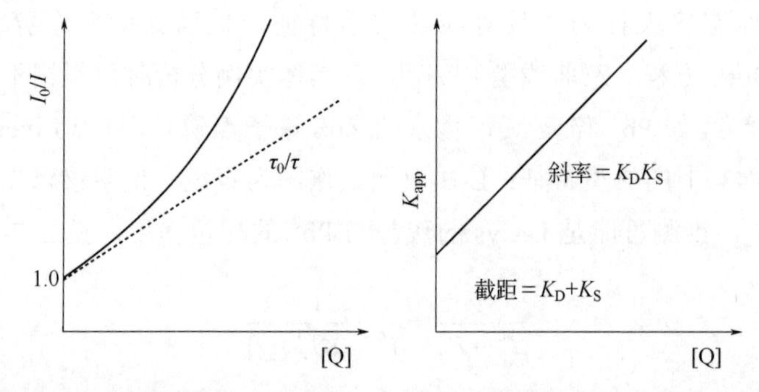

图 7-8　混合猝灭引起 Stern-Volmer 猝灭方程的偏离及其线性化图形

7.2.4.2　作用氛模型

对于静态或动态猝灭，猝灭剂 Q 和荧光体 F 必须实质地碰撞接触，形成接触配合物。但是，有时并不需要满足这个条件就能引起有效的荧光猝灭。即在激发的瞬间，猝灭剂分子出现在荧光分子附近，则在达到稳态之前就发生了一定起始性的预猝灭作用。于是在猝灭方程中就出现一个非稳态项。也就是说，在一个半径大于荧光分子和猝灭剂分子半径之和的球体内发生有效猝灭。这就是作用氛模型(sphere of action model)，如图 7-9 所示，相当于增加了猝灭分子的数目，或减少了可发光分子的数目，所以 I_0/I 比不存在作用氛时要大，曲线弯向 Y 轴。

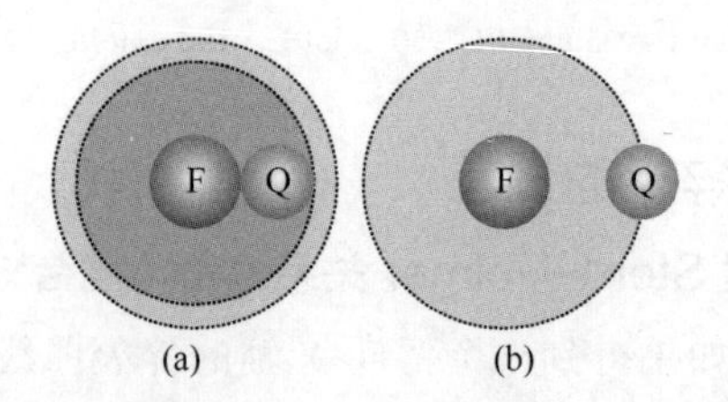

图 7-9　接触复合物（a）与作用氛（b）示意图

（a）中，作用分子所在球体的半径等于它们的分子半径之和；（b）中，作用分子所在球体的半径大于它们的分子半径之和

该模型假设：

① Q 和 F 存在于球体积为 υ（L/mol）的作用氛内。

② 这个作用氛内无须形成复合物就可以发生猝灭。即在激发的瞬间，猝灭剂分子临近发光分子，并在扩散离开之前发生猝灭。

③ 在 υ 体积内，猝灭概率为 1。

④ 作用氛的存在使得可观测荧光分子的比率以因子 $\exp(\upsilon[Q]N/1000)$降低。于是：

$$I_0/I = (1+K_{SV}[Q])\exp(\upsilon[Q]N/1000) \quad (7\text{-}47)$$

例如：苝（perylene）分子半径为 0.4 nm，氧（oxygen）半径为 0.2 nm，接触半径应该为 0.6 nm，而实际所测得作用氛的半径为 0.9 nm。

7.2.5 动态猝灭和静态猝灭比较

动态或静态猝灭比较如图 7-10 所示[30]。就纯的动态或静态猝灭而言，虽然猝灭方程在形式上是一致的，但其物理化学意义不同。

① K_{SV} 为 Stern-Volmer 双分子碰撞猝灭常数，而 K_S 为配合物形成常数或缔合常数。动态猝灭的速率常数 k_q（$K_{SV}=k_q\tau_0$）在扩散控制的条件下不大于 10^{10}，而静态猝灭过程的速率常数 k_q（假定是动态猝灭 $K_S=k_q\tau_0$）远大于 10^{10}。

② 动态猝灭 $I_0/I = \Phi_0/\Phi = \tau_0/\tau$，量子产率降低，伴随着寿命缩短，有时出现二聚体发射带；静态猝灭 $\tau_0/\tau = 1$，寿命不变。

③ 温度对 I_0/I 或发光衰减影响结果不同。温度升高热力学地有利于复合物解缔合，所以对于静态荧光猝灭过程，猝灭程度随温度升高而减弱。温度升高，分子间动态碰撞加剧，所以对于动态荧光猝灭过程，猝灭程度随温度升高而增加，量子产率降低，寿命缩短。

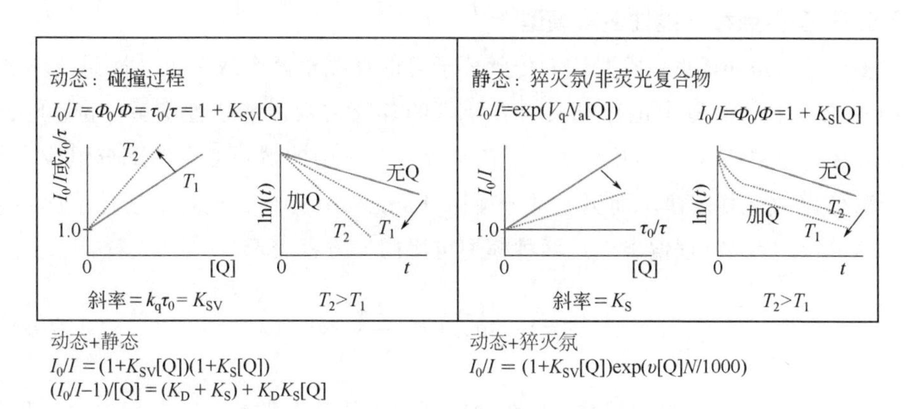

图 7-10　两种基本猝灭模型特征的比较

7.2.6 非均相介质的发光猝灭

许多猝灭现象是在非均相介质中完成的，如细胞界面、生物大分子与小分子的反应、固体支持体/膜与化学传感分子等。所以，以均相溶液物理化学为基础建立的猝灭模型不一定适用这些体系。有模型，而不唯模型，唯实验结果，根据实际的实验现象，预设猝灭机理，推导出符合实验结果的猝灭方程。以下的猝灭模型仅仅提供一种思考问题的方法，以期抛砖引玉。

7.2.6.1 可接近度模型（accessibility model）[34,35]

当将发光分子包埋在固体基体中时，待检测的小分子与荧光分子接触时可能有两种情况：一是位于基体表面的荧光分子可以完全与猝灭分子或离子发生 1∶1 的反应，猝灭效率高；二是包埋在基体一定深度的荧光分子，不能完全接触猝灭剂，猝灭效率降低，相当于荧光分子不能完全接触到猝灭剂，反应比猝灭剂/荧光分子小于 1，引入参数接近度 f，如方程（7-48）和图 7-11 所示。

$$\frac{I_0}{I_0 - I} = \frac{1}{fK_{\mathrm{SV}}[\mathrm{Q}]} + \frac{1}{f} \tag{7-48}$$

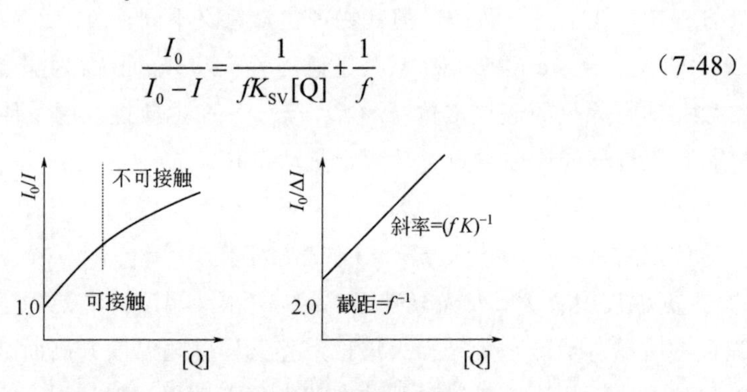

图 7-11 猝灭的可接近度模型示意图

7.2.6.2 多位点和非线性溶解模型[36,37]

多位点（multisite）模型认为传感分子可能存在于两个或多个（性质或环境）不同的位点中，而每个位点都具有其特征的猝灭常数。非线性溶解（non-linear solubility）模型认为，猝灭剂氧分子在高分子介质中的溶解度有两部分组成，其中一部分遵循亨利定律，而另一部分遵循 Langmuir 定律。这种非线性溶解导致 Stern-Volmer 猝灭方程偏离。这两种模型可用同一方程表示：

$$\frac{I_0}{I} = 1 + Ap_{\mathrm{O_2}} + B\frac{p_{\mathrm{O_2}}}{1 + bp_{\mathrm{O_2}}} \tag{7-49}$$

式中，A、B 和 a 均为常数，与两种模型相关的动力学和溶解方程中的参数有关；$p_{\mathrm{O_2}}$ 为氧的分压。作者将钌的联吡啶或邻菲啰啉配合物包埋于增塑的聚甲基丙烯酸膜中构成猝灭型氧传感器，说明模型的合理性。

Wolfbeis 等[35]提出了一种类似于多位点模型的传感机理。认为发光分子在传感膜中可能以两种形式存在，自由溶解或均匀分布的组分和聚集形式。在此假设条件下，猝灭方程为：

$$\frac{I}{I_0} = \frac{f_1}{1 + K_{\mathrm{SV1}}p_{\mathrm{O_2}}} + \frac{f_2}{1 + K_{\mathrm{SV2}}p_{\mathrm{O_2}}} \tag{7-50}$$

式中，K_{SV1} 和 K_{SV2} 分别为两种猝灭过程的猝灭常数；f_1 和 f_2 是相应的相对分布系数。从实验结果来看，K_{SV1} 可以达到 K_{SV2} 的 28 倍左右，说明自由溶解的分子是主要的。在此情况下，实际上上式可以还原为标准的 Stern-Volmer 形式。

7.2.6.3 Freundlich 及其他吸附模型[38]

将发光的钌配合物分散于由硅橡胶、聚乙烯醇等高分子半透膜中，构成氧传感膜。假定猝灭剂首先吸附于固体表面，然后再与固体支持体中的发光体产生猝灭作用。若吸附作用符合 Freundlich 吸附等温方程，则：

$$p = kp_0^{\alpha} \tag{7-51}$$

式中，p_0 为猝灭气体分压；p 为实际产生猝灭作用的气体分压；k 为吸附常数；α 为吸附系数。将上式代入动态的 Stern-Volmer 猝灭方程得到：

$$\frac{I_0}{I} = \frac{\tau_0}{\tau} = 1 + Kp_0^{\alpha} \tag{7-52}$$

上式表明，猝灭气体氧的分压与发光强度或寿命的变化具有简单的指数关系。

此外，根据半导体发光量子点表面修饰层带正电荷或负电荷的特点，将扩散双层静电键合等温模型、Langmuir 单分子吸附模型等与猝灭过程相结合，可推导出符合实验结果的猝灭方程。

7.3 电子转移及光诱导电子转移（PET）猝灭

7.3.1 电子能量转移（ET）和电子转移（ELT）的比较

如果一个激发态分子将其激发能转移给其他分子，而自身失活到基态，接受能量的分子同时由基态跃迁到激发态，这一过程称为能量转移或能量传递，这是一种物理过程。能量转移也经常叫作激发态能量转移、激发态电子能量转移、电子能量转移、能量转移等，在此统统简称为能量转移（energy transfer，ET）。后续还会提到电子转移（electron transfer），为区别起见，电子转移缩写为 ELT。本章稍后，将介绍能量转移与电子转移的区别。

如果将激发能传递给同种分子，则称为能量迁移（energy migration）。如果一个激发态分子将其激发态能量通过环境（如溶剂分子）传递给其他分子，则称为能量跳跃转移，简称能量跃移（hopping）[39]。

在光化学和光物理领域，光致激发态是发生能量转移（ET）和电子转移（ELT）的起因，这是它们的共同特征，故有光诱导能量转移和光诱导电子转移之称。前者可以通过偶极-偶极作用和交换作用完成，激发态分子是能量供体；

而后者只能通过交换作用，需要轨道重叠，激发态分子既可以是供体，也可以是受体，见下式。

D*激发态电子转出去：

$$D^* + A \longrightarrow D^{\bullet +} + A^{\bullet -} \longrightarrow [D^{\bullet +} \cdot A^{\bullet -}] \tag{7-53}$$

$$LUMO_{D^*} \longrightarrow LUMO_A \tag{7-54}$$

D*激发态的 HOMO 被填充：

$$D^* + A \longrightarrow D^{\bullet -} + A^{\bullet +} \longrightarrow [D^{\bullet -} \cdot A^{\bullet +}] \tag{7-55}$$

$$HOMO_{D^*} \longleftarrow HOMO_A \tag{7-56}$$

其中的产物自由基离子对$[D^{\bullet +} \cdot A^{\bullet -}]$或$[D^{\bullet -} \cdot A^{\bullet +}]$由于是与电子转移过程同时产生的，不同于一般的阴阳离子之间的缔合作用，被称为孪生自由基离子对（geminate radical ion pair 或 geminate pair）。这些自由基离子对可以堆积在一起形成所谓电荷转移复合物，或者彼此处于分离状态，如在高分子材料中彼此在空间上被固定而不能迁移到一起。

荧光分子与猝灭剂之间的能量转移、电子转移或电荷转移是导致荧光猝灭的主要原因。第 6 章已经介绍了有机的电荷转移复合物。在此，首先简略介绍电子转移理论，以及基于光诱导电子转移（PET）的化学传感器设计，随后进一步解释辐射和无辐射能量转移。

7.3.2 电子转移的 Rehm-Weller 理论

碰撞复合物是电子转移猝灭的必经途径[40]。由猝灭剂 Q 与单线激发态荧光体 $^1M^*$之间所形成的松散复合物是动态平衡的，即该松散复合物可以分解（如上所述），也可以进一步完成电子转移而形成溶剂化的自由基离子对或溶剂化的游离自由基离子（见第 6 章），荧光遭受猝灭：$^1M^* + Q \rightleftharpoons (^1M^* \cdots Q) \rightleftharpoons (^2M^{\bullet +} \cdots Q^{\bullet -})$或$(^2M^{\bullet -} \cdots Q^{\bullet +})$。

电子转移过程的自由能变化是：

$$\Delta G = E_{D/D+} - E_{A-/A} - e^2/\varepsilon a - E_{00} \tag{7-57}$$

式中，$E_{D/D+}$和 $E_{A-/A}$ 分别是电子供体和受体的氧化还原电势；ε是介质的介电常数；第三项是在达到碰撞半径 a 时的库仑能，通常不是太大；E_{00} 是电子激发能。

当$\Delta G < 0$ 时，放热反应，电子转移过程可以发生，猝灭过程是扩散控制的。所以，速率常数有极限值，图 7-12 中出现平台区。这也是双分子间典型的电子转移反应特征。

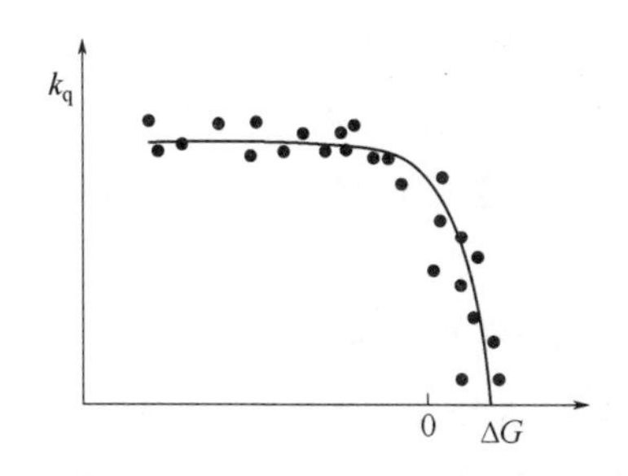

图 7-12　双分子间电子转移猝灭速率常数与 Rehm-Weller 电子转移过程自由能变化之间相关性的典型曲线

7.3.3　电子转移的 Marcus 理论

分子间的电子转移不涉及化学键的断裂或形成，但是可影响相关分子结构及其与周围分子间的平衡关系，如偶极-偶极作用的溶剂笼平衡构型，进而造成能量变化，这种电子转移属于外层型的电子转移。电子供受体之间，首先扩散接触，然后在 0.5～1 nm 或更远的尺度发生电子转移，是一种长程的电子转移相互作用，是绝热过程（adiabatic）。与 Rehm-Weller 理论不同的是，20 世纪 50 年代，Marcus 引入了电子内层重组自由能变化 $\Delta G^{\neq}$。Marcus 假设，反应分子间（严格讲为电子供受体间）没有直接的键合关系，其次，反应分子周围的溶剂分子会改变它们的状态，而使得整个分子体系的能量增加[41,42]。

在 Marcus 理论中，电子转移反应的速率常数 k_{elt} 与反应的自由能变化和重组能有关，可以表达为式（7-58）。

$$k_{elt} = \kappa Z \exp\left[\frac{-(\lambda + \Delta G^{o})^2}{4\lambda RT}\right] \tag{7-58}$$

式中，κ为电子传输系数（约 1）；Z 为过渡态的振动频率（$10^{13}\ s^{-1}$）或碰撞频率［$10^{13}\ s^{-1}$ 或 $10^{11}\ L/(mol \cdot s)$，25℃，双分子碰撞反应］；λ 为总反应重组能（the total reorganization energy），总反应重组能是指，在介质中，电荷在整个电子供-受体复合物分布，从而引起分子重排所导致的能量变化。并且，总反应重组能主要取决于溶剂重组能λ_s和内振动模式λ_v的变化）；ΔG^{o} 为所在介质的电子转移自由能。将所有核移至各自合适的位置所需要的能量，包括反应物和产物键长和键角变化的内层重组能和反映溶剂构型改变的外层重组能。

重组自由能变化 $\Delta G^{\neq}$ 由式（7-59）得到。

$$\Delta G^{\neq}=(\Delta G^{o}+\lambda)^2/(4\lambda) \tag{7-59}$$

对于适度的放热（exothermic）反应，k_{elt}随自由能的变化而增加；当 $\Delta G^{\neq}$为零，ΔG^{o}等于 λ，k_{elt}达到其最大值；而对于强烈的放热反应，k_{elt}随反应驱动力自由能的增加（更负）而减小，这就是 Marcus 所预言的反转区（inverted region），如图 7-13（a）所示。

对于溶液中分子间的电子转移反应，大量的实验证实，Rehm-Weller 模型和 Marcus 模型是一致的。然而，Marcus 所预言的反转区却姗姗来迟。科学家们用于验证 Marcus 理论的电子转移对是各自独立自由的，在溶液中自由扩散，电子转移速率受扩散控制，只能达到扩散控制速率量级，所以 Marcus 理论反转区难以证实。那么为什么人们不试图克服这一限制？是没有认识到这种限制还是对 Marcus 理论本身有怀疑？其实，Marcus 理论提出的大约 30 年后情况才有了转机，人们通过将电子供体和受体固定在约 1 nm 或稍大的距离范围，电子转移供受体对不需要首先扩散形成接触复合物，它们之间的电子转移不再受到扩散控制，如此成功获得了如图 7-13 所示的反转区[43]，证明了 Marcus 理论的正确性。另外一篇文献利用电子供-受体二联体体系也给出了类似结果，见图 7-14，证明放热性（exothermicity）的光诱导电子转移也可以在大于 1 nm 的距离发生，而且转移效率不仅与焓变有关，也与介质的介电特性有关[44]。

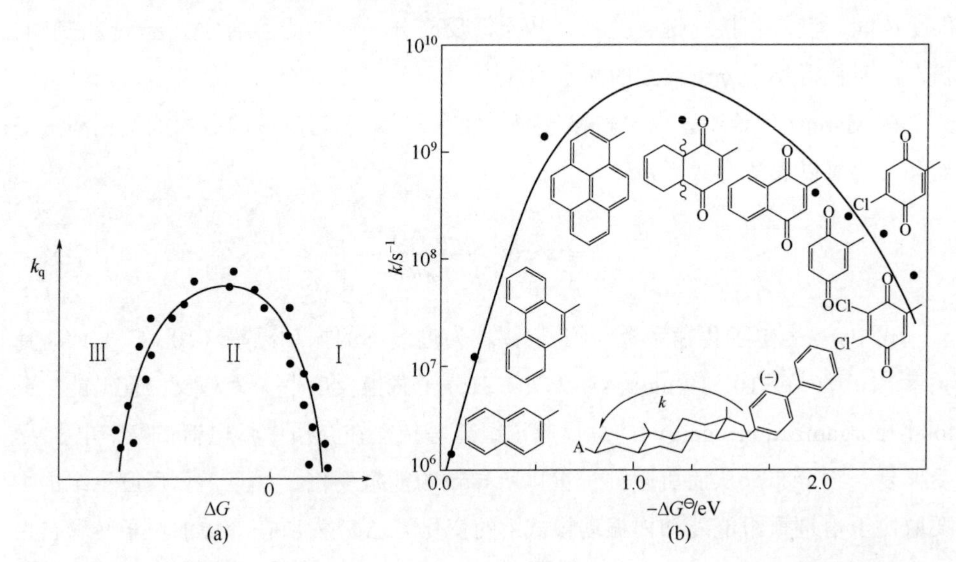

图 7-13 电子转移猝灭速率常数/电子转移速率常数与 Marcus 电子转移过程自由能变化之间相关性的典型曲线和实验结果［（a）中，Ⅰ：正常区；Ⅱ：$-\Delta G^{o}=\lambda$；Ⅲ：反转区。注意（a）（b）两图$+\Delta G^{o}$和$-\Delta G^{o}$的差别。（b）为分子内的电子转移猝灭速率常数与自由能变化相关性的实验曲线，溶剂 MTHF，296 K。对重组能λ的主要贡献源于溶剂重组能λ_s和内振动模式的变化λ_v，λ_s=0.75 eV，λ_v=0.45 eV，ω=1500 cm^{-1}］

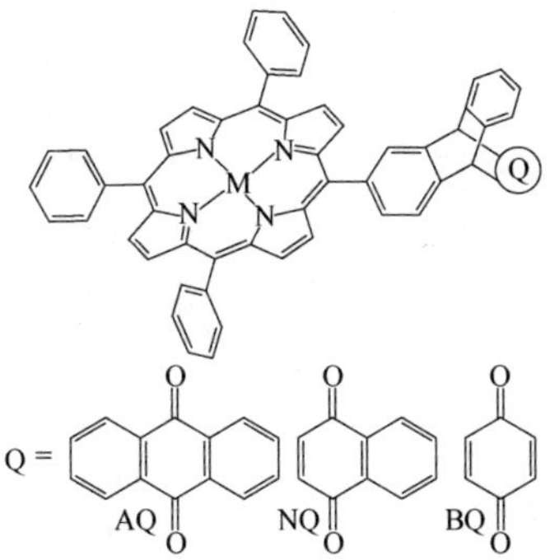

图 7-14　电子供受体二联体的结构（$M = H_2$ 或 Zn）

7.3.4　价带间的电子转移

Marcus 的电子转移理论涉及外层电子转移。电子转移过程中，反应物和产物的构型不发生变化。属于无辐射电子转移。而可变价金属离子之间的电子转移，如 $Ru^{2+} \rightleftharpoons Ru^{3+}$，属于内层电子转移，叫作价间电荷/电子转移跃迁，即光或热引发的具有不同氧化态金属间的电子转移，如此的电子转移相当于相同或不同金属的两个氧化态的反转，如图 7-15 所示。这种双金属的配合物的性质并非两种金属的简单加和。如 Fe(Ⅱ)和 Fe(Ⅲ)的化合物颜色较浅，而双核的铁化合物却是深蓝色或黑色。Fe_3O_4 的导电能力为 Fe_2O_3 的几百万倍。这些都是由于价间电子转移造成的。Taube 和 Hush 等科学家对探明这种电子转移理论作出了卓越贡献[45-48]。有机的电子供体 D（如四硫富瓦烯、八甲基蒽等）和受体 A（如四氰基乙烯、二氯二氰基苯醌等）复合物中，也存在类似的价间电子转移作用[49]，而且能观察到位于红外区的π共轭电子供受体体系带间吸收带[50]。

$$Ru^{II}\text{–CN–}Ru^{III} \underset{k_{ELT}}{\overset{h\nu}{\rightleftharpoons}} Ru^{III}\text{–CN–}Ru^{II}$$

$$Os^{II}\text{–CN–}Ru^{III} \underset{k_{ELT}}{\overset{h\nu}{\rightleftharpoons}} Os^{III}\text{–CN–}Ru^{II}$$

$$D + D^{+\cdot}/[D, D^{+\cdot}] \underset{k_{ELT}}{\overset{h\nu}{\rightleftharpoons}} [D^{+\cdot}, D]/D^{+\cdot} + D$$

$$A^{-\cdot} + A/[A^{-\cdot}, A] \underset{k_{ELT}}{\overset{h\nu}{\rightleftharpoons}} [A, A^{-\cdot}]/A + A^{-\cdot}$$

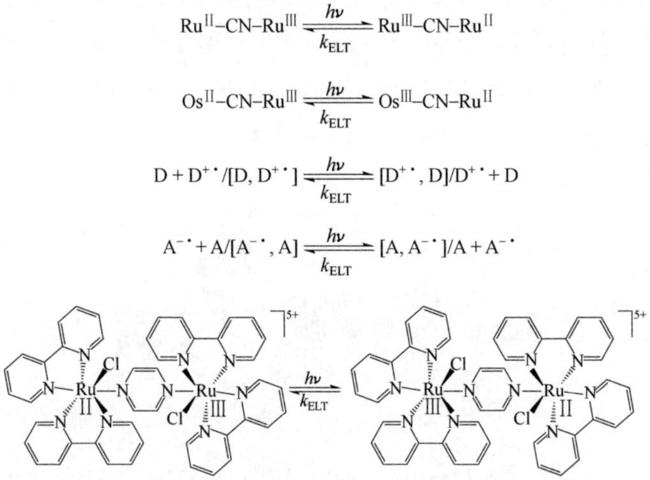

图 7-15

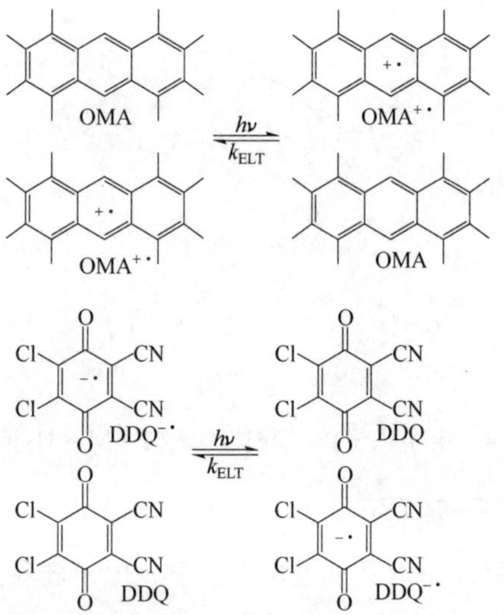

OMA $\underset{k_{ELT}}{\overset{h\nu}{\rightleftharpoons}}$ $OMA^{+\cdot}$

$OMA^{+\cdot}$ OMA

$DDQ^{-\cdot}$ $\underset{k_{ELT}}{\overset{h\nu}{\rightleftharpoons}}$ DDQ

DDQ $DDQ^{-\cdot}$

图 7-15　几种典型的金属-金属和有机的电子供-受体体系的价间电子转移平衡

7.3.5　电子的跳跃转移

如前所述，如果一个激发态分子将其激发态能量通过环境（如溶剂分子）传递给其他分子，则称之为能量跳跃转移，简称能量跃移（hopping transfer）。

电子的跳跃转移可以发生在核酸体系[51,52]。在链状的 DNA 体系电子转移以短程隧道-长程空穴跳跃模型进行，这已得到广泛认可。

电子的跳跃转移也可以发生在蛋白质体系。蛋白质中的诸多基团、分子片或电正性区域，如质子化的碱性支链基团、芳香环、极性肽链及结构水簇等，它们可以俘获-释放电子，扮演着电子跳跃转移中继站或介体（intermediates）的作用。图 7-16 显示了一例沿着肽链转移电子的蛋白体系[53,54]。在两个介体或叫作中继站的色氨酸残基 Trp 的介导作用下，电子从溶剂暴露的色氨酸残基 Trp 转移到位于蛋白质另一侧相距 1.48 nm 的核黄素自由基（$FADH^{\bullet}$）。首先，光吸收作用产生 $FADH^{\bullet}$激发

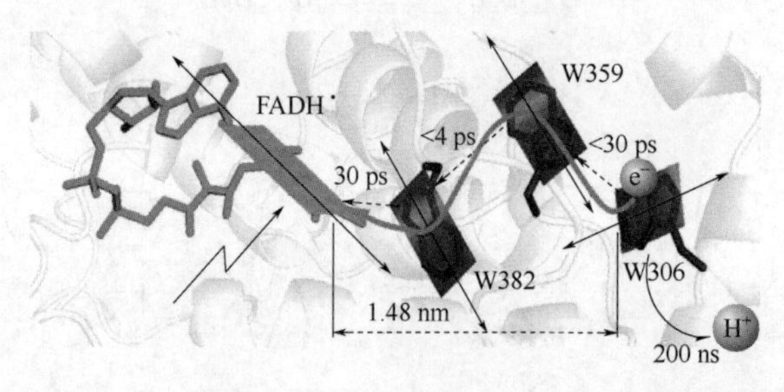

图 7-16　在 *E.coli* DNA 光解酶中 $FADH^{\bullet}$-W382-W359-W306 链的位置以及电子和质子转移反应示意图（箭头表示环体系的长轴及不同的取向）

态，并在大约 30 ps 内产生具有催化活性的全还原形式的 $FADH^-$。色氨酸残基 Trp 形成阳离子自由基 $Trp^{\bullet+}$。最终，溶剂暴露 Trp 残基在 200 ns 内完成去质子化，从而稳定了形成的远程 $FADH^- \cdot Trp^{\bullet+}$电荷对。进一步，可以通过偏振飞秒光谱等手段详细研究电子转移过程中各步涉及的能垒、速率、动力学或热力学控制步骤等[52]。

7.3.6 光诱导的电子转移和传感器设计

光诱导的电子转移（photoinduced electron transfer，PET）是指激发态电子从电子供体到电子受体的转移现象，光致激发态是发生电子转移（ELT）的起因，故有光诱导电子转移之称。这是一种短程的电子转移，是设计荧光传感器最常用的原理之一[55]。光诱导的电子转移产生自由基离子对（孪生离子对），而交换能量转移不产生自由基离子对。20 世纪 60 年代 Weller 的研究工作揭示了光诱导电子转移过程的热力学基础[40,56]，$\Delta G = E_{D/D^+} - E_{A^-/A} - C$。而更早，Marcus 教授提出的电子转移理论[42]则为光诱导电子转移反应提供了最有价值的动力学理论基础。

如第 6 章所述，光诱导的电子转移可以分为两种情况：电子供体的激发和电子受体的激发，表示为 $D^*+A \rightarrow D^{+\bullet}+A^{-\bullet} \rightarrow D+A+h\nu$（D 将激发态电子转移到 A 的 LUMO，接着电子从 A 的 LUMO 回到 D 的基态轨道而发光）和 $D+A^* \longrightarrow D^{+\bullet}+A^{-\bullet} \rightarrow D+A+h\nu$（A 被激发后，D 将 HOMO 电子转移到 A 的 HOMO 或空穴，接着处于 A 激发态电子跃迁至 D 的 HOMO 而发光）。

图 7-17 为一种基于 PET 过程设计的离子体和分子轨道能级图。当受体氧化电势因结合客体而能量升高时，PET 过程热力学禁阻。当荧光团激发态能量足以氧化受体和还原荧光团时，PET 过程热力学许可，荧光猝灭；当受体氧化电势因结合客体而能量升高时，PET 过程热力学禁阻，荧光团发出荧光。PET 体系就好像是一个荧光/磷光开关，由客体来控制它是否发光，客体的这种行为可用于设计

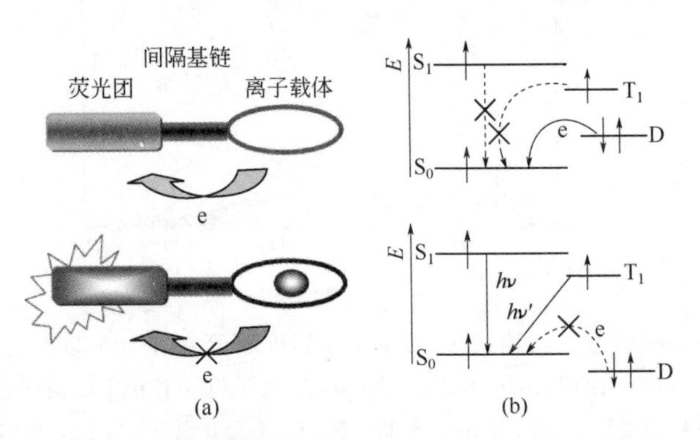

图 7-17　基于 PET 过程的传感器分子设计（a）和 PET 过程及 PET 过程被禁阻的分子轨道能级图（b）

“off-on”或“on-off”型荧光/磷光开关或逻辑门，只要选择合适的条件，几乎所有受体均可转换成基于 PET 作用的荧光/磷光主体分子。

下面介绍几例典型的 PET 传感器。在传统的主体分子中，冠醚分子由于具有神奇的双亲（亲水和亲脂）性能，将其和荧光团连接成的超分子体系是非常理想的也是研究最多的 PET 传感器体系。第一个简单的此类传感器为 *N*-(9-蒽甲基)单氮杂-18-冠-6[57]对碱金属离子展现出荧光开关能力。包含不同冠醚主体的荧光 PET 传感器可以选择性地识别不同的金属离子[58]。图 7-18～图 7-20 为几种典型的基于 PET 过程的金属离子或 pH 传感器[59-61]。

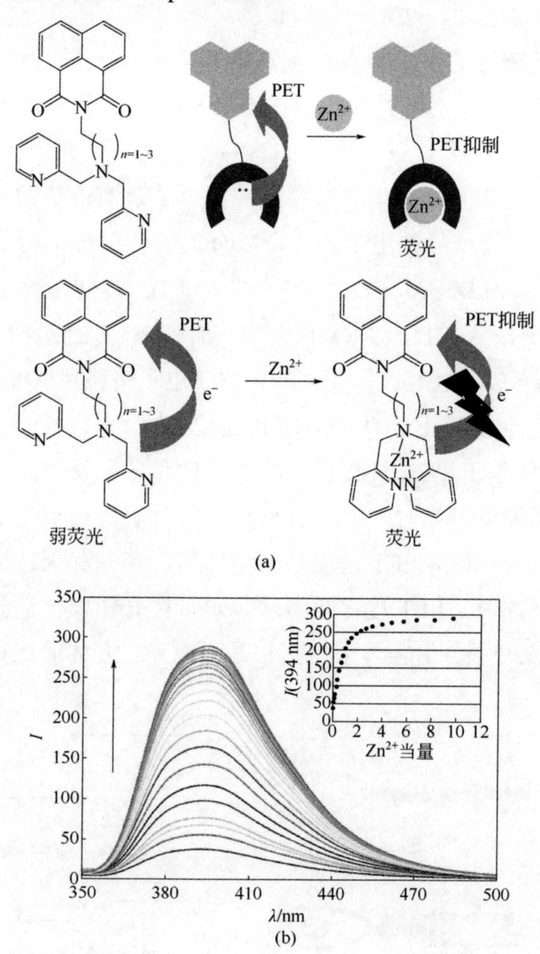

图 7-18 Zn^{2+}传感器的分子结构式（*n*=2）和传感机理示意图（a）以及荧光变化光谱（b）（传感器 5 μmol/L；10 mmol/L HEPES 缓冲液（pH 7.4）；25℃；[Zn^{2+}]（高氯酸盐，μmol/L）=0、0.25、0.50、0.74、1.22、1.69、2.38、3.05、3.70、4.55、5.56、6.52、7.81、9.01、10.6、12.1、14.2、16.0、18.2、20.1、22.5、24.6；插图：在 394 nm 处荧光强度随锌离子浓度的变化趋势）[59]

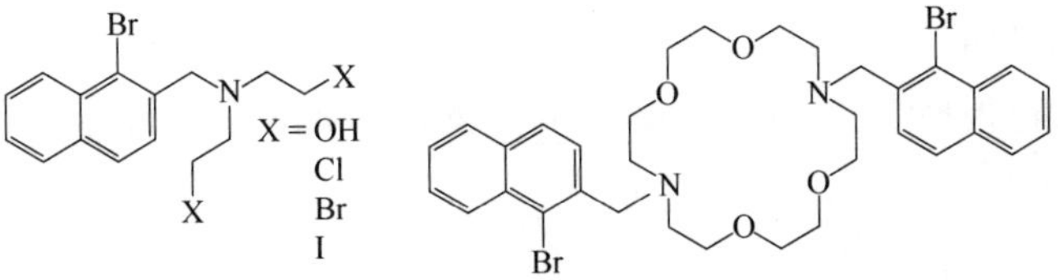

图 7-19　环糊精水溶液中基于 PET 作用的 pH 磷光传感器［取代基不同（X=OH，Cl，Br，I），pH 响应范围不同］[60]

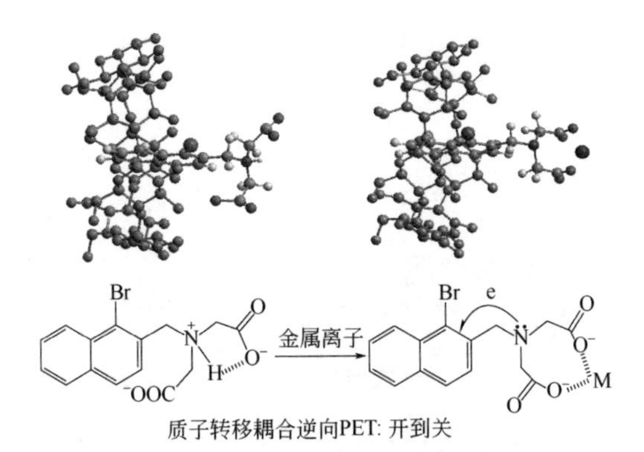

图 7-20　环糊精体系中基于 PET 作用的重金属离子 Cu^{2+}、Co^{2+}、Ni^{2+}、Pb^{2+}磷光传感器 *N*-溴代萘亚氨基乙二酸（BNIA）[61]

PET 过程不涉及发光体的紫外可见吸收光谱变化，荧光光谱可能也不发生变化。因此，有些入门的学者就认为，随着客体金属离子浓度的增加或减少，除了吸光度或发光强度的变化外，如果发光体的紫外可见吸收光谱和荧光光谱不发生变化，就是 PET 过程。这是不恰当的判断。因为，光谱是否变化不能作为 PET 过程的唯一判据。如许多金属离子对发光分子荧光的猝灭，虽然吸收光谱和荧光光谱不会发生改变，但不一定是通过 PET 过程猝灭的。要深入研究猝灭机理，动力学测量是必不可少的。

7.4　电子能量转移猝灭

如前所述，能量转移是指激发态供体分子将能量转移给受体分子而失活到较低的能量状态、同时受体分子上升到较高能量状态的过程。根据能量转移的特点和不同的依据，分为分子内 ET 和分子间 ET、短程和长程能量转移、辐射能量转移和非辐射能量转移等等。非辐射能量转移又可以细分为偶极-偶极相互作用的共振能量转移或偶极-多极（如四极）矩能量转移，以及电子交换能量转移、超交换能量转移等。

7.4.1　能量辐射转移

作为能量供体 D 的激发分子将其激发能以辐射形式释放，本身回到基态。而另一分子作为受体 A 则吸收此辐射光子而处于激发态，从而导致供体荧光猝灭，能量辐射转移过程如式（7-60）～式（7-62）所示，相应的光谱变化如图 7-21 所示。

$$D^* \longrightarrow D + h\nu \tag{7-60}$$

$$A + h\nu \longrightarrow A^* \tag{7-61}$$

$$A^* \longrightarrow A + h\nu' \tag{7-62}$$

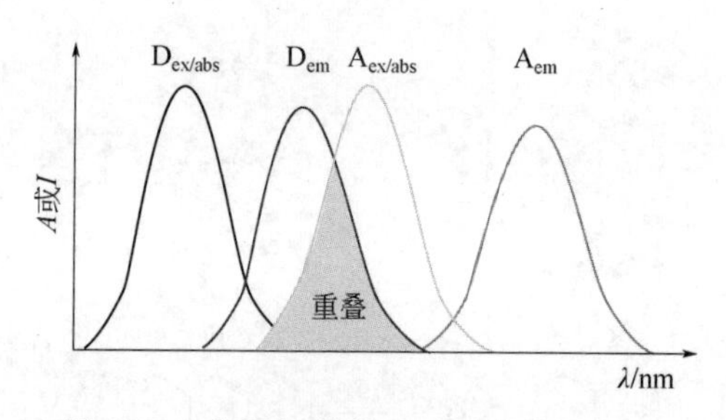

图 7-21　能量辐射转移涉及的光谱重叠

能量辐射转移具有如下特点：

① 受体 A 按照 Beer（比尔）定律吸收供体 D 发射的荧光光量子，能量转移概率正比于受体 A 浓度。

② 能量供体 D 发射光谱与能量受体 A 的吸收光谱重叠程度或能量匹配程度显著影响猝灭程度，在光谱重叠区的吸光度至少要达到 0.05，能量转移概率正比于光谱重叠积分 $\int_0^\infty F_D(\bar{\nu})\varepsilon_A(\bar{\nu})d\bar{\nu}$。式中，$F_D(\nu)$为供体荧光光谱面积；$\varepsilon_A(\nu)$为受体吸收或荧光激发光谱面积。

③ D 和 A 之间的距离大于 10 nm，转移效率 E 与距离的平方成反比，$E \propto 1/R^2$，而且与 D 的发光量子产率、A 的吸光能力有关。

④ 这种能量转移只限于单线态-单线态、三线态→单线态之间。而三线态-三线态、单线态→三线态之间跃迁，由于分子本身的吸收弱，很难发生辐射能量转移。

⑤ 就分析的目的，如果这种能量转移造成分析灵敏度降低，应该设法消除。消除方法：D 和 A 浓度相当时，通过稀释作用消除，因为在荧光级别的稀溶液，Lammbert-Beer 型的吸收会大大减弱；如果稀释作用无效，则应进行适当分离。

7.4.2　荧光猝灭的 Förster 共振能量转移

Förster 共振能量转移（FRET）属于长程（long-range）能量转移，该理论于 1948 年由 Förster 提出[62]。基于 FRET 能量转移，1967 年，Styrer 和 Haugland 提

出光谱尺（spectroscopic ruler）概念[63]，即通过测量光谱来度量大分子内生色团间的距离。

通过两个分子在空间所产生的电磁相互作用，可以将 D 的激发能转移给 A 分子，这种能量传递方式可以比作两个耦联的电偶极子的振动。当两个偶极子的振动频率相同时，相互就发生共振作用而传递能量，即通过供体和受体分子间偶极-偶极相互作用途径而实现能量转移叫作共振能量转移，如图 7-22 所示。该途径不涉及光子发射与再吸收，即属于非辐射的能量转移，也不需任何实物介质的联系，仅依据分子间的电磁相互作用。共振能量转移可以发生在不同分子间，也可以在相同分子内的不同色团间进行。

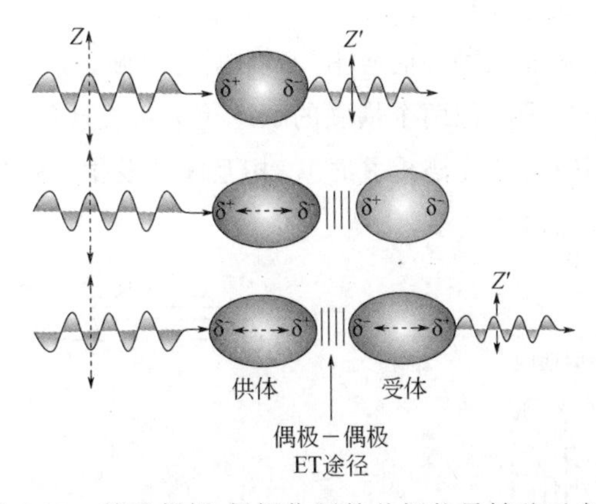

图 7-22　基于偶极-偶极作用的共振能量转移示意图

FRET 仅限于各组分自旋不变的过程：

$$\text{S-S：}\ {}^1\text{D}^*(\text{S}_1)+{}^1\text{A}(\text{S}_0) \longrightarrow {}^1\text{D}(\text{S}_0)+{}^1\text{A}^*(\text{S}_1) \qquad (7\text{-}63)$$

但有时延迟荧光体也可发生共振能量转移，因为三线态寿命长。

实现 FRET 的条件：

① D 和 A 相距 1～10 nm，远大于碰撞半径。

② 供体分子的第一激发态和基态一定的振动能级之间的能量差匹配于受体的基态和第一激发态一定的振动能级间的能量差。即供体的荧光发射光谱和受体的吸收光谱要有一定程度的重叠。重叠区域越大，共振途径数量越多，共振转移的概率越大。供体分子非辐射衰变到基态的同时，诱发受体分子的非辐射吸收，即激发。

③ D 和 A 的跃迁偶极具有一定的相对取向要求，以提高转移效率。

如何判断荧光猝灭是否通过 FRET 途径实现？第一，能量转移应当在远大于碰撞半径的距离上发生；第二，能量转移效率与介质的黏度变化无关，而与浓度有关。

如图 7-22 和图 7-23 所示：

① 供体分子吸收辐射，辐射振荡引起供体偶极子电荷分布变化。在无能量转移状态时，供体分子吸收辐射导致的偶极子电荷分布周期性变化，成为次级辐射振荡子而发光。

② 如果受体分子在合适的距离接近供体分子，供体分子随所吸收辐射引起的偶极子振荡，就可能诱导临近受体偶极子电荷分布变化，而供体分子本身通过这种偶极-偶极作用失去辐射能，即激发态失活。

③ 受体 A 偶极子电荷分布变化，成为一个储能器，即辐射振荡子，能量以辐射振荡形式释放，受体发光。

D 随入射电磁辐射而振荡，而 A 随 D 的振荡而振荡，此即偶极-偶极作用。发生能量转移的两个分子就像两个耦联的跃迁矩矢量相反的电偶极子。当两个偶极子的振动频率相同时（即光谱重叠时），相互间就发生共振作用从而转移能量。光谱重叠面积大，共振途径就多。

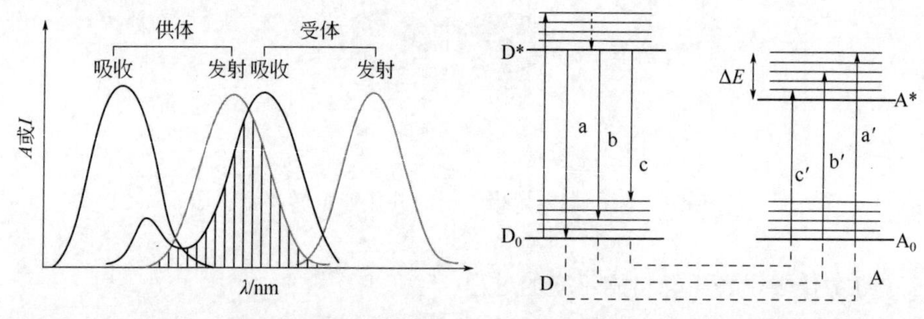

图 7-23　D 和 A 之间共振能量转移能级示意图（光谱重叠区域的竖线就是共振途径）

分子具有特征振动能级，因而它们可以提供大量的近似共振的途径。即激发态 D*自动失活和激发态 A*产生的耦合跃迁，需要两个分子能级的能量匹配。如图 7-23 所示，如果 D*经历 0-0 发射（途径 a），A 必然经历等能量的（isoenergtic）0-4 吸收（途径 a′）。这样的共振的途径越多，能量转移概率越大。

FRET 是由供体和受体的转移偶极矩之间的库仑相互作用引起的，因此也叫库仑能量转移，见图 7-24。由于没有电子的实际交换，能量转移过程可以在比范德华半径大得多的距离上发生。

FRET 理论处理：如图 7-25 所示，供体和受体相距 r，供体和受体的跃迁矢量夹角可由θ_T、θ_D和θ_A表达。供体和受体的跃迁矢量取向因子（orientation factor）表达为：

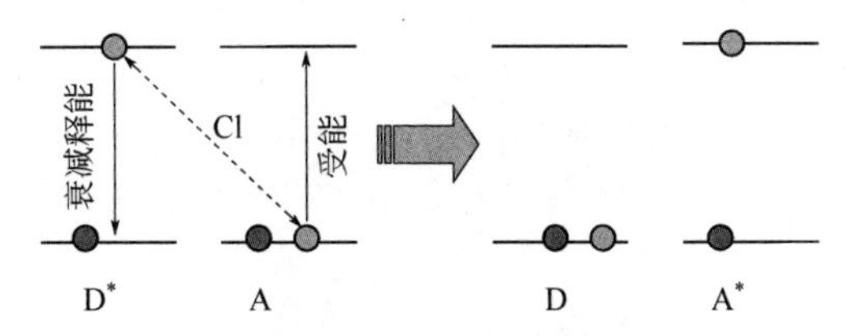

图 7-24 无电子交换的 Förster 能量转移（偶极-偶极 ET）示意图

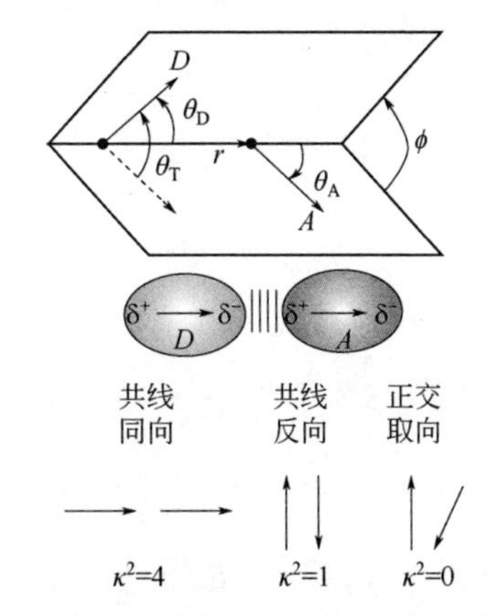

图 7-25 供体 D 和受体 A 跃迁矩的方向和取向因子 κ^2 与供体发射偶极矩和受体的吸收偶极矩方向的关系

θ_T 为供体发射跃迁矩和受体吸收跃迁矩间的角度；θ_D 和 θ_A 分别为供体发射矩和受体吸收矩与连接 D 和 A 的矢量（方向）之间的角度

$$\kappa^2 = \cos\theta_T - 3\cos\theta_D\cos\theta_A = \sin\theta_D\sin\theta_A\cos\varphi - 2\cos\theta_D\cos\theta_A \qquad (7\text{-}64)$$

通常 κ^2 可取 2/3，这时计算的距离误差不大于 35%。为何 κ^2 取 2/3？该值是分子以比供体失活更快的速率自由旋转时的各向同性的动力学平均值。

ET 速率 $k_{ET}(R)$由以下式子表达：

$$k_{ET}^{d\text{-}d}(R) = \frac{9000\ln\kappa^2\Phi_D}{128\pi^5 n^4 N_A \tau_D R^6}\int_0^\infty \bar{F}_D(\bar{\nu})\varepsilon_A(\bar{\nu})\frac{d\bar{\nu}}{\bar{\nu}^{-4}} \qquad (7\text{-}65)$$

$$J_{d\text{-}d}(\nu) = \int_0^\infty \bar{F}_D(\bar{\nu})\varepsilon_A(\bar{\nu})\frac{d\bar{\nu}}{\bar{\nu}^{-4}} \qquad (7\text{-}66)$$

如果在溶液中，取向因子$\kappa^2(\theta_D,\theta_A)$采用供体-受体偶极各向随机分布的平均值 $\kappa^2 = 2/3$（在晶体或 D 和 A 被环境或化学键固定的体系，取向因子则取决于晶体的分子各向取向或固定体系的相对取向），介质折射指数 n 代表包含 F-C 因子在内的可测量的光谱量，Φ_D 和 τ_D 是无受体时供体的荧光量子产率和寿命，$\bar{F}_D(\bar{\nu})$代表归一化的供体荧光光谱，$\varepsilon_A(\bar{\nu})$ 代表受体在波数 $\bar{\nu}$ 处的吸收光谱，是波数的函数，

平均跃迁频率以 cm^{-1} 为单位，$J_{d\text{-}d}$ 为光谱重叠积分，N_A 为阿伏伽德罗常量，则上式可以改写为以 Förster 临界转移距离（Förster critical transfer radius）R_0 表达的形式：

$$k_{ET}^{d-d}(R)=\frac{1}{\tau_0^D}\left(\frac{R_0}{R}\right)^6 \tag{7-67}$$

进而，能量转移效率 E 可表达为：

$$E=\frac{k_{DA}}{k_{DA}-\frac{1}{\tau_0^D}}=\frac{R_0^6}{R_0^6+R^6} \tag{7-68}$$

能量转移效率为 50%的临界距离 R_0 为：

$$R_0{}^6=8.8\times10^{-15}(\kappa^2 n^{-4}\phi_D J_{d\text{-}d}) \tag{7-69}$$

式中，R_0 代表 $E_{50\%}$时的 D-A 距离，Å（1 Å = 0.1 nm）；分子间的平均距离取决于溶液的浓度，受体的临界浓度$[A_0]$与 R_0 的关系为 $1/[A_0]=\frac{4}{3}\pi R_0{}^3$，如果供体溶液的荧光有 50%被猝灭时，受体的浓度为$[A]_{1/2}$，则：

$$R_0=\left(\frac{3\times1000}{4\pi N[A]_{1/2}}\right)^{1/3}=7.35\left(\frac{1}{[A]_{1/2}}\right)^{1/3} \tag{7-70}$$

式中：

① $\tau_0{}^D$ 为不存在能量转移时供体的荧光寿命。

② R 为 D 与 A 的间距。

③ E 为 ET 效率，可以利用供体的荧光强度的变化来估计：$E=1-I/I_0$ 或 $E=1-\tau/\tau_0$（存在和不存在受体时，供体的荧光强度或寿命，峰值强度或积分强度；特定条件下，数值上相当于一定受体浓度，或产生最大猝灭的受体浓度）。

④ 当 $R=R_0$ 时，从供体到受体的能量转移速率等于无猝灭剂存在时供体的衰减速率。

⑤ R_0 为 $E_{50\%}$时的 D-A 距离（临界距离、Förster 距离，$E_{50\%}$可由 $E=1-I/I_0$ 或 $E=1-\tau/\tau_0$ 估算），对于给定的 D-A 对来说，R_0 是一个固定值。该值典型地在 1.5～6.0 nm，与蛋白质分子的直径或生物膜的厚度以及蛋白质分子中功能位点之间的距离相当。

⑥ 当 $R_0>R$ 时，能量转移的速率比供体分子衰变(如以光的形式)的速率更大。

⑦ 当 $R_0<R$ 时，大多数的激发态供体分子将衰变到基态，而能量转移的速率

较小。

图 7-26 展示了第一个基于偶极-偶极作用的“光谱尺”体系，L-脯氨酸寡聚体链接的供受体体系[61]。1-萘基为供体，丹磺酰基为受体，分离 1.2 nm（$n = 1$）到 4.6 nm（$n = 12$）。当 $n \leqslant 4$（$R \approx 1 \sim 2$ nm）时，单线态-单线态能量转移效率 E 为 100 %。随后，随着 $n(R)$的增加，能量转移效率跌落，$n = 12$ 时，E 仅有 15%。约 50%效率时，$R \approx 3.5$ nm，即 $R_0 \approx 3.5$ nm。如图 7-26 所示，能量转移效率 E 非常好地服从 $1/R^6$ 依赖性模型。能量转移效率 E 或速率与分子间距离 R 的相关性是区分不同能量转移或电子转移模型的重要实验依据。

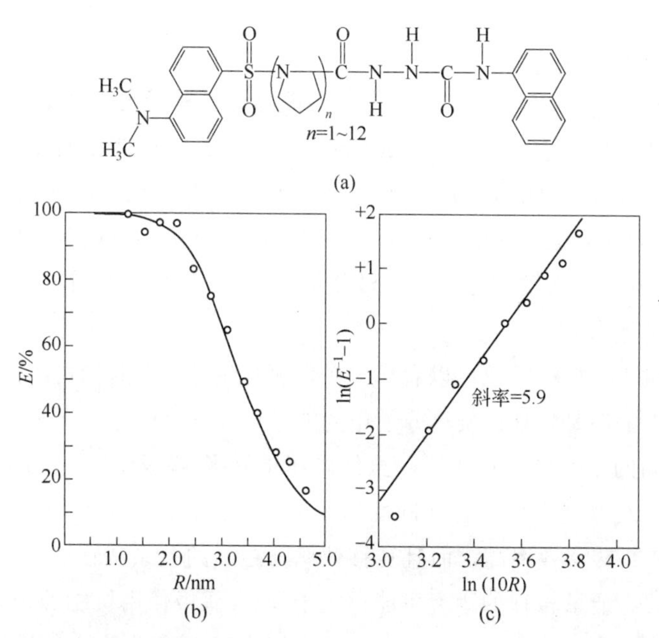

图 7-26 L-脯氨酸寡聚体链接的供受体体系（a）以及能量转移效率与距离（b）或与距离的对数（c）的相关性（能量转移效率 50%对应的距离为 3.46 nm；斜率 5.9，非常接近于 Förster 模型预测的 R^{-6} 依赖性）

另一体系[64]，如图 7-27 所示，刚性的甾族化合物隔离供受体，能量供体 N-甲基吲哚的荧光发射光谱随溶剂极性的降低而蓝移，从而增大与受体吸收光谱的重叠面积。通过变化溶剂，调整光谱重叠积分面积，能量转移的速率常数与光谱重叠积分 J 的依赖关系非常符合 Förster 模型。

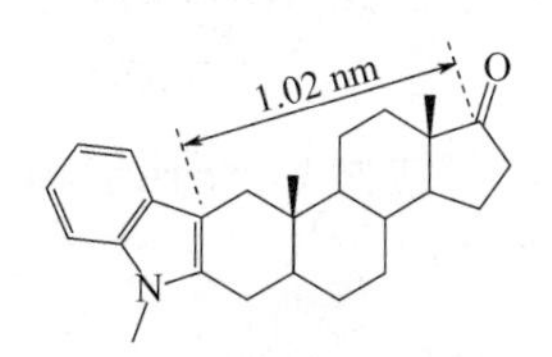

图 7-27 甾族化合物隔离供受体（如果将羰基变化为羟基，则无能量转移发生）

消除 ET 的方法：假定这样的能量转移现象对

于特定的分析目标是不利的，产生显著的干扰，这时就要设法消除这种干扰。根据 FRET 的特征，当将猝灭剂浓度降至$[Q]\leqslant 10^{-4}$ mol/L 时，这种能量转移也许可以减弱或消除。尤其环境样品中多环芳烃混合物之间存在复杂的能量转移作用，采用荧光分析时往往需要预分离。但一些实验表明，采用室温磷光（RTP）法与 RTF 法相结合的方法，不经分离（或部分分离）可分析测定 PAHs 混合物。实际上，目前科学家更感兴趣的是利用 FRET 建立生物的或化学的传感体系。就像利用荧光强度或荧光寿命成像体系，利用能量转移效率也是可以建立荧光成像体系的。

关于 FRET 的一些问题：

① 缩写 FRET 代表什么？

不应该是 fluorescence RET，因为这样很容易理解为荧光（辐射）共振能量转移。在经典的文献中[62,63]，并没有 fluorescence resonance ET 这样的名称。实际上，FRET 应该是 Förster RET，与能量转移后受体是否发光无关。或在受体发光的情况下，FRET 可被理解为 fluorescence with RET 或 fluorescence by FRET。

② 量子点等球形发光分子与有机分子之间的 ET 是否都符合 FRET 模型？或其理论基础是什么？

一般来讲，纳米粒子也可以看作一个偶极振荡子，因此偶极-偶极作用机制也是适用的[65-67]。但是，有机染料分子作为能量供体与 Au 纳米粒子的 FRET，与有机染料分子间的 FRET 有所不同，虽然同属于偶极-偶极作用。Au 粒子作为能量受体的表面，在几何上属于各向同性的偶极向量分布，从而可以接受来自于供体的能量。FRET 转移效率高，而且转移效率与距离的关系从正比于 $1/R^6$ 变成了正比于 $1/R^4$[68-70]，能量转移的距离可能远大于偶极-偶极作用机制的极限距离，比如 70～100 nm[68]。其实，纳米材料，尤其是金属量子点/簇也许会通过新的途径，比如等离子体-偶极作用，从而在更远的距离上发生非辐射的能量转移，这值得探索。

然而，在经典的 Förster RET 理论中，即偶极-偶极作用框架中，也包含着转移速率常数与距离 $1/R^3$ 的相关性[30]，只有在非常弱的偶极-偶极作用中，才是 $1/R^6$ 相关。此外，偶极-四极矩相互作用途径也是可能存在的。这时，电子能量转移猝灭速率常数 k_{ET} 正比于距离的负八次方，其随距离的衰减要比偶极-偶极能量传递快得多[71]。

7.4.3 交换能量转移

1953 年，Dexter 提出电子交换能量转移理论（electron exchange/short range ET）[71]。交换相互作用是一种纯的量子力学效应（即没有任何经典物理的类比），是在交换供体或受体配合物中任何两个电子的空间和自旋坐标时，由电子波函数的对称性要求引起的。Dexter 型能量转移和 Förster 型不同，它能在激发态的轨道和自旋禁阻条件下发生，只要能量条件得到满足就行。图 7-28 非常简略地表示了 Dexter 能量转移过程。

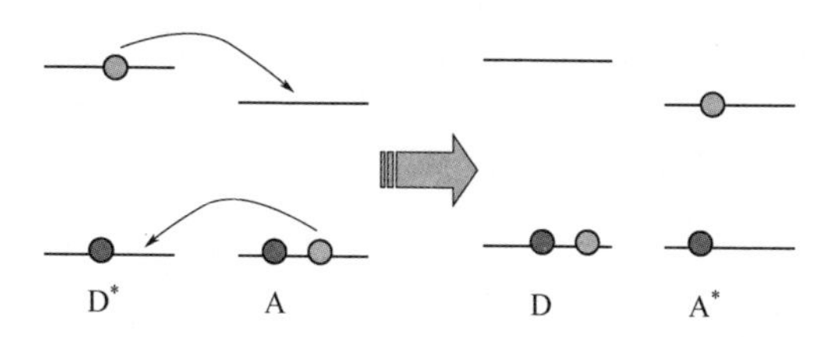

图 7-28　Dexter 能量转移（电子交换能量转移）示意图

交换相互作用的速率常数为：

$$k_{\mathrm{ET}}^{\mathrm{ex}}(R)=\frac{2\pi}{\hbar}KJ_{\mathrm{ex}}\exp(-2R/R_0) \tag{7-71}$$

式中，R_0 是供、受体体系始态和终态分子轨道的平均范德华半径；K 是参数，导致交换能量转移速率常数不能够由上式直接予以评估；J_{ex} 是交换相互作用的供体荧光和受体吸收光谱的光谱重叠积分，表达式为：

$$J_{\mathrm{ex}}=\int_0^\infty \bar{F}_{\mathrm{D}}(\bar{\nu})\bar{\varepsilon}_{\mathrm{A}}(\bar{\nu})\mathrm{d}\bar{\nu} \tag{7-72}$$

$\bar{F}_{\mathrm{D}}(\bar{\nu})$ 和 $\bar{\varepsilon}_{\mathrm{A}}(\bar{\nu})$ 分别为归一化的供体荧光和受体吸收光谱：$\int_0^\infty \bar{F}_{\mathrm{D}}(\bar{\nu})\mathrm{d}\bar{\nu}=1$ 和 $\int_0^\infty \bar{\varepsilon}_{\mathrm{A}}(\bar{\nu})\mathrm{d}\bar{\nu}=1$。

交换作用能的特征：

① 只有当供体和受体分子波函数在空间域重叠时，即当两者发生了动力学意义上的实际碰撞时，电荷云之间的静电相互作用才会大。因此，这是一种短程现象。三线态能量转移是以交换途径进行的，并且由于分子周围的电子云重叠的那个区域的受体和供体的电子静电相互作用而引起，分子间距增大，转移效率呈指数下降。可以预期，在分子边界以外没有这种机理的转移作用，这种转移以扩散控制的速率出现，因而也与介质的黏度有关。临界转移距离为 1.1～1.5 nm。电子交换机制能量转移，要求电子供体和受体的波函数重叠，因此供、受体最好紧密接近（最大只有 1～2 个分子半径的距离，0.5～1.0 nm）。

② 交换相互作用的大小与给体和受体的跃迁振子强度或跃迁概率无关(比较 $J_{\mathrm{d\text{-}d}}$ 和 J_{ex} 中吸收光谱的差别)。对于禁阻跃迁如 S→T 跃迁，交换作用在短距离时

将是主要的。但如果那些跃迁是允许的，则偶极-偶极相互作用占优势。交换能量转移必须遵守自旋守恒规则，总自旋（而不是总的多重性）需要守恒（Weigner定则），即始态和终态的总自旋保持不变：

$$^{1}D^{*}(S_1)+^{1}A(S_0)\longrightarrow ^{1}D(S_0)+^{1}A^{*}(S_1) \quad （敏化荧光） \tag{7-73}$$

$$S=0 \quad S=0 \quad\quad S=0 \quad S=0$$

$$^{3}D^{*}(T_1)+^{1}A(S_0)\longrightarrow ^{1}D(S_0)+^{3}A^{*}(T_1) \quad （敏化磷光） \tag{7-74}$$

$$S=1 \quad S=0 \quad\quad S=0 \quad S=1$$

③ 一个能量转移猝灭体的效能主要取决于它的三重态能级位置，而不是它的分子结构。在 D 的平衡激发态能量比 A 的 Franck-Condon 激发态能量高时，交换能量转移更有效，其速率为扩散控制。或者说，能量转移效率与 $E_{(D)}$和 $E_{T(A)}$的差值有关。

分子间的交换能量转移如图 7-29 所示。

分子内的交换能量转移如图 7-30 所示，激发能的转移发生在同一分子中的两个发色团之间。而所有类型的内转换和系间窜越都是在一个生色团（如—C═O或联苯基）中的分子内能量转移。

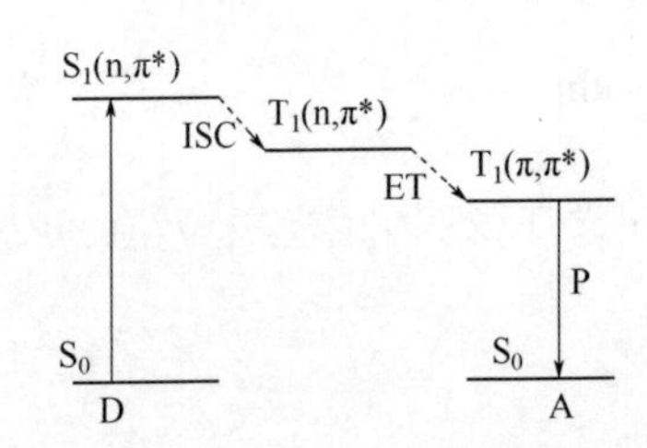

图 7-29　二苯甲酮（D）和萘（A）之间的 T-T 能量转移和敏化磷光（P）

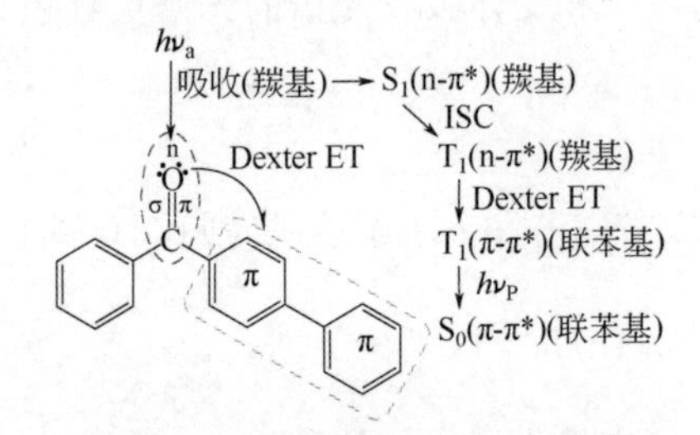

图 7-30　4-苯酰联苯的分子内能量转移机理

7.4.4　电子能量转移途径的比较：局限性和模型的扩展

辐射和非辐射能量转移可以比较如下：

辐射转移：光子发射-吸收，如 S-S 敏化荧光，作用距离 >10 nm。

FRET：偶极-偶极作用，如 S-S 敏化荧光或 T-S 敏化 DF（弱），作用距离 1～10 nm。

Dexter ET：电子云交换作用，S-S 敏化荧光或 T-T 敏化磷光，作用距离 0.5～1.5 nm。

非辐射电子能量转移的两种途径具有如下特点：

① 对于允许跃迁的 S-S 能量转移，偶极-偶极作用和交换作用途径都是可以的。而对禁阻的跃迁，如 T-T 或 S-S 能量转移，因为$\bar{\varepsilon}_A(\bar{\nu})=0$，$R_0^6$表达式中的光谱重叠积分 $J_{d\text{-}d}$ 可以忽略，所以这种情况下仅能发生交换能量转移。

② 偶极–偶极作用的能量转移速率随 R^{-6} 而降低，而交换作用的能量转移速率随 $\exp(-2R/R_0)$ 因子而减弱，这意味着随 R 增加一个量级或两个分子直径的距离（0.5～1.0 nm），相对于供体的荧光寿命，速率常数仅降低非常小的幅度，甚至可以忽略。这是从实验上区分两种能量转移机制的方法之一。

③ 两种机理的 ET 速率常数都与光谱重叠积分 J 有关，但偶极相互作用的 ET 速率与 D*-D 或 A-A*辐射跃迁的振子强度（Oscillator strength）有关，交换型却不是。因此，与 $J_{d\text{-}d}$ 相反，J_{ex} 的幅度仅仅依赖于光谱线的形状（指光谱的半宽度或半全宽度或激发态衰减时间等参数，例如在计算 D 和 A 的电子耦合元 H_{DA} 时与其相关[72-75]。激发态衰减时间也与光谱的半宽度有关），而与光谱的强度/跃迁的振子强度/禁阻度无关。于是，除了允许的跃迁外，交换能量转移理论还适用于偶极机理禁阻的能量转移过程，包括禁阻的 S-S、T-T 跃迁过程的能量转移，以及 T-T 湮灭。再有，偶极机理的能量转移效率（可理解为每供体寿命转移的分数，约为 k_{ET}/k_D，k_D 为供体的衰减速率 $k_D=\dfrac{1}{\tau_D}$ ）主要依赖于振子强度，直接相关于 Φ_D，而交换机理的能量转移效率并不直接与一个实验量相关。

④ 当 R 比较小时，结果也许会偏离两种理论的任何一种，这时模型需加以修正[27,76]。或者，利用交换理论处理允许跃迁的能量转移过程时，偶极理论也是不能忽略的，因为二者是可以同时起作用的（in conjunction），而不是相互排斥的。

就选律而言，库仑相互作用能量转移要求自旋守恒。下列过程所示的库仑相互作用能量转移是完全允许的：

$$^1D^*+^1A \longrightarrow {}^1D+^1A^* \tag{7-75}$$

$$^1D^*+^3A \longrightarrow {}^1D+^3A^*(T_n) \tag{7-76}$$

而三线态-单线态库仑相互作用能量转移是禁阻的（在许多情况下会变得部分允许，具有一定可观的跃迁概率）：

$$^3D^*+^1A \not\longrightarrow {}^1D+^1A^* \quad 或 \quad ^3D^*+^1A \not\longrightarrow {}^1D+^3A^* \tag{7-77}$$

表 7-2 总结了单线态和三线态能量转移的特征。a. 单线态分子间既可以发生基于库仑相互作用的能量转移，又可以基于分子轨道重叠的能量转移。b. 而三线态，仅能发生基于分子轨道重叠的能量转移。c. 单线态-三线态之间的库仑相互作用能量转移是禁阻的，但可以发生 Dexter 能量转移。

表 7-2　分子单线态和三线态非辐射能量转移途径的比较

多重性	单线态		三线态，单线态	
相互作用性质	库仑相互作用，需光谱的重叠		分子/色团间的分子轨道重叠	
能量转移途径	偶极-偶极相互作用（Förster-RET）	偶极-多极（如四极矩）相互作用	电子交换/Dexter 能量转移	电荷共振相互作用
距离特征	长程相互作用		短程相互作用	

用乙酰苯磺胺为供体［$E_{S1} < E_{S1}(Trp)$，$E_{T1} > E_{T1}(Trp)$］，它在酶中心与锌离子有特异性的结合，用 330 nm 光辐射激发时，可检测到 Trp 的磷光，表明这时具有有效的 T-T 能量转移，Trp 位于酶的中心或其附近。又如，在蛋白质分子中，苯丙氨酸、酪氨酸和色氨酸残基间相互作用距离在 7～10 nm，可能发生共振能量转移，导致苯丙氨酸、酪氨酸荧光猝灭。

非辐射能量转移的 Förster 机理和交换机理也是有局限性的。

在溶液中，Förster 机理并没有考虑扩散的影响，无扩散的 Förster 动力学只有在冷冻的介质或高分子基体中是很好成立的。

当在溶液或气相中考虑扩散影响时，长距离（在比范德华半径之和大得多的空间尺度）发生的能量转移或电子转移模型的扩展：

$$\text{Förster：} [\mathrm{A}_0] = \frac{1}{\tau_{\mathrm{D}} k_{\mathrm{q}}} = \frac{3}{4\pi R_0^3} \quad \text{（50\%猝灭时猝灭剂受体的浓度）} \tag{7-78}$$

$$\text{Dexter：} k_{\mathrm{ET}}^{\mathrm{ex}} = \frac{1}{\tau_{\mathrm{D}}} \exp\left[\beta\left(1-\frac{R}{R_0}\right)\right] = k_0 \exp\left[\beta\left(1-\frac{R}{R_0}\right)\right] \tag{7-79}$$

式中，R_0 是 D 和 A 之间交换作用能量转移速率等于 D 的荧光衰减速率时的 D 和 A 之间的距离，或者 D*-A 的范德华接触半径。而 k_0 代表 $R=R_0$ 时速率常数，此时 $\exp\left[\beta\left(1-\frac{R}{R_0}\right)\right]=1$。参数$\beta$代表 k_{ET} 对 R 的敏感性，典型地$\beta \approx 1$ Å^{-1}。这意味着 R 每增加 1 Å，k_{ET} 下降 1/e。小于 1 的β值意味着β对距离不敏感；小的β值意味着能量转移可以越过更大的距离发生。预期 k_0 最大值为 10^{13} s^{-1}，此时 D*和 A 碰撞并接触，$R=R_0$。

考虑到分子扩散长度 r 和碰撞的影响，当 $r > 3R_0$ 时，扩散控制的 Stern-Volmer 动力学方程为：

$$1-\Phi_{\mathrm{ET}} = \frac{\Phi_{\mathrm{D}}^0}{\Phi_{\mathrm{D}}} = 1 + k_{\mathrm{q}} \tau_{\mathrm{D}}^0 [\mathrm{A}] \tag{7-80}$$

分子能量转移之前先碰撞，碰撞速率常数 $k_q = \frac{8RT}{3000\eta}$。

当 $r<R_0$ 时，服从 Förster 动力学；当 $3R_0>r>R_0$ 时，扩散系数采用 $D=D_D+D_A$；无论什么情况，当 R 小于分子接触距离时，ET 应该是电子交换作用控制的，参见速率方程式中隐含的电子交换积分 Z 和光谱重叠积分 J_{ex}。

在一个双色团体系，双色团小的分离，转移可能偏离 Dexter 交换，因为偶极-偶极作用可能起作用；而较大的分离，也会偏离偶极-偶极作用，可能 Dexter 交换起作用。更大距离，尤其是一定刚性桥结构，两种都会偏离。这种情况下，会导致取向依赖性交换作用（D 和 A 的相对取向影响 k_{ET}），也可能新的转移机理起作用，如借键或借键超交换机理，见下一节。

7.4.5 分子内的借键非辐射能量转移：Förster 和 Dexter 型之外的电子能量转移形式

基于供体和受体的独立性，电子能量转移或激发态能量转移（ET）或电子能量转移（ELT）分为分子间和分子内两种。

分子间的：
$$D^*+A \xrightarrow{k_{ET}} D+A^* \tag{7-81}$$

分子间 ET 的速率常数 $k_{ET}=k_q^A[A]/k_q^D[D]$，由溶液中分子间相互作用、偶极-偶极相互作用完成；双分子间的电子转移速率常数与扩散速率常数接近，因此通过测定电子转移速率常数可以判断猝灭过程的性质，正如 Stern-Volmer 双分子反应猝灭模型所预测的。

分子内的：
$$D^*\text{-}B\text{-}A \xrightarrow{k_{ET}} D\text{-}B\text{-}A^* \tag{7-82}$$

B=间隔基链/桥/键，连接分子中的两个色团，它可能会推进/促进/激励转移过程，D*被猝灭，A 被敏化。

就非辐射电子能量转移或电子转移是否受到介体介导作用而言，可以分为穿空（through-space）和借键（through-bond，TB）两种形式。前一种，不需介导，供体 D 和受体 A 之间的间隔可以是空的空间（溶剂分子介质也可以看作空的空间），也可以是由或长或短的、刚性或弱性的化学基团组成的间隔基链（spacer）。该间隔基链对 D 和 A 之间的作用无实质性贡献，能量转移或电子转移是穿越或通过这个间隔基链进行的，就像磁场作用。当然，在一定程度上间隔基链可以克服能量转移或电子转移的扩散控制。而借键能量转移或电子转移中的“键”或“桥”对 D 和 A 之间的相互作用具有实质性贡献（借用桥键的σ*或π*反键轨道，或 LUMO；或者桥键的σ*或π*反键轨道对并无直接关联的 D、A 之间能量转移起辅助作用），没有这个“键”或“桥”无法完成这种作用，即借助于键的介导作用而实现转移，参见图 7-31。要注意的是，有些中文文献把“through-bond”翻译为“跨键”，并非十分妥当。一是就转移作用的实质而言，“键”是有贡献的；其次，“跨”在化学领域有另外一个词头 trans-，如跨环电荷转移（transannular charge-transfer）、跨环键（transannular bond）等。此外，中文的一些理论方面的文献也使用“通过空间”和“通过键”这样的术语，而不是“跨空间”或“跨键”[77]。

分子内的能量转移或电子转移是在一个由双色团构成分子内部完成的。所谓双色团分子是指经分子桥单元连接的相对独立的分子生色单元。其吸收光谱可以定义为两个色团吸收光谱的简单叠加（simple superposition）。而分子桥单元仅作为一个分子隔离基链（spacer）防止基态分子内两个色团的相互作用，又不影响两个色团单元的基本电子结构。但是，任何一个色团的电子激发可能导致分子内的电子相互作用，如观察到分子内激基复合物的形成、分子内能量转移或分子内电子转移等。因此，各种分子内的过程要考虑：

$$\text{D*-B-A} \xrightarrow{k_{\text{ET}}} \text{D-B-A*} \tag{7-83}$$

$$\text{D*-B-A} \xrightarrow{k} \text{[D-B-A]*}\text{（分子内激基复合物）} \tag{7-84}$$

$$\text{D*-B-A} \xrightarrow{k} \text{D}^{+}\text{-B-A}^{-}\text{（光诱导的分子内 ELT，即 PET）} \tag{7-85}$$

有时，分子内 ET 先于 ELT 发生，并且经常是桥接力的（bridge-relayed）超交换介导的分子内 ET。

也经常发生桥接力的超交换（superexchange）介导的分子内 ET 和 ELT 的联合：

$$\text{D*-B-A} \longrightarrow \text{D-B*-A} \xrightarrow{k} \text{D-B-A*} \tag{7-86}$$

$$\text{D*-B-A} \longrightarrow \text{D-B}^{-}\text{-A} \xrightarrow{k} \text{D}^{+}\text{-B-A}^{-} \tag{7-87}$$

$$\text{D*-B-A} \longrightarrow \text{D-B*-A} \xrightarrow{k} \text{D}^{+}\text{-B-A}^{-} \tag{7-88}$$

实验上常可观察到，分子内的 ELT 或分子内的 PET 可以在远大于范德华轨道半径的距离上发生。当选律排除偶极-偶极相互作用时，超交换作用可以运行在超出实际轨道重叠的区域，即通常认为，与色团之间的桥轨道的电子耦合是介导完成上述过程的重要/关键途径。

何以证明分子内色团间发生了借键作用的分子内能量转移或电子转移，而不是经过其他途径，如偶极-偶极远程或 Dexter 短程交换转移机理？在 ET 和 ELT 中，可以通过实验明示是否涉及借键超交换相互作用，要点如下[27,76]：

① 转移效率的 R 依赖性，既不服从 Dexter 交换模型，也不符合偶极-偶极相互作用的 Förster 模型。

② 当 R >1 nm 时，对于偶极-偶极禁阻的过程，分子内的 ET 或 ELT 仍然是非常有效的，尤其对刚性桥连接的 D-B-A 体系。但对于更柔性的 D-B-A 体系，分子内 ET 仍然是短程穿空的 Dexter 交换起主导作用。

③ 当相互作用色团的（跃迁矩）相对取向相互比较固定时，观察到的速率常数依赖于分子桥的构象（conformation）。

④ 对于 *trans*-σ键桥结构，转移速率随σ键的数目呈指数式下降，一个一般的表达式为：

$$k_{\mathrm{ET}}(N)=|V_0|^2\ \rho\exp[-\beta(N-1)] \tag{7-89}$$

式中，V_0 代表一个σ键分离距离时 D 和 A 的电子耦合；N 是隔离 D 和 A 的σ键的数目；ρ是态密度参数［始态或终态能量上，每单位能量间隔（cm^{-1}）中的振动能级数］。

要注意的是，交换、超交换以及其他借助轨道重叠作用的能量转移效率或速率与距离都是呈指数依赖性的。

处理借键超交换控制的短程分子内能量转移的方法是，建立包括借键转移在内的、涉及任何桥中继/接力单元数目的统一的理论模型。

在超交换模型中，涉及σ/π相互作用，一个电子可以在能量简并的 D 和 A 的 LUMO 轨道之间转移，空的（并非必须简并）更高位的桥轨道起辅助作用，见图 7-31。再者，受体 A 的电子经能量较低的桥σ轨道转移至激发态 D*的 HOMO，相当于电子穴（electron hole）向 A 的转移。两种机理耦合，完成这个能量转移过程，见图 7-32。

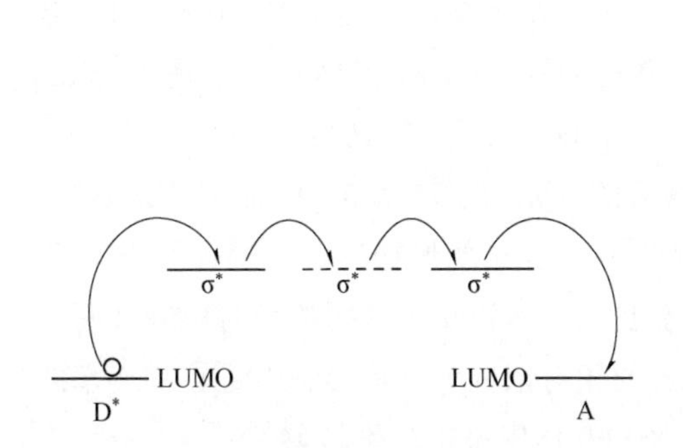

图 7-31 能量简并的供体 D 和 A 色团之间的借键或键桥介导的 ET 或 ELT 示意图[27]

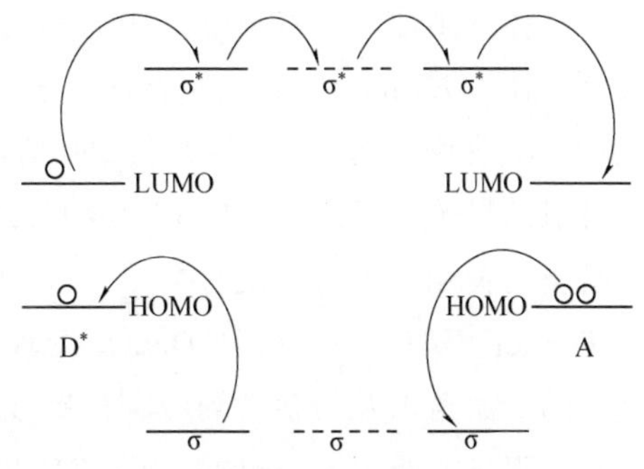

图 7-32 借键交换与耦合电子穴的能量转移

所以，所谓分子内能量转移或电子转移的借键或借键超交换（through-bond superexchange）机理，就是借助于分子桥单元的反键轨道（LUMO）完成简并的供体 D 和受体 A 的 LUMO 的“重叠”“交换”，所需能量来源于 D 的激发，而不是直接的短程的 D 和 A 轨道的重叠交换。这就好像，调能水库的水从低处 D 被泵送到山顶储水池，又从该储水池下泄到山顶另一边与 D 等位的 A 处。

这个模型可以区分跳跃（hopping）机理和借键机理，在跳跃机理中，电子转移期间电子并不实质性地占据任何桥轨道。

在溶液中，会发生快速振动弛豫，包含借键的热均分子内能量转移速率常数可以表达为式（7-90）和式（7-91）：

$$k_{\text{ET}} = \frac{2\pi}{\hbar}\sum_{v'}\sum_{v''} P_{\text{i}v'}\left| V_{\text{f}v'',mv} + \sum_{mv}\frac{V_{\text{f}v'',mv}V_{mv,\text{i}v'}}{E_{\text{i}v'} - E_{mv} + i\varepsilon_{mv,\text{i}v'}}\right|^2 \times \delta(E_{\text{f}v''} - E_{\text{i}v'}) \qquad (7\text{-}90)$$

$$k_{\text{ET}}^{\text{Total}} = A^2R^{-6} + 2ABR^{-3}\exp(-\alpha R) + B^2\exp(-2\alpha R) \qquad (7\text{-}91)$$

式中，i 和 f 分别为始态和终态；v'和 v''表示振动量子数；$P_{\text{i}r}$ 为 Boltzmann 分布；v 是总 Hamiltonian 中的微扰项；m 为中介桥的电子态；ε为介电常数；$\alpha = R_0/2$；A 和 B 是常数，其中 A 与 D 和 A 的跃迁矩以及取向因子κ有关。

如果没有借键耦合电子转移贡献，则式（7-90）还原为偶极-偶极和 Dexter 交换速率表达式。反过来讲，在常规的偶极-偶极远程或 Dexter 短程交换体系中，借键作用是可以忽略的。

典型举例：

在中程范围的 ET 或 ELT 可能涉及借键超交换作用，这与分子结构，尤其是分子桥的构象或构型密切相关。对于刚性桥连接的双色团体系，ET 或 ELT 的控制机理应该涉及借键超交换，通过刚性的和柔性桥可以考察借键和穿空的竞争。

由棒形刚性桥，双环[2.2.2]辛烷连接的 D、A 体系，如图 7-33 所示。可以观察到，在 0.75 nm 分离（n=1，α-萘基乙酰基-[1]-棒）的能量转移效率是 1.15 nm（n=2，α-萘基乙酰基-[2]-棒）的 250 倍，即 $1.3\times10^9\ \text{s}^{-1}/5.2\times10^6\ \text{s}^{-1}$。此外，萘基荧光发射的量子产率之比 0.006/0.18≈1/30（萘的荧光量子产率 0.19，α-甲基萘 0.21，乙酰基的荧光量子产率没有数据）。这种分子内 S-S 能量转移既不符合偶极-偶极的 Förster 模型，也不符合 Dexter 交换模型。供体和受体基团的相对取向（两个基团的二面角以及与萘基的 $^1L_\text{a}/^1L_\text{b}$ 跃迁矩的相对取向）不是影响能量转移速率的因素。那只能通过 5 个σ键介导的 TB 交换相互作用推进能量转移[78]。

如图 7-34 所示，刚性桥连接的化合物，发生分子内的单线态-单线态能量转移，通过 4 个σ键的速率比 6 个σ键的高 1000 倍，$1\times10^{10}\ \text{s}^{-1}$（**a**）/$1\times10^{7}\ \text{s}^{-1}$（**b**），

1,4-二酮为 $2\times10^8\ s^{-1}$，符合借键超交换机理[79]。激发 310 nm，发射 400 nm。

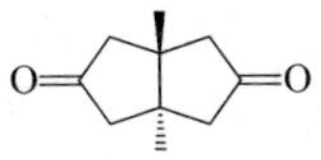

$H_3C—C(=O)—[$双环辛烷$]_n—$萘基，n=1, 2

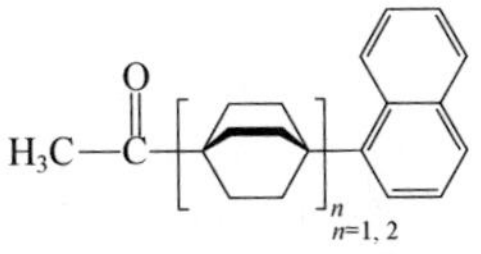

图 7-33 TB 交换相互作用双色分子

1,5-二酮*trans*-二环[3.3.0]辛烷-3,7-二酮

(a)

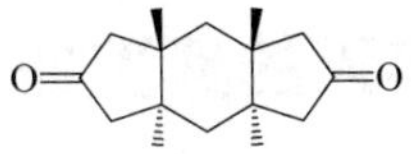

1,7-二酮(1*S*, 3*R*, 7*R*, 9*S*)-三环[7.3.0.0^{3,7}]十二烷-5, 11-二酮

(b)

图 7-34 四个和六个σ键刚性桥连的供受体二酮双色分子

如图 7-35 所示，在另外的体系中，能量转移速率常数 k_{ET} 通过供体萘的荧光猝灭测定，并且，对每一给定的分子 k_{ET} 受溶剂极性的影响不大。但是，k_{ET} 强烈地依赖于供受体的分离（**1** 的四个σ键到 **5** 的十二个σ键），见图 7-35 中的数据，

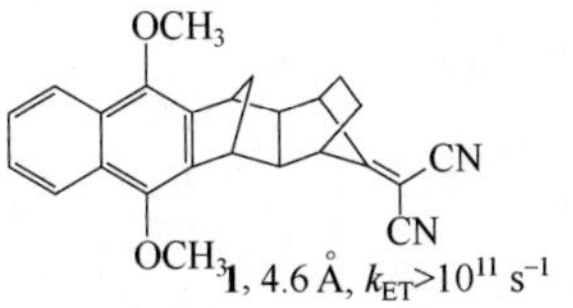

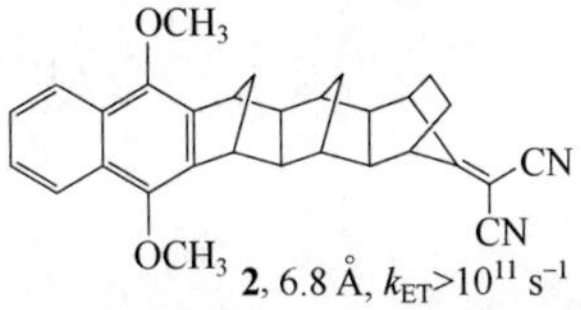

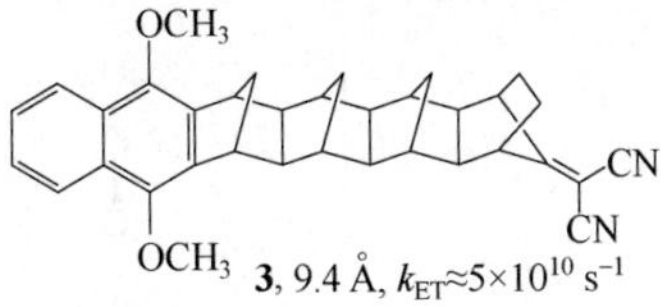

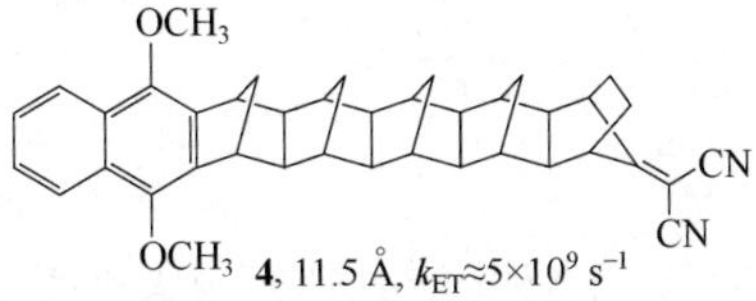

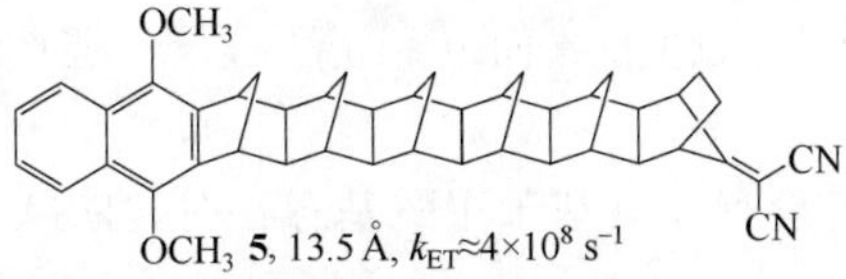

图 7-35 刚性的非共轭桥连接的 1,4-二甲氧基萘供体和 1,1-二氰基乙烯受体双色体系（1 Å = 0.1 nm）

如 **1** 的能量转移速率常数大于 $10^{11}\ s^{-1}$，而 **5** 的能量转移速率常数约为 $4\times10^{8}\ s^{-1}$。当距离大于约 1 nm 时，直接的轨道（或电子波函数）重叠是不可能的。所以，实际上激发态供体和受体之间的能量转移只能借助分子桥或隔离基的σ*（借键超交换）和σ轨道的电子耦合完成，如图 7-32 所示[80]。

7.5 荧光猝灭的典型应用

7.5.1 光谱尺的应用

例 1 人血清蛋白（human serum albumin，HAS）在 214 位置有单色氨酸残基（Trp）。在 HAS 的半胱氨酸（cysteine）-34 共价标记一个邻氨基苯（甲）酰基（o-$H_2NC_6H_4CO$—，anthraniloyl）探针。标记的和未标记的 HSA 的发射光谱如图 7-36 所示，对于从 Trp 到 anthraniloyl 能量转移的 Förster 距离是 3.03 nm。利用图 7-36 光谱计算 Trp-anthraniloyl 距离[81]。

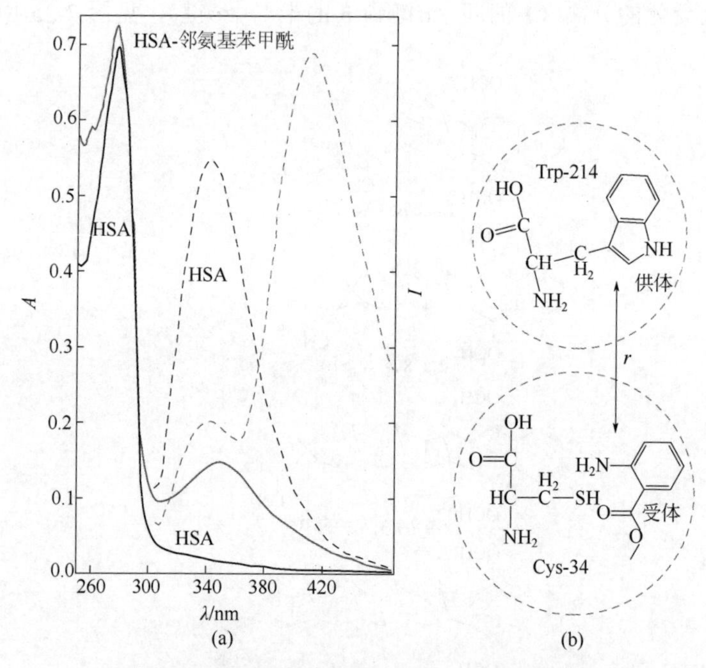

图 7-36 （a）人血清蛋白和邻氨基苯(甲)酰-HSA 的吸收和荧光光谱（激发 295 nm）以及（b）D-A 间距离测量光谱尺示意图

由图 7-36 估计，在没有邻氨基苯甲酰基存在时，HSA 在 340 nm 处的相对发光强度约为 0.54，而在探针存在的 HSA 中，相对发光强度约为 0.20。假设探针在 340 nm 处没有发射贡献，则 $E=R_0^{6}/(R_0^{6}+r^{6})=1-(0.2/0.54)=0.63$，即 Cys-34-邻氨基苯甲酰基和Trp-214之间的能量转移效率为63%。根据上式，得到Cys-34和Trp-214之间的距离为 3.19 nm。

例 2 根据图 7-37 数据计算司帕沙星（SPFX）与蛋白质中色氨酸残基 Trp 间的距离[82]。

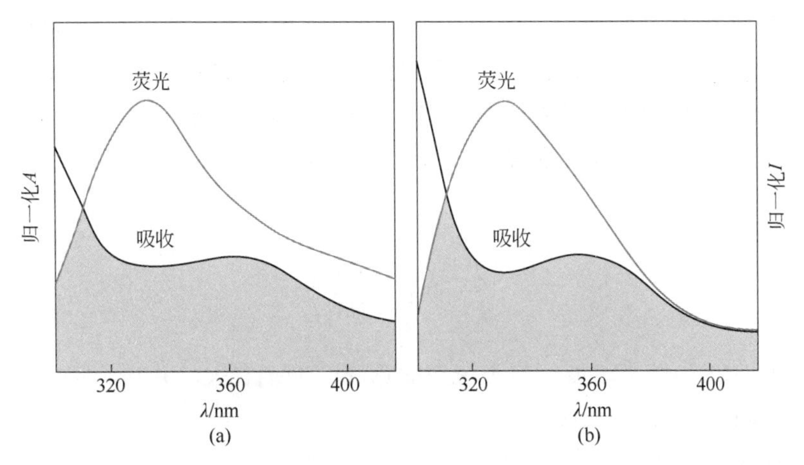

图 7-37 鸡蛋白（CEA）（a）和牛血清白蛋白（BSA）（b）荧光光谱与司帕沙星（SPFX）吸收光谱的重叠

根据式（7-65）～式（7-69）可以估算 R、R_0、E：利用鸡蛋白 CEA 和牛血清白蛋白 BSA 的荧光光谱图和司帕沙星的吸收光谱图 7-37，据式（7-66），将光谱重叠部分分割成极小的矩形面积求和，分别求得光谱的重叠积分 $J_C=8.4\times10^{-15}$，$J_B=8.59\times10^{-15}$。上述实验条件下，取向因子取供体-受体各向随机分布的平均值 $\kappa^2=2/3$，折射率 n 取水和有机物平均值 $n=1.336$，$\Phi=0.13$，将上述数值代入式（7-69），求得 $R_{0C}=2.43$ nm，$R_{0B}=2.44$ nm；再由 $E=1-I/I_0$ 求出能量转移效率 $E_C=0.766$，$E_B=0.714$；最后由 R_0 和 E 经式（7-98）算出白蛋白色氨酸残基与司帕沙星的作用距离为 $R_C=1.99$ nm，$R_B=2.09$ nm。因 $R_0>R$，CEA 和 BSA（供体）能量转移概率比其荧光衰变概率要大得多。

7.5.2 胶束平均聚集数的测定

（1）方法 1：基于疏水性猝灭剂对发光探针的静态猝灭[83]

假定：

① 胶束完全缔合的猝灭剂对胶束供体的猝灭，主要是静态的或活性氛猝灭。

② 溶液含有确切的但未知的胶束浓度[M]，以及常量的猝灭剂浓度[Q]。

③ 选择适当的猝灭剂，以使其无一例外地居留（resides）在胶束相，并以某种方式在有效的胶束（available micelles）中分布。

④ 发光分子 D，也完全与胶束缔合，加入到该体系中，D 本身将隔离在含有 Q 的胶束和空的胶束中。

⑤ 可以选择泊松统计（Poisson statistics）模型表达在 D、Q、M 三元体系中，D 和 Q 在胶束中的分布特征。

⑥ D 仅仅占据（occupies）一空的胶束时才能发光，即当 D*居留在含有至少一个猝灭剂分子的胶束时可以被完全猝灭，而后，在 Q 存在和不存在时所测到的发光强度比（I/I_0）可表达为方程（7-92）。这一假定可在实验上验证，随[Q]的增加，发光寿命不应该变化，尽管发光强度降低。也就是说，发生了静态猝灭。

$$\frac{I}{I_0}=\exp\left(-\frac{[\mathrm{Q}]}{[\mathrm{M}]}\right) \tag{7-92}$$

式中，[M]为胶束浓度，与去污剂的总浓度[Det]有关。并且，胶束的平均聚集数$\bar{n}$，表达为方程（7-93）：

$$[\mathrm{M}]=\frac{[\mathrm{Det}]-[\text{自由单体}]}{\bar{n}} \tag{7-93}$$

式中，[自由单体]表示与胶束平衡时的自由单体浓度，即临界胶束浓度（critical micelle concentration，cmc）。由式（7-92）和式（7-93）产生式（7-94）：

$$\ln\left(\frac{I^0}{I}\right)=\frac{[\mathrm{Q}]\bar{n}}{[\mathrm{Det}]-[\text{自由单体}]} \tag{7-94}$$

通过测量在固定[Q]时随变化[Det]时的 I_0/I（图 7-38），以及在固定[Det]时随[Q]变化时的 I^0/I（图 7-39），可以估计与胶束平衡的自由单体的浓度。

$$\ln\left(\frac{I^0}{I}\right)=\frac{[\mathrm{Q}]\bar{n}}{[\mathrm{Det}]-[\text{自由单体}]}=\frac{1}{\dfrac{[\mathrm{Det}]-[\text{自由单体}]}{\bar{n}}}[\mathrm{Q}] \tag{7-95}$$

$$\frac{1}{\ln\left(\dfrac{I^0}{I}\right)}=\frac{1}{[\mathrm{Q}]\bar{n}}([\mathrm{Det}]-[\text{自由单体}])=\frac{1}{[\mathrm{Q}]\bar{n}}[\mathrm{Det}]-\frac{1}{[\mathrm{Q}]\bar{n}}[\text{自由单体}] \tag{7-96}$$

实验体系使用发光的供体 D 为 $\mathrm{Ru(bipy)_3^{2+}}$，发光猝灭剂 Q 为 9-甲基蒽，表面活性剂为十二烷基硫酸钠（SDS）。能够满足上述假设的条件需求。其他的一些体系：如具有自身荧光的苯磺酸基表面活性剂/甲基紫精 $\mathrm{MV^{2+}}$。

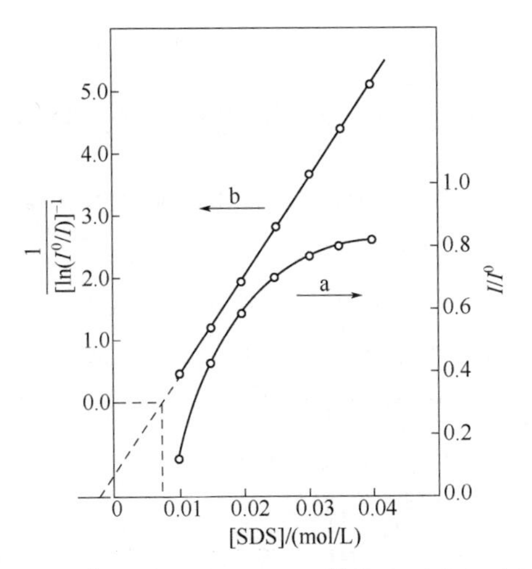

图 7-38　浓度为 7.2×10^{-5} mol/L 的 $Ru(bipy)_3^{2+}$荧光强度与去污剂浓度的相关性

固定猝灭剂 9-甲基蒽浓度为 1.05×10^{-4} mol/L。曲线 a：相对于无猝灭剂 Q 时的归一化强度曲线（即 I/I^0 对[SDS]）；曲线 b：按照式（7-96）分析所得直线。激发波长和发射波长分别为 450 nm 和 630 nm（25℃）

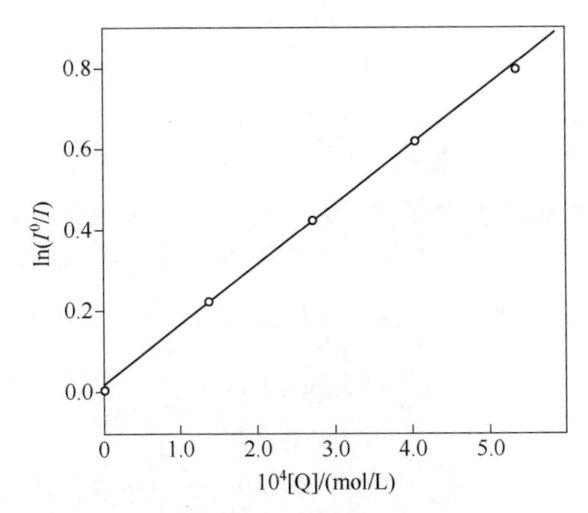

图 7-39　浓度为 7.2×10^{-5} mol/L 的 $Ru(bipy)_3^{2+}$荧光强度与猝灭剂 9-甲基蒽浓度的相关性（去污剂 SDS 浓度固定在 0.045 mol/L。其他条件见图 7-38 说明）

在供体浓度≤7.2×10^{-5} mol/L 时，方程（7-92）是合适的。所测量的供体激发态 D*的发光寿命变化不大，约为 0.48 ms（±3%），甚至是在猝灭已使发光强度降低一个数量级的情况下。

按照式（7-96）作图，得到斜率$=\dfrac{1}{[Q]\overline{n}}$和截距$=-\dfrac{[自由单体]}{[Q]\overline{n}}$。

但实际上，只要根据$[\ln(I^0/I)]^{-1}$趋于零所对应的在[Det]轴上的截距，就可得到 cmc 值。即正好没有胶束存在或胶束正好要形成时，$I^0=I$，$[\ln(I^0/I)]^{-1}$=零。该猝灭法得到平均聚集数为 60±2（25℃），cmc=7.2×10^{-3} mol/L，与文献相当一致。

当 $\dfrac{1}{\ln(I^0/I)}=\dfrac{1}{[\mathrm{Q}]\overline{n}}([\mathrm{Det}]-[\text{自由单体}])=0$ 时，$\dfrac{1}{[\mathrm{Q}]\overline{n}}[\mathrm{Det}]=\dfrac{1}{[\mathrm{Q}]\overline{n}}[\text{自由单体}]$。

利用式（7-96），$\ln(I^0/I)$对[Q]作图，或利用斜率得到[M]=6.7×10^{-4} mol/L，进一步计算得平均聚集数为 55±5（25℃），与文献一致。

（2）方法 2：基于完全胶束化固定的猝灭剂对发光探针的动态猝灭作用[84]

研究芘和 5-(1-芘基团)戊酸钠在氯化十六烷基三甲铵（CTMAC）和十二烷基硫酸钠（SDS）胶束介质中单体-激基二聚体反应，估计总胶束浓度[M_T]和胶束内激基二聚体形成的速率常数 k_E。在 CTMAC 中添加大于 1.0×10^{-3} mol/L 己酸钠或在 SDS 中添加正十二烷醇引起[M_T]和 k_E 变化。

假定：

① 在给定的胶束中，荧光探针的猝灭概率正比于居留在该胶束中猝灭剂的数目。在含有 n 个猝灭剂分子的胶束中，探针的去激（de-excitation）速率常数可以表示为：

$$k_n=\frac{1}{\tau_0}+nk_{\mathrm{q}} \tag{7-97}$$

在胶束内的猝灭过程，可以视为分子内过程，而分子内过程可以假设为一级动力学过程，所以 k_{q} 是由一个猝灭剂分子猝灭的一级速率常数。

② 一个胶束含有 n 个猝灭剂分子的概率 P_n 符合泊松分布。δ 脉冲激发后所观察到的荧光强度 i，即拥有不同数目猝灭剂的胶束对发光的贡献的加和：

$$\begin{aligned}i(t)&=i(0)\sum_{n=0}P_n\exp(-k_nt)\\&=\sum_{n=0}\frac{\overline{n}^n}{n!}\exp(-\overline{n})\exp\left(-\frac{t}{\tau_0}+nk_{\mathrm{q}}t\right)\\&=i(0)\exp\left(-\frac{t}{\tau_0}+\overline{n}[\exp(-k_{\mathrm{q}}t)-1]\right)\end{aligned} \tag{7-98}$$

在长时间处，方程（7-98）变为单指数形式：

$$i(t)=i(0)\exp(-\overline{n})\exp(-t/\tau_0) \tag{7-99}$$

在对数的表达式中，在长时间处的斜率与没有猝灭剂时是一致的，并且外推到零时刻产生 $\overline{n}$，由此胶束聚集数 N_{ag} 可以计算如下。荧光强度和平均布居数 $\overline{n}$ 之间的关系为：

$$\ln(I^0/I)=\overline{n} \tag{7-100}$$

而 $\overline{n}$ 与 N_{ag} 的关系如下：

$$\overline{n} = [Q]/[M] = [Q]N_{ag}/([Det]-cmc) \tag{7-101}$$

通过形成激基缔合物［$Pyr^*+Pyr \longrightarrow (PyrPyr)^* \longrightarrow 2Pyr$］导致芘荧光猝灭，测量新表面活性剂胶束聚集数的实验见图 7-40。

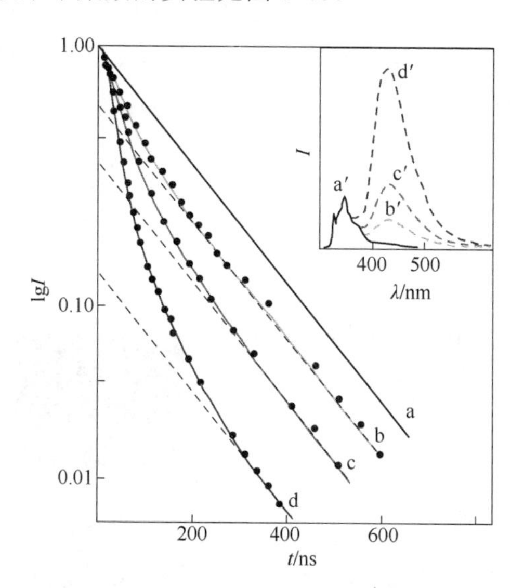

图 7-40　在 CTMAC 胶束溶液（10^{-2} mol/L）中芘单体的荧光衰减曲线

芘浓度：a—7.50×10^{-6} mol/L，b—5.20×10^{-5} mol/L，c—1.04×10^{-4} mol/L，d—2.08×10^{-4} mol/L

圆点是实验数据，虚线为按照方程（7-98）拟合的曲线，点线对应于方程（7-99）

插图：相应溶液归一化到单体的稳态荧光光谱（单体和激基二聚体荧光光谱）

7.5.3　分子信标设计两例

分子信标（molecular beacons，MB）是一种非常优越的寡 DNA 探针，通过 DNA 杂交过程荧光或其他物理信号的变化检测目标 DNA，根据需要还可以设计成各种类型[85,86]。

图 7-41 是一种发夹式 MB 设计示意图，环部分为探针（19-mer），与靶 DNA 互补，颈部分互补链（6-mer）使得 5′-端的报告基团-荧光探针与 3′-端的猝灭基团保持在 FRET（或其他途径的猝灭）的有效距离之内，荧光被猝灭。当环部分与目标寡 DNA 杂交形成双螺旋结构时，由于更多碱基对之间的作用（热力学控制）迫使颈部分双螺旋解旋，荧光探针与猝灭基团分离，荧光恢复[87]。该信标具有优异的单碱基错配识别能力，同时不易被核酸酶消化，不与单链 DNA 结合蛋白连接。但某些非特异性因素也可能使得发夹结构的颈部螺旋解旋，导致假阳性。图中荧光探针为 Cy3，发射黄绿色荧光，激发和发射波长分别为 550 nm 和 570 nm。

荧光猝灭剂为4-[4-(*N*,*N*-二甲氨基苯基)偶氮]苯甲酸基（Dabcyl）。

图7-42所示的MB，由修饰在金膜上的发卡结构DNA连接了金黄色酿脓葡萄球菌FemA和mecR甲氧西林抗病基因两部分。利用支持基体金膜本身作为猝灭剂，便于探针的重复使用。荧光报告基团Rh为罗丹明基荧光染料[88,89]。而当探针与互补链杂交时，荧光强度可以增加26倍，对应于96%±5%猝灭效率，即由金箔猝灭了的96%荧光被恢复。对比非特异性DNA研究表明，固定在金表面的DNA发夹保持其互补DNA序列选择性结合的能力。

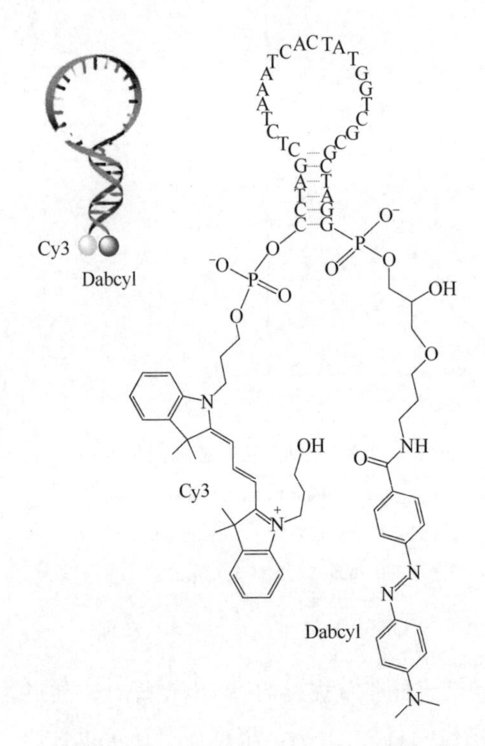

图7-41　发夹式分子信标卡通式和构象结构

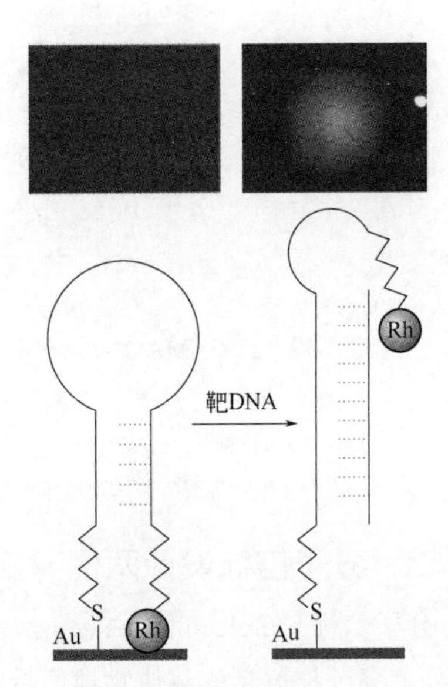

图7-42　金箔-固定化分子信标工作原理和杂交前后荧光成像图

7.5.4　借键能量转移的应用

Jiao等[90]合成了如图7-43所示的方便生物标记的TBET探针。基于荧光供体成分的电子共轭于罗丹明类电子受体而设计和合成的借键能量转移探针，其在488 nm处具有强烈的吸收，且能量有效转移给了受体部分。此外，该探针相对于荧光素具有更强的抗光漂白能力，比荧光素本身更适用于单分子检测方法。这些研究方法可以改善高通量测序链终止DNA的检测，且在生物技术上有更多应用。

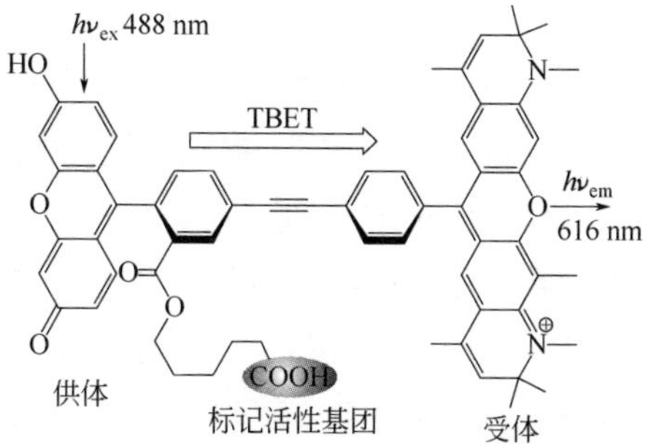

图 7-43　可用于生物标记的借键能量转移探针

Lin 等[91]合成了一系列具有生物可标记性的香豆素-罗丹明 TBET 探针（图 7-44），供体发射光谱和受体吸收光谱重叠程度非常小（图 7-45），Stokes 位移达到 230 nm，发射位移达到 170 nm。探针（香豆素的 R=OH 时）随 pH 由 8.6～3.0 降低，供体在 465 nm 处的荧光降低，而受体在 587 nm 处的荧光增强，通过 I_{587}/I_{465} 比率荧光检测。

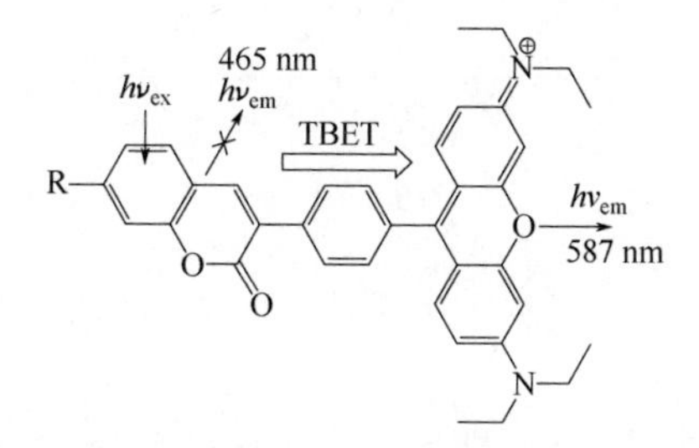

图 7-44　TBET 探针响应机理（R=OH）

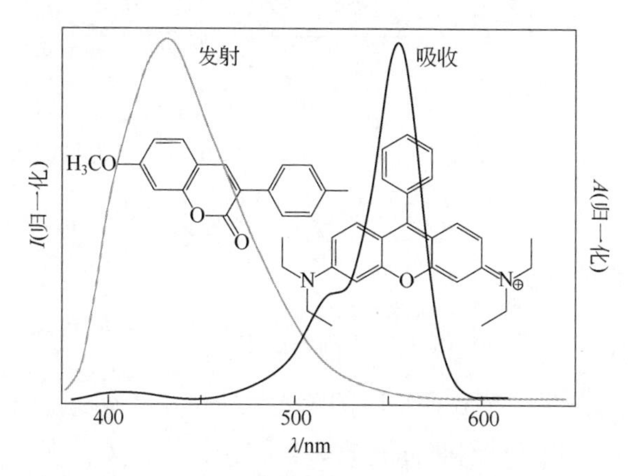

图 7-45　归一化的供体荧光发射和受体吸收光谱

磷酸缓冲液，H_2O-MeOH（3∶2），pH 7.0，激发 400 nm

Gong 等[92]合成了如图 7-46（a）所示的双色荧光试剂 CR，拥有香豆素基团和罗丹明-内酰胺螺环结构基团。随 Hg^{2+}浓度增加，香豆素基团的吸收由 420 nm 红移到 450 nm，而同时，开环的罗丹明在 567 nm 产生非常强的吸收。由于螺环的罗丹明是荧光静默的，以 420 nm 光激发，仅产生香豆素 470 nm 的荧光发射。随金属 Hg^{2+}的加入，罗丹明的内酰胺螺环被打开，同时硫取代基以 HgS 形式离去，此时，开环的罗丹明是可以发生荧光的。以 420 nm 光激发，随 Hg^{2+}浓度的增加，香豆素位于 470 nm 的荧光减弱，而罗丹明为 580 nm 的荧光逐渐增强，见图 7-46（b）。

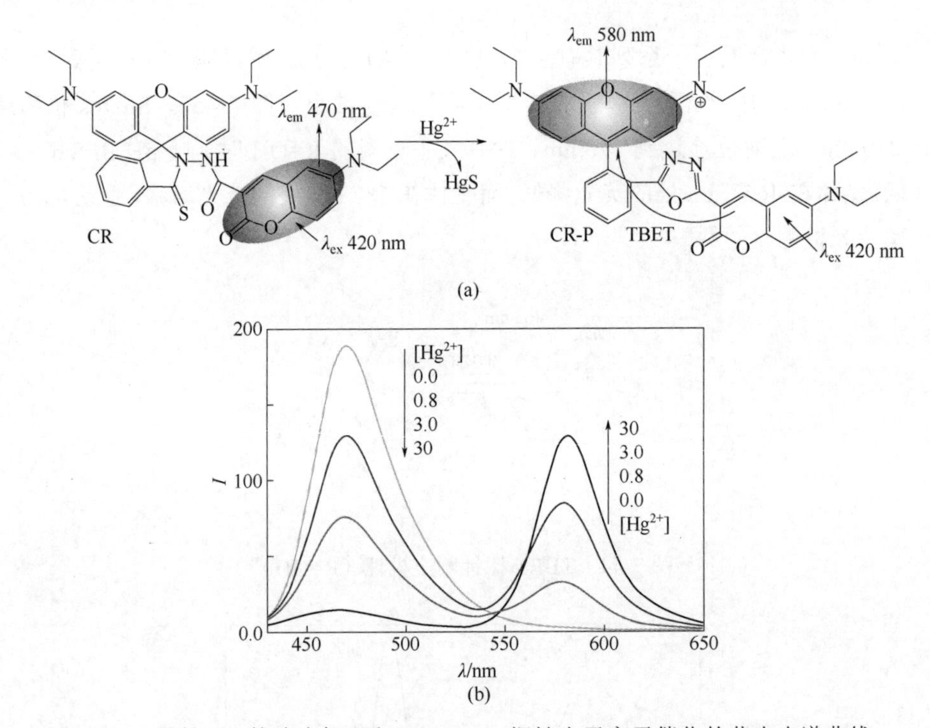

图 7-46　探针 CR 的响应机理和 10 μmol/L 探针由汞离子催化的荧光光谱曲线

缓冲液为 THF 水溶液，pH=7.2；$[Hg^{2+}]$单位为μmol/L

探针 CR 的能量转移效率定义为：

$$E_{CR} = 1 - \Phi_{F\text{-dyad}} / \Phi_{F\text{-donor}} \tag{7-102}$$

式中，$\Phi_{F\text{-donor}}$ 是供体单独存在时的荧光量子产率；$\Phi_{F\text{-dyad}}$ 是当受体分子存在时能量转移发生的情况下供体的量子产率。在探针分子 CR 中，由于罗丹明内酰胺螺环结构可以被视为非真正意义上的荧光染料，因此 CR 分子的量子产率即为供体香豆素的量子产率 $\Phi_{F\text{-donor}}$，该数值测得为 0.078（以 0.1 mol/L 的硫酸喹啉为标准，Φ_F=0.546），而产物 CR-P 中香豆素的量子产率 $\Phi_{F\text{-dyad}}$ 被计算为 0.002。由此根据公式（7-102）得到 CR-P 的 TBET 体系能量转移效率为 97.4%。利用该体系，通过比率荧光强度 I_{580}/I_{470} 和 Hg^{2+} 浓度的关系，检测下限可达 20 nmol/L。

从文献提供的荧光光谱变化图看，随 Hg^{2+} 的变化，最初（小于 0.06 μmol/L）体系存在严格的平衡，出现等发射点。当 Hg^{2+} 浓度过大时，平衡显得不明显，说明机理的复杂性。其实，文献并没有严格求证体系是否是完全的借键能量转移，是否还有其他能量转移机制伴随，或者是否完全由其他能量转移引起的，以及化学结构变化对供体荧光猝灭的贡献等，这是该文献的主要缺陷。比较吸收光谱和荧光光谱可以看到，受体的吸收光谱与供体的荧光光谱确有较大幅度的重叠，怎么能排除共振能量转移呢？

借键能量转移型荧光探针的确已经引起人们重视，最近的一篇综述文献阐述了通过借键能量转移比率型荧光探针的研究动态[93]。

参 考 文 献

[1] J. B. Birks. Photophysics of aromatic molecules. John Wiley &Sons, New York, **1970**: 493.

[2] T. Vo-Dinh. Room Temperature Phosphorimetry for Chemical Analysis, John Wiley & Sons, New York, 1984: 32.

[3] Z. Wang, J. Zhao, A. Barbon, et al. Radical-enhanced intersystem crossing in new bodipy derivatives and application for efficient triplet−triplet annihilation upconversion. *J. Am. Chem. Soc.*, **2017**, *139*: 7831-7842.

[4] M. Hof, R. Hutterer, V. Fidler. Fluorescence spectroscopy in biology. advanced methods and their applications to membranes, proteins, DNA, and cells. (2004), 'Springer Series on Fluorescence, 3', Heidelberg: Springer, 290, ISBN 3-540-22338-X.

[5] J. C. Scaiano, M. Laferrière, R. E. Galian, et al. Non-linear effects in the quenching of fluorescent semiconductor nanoparticles by paramagnetic species. *Stat. Sol. A*, **2006**, *203*: 1337-1343.

[6] F. Lin, D. Pei, W. He, et al. Electron transfer quenching by nitroxide radicals of the fluorescence of carbon dots. *J. Mater. Chem.*, **2012**, *22*: 11801-11807.

[7] 吕小虎, 陆明刚, 陈兵, 赵贵文. 丙酮敏化光泽精氧化发光反应的研究及应用. *发光学报*, **1992**, *13(3)*: 256-261.

[8] 黄如衡. 低温磷光分析与应用. 北京：科学出版社, 2008: 34-36.

[9] J. M. Vanderkooi, S. W. Englander, S. Papp, et al. Long-range electron exchange measured in proteins by quenching of tryptophan phosphorescence. *Proc. Natl. Acad. Sci.*, **1990**, *87*: 5099-5103.

[10] P. G. Wang, M. Xian, X. Tang, et al. Nitric oxide donors: chemical activities and biological applications. *Chem. Rev.*, **2002**, *102(4)*: 1091-1134.

[11] 赵二劳, 李满秀, 赵丽婷. 荧光光度法测定亚硝酸根的研究进展. *冶金分析*, **2007**, *27(8)*: 28-34.

[12] 苑宝玲, 林清赞. 荧光碎灭法测定痕量亚硝酸根. *分析化学*, **2000**, *28*: 692-695.

[13] 杨麦云, 陈鹏. 生物正交标记反应研究进展. *化学学报*, **2015**, *73*: 783-792.

[14] W. S. Zou, Q. J. Shen, Y. Wang, W. J. Jin. Fluorescent switch behavior of 1, 2-bis(4-pyridyl) ethylene controlled by pH in aqueous solution. *Chem. Res. Chin. Univ.*, **2008**, *24(6)*: 712-716.

[15] J. A. Kemlo, T. M. Shepard. Quenching of excited singlet states by metal ions. *Chem. Phys. Lett.*, **1977**, *47*: 158-162.

[16] A. W. Varnes, R. B. Dodson, E. L. Wehry. Fluorescence quenching studies. *J. Am. Chem. Soc.*, **1972**, *94*: 946-950.

[17] V. V. Volchkov, V. L. Ivanov, B. M. Uzhinov. Induced intersystem crossing at the fluorescence quenching of laser dye 7-amino-1,3-naphthalenedisulfonic acid by paramagnetic metal ions. *J. Fluoresc.*, **2010**, *20*(*1*): 299-303.

[18] J. B. Birks. Photophysics of aromatic molecules. John Wiley &Sons, New York, 1970: 487.

[19] Y. Wang, J. J. Wu, Y. F. Wang, et al. Selective sensing of Cu(Ⅱ) at ng ml^{-1} level based on phosphorescence quenching of 1-bromo-2-methylnaphthalene sandwiched in sodium deoxycholate dimer. *Chem. Comm.*, **2005**: 1090-1091.

[20] M. H. Lim, D. Xu, S. J. Lippard. Visualization of nitric oxide in living cells by a Copper-Based Fluorescent Probe. *Nat . Chem. Biol.*, **2006**, *2*: 375-380.

[21] H. L. Ma, W. J. Jin. Studies on the effects of metal ions and counter anions on the aggregate behaviors of *meso*-tetrakis(*p*-sulfonatophenyl) porphyrin by absorption and fluorescence spectroscopy. *Spectrochim. Acta A* **2008**, *71*: 153-160.

[22] C. H. Lu, H. H. Yang, C. L. Zhu, X. Chen, G. N. Chen. A graphene platform for sensing biomolecules. *Angew. Chem., Int. Ed.*, **2009**, *48*: 4785-4787.

[23] C. A. Hunter, J. K. M. Sanders. The nature of π-π interactions. *J. Am. Chem. Soc.*, **1990**, *112*(*14*): 5525-5534.

[24] J. Antony, S. Grimme. Structures and interaction energies of stacked graphene–nucleobase complexes. *Phys. Chem. Chem. Phys.*, **2008**, *10*: 2722-2729.

[25] R. H. Yang, J. Y. Jin, Y. Chen, et al. Carbon nanotube-quenched fluorescent oligonucleotides: Probes that fluoresce upon hybridization. *J. Am. Chem. Soc.*, **2008**, *130*(*26*): 8351-8358.

[26] N. J. Turro. Modern Molecular Photochemistry, University Science Books, 0935702717: O644.1 W11/R, 1991.

[27] (a) N. J. Turro, V. Ramamurthy, J. C. Scaiano. Principles of molecular photochemistry, an introduction. University Science Books, Sausalito, California, **2009**: 411,445. (b) R. Hoffmann. Interaction of orbitals through space and through bonds. *Acc. Chem. Res.*, **1941**, *4*: 1-9.

[28] V. Ramamurthy, J. Mattay. Nicholas J. Turro (1938–2012). *Angew. Chem. Int. Ed.*, **2013**, *52*: 1363-1364.

[29] N. J. Turro. Fun with Photons, Reactive Intermediates, and Friends. Skating on the Edge of the Paradigms of Physical Organic Chemistry, Organic Supramolecular Photochemistry, and Spin Chemistry. *J. Org. Chem.*, **2011**, *76*: 9863-9890.（这是 Turro 教授逝世前的患病期间撰写的总结一生主要学术成就的文章。Turro 教授的去世是有机光化学界的重大损失，在此表示沉重悼念）

[30] B. Valeur. Molecular Fluorescence, principles and applications, Wiley-VCH, **2001**, NY: 84, 118.

[31] 陈娟，孙洁芳，郭磊，等. 锰掺杂硫化锌量子点室温磷光检测铅离子. *分析化学*, **2012**, *40*(*11*): 1680-168.

[32] Y. He, H. F. Wang, X. P. Yan. Exploring Mn-doped ZnS quantum dots for the room-temperature phosphorescence detection of enoxacin in biological fluids. *Anal. Chem.*, **2008**, *80*: 3832-3837.

[33] J. R. Lakowicz. Principles of Fluorescence Spectroscopy. 3rd ed. New York: Springer, **2006**.

[34] P. Y. F. Li, R. Narayanaswamy. Oxygen-sensitive optical fibre transducer. *Analyst*, **1989**, *114*: 1191-1195.

[35] Y. Tang, E. C. Tehan, Z. Y. Tao, F. V. Bright. Sol-gel-Derived sensor materials that yield linear calibration plots, high sensitivity, and long-term stability. *Anal. Chem.*, **2003**, *75*: 2407-2413.

[36] A. Mill, M. Thomas. Fluorescence-based thin plastic film ion pair sensors for oxygen. *Analyst*, **1997**, *122*: 63-68.

[37] I. Klimant, O. S. Wolfbeis. Oxygen sensitive luminescent materials based on silicone-soluble Ruthenium Diimine complexes. *Anal. Chem.*, **1995**, *67*: 3160-3166.

[38] 阮复明，李向明，莫炳禄，等. 一个新的荧光猝灭动力学方程. *高等学校化学学报*, **1996**, *17*: 1048-1051.

[39] J. B. Birks. Photophysics of aromatic molecules. John Wiley & Sons, New York. **1970**: 528-532, 544.

[40] A. Weller. Electron-transfer and complex formation in the excited state. *Pure Appl. Chem.*, **1968**, *16*: 115-123.

[41] R. A. Marcus. The theory of oxidation-reduction reactions involving electron transfer. *J. Chem. Phys.*, **1956**, *24*: 966-978.

[42] R. A. Marcus. electron transfer reaction in chemistry: theory and experiment (Nobel lecture). *Angew. Chem. Int. Ed.*, **1993**, *32*: 1111-1121.

[43] J. R. Miller, L. T. Calcaterra, G. L. Closs. Intramolecular long-distance electron transfer in radical anions. the effects of free energy and solvent on the reaction rates. *J. Am. Chem. Soc.*, **1984**, *106*: 3047-3049.

[44] M. R. Wasielewski, M. P. Niemczyk. Photoinduced electron transfer in meso-triphenyltriptycenylporphyrin-quinones. Restricting donor-acceptor distances and orientations. *J. Am. Chem. Soc.*, **1984**, *106*: 5043-5045.

[45] H. Taube. Electron transf between metal complexes: Retrospective. *Science*, **1984**, *226(2678)*: 1028-1036.

[46] H. Taube, H. J. Myers. R. J. Rich. The mechanism of electron transfer in solution. *J. Am. Chem. Soc.*, **1953**, *75*: 4118-4119.

[47] N. S. Hush. Adiabatic theory of outer-sphere electron-transfer reactions in solution. *Trans. Faraday Soc.*, **1961**, *57*: 557-580.

[48] N. S. Hush. Intervalence-transfer absorption. Ⅱ. Theoetical considerations and spectroscopic data. *Prog. Inorg. Chem.*, **1967**, *8*: 391-444.

[49] S. V. Rosokha, M. D. Newton, A. S. Jalilov, J. K. Kochi. The spectral elucidation versus the X-ray structure of the critical precursor complex in bimolecular electron transfers: application of experimental/theoretical solvent probes to ion-radiacl (redox) dyads. *J. Am. Chem. Soc.*, **2008**, *130*: 1944-1952.

[50] S. V. Rosokha, J. K. Kochi. Contiuum of outer- and inner-sphere mechanisms for organic electron transfer. Steric modulation of the precursor complex in paramagnetic (ion-radical) self-exchange. *J. Am. Chem. Soc.*, **2007**, *129*: 3683-3697.

[51] S. S. Mallajosyula, S. K. Pati. Toward DNA conducticity: a theoretical perspective. *J. Phys. Chem. Lett.*, **2010**, *1*: 1881-1894.

[52] A. Y. Kasumov, M. Kociak, S. Guéron, et al. Proximity-induced superconductivity in DNA. *Science*, **2001**, *291(5502)*: 280-282.

[53] C. Aubert, M. H. Vos, P. Mathis, et al. Intraprotein radical transfer during photoactivation of DNA photolyase. *Nature*, **2000**, *405*: 586-590.

[54] A. Lukacs, A. P. M. Eker, M. Byrdin, et al. Electron hopping through the 15 Å triple tryptophan molecular wire in DNA photolyase occurs within 30 ps. *J. Am. Chem. Soc.*, **2008**, *130(44)*: 14394-14395.

[55] S. Doose, H. Neuweiler, M. Sauer. Fluorescence quenching by photoinduced electron transfer: a reporter for conformational dynamics of macromolecules. *ChemPhysChem*, **2009**, *10*: 1389-1398.

[56] R. A. Bissell, E. Calle, A. P. de Silva, et al. Luminescence and charge transfer. Part 2. Aminomethyl anthracene derivatives as fluorescent PET (photoinduced electron transfer) sensors for protons. *J. Chem. Soc. Perkin Trans. 2*, **1992**: 1559-1564.

[57] A. P. de Silva, S. A. de Silva. Fluorescent Signalling Crown Ethers; 'Switching On' of Fluorescence by Alkali Metal Ion Recognition and Binding *in situ*. *J. Chem. Soc. Chem. Commun.*, **1986**: 1709-1710.

[58] 王煜，晋卫军. 用于识别金属离子的超分子荧光/磷光传感器. *化学进展*, **2003**, *15(3)*: 178-185.

[59] S. Y. Kim, J. I. Hong. Naphthalimide-based fluorescent Zn^{2+}chemosensors showing PET effect according to their linker length in water. *Tetrahedron Lett.*, **2009**, *50*: 2822-2824.

[60] Y. Wang, Z. Zhang, L. X. Mu, et al. Phosphorescent pH sensors and switches with substitutionally tunable response range based on photoinduced electron transfer. *Luminescence*, **2005**, *20*: 339-346.

[61] Y. Wang, Z. Zhang, Y. F. Wang, et al. A new reverse photoinduced electron transfer phosphoroionophore

with response to heavy metal ions. *Anal. Lett.*, **2005**, *38*: 601-611.

[62] Th. Förster. Zwischenmolekulare Energiewanderung und fluoreszenz (intramolecular energy migration and fluorescence). *Anmlen der Physik* (*Ann. Phys.*), **1948**, *2*(*6*): 55-75.

[63] L. Stryer, R. P. Haugland. Energy transfer—a spectroscopic ruler. *Proc. Natl. Acad. Sci. USA*, **1967**, *58*(*2*): 719-726.

[64] R. P. Haugland, J. Yauerabide, L. Stryer. Dependence of the kinetics of singlet-singlet energy transfer on spectral overlap. *Proc. Natl. Acad. Sci.*, **1969**, *63*: 23-30.

[65] I. L. Medintz, H. Mattoussi. Quantum dot-based resonance energy transfer and its growing application in biology. *Phys. Chem. Chem. Phys.*, **2009**, *11*: 17-45.

[66] I. L. Medintz, E. R. Goldman, M. E. Lassman, J. Matthew Mauro. A fluorescence resonance energy transfer sensor based on maltose binding protein. *Bioconjugate Chem.*, **2003**, *14*: 909-918.

[67] S. E. Braslavsky, E. Fron, H. B. Rodríguez, et al. Pitfalls and limitations in the practical use of Förster's theory of resonance energy transfer. *Photochem. Photobiol. Sci.*, **2008**, *7*: 1444-1448.

[68] P. C. Ray, A. Fortner, G. K. Darbha. Gold nanoparticle based FRET assay for the detection of DNA cleavage. *J. Phys. Chem. B*, **2006**, *110*: 20745-20748.

[69] J. Griffin, A. K. Singh, D. Senapati, et al. Size- and distance-dependent nanoparticle surface-energy transfer (NSET) method for selective sensing of hepatitis C virus RNA. *Chem. Eur. J.*, **2009**, *15*: 342-351.

[70] G. K. Darbha, A. Ray, P. C. Ray. Gold nanoparticle-based miniaturized nanomaterial surface energy transfer probe for rapid and ultrasensitive detection of mercury in soil, water, and fish. *ACS Nano*, **2007**, *1*: 208-214.

[71] D. L. Dexter. A theory of sensitized luminescence in solid. *J. Chem. Phys.*, **1953**, *21*(*5*): 836-850.

[72] S. V. Lindeman, J. Hecht, J. K. Kochi. The charge-transfer motif in crystal engineering. Self-assembly of acentric (diamondoid) networks from halide salts and carbon tetrabromide as electron-donor/acceptor synthons. *J. Am. Chem. Soc.*, **2003**, *125*: 11597-11606.

[73] K. E. Riley, K. M. Jr. Merz. Insights into the strength and origin of halogen bonding: The halobenzene-formaldehyde dimer. *J. Phys. Chem. A*, **2007**, *111*: 1688-1694.

[74] S. V. Rosokha, J. K. Kochi. Fresh look at electron-transfer mechanisms via the donor/acceptor bindings in the critical encounter complex. *Acc. Chem. Res.*, **2008**, *41*: 641-653.

[75] W. S. Zou, J. Han, W. J. Jin. Concentration-dependent Br⋯O halogen bonding between carbon tetrabromide and oxygen-containing organic solvents. *J. Phys. Chem. A*, **2009**, *113*: 10125-10132.

[76] S. Speiser. Photophysics and Mechanisms of Intramolecular Electronic Energy Transfer in Bichromophoric Molecular Systems: Solution and Supersonic Jet Studies. *Chem. Rev.*, **1996**, *96*: 1953-1976.

[77] 杨忠志，于恒泰. 定域分子轨道及其通过空间和通过键相互作用. *化学通报*, **1987**(*3*): 16-20.

[78] H. E. Zimmerman, T.D. Goldman, T.K. Hirzel, S.P.Schmidt. Rod-like organic molecules. Energy-transfer studies using single-photon counting. *J. Org. Chem.*, **1980**, *45*: 3933-3951.

[79] P. H. Schippers, H. P. J. M. Dekkers. Circular polarization of luminescence as a probe for intramolecular $^1n\pi^*$ energy transfer in *meso*-diketones. *J. Am. Chem. Soc.*, **1983**, *105*: 145-146.

[80] H. Oevering, M. N. Paddon-Row, M. Heppener, et al. Long-range photoinduced through-bond electron transfer and radiative Recombination *via* rigid nonconjugated bridges: Distance and solvent dependence. *J. Am. Chem. Soc.*, **1987**, *109*: 3258-3269.

[81] N. Hagag, E. R. Birnbaum, D. W. Darnall. Resonance energy transfer between cysteine-34, tryptophan-214, and tyrosine-411 of human serum albumin. *Biochemistry.*, **1983**, *22*: 2420-2427.

[82] 张海容，郭祀远，李琳，等. 荧光法研究司帕沙星与白蛋白的作用. *光谱学与光谱分析*, **2001**, *21*(*6*): 829-832.

[83] N. J. Turro, A. Yekta. Luminescent Probes for Detergent Solutions: A simple procedure for determination of the mean aggregation number of micelles. *J. Am. Chem. Soc.*, **1978**, *100*: 5951-5952.

[84] S. S. Atik, M. Nam, L. A. Singer. Transient studies on intramicellar excimer formation. A useful probe of the host micelle. *Chem. Phys. Lett.*, **1979**, *67*: 75-80.

[85] W. H. Tan, K. M. Wang, T. J. Drake. Molecular beacons. *Current Opinion in Chemical Biology*, **2004**, *8*: 547-553.

[86] 桂珍, 严枫, 李金昌, 等. 锁核酸分子信标在分子识别与生物分析中的应用. *化学进展*, **2015**, *27*: 1448-1458.

[87] L. Wang, C. Y. James Yang, C. D. Medley, et al. Locked nucleic acid molecular beacons. *J. Am. Chem. Soc.*, **2005**, *127*: 15664-15665.

[88] H. Du, M. D. Disney, B. L. Miller, T. D. Krauss. Hybridization-based unquenching of DNA hairpins on Au surfaces: prototypical "molecular beacon" biosensors. *J. Am. Chem. Soc.*, **2003**, *125*: 4012-4013.

[89] H. Du, C. M. Strohsahl, J. Camera, et al. Sensitivity and Specificity of Metal Surface-Immobilized "Molecular Beacon" Biosensors. *J. Am. Chem. Soc.*, **2005**, *127*: 7932-7940.

[90] G. S. Jiao, L. H. Thoresen, K. Burgess. Fluorescent, through-bond energy transfer cassettes for labeling multiple biological molecules in one experiment. *J. Am. Chem. Soc.*, **2003**, *125*: 14668-14669.

[91] W. Lin, L. Yuan, Z. Cao, et al. Through-bond energy transfer cassettes with minimal spectral overlap between the donor emission and acceptor absorption: Coumarin–Rhodamine dyads with large pseudo-Stokes shifts and emission shifts. *Angew. Chem. Int. Ed.*, **2010**, *49*: 375-379.

[92] Y. J. Gong, X. B. Zhang, C. C. Zhang, et al. Through bond energy transfer: a convenient and universal strategy toward efficient ratiometric fluorescent probe for bioimaging applications. *Anal. Chem.*, **2012**, *84*: 10777-10784.

[93]陈忠林, 李红玲, 韦驾, 等. 基于激发态能量转移机理比率型荧光探针的研究进展. *有机化学*, **2015**, *35*: 789-801.

第8章 荧光偏振和各向异性

08 Chapter

1926 年 Perrin 首次提出荧光偏振理论，根据荧光偏振理论，Weber 发明了第一台荧光偏振仪。当荧光分子受平面偏振光激发时，如果分子在激发态期间保持静止，发射光将位于同一偏振平面。如果在激发态寿命期间，分子旋转（rotation）或反转（flip）而偏离这一平面，发射光将位于与激发光不同的偏振面。这时，如果用一束垂直偏振光激发荧光体，就可以在垂直的和水平的偏振平面检测到发射光光强（发射光从垂直平面偏向水平平面的程度与荧光体或荧光体标记的分子的迁移速率有关）。如果分子很大，激发时发生的运动极小，发射光偏振程度较高。如果分子小，分子旋转或反转速度快，发射光相对于激发光平面将去偏振化。

本章主要介绍稳态的荧光各向异性测量及其应用，而时间分辨的荧光各向异性测量已在溶剂化动力学部分叙述。

8.1 荧光偏振和各向异性的物理基础

如果辐射电矢量在垂直于传播方向的各空间无规则取向，则称这一束辐射是非偏振的。如果光电矢量振动方向相对于传播方向是不对称的，则称这一束辐射为偏振（或极化）光：如果大部分光波的电矢量将在一个面内振动，光的电场强度和符号随时间而改变，但电场的方向却不变，则是部分偏振光束；如果所有电矢量振动对于一个确定的坐标系是单向性的，或者说只沿一个固定方向振动的光叫作完全偏振光光束，如图 8-1 所示。

光选律（photoelectron rule）：只有入射光的电矢量在平行于发色轴，即在跃迁矩方向偏振时，一个分子才能吸收一个适当频率的光子，即分子吸收的概率最大。或者说，用偏振光激发一个随机取向的荧光分子体系时，那些吸收偶极矩与光电矢量平行的分子将被优先激发。而那些取向与电矢量方向有 θ 角的分子，其吸收光子的概率通过 $\cos^2\theta$ 因子下降，而吸收强度以 $A^2\cos^2\theta$ 因子下降。因此，那些取向与电矢量方向平行的分子完全吸收光，激发概率最大，而那些取向与电矢量方向垂直的分子完全不吸收，激发概率为零。大多数生色团不止一个吸收跃迁矩，但荧光发射矩是相同的（Kasha 规则）。图 8-2 以蒽为例，并假定其吸收矩与发射矩一致，解释了上述光选律[1]。

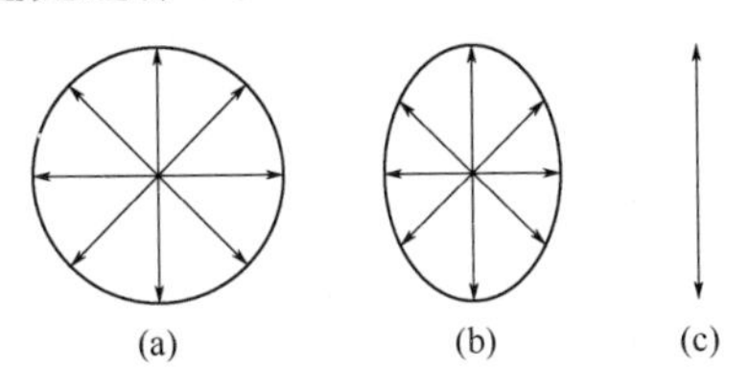

图 8-1　偏振辐射的电矢量

（a）消偏振；（b）部分偏振；（c）平面偏振

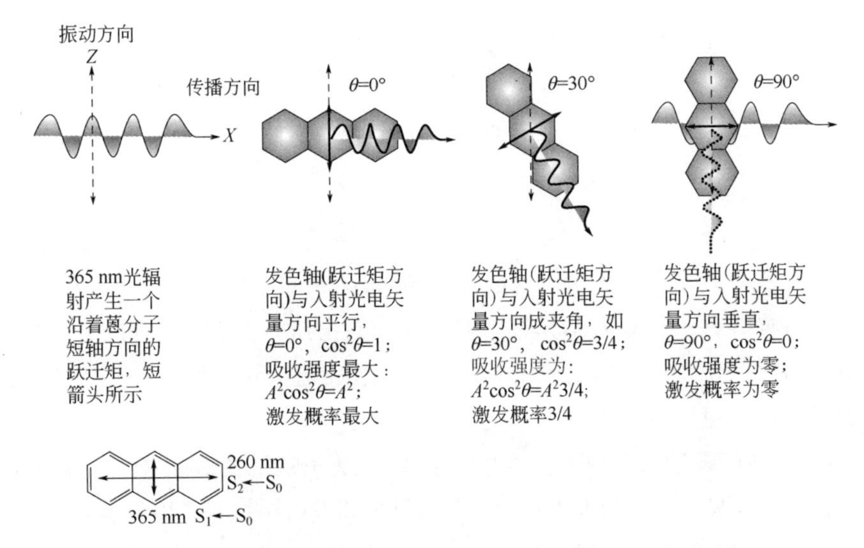

图 8-2　光选律和蒽分子的长轴和短轴吸收跃迁矩示意图

蓝虚线箭头代表入射辐射的矢量方向，红线箭头代表发射辐射的矢量方向

8.2　稳态荧光偏振和各向异性的实验测量

若用一种偏振的单色光激发荧光样品，发射的荧光称为偏振荧光。如果所有的分子发射振动方向与入射光振动平行，发射光将是全偏振的。但是其他取向的分子会引起一定的消偏振效应。把发射光电矢量分解为平行（parallel）和垂直（perpendicular）两个分量 $\boldsymbol{I}_{/\!/}$和 $\boldsymbol{I}_{\perp}$，可以估算消偏振效应影响的程度，如图 8-3 所示。荧光分子在空间某一方向取向的概率，可通过与特定偏振激发光作用后所发射光的偏振程度来度量，偏振度 P 和各向异性 γ 是表示分子取向特点的两个物理量，从测量的角度可分别定义为：

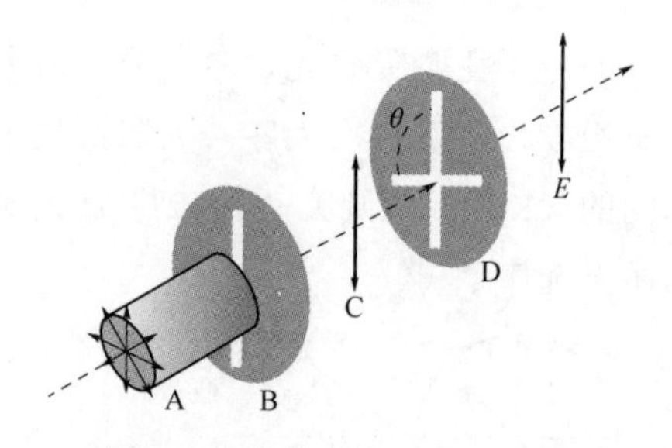

图 8-3　光通过偏振器的传输

入射光束是非偏振光（圆柱体 A），通过第一个偏振器（画竖直白线的圆盘 B）的垂直取向偏振光 C，通过第二个偏振器（画十字白线的圆盘 D）的光 E 传输正比于 $\cos^2\theta$

$$P=\frac{\boldsymbol{I}_{/\!/}-\boldsymbol{I}_{\perp}}{\boldsymbol{I}_{/\!/}+\boldsymbol{I}_{\perp}} \tag{8-1}$$

$$\gamma=\frac{\boldsymbol{I}_{/\!/}-\boldsymbol{I}_{\perp}}{\boldsymbol{I}_{/\!/}+2\boldsymbol{I}_{\perp}} \tag{8-2}$$

对于一定波长的单色光，一定的偏振晶片，任何情况下 $\boldsymbol{I}_{\perp}+\boldsymbol{I}_{/\!/}$是常量，可以推得总发光强度：

$$\boldsymbol{I}_{\mathrm{T}}=\boldsymbol{I}_x+\boldsymbol{I}_y+\boldsymbol{I}_z=\boldsymbol{I}_{\perp}+\boldsymbol{I}_{\perp}+\boldsymbol{I}_{/\!/}=2\boldsymbol{I}_{\perp}+\boldsymbol{I}_{/\!/} \tag{8-3}$$

一般并不特别区分偏振度（degree of polarization）和偏振（polarization）两个词，与各向异性一样都表示光束中偏振部分的光强度和整个光强度之比值，即荧光分子对时间平均的旋转运动。但各向异性使用起来更方便，在后续的理论处理中数学表达式更简单，所以推荐使用各向异性。

如图 8-4 所示，通常采用 L 型或单通道法（因为一般的仪器仅有一个发射通道）测量偏振和各向异性。将激发偏振器（起偏器）和发射偏振器（检偏器）分别置于激发和发射通道，改变偏振器的角度，记录发光强度，计算偏振度或各向异性。

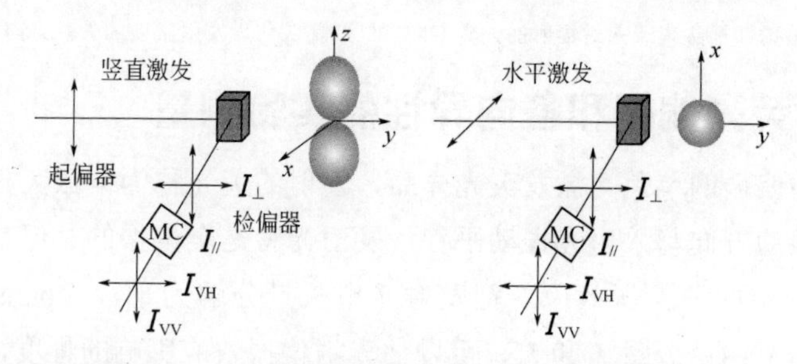

图 8-4　L 型偏振测量示意图（MC 为单色器）

左侧的哑铃型表示偏振光产生的沿 z 轴无规则取向激发态分子荧光发射偏振曲线的积分分布，而右侧的球形表示在 x-y 平面的分布。在右侧的相对偏振取向都是 $\boldsymbol{I}_{\perp}$，一个是在 y-z 平面激发偏振与 x-y 平面检测偏振的相互垂直，另一个是在 y-z 平面内激发与检测偏振的垂直。V 和 H 标记（H=水平，V=竖直），分别为竖直或水平放置的起偏器与竖直或水平放置的检偏器之间的相互取向在固定一定的激发和发射波长处，将按照上述方式测得的各偏振值代入式（8-1）和式（8-2）得：

$$P=\frac{\boldsymbol{I}_{0°,0°}-G\boldsymbol{I}_{0°,90°}}{\boldsymbol{I}_{0°,0°}+G\boldsymbol{I}_{0°,90°}} \tag{8-4}$$

$$\gamma=\frac{\boldsymbol{I}_{0°,0°}-G\boldsymbol{I}_{0°,90°}}{\boldsymbol{I}_{0°,0°}+2G\boldsymbol{I}_{0°,90°}} \tag{8-5}$$

$$G=\frac{\boldsymbol{I}_{90°,0°}}{\boldsymbol{I}_{90°,90°}} \quad 或 \quad G=\frac{\boldsymbol{I}_{90°,0°}}{\boldsymbol{I}_{90°,90°}\cdot \boldsymbol{I}_{0°,0°}} \tag{8-6}$$

式中，$\boldsymbol{I}_{0°,0°}$、$\boldsymbol{I}_{90°,90°}$、$\boldsymbol{I}_{0°,90°}$和$\boldsymbol{I}_{90°,0°}$分别表示起偏器与检偏器之间的相对取向角度，比如起偏器设定在 0°，检偏器设置在 0° 或 90°，则分别记录为$\boldsymbol{I}_{0°,0°}$和$\boldsymbol{I}_{0°,90°}$，相当于$\boldsymbol{I}_{//}$和$\boldsymbol{I}_{\perp}$；G 为校正因子，即检测系统（发射单色器和检测光电倍增管）对垂直和水平偏振光的响应灵敏度比率，与发射波长有关，在一定程度上也与单色器的通带有关。

偏振度可用来衡量发光分子在一个特定测量体系的受限程度。例如，生物表面活性剂脱氧胆酸钠（NaDC）具有奇特的分子结构，其分子由嵌有羟基和羧基的甾环组成。类固醇骨架位于分子的凸面，尾链上极性或带电的基团与位于凹面的羟基相互作用。当形成聚集体时产生与众不同的刚性微环境，以至于磷光探针三线态被有效保护，体系无须除氧也能得到强的磷光信号。图 8-5 表明，随 NaDC 浓度增加到 2.0×10^{-3} mol/L，磷光分子（1-溴-4-溴乙酰基萘，BBAN）的磷光偏振度快速增加，大约在 3.0×10^{-3}～6.0×10^{-3} mol/L 范围，偏振度变化不大，而超过 6.5×10^{-3} mol/L 偏振度快速衰减。证明在 3.0×10^{-3}～6.0×10^{-3} mol/L 范围，NaDC

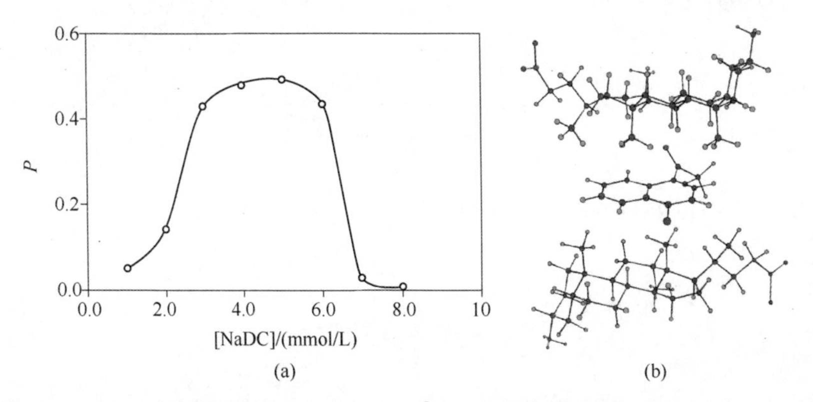

图 8-5　NaDC 浓度对探针 BBAN（2×10^{-5} mol/L）的磷光偏振度的影响（a）及三明治式超分子聚集体模拟示意图（b）

形成相当刚性的环境，磷光探针存在其中，不可自由扩散和旋转。而更高的 NaDC 浓度，导致形成更加柔性的微环境，磷光探针更容易旋转扩散[2]。

8.3 荧光偏振和各向异性的理论处理

如图 8-6 所示，假定含有 N 个空间取向随机分布的分子体系中，第 i 个分子的取向（跃迁矩矢量）与 z 轴（光矢量方向）交角为 θ（0～1/2π），与 y 轴交角为 ϕ（0~2π）：荧光体所产生电场在 z、x 轴的投影 P_a（projection）分别正比于 $\cos\theta$ 和 $\sin\theta\sin\phi$，而发射强度（或吸收的概率）分别正比于 $\cos^2\theta$ 和 $\sin^2\theta\sin^2\phi$[3]。

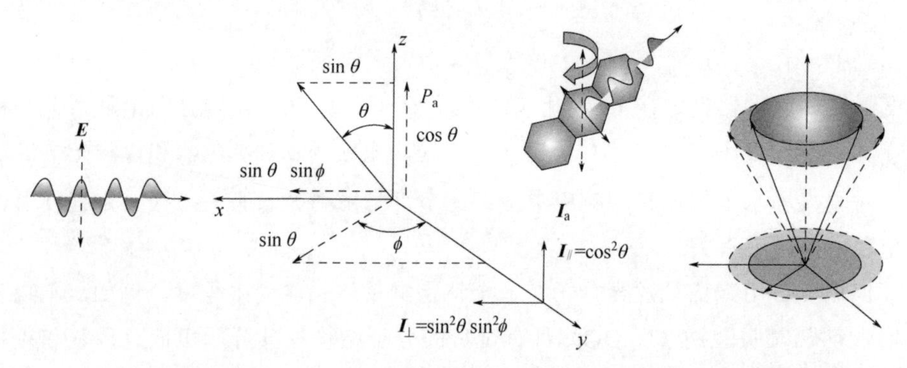

图 8-6 在三维空间的荧光分子（$\boldsymbol{I}_a$ 为吸收强度，$\boldsymbol{I}_\perp$ 和 $\boldsymbol{I}_{/\!/}$ 表示垂直或平行偏振发射强度）

对于随机取向的偏振光激发分子，应当按照光选律的平均情况处理。在一个真实的实验测试体系，当沿着 x 轴进行激发时，具有相等 θ 的所有分子必定以相等的概率被激发，即被激发的荧光体的布居将是围绕 z 轴对称分布的，以 0~2π 的 ϕ 值取向布居的分子，拥有相等的偏振激发概率。因而 $\sin^2\phi$ 平均值（在 x-y 平面内积分）为：

$$\overline{\sin}^2\phi = \frac{\int_0^{2\pi}\sin^2\phi \mathrm{d}\phi}{\int_0^{2\pi}\mathrm{d}\phi} = \frac{1}{2} \tag{8-7}$$

因此，$\boldsymbol{I}_\perp=\sin^2\theta\sin^2\phi$ 中的 $\sin^2\phi$ 项可以被替代，于是：

$$\boldsymbol{I}_{/\!/}=\cos^2\theta \tag{8-8}$$

$$\boldsymbol{I}_\perp=\frac{1}{2}\sin^2\theta \tag{8-9}$$

假如，所观察的是一群荧光分子，相对于 z 轴的取向概率全部为 $f(\theta)$，如图 8-6 所示，则所测的这群分子的荧光强度为：

$$I_{//}=\int_0^{\frac{\pi}{2}} f(\theta)\cos^2\theta \mathrm{d}\theta=\overline{\cos^2\theta} \quad (8\text{-}10)$$

$$I_{\perp}=\frac{1}{2}\int_0^{\frac{\pi}{2}} f(\theta)\sin^2\theta \mathrm{d}\theta=\frac{1}{2}\overline{\sin^2\theta} \quad (8\text{-}11)$$

式中，$f(\theta)$是荧光体在 θ 和$(\theta+\mathrm{d}\theta)$之间取向的概率；$\mathrm{d}\theta$为在单位半径的球面上一个元面积区域内角度的变化。利用式（8-2）和 $\sin^2\theta=1-\cos^2\theta$ 可得：

$$\gamma=\frac{\overline{\cos^2\theta}-\frac{1}{2}\overline{\sin^2\theta}}{\overline{\cos^2\theta}+2\times\frac{1}{2}\overline{\sin^2\theta}}=\frac{3\overline{\cos^2\theta}-1}{2} \quad (8\text{-}12)$$

式中，

$$\overline{\cos^2\theta}=\frac{\int_0^{\frac{\pi}{2}}\cos^2\theta f(\theta)\mathrm{d}\theta}{\int_0^{\frac{\pi}{2}} f(\theta)\mathrm{d}\theta} \quad (8\text{-}13)$$

所以，各向异性的数值实际上是 $\cos^2\theta$ 的平均值的度量（θ 即发射偶极与 z 轴的夹角）。散射光是全偏振光（光通过不均匀介质时部分光偏离原传播方向，偏离原方向的光称散射光，散射光为偏振光），因此 $\theta=0$ 时，$\gamma=1.0$。当 $\gamma=0$，即各向异性完全丧失，等价于 $\theta=54.7°$ （魔角）[3,4]，$\overline{\cos^2\theta}=1/3$。但这并不意味着每个荧光分子通过 54.70° 角旋转，而是 $\cos^2\theta$ 的平均值是 1/3（θ 是激发和发射偶极子之间的角移）。荧光体对称地分布于 z 轴周围（光选律），$\overline{\cos^2\theta_{max}}=3/5$，所以 $P_{max}=0.5$，$\gamma_{max}=0.4$。

以上推导是以吸收偶极和跃迁偶极共线（collinear）同一取向时的荧光分子为例。如图 8-7 所示，一般荧光分子的吸收矩与发射矩往往不同而差一交角 α，即在荧光分子的平面内吸收偶极和发射偶极是以交角 α 取向的，α 为 0～90°，发射偶极偏离 z 轴仍为θ。前面已表明，发射偶极偏离 z 轴θ 时，各向异性以因子 $\frac{1}{2}(3\cos^2\theta-1)$而降低［最大值$\frac{2}{5}$，一般$\frac{2}{5}\times\frac{1}{2}(3\cos^2\theta-1)$］（光选律导致基本各向异性或各向异性的理论最大$\frac{2}{5}$=0.4 的来历：$\overline{\cos^2\theta}=\frac{3}{5}$，代入到$\gamma=\frac{3\overline{\cos^2\theta}-1}{2}$即得）。所以，当吸收偶极和发射偶极是以交角 α 向时，导致各向异性进一步丧失。

在刚性玻璃化的稀溶液（vitrified dilution solution，如丙二醇在−70℃）中，所观测的各向异性是由于光选律（2/5）而导致各向异性丧失和偶极之间角移导致各向异性丧失的积：

$$\gamma_0=2/5\times1/2(3\cos^2\theta-1) \quad (8\text{-}14)$$

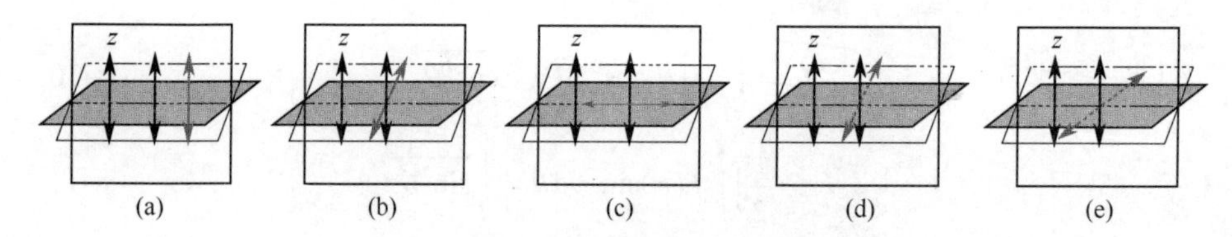

图 8-7 吸收与跃迁偶极矩矢量间的关系

（a）对于一个特定的分子，假定光矢量方向（z 轴）与吸收矩间的夹角始终为 $\theta(0\sim1/2\pi)$，而在荧光体平面内，吸收矩和发射矩共面，且共线，交角为 α 等于零。（b 和 c）吸收矩和发射矩共面，但不共线，交角为 α（$>0\sim1/2\pi$），如在蒽或苝的分子平面内，短轴吸收跃迁矩吸收偏振辐射光，而与其垂直的长轴跃迁矩发射荧光，这时 α 为 90°。而许多其他分子的两个跃迁矩间的夹角可能小于 $1/2\pi$，如图 8-8 所示。（d）吸收矩和发射矩不共面，也不共线，各自所在平面的二面角为 α，如分子吸收偏振辐射光后，在激发态寿命期间发生旋转，即发生旋转退偏。（e）吸收矩和发射矩各自位于正交的平面，二面角为 $\alpha=1/2\pi$。从光选律的角度，（b）到（e）难以区分，都是交角 α

γ_0 为不存在诸如转动或能量转移去偏振作用时的各向异性值，称为基本各向异性（fundamental anisortropy）。对一些分子 α 接近零，例如 1,6-二苯基己三烯（DPH）的 γ_0 可以达到 0.39（相应 α 为 7.4°）。在各向同性（isotropic）溶液中，γ_0 和 P_0 的取值范围总结在表 8-1 中。

表 8-1 吸收和发射偶极角移 α 与 γ_0 和 P_0 之间的关系

α/(°)	γ_0	P_0
0	0.40	0.50
45	0.10	0.14
54.7	0.00	0.00
90	−0.2	−0.33

如果 γ_0 和 P_0 取值超出所列范围，必定是人为因素引起的。对于随机取向试样，γ_0 大于 0.4 说明有散射光存在。

吸收跃迁矩与发射跃迁矩一致时，即发射态与吸收态相同，偏振度取正值。但是如果分子被激发到较高的能态上，而发射是从较低的能态发生，如吸收是 S_0-S_2，发射是 S_1-S_0，或吸收是 S_0-S_1，发射是 T_1-S_0，这里的吸收和发射振子可能有不同的跃迁矩，在这种情况下可以观察到偏振度的负值，如图 8-8 显示了蒽分子吸收和发射跃迁矩夹角与偏振度的关系。

由于每个吸收带的吸收偶极有所不同，因此 α 以及 γ_0 随激发波长而变。偏振光谱是荧光体在黏性溶液中的荧光偏振或各向异性与激发波长的函数关系，P 或 $\gamma=f(\lambda_{ex})$。测量真实的偏振光谱必须在足够稀的溶液中进行，以避免发生能量转移或荧光的重吸收。通常每一种发光组分的各向异性与发射波长无关。

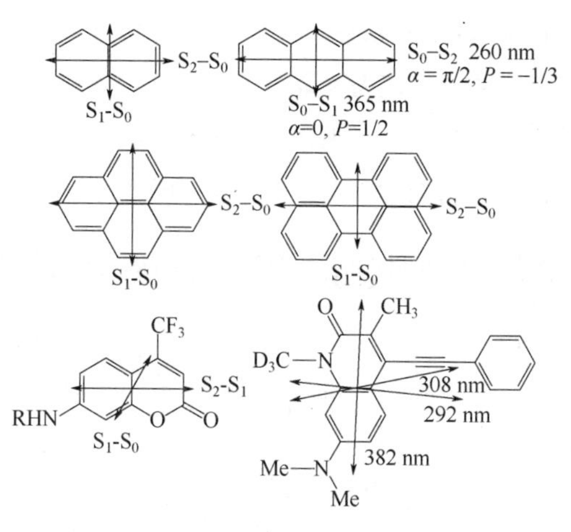

图 8-8 用双向箭头表示一些分子的吸收偶极矩（特殊地显示蒽分子吸收和发射跃迁矩夹角与偏振度的关系）

【知识拓展】

核磁共振（NMR）测量中的魔角（magic angle）：样品绕与外加磁场 $\boldsymbol{B}_0$ 方向成 $\beta=\cos^{-1}\frac{1}{\sqrt{1/3}}$ 角的轴快速旋转可以消除固体中的多种谱线增宽，这一奇异的角度被称为“魔角”，这一技术称为魔角旋转（magic angle spinning，MAS），见图 8-9。在核的各种相互作用的数学表达式中，各向异性相互作用项均含有（$1/3\cos^2\theta$）因子，θ 是核间距矢量或化学位移张量主轴与静磁场方向的夹角。在液体中，由于分子的快速运动，使得平均值 $1/3\,\overline{\cos^2\theta}=0$，包含这一因子的相互作用项被平均掉。若人为地使固体样品沿着与静磁场方向呈 β 角的方向旋转，可以证明 $1/3\,\overline{\cos^2\theta}\propto 1/3\cos^2\beta$。设置 $\beta=54°44'$（$54.7°$），则 $1/3\cos^2\beta=0$，导致 $1/3\,\overline{\cos^2\theta}=0$，各向异性相互作用项因此被平均掉了。

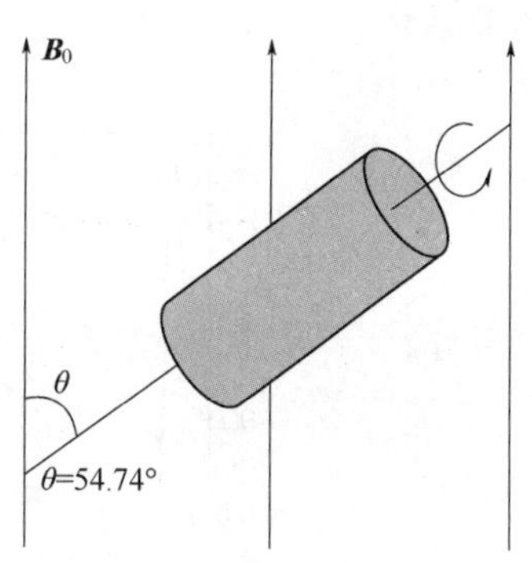

图 8-9 核磁共振样品测量的魔角旋转示意图

β=54°44′称为魔角，相当于立方体的一个内角。当样品沿魔角方向旋转且转速足够高时，可消除各种各向异性相互作用，获得与液体样品相同的高分辨谱。样品的转速主要受到转子材料和探头结构等技术因素的限制，目前商品波谱仪上转速可达 15 kHz 左右，采用特殊材料及小直径的转子转速会更高些。这可以消除化学位移各向异性，但不足以消除偶极-偶极相互作用。因此，必须将 MAS 与偶极去耦

(dipolar decoupling，DD）技术相结合，才能获得较好的固体高分辨谱。MAS 对谱线的窄化效果不仅与转速有关，还与魔角设置的准确度有关，一般要求偏差< 0.5°。通常用六甲基苯的苯环的 ^{13}C 信号或 KBr 的 ^{79}Br 信号（^{79}Br 与 ^{13}C 共振频率十分相近）为参照来调整魔角。偏离魔角时，^{79}Br 谱的边带增宽，强度减小。

8.4 偏振和各向异性光谱测量用于确定跃迁矩或辨别电子状态

将荧光偏振度作为激发光波长或波数的函数作图，得到荧光偏振光谱。偏振光谱研究 α 的变化，即吸收偶极矩在吸收光后至发射时偶极矩的变化。

$$P = \frac{3\cos^2\alpha - 1}{\cos^2\alpha + 3} \tag{8-15}$$

根据 $\gamma = \dfrac{2P}{3-P}$，在一定的检测波长下，γ_0 随着激发波长的变化而变，所得到曲线即为激发偏振光谱，可用于区分电子跃迁类型。一般，负值对应于 S_0-S_2 跃迁。图 8-10 是以苝为例的偏振光谱，表示与激发波长相对应的跃迁矩与各向异性的关系。

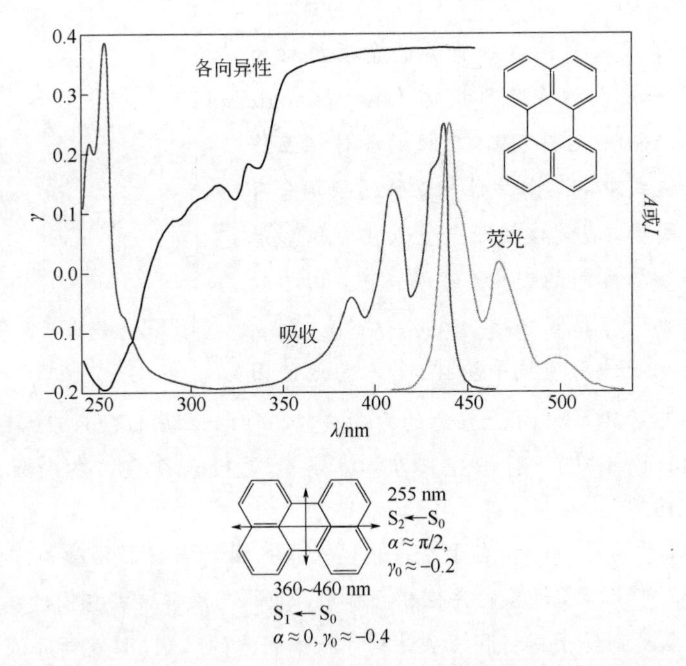

图 8-10　苝的激发偏振光谱（1,2-二丙醇，−60℃）[255 nm 为 $S_2 \leftarrow S_0$ 吸收跃迁区（吸收与发射矩正交 90°）。360 nm 为 $S_1 \leftarrow S_0$ 吸收跃迁区（吸收与发射矩交角 0°）]

在激发波长大于 360 nm 时，由于激发到最低激发单线态，吸收和发射跃迁矩几乎是共线的，γ_0 值接近 0.4 （P_0 值接近 0.46）。360～460 nm 情况相同，因而 γ_0 值维持恒定。激发波长小于 360 nm 时，γ_0 值降低，表明 α 值增大，激发和发射跃迁矩不一致。激发波长在 300～320 nm 时，α 接近 45°，吸收与发射矩的偏离更显著，各向异性进一步丧失，γ_0 值接近 0.10（P_0 值接近 0.14）；在 275 nm 时，α 接近 54.7°，γ_0 和 P_0 值均为 0；在 255 nm 时，即激发到第二单线激发态，第二单线激发态的跃迁矩与发射荧光的第一激发单线态的跃迁矩相互垂直，α 接近 90°，γ_0 值接近−0.20，P_0 值接近−0.33。

像吡啶这样的环状化合物，ππ*跃迁矢量处于分子平面内，而 nπ*跃迁矢量则垂直于分子平面。因此，通过吸收光谱和发射光谱在偏振方向上的差别可以区分跃迁类型[4]。

7-二甲氨基-3-甲基-*N*-甲基-d3-4-苯乙炔基-2-羟基喹啉（或 7-二甲氨基-3-甲基-*N*-甲基-d3-4-苯乙炔基喹诺酮），一种有趣的生色团（chromophore），在表面组装分子转子（rotor）方面常作为旋转体（rotator）。通过 UV-Vis 吸收光谱、荧光光谱、稳态荧光和激发各向异性、在 IR 和 UV-Vis 区段的线性圆二色谱等手段，结合计算化学确定该生色团绝对的振动和电子跃迁矩方向[5]。吸收光谱、荧光光谱以及激发荧光各向异性光谱，计算的跃迁矩角度等见图 8-11。在整个荧光光谱范围内，几乎水平的荧光各向异性曲线，表明荧光带是纯偏振的（极化的）。接近第一吸收带的激发，导致（0.38±0.01）的 γ_0。激发接近第二吸收带（319 nm），γ_0 突跌至（−0.16±0.01），并维持该水平到接近 298 nm。在此区

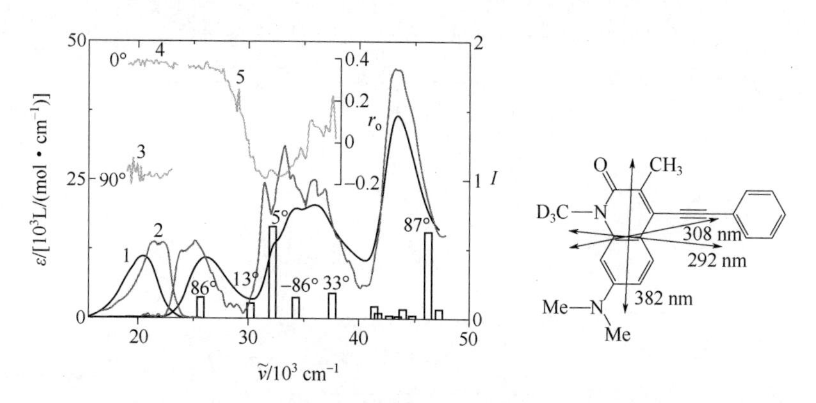

图 8-11　UV-Vis 吸收和归一化的荧光光谱（ε为摩尔吸光系数，I 为归一化荧光强度，曲线 1 表示室温，曲线 2 表示 77 K，溶剂 EPA）以及时间相关密度泛函理论（TD-DFT）计算的 α 角

插图，低温下在不同激发波长处的荧光发射各向异性谱（曲线 3，激发波长 319 nm；曲线 4，激发波长 396 nm），以及荧光激发各向异性谱（曲线 5，检测波长 466 nm）

域，第二吸收带也似乎是纯偏振的/极化的。在更高能级水平，γ_0 适度地上升接近零。

第一单线态-单线态吸收和荧光垂直于旋转轴极化/偏振。密度泛函理论（DFT）所计算电子激发能和振动频率与实验观察的结果吻合。而计算的 IR 跃迁矩方向与实验结果有相当大的差距。

荧光分子经常显示复杂的各向异性光谱。其中，吲哚的各向异性光谱是比较典型的[6]。如图 8-12（a）所示，随着跨越整个最长吸收带的激发波长的变化，各向异性突起突落，急剧变化。这种激发波长的依赖性变化源于吲哚分子的两个激发态，^1L_a 和 ^1L_b 态，相应于 250～300 nm 范围的吸收带。两个跃迁矩矢量方向几乎是正交的，见图 8-12（b）。吲哚的荧光发生主要产生于 ^1L_a 态，而且各向异性光谱可以确定 $^1L_a \leftarrow S_0$ 和 $^1L_b \leftarrow S_0$ 吸收。最大各向异性 γ_0 为 0.3，归属于 γ_{0a}，表明在 300 nm 或更长激发波长处，到 ^1L_a 态的吸收是主要的。γ_{0b} 值难以选取，因为没有信息表明到 ^1L_b 态的吸收是主要的波长。

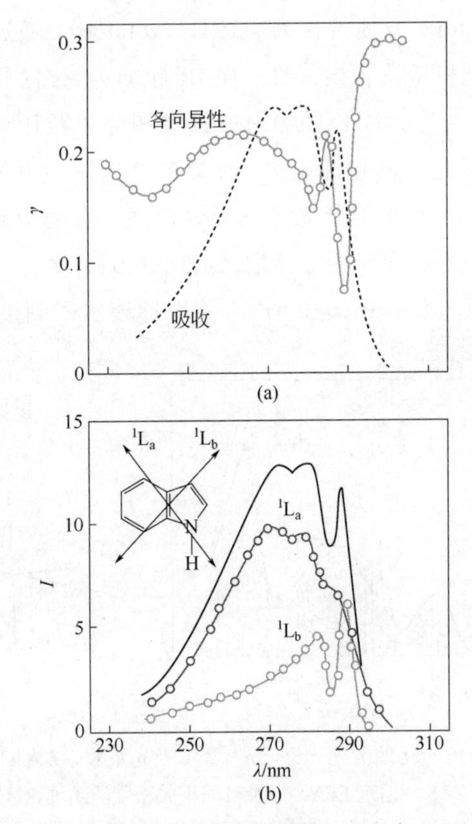

图 8-12　在丙二醇玻璃体中吲哚的激发各向异性光谱（a）以及计算的 ^1L_a 和 ^1L_b 态的吸收光谱（b）

8.5　退偏振化

发射退偏振是指在激发后的瞬间发射偶极子在激发和发射矩之间旋转了一个角度ω。所以，实验观测到的偏振度 P 与内在因素基本偏振度 P_0 和外在因素ω有关[7]：

$$\frac{1}{P}-\frac{1}{3}=\left(\frac{1}{P_0}-\frac{1}{3}\right)\frac{2}{3\cos^2\omega-1} \tag{8-16}$$

在偏振光激发下，发光体所发射的光也是偏振光。这种偏振是发光体按照其相对于偏振激发方向的取向进行光选择的结果。然而，许多因素可以使发射去偏振化或退偏振化（depolarization），其中发光体的旋转扩散（rotational diffusion）是最常见的去偏振因素。

因此，发光偏振或各向异性测量揭示了发光体在吸收和随后发射光子之间的平均角移（angular displacement）。这种角移与激发态寿命期间旋转扩散的速率和程度有关，而旋转扩散与溶剂的黏度、扩散组分的形状和大小有关。因此溶剂黏度的变化将影响发光体各向异性的改变。图 8-13 表示偶极-偶极机理的浓度退偏振效应。

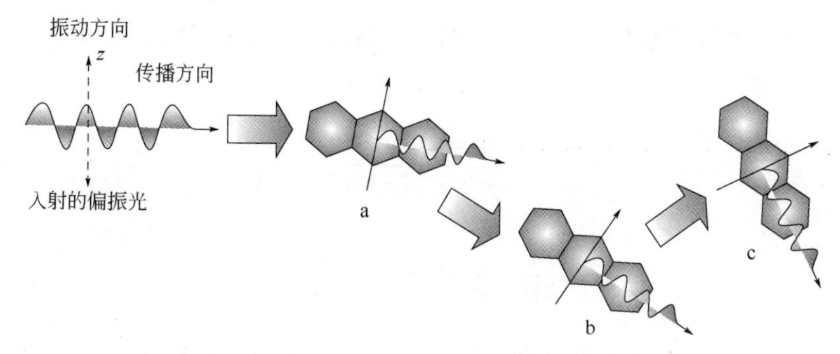

图 8-13　偶极-偶极机理的浓度退偏振效应示意图

a—最初的受激分子，具有一个偏振方向；b—最初的受激分子，将能量转移给相隔距离相当大的邻近分子，如果该受体分子与最初的受激分子取向不同，所发射是退偏振的；c—长程能量转移不断进行，直到最终发射，完全失去起初的偏振方向

在一般介质中，分子转动时间是 10^{-11} s，分子的荧光寿命约 10^{-8} s，则在这种介质中，激发态分子在寿命期间平均转动 1000 次。其结果使荧光完全消除了偏振，并在空间呈球形分布。但在黏性介质中，分子的转动受阻，如果分子的转动周期大于荧光寿命，发射光可能是偏振的。黏度越大，对已知寿命的荧光体的偏振度也越大；长寿命的荧光体的偏振度小。这种现象叫作旋转/转动退偏振效应。

从分子结构方面，基态和激发态分子几何构象甚至构型的差异性也是退偏振效应的因素（参见第 3 章）。再像富勒烯 C_{60} 这种全对称分子，其荧光是本征退偏的。量子点似乎也应该是退偏的，而荧光的半导体纳米棒（或量子棒）是偏振的（第 10 章）。

8.6 荧光各向异性测量在化学和生物分析中的应用

8.6.1 蛋白质旋转动力学

时间分辨各向异性动力学行为、旋转弛豫时间等在第 4 章溶剂化动力学部分已经有所涉及，在此专门介绍蛋白质体系的各向异性测量。

可以用荧光或磷光各向异性与旋转扩散的相关性等评价蛋白质的变性作用、蛋白质-配体缔合作用、蛋白质旋转速率等[8]。膜键合荧光或磷光体的各向异性可用于估计膜内黏度以及膜组成对膜相转变的影响等。利用各向异性或偏振测量与溶液黏度的关系可用于评价小分子药物或发光探针与核酸的相互作用[9]。

对于蛋白质这样的大分子，分子弛豫时间往往大于发光寿命。利用各向异性或偏振与溶液黏度的关系可以计算出分子的旋转弛豫时间，所有这些参数都可以用来计算分子的大小和形状。

蛋白质溶液的黏度较大，在低温冷冻条件下，分子的运动程度小，偏振度可以达到最大。如果温度缓慢升高，随温度和黏度的改变荧光偏振度变小，对于球形对称的大分子偏振度可以用 Perrin 公式来描述[10-12]：

$$\frac{1}{\gamma}=\frac{1}{\gamma_0}+\frac{TR\tau}{\gamma_0 V\eta} \tag{8-17}$$

$$\frac{1}{P}=\frac{1}{P_0}+\left(\frac{1}{P_0}-\frac{1}{3}\right)\frac{TR\tau}{V\eta} \tag{8-18}$$

式中，γ_0 和 P_0 分别为黏度最大介质中的各向异性值和偏振度；T 为热力学温度；R 为气体常数；V 为分子体积；η 为溶液的黏度；τ 为荧光或磷光寿命；$D_{\mathrm{r}}=\dfrac{TR}{V\eta}$ 为旋转扩散系数。

球形对称的分子偏振度：

$$P=3\frac{V\eta}{TR} \tag{8-19}$$

在式（8-18）中，以偏振度的倒数 $1/P$ 对黏度的倒数 $1/\eta$ 或绝对温度与黏度

之比 T/η 作图呈一直线，可以计算出寿命 τ，若已知 τ，可以计算出分子体积 V。

如果溶液中存在猝灭剂，猝灭剂的作用使发光逐渐猝灭，由 $\frac{\tau}{\tau_0}=\frac{\Phi}{\Phi_0}=\frac{I}{I_0}$ 得到：

$$\tau=\frac{\Phi}{\Phi_0}\tau_0=\frac{I}{I_0}\tau_0 \tag{8-20}$$

式中，τ、ϕ、I 和 τ_0、Φ_0、I_0 分别是猝灭剂存在和不存在时分子的发光寿命、量子产率和发光强度。在猝灭剂存在时，发光偏振也逐渐改变，因此，式（8-18）变为：

$$\frac{1}{P}=\frac{1}{P_0}+\left(\frac{1}{P_0}-\frac{1}{3}\right)\frac{TR}{V\eta}\frac{I}{I_0}\tau_0 \tag{8-21}$$

根据式（8-21），也可以测定发光分子的发光寿命。

蛋白质发光去偏振时间为 θ，即分子旋转弛豫时间，与温度、溶液黏度和分子体积有关：

$$\theta=\frac{V\eta}{kT} \tag{8-22}$$

式中，η 为溶液或介质的黏度；V 为分子的水合体积；k 和 T 为波尔兹曼常数和热力学温度。分子旋转弛豫时间也叫做分子 Debye 旋转弛豫时间，即振子从完全取向到不完全取向所需的时间，其定义是：对于一特定取向的分子旋转过反余弦 arccose^{-1}（$\cos\theta=e^{-1}$，68°25′或 68.42°）对应角度所需要的时间[7]。

θ 可以从特定温度下溶液的黏度值进行计算。但是不同温度时的 η 值较难测定。一个解决的方法是用已知分子水合体积的蛋白质和 θ 来测量 η 值。如马肝醇脱氢酶的水合体积为 $V=87000\ cm^3/mol$，可以计算溶液的 η 值，因此计算其他蛋白质的水合体积。如果单分子的水合层的厚度为 4 Å，就可以计算出分子的体积。

蛋白质转动弛豫时间还可以根据各向异性值进行计算。对于球蛋白，可以粗略地根据式（8-23）计算（Perrin 方程的一种表达形式）：

$$\frac{\gamma_0}{\gamma}=1+\frac{\tau}{\theta_C} \tag{8-23}$$

式中，γ_0 为低温玻璃体状态下测量的各向异性；γ 为体系的稳态各向异性；τ 为发光寿命；θ_C 为转动相关时间（the rotational correlation time）。转动相关时间的定义是，对于一特定取向的分子旋转过一个弧度所需要的时间（1 rad = 57°17′44″或 57.3°）。描述分子旋转运动采用不同的模型方法，导致两种旋转时间概念。转动弛豫时间源于 Debye 研究介电现象时所定义的转动弛豫时间，而转动相关时间源于核磁共振研究中对分子转动时间特性的表征。转动弛豫时间和转动相关时间具有如下关系[7]：

$$\theta = 3\theta_C \tag{8-24}$$

将式（8-22）代入式（8-23）和式（8-24），可得：

$$\frac{\gamma_0}{\gamma} = 1 + \frac{3kT\tau}{V\eta} \tag{8-25}$$

在式（8-25）中，以 $1/\gamma$ 对 T/η 作图，可以得到一条直线，直线的斜率为 $3kT/V$，如果发光寿命已知，则可求出蛋白质的水合体积。如果不呈线性，说明蛋白质可能在不同温度下发生变性，不再是球形，或可能与其他物质结合，而这种结合力大小与温度有关。

以上发光参数都已经作为蛋白质动力学和热力学性质研究的重要参考依据，其中最为常用的是磷光/荧光寿命的测量。在研究蛋白质的活性、蛋白质中 H^+交换、蛋白质活性中心微环境的变化和蛋白质构型的不均一性等方面都有重要的应用。

旋转相关时间的实验测量：

$$\theta_C = \frac{\eta V}{RT} = \frac{\eta M}{RT}(\overline{\upsilon} + h) \quad 或 \quad \theta = 3\theta_C = \frac{3\eta V}{RT} = \frac{3\eta M}{RT}(\overline{\upsilon} + h) \tag{8-26}$$

式中，M 为蛋白质的分子量；$\overline{\upsilon}$ 为蛋白质的比体积，典型值为 0.73 mL/g；h 为水合作用因子，其代表值为 0.23 g H_2O/g 蛋白质。

Weber[13~15]首次利用荧光偏振估测蛋白质的旋转相关时间。该法常用外源的荧光体来共价标记蛋白质，以（$1/P-1/3$）或 $1/\gamma$ 对 T/η 构成 Perrin 曲线。假设荧光体寿命已知，那么可由曲线的斜率和截距（$1/\gamma_0$）换算出蛋白质的体积，然后算出蛋白质的转动相关时间。多数蛋白质为非球形蛋白，转动扩散时溶剂壳的影响大，致使观察到的 θ 值大致为水化球蛋白的两倍。

8.6.2 荧光偏振应用于免疫分析

荧光偏振应用于免疫分析（fluorescence polarization immunassay）一直是科学家感兴趣的课题，在生物医学和临床医学方面有着非常重要的作用。将免疫学原理和各向异性方法结合应用于农药或农残分析也是具有现实意义的[16]。例如，将荧光分子标记于抗原，形成荧光的抗原探针（Ag-F），合成途径如图 8-14 所示。当 Ag-F 与单克隆抗体（MAb）结合时，体系产生较强的偏振荧光。然而，当溶液中存在被检测物（如有机磷类农药，简写为 A）时，A 将与 Ag-F 竞争性地与 MAb 结合，当 A 与 MAb 结合时，Ag-F 从 MAb-Ag-F 结合体解离而处于自由状态，体系的荧光偏振将减弱，并且随着 A 与 MAb 结合越多，体系的荧光偏振减弱幅度越大，最后达到 Ag-F 完全游离状态的偏振信号水平，如图 8-15 所示。

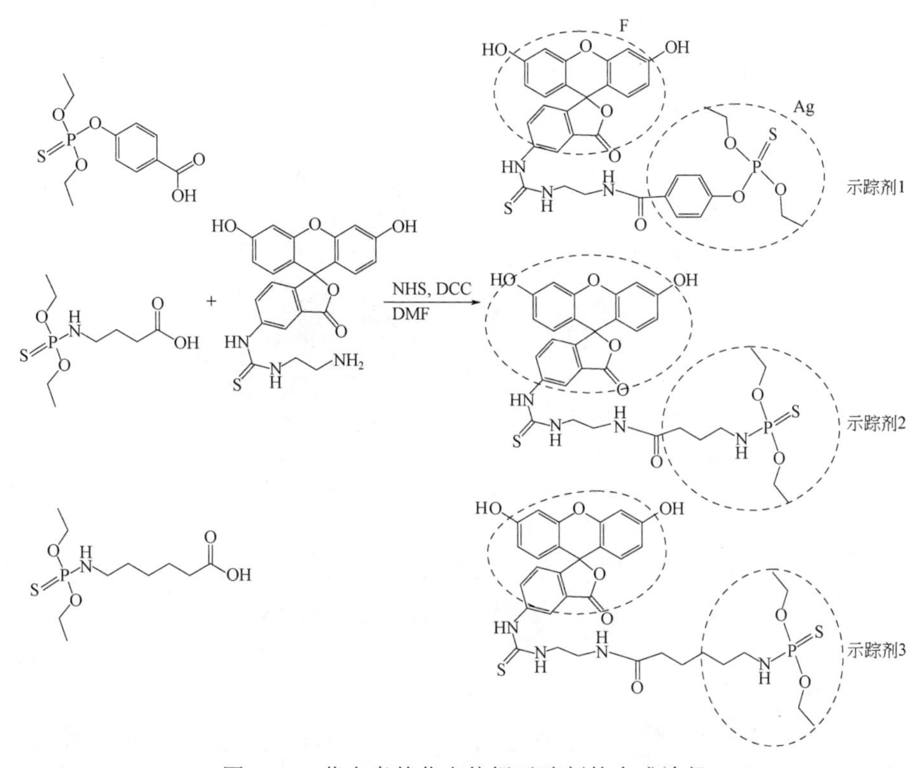

图 8-14　荧光素基荧光偏振示踪剂的合成途径

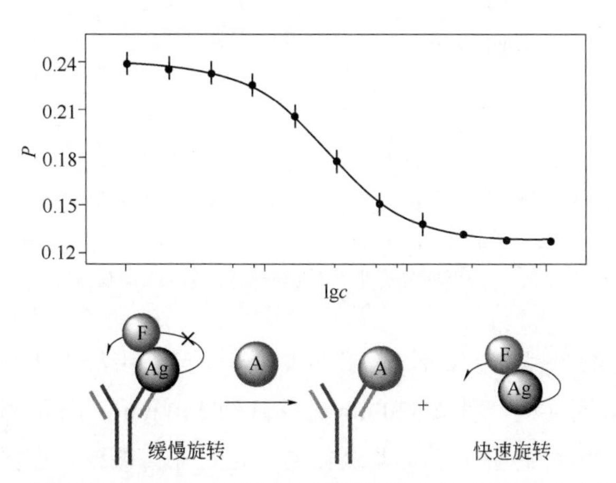

图 8-15　利用荧光偏振免疫分析高通量检测有机磷的原理示意图[16]

8.6.3 结合棒形纳米粒子偏振特性的焦磷酸根检测

在 Eu(Ⅲ)存在下，零维 CdTe 纳米晶体向一维纳米棒转化。通过在线监测 TEM 形貌和 zeta 电势变化，转化机理可以推测如下：CdTe 纳米点的表面为含有羧基-氨基的配位基团，而 Eu(Ⅲ)与羧基-氨基基团具有更强的配位能力，通过竞争性的配位，CdTe 量子点表面失配后，加速溶解，CdTe 量子点向尺寸更小点的转化。同时，由于表面配体浓度的降低，尺寸更小的 CdTe 晶体会朝着特定方向增长，小晶点进一步晶化为棒，如图 8-16 所示[17]。

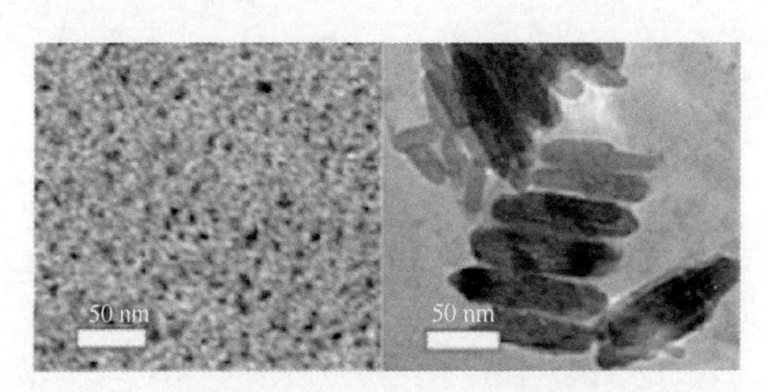

图 8-16 在 5.0×10^{-8} mol/L 硝酸铕存在下 60 min 后零维 CdTe 纳米晶转化为一维的纳米晶

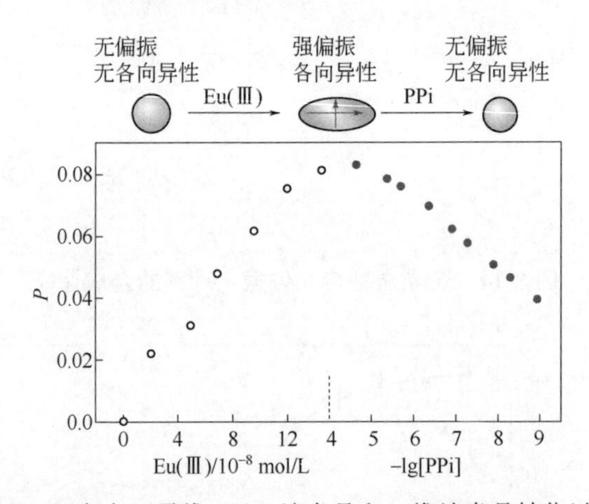

图 8-17 在 Eu(Ⅲ)和 PPi 存在下零维 CdTe 纳米晶和一维纳米晶转化以及荧光偏振的变化

椭圆形框内箭头→和↑表示跃迁矩，○表示纳米棒形成过程的荧光偏振值，●表示加入 PPi 纳米棒重新转化为零维纳米晶过程的荧光偏振值

零维 CdTe 纳米晶在 Eu(Ⅲ)存在下快速转变成一维的纳米棒后，其吸收峰和荧光发射峰都有明显的红移（520 nm 红移到约 550 nm），伴随着荧光偏振信号极大的增加。因为球形的量子点是非极化的，也是非偏振或各向异性的。而棒形的纳米晶，是高度极化的（拥有两个跃迁矩），因而也是偏振或各向异性的。当加入

焦磷酸根（$Na_4P_2O_7$，PPi）之后，纳米棒会分解为零维的纳米晶，荧光发射峰有较好恢复，荧光偏振信号逐渐降低，如图 8-17 所示。因此，通过荧光偏振或各向异性信号的变化可以实现对 PPi 的选择性检测，线性范围为 2.0×10^{-5}～1.0×10^{-9} mol/L，检测限为 8.0×10^{-10} mol/L[18]。这种球形和棒形纳米晶体的各向异性特点主要取决于材料本身的结构特点，即高度极化的结构。而它们在溶液中旋转快慢的影响是次要的。

8.6.4 荧光各向异性黏度探针

通过分子转子（molecular rotor）可测量活细胞黏度[19]。测量原理如下：图 8-18 所示的探针荧光量子产率随着介质（甲醇/甘油）的增加急剧增大。原因是，在高黏性的介质中，苯基的旋转受到抑制，于是阻碍了导致暗激发态（dark excited state）布居的弛豫过程。此外，当黏度从 28 cP 增加到 950 cP 时，荧光寿命从(0.7±0.05)ns 增加到(3.8±0.1)ns。通过荧光寿命和量子产率可以计算辐射和非辐射速率常数，如式（8-27）和式（8-28）所示。结果为，非辐射速率常数随着黏度的增加而降低，但辐射速率常数几乎保持不变。

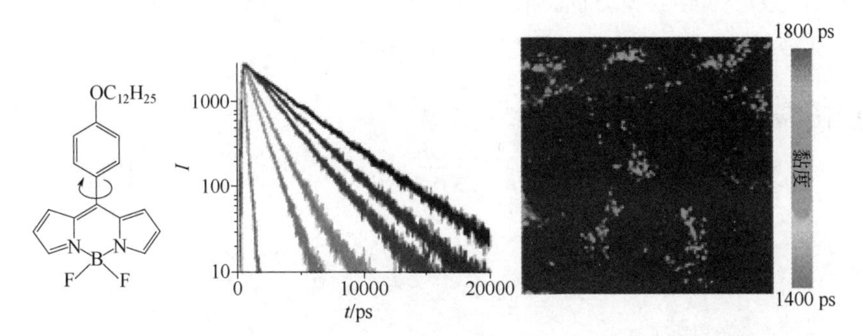

图 8-18　基于分子转子的黏度探针和细胞黏度成像和动力学测量结果[19]

$$\Phi = \frac{k_0}{k_0 + k_{nr}} \qquad (8\text{-}27)$$

$$\tau = \frac{1}{k_0 + k_{nr}} \qquad (8\text{-}28)$$

对于受限旋转流动性的球形的转子，时间相关各向异性$\gamma(t)$按照下式单指数衰减：

$$\gamma(t) = (\gamma_0 - \gamma_\infty)\exp\left(-\frac{t}{\theta_C}\right) + \gamma_\infty \qquad (8\text{-}29)$$

式中，γ_0 为初始各向异性；γ_∞为极限各向异性，源于受限的旋转流动性；θ_C

为探针的旋转扩散动力学常数（即旋转相关时间），其与温度和黏度的关系由 Stokes-Einstein 方程表达：

$$\theta_C = \eta V/kT \tag{8-30}$$

通过变化黏度，测得一系列$\gamma(t)$，进而得到θ_C。由θ_C对η作图，可以计算分子体积 V（实验得到的球形分子体积为 7.4 Å^3，而转子的半径为大约 3 Å）。k 为 Boltzmann 常数，T 为热力学温度。

在得到 V 的情况下，通过测定探针在细胞中的θ_C，可以测得细胞的黏度η。

荧光寿命与黏度的校正关系可以表达为：

$$\tau = zk_0\eta^{\alpha} \tag{8-31}$$

式中，z 和α为常数；k_0 为辐射速率常数。

通过荧光寿命成像，测得细胞内平均黏度为(140±40)cP。为了保证所测得黏度并非由转子在细胞内与某种靶分子的键合作用引起（这种作用同样可以限制苯基的旋转），有必要测量时间分辨各向异性。由此得到平均的θ_C值为 1.1 ns，相应的胞内黏度为 80 cP。一方面，在数量级上两个黏度值是相近的；另一方面，如此快的旋转相关时间不像是转子受到键合作用的限制。

【知识拓展】自相关函数和荧光相关光谱

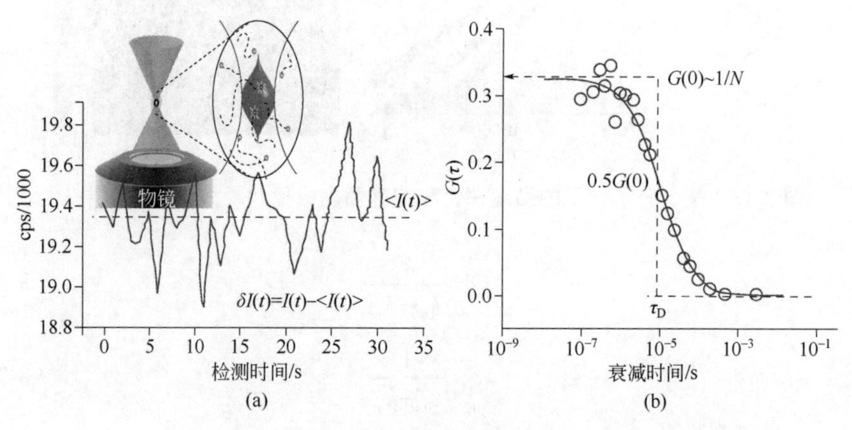

图 8-19　显微镜聚焦的观测域、信号的涨落（a）和相关函数（b）

第 4 章曾引入相关函数，它没有一致的定义，随研究领域不同而异。在荧光相关光谱方面要采用自相关函数。在一个开放的有限空间的稀溶液条件下，因布朗运动或化学反应发光粒子的分布是随机的、不均匀的、时有时无的，也就是发光信号随时间而涨落（fluctuation）。利用图 8-19（a）可以想象这样一种情况，在显微或显纳光谱（microscopy/nanoscopy）的焦点空间（放大的紫色区域，也称观测域或视域），可以观测到从溶液本体扩散进入观测域的荧光分子或纳米粒子，但由于空间小，溶液稀，荧光分子进入视域的数目随时间而变化，不像溶液本体表观上是均匀的、信号是稳定的。如何从这些类似于噪音的信号里获得有用的信息？这就是荧光相关光谱要解决的问题。

自相关函数（auto-correlation function）是用来表征一个随机过程本身，在任意两个不同时刻 t、t_2 的状态之间的相关程度，因而是内在联系的一种度量，必须利用 t=t_1、t_2 时的二维概率密度函数进行描述。荧光涨落 $\delta I(t)$定义为：

$$\delta I(t)=I(t)-\overline{I(t)} \tag{8-32}$$

式中，$I(t)$为 t 时刻的荧光强度；$\overline{I(t)}$ 为平均荧光强度，其光谱图像如图 8-19（a）所示。荧光涨落按照相关函数分析处理，将 t 时刻的荧光强度 $I(t)$与$(t+\tau)$时刻（τ 为延迟时间）的荧光强度 $I(t+\tau)$ 相关联得到自相关函数 $G(\tau)$:

$$G(\tau)=\frac{\overline{\delta I(\mathrm{t})\delta I(t+\tau)}}{\overline{I(t)}^2} \tag{8-33}$$

式中，

$$I(t)=K\Phi\int \mathrm{d}rW(\boldsymbol{r})C(\boldsymbol{r},t) \tag{8-34}$$

可以看出，影响荧光信号的因素包括检测器灵敏度 K，量子产率 Φ，观测体积 $W(\boldsymbol{r})$，固定的观测域内时间依赖性荧光体浓度 $C(\boldsymbol{r},t)$，$\boldsymbol{r}$ 是位置矢量（最大为观测域的平均半径）。如此处理看似无规律的荧光涨落信号，就可得到有内在关联的自相关函数，其光谱图像如图 8-19（b）所示。

自相关函数包含两方面信息：①涨落幅度，当延迟时间 τ 外推为 0 时，可得 $G(\tau=0)=\overline{\delta I(t)^2}\,/\,\overline{I(t)}^2$，代表荧光强度的相对涨落程度。由于荧光强度涨落源于荧光分子数目的涨落，所以，$G(0)$等于观测域内平均分子数目的倒数，$G(0)=1/\bar{\mathrm{N}}$；②动力学信息，$G(\tau)$下降到 $G(0)/2$ 时的 τ 值标记为 τ_{D}，为荧光分子的特征扩散时间常数或衰减时间，代表荧光信号涨落的平均期间。动力学信息还包括 $G(\tau)$时间衰减的形状。

荧光相关光谱（fluorescence correlation spectroscopy）分析可以用于研究扩散动力学：如测定旋转扩散系数（rotational diffusion coefficient）和平动扩散系数（translational diffusion coefficient）[20]；测定小分子与生物大分子的缔合常数以及水合动力学体积、分子的聚集行为等[20,21]。目前，也是单分子检测的重要手段，参见第 4 章及文献[22,23]。

参 考 文 献

[1] K. K. Rohatgi-Mukherjee. Fundamentals of photochemistry, John Wiley & Sons, 1978; K. K.罗哈吉-慕克吉. 光化学基础. 丁革非, 孙林, 盛六四, 等, 译. 北京: 科学出版社, 1991: 60.

[2] Y. Wang, W. J. Jin, J. B. Chao, L. Q. Qin. Room temperature phosphorescence of 1-bromo-4-(bromoacetyl) naphthalene induced by sodium deoxycholate. *Supramol. Chem.*, **2003**, *15(6)*: 459-463.

[3] J. R. Lakowicz. Principles of Fluorescence Spectroscopy, 3rd Ed. New York: Springer, 2006: 356.

[4] 许金钩, 王尊本. 荧光分析法. 北京: 科学出版社, 2006.

[5] D. L. Casher, L. Kobr, J. Michl. Electronic and vibrational transition moment directions in 7-dimethylamino-3-methyl-*N*-methyl-d3-4-phenylethynylcarbostyril. *J. Phys. Chem. A*, **2011**, *115*: 11167-11178.

[6] B. Valeur, G. Weber. Resolution of the fluorescence excitation spectrum of indole into the ^1L_a and ^1L_b excitation bands. *Photochem. Photobiol.*, **1977**, *25*: 441-444.

[7] D. M. Jameson, J. A. Ross. Fluorescence Polarization/Anisotropy in Diagnostics and Imaging. *Chem. Rev.*, **2010**, *110*: 2685-2708.

[8] J. W. Berger, J. M. Vanderkooi. Rotational diffusion of the tobacco mosaic virus as measured by the anisotropy of the native phosphorescence emission. *Photochem. Photobiol.*, **1988**, *47*: 10S.

[9] W. J. Jin, W. H. Liu, X. Yang, et al. Interaction of fluorescence probe possessing ICT behavior with DNA and as a potential tool for DNA determination. *Microchem. J.*, **1999**, *61*: 115-124.

[10] F. Perrin. Polarisation de la lumière de fluorescence: vie moyenne des molécules dans l'état excité. *J. Phys. Radium V Ser 6*, **1926**, *7*: 390-401.

[11] F. Perrin. La fluorescence des solutions: induction moleculaire. Polarisation et duree d'emission. *Photochimie. Ann. Phys. Ser 10*, **1929**, *12*:169-275.

[12] F. Perrin. Fluorescence: durée élémentaire d'émission lumineuse. *Conférences D'Actualités Scientifiques et Industrielles*, **1931**, *22*: 2-41.

[13] G. Weber. Rotational Brownian motion and polarization of the fluorescence of solutions. *Adv. Protein Chem.*, **1953**, *8*: 415-459.

[14] G. Weber. Polarization of the fluorescence of macormolecules. I. Theory and experimental method. *Biochem. J.*, **1952**, *51*: 145-155.

[15] G. Weber. Polarization of the fluorescence of macromolecules. II. Fluorescent conjugates of ovalbumin and bovine serum albumin. *Biochem. J.*, **1952**, *51*: 155-167.

[16] Z. L. Xu, Q. Wang, H. T. Lei, et al. A simple, rapid and high-throughput fluorescence polarization immunoassay for simultaneous detection of organophosphorus pesticides in vegetable and environmental water samples. *Anal. Chim. Acta*, **2011**, *708*: 123-129.

[17] J. Du, X. Dong, S. Zhuo, et al. Eu(Ⅲ)-induced room-temperature fast transformation of CdTe nanocrystals into nanorods. *Talanta*, **2014**, *122*: 229-233.

[18] J. Y. Du, L. Ye, M. L. Ding, et al. Label-free fluorescence polarization detection of pyrophosphate based on 0D/1D fast transformation of CdTe nanostructures. *Analyst*, **2014**, *139*: 3541-3547.

[19] M. K. Kuimova, G. Yahioglu, J. A. Levitt, K. Suhling. Molecular rotor measures viscosity of live cells *via* fluorescence lifetime imaging. *J. Am. Chem. Soc.*, **2008**, *130*: 6672-6673.

[20] B. Valeur. Molecular Fluorescence, principles and applications, Wiley-VCH, 2001, NY: 84, 118.

[21] P. Rigler, W. Meier. Encapsulation of fluorescent molecules by functionalized polymeric nanocontainers: investigation by confocal fluorescence imaging and fluorescence correlation spectroscopy. *J. Am. Chem. Soc.*, **2006**, *128*: 367-373.

[22] 张普敦, 任吉存. 荧光相关光谱及其在单分子检测中的应用进展. *分析化学*, **2005**, *33*: 875-880.

[23] 张普敦, 任吉存. 荧光相关光谱单分子检测系统的研究. *分析化学*, **2005**, *33*: 899-903.

第9章 磷光光谱原理

Chapter 09

20 世纪初元素定名时，对于 phosphorus，有主张译为燐，也有主张译为磷的。比如梁国常在 1921 年指出，phosphorus 应该译为磷，理由：燐，鬼火也，为 PH_3 和 P_2H_4 之气体，以之为元素名误亦。磷，非译音字，因其习用已久，故仍沿用之。根据我国现行的化学元素命名原则，固态的非金属元素名称从石字旁，所以 phosphorus 的中文名称沿用了以前的建议。

大概因此，燐光即为磷光了。还有，西方文献记载磷光（phosphorescence）是从煅烧的重晶石发现的，也许翻译为中文的时候，就从石字旁了，现在大家都用磷光一词。此外，笔者曾听导师刘长松先生讲过：当年梁树权先生特别重视化学概念以及化学名词的规范化，曾建议，既然荧光从火，那磷光也应该从火。于是，在先生的建议下，又重新使用燐光一词了。但最终没有广泛使用起来。有时、有的场合、有的作者用燐光[1]，但大多数场合、大多数作者还继续用磷光。当然，如果把燐光理解为燐（特指磷氢化物或膦燃烧现象），那么译 phosphorescence 为磷光的确更合适。

第 2 章和第 3 章已分别阐述了光致发光的光物理原理和分子结构特征对发光性质的影响。但由于磷光的特殊性，在此有必要更详细地论述其光物理基础和诱导产生磷光的方法。

9.1 磷光光物理基础

9.1.1 分子单线态和三线态

单线态和三线态概念见第 2 章。Jabłoński 首先提出，相对于荧光光谱，位于发光光谱较长波长处的发射成分所对应的能态应该是单线态 S_1 之下的一个亚稳态。后来，这一亚稳态被确认为三线态[2]。

单线态和三线态性质比较：

① 三线态能级总是较低于相应的单线态能级，如图 9-1 所示。Hund 规则认为，具有相同（平行的）自旋的状态，其能量总是比相应的具有相反（反平行的）自旋的状态要较低些。平行自旋各电子倾向于在空间上要分离得更开一些，其结果是体验到较少的库仑相互作用。

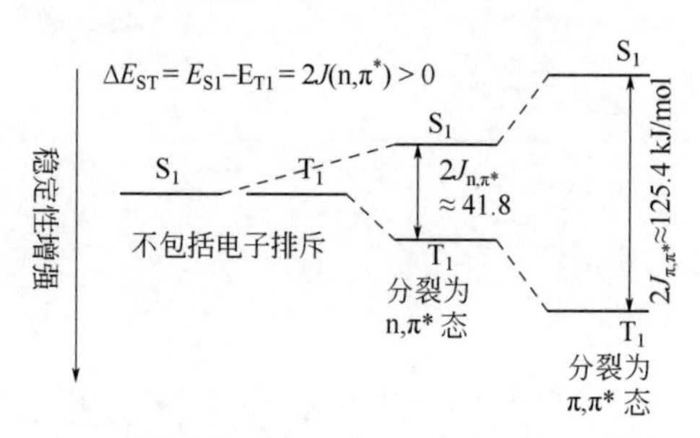

图 9-1　单线态-三线态分裂能ΔE_{ST}与跃迁状态比较[3]

② 三线态是顺磁性的（paramagnetic），而单线态是抗磁性的（diamagnetic），在外磁场中具有一个磁动量的三线态可分裂为三个 Zeeman 能层，而单线态由于没有磁动量，在外磁场中不分裂，如图 9-2 所示。

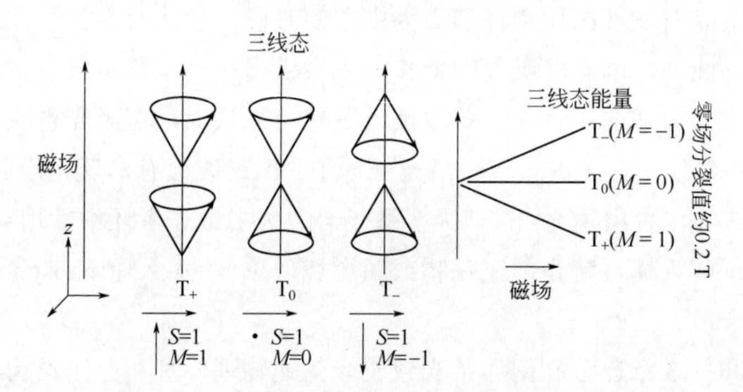

图 9-2　三线态自旋在外磁场中能量一分为三

③ 单线态-三线态跃迁（转换）概率是相当低的(由速率常数之比可知，此过程仅为$S_1 \rightarrow S_0$过程的百万分之一，10^{-6})，相对于激发单线态的产生，一个基态分子被直接激发到三线态过程的吸收峰强度比前者弱几个数量级。但是，激发三线态的布居（population）可以通过激发单线态来完成。

④ 激发三线态的寿命比单线态长得多。通常自旋允许的（spin-allowed）辐射跃迁是短寿命的，寿命为纳秒、皮秒级或更短，而自旋禁阻的（spin-forbidden）辐射跃迁是长寿命的，寿命从毫秒到数秒，或更长。

9.1.2 三线态布居的机制[4,5]

对于一个分子来说，在两个给定能态间的电子跃迁必须满足一定的控制规则，就荧光和磷光的差别而言，更加关注的是自旋守恒规则：$\Delta S=0$。即单线态和单线态或三线态和三线态之间的跃迁是自旋守恒的，是允许跃迁。而单线态和三线态之间的跃迁，涉及自旋状态的变化，即自旋反转，自旋是不守恒的，所以是自旋禁阻的跃迁。理想状态下，单线态和三线态之间（基态到激发态）的跃迁符合Born-Oppenheimer 近似理论，是严格禁阻的。即无论 $T_1 \leftarrow S_0$ 跃迁还是 $T_1 \rightarrow S_0$ 跃迁都是自旋禁阻的。因为，S_0-T_1 能级间隔较大，势能曲线重叠程度小，分子不易变形（遵守 Frank-Conden 原理），电子直接由 S_0 布居到 T_1 态的概率极小或为零。所以，通常 T_1 态的布居是通过 $S_1 \rightarrow T_1$ 系间窜越（ISC）的过程完成的。

但对于一个实际的分子，由于各种分子运动的耦合作用，Born-Oppenheimer 近似原理在一定程度上失效，即便是基态，也不一定严格遵守自旋禁阻这一规则。比如，图 9-3 所示的 2-环戊烯-1-酮，在室温腔-振荡（room-temperature cavity ringdown，CRD）或超声喷雾冷却（Jet-cooled）这些特殊情况下，可以观察到经过 $T_1(n,\pi^*) \leftarrow S_0$ 吸收跃迁的磷光激发光谱，0-0 跃迁的中心波长约 385 nm（25956 cm^{-1}）[6,7]。

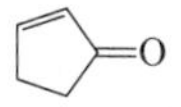

图 9-3 2-环戊烯-1-酮的分子结构

此外，在分子的激发态期间，由于振动耦合作用，Born-Oppenheimer 近似原理失效更加显著，即无论 $S_1 \rightarrow T_1$ 跃迁还是 $S_1 \leftarrow T_1$ 跃迁都是可能发生的，形成部分允许的跃迁。尤其是，一般 S_1-T_1 能级间隔较小，加之激发态分子的变形作用，势能曲线重叠程度变大，$S_1 \rightarrow T_1$ 能级跃迁概率大大增加。

其实，三线态可以通过以下各种途径完成布居。

① 直接的单光子 $T_1 \leftarrow S_0$ 吸收。

② 单光子 $S_1 \leftarrow S_0$ 吸收，接着经 $T_1 \leftarrow S_1$ 系间窜越到达 T_1 态。

③ 双光子吸收到 S_1，接着经 $T_1 \leftarrow S_1$ 系间窜越到达 T_1 态，其特点参见第 2 章中有关双光子荧光的内容。

④ 光激发电子转移或离子辐射产生 $S_1 \cdot T_1$ 孪生离子对（或自由基离子对 $[D^{\bullet+} \cdot M^{\bullet-}]$）：

$${}^1M+h\nu \longrightarrow {}^2M^+ + {}^2e^- \text{（或 } 2\,{}^1M+h\nu \longrightarrow [{}^2M^{\bullet+} \cdot {}^2M^{\bullet-}]\text{）} \quad (9\text{-}1)$$

$${}^2M^+ + {}^2e^- ({}^2M^-) \longrightarrow {}^1M^* (2\,{}^1M^*) \quad (9\text{-}2)$$

$${}^2M^+ + {}^2e^- ({}^2M^-) \longrightarrow {}^3M^* (2\,{}^3M^*) \quad (9\text{-}3)$$

式中，^1M 和 ^3M 分别表示单线态和三线态分子；^2M 表示双重态分子。

⑤ 能量转移（如三线态敏化机制）或 Förster 能量转移、光诱导电子转移等途径[8]。

⑥ ④与⑤的结合。

顺磁性组分可以加速三线态布居（见第 7 章），如在有机自由基 TEMPO-氟硼二吡咯甲烷二联体中，TEMPO 可以有效地增强系间窜越，使得氟硼二吡咯甲烷（boron dipyrromethene，Bodipy）荧光体产生长寿命的三线态（微秒级），导致其瞬时荧光猝灭。该自由基-三线态对激发态（整个分子为四线态）可以敏化苝产生三线态，三线态苝通过 TTA 途径产生延迟荧光[9]。

9.1.3 磷光光物理过程

图 2-4 已经展示了荧光和磷光的光物理过程。在溶液中，测量磷光比较困难的原因之一，就是氧分子对三线态的猝灭作用，如图 9-4 所示。单线态-三线态跃迁是自旋禁阻的。而三线态-三线态跃迁是自旋允许的。所以，基态三线态氧分子 $^3O_2$ 几乎是有机分子三线态的天敌。基态 $^3O_2$ 和激发态氧 $^1O_2$ 的分子轨道如下。

基态（T_0）：$\sigma_{1s}(\downarrow\uparrow)\sigma_{1s}^*(\downarrow\uparrow)\sigma_{2s}(\downarrow\uparrow)\sigma_{2s}^*(\downarrow\uparrow)\sigma_{2p}(\downarrow\uparrow)\pi_{2p}(\downarrow\uparrow)\pi_{2p}(\downarrow\uparrow)\pi_{2p}^*(\uparrow)\pi_{2p}^*(\uparrow)$；

激发态（S_1）：$\sigma_{1s}(\downarrow\uparrow)\sigma_{1s}^*(\downarrow\uparrow)\sigma_{2s}(\downarrow\uparrow)\sigma_{2s}^*(\downarrow\uparrow)\sigma_{2p}(\downarrow\uparrow)\pi_{2p}(\downarrow\uparrow)\pi_{2p}(\downarrow\uparrow)\pi_{2p}^*(\downarrow\uparrow)$。

如前所述，三线态能级的特点可以总结为：自旋禁阻、能量更低、寿命更长、时空分辨（指在时间上容易与短寿命的荧光区分；在空间上容易与处于较短波长处的荧光光谱区分）、顺磁性、易猝灭。如此，测量磷光就需要重原子微扰作用、保护三线态、除去溶解氧。

如图 9-4 所示的经光物理途径布居的三线态，实际上按照量子力学是自旋禁阻的，因此这样的三线态是暗态，光学暗态。自旋允许的单线态和允许跃迁的三线态为光学亮态[10]，重原子微扰作用是点亮暗三线态的重要途径之一。基于这个意义，光学暗态也可以称为“隐藏（hidden）”的发光态。在高磁场中，CdTe 半导体量子阱的基态三线态也可以是暗三线态的[11]。点亮暗三线态或其他暗态对于材料科学[12]、生物成像探针设计等具有重要意义[13]。光学暗态和光学亮态与第 2 章提出的发光静默态和激活态是基于不同的角度赋予发光分子光物理特性的术语。前者是量子力学和光选律的结果，后者是化学和物理（如吸电子取代基的诱导效应、供电子取代基电子共轭效应等）因素影响的结果。

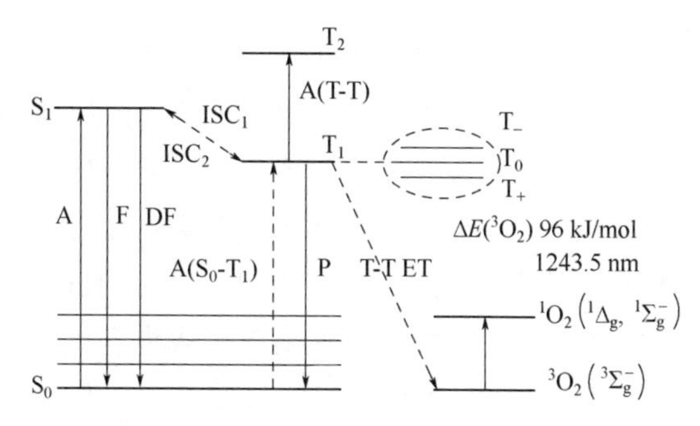

图 9-4 光致发光的 Jabłoński-简化能级图以及氧分子猝灭三线态过程

9.2 磷光量子产率和磷光寿命[14]

9.2.1 磷光量子产率和磷光寿命的定义

量子产率是一个发光化合物在给定的温度、溶剂和其他环境因素条件下固有的光物理参数。辐射跃迁和非辐射跃迁的概率常借用相对应的动力学速率常数来描述。一般，三线态不可由单线基态直接激发产生，而是经过 S_1 态而布居。所以三线态量子产率可定义为：

$$\Phi_T = \frac{k_{ISC}}{k_{ISC} + k_F + k_{nF} + \Sigma k_{FQ}} \tag{9-4}$$

磷光量子产率进一步定义[15]：

$$\Phi_P = \Phi_T \times \frac{k_P}{k_P + k_{nP} + \Sigma k_{PQ}} = \frac{k_{ISC}}{k_{ISC} + k_F + k_{nF} + \Sigma k_{FQ}} \times \frac{k_P}{k_P + k_{nP} + \Sigma k_{PQ}} \tag{9-5}$$

式中，k_{ISC} 为系间窜越速率常数；k_F 和 k_P 分别为荧光和磷光速率常数；k_{nF} 和 k_{nP} 分别为荧光和磷光过程的非辐射速率常数；Σk_{FQ} 和Σk_{PQ} 分别为荧光和磷光过程所有有效的双分子猝灭速率常数之和。在没有有效的双分子猝灭过程的情况下，上式实质上可以改写为：

$$\Phi_P = \Phi_T \times \frac{k_P}{k_P + k_{ISC}^T} = \frac{k_{ISC}}{k_{ISC} + k_F + k_{IC}} \times \frac{k_P}{k_P + k_{ISC}^T} \tag{9-6}$$

式中，k_{ISC} 是指 S_1-T_1 系间窜越速率常数；$k^T{}_{ISC}$ 是指 T_1-S_0 系间窜越速率常数。

在发光器件研究中，采用内、外量子效率（external/internal quantum efficiency）表征发光材料的物理性能。它们是基于吸收光子产生载流子或激子，然后激子复合转换为光子的效率，与量子产率是不同的概念。基于自旋统计理论，三线态激子和单线态激子生成的概率比为 3∶1。所以，荧光材料（单线态发光）的内量子效率（internal quantum efficiency, IQE）理论上只有 25%，由于不同折射率物质对光传播的影响，最后只有 20%的光能够发射出来，反映为外量子效率也就 5%上下。但 75%的三线态激子由于自旋禁阻对荧光没有贡献，因而荧光器件的内量子效率受到限制。而磷光器件发光既可以源于三线态激子，又可以源于单线态激子，因此其内量子效率比荧光器件高得多，理论上可以接近 100%[16-19]。因此如何同时利用单线态和三线态激子发光以提高发光效率已成为有机发光材料领域有意义的研究课题。

从光物理的角度，磷光寿命可以定义为：

$$\tau_{\mathrm{P}}^{0}=\frac{1}{k_{\mathrm{P}}} \tag{9-7}$$

对于磷光发射过程，三线态固有的寿命（又称为本征寿命，自然寿命）τ_{P}^{0}是其速率常数的倒数，而实际观测到的寿命则是所有使三线态失活过程的速率之和的倒数：

$$\tau_{\mathrm{P}}=\frac{1}{k_{\mathrm{P}}+k_{\mathrm{ISC}}^{\mathrm{T}}} \tag{9-8}$$

所以：

$$\frac{\tau_{\mathrm{P}}}{\tau_{\mathrm{P}}^{0}}=\frac{k_{\mathrm{P}}}{k_{\mathrm{P}}+k_{\mathrm{ISC}}^{\mathrm{T}}}=\frac{\Phi_{\mathrm{P}}}{\Phi_{\mathrm{T}}} \tag{9-9}$$

假如，除了发射荧光以外，其余吸收的光子数全部转移到三线态，则 $\Phi_{\mathrm{T}}\approx\Phi_{\mathrm{ISC}}$，处于同一量级。这时可以得到：

$$\tau_{\mathrm{P}}^{0}=\tau_{\mathrm{P}}\frac{\Phi_{\mathrm{T}}}{\Phi_{\mathrm{P}}}=\tau_{\mathrm{P}}\frac{1-\Phi_{\mathrm{F}}}{\Phi_{\mathrm{P}}} \quad \text{或} \quad \frac{1}{k_{\mathrm{P}}}=\frac{1}{k_{\mathrm{P}}+k_{\mathrm{ISC}}}\times\frac{1-\Phi_{\mathrm{F}}}{\Phi_{\mathrm{P}}} \tag{9-10}$$

三线态有相对长的寿命，倾向于较多失活过程，其结果导致低的 Φ_{P}。虽然磷光量子产率与分子结构有关，但环境因素往往对其产生决定性影响。提高 Φ_{P} 的途径包括：采用高黏度溶剂、低温刚性玻璃体、室温固体支持材料、特殊有序介质，溶液充分除氧，采用重原子微扰作用等，详见稍后部分。

9.2.2 磷光量子产率和磷光寿命的测量

（1）磷光强度表达式

与荧光强度表达式一样，对于光学上均匀和全透明的样品稀溶液，在满足 Lambert-Beer 定律所要求的条件时，磷光强度可表示如下：

$$I_{\mathrm{P}}=2.303 I_{0}\Phi_{\mathrm{P}}\varepsilon c b \tag{9-11}$$

式中，I_P为磷光强度；I_0为入射光的强度；ε为摩尔吸光系数；c为发光组分的浓度；b为光程。这是磷光定量分析的基础，其中$\Phi_P\varepsilon$表示磷光分析的灵敏度。

但要注意到，磷光或磷光光谱需要经过时间分辨方式测量。因此，光学上不均匀和不透明的、浑浊或具有严重散射现象、存在漫反射的固体表面的样品也是可以测量的，这也可以看作磷光的一个特点。在这些情况下，磷光强度与待测物质的含量或浓度的关系在一定的范围内可以表示为：

$$I_P=Kc \tag{9-12}$$

而K实质上是一个复杂的常数，既包含I_0、Φ_P、ε等，也包含散射的损失或贡献、或其他难以解析的物理的或化学的因素等。

（2）绝对和相对磷光量子产率

从测量的角度磷光量子产率的定义类似于荧光量子产率，可以表达如下：

$$\Phi_P=\frac{T_1\rightarrow S_0\text{跃迁中每秒发射的光量子数}}{S_1\leftarrow S_0\text{跃迁中每秒吸收的光量子数}} \tag{9-13}$$

也可以简单地定义为：

$$\Phi_P=\frac{\text{磷光光子的数目}}{\text{吸收光子的数目}} \tag{9-14}$$

Φ_P的最大值为1，即每吸收一个光子就产生一个磷光光量子。强荧光分子如荧光素，其荧光量子产率接近于1。然而由于$T_1\leftarrow S_0$或$S_1\rightarrow T_1$自旋禁阻跃迁的限制，以及许多非辐射的竞争过程使三线态失活，所以磷光量子产率达到1是很困难的。当然，对许多ISC速率高的nπ*跃迁，磷光量子产率还是相当可观的。

无论固体表面发光量子产率，还是溶液中发光量子产率，其测量都比较复杂、比较困难，因而大多采用相对法。不过，如第2章所述，目前绝对磷光量子产率的测量已经取得重要进展，更加便捷。

一般来说，溶液中磷光量子产率的测量与荧光量子产率测量基本一致。即通过比较待测磷光物质和已知量子产率的参比物质在同样激发条件下所测得的积分磷光强度（校正的磷光光谱所包括的面积）和对该激发波长的入射光的吸光度而加以测量：

$$\Phi_P=\Phi_{PS}\times\frac{I_P}{I_{PS}}\times\frac{A_{PS}}{A_P} \tag{9-15}$$

式中，Φ_P和Φ_{PS}分别表示待测物质和参比物质的磷光量子产率；I_P和I_{PS}分别表示待测物质和参比物质的积分磷光强度；A_P和A_{PS}分别表示待测物质和参比物质对该激发波长的入射光的吸光度。量子产率测定的详细介绍参见第 2 章。

从测量的角度，磷光寿命 τ_0 的定义为：在光脉冲的激励之后，使发射下降到它的初始强度的 1/e 所需的时间。对于分立发光中心的磷光衰减可表示为：

$$I_P(t) = I_P^0 \exp(-t/\tau_0) \tag{9-16}$$

$$\ln I_P(t) = \ln I_P^0 - t/\tau_0 \tag{9-17}$$

式中，I_P 和 I_P^0 分别表示时间 t 和零时的磷光强度。由此，可以从实验中测得磷光寿命。

对于一个给定的辐射过程，应当把固有的自然寿命（intrinsic natural lifetime，或称本征寿命）τ_P^0 和观测得到的寿命（observed lifetime）τ_{obsd} 或 τ_P 区分开来。如式（9-7）所表达的 τ_P^0，指当没有任何无辐射失活过程与辐射发射过程相竞争时的寿命，即 Φ_P=1.0 时的寿命。自然寿命不易由实验直接测得，因为各种猝灭过程总是存在的。但可借助于将单线态-三线态吸收谱带加以积分而估算出来：

$$\tau_P^0 = \left(\frac{(\bar{\nu})^2}{3.47 \times 10^8} \times \frac{g_1}{g_n} \int \varepsilon \mathrm{d}\bar{\nu} \right)^{-1} \approx \frac{10^{-4} g}{\varepsilon_{max}} \tag{9-18}$$

式中，$\bar{\nu}$ 为跃迁的平均频率；ε 为摩尔吸光系数；g_1 和 g_n 分别是较低态和较高态的简并性。如普通有机化合物 $g = 1$（单线态）的ππ*跃迁的摩尔吸光系数在 10^4 左右，那么该允许跃迁的自然寿命为 10^{-8}s；对于三线态，吸收是自旋禁阻的，最大摩尔吸光系数值很小，自然寿命可长达数秒。

如果化合物的荧光和磷光较强，无辐射的去激过程可以忽略，并且假定 $\Phi_{ISC} \approx \Phi_P \approx 1 - \Phi_F$，那么可以得到：

$$\Phi_{ISC} \approx \frac{\tau_P}{\tau_P^0}(1 - \Phi_F) \tag{9-19}$$

以实验方法测得 Φ_F、Φ_P 和 τ，由式（9-9）可以进一步计算出磷光发射的自然寿命 τ_0，进而由，$\tau_P = \dfrac{1}{\dfrac{1}{\tau_P^0} + k_q}$ 计算 $T_1 \rightarrow S_0$ 过程的无辐去激过程速率常数，或由

$\Phi_P = k_{ISC} \tau_F \dfrac{\tau_P}{\tau_P^0}$ 计算 k_{ISC}。

不同发光组分磷光寿命的差别是时间分辨测量技术的基础。在许多情况下，

通过寿命测量，建立寿命与组分浓度的关系或者大分子结构与磷光衰减的相关性比通过强度测量更具优势。

9.3 磷光与分子结构和电子跃迁类型

9.3.1 电子跃迁类型对磷光的影响：埃尔-萨耶德选择性规则

埃尔-萨耶德的简介见图 9-5，其主要贡献之一便是光谱学选律的埃尔-萨耶德选择性规则（El-Sayed's selection rule）[5]：当轨道类型改变时，最低单线激发态到三线态的系间窜越速率会很大。原因之一是，轨道类型改变时导致相对小或非常小的 S_1-T_1 能隙，如芳香酮二苯甲酮，S_1-T_1 能隙越小，能级越容易混合，非辐射跃迁的速率越大。而脂肪酮不涉及轨道类型改变，因而系间窜越速率较小。所以，芳酮基是三线态发动机或引擎[21]。电子跃迁类型对磷光影响的要点如下：

图 9-5 Mostafa A El-Sayed[20]
（埃尔-萨耶德，1933—）

埃及裔美籍化学物理学家，美国科学院院士，以其名字命名了光谱学选律——El-Sayed rule

① k_{ISC}（nπ*）比 k_{ISC}（ππ*）大 1000 倍。

② k_{ISC}（芳酮）比 k_{ISC}（脂酮）大 1000 倍。

③ nπ*跃迁和 ππ*跃迁共存时磷光更强。所以，芳香酮比脂肪酮的磷光强，如二苯甲酮 Φ_P=0.97（77 K），而丙酮 Φ_P=0.03（77 K）。

④ 但是，那些以偶氮（—N=N—）作为桥的染料化合物具有低的 k_{ISC}（nπ*），不产生磷光（如 5,6-菲啰啉以及图 9-35 所示化合物）。

⑤ nπ*跃迁比 ππ*跃迁的吸光系数差异性应该有负贡献。

表 9-1～表 9-4 总结了一些化合物的结构特点和电子跃迁类型与量子产率或系间窜越速率常数的关系，可以体现上述规则。

表 9-1 跃迁类型和刚性结构对荧光量子产率的影响

分子	跃迁类型	Φ_F
芘	ππ*，刚性的	0.7
萘	ππ*，刚性的	0.2
反-1,2-二苯基乙烯	ππ*，柔性的	0.05
丙酮	nπ*，柔性的，ST 能隙小	0.001
二苯甲酮	nπ*，柔性的，ST 能隙很小	<0.0001

表 9-2　系间窜越速率 $k_{ISC}(S_1\text{-}T_1)$与跃迁类型

分子	跃迁类型	k_{ISC}/s^{-1}
"禁阻的"		
芘	$^1(\pi\pi^*)\rightarrow{}^3(\pi\pi^*)$	约 10^6
萘	$^1(\pi\pi^*)\rightarrow{}^3(\pi\pi^*)$	约 10^6
蒽	$^1(\pi\pi^*)\rightarrow{}^3(\pi\pi^*)$	1.4×10^8
丙酮	$^1(n\pi^*)\rightarrow{}^3(n\pi^*)$	5×10^8
丁二酮/双乙酰	$^1(n\pi^*)\rightarrow{}^3(n\pi^*)$	7×10^8
"允许的"		
9-乙酰蒽	$^1(\pi\pi^*)\rightarrow{}^3(n\pi^*)$	10×10^{10}
二苯甲酮	$^1(n\pi^*)\rightarrow{}^3(\pi\pi^*)$	约 10^{11}

表 9-3　系间窜越速率 $k_{ISC}(T_1\text{-}S_0)$

分子	苯	萘	1-溴代萘	丙酮
$k_{ISC}(T_1\text{-}S_0)/s^{-1}$	0.03	0.4	100	1.8×10^3

表 9-4　几种芳香酮的 Φ_{ISC}

分子	乙酰苯/苯乙酮	二苯甲酮	2-萘乙酮	9,10-蒽二酮
$\Phi_{ISC}(T_1\text{-}S_0)$	0.99	1.0	0.84	0.87

埃尔-萨耶德选择性规则可以进一步理解如下。荧光和磷光的量子产率由下式给出：

$$\Phi_F=k_F/(k_F+{}^1k_{ISC}+{}^1k_r) \quad (9\text{-}20)$$

$$\Phi_P=[k_P/(k_P+{}^3k_r)]\times[{}^1k_{ISC}/({}^1k_{ISC}+k_F+{}^3k_r)] \quad (9\text{-}21)$$

式中，k_r 为光化学反应速率；k_F 为荧光速率；k_P 为磷光速率；k_{ISC} 为系间窜越速率；上标 1 和上标 3 分别表示单线态和三线态。

可以看出只有当 $k_F>({}^1k_{ISC}+{}^1k_r)$时才能观测到荧光，只有当 $k_P>{}^3k_r$ 且 ${}^1k_{ISC}>(k_F+{}^3k_r)$时可以观测到磷光。

由于 ${}^1k_{ISC}$ 同时出现在Φ_F和Φ_P的表达式中，因此 ${}^1k_{ISC}$ 的值对光物理过程的结果是很重要的：如果 ${}^1k_{ISC}>>{}^1k_r$，由 S_1 态开始的光化学反应的量子产率会非常低；如果 ${}^1k_{ISC}>>{}^1k_F$，则不能观察到荧光；如果 ${}^1k_{ISC}$ 与 ${}^1k_F$ 相当，则可能形成 T_1 态，并且如果不是 ${}^3k_r>>k_P$ 的话，则可观测到磷光。

最主要的原因是芳香酮的 ${}^1k_{ISC}$ 涉及轨道类型的改变，而脂肪酮的 ${}^1k_{ISC}$ 不涉及轨道类型的改变（如图 9-6 所示），因此芳香酮的 ${}^1k_{ISC}$ 要大得多。轨道类型的改

变是否影响 S_1-T_1 能隙？见图 9-1。

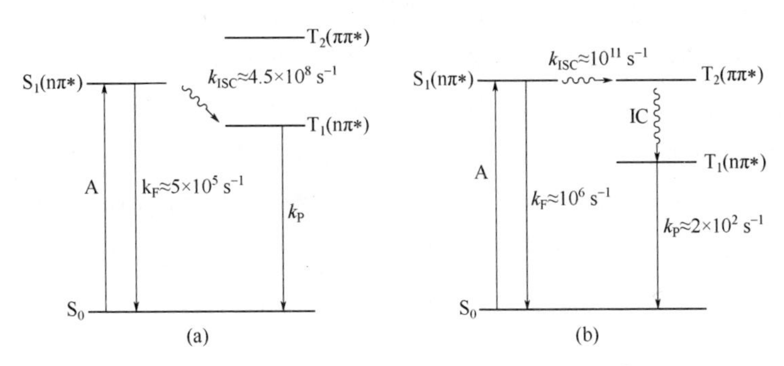

图 9-6　丙酮［$S_1(n\pi^*)\rightarrow T_1(n\pi^*)\rightarrow S_0(n\pi^*)$］（a）和二苯甲酮［$S_1(n\pi^*)\rightarrow T_2(\pi\pi^*)\rightarrow T_1(n\pi^*)\rightarrow S_0(n\pi^*)$］（b）分子中电子跃迁类型与系间窜越速率的关系

9.3.2　分子结构

在荧光与分子结构关系中所叙述的内容在此基本有效。原则上，荧光分子结构和磷光分子结构的特点是类似的。零振动能级的波函数在最可几区域的中心处有最大值，因此，光吸收作用的最可几跃迁是以υ=0 的振动能级中心开始的（最可几吸收跃迁即光谱精细结构中吸收峰最高处的吸收）。由 Franck-Condon 原理可以推论，不同电子态能级和振动能级间的最可几跃迁是那些核位置和核动量没有太大改变的跃迁。或者说，各振动谱带的强度决定于在基态和激发态中的不同振动能级的波函数重叠的程度。对吸收最可几的跃迁，对发射也是最可几的。图 9-7（a）表示理

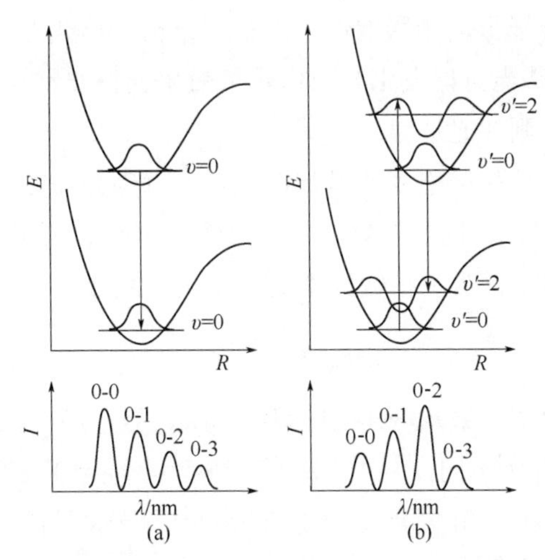

图 9-7　（a）势能最小值不变的势能曲线（激发时几何形状不变或仅有δR 的位移）；（b）势能最小值错开的势能曲线（激发时几何形状变化，较大的位移ΔR）

图中忽略了υ'=1 的振动能级

想状态的分子基态和激发态的位能曲线，基态和激发态的分子几何形状一致（谐振子）。最强的跃迁是 0-0 跃迁，因为其振动重叠积分最大。而对于 0-1 跃迁，重叠积分中正负相消，跃迁强度为零。所以除了 0-0 跃迁外，其他振动系列跃迁应为零。但对于实际分子（非谐振子），两种电子状态势能曲线最小值所相应的原子核间距总会有δR 的位移，因此除了最强的 0-0 跃迁外，其他跃迁也会发生，但强度很弱。图 9-7（b）表示更一般的情况，这时激发引起键的伸缩，原子核间距产生更大的位移，最强的跃迁是 0-2 跃迁。由以上原理可见，凡是刚性的平面分子，都不容易发生形变，因此也具有较高的荧光/磷光量子产率（9.4.4 节也有类似叙述）。

此外，荧光和磷光分子在结构上有两点重要区别：①是否含有重原子微扰剂成分（卤素取代基或重金属配位离子），含有时往往不利于荧光，然而是诱导磷光所必需的；②电子跃迁类型，详见上节。

9.3.3 能隙律

无论对于荧光还是磷光，能隙规律都是起作用的。

通常，当能级间能量差大于 209.3 kJ/mol 时，Born-Oppenheimer 近似原理是成立的，也就是说，单线态和三线态之间的跃迁是严格自旋禁阻的。荧光的强弱主要取决于内转换速率。除非一些其他特别的因素，如第 3 章所述的自由转子效应、螺栓松动效应等诱导非辐射跃迁。

当能级间能量差小于 209.3 kJ/mol 时，Born-Oppenheimer 近似原理是经常失效或部分失效的，分子振动则影响电子能量和结构，单线态和三线态之间的跃迁变得部分允许（导致磷光可能发生）。或内转换效率变得非常显著（导致荧光猝灭）。参见第 2 章 Kasha 规则和光选律。

分子内能量转移速率随能隙的增加而减弱。就磷光而言，非辐射跃迁的速率常数 k_{nr} 与单线态-三线态能量差 $\Delta E_{S\text{-}T}$ 具有指数相关性。即随着三线态能量 $\Delta E_{S\text{-}T}$ 的减小，非辐射的速率常数呈指数型增大，见式（9-22）。

$$k_{nr} \propto e^{-\alpha \Delta E_{S\text{-}T}} \qquad (9\text{-}22)$$

非辐射跃迁的速率常数 k_{nr} 应该包括 k_{IC} 和 k_{ISC} 等，分别对应于 $\Delta E_{S\leftrightarrow S}$ 或 $\Delta E_{T\leftrightarrow T}$ 或 $\Delta E_{S\leftrightarrow T}$，二者可能有所不同，$k_{IC}=10^{13}e^{-\alpha\Delta E(S\text{-}S)}(s^{-1})$，$k_{ISC}=10^{13}e^{-\alpha\Delta E(T\text{-}S 或 S\text{-}T)}(s^{-1}) > k_{IC}$。

Franck-Condon 因子 $f\upsilon$ 对能隙律也有影响[3]：该因子正比于始态和终态波函数的重叠程度，$f\upsilon \approx e^{-\alpha\Delta E}$，$k_{IC} \approx 10^{13} f\upsilon$。通常 $\Delta E(S_1\text{-}T_1) < \Delta E(T_1\text{-}S_0) < \Delta E(S_1\text{-}S_0)$。于是该因子趋于使得 ISC 过程比 IC 过程更快，见图 9-8。图 9-9 显示了 k_{ISC} 与 $\Delta E(T_1\text{-}S_0)$ 的相关性。

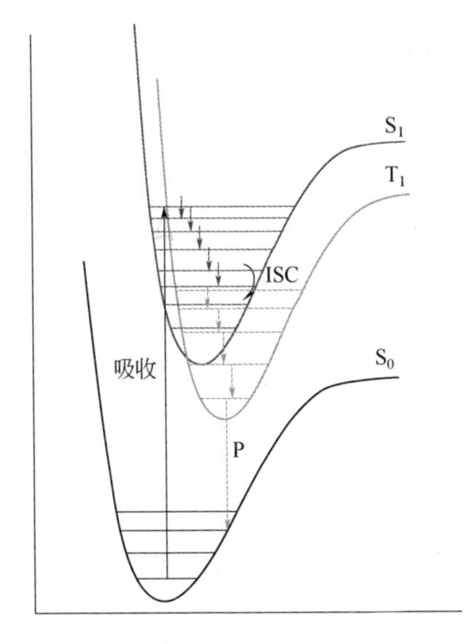

图 9-8　能隙小的 S-T 轨道重叠有利于 ISC 过程

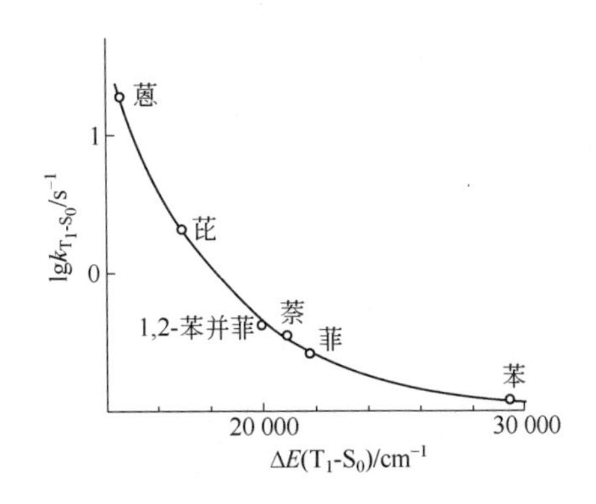

图 9-9　与 $T_1 \rightarrow S_0$ 系间窜越相关的 k_{ISC} 与能隙的相关性

从 Kasha 规则角度理解能隙律：大多物质荧光起源于第一电子激发态。由于 S_2 与 S_1 之间的能隙较小，k_{IC} 很大，所以荧光（磷光）过程是从 S_1（T_1）开始的。实际上荧光也是辐射和非辐射过程相互竞争的结果，所以有例外是必然的。同样的道理，如果能隙 $\Delta E(S_1\text{-}S_0)$ 太小（发光波长较长），非辐射的 $k_{IC}(S_1\text{-}S_0)$ 也会起主导作用，荧光量子产率随之降低。

例如，估计从 S_2 态的发射：如果激发到第二电子激发单线态 S_2，荧光体典型地在 10^{-13} s 弛豫到第一电子激发单线态 S_1。对于曙红，可利用计算的辐射速率 [1/(4.77 ns)] 估计 S_2 态的量子产率。S_2 态的量子产率可以按照下式做出估计：$\Phi_2=k_F/(k_F+k_{nr})$。非辐射的速率常数 k_{nr} 即内转换到 S_1 态的速率常数，10^{13} s^{-1}。利用 $k_F=1/(4.77\ ns)=2.1\times10^8\ s^{-1}$，可以估计到 S_2 态的量子产率 $\Phi_2=2\times10^{-5}$。所以，起源于 S_2 态的荧光发射应该是不可能观察到的，从 S_2 态的荧光发射之前，荧光体已经快速弛豫到 S_1 态了。

能隙规律的一些具体体现。室温下，由十二烷基硫酸钠形成的胶束介质中，以 Tl^+ 作为重原子微扰剂诱导多环芳烃室温磷光，以三线态能量大小和磷光强度与荧光强度的比值作图，结果如图 9-10 所示。可以看出，当 $\Delta E(T_1\text{-}S_0)$ 约为 14000 cm^{-1} 或更低时，由于非辐射速率占据主导作用，诱导室温磷光将是非常困难或不可能的，这是一个阈值[22]。而在固体基质室温磷光测量中，此阈值可以降至约 12000 cm^{-1}[23]。因为在流体介质中，分子的振动和转动以及分子间的动力学碰撞作用比在固体基质表面强烈得多，因此这个阈值较高些。在超低温（4 K）的刚性基体中，这种限制也许会无效或减弱。

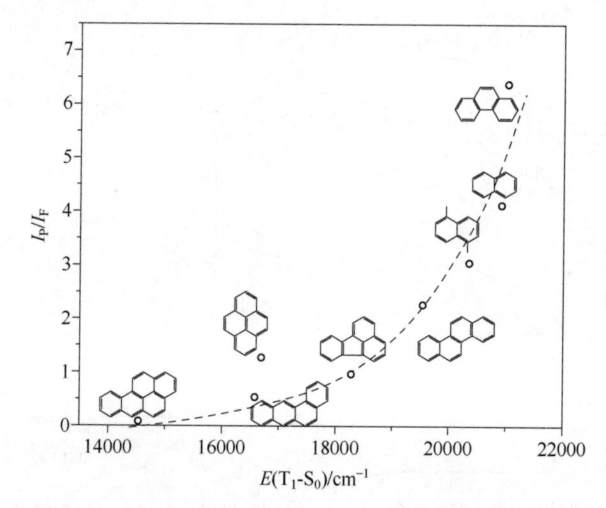

图 9-10　在室温胶束介质中能隙律实验结果——胶束增稳室温磷光与三线态能量的关系

在稍后将要提到的苯并五元硫素杂环化合物，其三线态跃迁也受到能隙律的控制。三线态能量每降低 2500 cm^{-1}，非辐射速率常数指数般地增加的幅度为 $\Delta \lg k_{nr\text{-}T} \approx 0.7\ s^{-1}$。

图 9-11 为能隙规律在金属-高分子配合物中的体现[24]。可以看出，在 20 K 和 300 K 时都遵循这一规律。

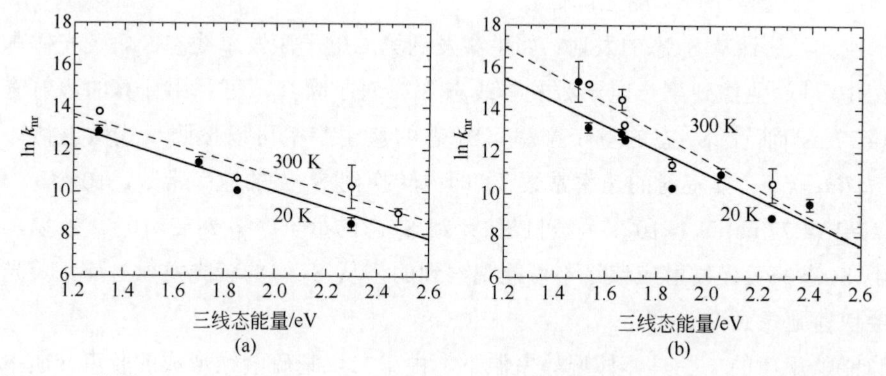

图 9-11　单体（M1、M2、M4、M6 和 M8）（a）和聚合物 P1～P8（b）的非辐射速率常数的自然对数与三线态能量（T_1-S_0）的关系[24]

虚线和实线分别是 300 K 和 20 K 的最佳拟合结果

能隙规律也体现在半导体材料发光过程。半导体本体材料的带隙很窄，激子复合发光波长位于红外区，发光效率很低。但半导体量子点发光波长位于可见区，量子产率显著提高。因为随尺寸的减小，量子尺寸/限制效应使得激子带隙显著增大，辐射速率取代非辐射速率而占主导地位。发蓝光的量子点量子产率较高，而 650 nm 或更长波长的量子点发光，发光量子产率随发光波长增加而快速下降，原因就在于此。所以，对于量子点发光，在追求有利于生物示踪应用的“红色”时，可能会牺牲灵敏度。

9.4 增强室温磷光的途径

前面的 9.1.2 节叙述了三线态的布居机制，在此强调三线态发射磷光的增强途径。单线态到三线态的跃迁虽是自旋禁阻的，但可以通过如下途径改变这种状态，从而提高三线态布居的概率，进而提高磷光发射的量子产率[25-28]。

① 自旋-轨道耦合（spin-orbital coupling），即重原子效应，或重原子微扰作用（heavy atom effect/perturbation），或二级自旋-轨道振子耦合作用（second-order spin-orbit vibronic coupling），或顺磁性组分的作用（第 7 章）；

② 电子自旋-核自旋超精细耦合（hyperfine coupling，HFC）；

③ 氘化作用；

④ 刚性化效应，即分子刚性化和环境刚性化；

⑤ 聚集或晶化限制分子内旋转弛豫作用；

⑥ 轨道限域效应（orbital-confinement effect）；

⑦ 表面等离子体波/基元（plasmon）耦合作用；

⑧ 三线态-激基缔合物途径（见 2.2.2.3 节）。

9.4.1 自旋-轨道耦合作用

电子 $S_1 \leftrightarrow T_1$ 或 $T_1 \leftrightarrow S_0$ 的跃迁过程是自旋禁阻的，在 T_1 态的布居情况影响着磷光量子产率。电子自旋态的混合，需要磁相互作用，而不是电子相互作用。重原子的近核磁场通过自旋-轨道耦合作用对分子的三线态和单线态产生微扰，使这两个能级混合（图 9-12），从而禁阻的单线态-三线态吸收或发射跃迁可能发生，

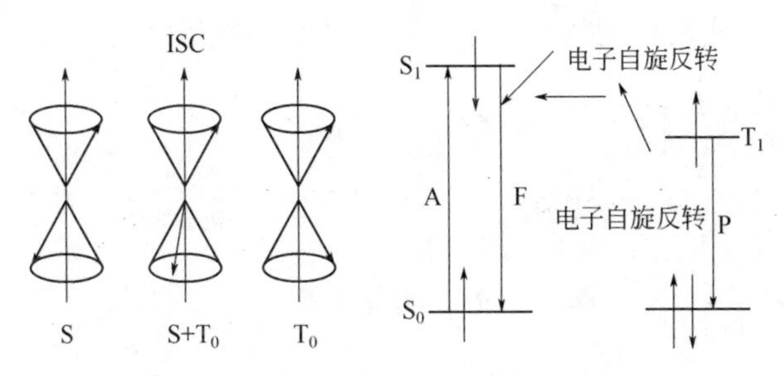

图 9-12 从纯单线态 S 到纯三线态 T 经 S-T 混合的系间窜越示意图

增加了系间窜越速率，提高了三线态分子的布居，磷光量子产率增加。这就是重原子效应（heavy atom effect，HAE）。这种作用的结果可看作将一些单线态特征混合到三线态中去，或者将一些三线态特征混合到单线态中去，相互“污染”。由于重原子效应，三线态可以直接由 $T_1 \leftarrow S_0$ 吸收而布居。

当自旋-轨道相互作用加强、三线态 T 和单线态 S 能量差减小时自旋反转如何发生？Turro 教授用图 9-13 对此作了通俗的解释：电子 e 在不停地自旋中绕核 N 旋转（左，+1/2），这也可理解为原子核围绕着自旋的电子旋转（中）。这样一来，原子核运动产生的磁场方向与轨道平面相垂直，并作为电子的磁力矩使电子的自旋方向发生逆转（右，−1/2）。原子序数越大，核电荷数越大，磁场也越强，因此电子接近重核时就越容易受其影响[29]。

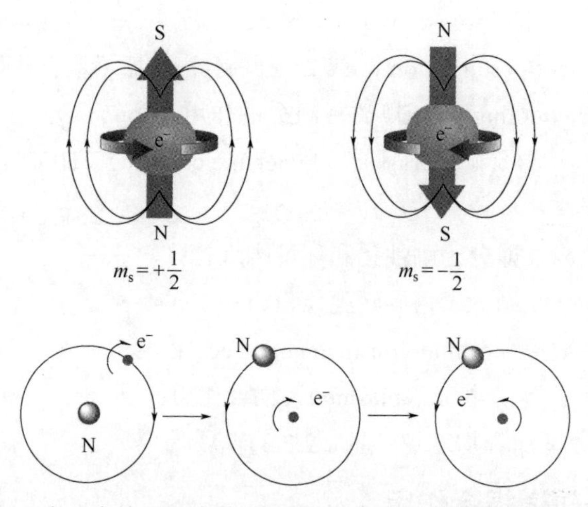

图 9-13　电子自旋及因自旋-轨道相互作用引起的自旋反转示意图

（上图中的 N 和 S 表示磁极，下图中的 N 表示重原子核）

重原子效应是一种局域效应，跃迁电子位于重原子附近时才有效。如图 9-14 所示，卤素原子具有扩展其八隅体的能力（即价层多于八个电子），奇电子从π体系离域到重原子价层，从而更有利于自旋-轨道耦合作用[3]。为了满足总角动量守恒的需求，经历自旋反转的该奇电子，同时从一个轨道跃迁到另一个轨道。

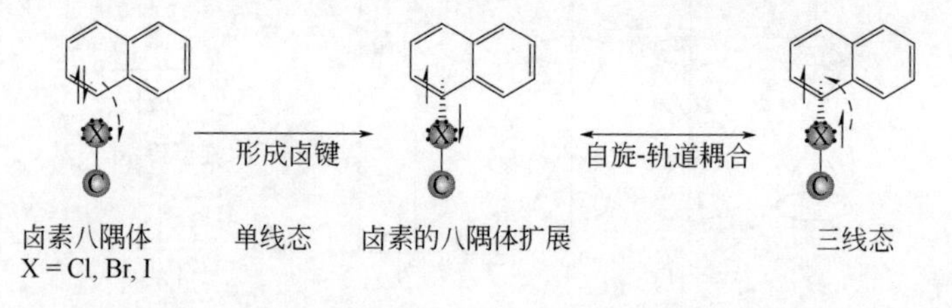

图 9-14　卤素重原子核与萘激发态π*电子自旋-轨道耦合的局域效应示意图

基于量子力学原理，在自旋-轨道（S-O）耦合相互作用下，纯单线态和纯三线态混合后的波函数 Ψ_{SO} 为：

$$\Psi_{SO} = \Psi_T^0 + \alpha \Psi_S^0 \tag{9-23}$$

式中，α代表混合程度。由单线基态跃迁到混合激发态的跃迁矩为：

$$|\boldsymbol{M}| \propto \ \zeta\alpha = \frac{\zeta \int \Psi_S^0 LS \Psi_T^0 \, \mathrm{d}\tau}{|E_S - E_T|} \tag{9-24a}$$

式中，ζ为 S-O 耦合常数，即近核势场的函数；$|E_S\text{-}E_T|$为单线态-三线态之间的能量间隔，即能级分离大小。由上式可看出：①单线态-三线态之间的能量差值越小，混合系数α大；②ζ越大，重原子效应越强。由光谱数据和计算获得的一些原子的ζ值（cm^{-1}）列于表 9-5[30,31]。轻原子的自旋-轨道耦合常数比振动能量（20.9～209.3 kJ/mol）小 50 倍，所以，无重原子取代基的化合物，振动耦合对荧光或磷光的影响较为显著。而含重原子取代基，或存在重原子微扰剂时，重原子效应则可能起主导作用。

表 9-5　一些元素的 S-O 耦合常数值（ζ）cm^{-1}

原子/离子	ζ	原子/离子	ζ
C	28	Zn	1050
Si	211	Cd	2050
Ge	1450	Sn	2097
N	70	Hg	2900
P	247	Pb	7294
As	1550	Fe^{2+}	400
O	152/146	Fe^{3+}	460
S	364	Co^{2+}	515
Se	1798	Co^{3+}	580
Te	3951	Ni^{2+}	630
F	272	Cu^{+}	800
Cl	587	Cu^{2+}	830
Br	2460	Ag^{+}	1800
I	5060	Zr^{3+}	500

原子序数 5～90 号元素的中性原子，其耦合常数可以按照公式粗略地估计[相对于由光谱学数据估计的，计算数据包含至少（±2%～±15%）的误差，原子序数越大，误差越大] [31]：

$$\zeta_{np}n^{*3}=0.450Z^{2.33}(\mathrm{cm}^{-1}) \qquad (9\text{-}24b)$$

式中，np 为电子构型；n^*为 np 电子的有效主量子数，$\zeta_{np}\propto n^{*-3}$。

影响系间窜越速率的因素：前面已经介绍过分子的电子跃迁特征对系间窜越速率的影响。此处再补充如下内容。

① 能级差方面：适当小的 S-T 能级差，$k_{ISC}\approx 10^{4.3}\exp(-4.5\Delta E_{S\text{-}T})$［与公式（9-22）下行文字叙述不同，因为数据出处不同，会有偏离］；

② 重原子微扰方面：重原子有益于发生系间窜越，因为 $k_{ISC}\propto Z^4$；

③ 分子轨道方面：轨道角动量的变化补偿电子自旋的变化，如电子自旋反转（$+\frac{1}{2}\cdot-\frac{1}{2}\rightarrow+\frac{1}{2}\cdot+\frac{1}{2}$ 或 $-\frac{1}{2}\cdot-\frac{1}{2}$）可以与电子 $p_x\rightarrow p_y$ 跃迁密切耦合。自旋-轨道耦合：总（自旋+轨道）角动量守恒，图 9-15 简洁说明了轨道角动量的变化对 ISC 的影响。假定，羰基氧非键轨道（p_x）一个电子跃迁到 C═O 的π*轨道（p_y），角动量有变化（角动量变化也要遵循能量相近原则，即 p-p 能级差太大也是不允许的），这是自旋-轨道“允许的”，拥有高达 $10^{11}\ \mathrm{s}^{-1}$ 的系间窜越速率常数。而 C═O 的π轨道（p_y）的一个电子跃迁到其π*轨道（p_y），不涉及角动量变化，是自旋-轨道“禁阻的”。

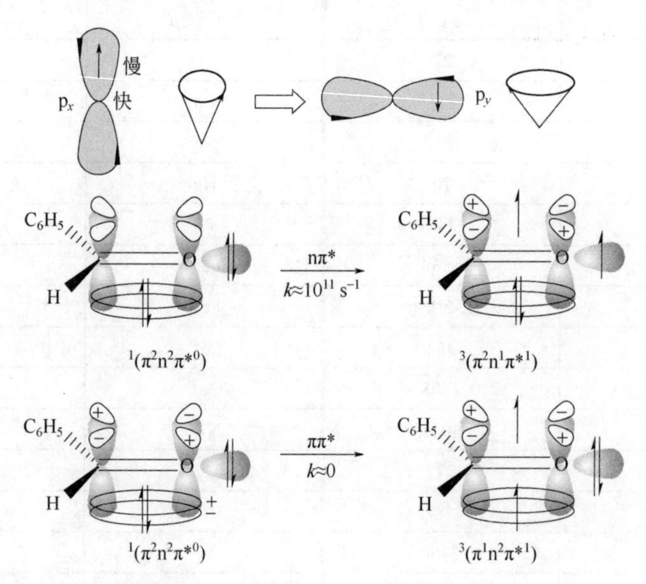

图 9-15 轨道角动量的变化和苯甲醛中系间窜越速率常数
（“慢”的轨道运动，“快”的电子运动）

如表 9-6 所示，重原子效应通常导致下列四种结果，而表 9-7 的数据支持了这种结果。

表 9-6　重原子效应对发光寿命和量子产率的影响

序号	被重原子效应加速的跃迁过程	重原子效应结果
1	$S_0 \rightarrow T_n$（吸收）	增强 $S_0 \rightarrow T_n$ 吸收
2	$S_1 \rightarrow T_n$（ISC_1）	τ_F 下降，Φ_F 降低，Φ_T 增大
3	$T_1 \rightarrow S_0$（ISC_3）	τ_P 下降，Φ_P 降低
4	$T_1 \rightarrow S_0$（发光）	τ_P 下降，Φ_P 增大

① 增加系间窜越速率 k_{ISC}（S_1-T_1 和 T_1-S_0）和磷光速率 k_P，基本不影响 k_F 和 k_{IC}，故过度的重原子效应不利于磷光。所以，磷光应该是 k_{ISC} 和 k_P 变化的一种折中。

② 减少单线态布居，增加三线态布居。

③ 使荧光猝灭，荧光量子产率下降，对磷光量子产率也可能增加，也可能降低。

④ 缩短磷光寿命，可能缩短荧光寿命。

表 9-7　重原子效应对 1-卤代萘的荧光和磷光量子产率影响（77 K，EtOH）[32]

分子	Φ_F	Φ_P	k_{ISC}/s^{-1}
1-H/CH_3-萘	0.38	0.024	$1.6\times10^6/0.5\times10^6$
1-F-萘	0.41	0.026	0.6×10^6
1-Cl-萘	0.023	0.09	4.9×10^7
1-Br-萘	0.003	0.14	1.85×10^9
1-I-萘	<0.002	0.14	$>6\times10^9$

内重原子效应：重原子效应有内外之别。卤素原子作为有机化合物的取代基，通过直接与跃迁电子发生自旋-轨道相互作用而影响 k_{ISC}，即引起内重原子效应，如图 9-16 所示。然而，溴或碘的充分取代反而减弱磷光[33]。也要注意，重原子取代除了产生重原子效应外，有时也会影响单线激发态和三线激发态相对能级位置，这也是导致磷光或荧光变化的因素之一。

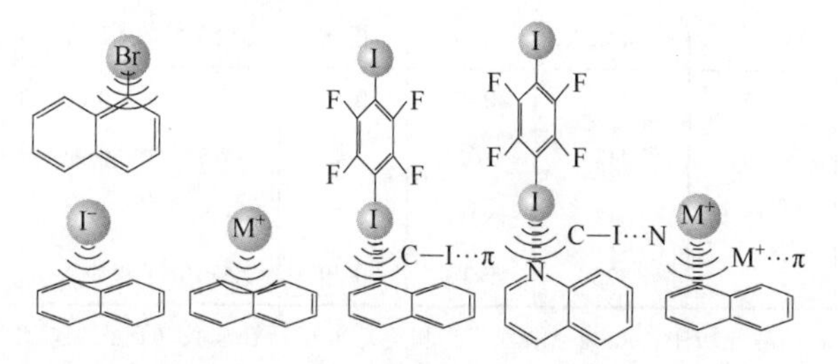

图 9-16　内、外重原子效应和 C—I…π/N 卤键以及阳离子…π/N 键引起的重原子效应

波形符号表示场相互作用，竖向的斑马线和横向三点表示发生弱键合作用

由前面介绍过的埃尔-萨耶德选择性规则可以推测，当磷光涉及 nπ*跃迁时，如有机醛或酮类化合物，尤其是芳香醛或酮类化合物，通常重原子效应不太显著。这是因为这类化合物本身就具有较强的系间窜越能力。或者，荧光分子本身具有非常快的荧光速率，或者单线态与三线态在空间上相距甚远，无法混合而导致重原子效应显得很弱。比如，四溴苝分子具有几乎 1.0 的荧光量子产率，因为苝本身就具有 $10^9\ s^{-1}$ 的荧光速率。萘分子具有 $10^6\ s^{-1}$ 的荧光速率（77 K），从萘到溴代萘，荧光速率基本不变，而系间窜越速率（S-T）从 $10^6\ s^{-1}$ 增加到 $10^9\ s^{-1}$，磷光速率和系间窜越速率（T-S）从 $0.1\ s^{-1}$ 增加到 $50\ s^{-1}$。

硫素（chalcogen）原子作为有机基团也具有内重原子效应，如巯基嘌呤具有强的磷光。而当硫素作为共轭杂环原子时，可起到环内-内重原子效应（intra-annular internal heavy atom effect）[30]。图 9-17 为两组苯并五元杂环化合物，其一些磷光相关的光物理常数列于表 9-8。从表 9-8 可见，相对于苯并呋喃，含 S、Se 和 Te 的化合物的确具有明显的重原子效应。比如，从苯并[b]呋喃到苯并[b]碲吩，磷光量子产率先增加，再减小（从适当的到过度的自旋-轨道耦合作用），磷光寿命持续降低。

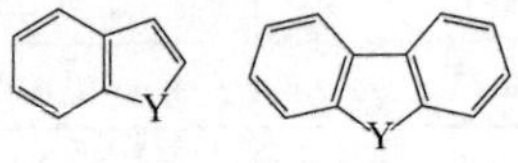

Y = O, S, Se, Te

图 9-17　苯并呋喃、苯并噻吩、苯并硒吩和苯并碲吩的结构示意

表 9-8　苯并呋喃、苯并噻吩、苯并硒吩和苯并碲吩的一些三线态相关光物理参数①

化合物	$\lambda_{F(0\text{-}0)}$/nm	$\lambda_{P(0\text{-}0)}$/nm	Φ_F	Φ_P	τ_P/s	Φ_T	k_P/s^{-1}	$k_{nr\text{-}T}/s^{-1}$
苯并[b]呋喃	302	398	0.63	0.24	2.35	0.37	0.28	0.15
苯并[b]噻吩	304	416	0.02	0.42	0.32	0.98	1.34	1.79
苯并[b]硒吩	309	424	5×10^{-4}	0.27	7×10^{-3}	约 1	38.6	104
苯并[b]碲吩	—	440	$<5\times10^{-4}$	0.18	6×10^{-4}	约 1	300	1.37×10^3
二苯并[b,d]呋喃	302	409	0.40	0.29	5.6	0.60	0.086	0.092
二苯并[b,d]噻吩	329	411	0.025	0.47	1.5	0.97	0.32	0.35
二苯并[b,d]硒吩	337	417	1×10^{-3}	0.74	0.04	约 1	18.5	3.5
二苯并[b,d]碲吩	—	425	$<5\times10^{-4}$	0.79	$<2.5\times10^{-3}$	约 1	316	84

① 实验在 77 K 乙醇介质中；$\lambda_{(0\text{-}0)}$分别为荧光和磷光 0-0 跃迁波长（在正戊烷介质中有约 0.5～1 nm 或 30 cm^{-1} 的向蓝移）；$\Phi_T=1-\Phi_F$，假定 S_1 态只发生 ISC 非辐射失活；$k_P=\Phi_P(\Phi_T\tau_P)^{-1}$；三线态非辐射失活速率常数 $k_{nr\text{-}T}=(\tau_P)^{-1}-k_P$ 或 $\tau_P=1/(k_P+k_{nr\text{-}T})$。其他参数的物理意义如前所述。

此外，Siebrand 规则或 Orlandi-Siebrand 规则[34,35]认为，在一个分子中，发生在相同始态和终态的辐射跃迁速率常数和非辐射跃迁速率常数在一定程度上是相关的，换言之，在一系列相关分子中，辐射跃迁速率常数越大，与其伴随竞争性的非辐射跃迁的速率常数也越大。Orlandi-Siebrand 规则独立运行于 F-C 原理，只要控制跃迁的 F-C 因子近似于常数，如对于图 9-17 所示的两个系列化合物的 T_1-S_0 跃迁，那么辐射跃迁速率常数和非辐射跃迁速率常数之间就存在一定的相关性。表 9-8 所列磷光过程的速率常数符合该规则，即 k_P 和 $k_{nr\text{-}T}$ 线性正相关。

外部重原子效应：在化学中，那些含有核电荷数较大元素原子或离子且能起到重原子效应的物质称为重原子微扰剂。如有机卤代物（如溴代环己烷）、重原子盐如碘化钠和醋酸铅等。当重原子微扰剂与磷光分子简单共存或与磷光分子发生配位作用时，能有效地增强磷光发射，这是外部重原子效应（extrinsic/external heavy atom effect）。这一现象首先是由 Kasha 发现的。他观察到，当无色的 1-氯代萘和无色的碘乙烷混合在一起时溶液呈黄色，其原因是碘乙烷导致氯代萘 S_0-T_1 吸收强度增加。也就是说，萘的π电子与碘重核发生了强烈的自旋-轨道耦合作用。

什么类型的发光分子（如典型的芳香体系、杂环芳香体系、醛酮类化合物等）、采用什么重原子微扰剂、以哪种作用方式（如金属离子的 $M^{n+}\cdots\pi$键合配位、M^{n+}—N/O 配位、I^--π碰撞复合物或简单的 CT 复合物等），重原子效应会更有效呢？系间窜越速率变化大小、S-T 转化效率与量子产率有何定量关系？原则上，原子序数或自旋-轨道耦合常数越大，重原子效应越显著。但实际上，并非所有原子序数大的原子都能增强室温磷光发射，这还应该取决于具体的化学环境，而不仅仅由物理因素决定。

不含任何重原子的化合物，外重原子效应非常有效。对于具有弱的内重原子效应的磷光化合物，外重原子效应也能起到一定作用[30]。

外重原子效应可以细分为纯物理的自旋-轨道耦合作用、弱的非共价键作用、配位作用。第一种情况下，重原子效应不影响三线态能级水平，如在环糊精的分子穴内，溴代环己烷与芳香烃萘的作用。

通常，多环芳烃或氮杂芳烃的最低激发单线态或三线态具有ππ*跃迁特征，这种情况下，金属离子与芳烃的阳离子…π键合配位作用，必定直接有效地产生重原子微扰作用[36]，而阳离子…lep（杂原子非键轨道的孤对电子）键合配位作用的重原子效应应该较弱。但有许多氮杂环化合物，氮原子的配位可能也会引起显著的重原子效应[37]。Pd^{2+}/Pt^{2+}卟啉化合物或 $Pd^{2+}/Pt^{2+}/Pb^{2+}$的其他金属有机配合物也产生强的磷光。8-羟基喹啉铝（Al）或其衍生物、金属 Os、Ir、Pt 等的配合物的磷光或电致发光在光显示器件方面发挥着重要的作用。重原子微扰剂碘离子与磷光体可以形成 1∶1 磷光配合物[38]。并且，重原子微扰过程的速率常数、磷光速率常数等与微扰剂浓度具有一定的线性相关关系。

假设，低温下重原子碘离子与色氨酸形成 1∶1 磷光配合物 $P \cdot I \longrightarrow {}^3P^* \cdot I$，据此，可用如下简单模型描述重原子效应对磷光寿命的影响[39]：

$$\tau = \tau_0 e^{-kx} \tag{9-25}$$

式中，x 为重原子量，mmol；k 为寿命下降速率，s/mmol。同时，按照 Stern-Volmer 猝灭方程得：

$$\frac{\tau_0}{\tau} = 1 + \frac{k_i}{k_P}[x] = 1 + K_S[x] \tag{9-26}$$

用此原理计算平衡常数 K_S 和反应动力学常数。李隆弟等[40]利用类似的原理探索了在纯流体介质中所谓的非保护室温磷光的各种速率常数的测定方法。

通过分子间非共价相互作用引入重原子微扰剂。笔者课题组创新性地将卤键应用于磷光复合晶体的组装[41]。如图 9-16 所示，通过卤键引入重原子微扰剂，由于 C—X…π或 C—X…lep 作用，自旋-轨道耦合作用更加直接有效，促使有机化合物产生强的磷光发射。还可以调节磷光波长和磷光衰减动力学[42]，同时具有确定的化学计量比，磷光性质稳定，举例如下。

二碘四氟苯与咔唑、萘、菲等分子间的 C—I…π卤键作用对跃迁电子产生有效的自旋-轨道耦合作用[43,44]，从而产生磷光发射，如图 9-18 所示。笔者课题组提出使用π-穴…π键（$\pi_h \cdots \pi$）这一概念[45]。如图 9-19 所示，由 1,4-二溴四氟苯（1,4-DBrTFB）和菲（Phe）组装复合晶体中，1,4-DBrTFB 分子的π-穴和 Br 原子的σ-穴与菲分子的共轭π-体系之间发生$\pi_h \cdots \pi$键和 C—Br…π型的$\sigma_h \cdots \pi$键合作用。在晶体中，菲分子以两种状态存在：一是由$\pi_h \cdots \pi$键隔离稀释的菲；另一状态的菲除了与溴原子发生卤键作用外，还与隔离态菲分子的侧边氢原子形成 C—H…π氢键。并且，后一菲分子之间还存在σ型π-π离域现象。共同作用的结果，使得菲的磷光发射大幅红移，产生紫红色磷光。两种状态下的菲应该发射两种颜色的磷光，如磷光光谱能够区分的，但裸眼难以区分颜色的差异。利用 334 nm 和 355 nm 光激发，可以得到由峰值为 565 nm（黄）和 672 nm（红）两个谱带叠加的磷光光谱，而由 378 nm 光激发，仅得到峰值为 672 nm 的磷光带。从磷光衰减数据也可以看出结构差异的端倪，334 nm 激发/565 nm 检测，磷光寿命分布特征为长寿命组分 5.3 ms （分数分布 77%），短寿命 2.3 ms（23%）；334 nm 激发/672 nm 检测，长寿命组分 6.6 ms（40%），短寿命 2.3 ms（60%）；335 nm 激发/672 nm 检测，长寿命组分 6.8 ms（32%），短寿命 3.5 ms（68%）；378 nm 激发/672 nm 检测，长寿命组分 3.9 ms（约 100%）。较短波长激发，两种状态的分子对磷光都有贡献，而较长波长的光激发仅有一种状态的分子能够发射磷光。

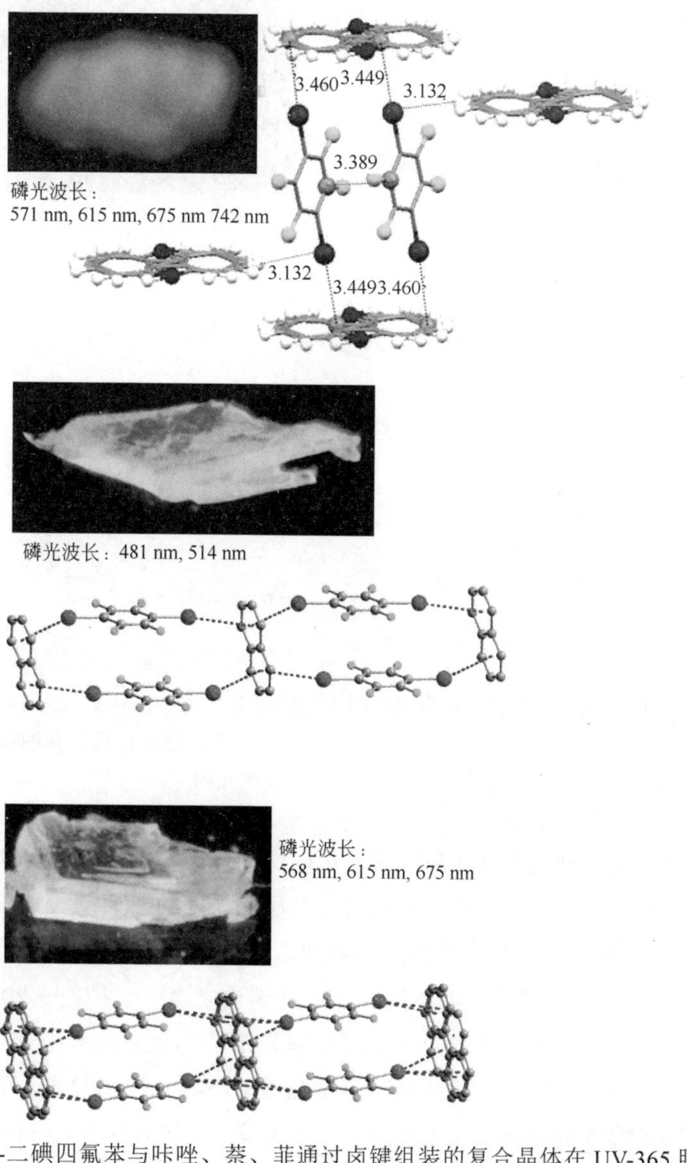

图 9-18　1,4-二碘四氟苯与咔唑、萘、菲通过卤键组装的复合晶体在 UV-365 照射下的磷光照片以及其中的 C—I⋯π卤键模式（主要磷光波长标注在图中）

比较两图可以看出，同样的发光分子菲，由于卤键供体的不同，导致不同的结构特征，发射磷光的颜色也显著不同，说明卤键（或与其他非共价相互作用一起）对磷光具有调制作用。

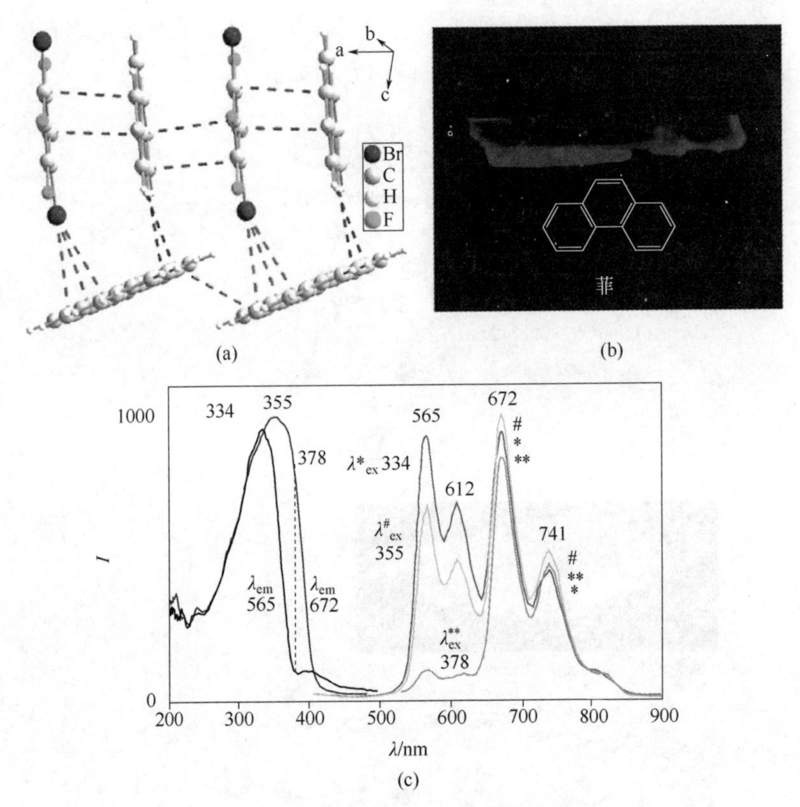

图 9-19　在 1,4-二溴四氟苯与菲形成的磷光复合晶体中 C—Br⋯π、C—H⋯π、π_h⋯π键和σ型π-π离域现象（a）以及 UV-365 照射下发射紫红色磷光的晶体照片（b）、磷光激发-发射光谱（c）

上述提到由于卤键供体不同，对于相同的菲分子，可以发射不同颜色的磷光。而对于结构相似、吸收光谱和荧光光谱没有显著差别的弯曲型/三角形三环单氮杂化合物（3-R-NHHs：菲啶、苯并[*f*]喹啉和苯并[*h*]喹啉），利用同一卤键供体 1,4-二碘四氟苯（1,4-DITFB）也可以调制它们的磷光光谱[46]。如图 9-20 所示，菲啶、苯并[*f*]喹啉和苯并[*h*]喹啉在与 1,4-二碘四氟苯形成的复合晶体中分别发射绿色、橙黄色和橙色磷光，相应的最大磷光峰分别位于 544 nm、592 nm 和 605 nm。这是由于氮原子位置的差异和由此造成的空间位阻的影响，导致 C—I⋯N 和 C—I⋯π卤键的强弱和方式的不同，从而对三线态能级或最可几跃迁频率产生不同的影响，复合晶体因此显示不同的颜色。如图 9-21 所示，在孤立的单体状态，这三种化合物的磷光光谱是没有差别的，最大发射峰在 492 nm 附近。

类似的现象出现在三角形双氮杂三环杂环化合物 1,7-菲啰啉、4,7-菲啰啉 1,10-菲啰啉与 1,2-/1,4-二碘四氟苯复合晶体体系，但不同的是该双氮杂三环体系

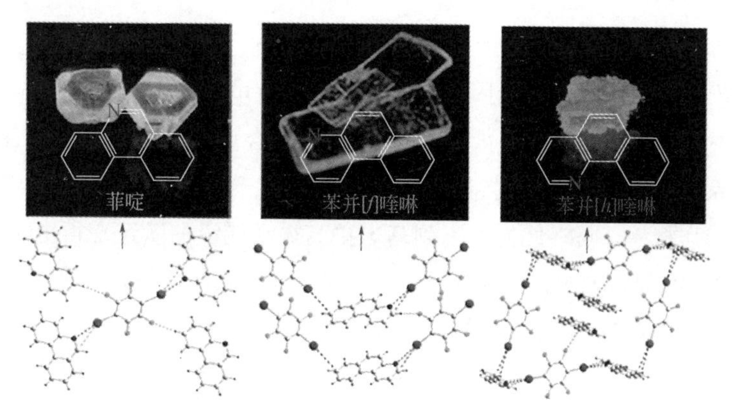

图 9-20　不同位置和不同强度的 C—I⋯N 卤键、C—I⋯π 键和 π-穴⋯π 键使得碘原子距离 π 电子密度远近不同，耦合程度不同，因而磷光颜色和量子产率不同

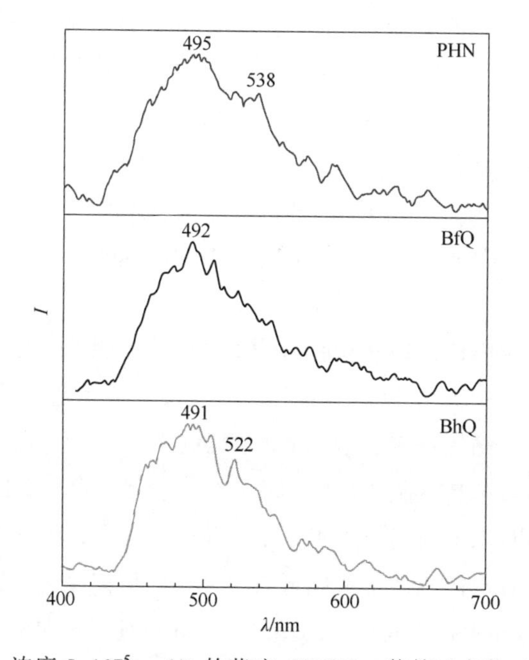

图 9-21　浓度 5×10^{-5} mol/L 的菲啶（PHN）、苯并[f]喹啉（BfQ）和苯并[h]喹啉（BhQ）在孤立单体状态的磷光光谱

测试条件：β-环糊精 8×10^{-3} mol/L，溴代环己烷 2×10^{-5} mol/L，激发波长分别为 285 nm、280 nm、265 nm

主要是 C—I⋯N 卤键控制和调节颜色，而无 C—I⋯π卤键[47]。在双氮杂体系中，孤对电子对共轭体系的贡献大于单氮杂体系，因此最低激发单线态或三线态具有 nπ*跃迁特征。这种特征产生两种结果：一是如前所述，这类跃迁本身有比较高的系间窜越速率，强的 C—I⋯N 卤键理应产生较弱的自旋-轨道耦合作用。这大

概也是双氮杂三角型三环芳烃磷光量子产率较低的原因（绝对量子产率大约 0.017 或更小）。另外，正是由于双氮杂原子孤对电子对共轭体系的较大贡献，使得 C—I…N 卤键可以更有效影响自旋-轨道耦合作用（在非杂环芳香体系或单氮杂环体系通过 C—I…π卤键起作用），不仅影响三线态能级，也改变跃迁电子到三线态的布居概率，同时使三线态到基态更高振动能级的跃迁变得更可几。此外，在 C—I…N 卤键构成的二元体系中，好的共平面性，即卤键供、受体扭转角接近 0°，也是增强磷光的一个重要因素。

偶氮类生色团（—N═N—，nπ*激发态）通常具有非常低的 ISC 产率，见 9.4.6 节。尽管在复合晶体中，1,10-菲啰啉、1,7-菲啰啉、4,7-菲啰啉可以产生不同颜色的磷光，但 5,6-菲啰啉（又名苯并[*c*]噌啉，双氮杂，但又是典型的偶氮化合物）的复合晶体却只能产生绿色荧光，波长约 493 nm，也检测不到延迟荧光。

如前所述，如果涉及醛基或酮基芳烃，由于最低激发单线态和三线态之间的转换，涉及轨道类型的改变，本身系间窜越速率大，重原子效应产生的影响也就会弱些。例如，母体环溴代的醛基或酮基芳烃应该产生强的磷光，即便生成了 C—Br…O 卤键，这不应该如声称的那样是产生磷光的主导因素[48]。也就是说，即使不发生 C—Br…O 卤键作用，固态或晶态的溴代醛基芳烃或二溴代芳烃也应产生强的磷光。

笔者首次提出利用卤键构建软腔超分子主体的思想[49]。与空腔尺寸相对固定不变的环糊精和葫芦脲等相比（此类称为硬腔主体），软腔超分子主体可以定义为：在保持主体基本框架结构稳定的基础上，依据键合客体分子的几何（尺寸和形状）和作用位点特性而调节自身腔体尺寸和形状的超分子实体。如图 9-22 所示，双齿卤键供体 1,4-DITFB 具有强 σ-穴（I 原子）和π-穴，且其环上的 F 原子是良好的氢键受体，不仅具有双向延伸形成线形或“之”字形卤键无限链的能力，而且具有通过π-穴…π堆积向垂直方向扩展的功能。由其与具有多向键合节点特性的 4-苯基吡啶氮氧化合物（4-phenylpyridine N-oxide，PPNO）内盐（O^{-}-N^{+}）中的氧阴离子构建了鱼骨状主体链结构，该主体结构通过链间弱作用的两两组合形成软腔体。这种主要通过超强卤键 C—I…$O^{-}N^{+}$[50]组装的超分子体系表现出了开放性和包容性的特质，与客体咔唑和萘等形成两种类型的软腔型的主客体复合晶体，主体发射黄色磷光，而主客体复合晶体因客体的不同颜色各异。这种软腔型的超分子主客体体系，不仅在组装和调制磷光材料方面具有重要意义，也期望在化学传感器和分子识别器件的设计、药物封装等方面也有一定的指导意义，甚至可以作为一种分子分离的工具，如分离易挥发的萘分子等。

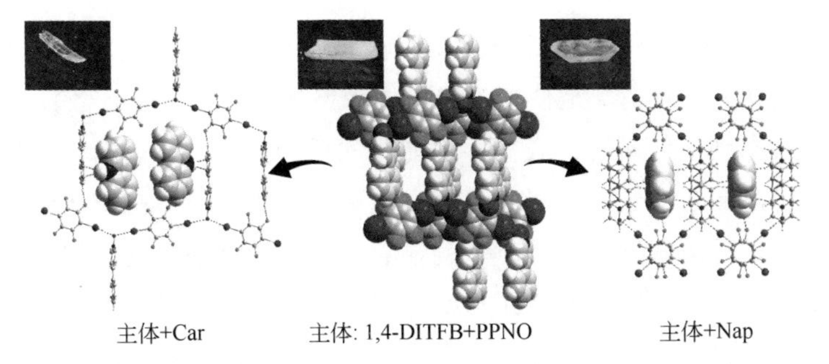

图 9-22　由卤键构建的软腔主体（中）以及包封客体后的主客体晶体结构局部

Car—咔唑；Nap—萘

卤键为引入重原子创造了一种新的方式，具有若干优势。然而，当共轭体系太大时，难于发生 C—I/Br⋯π键作用。而π-穴⋯π键合作用可以弥补这一缺憾[51,52]。以芘分子为代表，其可以与各种卤代的全氟苯发生π-穴⋯π键作用。其中 1,4-/1,2-二碘四氟苯与芘发生π-穴⋯π键的同时，还发生弱的 C—I⋯π键，直接对参与三线态布居的π电子进行微扰，增强自旋-轨道耦合，诱导芘产生磷光[51]。而其他研究过的卤代全氟苯类化合物与芘均产生交替排列的 1∶1 的复合晶体，包括常温液态溶剂六氟苯与芘也能形成室温下的复合晶体。借助于这种π-穴⋯π键作用方式，不仅克服了芘分子的二聚化，而且卤素可以物理地接近芘的π共轭体系，产生比较弱的重原子效应，氯取代基仅能使芘产生延迟荧光，而溴和碘取代基强的重原子效应足以使芘产生磷光发射，如图 9-23 所示[52]。

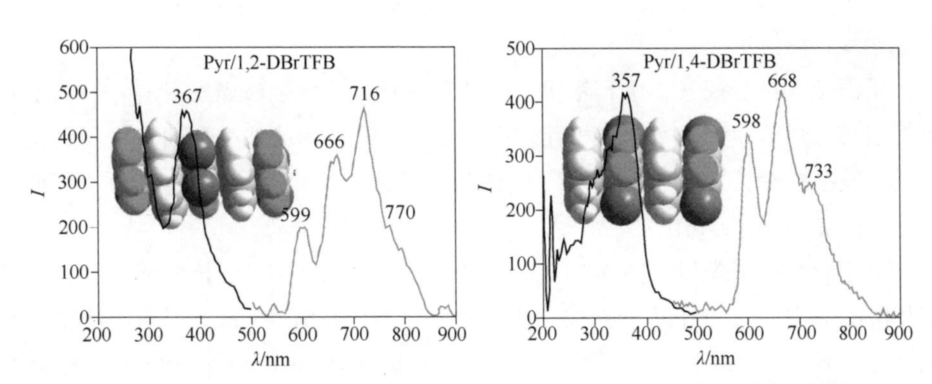

图 9-23　芘和 1,2-/1,4-二溴四氟苯之间的 π-穴⋯π 键堆积以及由其驱动组装的复合晶体的磷光光谱（Pyr=芘，DBrTFB=二溴四氟苯）[52]

将应用 C—I⋯π或 C—I⋯lep（源于 N、O、S、P 等）卤键诱导磷光和π-穴⋯π键相互作用诱导磷光两种策略相结合，将能够解决大多数刚性平面 π 共轭体系在固态时的磷光发射问题，对于磷光功能材料的发展应用有着重要意义。

如图 9-24 所示，根据以往工作经验，卤键（σ-穴键的一个子集）在调制磷光颜色方面分为两种情况。一是使得三线态能级整体降低，发生显著的红移。另外，卤键使得三线态到单线基态的较高振动能级的跃迁概率显著提高，比如，没有卤键发生时，可能 0-0 跃迁概率最大，而发生卤键作用时，可能 0-2 或 0-4 跃迁变得最可几了，这时也观察到磷光颜色的显著变化。两种途径的光物理机制与卤键的位置、强弱的相关性基础需要进一步阐述。这对于设计优良的发光和导电-发光材料具有重要的科学意义。当然，晶格“溶剂效应”也许是红移的原因之一。在晶体环境中，一个分子被相邻分子包裹的力增加了最高占据轨道（HOMO）能，而降低了最低空轨道（LUMO）能，HOMO-LUMO 能隙减小。

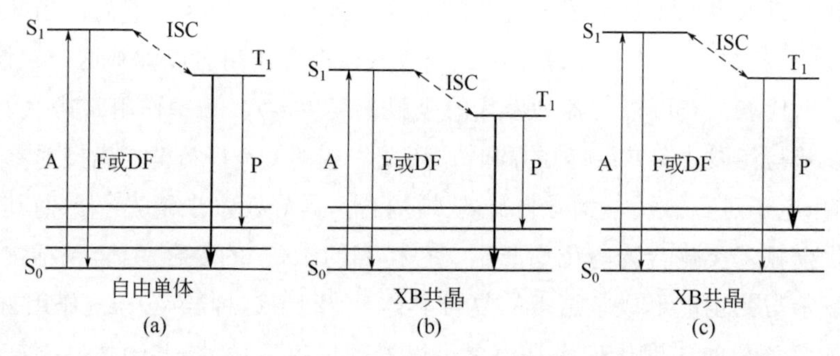

图 9-24　卤键调制磷光光谱示意图

（a）非键合状态的分子发光能级图，0-0 跃迁为最可几跃迁；（b、c）在复合晶体中，由于卤键和其他作用（包括晶体基体效应）使得三线态能级整体降低，或者三线态到单线基态较高振动能级的跃迁（如 0-2 跃迁）变为最可几跃迁（粗向下箭头表示最可几跃迁）

平面型有机金属（如汞和银等）配合物也被用于增强磷光发射。它们与平面型的多环芳烃分子通过金属-π相互作用，形成复合晶体或非晶型的堆积复合物，可以诱发强的磷光发射[53~55]。从图 9-25 所示的分子结构可以看出，实际上，也应该存在π-穴⋯π键合作用。

最近一篇报道类似于图 9-25，只不过以 Cu 取代 Ag[56]。三核吡唑化铜复合物记作$[Cu_3]$，其与苯分子也能形成三明治式复合物$\{[Bz][Cu_3]_2\}_\infty$，但稳定性差。如图 9-26 所示，$[Cu_3]$本身发射橙色磷光，波长 645 nm。与均三甲苯的加合物$\{[Mes][Cu_3]\}_\infty$发射绿色磷光，波长 546 nm。与萘的加合物$\{[Nap][Cu_3]\}_\infty$发射绿色磷光，并呈现光谱精细结构，峰值波长分别位于 497 nm、526 nm 和 564 nm（肩），是萘的典型磷光光谱。作者将$[Cu_3]$称作π-酸，实际上就是一个扩展的π-穴。而且富π电子的苯分子可以被三明治般夹在$[Cu_3]$之间，这类似于芘分子和液体六氟苯之间的π-穴⋯π键。

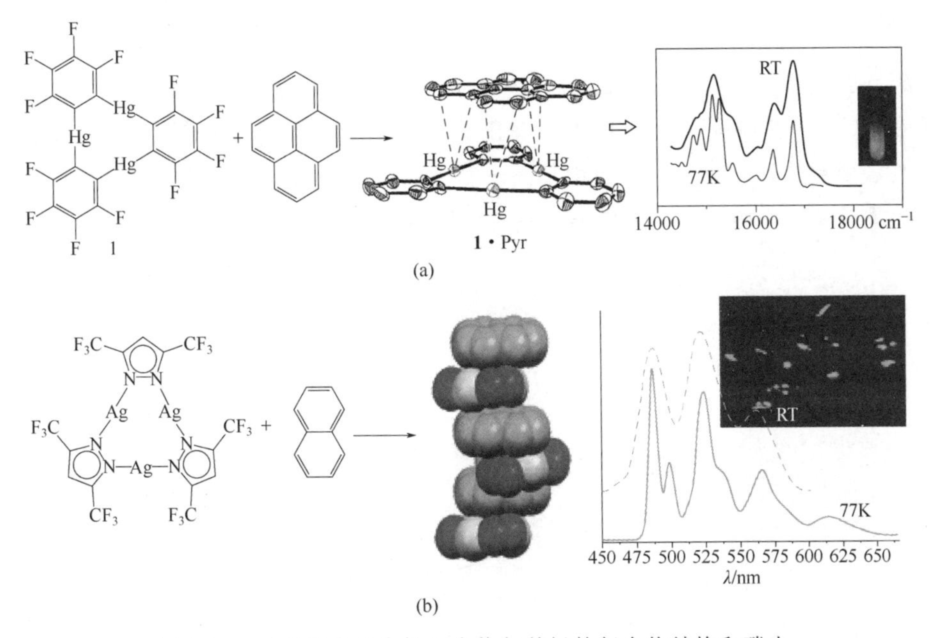

图 9-25　三角形金属有机配合物与芳烃的复合物结构和磷光

（a）三核汞复合物 $\mathbf{1}[(o\text{-}C_6F_4Hg)_3]$ 与芘的相互作用[53]；（b）贫电子的三核吡唑化银复合物与萘的相互作用[55]

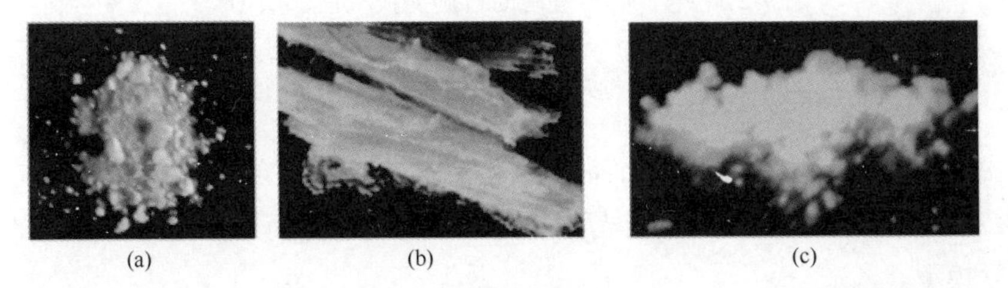

图 9-26　$[Cu_3]$（a）、$\{[Mes][Cu_3]\}_\infty$（b）和$\{[Nap][Cu_3]\}_\infty$（c）在紫外辐射下的晶体发光照片（室温）[56]

9.4.2　电子自旋-核自旋超精细耦合

电子自旋-核自旋超精细耦合（hyperfine coupling，HFC）是产生 T_1 态的另一重要途径[57,58]。HFC 是指电子自旋和核自旋（许多情况下是质子）相互作用，并且对弱的自由基离子对（RIP）而言，HFC 是 S→T 转换的主要途径。如图 9-27 所示，在一个自由基离子对中，两电子自旋受制于核自旋产生的不同的内磁场（标记为 $\boldsymbol{B}_{in}$ 和 $\boldsymbol{B}'_{in}$）。自由基阳离子和阴离子对自旋核产生不同的屏蔽效应，因而内磁场不同。两个电子自旋处于不同的内磁场 $\boldsymbol{B}_{in}$ 和 $\boldsymbol{B}'_{in}$，从而引起不同的进动速率。自由基离子对作为一个整体，一定时候，单线态较快的自旋（$D^{+\bullet}$）就会赶上较慢的自旋（$A^{-\bullet}$），于是就产生了三线态。换言之，在不同的内磁场$\Delta\boldsymbol{B}_{in}$ 作用下，两个电子自旋以不同的角动量速率（Larmor 频率，ω）进动，$\Delta\omega = g\beta\Delta \boldsymbol{B}_{in}$。式中，$g$ 和β分别指 g 因子（或朗德 g 因子）和 Bohr 磁子。进动速率显著的差异性意味着更频繁的 S→T 自旋交换。^{1}RIP 和 ^{3}RIP 之间的自旋交换，比 S_1 激子到 T_1 激子间的 ISC 要更快，因为在一个自由基离子对中两个电子的自旋位于不同的分子中，彼此难以相互作用，这样 S-T 能级差对自旋转换影响不大。

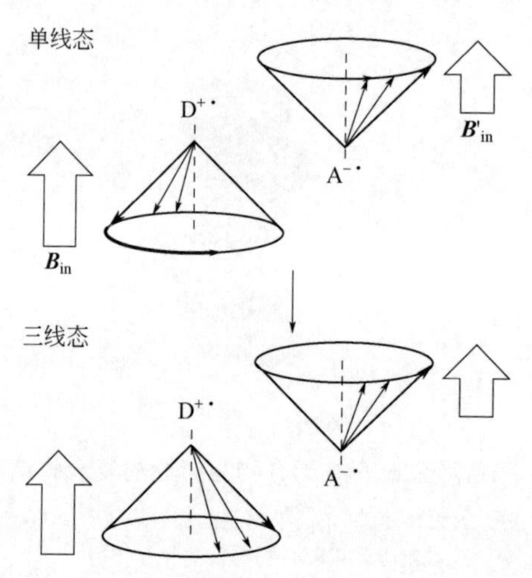

图 9-27　电子自旋进动的自旋交换机理示意图[58]

电子供体自由基阳离子 $D^{+\bullet}$和电子受体自由基阴离子 $A^{-\bullet}$组成自由基离子对，较粗的长箭头表示较快的进动速率

由于电子自旋-核自旋超精细耦合产生三线态，可能会进一步涉及 T-T 湮灭（TTA），进而影响或产生延迟荧光、磷光，因而这里先简单介绍一下相关的衰减动力学模型。

在发光的晶体或聚合物等固态材料中，TTA 是比较常见的一种光物理过程，而 TTA 过程与磷光和延迟荧光密切相关。需要注意的是，源于三线态湮灭的延迟荧光和孪生对（geminate pair）重组的延迟荧光是有区别的。这可以通过磷光和延迟荧光的两种过程的衰减模式的差异性以及它们的强度与光源强度（the pump intensity）相关性的不同来区分。

孪生对复合或者电子-空穴对（激子）复合的衰减动力学特点参见本书其他章节。在此，首先简单介绍 T-T 湮灭的动力学特点[59]。三线态激子产生的速率方程可以表示为：

$$\frac{d[T]}{dt} = k_T - \beta[T] - k_{TT}[T]^2 \qquad (9\text{-}27)$$

式中，t 是时间；[T]是布居的三线态浓度；k_T 表示三线态产生速率；β是辐射和非辐射速率常数之和；k_{TT}是双分子湮灭常数。激光脉冲激励结束之后，不同的发光过程产生不同的衰减结果。

如果磷光过程是主导的，则 $\beta[T] >> k_{TT}[T]^2$，产生指数衰减：

$$[T(t)] = [T_0]\exp(-\beta t) \quad (9\text{-}28)$$

相应的磷光和延迟荧光强度分别为：

$$I_P(t) = k_r[T(t)] = k_r[T_0]\exp(-\beta t) \quad (9\text{-}29)$$

$$I_{DF}(t) = \frac{1}{2} f k_{TT}[T_0]^2 \exp(-2\beta t) \quad (9\text{-}30)$$

式中，k_r是辐射速率常数；f是产生单线态的三线态数与总三线态数比值；因子采用 1/2 是因为两个三线态激子复合仅能产生一个单线态激子。从上述两式可以看到，在以磷光为主要或控制的衰减过程情况下，延迟荧光以磷光速率的二次方呈指数衰减，并且同一时刻延迟荧光的强度以初始三线态浓度的二次方为因子增加。初始三线态浓度本身与泵浦强度线性地相关。

如果延迟荧光过程是主导的，则 $\beta[T] << k_{TT}[T]^2$，磷光衰减符合幂律（power law）：

$$[T(t)] = \frac{[T_0]}{1 + k_{TT} t [T_0]} \quad (9\text{-}31)$$

相应的磷光和延迟荧光强度分别为：

$$I_P(t) = \frac{k_r[T_0]}{1 + k_{TT} t [T_0]} \quad (9\text{-}32)$$

$$I_{DF}(t) = \frac{1}{2} f k_{TT} \frac{[T_0]^2}{(1 + k_{TT} t [T_0])^2} \quad (9\text{-}33)$$

如果利用稳态近似处理式（9-27），并假定 $\beta[T] << k_{TT}[T]^2$，则：

$$k_T = k_{TT}[T]^2 \quad (9\text{-}34)$$

式（9-34）说明，延迟荧光与三线态速率有线性关系，也因此随泵浦强度（代替三线态）经由双分子过程而损失，而磷光强度随泵浦强度平方根地变化。总之，当双分子湮灭控制三线态去布居时，由 TTA 产生的延迟荧光既可以与相伴随磷光寿命的一半指数般地衰减，也可以呈幂律（t^{-2}）衰减。

如前所述，对于纯有机晶体，磷光可以通过重原子诱导作用产生。但是，一些秒级和亚秒级长寿命磷光晶体材料，并不需重原子微扰作用，而是借用了 nπ* 跃迁本身具有较大 ISC 速率的特点，甚至羰基可能使得通过 $^1n\pi^* \rightarrow {}^3\pi\pi^*$的 ISC 变为允许跃迁。或这些有机化合物也可能因为容易形成刚性的结构（如分子内或分子间氢键，或位于刚性的环境）而产生强磷光或延迟荧光。但是，大多羰基化合物从 S_0 到 $^1n\pi^*$能级跃迁是禁阻的跃迁，摩尔吸光系数小，磷光极弱。且单一组分有机晶体（有机复合晶体有时也一样）由于 T_1 激子在晶格中的迁移，TTA 应该是延迟荧光最可能的机制。此外，晶体环境对振动或碰撞失活有抑制作用，这常是增强磷光的主导因子。但 TTA 途径存在时，常导致磷光减弱，这时晶体环境对增强磷光的这种优势作用或许不再起作用。

图 9-28 典型地显示了异酞酸（IPA，又叫间苯二甲酸）的晶体磷光和延迟荧光光谱，顶端照片为 UV 365 nm 激发 IPA 后不同时间记录的持续辉光。从谱带的波长位置可以判断一个为延迟荧光带，另一个为磷光带。二或四取代苯甲酸晶体粉末可以产生长寿命的持续辉光（afterglow）。如对酞酸（TPA，又名对苯二甲酸）、四取代苯甲酸（pyromellitic acid，PMA）和苯甲酸（Bz）在 UV 365 nm 激发后，以及四苯基甲烷（Ph_4C）在 254 nm 激发作用后均有类似现象[60]。邻苯二甲酸（OPA）和苯六甲酸（MLA）没有类似现象。

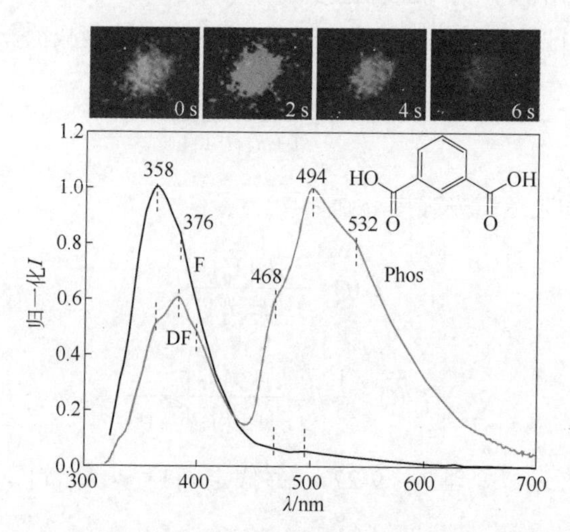

图 9-28　归一化 IPA 的稳态荧光和时间分辨发光（磷光）光谱[58]

室温；激发光波长分别为 313 nm/309 nm；延迟时间为 50～75 ms；

F=荧光，DF=延迟荧光，Phos=磷光

照片：在 UV 365 nm 光激发作用后，IPA 晶体粉末产生长寿命的持续辉光

那么，无重原子微扰作用的这几种化合物是如何产生磷光的？延迟荧光的机理又是怎样的？在激发光作用下，晶体材料中的供-受体部分可能产生单线态自由基离子对（也称为孪生对，标记为 ^{1}RIP），进而通过电子自旋-核自旋超精细耦合增强的 ISC 速率常数完成三线态布居，标记为 ^{3}RIP。最后，由 T_1 态产生磷光发

射。即核自旋磁作用辅助自由基离子对间自旋交换产生磷光[58]。^{1}RIP 和 ^{3}RIP 之间的自旋交换，比 S_1 激子到 T_1 激子间的 ISC 要更快，因为在一个自由基离子对中两个电子的自旋位于不同的分子中，彼此相互作用稀弱，于是 S-T 能级差对 T_1 布居的影响会显得无关紧要。

以下实验结果支持了对磷光产生机制的推测：

① 幂律（the power law）：在激光功率 10～10^4 μW 激发能区间，对数激发能和对数强度线性相关，对延迟荧光斜率为 0.74，是磷光斜率 1.44 的一半。即延迟荧光强度 I_{DF} 和磷光强度 I_P 的相关性符合幂律，$I_{DF} \propto I_P^2$［通过变化带宽和中性密度滤光片（neutral density filters）数目控制在 350 nm 的激发能，磷光检测波长为 500 nm，荧光检测波长为 384 nm，延迟时间 0.1 s，门时间 1 s］。进一步说明延迟荧光的机理是 TTA，而伴随的磷光起源于 T_1-S_0 跃迁。那么，延迟荧光为什么不是通过热助作用产生的？S_1-T_1 能隙较大（0.79 eV），比通常可以发生热助作用的能隙上限 0.27 eV 大许多，发生热助延迟荧光是困难的。

② 磁效应：磷光的磁效应为 HFC 和Δg 的叠加，在核自旋产生的 $\boldsymbol{B}_{in}$ 作用下，HFC 增强弱耦合的自由基对自旋的 ISC。但有外磁场 $\boldsymbol{B}_{ex}$ 作用时，HFC 被抑制。3 个简并的三线态通过 Zeeman 裂分成为 3 个非简并态，T_+，T_-和 T_0，因而通过 HFC 途径的 S_0-T_+和 S_0-T_-系间窜越过程被弱化。Zeeman 裂分导致饱和的发射强度变化，饱和点出现在大约 20 mT 相对小的 $\boldsymbol{B}_{ex}$ 处。在相对大的 $\boldsymbol{B}_{ex}$ 作用下，当两个电子自旋位于不同的分子并拥有不等的 g 值时，基于进动频率差别的自旋交换，$\Delta\omega=g\beta\Delta\boldsymbol{B}_{in}$，变成控制过程。于是，磷光发射增强。随着磁通量密度调制到 80 mT，磷光先是略微降低，随后迅速增加。磷光的磁效应证明自由基离子对作为中间体是存在的。

③ 氘代效应：超精细耦合 HFC 主要地由于 ^{1}H 核自旋介导。所以，氘代必然引起 HFC 过程的减弱。由于不同的电子内磁场 B_{in} 屏蔽，^{1}H 和 D 的超精细耦合常数分别为α_H 和α_D（$\alpha_D=0.153\alpha_H$）。相应的进动扭矩（torque）为$\Delta\omega_H$（$\Delta\omega_H=g\beta M_H\Delta\alpha_H$）和$\Delta\omega_D$（$\Delta\omega_D=g\beta M_D\Delta\alpha_D=0.153\Delta\omega_H$），$M$ 为质子的磁量子数。这样，自由基离子对的 S 到 T 自旋交换速率减小，磷光必然减弱。如果由 S_1-T_1 系间窜越布居三线态，进而由 T_1-S_0 跃迁发射磷光，则氘代一定增强磷光强度并增加三线态寿命（参见本章有关内容）。

④ 电荷转移：如图 9-29 所示，IPA 的固态吸收光谱在 340～400 nm 显示强的吸收带。IPA 的固态吸收光谱与其磷光激发光谱基本一致，其他没有磷光的类似物在相同区域没有吸收带。因此，IPA 这一区域的吸收带貌似是其电荷转移吸收带。IPA 在甲醇溶液中 $S_1 \leftarrow S_0$ 吸收的 0-0 和 1-0 振动带分别为 289 nm 和 281 nm，而在固态则红移了大约 50 nm。前述晶格“溶剂效应”也许起作用。晶体中π-π堆积的 IPA 分子间距计算为 0.376 nm，发生π-π*电荷转移跃迁是可能的。

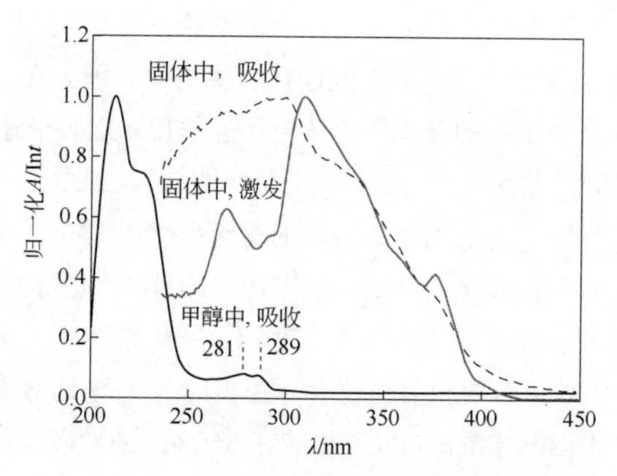

图 9-29 归一化 IPA 吸收光谱和磷光激发光谱[58]

磷光检测波长 501 nm，340～400 nm 区间应为 CT 吸收带

⑤ 重原子效应：化合物的 F^-、Cl^-、Br^-、I^-取代，对于通过系间窜越机制产生 T_1 而发射的磷光，在一定程度上，重原子效应使得量子产率依次增加，磷光寿命依次缩短。而对于通过自由基离子对解离产生 T_1 态，进而发射磷光的机制，磷光寿命也是按照重卤次序缩短，但磷光强度却不一定。然而，利用重原子效应判断磷光产生的机理时必须注意，在晶体或固态环境中，如果卤代发光体的晶体结构不同（依据卤素不同，可能存在卤-卤作用、或卤…卤卤键、卤…π卤键、H…卤氢键、H…π氢键等），重原子效应就有可能不是影响磷光行为的唯一因素，这种情况下的判断必须谨慎。而且，单卤取代和多卤取代时甚至产生相反的影响。

光诱导电子转移-自由基离子对途径是产生自由基离子对三线态的另一例子[8]。如图 9-30 所示，在低于 PtP 允许跃迁的频率处，选择性地激发 $pRhB^+$，测得 PtP 源于 T_1-S_0 辐射跃迁的磷光。机制为：选择性激发 $pRhB^+$后，形成 $pRhB^+$单线态，随后通过电子转移形成单线态自由基离子对，进一步通过离子对内的 ISC 过程，形成三线态自由基离子对。单线态自由基离子对可以复合而直接回到基态产生非辐射跃迁（图中没有标出），三线态自由基离子对可以重组（或称复合）形成 PtP 三线态，PtP 三线态产生磷光辐射跃迁，也可以再经过 TT 转移，形成 $pRhB^+$三线态，经非辐射 ISC 回到基态。当然，PtP 和 $pRhB^+$三线态能级相差不大，还可以看到可逆的 T-T 能量转移，其结果是，通过延长的 $pRhB^+$三线态衰减，扩展了 PtP 磷光的时间维度（意思是，由 PtP 三线态转移为 $pRhB^+$三线态，$pRhB^+$三线态再可逆转移为 PtP 三线态，继续产生 PtP 磷光。相当于一类 “延迟磷光”）。其中涉及的光物理过程的速率常数见表 9-9[8]。这一体系看似也许会涉及借键能量转移。

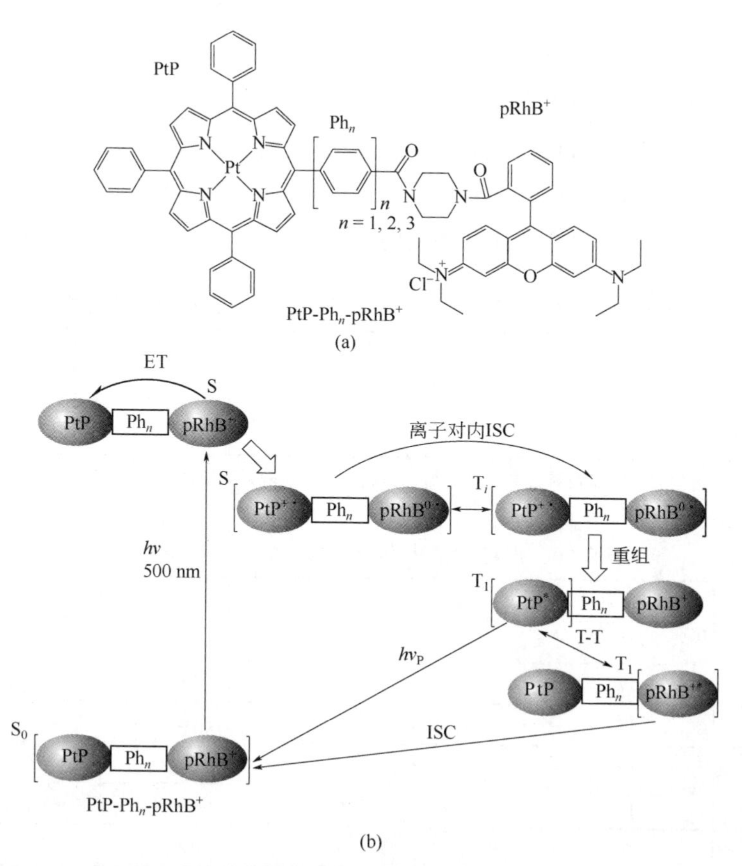

图 9-30 （a）PtP-Ph$_n$-pRhB$^+$二联体；（b）pRhB$^+$单线态-单线态自由基离子对-三线态自由基离子对-PtP 三线态-磷光过程示意图

表 9-9 电子转移-自由基离子对三线态途径光物理速率常数（室温，除氧，苯甲腈）

n	$k_F/\times10^8\ s^{-1}$	$k_{ET}/\times10^8\ s^{-1}$	$k_{RT}/\times10^8\ s^{-1}$	$k_{TT}/\times10^8\ s^{-1}$	$k_P/\times10^8\ s^{-1}$	$k_{ISC}/\times10^8\ s^{-1}$
1	10.0	6.7	2.4	3.4	3.3, 0.05	5.0
2	5.9	2.3	1.2	1.1	1.0, 0.06	6.7
3	4.5	0.97		0.33	0.33	约 5.0

注：k_P(PtP)，k_{ISC}(PRhB$^+$)。

9.4.3 氘代作用

C—H 伸缩振动频率约 3000 cm^{-1}，而 C—D 约 2200 cm^{-1}，较低。对于芳烃，从三线态到基态的非辐射跃迁主要是由 C—H 伸缩振动模式决定的。所以，氘代会降低 $k_{ISC}(T_1\text{-}S_0)$，提高磷光量子产率和磷光寿命。氘代化合物的振动频率比非氘代化合物的低。于是，对相同的能隙而言，其最终能态涉及更高的量子数（更多的节点）——势能曲线上振动能级间更差的重叠。不完全氘代的化合物，其磷光寿命与氘代位置有关。假定非辐射跃迁主要由C—H振动决定。因为这种振动是高频率的，所以能级间隔较大。C—D振动频率较低，所以能级排列较密。这样，当一定分子从给定能级T_1水平上窜越到S_0振动能级上时，由于氘代化合物的S_0有较大的量子数，其$k_{ISC}(T_1\text{-}S_0)$减小，磷光寿命相应增大。说明C—H伸缩振动模式在决定k_{nr}中有重要影响。表9-10和表9-11从不同的方面说明氘代作用对磷光特性的影响。

表9-10　氘代对芳烃磷光寿命和T_1-S_0系间窜越速率的影响①

化合物	C_6H_6	C_6H_5D	C_6HD_5	C_6D_6
τ_P/s	4.75	5.15	9.5	14.1
$10^{-4}k_{ISC}/s^{-1}$	17.6	16.0	7.1	3.7

① 77 K，溶剂为3-甲基戊烷或EPA（乙醚∶异戊烷∶纯乙醇）玻璃体。

表9-11　温度对萘-h_8/d_8磷光寿命（s）的影响[61]

T/K	萘-d_8+CH	萘-d_8+异+氢萘	萘-h_8+CH	萘-h_8+异+氢萘
77	25.1	24.0	2.60	2.60
276	17.6	16.2	2.15	2.10
301	15.4	11.9	1.96	1.75
315	13.7	9.8	1.82	1.53
331	10.3	—	1.67	—
347	6.8	—	1.49	—

注：实验条件：萘-h_8/d_8，10^{-4} mol/L。β-CD 5.00×10^{-3} mol/L。环己烷 9.0×10^{-2} mol/L。异十氢萘 6.0×10^{-2} mol/L。Na_2SO_3 4.0×10^{-2} mol/L。体系为悬浊液体。

对于闪烁激发的T_1态乙醛以及其氘代的产物，寿命的倒数和自猝灭速率常数均随着氘代作用而减弱，τ_0^{-1}=3400(CD_3CDO)～29000(CH_3CHO) s^{-1}，k_q=0.52×10^7～1.8×10^7 L/(mol·s)。从甲醛、乙醛到更大的酮和醛，寿命的倒数依次减小，氘代效应逐渐减弱[62]。

9.4.4　刚性化效应

刚性化效应（rigidization effect）可以从两个方面理解。一是外部的刚性化微环境对分子磷光发射或对激发三线态的影响。外部的刚性化效应，即能够限制受激分子运动或其化学键振动，从而减弱非辐射失活过程的分子环境。刚性化的基体可以诱导或增强磷光发射，如环糊精内腔体、固体支持体基体等。除了在固体支持体表面通过各种氢键作用增稳三线态外，在环糊精体系可以理解为通过如下途径提高磷光量子产率，即空间限制的C—H振动减弱三线态失活。一种基本的实验事实是[28,63]，在环己烷存在下，即便没有重原子微扰剂，多环芳烃也能产生可观察的磷光信号。

另外，在十氢萘、环己烷和金刚烷存在下，探针 9-溴菲（9-BrP）的平均磷光寿命分别为 0.83 ms、1.1 ms 和 2.4 ms，而体积较小的探针 1-溴代萘（1-BrN）的平均磷光寿命分别为 5.9 ms、7.8 ms 和 9.2 ms。图 9-31 典型地展示了在金刚烷存在下环糊精体系的形貌[64]。十氢萘分子体积较大，环己烷椅式构象与环糊精葡萄糖单元结构的构象匹配，而金刚烷立体结构能最大限度地填充环糊精剩余空间。金刚烷对三线态具有最佳的保护作用。这一点可以从两个方面理解：①防止了氧分子扩散进入环糊精空间，避免了三线态与氧分子之间的 T-T 能量转移猝灭；②环境刚性化效应，也应该包含空间限制的 C—H 振动频率，减弱振动耦合失活过程，或阻止振动耦合失活通道，即可以认为在晶体中环糊精有限空间内，金刚烷有效限制了 C—H 振动这一非辐射失活通道，这有待进一步证实。图 9-31 所示的结果也是刚性化效应起作用。

图 9-31　SEM 照片

金刚烷作为调节剂：0.01 mol/L 金刚烷的正己烷溶液，β-环糊精 2.5×10^{-3} mol/L，9-BrP 1.0×10^{-5} mol/L

除了前面介绍过的环糊精微晶体颗粒悬浮液外，在冰糖或其他糖基熔融体也是一种绿色的磷光测量基体，诱导藻红 B（又名蓝光藻红和四碘荧光素）产生磷光[65]。

层状双金属氢氧化物（layered double hydroxides，LDH），又称类水滑石，是指由两种或两种以上金属元素组成的具有水滑石层状晶体结构的氢氧化物，是一类近年来备受关注的层状材料[66]，也是一类备受关注的超分子主体材料。

如果在 LDH 材料具有正电荷的层间廊隙 2D 空间，插入发光的或暗态/静默态的发光客体有可能由于轨道限域效应（见稍后的 9.4.6 节）、静电相互作用等降低能隙$\Delta E(T_1\text{-}S_1)$，提高 ISC 速率；或改变其他各态间能隙，以利于辐射发光。此外，刚性化效应（而增加辐射途径的速率常数，抑制非辐射途径的速率常数）也是一种重要因素，如抑制 C═O 伸缩振动提高苯基羧酸类物质的磷光辐射量子产率。例如，偏苯三酸（trimellitic acid，benzene-1,2,4-tricarboxylic acid，TA）[67]

和 IPA[68]组装嵌插在 Zn-Al-LDH 纳米片材料中，可以得到绿色或蓝绿色长余辉高强度磷光信号。

刚性化效应的另一方面，即分子本身的刚性化结构。大的刚性分子在激励时几何尺寸只有很小的变化，即核间距变化小，分子变形程度小。这样，S_1 位能面上的最小值相对于 S_0 来说，可能只有微小的位移。即 S_1 的 $\upsilon=0$ 的振动态与 S_0 的 $\upsilon=n$ 的振动态重叠积分很小。在这种情况下，如图 9-32 所示，从 S_1 零点能级到 S_0 的内转换是很慢的。这就意味着荧光可以与 S_1 的非辐射衰减相竞争。由此可以推断，刚性体系倾向于发射荧光。但如果分子变形程度大，势能曲线交叉，振动重叠积分大，则非辐射的 IC 过程显著，荧光弱。这一原理同样适用于磷光发射过程。

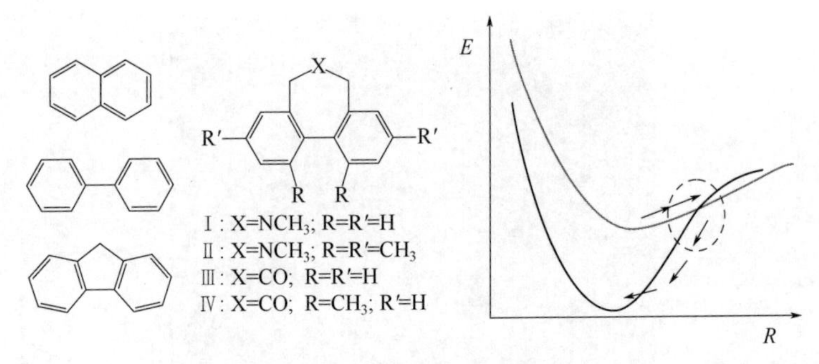

图 9-32 刚性和柔性分子结构及其发光过程的 Franck-Condon 原理

拥有刚性的环状结构的或长的π电子共轭体系的有机分子倾向于发射强的荧光。非辐射跃迁的 Franck-Condon 原理指出，对于刚性的结构，非辐射的 S_1-S_0 和 T_1-S_0 转换将是困难的，因为这种分子更倾向于将原子核约束控制在一起。实际上，那种不拥有螺栓松动效应基团、也非自由转子、不发生系间窜越过程的体系，其 S_1 态的荧光是高效的。如果一个长的共轭体系趋向于强的 S_0-S_1 跃迁，那么该体系也同样倾向于短寿命的荧光。在其他因素相同的情况下，刚性结构一般会抑制非辐射过程，而利于辐射过程[3]。

9.4.5 聚集或晶化限制分子内旋转弛豫作用

没有明确聚集模型的沉淀聚集作用（有的情况下，可以看作微晶化沉积）除了增强荧光以外[69]，还可以增强磷光。一些柔性分子，如 4,4-二溴二苯甲酮和 4,4-二溴联苯等在晶体态可以限制分子内的旋转弛豫，减弱通过该途径的三线态失活，增强磷光[70]。前面在 9.4.2 节提到的 IPA 磷光，唐等[71]利用新的机理模型进行了诠释，如图 9-33 所示。在溶液中，IPA 取代基单键自由旋转耗散了三线态激发态能，而在晶体中，由于羧基之间的氢键作用，不仅单键自由旋转受到限制，且分子共面性更好，因而产生磷光发射。晶态发光激发波长 305 nm，荧光 384 nm，磷光 506 nm，长寿命组分 1.2 s（仅约 15%），平均寿命 0.3 s。

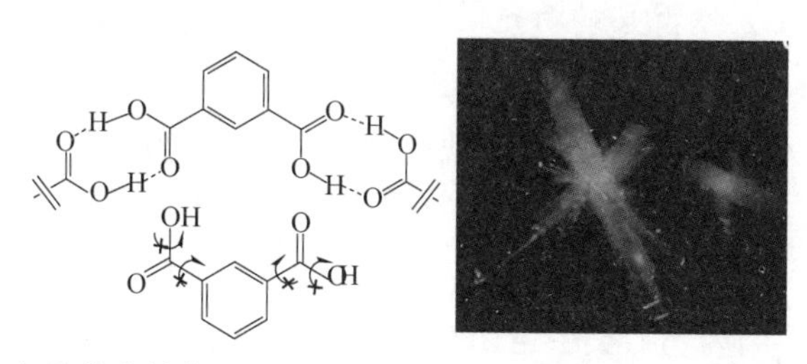

图 9-33 IPA 在晶体中结构以及晶体在 UV 365 nm 辐照下经过斩波后的磷光照片

具有明确聚集模型的聚集作用，*J*-或 *H*-聚集作用，可以改变分子的激发态性质（参见第 3 章）。最近报道，通过分子间 *H*-聚集体的强耦合作用，有效增加了三线态稳定性，并使分子处于能量较低状态，磷光寿命可以达到秒级[72]。图 9-34 所示的磷光分子 DPhCzT 发射绿色磷光，发光波长峰值 530 nm 和 575 nm、640 nm（肩峰），磷光寿命大约 1.1 s。DCzPhP 发射橙红色磷光，发光波长峰值 587 nm 和 644 nm（肩峰），磷光寿命大约 0.3 s。分子中杂原子 N、O、P 等旨在促进 n-π* 三线态激子的产生，引入芳香基更有利于 *H*-聚集作用。

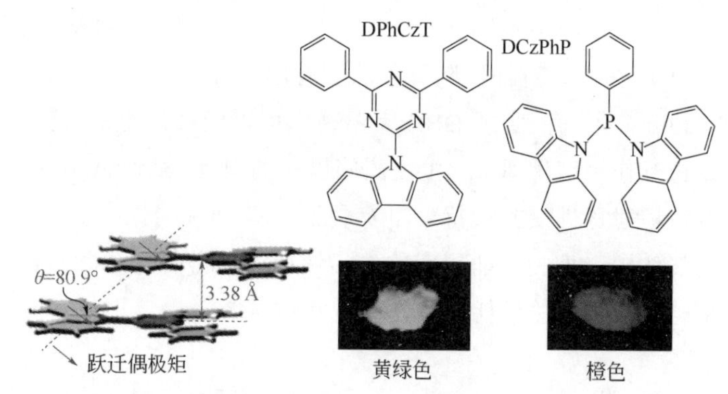

图 9-34 分子在晶体态的 *H*-聚集及其增稳的三线态磷光材料照片

9.4.6 轨道限域效应

轨道限域效应（the orbital-confinement effect）在催化化学中的应用已经成为新的热点领域，中国科学院大连化学物理研究所完成了许多开拓性的工作。在发光领域，也更早地关注到了该现象。通常分子轨道是在一定的空间-时间方向上舒展的。但是，当分子束缚在一个尺寸有限的孔穴中时，分子轨道受到一定的限制。当孔穴的主体尺寸非常接近于客体分子轨道的尺寸时，可以预测，有机客体分子的 HOMO 和 LUMO 可能发生畸变[73]。从而导致轨道的对称性受到一定的破坏，使对称性禁阻的跃迁可能变得有利。或者发生电荷转移，导致电子能级发生变化，使得某种特定的跃迁更容易发生。例如，均四磺酸基苯基卟吩（TSPP）具有 D_{2h} 对称性，双光子吸收弱。当与蛋白质结合后，TSPP 畸变为皱褶型，没有确定的对称性，使轨道对称性限制/禁阻的双光子吸收变得更容易。

如图 9-35 所示的偶氮化合物 2,3-二氮杂二环[2.2.1]-2-庚烯（DBH），通常情况下不产生磷光。因为偶氮类生色团（nπ*激发态）通常具有非常低的 ISC 产率。在室温下，或在 77 K 的 EPA 玻璃体中，甚至在 15 K 的 Xe 基体中，都难以观察到 DBH 的磷光，在 T1-Y 分子筛中也同样观察不到其磷光。然而，通过对称性微扰作用和由于刚性的反应穴所施加的空间束缚改变了电子态能级水平，大大提升系间窜越效率，从而奇迹般地观察到 DBH 的室温磷光。如图 9-36 所示，在分子筛的孔穴中，在 350 nm 激发作用下，DBH 可以发射磷光。在硅分子筛中，77 K 时产生的磷光带峰值位于 550 nm。该带仅在温度低于 200 K 时才能观察到，磷光寿命约 0.6 s。而在 theta-1 分子筛中，室温条件下就可以产生峰值位为 580 nm 的磷光，磷光寿命长达 4.7 s[74]。与硅分子筛相比，在后一种情况下磷光显示较大的红移。同样，与其他所有实验条件相比，后一种情况下的荧光也显示大幅度的红移。显然，这种现象本质上不同于一般的重原子效应。限制效应是基于主客体紧密适合，并且，可以在不含有补偿阳离子的所有硅基分子筛中都起作用。在 theta-1 分子筛和 silicalite 分子筛内实现 DBH 室温磷光可以归属为两个相辅相成的影响：①由于主客体相互作用对偶氮 nπ*生色团施以空间限制，从而减小 HOMO-LUMO 能隙，并使得轨道对称性受到微扰，更有利于 ISC 速率的提高；②由于 DBH 被固化于刚性的基体中，抑制了非辐射的失活途径，使得磷光寿命变长。所以，更高的三线态布居和较小的能量耗散共同促使其磷光增强。

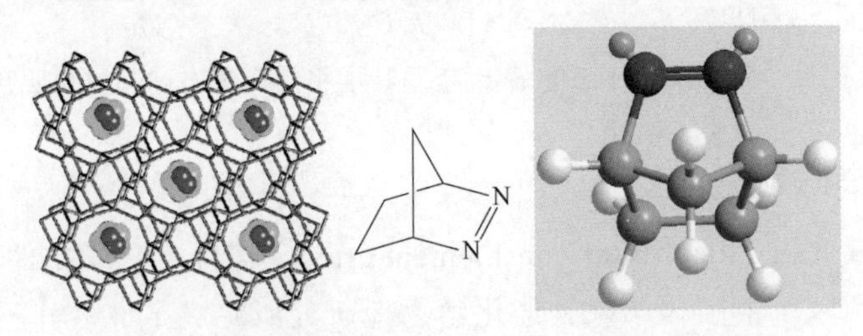

图 9-35　受限于分子筛孔中的 2,3-二氮杂二环[2.2.1]
2-庚烯（DBH）及其分子结构

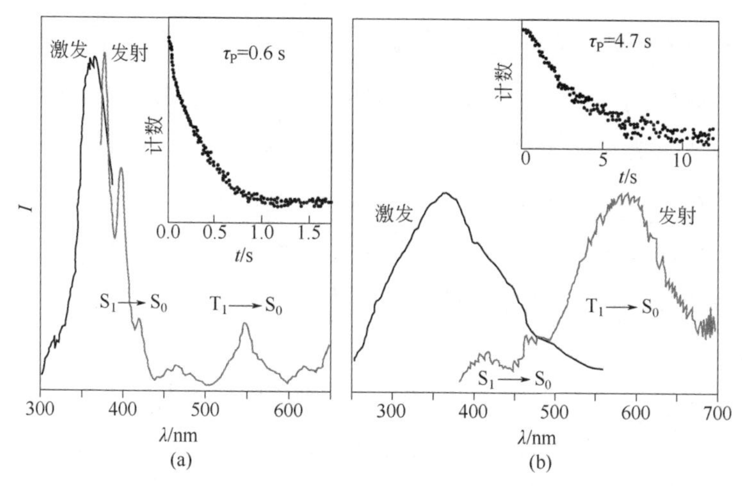

图 9-36 （a）在 77 K 的 silicalite 分子筛中 DBH 的激发和发射光谱（插图表示磷光衰减曲线，激发 350 nm/检测波长 550 nm）；（b）DBH@theta-1 的室温激发和发光光谱（插图表示磷光衰减曲线，激发 350 nm/检测波长 580 nm）[74]

如图 9-37 所示，基于沸石咪唑类骨架材料的主客体相互作用，可以产生近红外室温磷光材料[75]。例如，以 MDF 为溶剂，2-甲基咪唑和 $Zn(NO_3)_2 \cdot 6H_2O$ 经过溶剂热反应，形成沸石咪唑类骨架材料 ZIF-8，其中包含客体小分子 DMF 和水。在客体分子存在下，直接利用 365 nm 光辐射激发主体 ZIF-8 产生白光（光谱从 400 nm 跨越到 700 nm），其中荧光位于 551 nm （460 nm 激发），磷光位于 730 nm（560 nm 激发），该近红外磷光发射量子产率为 0.82%，寿命 1.96 ms。当移取客体分子后，发光大幅度蓝移至紫外区（荧光 294 nm，磷光 395 nm）。这种白光发射和磷光大红大紫变化的原因可能是，在有限的主体空间中，作为骨架材料和发光中心的配位态 2-甲基咪唑与客体分子相互作用导致多重发射能级。

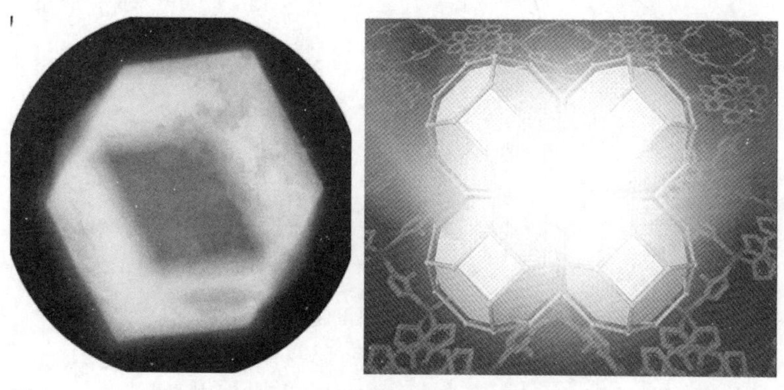

图 9-37 紫外辐射下发射白光的单晶 ZIF-8 和近红外磷光发射想象图[75]

9.4.7 金属纳米粒子/溶胶局域表面等离子体波耦合定向磷光

金属溶胶或纳米粒子通过表面等离子体波（plasmon）耦合增强有机染料发光是近几年荧光分析领域的一个热点[76]。而金属溶胶等离子体波耦合定向发光（surface plasmon coupled luminescence/fluorescence/chemiluminescence/phosphores-cence，SPCL/F/C/P）检测是一种新的发光检测技术，其原理如图 9-38 和图 9-39 所示[77]。采用如图所示的两种激发方式激发负载于金属或金属溶胶表面的样品，在面向样品的任意空间方向，都应能够检测到发光信号，此即无定向发射（free-space emission），与一般的固体表面测量方式无异。而在样品的另一面，由于棱镜耦合的光消逝波（evanescent field）原理，只能在一定的方向检测到发光信号。表面等离子体耦合发光（SPCL）的检测方向与发光强度的关系如图 9-39 所示。李耀群课题组已经成功地将金属溶胶等离子体耦合定向发光分析应用于生物分析[78,79]。该技术具有如下优点：由于信号检测的角度依赖性、信号的偏振性和背景信号的抑制性提高了分析选择性；同时，由于表面等离子体波耦合作用，使得分析灵敏度显著增强；再者，表面等离子体波在所谓热点（hot spot）的耦合-距离依赖性，实际上构成了类似于具有断层扫描功能的分析技术。

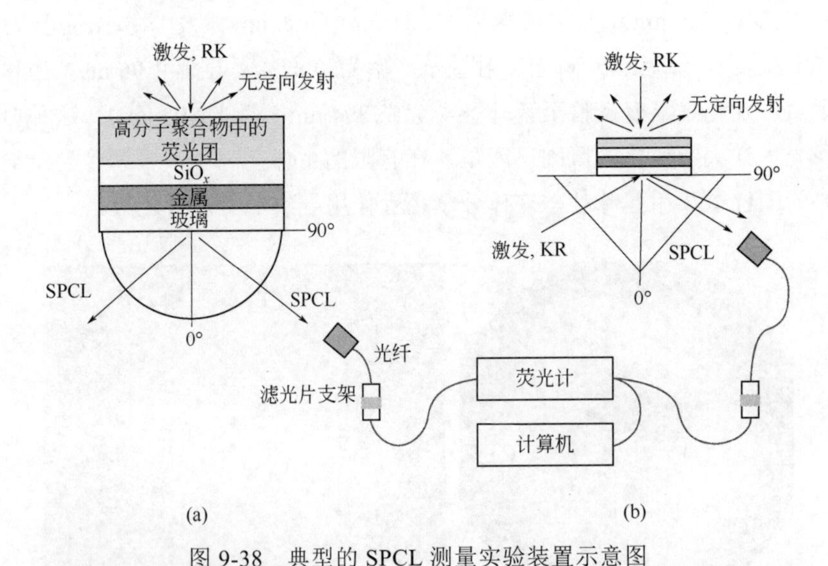

图 9-38 典型的 SPCL 测量实验装置示意图

（a）半球形的棱镜用于收集穿过金属基底的发射“环”；（b）45° 棱镜可以提供 Kretschmann（KR）和 Reverse Kretschmann（RK）激发模式

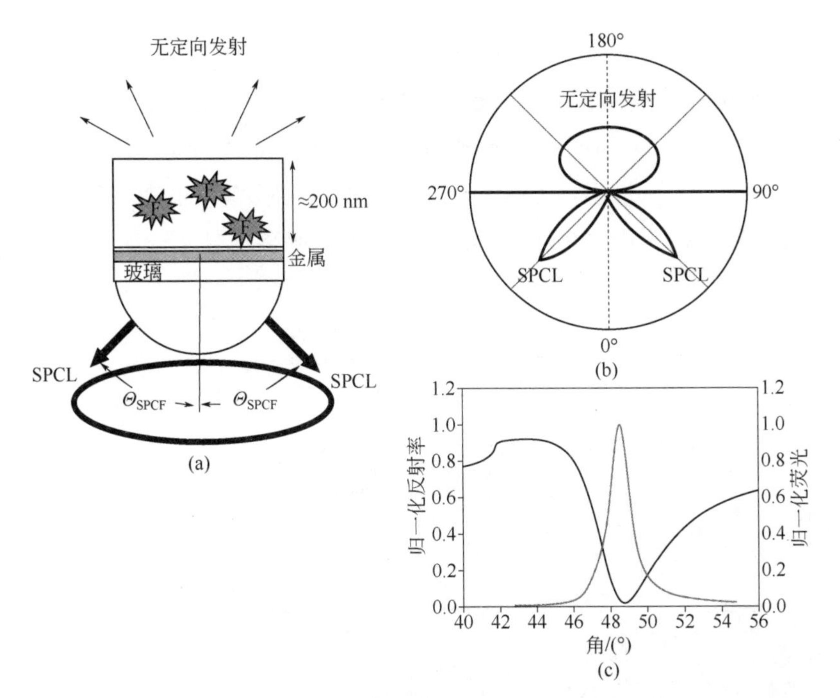

图 9-39 （a）表面等离子体波耦合发光现象示意图（在反射比最小的角度可以观察到 SPCL 发射，并且，从金属膜的背面看检测到的发射像一个“环”）（b）从一个金属薄膜上的荧光分子发射的角度分布（在样品一边的无定向发射可以从顶端采集，而通过棱镜采集 SPCL）（c）对于 50 nm 厚的金膜基底在 594 nm 处 *p*-偏振光的反射比曲线与归一化的荧光分子的 *p*-偏振荧光强度重叠

金属溶胶增强的表面等离子体-耦合磷光（ME-SPCP）检测技术也应该具有很好的发展前途。如图 9-40 所示，在 47 nm 厚的连续金膜上涂加 20 nm 和 80 nm 的银溶胶，再在银溶胶表面负载一层含有 1% PVC 的膜。铂卟啉（PtOEP）固定在

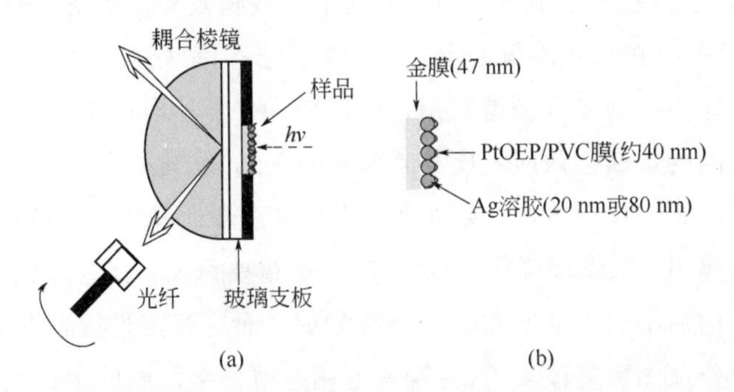

图 9-40 金属溶胶增强的表面等离子体-耦合磷光（ME-SPCP）检测实验装置示意图（a）和样品几何布局（b）（1% PVC 膜）

$h\nu$ 代表激发光；空心的箭头表示用光纤收集检测 SPCP 的方向

（PVC）层中。在约 3 nm 或稍大的分离距离上，银溶胶和染料之间可以产生有效耦合，并增强铂卟啉磷光[85]。而无定向发射检测和定向测量发光信号如图 9-41 所示。由图 9-41（a）可见，在不同的条件下发光强度不同。而且在金膜和银溶胶共同存在下发光最强，其中尤以 80 nm 的银溶胶作用最为显著。由图 9-41（b）可见，只有在金膜+80 nm 银溶胶条件下，等离子体耦合定向发光才是最强的。

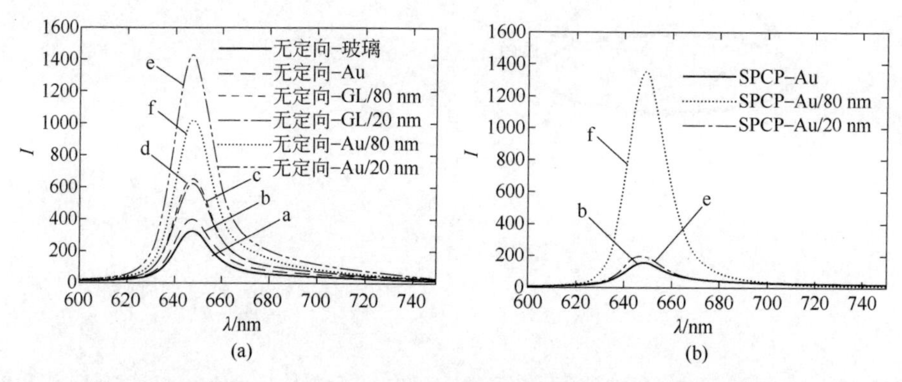

图 9-41　在 1% PVC 膜中 0.50 mmol/L PtOEP 的无定向发光（a）和耦合定向发光（b）光谱

图中标注 Au 代表金膜，20 nm/80 nm 代表涂布的 Ag 溶胶颗粒大小分别为 20 nm/80 nm。旋转涂膜，速度 4000 r/min，时间 3 min

与上述的单/寡纳米粒子相比，在大量粒子存在的溶胶体系，磷光的增强和磷光寿命的调制更加显著[86]。图 9-42 展示了实验的探针和溶胶体系，以及溶胶的吸收光谱和探针磷光强度的变化。在实验条件下，染料和纳米粒子表面间距 1～2 nm 时可以表现出调制作用，而小于 1 nm 时，非辐射将胜过辐射通道而起控制作用；大于 2 nm 时，已经超出了耦合能力，观察不到调制效果。所使用的 Ru 配合物的发光自然寿命为 12 μs（在除氧的水中，测得量子产率 3.3%和寿命 400 ns）。而在纳米溶胶聚集体系，磷光衰减是双指数的，因为并非所有的染料分子位于相同的位置并经历相同的场增强效应。长寿命组分为 3.5 ns，短寿命组分为 0.7 ns。在金属溶胶等离子体波的作用下，长寿命组分比其自然寿命缩短了 3400 倍，表现出非常显著的调制作用。强度增强作用仅有 75 倍。重要意义：在磷光状态下，可以实现由等离子结构调制的大幅度的时间分辨测量，而这在荧光状态下是无法实现的（注：笔者实验曾试图重复该实验，并观察到精胺诱导银溶胶的聚集是非常容易的，但进一步增强钌配合物的磷光确实非常困难，散射背景非常强，所描述的磷光增强现象难以重复）。

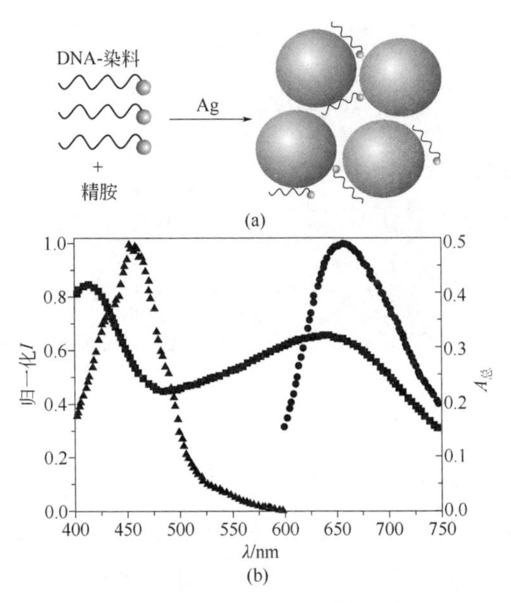

图 9-42 （a）精胺诱导的标记 Ru 配合物［$Ru(bpy)_3^{3+}$］磷光探针的 DNA 与银纳米粒子的共聚体（DNA 序列：5′-dye-TGGAAGTTAGATTGGGATCATAGCGTCAT-3′）；（b）银纳米粒子聚集体的吸收光谱（实线）和归一化的染料激发（三角）和发射（菱形）光谱

聚集体的平均等离子体波吸收峰为约 670 nm，染料的吸收和荧光峰分别为 460 nm 和 640 nm。强度增强因子定义为量子产率之比

【知识拓展】消逝波和全反射原理简介

相对而言，折射率小的介质称为光疏介质，而折射率大的介质称为光密介质。如图 9-43 所示，当光从光疏介质（n_1）进入光密介质（n_2）时，光线会在光密介质中折射，光线的入射角和折射角分别为 θ_i(incident angle)和 θ_r(refraction angle)。当 $\theta_i=\theta_c$ 时，折射角 $\theta_r=90°$。如果满足 $\theta_i \geqslant \theta_c$，光不再进入光密介质，折射线全消失，只剩余反射线，这种对光线只有发射而无折射的现象称为全反射或全内反射，θ_c 称为全内反射临界角（total internal reflection critical angle）。根据折射定律，$n_1\sin\theta_i=n_2\sin\theta_r$，其取值取决于相邻介质折射率的比值：

$$\theta_I = \theta_c = \sin^{-1}(n_2/n_1) \tag{9-35}$$

实际上，由于波动效应，有一部分光的能量会穿过界面穿透到光密介质中，形成非均匀波，它沿着入射面上的介质边界传播，而振幅（光的强度）随与分界面相垂直的深度或距离 z 作指数般地衰减：

$$I_z=I_0\exp(-z/d_p) \tag{9-36}$$

式中，$d_p=\lambda_1/[2\pi n_1(\sin^2\theta-(n_2/n_1)^2)^{1/2}]$。

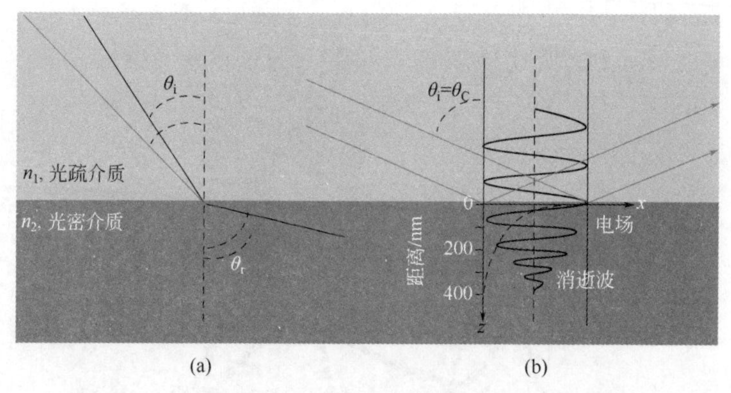

图 9-43　内全反射现象（a）和消逝波原理示意图（b）

可以看出，透射电磁场的振幅随进入样品的深度 z 减小得非常快，这种电磁场只存在于界面附近一薄层内，因此，称此非均匀场为消逝场，其在第二介质中的有效穿透深度约为一个波长量级。这种形式的光线通常称为消逝波（evanescent wave，又称隐逝波或倏逝波）。

由于这种消失波只存在于界面层里，只能激发在界面层的荧光团，从而产生所谓的全内反射荧光，最强的荧光在界面处。因此，它具有高度的界面（表面）特异性，可有效排除本体干扰，获取界面信息。

消失波激发在一个波长范围之内的荧光分子发出荧光，其荧光强度:

$$I_{ev}(z)=q_I\int I(z)c(z)q(z)dz \tag{9-37}$$

式中，$I_{ev}(z)$为在消逝波场中的总荧光强度；$I(z)$、$c(z)$、$q(z)$分别为光穿透深度 z 处的荧光强度、荧光分子的浓度和量子产率；q_I 为界面处（z=0 处）量子产率，可以假设 $q_I=q(z)=q$。

在液-液界面、棱镜-空气或液体界面等都可以取得消逝波，除了与定向荧光检测耦合外，其在分析化学的其他领域具有广泛的应用，全内反射荧光显微分析就是其最重要的一种应用技术[80-84]。

9.5　三线态研究方法

通过三线态-三线态(T-T)能量转移途径布居三线态属于敏化磷光研究内容，详见文献[87]。同样，三线态研究方法在上述著作中也已经详细阐述，在此仅介绍一些具体的例子。

9.5.1　系间窜越速率常数的测定或估计

方法一[88]：在低温下，微波诱导有机分子的三线态-三线态吸收变化，由此测定涉及最低三线态的系间窜越速率。在三线态的磁亚能级（magnetic sublevels）中，通过分析布居情况的变化表明，时间依赖性的三线态-三线态吸收测量直接揭示个别的三线态自旋能级去布居的速率；随即，相对的布居速率可以从在饱和微波场存在下稳态强度的变化测量而获得。如在吩嗪中蒽的零场系间窜越速率可由此获得。

同样方法，可以测定叶绿素 a 和叶绿素 b 的三线态磁亚能级的分裂和系间窜越速率[89]。对于叶绿素 a，仅两个三线态零场磁共振跃迁可以观察到，频率分别为 724 MHz 和 953 MHz，线宽大约 15 MHz，相应的零场分裂参数为$|D|$=0.0280 cm^{-1}和$|E|$=0.0038 cm^{-1}。对于叶绿素 b，频率分别为 840 MHz、1000 MHz 和 1080 MHz，线宽大约 5 MHz。其中，位于 1000 MHz 处的能级只有在更高的微波功率和较高浓度时才能被观察到，可能源于聚集态的叶绿素 b。叶绿素 a 和 b 每个三线态自旋磁亚能级去布居的速率常数如表 9-12 所示，可见，在三线态系间窜越过程中，中间的亚能级活性最高。

表 9-12　在正辛烷中叶绿素 a 和 b 每个三线态自旋磁亚能级去布居的速率常数

磁亚能级	k_x/s^{-1}	k_y/s^{-1}	k_z/s^{-1}
叶绿素 a	661 ± 89	1255 ± 91	241 ± 15
叶绿素 b	268 ± 34	570 ± 54	34 ± 4

方法二[90]：先定义三线态量子产率Φ_T的表达式：

$$\Phi_T=k_{ISC}(k_{ISC}+k_F+k_{nr})^{-1} \tag{9-38}$$

本征寿命$\tau_{0F}=k_F^{-1}$，实际测定的寿命$\tau_F=(k_{ISC}+k_F+k_{nr})^{-1}$，所以可得：

$$k_{ISC}=\Phi_T/\tau_F \tag{9-39}$$

可以假定Φ_T正比于或等于单线态氧的量子产率。一定情况下，也可以假定Φ_T等于Φ_P。

方法三[91]：多环芳烃系间窜越量子产率的测定。定义系间窜越量子产率Φ_{ISC}为：

$$\Phi_{ISC}=k_{ISC}(k_{ISC}+k_F+k_{nr})^{-1} \tag{9-40}$$

式中，k_{ISC}、k_F、k_{nr}分别为系间窜越、荧光和第一激发单线态的非辐射失活过程的一级速率常数。相应地$\Phi_{ISC}+\Phi_F+\Phi_{nr}=1$。

Φ_{ISC}与 T-T 吸收的光学密度 OD 相关：$OD=\varepsilon_T\tau_T\Phi_{ISC}i_0$ 或 $OD/i_0=\varepsilon_T\tau_T\Phi_{ISC}$。式中，$\varepsilon_T$、$\tau_T$、$i_0$分别为 T-T 吸收的摩尔吸光吸收（extinction coefficient）、三线态寿命和所吸收激发光的绝对强度。除了Φ_{ISC}，其他都是实验可测的量，结果如表 9-13 所示，没有明显的同位素效应。

表 9-13　低温和室温量子产率的比较

分子	Φ_{ISC}（77 K）	Φ_F（77 K）	Φ_{ISC}（298K）	Φ_F（289K）
$C_{10}H_8$	0.25 ± 0.05	0.55	0.40/0.71/0.8	0.21
$C_{10}D_8$	0.25 ± 0.05	0.47		
$C_{14}H_{10}$	0.35 ± 0.07	0.12	0.76/0.85	0.13
$C_{14}D_{10}$	0.45 ± 0.05	0.10		
$C_{18}H_{12}$	0.54 ± 0.11	0.15/0.53	0.95	0.09
$C_{18}D_{12}$	0.88 ± 0.18	0.14		

注：斜线间隔的数据表示来源不同，有的差别较大。

室温下所测得的Φ_{ISC}比低温得到的明显要大。因为，对许多分子而言，系间窜越是一种热活化过程。在较低的温度下，荧光量子产率和荧光寿命是增加的。例如，萘的荧光寿命在 77 K 的醇刚性的基体中比室温下大 2.7 倍左右。室温量子产率为 0.2，而低温为 0.5～0.6。低温下量子产率的增加，意味着此时的内转换量子产率Φ_{IC}比其在室温下更低。由此可以产生一个表达式：

$$\frac{k_{IC}^{RT}}{k_{IC}^{LT}}=\frac{\tau_F^{LT}}{\tau_F^{RT}}\frac{\Phi_{IC}^{RT}}{\Phi_{IC}^{LT}} \tag{9-41}$$

式中，RT 表示室温；LT 表示 77 K。对于萘，套入有关数据，可得室温内转换速率大约是低温的 9 倍。

评价：该单线态-三线态量子产率直接测定方法仅限于 T-T 吸收摩尔吸光系数已知的情况。其优点是，无须假设相对标准，也无须收集、测量发射光的强度。原则上，只要能测到 T-T 吸收，对任何化合物都是适用的。

方法四[92]：时间分辨的激光扫描微波技术测量罗丹明类染料的系间窜越速率以及氨基取代基的影响。与荧光量子产率相反，与氨基键合的取代基几乎不影响系间窜越速率常数，以及与之相关的三线态量子产率。三线态寿命 5.0～6.0 μs，$k_{ISC(S1\text{-}T)}$ 5.3×10^5～6.6×10^5 s^{-1}。荧光各向异性（在乙二醇中）为 0.14～0.16，说明取向弛豫时间与 S_1 态寿命为相同量级。

由于单线态氧浓度的测定容易实现，所以也有研究者通过测量单线态氧间接测定三线态量子产率。

9.5.2 测定富勒烯三线态

三线态富勒烯 C_{70} 磷光光谱如图 9-44 所示[93]。假定 810 nm 的发射带属于 0-0 跃迁，那么第一激发三线态的能级 T_1 为 1.53 eV。利用锌四苯基卟啉作为参考（0.012）测得 $^3C_{70}$ 的磷光量子产率为 0.0013。$^3C_{70}$ 寿命 $\tau=(53.0\pm0.1)$ ms。实验条

件下 $^3C_{60}$ 的磷光没有检测到。$^3C_{70}$ 如此低的量子产率也许与光电倍增管在大于 800 nm 的近红外区比较低的响应灵敏度有关。

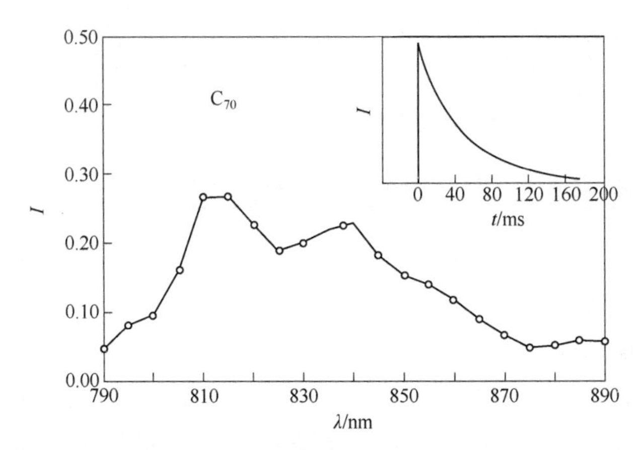

图 9-44 三线态富勒烯 C_{70} 磷光光谱

甲苯+10%聚 α-甲基苯乙烯，77 K，532 nm 激光脉冲 5 ns 后延迟 10 ms 测量，插图为在 810 nm 处的磷光衰减曲线

电子顺磁共振测量表明 $^3C_{60}$ 和 $^3C_{70}$ 确实具有三线态。强的 $^3C_{60}$ 和 $^3C_{70}$ 自旋-偏振 EPR 谱见图 9-45。偏振模式 aaa eee 意味着，从 $^1C_{60}$ 和 $^1C^{70}$ 的系间窜越产生一个沿分子 z-轴取向的明确的单零场三线态亚层为主的布居。在 $^3C_{60}$ 和 $^3C_{70}$ 的 π 体系中，由于两个未配对自旋电子的偶极相互作用，零场分裂（zero-field splittings）分别为$|D|=0.0114\ cm^{-1}$、$|E|=0.0069\ cm^{-1}$ 和$|D|=0.0052\ cm^{-1}$、$|E|=0.0069\ cm^{-1}$。电子的自旋分离平均分别为 6.1 Å 和 7.9 Å。结合 C_{60} 和 C_{70} 的直径分析，意味着两个自旋子分别位于两个体系的最远端。

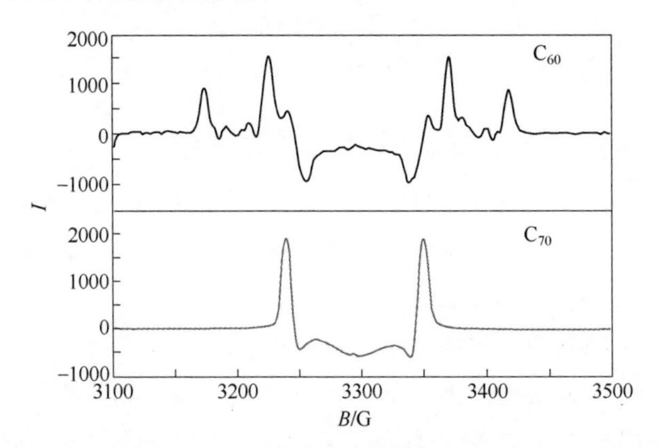

图 9-45 富勒烯 $^3C_{60}$ 和 $^3C_{70}$ 在 5 K 的电子顺磁共振（EPR）谱

实验条件：甲苯溶剂，去气，样品采用 1 kHz 调制的 Xe 灯激发，波长>400 nm，相敏检测，四场扫描平均，瓦里安 E-9 顺磁光谱仪

进一步通过 T-T 吸收估算得到 $^3C_{60}$ 第一激发三线态的能级 T_1 为 1.6 eV。利用时间分辨的 EPR 谱测得，$^3C_{70}$ 的平均寿命 51.0 ms±2 ms，与前面的光学方法结果（磷光寿命）一致。$^3C_{60}$ 的平均寿命 0.41 ms±0.01ms（*x*-取向）和 0.29 ms±0.01ms（*z*-取向）。假定 $^3C_{60}$ 与 $^3C_{70}$ 的辐射衰减速率相近，那么 $^3C_{60}$ 的平均寿命将比 $^3C_{70}$ 小 160 余倍。所以，$^3C_{60}$ T_1-S_0 的非辐射过程起主导作用，磷光难以检测。

9.6 稀土离子和其他金属离子的发光

按照配体和金属离子能级次序，可以将金属有机配合物发光分为三种类型，图 9-46 比较了它们光物理过程的特点。对主族金属配合物而言，经由 ISC 过程不能到达太高的 s 或 p 原子轨道能级，金属离子配位前后只影响有机配体的荧光。对过渡金属配合物而言，电子可以经由 ISC 到达更高能级的 d 轨道。但是，该 d 轨道能级激发态容易被猝灭，因为过渡金属的价电子没有对 d 轨道起到屏蔽作用。镧系元素配合物则不同，电子可以经由 ISC 到达受价层电子屏蔽的 f 轨道能级。

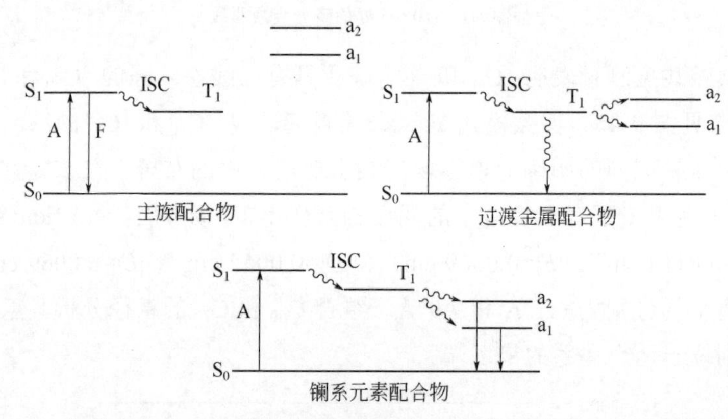

图 9-46 金属有机配合物的相对能级和光物理过程（a_1 和 a_2 表示原子能级）

9.6.1 稀土螯合物的能量转移及其发光现象

稀土离子（Ln^{3+}）电子组态的特点：稀土离子的电子组态为 $4f^n5s^25p^6$（*n*=1～13），未满的 4f 壳层被 $5s^25p^6$ 屏蔽，深埋在内层，因此稀土离子的 4f 壳层电子受晶体场影响较小。大多数稀土离子的特征辐射不会因为基质的不同而发生显著变化，也不受溶液中溶解氧的影响。对于自由稀土离子，$4f^n$ 组态内电偶极跃迁是宇称禁阻的（parity-forbidden transition），当稀土离子掺入到某些晶体中时，由于晶体场的奇对称成分使 $4f^n$ 组态和具有相反宇称的态混杂，宇称禁阻被解除或部分解除，从而产生 $4f^n$ 组态内的电偶极跃迁。

有些稀土离子的 $4f^{n-1}5d$ 组态离 $4f^n$ 组态很近，甚至互相重叠。$4f^{n-1}5d$ 激发态

到 $4f^n$ 基态的跃迁在可见光谱区出现，$4f^{n-1}$ 接近半满或全空的稀土离子 $4f^{n-1}5d$ 态能量较低，如 Ce^{3+}和其他的三价稀土离子不同，它带有一个 $5d^1$ 电子，发光来自 5d-4f 的跃迁。这是一个允许跃迁，因此 Ce^{3+}的发射寿命特别短，只有 10^{-8} s 的数量级。由于有 5d 电子参与，这种跃迁受晶场影响较大，其发射光谱为宽带发射，且发射通常由两个发射峰组成，分别来自 5d 到 4f 的 $^2F_{5/2}$ 和 $^2F_{7/2}$ 态（基态和发射态的自旋多重性相同）。另外由于 5d 电子与晶格有较强的相互作用，根据不同的晶格环境，发射光可以从蓝向红移到绿。所以，从光谱的宽窄考虑，又可将稀土离子的发光分为线状光谱和带状光谱两种类型。

有些稀土离子发光较强，有些发光较弱。发光较强的稀土离子包括 Sm^{3+}、Eu^{3+}、Tb^{3+}、Dy^{3+}，发光较弱的有 Pr^{3+}、Nd^{3+}、Ho^{3+}、Er^{3+}。

大多稀土离子和其他金属离子的发光，本质上属于自旋多重性不同的能态之间的跃迁，4f-4f 跃迁又是宇称禁阻的，可以看作磷光，尤其是 Tb^{3+}、Eu^{3+}发光寿命更长，通常都在 ms 级。这除了与具有较长三线态寿命的有机配体三线态和稀土离子之间的能量转移作用有关外，但更重要的或者说起主导作用的还是稀土离子 f-f 跃迁的禁阻特征。与有机化合物磷光体不同的是，单一稀土离子的发光较弱，属于弱荧光体，发光量子产率较低。因为金属离子本身的吸光系数很小，如在 $TbCl_3$ 水溶液中，在水合 Tb^{3+}的摩尔吸光系数［L/(mol·cm)］为[94]：$\varepsilon_{284\ nm}=0.37$，$\varepsilon_{295\ nm}=0.11$，$\varepsilon_{303\ nm}=0.15$，$\varepsilon_{318\ nm}=0.17$，$\varepsilon_{327\ nm}=0.09$，$\varepsilon_{336\ nm}=0.10$，$\varepsilon_{339\ nm}=0.16$，$\varepsilon_{342\ nm}=0.17$，$\varepsilon_{351\ nm}=0.30$，$\varepsilon_{358\ nm}=0.17$，$\varepsilon_{369\ nm}=0.31$，$\varepsilon_{377\ nm}=0.20$。这种 f-f 跃迁的宇称禁阻特征，导致直接从基态到激发态的吸收跃迁往往很困难。这就需要摩尔吸光系数较大的有机分子配位体与稀土离子形成配合物，在发光过程中扮演分子天线（antenna absorber）的角色。即通过激发态配体分子与金属离子之间的 T-T 能量转移布居三线态（或其他多重态，这个过程也叫敏化作用或敏化稀土离子发光）。同时，还有可能产生发光寿命较短的配体到金属或金属到配体的电荷转移发光带。稀土离子配合物分子天线原理如图 9-47 和图 9-48 所示。一般，稀土离子配合物的发光因有机配体三线态能级和稀土离子能级的相对位置不同可能产生如下两种类型：

① 配体三线态位于中心离子发射能级之上，扮演分子天线的角色：

$$L_{S_1} \rightarrow L_{T_1} \rightarrow M^* \rightarrow M_0 + h\nu \text{（稀土离子 M 发光，窄发射带）} \qquad (9\text{-}42)$$

② 配体三线态在中心离子发射能级之下 2～3 kcal/mol（8.372～12.558 kJ/mol）：

$$L_{S_1} \rightarrow L_{S_0} + h\nu \text{（宽发射带）或 } L_{T_1} \rightarrow L_{S_0} + h\nu \text{（宽发射带）} \qquad (9\text{-}43)$$

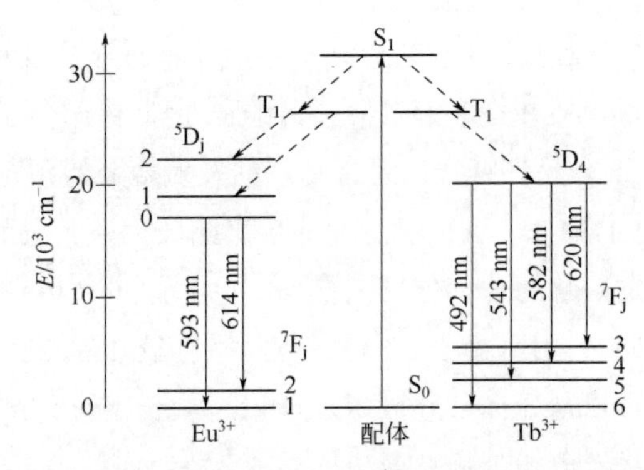

图 9-47 稀土离子发光机理：天线效应（antenna effect）

$^5D_0$ 和 $^5D_4$ 分别为 Eu^{3+} 和 Tb^{3+} 的发射态

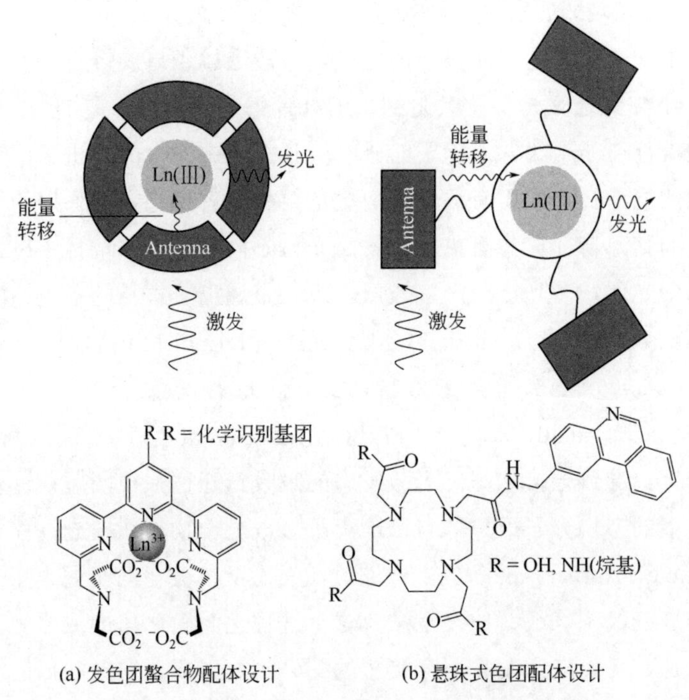

图 9-48 镧系（Ln^{3+}）敏化发光的天线效应[95-98]

常见螯合配体包括 1,10-邻菲啰啉和 2,2′-联吡啶及其系列衍生物等含两个 N 原子的双齿配位的中性配体、联三吡啶氨羧配体、冠醚类等；常见有机磷酸酯类包括三正辛基氧化膦（TOPO）、三苯基氧化膦（TPPO）等

【知识拓展】

Eu^{3+}和 Tb^{3+}的基态和激发态光谱项

基态光谱项确定：$Tb^{3+}(4f^8)$，其中两个电子自旋配对占据一个 4f 轨道，其余 6 个电子自旋平行，于是：

$L=\Sigma m=2\times3+2+1+1+0-1-2-3=3$，对应符号 F；

$S=\Sigma m_s=[+1/2-(-1/2)]+6\times1/2=3$；自旋多重性 $2S+1=7$；

$J=L-S=0-3=0$ 最小，$L+S=6$ 最大。

光谱项为 ^7F；光谱支项为 $^7F_6$、$^7F_5$、$^7F_4$、$^7F_3$、$^7F_2$、$^7F_1$、$^7F_0$（其中，$^7F_6$ 为最低基态能级）。同样推得 Eu^{3+}（$4f^6$）的基态光谱项/光谱支项为：$^7F_6$、$^7F_5$、$^7F_4$、$^7F_3$、$^7F_2$、$^7F_1$、$^7F_0$（其中，$^7F_0$ 为最低基态能级）。

激发态光谱项确定。如表 9-14 所示，假定 Tb^{3+}处于激发态时 4f 亚层中的两个自旋平行电子选择配对，则只剩余四个自旋平行电子，自旋多重性 $2S+1=5$，五重态。而假定 Eu^{3+}处于激发态时 4f 亚层中的两个自旋平行电子选择配对，则只剩余四个自旋平行电子，$2S+1=5$，五重态。

表 9-14　Eu^{3+}和 Tb^{3+}为基态和激发态电子构型对照表

Ln^{3+}	基态							激发态（复杂构型之一）						
	磁量子数 m 取值							磁量子数 m 取值						
	3	2	1	0	−1	−2	−3	3	2	1	0	−1	−2	−3
Eu^{3+}（$4f^6$）	↑	↑	↑		↑	↑	↑	↑↓		↑	↑		↑	↑
Tb^{3+}（$4f^8$）	↑↓	↑	↑	↑	↑	↑	↑	↑↓	↑↓		↑	↑	↑	↑

$L=\Sigma m$，最大取值为 2，用符号 D 表示，^5D_J（Eu^{3+}的 $^5D_{J(0\sim6)}$，Tb^{3+}的 $^5D_{J(0\sim4)}$。其中，$^5D_0$ 为 Eu^{3+}发射能级或最低激发态能级；$^5D_4$ 为 Tb^{3+}发射能级或最低激发态能级）。

图 9-49 典型地展示了 Tb^{3+}和 Eu^{3+}离子配合物的荧光（磷光）光谱以及各发射峰的归属。可见，Tb^{3+}和 Eu^{3+}的发射能级的能量相当低，以至于在配合物中常用来作为受体。由于这个特性，通过溶液中发生的配体-稀土离子之间的能量转移来探测有机分子的三线态。对有机配体而言，通过 T-T 能量转移的猝灭过程服从 Stern-Volmer 方程，并可由此测定分子的三线态寿命 τ_D。

Eu^{3+}的 $^5D_0\rightarrow{}^7F_1$（595 nm）是磁偶极跃迁，和配位环境关系不大；$^5D_0\rightarrow{}^7F_2$（612 nm）属于电偶极跃迁，对中心离子周围的化学环境非常敏感。比较两种跃迁的发射强度可判断中心离子的配位环境，通常不对称配位环境 $I(^5D_0\rightarrow{}^7F_2)/I(^5D_0\rightarrow{}^7F_1)$为 8～12，中心对称配位环境该比值小于 8，如 Eu^{3+}的萘啶酮酸配合物在 $^5D_0\rightarrow{}^7F_2$ 处的峰高与 $^5D_0\rightarrow{}^7F_1$ 处的峰高之比为 4.6，说明 Eu^{3+}处于中心对称位置。该配合物对 $H_2PO_4^-$选择性响应，随着该离子浓度增加，荧光猝灭，且两个峰的比值由 4.6 降到了 1.2，说明在滴加 $H_2PO_4^-$的过程中，Eu^{3+}的配位环境发生了改变[99]，即 $H_2PO_4^-$取代了水的配位位置，或者取代了萘啶酮酸的配位位置。

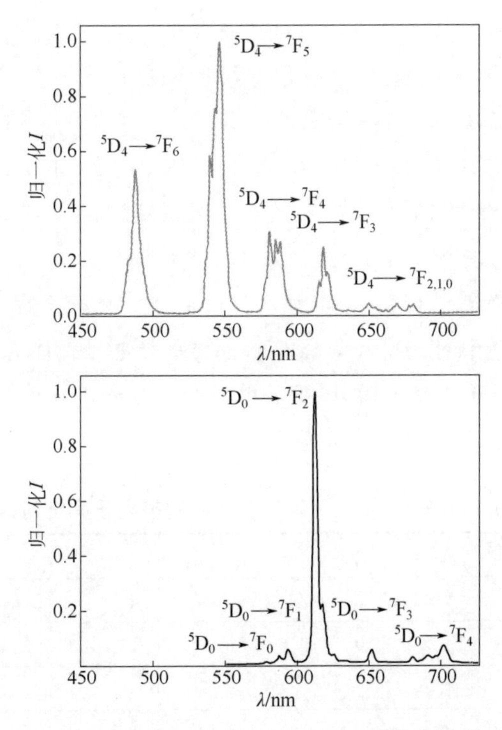

图 9-49　Tb(Ⅲ)-IAM 和 Eu(Ⅲ)-1,2-HOPO 复合物的发光光谱[95]

水溶液，pH 7.4；Eu^{3+}：$^5D_2$（21480 cm^{-1}），$^5D_1$（18700 cm^{-1}），$^5D_0$（17300 cm^{-1}）；Tb^{3+}：$^5D_4$（20400 cm^{-1}）

以 Eu^{3+}和 Tb^{3+}为例，总结稀土离子发光特点如下（其他如 Ce^{3+}的发光特征可能与此显著不同）：

① 大的斯托克斯位移（超过 150 nm）。

② 线状光谱：发射峰形尖锐（外层充满的 $6s^2$，使得配合物中来自中心 Ln^{3+}内层 4f 能级间电子跃迁而产生的发射免受外界环境的干扰，因此发射带基本是单频的，颜色纯度高）。

③ 所需激发能量较低，通过有机配体的三线态而布居激发态。

④ 禁阻的跃迁，长发光寿命，约毫秒级别。

⑤ 高量子产率。

⑥ 对配位环境的敏感性。

此外，影响稀土离子光致发光的主要因素总结如下：

① 配体到中心离子的能量传递，见前面天线效应。

② 溶剂的影响、振动耦合。溶剂中的 O—H 和 N—H 基团与稀土离子配位后，稀土离子与 O—H 和 N—H 之间的振动耦合，将成为稀土离子发射态非辐射失活

的有效途径，从而强烈地猝灭其荧光。

③ 多核配合物中稀土离子之间的相互影响——“共荧光效应”（cofluorescence）。“共荧光效应”（cofluorescence）可能是，协同增强的离子被紫外光激励后，通过系间交换激发能高效率地传递给荧光发射离子，起到荧光增强作用，即离子之间从高能级到低能级的高效 ET；也可能是稀土离子本身的重原子效应，因为稀土元素电子结构特殊、原子磁矩大、自旋-轨道耦合作用强等。

最后应该指出，稀土离子具有太丰富的能级结构，笼统地说稀土离子的跃迁是禁阻或允许的或者稀土离子发光属于荧光或磷光也许没有太大意义。同一种稀土离子激发态到不同基态的电子跃迁，可能有的是某一光选律允许的，有的可能是禁阻的。有的属于线状光谱，有的属于带状光谱。不同稀土离子的跃迁以及 4f-4f（4f 亚层中各能级之间的电子跃迁）和 4f5d-4f5d（4f 亚层中各能级与外层各电子能级之间的跃迁）跃迁特征都显著不同。稀土离子能态的混合、配位环境的变化也都会影响其特定能态间的光发射概率。再有，同一种稀土元素的不同价态离子也有显著不同，例如，Eu^{2+}发光光谱对应于 $4f^{6}5d \rightarrow 4f^{7}$ 跃迁，寿命大约 1 μs，发射能级（激发态）含有八重态和六重态，而基态为八重态（$4f^{7}$：$2S+1=8$），因此自旋禁阻的选律降低了光跃迁速率，但稀土离子本身具有很强的自旋-轨道耦合作用。

9.6.2 其他金属离子的发光机理及发光寿命

Pb^{2+}属于 ns^{2} 型离子，它的基态是 $^{1}S_{0}$，其第一激发态具有简并的三线态 $^{3}P_{0}$、$^{3}P_{1}$ 和 $^{3}P_{2}$，在较高的能级还有单线态 $^{1}P_{1}$。从 $^{1}S_{0}$ 到 $^{3}P_{1}$、$^{3}P_{2}$ 和 $^{1}P_{1}$ 的跃迁分别记作 A、B 和 C 波段，从 $^{1}S_{0}$ 到 $^{3}P_{0}$ 的跃迁是禁阻的。另外，在 Pb^{2+}的发光中还存在一个 D 波段，称为电荷转移跃迁，是指金属阳离子和配合物之间的电荷转移跃迁。

金属 d 中心的激发态是发光的，它包括如：Cr(Ⅲ)的 $^{2}E_{g}$ 激发态；d^{2} 金属-配体多重键的 ^{3}E 激发态$[d^{1}_{xy}, (d_{xz}, d_{yz})^{1}]$，以及铂、铑及铱二硫代复合物的 d^{8} d-pπ 激发态以及一大批其他的多核金属、贵金属及其簇集体 d^{10} 激发态[100]。

重金属原子钌（Ru）、锇(Os)、铱(Ir)、铂(Pt)等具有 d 和 ds 外层电子结构，外层电子结构会形成强烈的自旋-轨道耦合，使得由其形成的金属有机配合物的有机配体部分的单线态和三线态发生混合，从而使有些三线态具有单线态特征，原来三线态在外层电子分布上的对称性就会被破坏，原本禁阻的三线激发态向基态跃迁变为部分允许，增加了辐射跃迁的概率，三线态所对应的磷光辐射寿命缩短，减弱了磷光猝灭。这些金属配合物的发光大多情况下属于自旋多重性不同状态间的电子跃迁，所以也属于磷光。$Ru(bipy)_{3}^{2+}$的发光确实是磷光，其激发和发射现象产生于钌的 d 轨道和配体反键轨道之间的电荷转移跃迁。铱配合物因其三线态寿命较短，具有较好的发光性能，是研究得较多也是具有较大应用前景的一种磷光材料。例如，在顺磁性化合物$[IrBr_3(NO)(PPh_3)_2]$中，未成对电子主要存在于NO的反键π轨道中，其电子状态与气态中电子的状态相似，Ir与NO通过Ir的dπ轨道与弯曲的NO配体重叠，Ir的d^7电子构型的稳定性取决于金属与配体之间的电子转移，许多其他的Ir配合物的稳定性相似。由于磷光材料在固体中有较强的三线态猝灭，一般都是用铱配合物作掺杂客体材料(guest)，用较宽带隙的材料作掺杂主体材料（host），通过能量转移或直接将激子俘获于客体分子而获得高发光效率。铱（Ⅲ）与C、N的配合物可以通过2-苯基吡啶与吸电子或供电子基之间的外部作用，或者通过环金属化配体的改变来调制颜色。

因为Os(Ⅱ)的氧化势能低，所以其发射能量比Ru(Ⅱ)化合物小。Os(Ⅱ)离子所引起的强自旋-轨道耦合加速了从激发态到基态的去活化速率。另一方面，由于Os(Ⅱ)离子的体积比较大，使得八面体几何结构的扭曲程度不像Ru离子化合物那么强烈，金属中心激发态位于更高的能级。因此，$[Os(Ⅱ)(tpy\text{-}py)_2]^{2+}$显示出比$[Ru(Ⅱ)(tpy\text{-}py)_2]^{2+}$更高的发光量子产率和更长的发光寿命[101,102]。

Ru(Ⅱ)与2,2′-联吡啶（bipy）类的配合物，发光是由电荷转移引起的［MLCT：Ru(Ⅱ)→R↔Ru(Ⅲ)←R］，这种电荷转移发光的带宽比d*-d和f*-f或f*-d发光要宽，但比π*-π或π*-n发射的带宽要窄。

9.7 磷光测量实践中的若干问题

9.7.1 磷光和荧光之间竞争关系

磷光和荧光之间应该存在着竞争关系。这可以从量子产率的动力学表达式看出来。

按照自旋禁阻跃迁规则，荧光应该比磷光更容易产生。但如果发生S_1-T_1系间窜越，那么发生S_1-S_0的跃迁概率就会小很多。同样，E型或P型延迟荧光和磷光也是彼消此长的关系。有些情况下，自旋禁阻跃迁变得允许或部分允许，如nπ*跃迁的系间窜越速率k_{ISC}或量子产率Φ_{ISC}相对较大，甚至达到1，所以这样的分子能发射磷光却难以检测到荧光。但是，在有机的或水溶液中，在不充分除氧的条件下可能检测不到磷光。

对于许多固态磷光材料，并不一定需要由单线态经过系间窜越布居三线态，而是通过其他途径产生的。但无论什么途径，如果荧光或延迟荧光和磷光能同时产生，内量子效率较高，这是比较理想的。

对于不同的发光分子，如果它们分别产生荧光和磷光，而且激发光谱位置相近或不同，原则上通过控制激发条件既可以检测荧光也可以观察磷光。但是，必要条件是所涉及的磷光物质或分子在实验条件下不被猝灭，荧光组分和磷光组分是相互独立的，而且荧光和磷光光谱能够在空间上彼此分开，二者的量子产率没有极大的差别。

9.7.2 荧光和磷光的识别以及同时检测

如果一种化合物既能发射荧光（包括延迟荧光），又能发射磷光，根据它们各自的光谱特性和衰减动力学、单线态和三线态的性质等，要识别它们还是比较容易的。难的是，极端地讲，无论什么实验情况下，在稳态测量条件下，该化合物只显示一种发光光谱，在瞬态或磷光测量状态下也只显示一种光谱，那么这种光谱是延迟荧光还是磷光？这时，可以从几个方面确定发光的属性：①根据吸收光谱确认电子跃迁的类型；②根据分子结构特点确定最低电子激发态的属性；③结合计算化学辅助确定最低电子激发态的属性；④温度依赖性特点（E 型延迟荧光在一定范围随温度的升高而增强）；⑤浓度依赖性特点（P 型延迟荧光通过 T-T 湮灭机制产生，需要在较高浓度下的双分子作用。延迟荧光与激发光强度的平方成正比关系，而磷光与激发光强度成正比关系，参见第 2 章 2.2.2.2 节和 2.2.2.3 节）。

如果同一种物质既能发射荧光，又可发射磷光，那可不可以同时检测到荧光和磷光？并且如何区分它们？有这种可能性，但要看荧光和磷光的相对强弱。假定磷光不是太弱，又不容易遭受溶解氧或其他物质猝灭，那么在荧光测量状态下，在相对较长波长区域和较短波长区域分别得到磷光和荧光光谱。大多情况下，磷光可能被强的荧光轮廓掩盖而难以区分，或作为荧光光谱长波长端的一个拖尾。利用时间分辨装置，或在仪器的磷光测量状态下，设置一定的延迟时间（从几十微妙到几毫秒或几十毫秒等），会观察到随着延迟时间的增加，在较短波长区域荧光光谱逐渐衰减，而在较长波长区域磷光光谱逐渐显露出来。即便是荧光和磷光光谱的重叠程度较大，也可以通过时间分辨或磷光模式（设置一定的延迟时间），测量到纯的磷光光谱而没有荧光的干扰。图 9-50 是 4-苯基吡啶-*N*-氧化氮（PPNO）

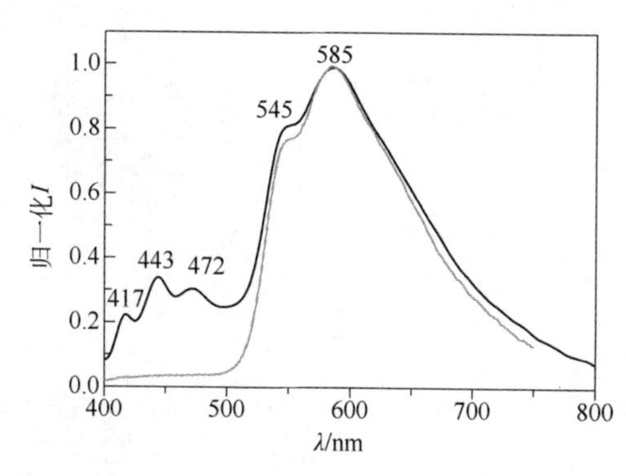

图 9-50 由 1,4-二碘四氟苯和 PPNO 组装的复合晶体的归一化全发光和磷光光谱[49]

内铵盐与1,4-二碘四氟苯共晶分子的发光光谱和磷光光谱[49]。可以看到，在稳态发光模式下，得到全发光光谱（荧光加磷光）。而在磷光模式下，仅得到磷光光谱，短寿命的荧光被时间分辨“滤”去了。

再如，Mn^{2+}掺杂的ZnS量子点，由于Mn^{2+}位于ZnS纳米粒子的基体内（有时表面的也可以），氧分子很难猝灭其磷光。这种情况下，可以同时检测到ZnS的缺陷发光或量子限制态的荧光和Mn^{2+}的磷光。前者发光波长位于450 nm左右，而后者波长更长，590 nm左右。图9-51是3-巯基丙酸修饰的ZnS掺Mn量子点全发光（荧光加磷光，稳态模式）和磷光光谱（磷光模式）：激发310 nm，荧光435 nm，磷光峰在590 nm处，由Mn^{2+}的$^4T_1 \rightarrow {}^6A_1$跃迁产生。

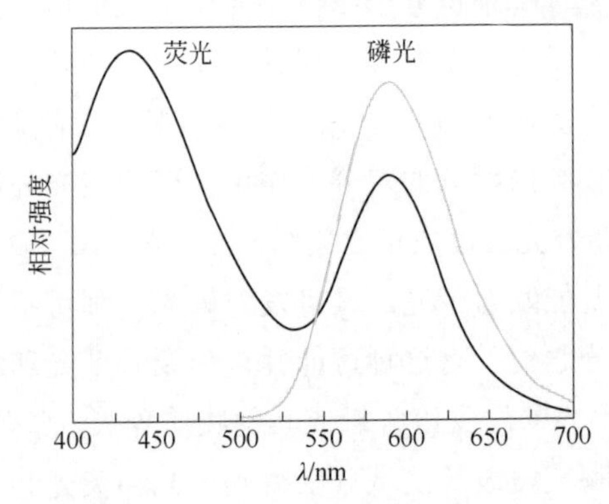

图9-51 3-巯基丙酸修饰的ZnS掺Mn量子点全发光（荧光加磷光）和磷光光谱（激发310 nm，荧光435 nm，磷光峰在590 nm处）

此外，三维发光光谱可以为区分或同时检测荧光和磷光光谱提供更全面的信息。如图9-52所示，卤键供体1,2-二碘四氟苯和1,4-二碘四氟苯分别与二氮杂菲

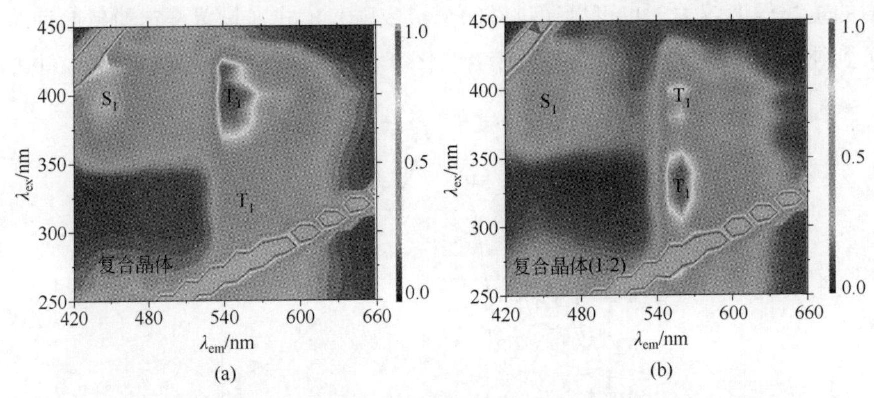

图9-52 复合晶体的三维全发光光谱：（a）1,7-菲啰啉 · 1,2-二碘四氯苯；（b）1,7-菲啰啉 · 1,4-二碘四氯苯

采样间隔均为10 nm，扫描速度1200 nm/min，出射狭缝和入射狭缝的宽度均为5 nm

（1,7-菲啰啉）形成共晶。由于碘原子的重原子效应，荧光较弱，而磷光较强。从等高线三维光谱可以看到，荧光发射只有一个发射峰、一个激发峰，而磷光发射对应两个激发峰。

9.7.3 重原子微扰剂的量

自旋-轨道耦合理论为理解磷光现象提供了物理学基础。然而，对于一个实际的化学实验体系，复杂的化学环境使得由物理学原理推演出的结果发生一定的或极大的偏差是可能的。例如，在特定实验体系中磷光的强弱与重原子效应有关，但并不一定完全决定于自旋-轨道耦合常数大小。通过系间窜越布居的三线态过程，显然重原子效应会增加磷光的量子产率。但要适度，并不是重原子效应越强，磷光就越强。因为重原子效应同样也增加非辐射的系间窜越速率，当非辐射速率占主导时，磷光速率则处于次要位置，磷光反而减弱了。体现在重原子微扰剂浓度方面，如重金属离子浓度或碘离子浓度，实验会优化出一个适当较宽或较窄的浓度范围。

对于那些具有确定化学计量比的重原子微扰剂，对于磷光信号的稳定性、可重复性等是有益的，比如重原子取代基作为化合物的固定组成部分，例如溴代萘或溴代萘衍生物，一溴代往往能起到非常好的自旋-轨道耦合作用，碘代的反而差些，应该与过度的自旋-轨道耦合作用有关。一般情况下，多卤代对磷光不利。通过卤键组装的磷光共晶中的重原子效应特点见本章有关内容。

参 考 文 献

[1] 张苏社，刘长松，卜玉龙. β-环糊精诱导室温燐光法测定α-萘乙酸的研究——以 1,2-二溴乙烷作重原子微扰剂. *分析化学*, **1988**, *16*: 494-497.

[2] G. N. Lewis, M. Kasha, Phosphorescence and the triplet state. *J. Am. Chem. Soc.*, **1944**, *66*: 2100-2116.

[3] N. J. Turro. Modern Molecular Photochemistry, University Science Books, 0935702717, O644.1 W11/R, **1991**, *29*: 173-183.

[4] J. B. Birks. *Photophysics of aromatic molecules*. John Wiley & Sons, New York, 1970: 560-565.

[5] S. K. Lower, M. A. El-Sayed. The triplet state and molecular electronic processes in organic molecules. *Chem. Rev.*, **1966**, *66*: 199-241.

[6] N. R. Pillsbury, T. S. Zwier, R. H. Judge, S. Drucker. Jet-cooled phosphorescence excitation spectrum of the $S_0 \rightarrow T_1(n,\pi^*)$ transition of 2-cyclopenten-1-one. *J. Phys. Chem. A*, **2007**, *111(34)*: 8357-8366.

[7] G. N. Lewis, M. Kasha. Phosphorescence in fluid media and the reverse process of singlet-triplet absorption. *J. Am. Chem. Soc.*, **1945**, *67*: 994-1003.

[8] T. Mani, D. M. Niedzwiedzki, S. A. Vinogradov. Generation of phosphorescent triplet states via photoinduced electron transfer: Energy and electron transfer dynamics in Pt porphyrin-rhodamine-B dyads. *J. Phys. Chem. A*, **2012**, *116*: 3598-3610.

[9] Z. Wang, J. Zhao, A. Barbon, et al. Radical-enhanced intersystem crossing in new bodipy derivatives and application for efficient triplet-triplet annihilation upconversion. *J. Am. Chem. Soc.*, **2017**, *139*: 7831-7842.

[10] S. Reineke, M. A. Baldo. Room temperature triplet state spectroscopy of organic semiconductors. *Scientific Reports*, **2014**, *4*: 3797.

[11] G. V. Astakhov, D. R. Yakovlev, V. V. Rudenkov, et al. Definitive observation of the dark triplet ground state of charged excitons in high magnetic fields. *Phys. Rev. B*, **2005**, *71(20)*: 1312.

[12] C. J. Bardeen. Triplet excitons: Bringing dark states to light. *Nat. Mater.*, **2014**, *13*: 1001-1003.

[13] G. Donnert, C. Eggeling, S. W. Hell. Major signal increase in fluorescence microscopy through dark-state relaxation. *Nature Methods*, **2007**, *4*: 81-86.

[14] K. K. Rohatgi-Mukherjee. Fundamentals of photochemistry, John Wiley & Sons, **1978**; K. K. 罗哈吉-慕克吉. 光化学基础. 丁革非, 孙林, 盛六四, 等, 译. 北京: 科学出版社, 1991: 109, 218.

[15] J. Kuijt, F. Ariese, U. A. Th. Brinkman, C. Gooijer. Room temperature phosphorescence in the liquid state as a tool in analytical chemistry. *Anal. Chim. Acta.*, **2003**, *488*: 135-171.

[16] A. R. Brown, K. Pichler, N. C. Greenham, et al. Optical spectroscopy of triplet excitons and charged excitations in poly(p-phenylenevinylene) light-emitting diodes. *Chem. Phys. Lett.*, **1993**, *210*: 61-66.

[17] M. A. Baldo, D. F. O'Brien, M. E. Thompson, S. R. Forrest. Excitonic singlet-triplet ratio in a semiconducting organic thin film. *Phys. Rev. B*, **1999**, *60*: 14422-14428.

[18] T. Tsutsui, M.-J. Yang, M. Yahiro, et al. High quantum efficiency in organic light-emitting devices with iridium-complex as a triplet emissive center. *Japan. J. Appl. Phys.*, **1999**, *38*: 1502-1504.

[19] C. Adachi, M. A. Baldo, M. E. Thompson, S. R. Forrest. Nearly 100% internal phosphorescence efficiency in an organic light-emitting device. *J. Appl. Phys.*, **2001**, *90*: 5048-5051.

[20] J. Simon, A. Campion, M. Nicol. Tribute to Mostafa A. El-Sayed. *J. Phys. Chem.*, **1995**, *99(19)*: 7197-7210.

[21] G. Cavallo, P. Metrangolo, R. Milani, et al. The halogen bond. *Chem. Rev.*, **2016**, *116*: 2478-2601.

[22] W. J. Jin, C. S. Liu. Luminescence rule of polycyclic aromatic hydrocarbons in the micelle-stabilized room temperature phosphorescence. *Anal. Chem.*, **1993**, *65*: 863-865.

[23] S. M. Ramasamy, R. J. Hurtubise. Energy-gap law and room-temperature phosphorescence of polycyclic aromatic hydrocarbons adsorbed on cyclodextrin/sodium chloride solid matrices. *Appl. Spectrosc.*, **1996**, *50*: 115-118.

[24] J. S. Wilson, N. Chawdhury, M. R. A. Al-Mandhary, et al. The energy gap law for triplet states in Pt-containing conjugated polymers and monomers. *J. Am. Chem. Soc.*, **2001**, *123*: 9412-9417.

[25]T. Vo Dinh. Room temperature phosphorimetry for chemical analysis, John Wiley and Sons, New York, 1984: 6.

[26] S. M. Ramasamy, R. J. Hurtubise. Oxygen sensor via the quenching of room-temperature phosphorescence of perdeuterated phenanthrene adsorbed on Whatman 1PS filter paper. *Talanta* **1998**, *47*: 971-979.

[27] J. Wang, R. J. Hurtubise. Solid-matrix luminescence in glucose and trehalose glasses with heavy-atom salts. *Anal. Chim. Aata.*, **1996**, *332*: 299-305.

[28] W. J. Jin "cyclodextrin inclusion complexes: triplet states and phosphorescence" in "cyclodextrin materials: photochemistry, photophysics, and photobiology" edited by A Duhal, Elsevier, Amsterdam, 2006: 141.

[29] 西川泰治, 平木敬三. 基础讲座——荧光、磷光分析法. 郑永章, 译. 分析化学译丛, **1987**, *4(5-6)*: 140-165.

[30] M. Zander, G. Kirsch. On the phosphorescence of benzologues of furan, thiophene, selenophene, and tellurophene. A systematic study of the intra-annular internal heavy-atom effect. *Z. Naturforsch.*, **1989**, *44A*: 205-209.

[31] W. C. Martin. Table of spin-orbit energies for p-electrons in neutral atomic (core) np-configurations. J. Research of tae Notional Bureau of Standards-A. *Phys. & Chem.*, **1971**, *75A(2)*: 109-111.

[32] A. Kobayashi, K. Suzuki, T. Yoshihara, S. Tobita. Absolute measurements of photoluminescence quantum yields of 1-halonaphthalenes in 77 K rigid solution using an integrating sphere instrument. *Chem. Lett.*, **2010**,

39(*3*): 282-283.

[33] 陈国珍，等. 荧光分析法. 第 2 版. 北京：科学出版社, 1990: 46-47.

[34] C. Orlandi, W. Siebrand. Electronic propensity rule for radiationless transitions. *Chem. Phys. Lett.*, **1981**, *80*: 399-403.

[35] W. Siebrand. Mechanism of radiationless triplet decay in aromatic hydrocarbons and the magnitude of the Franck—Condon factors. *J. Chem. Phys.*, **1966**, *44*: 4055-4057.

[36] E. L. Y. Bower, J. D. Winefordner. The effect of sample environment on the room-temperature phosphorescence of several polynuclear aromatic hydrocarbons. *Anal. Chim. Acta.*, **1978**, *102*: 1-13.

[37] D. W. Abbott, T. Vo-Dinh. Detection of specific nitrogen-containing compounds by room-temperature phosphorescence. *Anal. Chem.*, **1985**, *57*: 41-45.

[38] R. H. Hofeldt, R. Sahai, S. H. Lin. Heavy atom effect on the phosphorescence of aromatic hydrocarbons. II. quenching of perdeuterated naphthalene by alkali halide. *J. Chem. Phys.*, **1970**, *53*: 4512-4518.

[39]. 黄如衡. 用磷光寿命变化法测定碘离子与磷光体反应动力学参数. *分析化学*, **1996**, *24*: 392-396.

[40] L. D. Li, W. Q. Long, A. J. Tong. Determination of photophysical rate constants for the non-protected fluid room temperature phosphorescence of several naphthalene derivatives. Spectrochim. *Acta. A*, **2001**, *57*: 1261-1270.

[41] W. J. Jin, Q. J. Shen, H. Q. Wei, H. L. Sun. Halogen Bonding towards Assembling Phosphorescent Cocrystals and Probing Specific Solvent Effect. Book of Abstracts on Categorizing Halogen Bonding and Other Noncovalent Interactions Involving Halogen Atoms. page 38, *IUCr 2011 Satellite Workshop, 20-21 August 2011, Sigüenza, Spain*.

[42] X. Pang, W. J. Jin. Halogen bonding towards design of organic phosphors in Halogen Bonding: Fundamentals and Applications edited by Pierangelo Metrangolo and Giuseppe Resnati. *Topics in Current Chem.*, **2015**, *359*: 115-146.

[43] Q. J. Shen, X. Pang, X. R. Zhao, et al. Phosphorescent cocrystals constructed by 1,4-diiodotetrafluorobenzene and polyaromatic hydrocarbons based on C—I···π halogen bonding and other assistant weak interactions. *CrystEngComm.*, **2012**, *14*: **5027-5034**

[44] H. Y. Gao, Q. J. Shen, X. R. Zhao, et al. Phosphorescent co-crystal assembled by 1,4-diiodotetrafluorobenzene with carbazole based on C—I···π halogen bonding. *J. Mater. Chem.*, **2012**, *22*: 5336-5343.

[45] X. Pang, H. Wang, X. R. Zhao, W. J. Jin. Co-crystallization turned on the phosphorescence of phenanthrene by C—Br···π halogen bonding, *π*-hole···π bonding and other assisting. *CrystEngComm.*, **2013**, *15*(*14*): 2722-2730.

[46] H. Wang, R. X. Hu, X. Pang, et al. The phosphorescent co-crystals of 1,4-diiodotetrafluorobenzene and bent 3-ring-N-heterocyclic hydrocarbons by C—I···N and C—I···π halogen bonds. *CrystEngComm.*, **2014**, *16*(*34*): 7942-7948.

[47] Y. J. Gao, C. Li, R. Liu, W. J. Jin. Phosphorescence of several cocrystals assembled by diiodotetrafluorobenzene and three ring angular diazaphenanthrenes *via* C—I···N halogen bond. Spectrochim. *Acta A.*, **2017**, *173*: 792-799.

[48] O. Bolton, K. Lee, H. J. Kim, et al. Activating efficient phosphorescence from purely organic materials by crystal design. *Nat. Chem.*, **2011**, *3*(*3*): 205-210.

[49] R. Liu, H. Wang, W. J. Jin. Soft-cavity-type host-guest structure of cocrystals with good luminescence behavior assembled by halogen bond and other weak interaction. *Cryst. Growth Des.*, **2017**, *17*: 3331-3337.

[50] R. Puttreddy, O. Jurček, S. Bhowmik, T. Mäkelä, K. Rissanen. Very strong —N—X^{+}···$^{-}$O—N^{+}halogen bonds. *Chem. Commun.*, **2016**, *52*(*11*): 2338-2341.

[51] Q. J. Shen, H. Q. Wei, W. S. Zou, et al. Cocrystals assembled by pyrene and 1,2- or 1,4-diiodotetra-

fluorobenzenes and their phosphorescent behaviors modulated by local molecular environment. *CrystEngComm.*, **2012**, *14*: 1010-1015.

[52] X. Pang, H. Wang, W. Wang, W. J. Jin. Phosphorescent π-hole⋯π bonding cocrystals of pyrene with halo-perfluorobenzenes (F, Cl, Br, I). *Cryst. Growth Des.*, **2015**, *15(10)*: 4938-4945.

[53] M. A. Omary, R. M. Kassab, M. R. Haneline, et al. Enhancement of the phosphorescence of organic luminophores upon interaction with a mercury trifunctional Lewis acid. *Inorg. Chem.,* **2003**, *42*: 2176-2178.

[54] M. R. Haneline, M. Tsunoda, F. P. Gabbaï. π-Complexation of biphenyl, naphthalene, and triphenylene to trimeric perfluoro-*ortho*-phenylene mercury. formation of extended binary stacks with unusual luminescent properties. *J. Am. Chem. Soc.,* **2002**, *124*: 3737-3742.

[55] M. A. Omary, O. Elbjeirami, C. S. P. Gamage, et al. Sensitization of naphthalene monomer phosphorescence in a sandwich adduct with an electron-poor trinuclear Silver(Ⅰ) pyrazolate complex. *Inorg. Chem.,* **2009**, *48*: 1784-1786.

[56] N. B. Jayaratna, C. V. Hettiarachchi, M. Yousufuddin, H. V. Rasika Dias. Isolable arene sandwiched copper(Ⅰ) pyrazolates. N*ew J. Chem*., **2015**, *39*: 5092-5095.

[57] C. B. Grissom. Magnetic field effects in biology: A survey of possible mechanisms with emphasis on radical-pair recombination. *Chem. Rev*., **1995**, *95*: 3-24.

[58] S. Kuno, H. Akeno, H. Ohtani, H. Yuasa. Visible room-temperature phosphorescence of pure organic crystals via a radical-ion-pair mechanism. *Phys. Chem. Chem. Phys*., **2015**, *17*: 15989-15995.

[59] A. Hayer, H. Bässler, B. Falk, S. Schrader. Delayed fluorescence and phosphorescence from polyphenylquinoxalines. *J. Phys.Chem. A*, **2002**, *106*: 11045-11053.

[60] D. B. Clapp. The Phosphorescence of tetraphenylmethane and certain related substances. *J. Am. Chem. Soc*., **1939**, *61*: 523-524.

[61] V. B. Nazarov, V. L. Gerko, M. V. Alfimov. Phosphorescence lifetime of naphthalene and phenanthrene in aggregated aromatic molecule-β-cyciodextrin-precipitant complexes. *Russ. Chem. Bull*., **1996**, *45(9)*: 2109-2112.

[62] W. F. Beck, M. D. Schuh, M. P. Thomas, T. J. Trout. Intermediate-sized deuterium effect on $T_1 \rightarrow S_0$ intersystem crossing in acetaldehyde. *J. Phys. Chem*., **1984**, *88*: 3431-3435.

[63]. W. J. Jin, Y. S. Wei, A. W. Xu, et al. Cyclodextrin induced room temperature phosphorescence of some polyaromatic hydrocarbons and nitrogen heterocycles in the presence of cyclohexane. *Spectrochim. Acta. A*, **1994**, *50*: 1769-1775.

[64] 黄祯宝，夏晓翠，严娇，晋卫军．通过磷光寿命分布评价环状的单或双调节组分对环糊精诱导溴代芳烃磷光体系的影响．*化学传感器*, **2008**, *28(4)*: 42-49.

[65] S. Shirke, P. Takhistov, R. D. Ludescher. Molecular mobility in amorphous maltose and maltitol from phosphorescence of erythrosin B. *J. Phys. Chem. B*, **2005**, *109(33)*: 16119-16126.

[66] 段雪，张法智．插层组装与功能材料．北京：化学工业出版社, **2007**.

[67] R. Gao, D. P. Yan. Ordered assembly of hybrid room-temperature phosphorescence thin films showing polarized emission and the sensing of VOCs. *Chem. Commun*., **2017**, *53*: 5408-5411.

[68] R. Gao, D. P. Yan. Layered host–guest long-afterglow ultrathin nanosheets: high-efficiency phosphorescence energy transfer at 2D confined interface. *Chem. Sci*., **2017**, *8*: 590-599.

[69] J. D. Luo, Z. L. Xie, J. W. Y. Lam, et al. Aggregation-induced emission of 1-methyl-1,2,3,4,5-pentaphenylsilole. *Chem. Commun.,* **2001**: 1740-1741.

[70] W. Z. Yuan, X. Y. Shen, H. Zhao, et al. Crystallization-induced phosphorescence of pure organic luminogens at room temperature. *J. Phys. Chem. C*, **2010**, *114*: 6090-6099.

[71] Y. Gong, L. Zhao, Q. Peng, et al. Crystallization-induced dual emission from metal- and heavy atom-free aromatic acids and esters. *Chem. Sci*., **2015**, *6*: 4438-4444.

[72] Z. F. An, C. Zheng, Y. Tao, et al. Stabilizing triplet excited states for ultralong organic phosphorescence. *Nat. Mater.*, **2015**, *14*: 685-690.
[73] A. Corma, H. García, G. Sastre, P. M. Viruela. Activation of molecules in confined spaces: an approach to zeolite-guest supramolecular systems. *J. Phys. Chem. B*, **1997**, *101*: 4575-4582.
[74] F. Márquez, V. Martí, E. Palomares, et al. Observation of azo chromophore fluorescence and phosphorescence emissions from DBH by applying exclusively the orbital confinement effect in siliceous zeolites devoid of charge-balancing cations. *J. Am. Chem. Soc.*, **2002**, *124*: 7264-7265.
[75] X. G. Yang, D. P. Yan. Direct white-light-emitting and near-infrared phosphorescence of zeolitic imidazolate framework-8. *Chem. Commun.*, **2017**, *53*: 1801-1804.
[76] J. Zhang, Y. Fu, M. H. Chowdhury, J. R. Lakowicz. Metal-enhanced single-molecule fluorescence on silver particle monomer and dimer: coupling effect between metal particles. *Nano Lett.*, **2007**, *7*: 2101-2107.
[77] K. Aslan, C. D. Geddes. Directional surface plasmon coupled luminescence for analytical sensing applications: which metal, what wavelength, what observation angle? *Anal. Chem.*, **2009**, *81(16)*: 6913-6922.
[78] S. H. Cao, T. T Xie, W. P. Cai, et al. Electric field assisted surface plasmon-coupled directional emission: an active strategy on enhancing sensitivity for DNA sensing and efficient discrimination of single base mutation. *J. Am. Chem. Soc.*, **2011**, *133*: 1787-1789.
[79] 翁玉华. 面向聚合物膜的表面等离子体耦合发射荧光技术. 厦门: 厦门大学, 2016.
[80] R. M. Zimmermann, C. F. Schmidt, H. E. Gaub. Absolute quantities and equilibrium kinetics of macromolecular adsorption measured by fluorescence photobleaching in total internal reflection. *J. Coll. Interf. Sci.*, **1990**, *139*: 268-280.
[81] P. Feng, C. Z. Huang. Y. F. Li. Quantification of human serum albumin in human blood serum without separation of γ-globulin by the total internal reflected resonance light scattering of thorium-sodium dodecylbenzene sulfonate at water/tetrachloromethane interface. *Anal. Biochem.*, **2002**, *308*: 83-89.
[82] P. L. Edmiston, J. E. Lee, S. S. Cheng, S. S. Saavedra. Molecular orientation distributions in protein films. 1. Cytochrome *c* adsorbed to substrates of variable surface chemistry. *J. Am. Chem. Soc.*, **1997**, *119*: 560-570.
[83] G. J. Schütz, M. Sonnleitner, P. Hinterdorfer, H. Schindler. Single molecule microscopy of biomembranes. *Mol. Memb. biol.*, **2000**, *17*: 17-29.
[84] 许金钩, 王尊本. 荧光分析法. 北京: 科学出版社, 2006.
[85] M. J. R. Previte, K. Aslan, Y. Zhang, C. D. Geddes. Metal-enhanced surface plasmon-coupled Phosphorescence. *J. Phys. Chem. C*, **2007**, *111(16)*: 6051-6059.
[86] R. Gill, L. Tian, H. van Amerongen, V. Subramaniam. Emission enhancement and lifetime modification of phosphorescence on silver nanoparticle aggregates. *Phys. Chem. Chem. Phys.*, **2013**, *15*: 15734-15739.
[87] 朱若华, 晋卫军. 室温磷光分析法：原理与应用. 北京: 科学出版社, 2006.
[88] R. H. Clarke, J. M. Hayes, R. H. Hofeldt. Determination of triplet state intersystem crossing rate constants by microwave induced triplet-triplet absorption in organic molecules. *J. Magn. Reson.*, **1969**, *13(1)*: 68-75.
[89] R. H. Clarke, R. H. Hofeldt. Optically detected zero field magnetic resonance studies of the photoexcited triplet states of chlorophyll a and b. *J. Chem. Phys.*, **1974**, *61*: 4582-4587.
[90] C. C. Byeon, M. M. McKerns, W. F. Sun, et al. Excited state lifetime and intersystem crossing rate of asymmetric pentaazadentate porphyrin-like metal complexes. *Appl. Phys. Lett.*, **2004**, *84(25)*: 5174-5176.
[91] S. G. Hadley, R. A. Keller. Direct determination of the singlet→triplet intersystem crossing quantum yield in naphthalene, phenanthrene, and triphenylene. *J. Phys. Chem.*, **1969**, *73(12)*: 4356-4359.
[92] R. Menzel, E. Thiel. Intersystem crossing rate constants of rhodamine dyes: influence of the amino-group substitution. *Chem. Phys. Lett.*, **1998**, *291*: 237-243.
[93] M. R. Wasielewski, M. P. O'Neil, K. R. Lykke, et al. Triplet states of fullerenes C_{60} and C_{70}: electron paramagnetic resonance spectra, photophysics, and electronic structures. *J. Am. Chem. Soc.*, **1991**, *113*:

2774-2776.

[94] J. R. Escabi Perez, F. Nome, J. H. Fendler. Energy transfer in micellar systems. Steady state and time resolved luminescence of aqueous micelle solubilized naphthalene and terbium chloride. *J. Am. Chem. Soc.*, **1977**, *99*: 7749-7754.

[95] E. G. Moore, A. P. S. Samuel, K. N. Raymond. From antenna to assay: lessons learned in lanthanide luminescence. *Acc. Chem. Res.*, **2009**, *42*(*4*): 542-552.

[96] B. Song, G. Wang, J. Yuan. A new europium chelate-based phosphorescence probe specific for singlet oxygen. *Chem. Commun.*, **2005**: 3553-3555.

[97] B. Song, G. Wang, M. Tan, J. Yuan. A europium(Ⅲ) complex as an efficient singlet oxygen luminescence probe. *J. Am. Chem. Soc.*, **2006**, *128*(*41*): 13442-13450.

[98] Z. Dai, L. tian, B. Song, et al. Development of a novel lysosome-targetable timegated luminescence probe for ratiometric and luminescence lifetime detection of nitric oxide in vivo. *Chem. Sci.*, **2017**, *8*: 1969-1976.

[99] T. S. Chu, F. Zhang, Y. Wang, et al. A novel electrophoretic deposited coordination supramolecular network film for detecting phosphate and biophosphate. *Chem. Eur. J.*, **2017**, *23*: 7748-7754.

[100] 吴世康. 荧光化学传感器研究中的光化学与光物理问题. *化学进展*, **2004**, *16*(*2*): 174-183.

[101] 杨延强, 马於光, 张厚玉, 等. Os(Ⅱ)配合物光致发光过程中能量转移过程的环境依赖特性. *发光学报*, **1998**, *19*: 143-145.

[102] J. P. Sauvage, J. P. Collin, J. C. Chambron, et al. Ruthenium(II) and osmium(II) bis(terpyridine) complexes in covalently-linked multicomponent systems: synthesis, electrochemical behavior, absorption spectra, and photochemical and photophysical properties. *Chem. Rev.*, **1994**, *94*: 9930-1019.

第10章 发光纳点及化学传感机理

10 Chapter

不妨将所有纳米级的零维发光材料统称作纳点（nano-dots，NDs），包含量子点、金属簇、碳点等。甚至可以包含发光的纳米花、纳米棒、纳米三角，等等。纳点在无机阳离子或阴离子以及有机分子和生物分子识别方面正在发挥着重要作用。通过筛选发光材料、设计表面配体、配合外界条件可以发展灵敏的、具有选择性的甚至专属性的传感体系。本章将分两部分：首先介绍发光量子点和其他纳米发光材料，并进一步阐述化学传感的光物理、化学过程和机理；最后指出纳米材料传感中存在的可能的问题和解决的策略。

10.1 纳点的荧光/磷光的起源

10.1.1 无机半导体量子点

如图 10-1（a）所示，在半导体材料中，当一个电子从价带被激发到导带后，导带中的电子与价带中留下的带正电的空穴（hole），通过库仑作用形成一个类氢原子的束缚态，被称为激子（exciton）。激子半径 1~10 nm，键合能约 10 meV。在此情况下，导带和价带之间的能隙（E_g）较小，相应的能量位于红外区，发光效率很低，不具有分析化学的应用价值。

然而，如图 10-1（b）所示，当半导体材料的三维尺寸落在纳米级别时，也就是说，当半导体材料颗粒的尺寸与其激子半径在同一数量级或更小时，激子的运动就变得受限于纳米粒子内。量子限制效应（quantum confinement effect）就表现出来了。即微结构材料三维尺度中至少有一个维度与电子德布罗意（deBroglie）波长相当时，导带和价带间隙随半导体纳米粒子尺寸的减小而增加，并且能带由连续态变成分立或离散的（discreted）状态。所以，量子点（quantum dot，QD）就是把激子束缚在三维空间的半导体纳米结构材料。

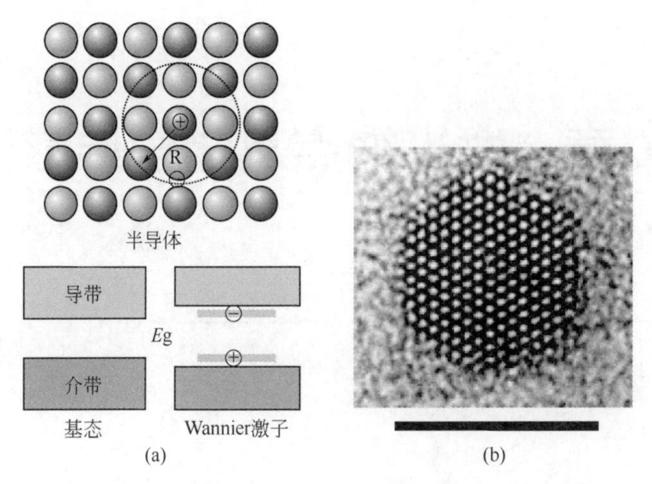

图 10-1 （a）典型无机半导体 Wannier 激子示意图（激子半径约 10 nm，激子键合能约 10 meV）；（b）CdSe 纳米晶高分辨 TEM 照片，长度标尺为 5 nm

一些半导体纳米粒子，如 CdS、CdSe、ZnO 及 Cd_3As_2 等，所呈现的量子尺寸效应可由改形的 Brus 尺寸效应公式表达[1~4]：

$$E(r)=E_{g}(r=\infty)+\frac{h^{2}\pi^{2}}{2\mu r^{2}}-\frac{1.786e^{2}}{\varepsilon r}-0.248E_{\mathrm{Ry}}^{*} \tag{10-1}$$

式中，r 为粒子半径；μ为激子折合质量；h 为普朗克常数；e 为电子电荷；ε 为介电常数。第一项：本体材料的带隙能；第二项：量子限域能（向蓝移），与 $1/r^2$ 相关；第三项：库仑能或介电限域能（向红移），与 $1/r$ 相关（介电限域：纳米粒子分散在介质中，由于界面效应引起体系介电增强的现象。由于半导体材料高的介电常数，容易忽略该项的贡献）；第四项：有效里德堡能（effictive Rydberg energy），与尺寸无关，代表一种空间效应，对于低介电常数的半导体材料才有意义。由上式可以看出：随着粒子半径的减少，其吸收光谱发生蓝移。

物理学上，把纳米粒子看作一个陷阱或势阱（potential well），在此势阱中激子的能级水平可以用一个简化的模型来表示，即方程式（10-2）：

$$E=\frac{h^{2}}{8\mu r^{2}} \tag{10-2}$$

式中，r 为粒子的半径；μ为激子折合质量。电子态呈量子化分布，且能级随势阱尺寸的减小而增大。激子复合发光的波长范围由红外区向蓝移到可见区和紫外区，发光量子产率也逐步显著增加。为了生物标记，人们经常希望合成发光波长位于红区（如大于 650 nm）的量子点，但付出的代价是，此时量子点的量子产率会显著降低。

图 10-2 所示照片展示了两种半导体量子点的发光波长与粒子尺寸的关系，一种为 CdTe 量子点，另一种为 CdTe/CdS 核壳型量子点。

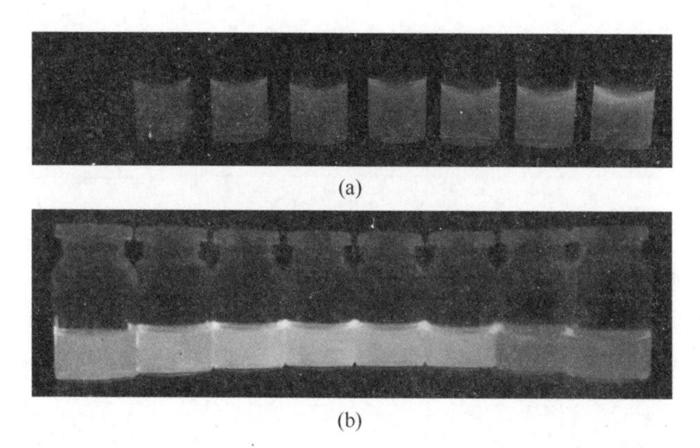

(a)

(b)

图 10-2　笔者实验室合成的不同粒径的 CdTe 量子点（从左到右粒径依次增大）(a) 和 CdTe/CdS 量子点（从左至右粒径依次增大）(b) 在紫外灯下的发光照片

10.1.2　金属离子掺杂的无机半导体量子点

在晶体的价带和导带之间，由于晶格畸变、缺位或掺杂会产生一些独立的局部能级。如图 10-3 (a) 所示，金属离子掺杂纳米晶体发光可能源于几种状态，一是激子从导带或较浅俘获态 a 的直接复合，产生量子尺寸效应的荧光发射，波长较短，参见 10.1.1 节。如 ZnS 纳米粒子位于 420 nm 或 450 nm 左右的蓝色荧光。二是起源于较深的俘获态 b 的发光，寿命可能较长，通常称为磷光。这两种复合发光与电子的俘获概率有关。电子获释的概率可以表达为：

$$p = p_0 e^{-\frac{E}{kT}} \tag{10-3}$$

式中，E 为能级深度，kJ/mol；p_0 为常数，约 $10^7 \sim 10^{10}\ s^{-1}$；$k$ 为 Boltzman 常数；T 为热力学温度。俘获电子在缺陷能级的平均居留时间为：

$$\tau = \frac{1}{p} \tag{10-4}$$

可见，电子在不同局部能级的平均居留时间 τ 取决于能级深度。

$E<kT$：电子位于浅能级态 a，并很快返回到导带，进一步与空穴复合发射荧光。

$E>kT$：电子位于深能级态 b，$\tau_0>p_0^{-1}$。如 $10kT$ 时，$\tau_0=2\times10^4 p_0^{-1}$（$10^{-3} \sim 10^{-5}$ s），因此，深能级俘获态发光寿命长，可以看作磷光体发射磷光。

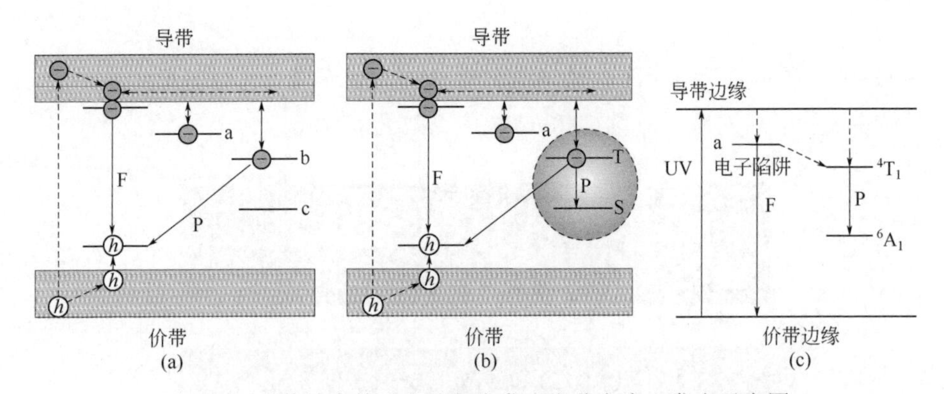

图 10-3　晶体纳米粒子光致复合发光和分立中心发光示意图

（a）非掺杂状态的发光示意图；（b）掺杂状态的发光示意图；（c）Mn^{2+}的磷光辐射跃迁

a—较浅的俘获态能级；b—较深的俘获态能级；c—较深俘获态的电子能级或空穴

$E>>kT$：电子位于更深能级态 c，可以延续数小时的发光，或产生热致或热释发光，即加热热能促使深度俘获的电子释放，进而辐射发光，这时也叫磷光。

缺陷俘获发生举例，以硼酸、尿素、聚乙二醇（M_W=20000）为 B、N、C 源，在 820℃灼烧 30 min，得到 BCNO 基的磷光粉体材料。其 EPR 光谱表明磷光体存在顺磁中心（自由基），即存在缺陷。图 10-4 简化说明了材料的磷光起源，紫外光辐射后，产生电子和空穴。接着部分电子被浅层陷阱俘获，推测该陷阱产生于含氮缺陷（nitrogen vacancies）。然后，热释放俘获的电子，并转移到碳相关杂质能级（缺陷），于是产生绿色辐射发射（插图）[5]。图 10-4 也同时给出了发光衰减动力学模型：$I_t=I_0t^{-0.93}$；符合典型的激子复合发光衰减模型。

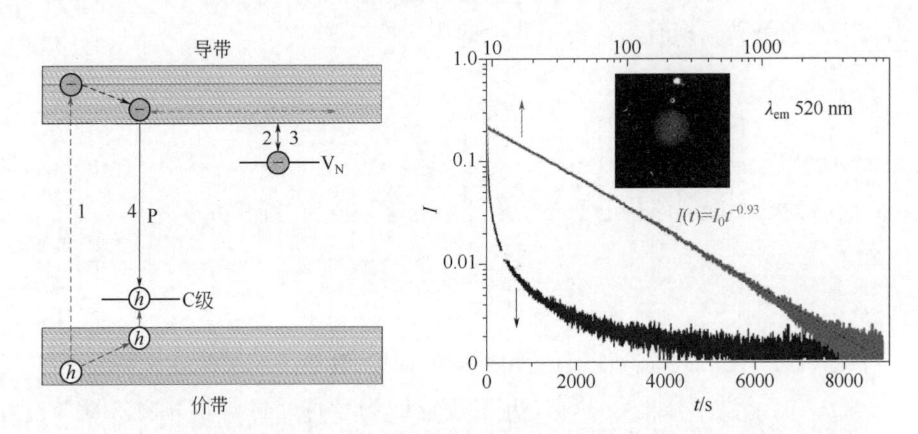

图 10-4　材料的磷光起源、照片以及紫外光等辐射 10 min 后的发光衰减动力学曲线（激发 360 nm，发射 520 nm）

1—光激发过程；2—陷阱俘获电子；3—俘获电子的释放；4—源于缺陷能级的发射

同样，吕弋课题组所制备的石墨相氮化碳（g-C_3N_4）纳米磷光材料，也表现出超长的热释磷光现象[6]。

金属离子掺杂纳米晶体，还存在第三种途径发光。如图 10-3（b）、（c）所示，电子从导带或较浅的能级布居到掺杂金属离子的激发态能级，由此回到基态或较低能级的光辐射，也叫做磷光。属于分立中心发光，即晶体中分立中心的激发电子始终局限在该中心。衰减特征与一般分子分立中心的衰减一致：

$$I_t=I_0e^{-kt} \qquad k=\tau^{-1} \tag{10-5}$$

图 10-3（c）以 Mn^{2+}为例，在 ZnS 本体相中 Mn^{2+}的橙光发射（约 590 nm）源于其自旋禁阻的 $^4T_1$ 态到 $^6A_1$ 基态的发射，寿命长达 ms 级或更长，即余辉较长。因为 Mn 的 d 电子被外层的 s 电子所屏蔽（电子组态[Ar]$3d^54s^2$），所以 Mn^{2+}的 d 电子波函数是定域的，受量子限域效应的影响较小，即纳米 ZnS 中 Mn^{2+}的能级不会因为纳米粒子尺寸的变化而显著移动。当然，基质晶体场对 Mn^{2+}的发光量子产率、发光波长、发光衰减有一定影响，但不存在量子限域效应。如 Mn 的发光衰减也可能是双指数的，因为表面键合和晶格键合的 Mn^{2+}也具有不同的衰减特征[7]。再者，本来 Mn^{2+}的 $^4T_1$-$^6A_1$ 辐射跃迁是自旋禁阻的，可是在 ZnS 基质的四面体晶体场中由于弱的自旋-轨道耦合作用，使得这一自旋禁阻的跃迁变得部分允许。另一方面，金属离子本身的吸光系数很小，而纳米晶体的吸收系数较高，可以通过如图 10-3 所示的途径将能量传递到 $^4T_1$ 态。所以，可把纳米晶体看作掺杂离子的天线分子，类似于稀土配合物中稀土离子发光的光物理途径。不同金属离子掺杂在纳米晶体发光体中起到的作用不同。此外，个别金属离子掺杂需要特殊条件，例如 Cu^{2+}的掺杂有时候可能是以 Cu^+形式存在的，这种情况下共激活剂 Cl^-或 Al^{3+}是必要的[8,9]，以起到电荷补偿作用，使得激活剂（即发光中心）Cu^+更容易进入晶格。而许多情况下杂质 Fe、Co、Ni 等可能充当猝灭剂的作用，要小心去除。

已有综述文章介绍金属离子掺杂量子点荧光探针或示踪剂的应用情况[10]。如上所述，Mn^{2+}发光源于 $^4T_1$-$^6A_1$ 跃迁，大约 590 nm，是研究最多的一种掺杂金属离子[11~18]。常见的掺杂金属离子（除稀土离子外）还包括 Co^{2+}[19-23]，发光源于 $^4T_1$-$^4A_2$ 跃迁。可观察到激子复合发光约 330 nm，缺陷发射约 530 nm，而 Co^{2+}发光约 680 nm［Co^{2+}d 级，$^4T_1(P)$、$^2T_1(G)$、$^2E(G)$态到 $^4A_2(F)$态的跃迁］[19]或 570 nm[23]，甚至 3.2 μm［$^4T_2(F)$到 $^4A_2(F)$］[21]。Ni^{2+}发光源于 $^3T_2$-$^3A_2$ 跃迁，发光从 498 nm 到 520 nm 都有报道[19,24-26]。Pb^{2+}发光源于 $^3P_0$-$^1S_0$ 跃迁，约 725 nm[27]。Cu^{2+}或 Cu^+发光[8,9,28,29]具有较宽的波长范围，如 500 nm 到约 750 nm 等都有报道。例如，Cu^{2+}掺杂的 ZnS 纳米粒子的激子发光约 470 nm，而其中掺杂的 Cu^{2+}发光在约 500 nm，

为绿光。还有文献报道，从 Cu^{2+}掺杂的 ZeSe 纳米晶体主体导带激发态电子到掺杂铜离子 d 轨道空穴的激子重组发光可能会受到量子限制效应的影响（470 ~ 550 nm，依赖于 Cu:ZnSe 尺寸）[30]。掺杂 Ag^+发光位于蓝区[31]，报道较少。

掺杂金属离子的发光多源于三线态或其他多重态，与其自旋多重性不同的基态能级之间的跃迁是自旋禁阻的，属于磷光，寿命长达毫秒级以上，因此可以方便地利用一般的荧光分光光度计完成荧光和磷光的同时测量。通过发光衰减特征的测量可以区分磷光源于较深的俘获态，还是掺杂离子态（Cu^{2+}/Cu^+）[27]。

10.1.3 金属纳米粒子和金属团簇

大尺寸的金属纳米粒子本身并不具发光特性，尽管它们具有通过表面等离子体波增强有机染料或其他纳米粒子发光的性质[32-35]，尤其具有增强拉曼信号的优良特性[36,37]。

金属纳米粒子可以看作由带正电的核和带负电荷的自由电子组成。当电磁辐射波作用于粒径远小于其辐射波长的球形金属纳米粒子时，核和电子云的反向移动使得电子密度在局部区域分布不均匀，出现偶极。当电子云远离核时，由电子和核之间的库仑引力产生的恢复力使得电子向相反方向移动，形成了电子在电磁波的操纵下的纵向振荡。如果电磁辐射频率与自由电子的集体振荡频率相当则产生共振。这种情况仅发生在金属纳米粒子表面的局部区域，此即局域表面等离子体共振（localized surface plasmon resonance）[32]。如图 10-5 所示，这种次级的电磁辐射对吸附于粒子表面一定范围（约 3 nm 或更远）的分子产生激励作用，即激励那些处于热点（hot spot）的吸附分子，从而增强分子荧光或拉曼散射[33]，或局域表面等离子体共振散射[34]。

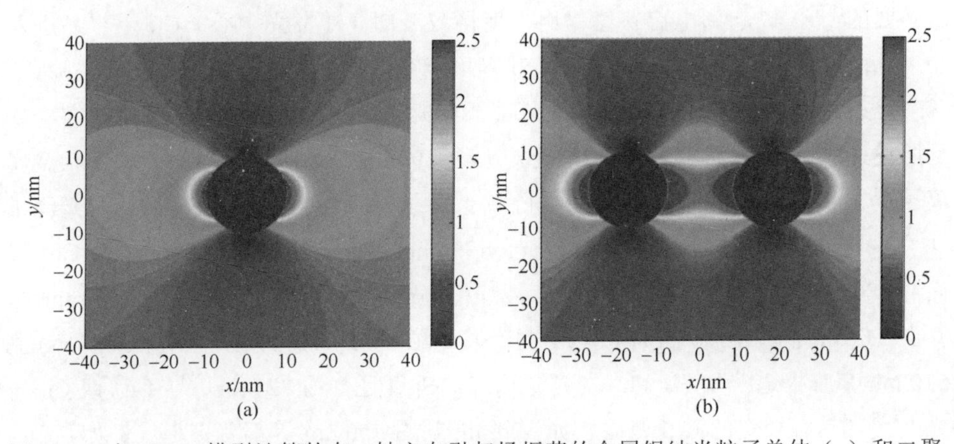

图 10-5 由 FDTD 模型计算的在 x 轴方向引起场振荡的金属银纳米粒子单体（a）和二聚体（b）局域表面等离子体发射示意图[35]（635 nm 入射光沿着 y 轴传播，沿着 x 轴极化）

据报道，与棒形纳米材料相比，棱形或双锥形、平面三角形纳米颗粒在尖角处具有更强的局域表面等离子体波电场，如图 10-6 所示，从而更强烈地增强处于热点区域分子的荧光或拉曼散射[38,39]。

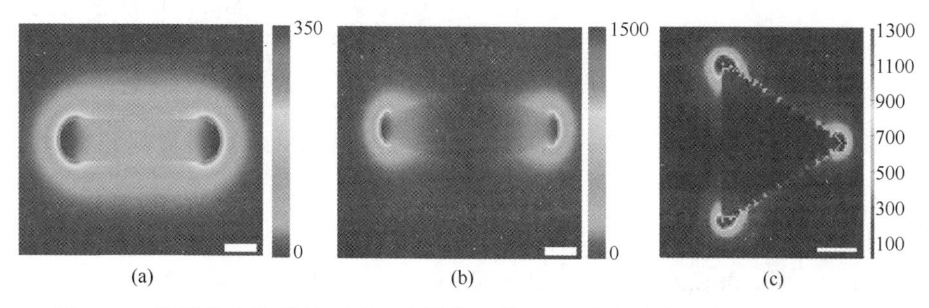

图 10-6 计算的金纳米棒（a）、金纳米双锥（b）和金纳米三角（c）的局域表面等离子体波场强度分布[38,39]

（a）和（b）激发波长 750 nm，（c）激发波长 660 nm；尺寸标尺分别为 10 nm 和 20 nm

但是，在团簇（cluster）水平，许多金属离子可以在可见区发光，而且具有高的量子产率。发光机理分为三种情况：①金属离子离散能级带间跃迁；②配体到金属的电荷转移跃迁；③等离子体与金簇本身的荧光发生耦合作用，不仅增强其荧光，而且可能形成新的荧光带，即等离子体-荧光耦合带。其实，早在 20 世纪 60 年代，久保（Kubo）采用一种电子模型求得金属纳米晶粒的能级间距 δ 为[40]：

$$\delta = 4E_{\mathrm{f}}/3N \qquad (10\text{-}6)$$

式中，E_{f} 为费米势能；N 为粒子中的总电子数。该式指出，能级的平均间隔随着粒子的直径减小而增大，电子的移动变得更加困难，能隙变宽。

例如，金簇在 1 nm 左右具有离散的电子态，没有等离子体特性。在此粒径尺度，金簇的发光源于 Au 原子 $5d^{10} \rightarrow 6sp$ 的能级间跃迁或配体-金属电荷转移跃迁[41]。金簇的发光与粒径也有关系，如 Au_7 421 nm、Au_8 455 nm、Au_9 470 nm[41]、Au_{25} 640 nm[42]等。据报道，金纳米粒子发光的短寿命组分可能起源于纳米金的核[43]，而长寿命组分可能起源于表面局域态，即配体-金属电荷转移跃迁[44,45]。

金纳米粒子的荧光可用于生物成像[46]，并且利用金纳米粒子的吸光特征随单分散和聚集状态的变化，在可视比色分析中已显示巨大应用价值。

银簇也是非常重要的一类发光的金属团簇。银簇从 4d 价带到 5sp 导带的带间跃迁（interband transition）位于 400～600 nm。当银粒子尺寸小于其电子的费米（Fermi）波长时，就会出现分立的位于带间跃迁范围的表面等离子体吸收。这种情况下，荧光也会产生于银簇的带间跃迁。表面等离子体波之间的耦合可能会使吸收波长增加。然而，巯基琥珀酸（H_2MSA）包覆的 $Ag_7(H_2MSA)_7$ 和 $Ag_8(H_2MSA)_8$ 分别产生位于 440 nm 的蓝色荧光和位于 650 nm 的红色荧光[47]。还原性谷胱甘肽 GSH 包覆的 Ag_5、Ag_8 和 Ag_{13} 分别发射蓝色（430 nm）、绿色（505 nm）、红色（700 nm）的荧光[48]。而二氢硫辛酸包覆的 Ag_5 发射位于 650 nm 的红色荧光[49]。银团簇的发光到底遵循量子限制效应，还是配体在控制其发光颜色？

除了源于金属原子能级间跃迁的发光，由于还可能涉及配体-金属电荷转移 LMCT 或金属-配体电荷转移（MLCT）跃迁，这也是切断配体与金属/金属离子的配位会导致发光猝灭的原因之一[50]。

还有一种情况，例如改变溶菌酶（dLys）配体与 $AgNO_3$ 起始反应物的投料比（1∶1 和 1∶4），可以得到两类银纳米簇，即零价的银簇 dLys-Ag 和含有银离子的银簇 dLys-Ag-Ag(Ⅰ)，直径分别为 4.0 nm 和 2.7 nm，表面等离子体波吸收带都在 490 nm，都可以产生位于 640 nm 的红色荧光。然而，含有银离子银簇的荧光稍弱于零价的银簇。有一种可能，银离子通过 Ag—Ag^+键（类似于亲金键）结合于银簇表面，实际上在一定程度上猝灭了银簇的发光。所以，当与 S^{2-}或 HS^-相互作用时，表现为前者的荧光持续被猝灭，而后者的荧光首先被增强，随后被猝灭。据推测，猝灭的原因为 S^{2-}与银簇反应形成 Ag_2S，破坏了银簇的结构，荧光强度降低，荧光寿命不变；或者，S^{2-}与银簇表面的 Ag^+反应形成 Ag_2S，改变了银簇的表面状态，低浓度范围随 S^{2-}浓度增加，dLys-Ag-Ag(Ⅰ)银簇荧光增强，而高浓度时重复 S^{2-}对银簇 dLys-Ag 的猝灭过程[51]。当然，银簇表面含有 Ag^+的结构是否只起到猝灭作用，对其发光机理有何种特殊影响，还值得更深入的研讨。

荧光的银簇广泛应用于生物示踪探针或化学生物传感[52-58]。此外，荧光的铜簇和铂簇等金属簇也具有非常好的应用前景[59,60]。

除了上述提及的各种纳米材料或量子点，异质结（heterojunction），如 Au-Ag、Ag-Fe 异质结等纳米材料或量子点/棒/线也是有用的传感材料[61]。$NaLnF_4@Cu_{2-x}S$ 或类似异质核壳层结构 $NaYbF_4{:}Er@Cu_{2-x}S$ 等，以及双核金属簇如 Cu-Au、Ag-Au 等，也是重要的有前途的纳米发光或上转换发光探针材料。

10.1.4 碳点和石墨烯点

碳点或硅点是一种尺寸在 1～10 nm 的以硅或碳为基础的准球型荧光纳米粒子。通过分解具有石墨结构的炭材料（如石墨烯、碳纳米管等）可以制备一类荧光碳纳米粒子，这种自上而下的制备方法保证了荧光碳纳米粒子的石墨烯结构，因此习惯被称作石墨烯点[62-64]。发光的碳纳米管碎片也属于这一类[65]。由于平面结构的特点，层状堆积的石墨烯点的芯区实际上难于形成像多孔硅芯那样保持完整的三维晶态结构。如果碳点是由金刚石制得，即金刚石点，那应该与多孔硅相似。

而更加有趣的是，通过廉价的小分子物质或者绿色天然材料在微波降消解或水热过程脱水、聚合、交联、炭化等反应也可以制得纳米碳材料——碳点[66]，也就是由“自下而上”制备的零维纳米炭材料称为碳点。合成碳点的原料丰富多彩，如甘油[65]、蜡烛烟苔[67]、草莓[68]、葡萄[69]、绿草[70]、茧丝[71]、豆奶[72]、橘皮[73]、菱皮[74]或柚子皮[75]、豆腐渣，等等。

碳点两个主要吸收带为，300～400 nm（有的文献报道在 286 nm 左右）的吸收峰归属于 C═O 键的 nπ*跃迁，260 nm（有的文献报道在 246 nm 左右）的吸收峰归属于 C═C 键的 ππ*跃迁。

如图 10-7（a）所示，水热法制备的碳点具有规整的结构，结构参数确认具有石墨结构[68]。如图 10-7（c）所示，利用石墨电极作为原料，电化学法制备的碳点也具有石墨结构[77]。

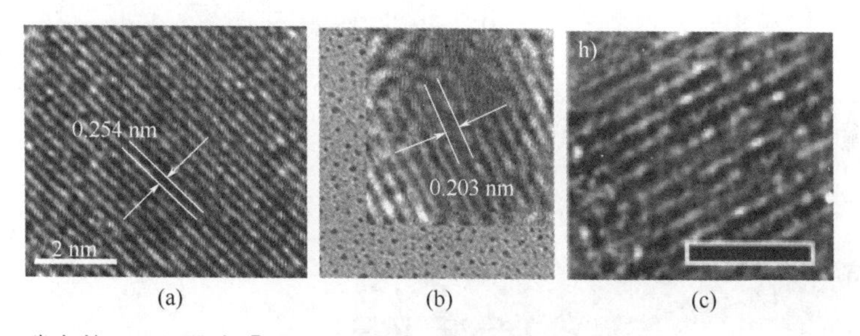

图 10-7　碳点的 TEM 照片［晶面间距 0.254 nm、0.203 nm 和 0.32 nm 分别对应于 sp^2 杂化石墨碳的（100）面、（102）面和（002）面］[68,69,76]

非常有意思的是，Wang 课题组将冰醋酸、水和适量的五氧化二磷混合在一起，通过自加热、自催化作用形成一种空心的碳纳米颗粒，并且发射绿色荧光[77]，荧光与石墨基 C—O/C═O 结构有关。Liu 等[78]利用毛细管电泳分离所制备的空心的碳纳米颗粒（5～35 nm），可以得到不同尺寸四方体的形貌，如图 10-8 所示。该材料组成为碳（sp^3 C—C，sp^2 C═C 和 sp^2 C═O）和磷碳基团。

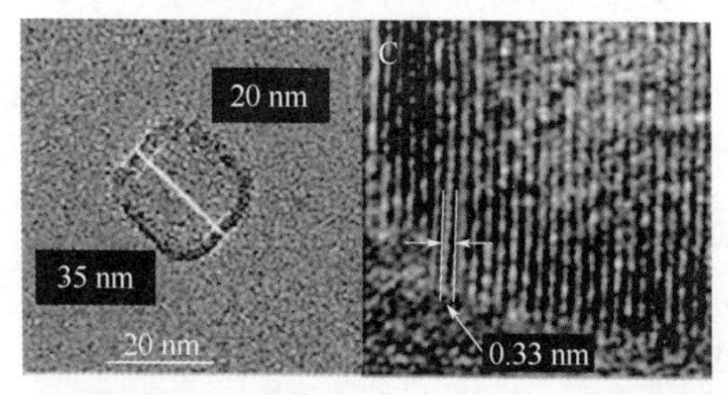

图 10-8　四方体空心碳纳米颗粒[78]以及局域石墨结构特征[77]

黑色材料是光的陷阱,但在纳米尺寸的炭材料的确具有一些奇特的光学性质。碳点可看作由两部分组成：其一是以石墨烯结构为主的类球形的芯，由多个石墨烯片层有序或无序地堆叠而成；另一部分则是分布在碳点表面的丰富的官能团，许多碳点中的 C 含量仅为 50%左右，氧和氮元素含量很高，可以佐证。关于碳点的发光机理，起初人们沿用荧光半导体量子点的思路去看待碳点，认为碳点的发光行为是量子限域效应引起的，而其激发依赖型荧光性质是由于碳点尺寸不一所致。因此，碳点曾被称作碳量子点或石墨烯量子点。图 10-9 为 Sun 等[65]提出的表面钝化的碳点发光机理示意图。相比于 2004 年首次发现碳点，2006 年的这篇文章更像是首次明确地提出碳点的定义，并且报道了激发依赖型荧光。利用表面钝化手段主要是因为钝化后碳点的荧光变强变得可观测，也因此确认了碳点在荧光纳米材料中的一席之地。此外，文中提到“not only effects from particles of different sizes in the sample but also a distribution of different emissive sites on each passivated carbon dot”。可见该文章并不完全赞同量子限域效应的说法。

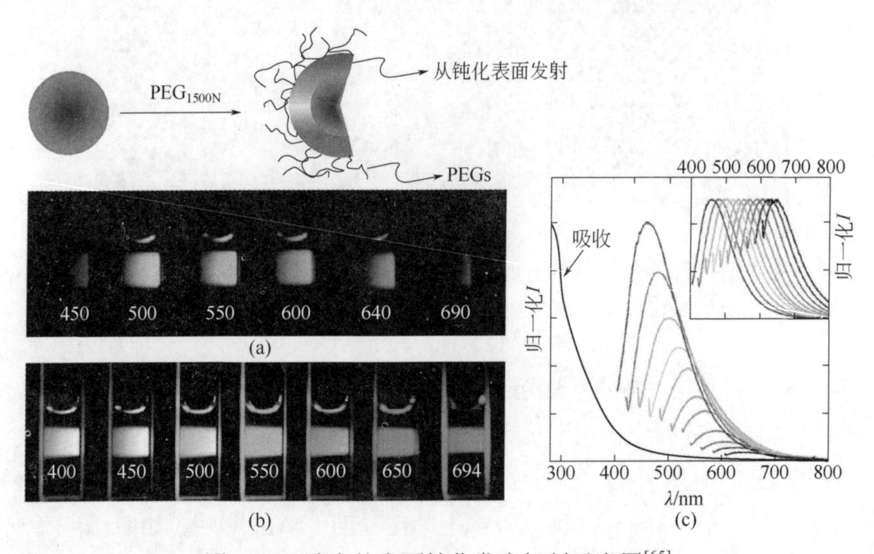

图 10-9 碳点的表面钝化发光机制示意图[65]

（a）PEG_{1500} 包覆的碳点水溶液在激发光为 400 nm 的条件下通过不同带通滤光片拍摄的照片；（b）PEG_{1500} 包覆的碳点水溶液在不同激发波长下拍摄的照片；（c）PPEI-EI 包覆的碳点水溶液的吸收光谱及不同激发波长下的发射光谱（内插图为相应的强度归一化的发射光谱）

实际上，无论碳点还是石墨烯点，由于受 C 元素的电子结构所决定，不大可能形成像半导体（ZnS、CdSe、Si 等）量子点那样的激子结构。再有，碳点结构为石墨型，是导体而非半导体（与可分为金属性和半导体型的碳纳米管有所不同）。

碳点的导带和价带之间不像半导体量子点那样具有带隙，不产生带隙发射。小颗粒/单片层的石墨烯边缘或面内的碳被部分氧化或氮化，存在C═O、C—O或C—N、C═N等键合基团，这些杂原子基团使得石墨烯片段边缘出现结构缺陷，石墨烯共轭结构被破坏，在碳点表面形成多环芳烃结构或含氧结构[79]。发光也主要来源于这些表面缺陷引起的整体的或局域的π共轭体系，或n-π共轭体系，或n、π非共轭基团的发光，应该不具有量子限域效应。表面基团的复杂性是导致碳点荧光随激发波长而变化的关键原因。也就是说，石墨烯点表面或石墨烯片层边缘的化学基团是引起发光的决定性因素[80-82]。也许碳点的发光机理与第3章提到的非典型荧光生色团之间有某种微妙联系。因此，可以把石墨烯点或碳点的发光看作Frenkel激子的辐射复合。而这种激子定域于材料局部的化学基团，如芳香基、C═O基、C═O(NH_2—NH_2—)、C—N、C═N等或它们的组合等。例如图10-10为Fan等[83]提出的石墨烯点酰肼发光基团发光机理示意图，即如果没有酰肼基团，则不发光。此外，基团间的电荷转移跃迁也许也有可能。

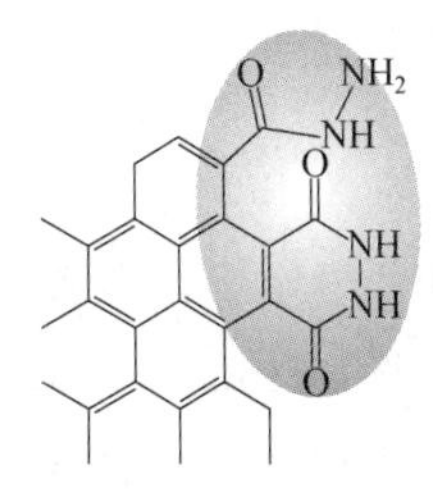

图10-10　在石墨烯边缘修饰的酰肼发光基团的局部结构[83]

最近的几篇报道充分印证了笔者的判断。可调谐碳点的荧光颜色取决于其脱氢后的氧、氮含量，以及表面C═O、C═C或其他类型的C与O、N组成的化学基团的数量和成键特点[84]。而且，表面羧基越多或氧化程度越高，发光波长可能越长，与量子限制效应无关。激发依赖型荧光是不同成分碳点混合而成的假象[85]。经过精细的柱色谱分离得到粒径相似、表面氧化态不同的碳点，它们发射从蓝色到红色的荧光。杨等[86]通过类似手法分离发现在碳点表面依附着蓝色荧光小分子复合物IPCA，并提出碳点的主荧光来源于表面的小分子及其低聚物组成的多重发光中心，而碳质纳米核芯则起到稳定荧光生色团及增加吸光度的作用。再有，认为激发依赖型荧光是由一个具有多发光中心碳点真实发出的，表面基团C—N/C—O和/或C—N键相应于长波长绿色到红色的发射[87]。类似结果还有，通过氧化或还原碳点的表面含氧官能团可以调控碳点的能带间隙，从而改变其发光颜色[88,89]。

相比普通的碳点，2012年掺杂碳点逐渐进入人们的视野。仅含有C、O元素的碳点通常具有较低的发光量子产率，以及较差的其他性能。而N、S、P、Si等，尤其是氮元素，掺杂可明显提高碳点的荧光量子产率[90,91]或电催化能力[92]。但也不是所有的含氮碳点都具有高质量的发光性质，这取决于掺杂氮在碳点中的化学结构及其对发光机理的影响。

在碳点中的氮形态可主要分为氨基氮、吡咯型氮、吡啶型氮和石墨型氮四种类型。郭等[90]评论，只有芳香型氮构型才能够作为真正意义上的能够结合在碳点的核芯或者石墨烯骨架中的掺杂剂，从而影响碳点自身发光；而脂肪链上的氨基只能称作表面修饰剂，通过钝化碳点表面实现荧光增强。Lau 等[93]清晰地描绘了吡咯型氮、吡啶型氮和石墨型氮这三类芳香型氮掺杂剂在碳点中的可能存在的状态和环境，如图 10-11 所示，吡咯型氮和吡啶型氮不仅可以分布在石墨烯结构边缘，还可能分布在石墨烯结构中心。近些年，学者有针对性地对这几种氮掺杂形态进行了研究。钱等[94,95]通过比较不同原料及不同比例合成的氮掺杂碳点，提出 N 掺杂增强碳点荧光的原理是通过在碳点表面引入更多的多环芳烃结构，而且氨基和吡咯型氮原子可以通过形成更多的氢键从而稳定激发态，促进辐射跃迁。事实上，学者普遍认为氨基可以有效提高碳点荧光的表面钝化基团[96,97]。但最近 Arcudi 等[98]指出减少氨基含量反而可以增强碳点荧光。熊等[99]在硫掺杂碳点中引入少量的氮元素，发现荧光明显增强，推测分布在碳质核芯的 C—N 和 C═N 芳香型氮构型是使提高其荧光性质的关键因素，而共同存在的硫掺杂仅起到辅助作用。Sarker 等[100]计算证明，在众多的氮构型中，只有石墨型氮才可以有效地调制碳点的电子能级，通过电子掺杂效应诱导其吸收光谱显著红移。而葛等[101]在碳点表面态引入季铵结构，同样使得碳点的光谱发生明显红移。尽管人们在探索氮掺杂促进碳点发光机理方面付出了较大的努力，但氮掺杂增强荧光的关键因素仍然显得不清晰，且缺乏有效地调控氮构型从而改善荧光性质的方法。

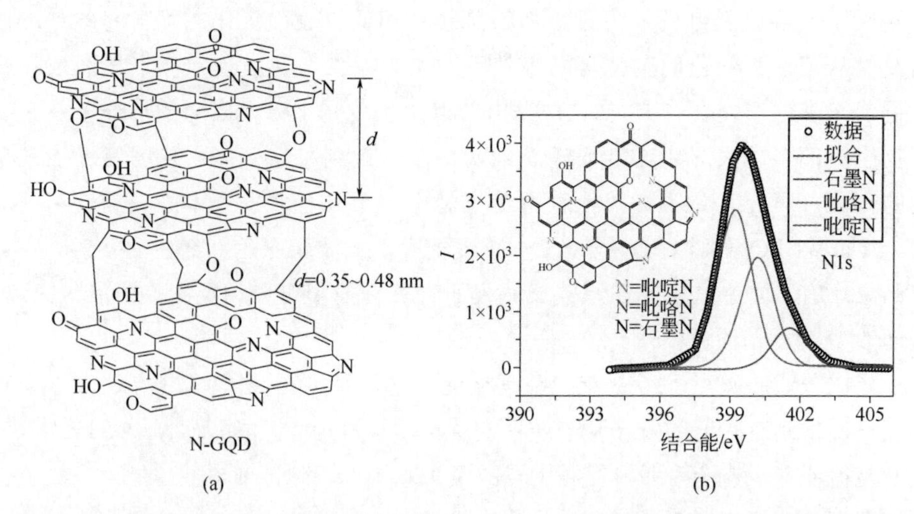

图 10-11 氮化和氧化石墨烯点示意图（a）及图中所示石墨烯点 N1s 高分辨 XPS 谱（插图示意氮的形态，从 XPS 谱的左侧往右分别为吡啶 N、吡咯 N 和石墨 N）（b）

如图 10-12 所示，最近笔者课题组利用组氨酸为碳源，利用 Fe^{3+}的配合催化作用，有效调节掺杂 N 的形态，即吡啶 N、吡咯 N、石墨 N 和氨基 N[102]。从结构方面，吡啶 N 并不破坏石墨的平面结构，而吡咯 N 由于 N 原子的 sp^3 杂化，对石墨的平面结构是不利的，但它们都会造成石墨结构的缺陷。而 Fe^{3+}催化方法使得芯区的吡啶 N 和吡咯 N 都减少了，增加了表面氮的比率。然而，吡啶 N 的孤对电子伸向平面外，与π电子轨道正交，不参与平面的共轭体系。吡咯 N 由于 N 原子的 sp^3 杂化，孤对电子所在轨道具有平行于π电子轨道的分量，可以参与共轭体系。这种情况下，从发光的角度，吡啶 N 就可以通过光诱导电子转移过程猝灭碳点发光，而吡咯 N 不具有这种不利于发光的性质。所以，表面或近表面的吡咯 N 增强氮掺杂碳点的荧光，而吡啶 N 抑制发光。因此，吡啶 N 被质子化后，由于抑制其光诱导的电子转移作用，碳点发光会进一步增强。但由于质子无法接近位于芯区的吡啶氮，要使发光非常强，就必须免除位于芯区的吡啶氮，这正是 Fe^{3+}催化方法调控氮形态的优势。其结果为深入理解掺氮碳点的结构特征与发光特性的相关性提供了关键的依据，也为制备高发光质量的碳点提供了一种新方法策略。

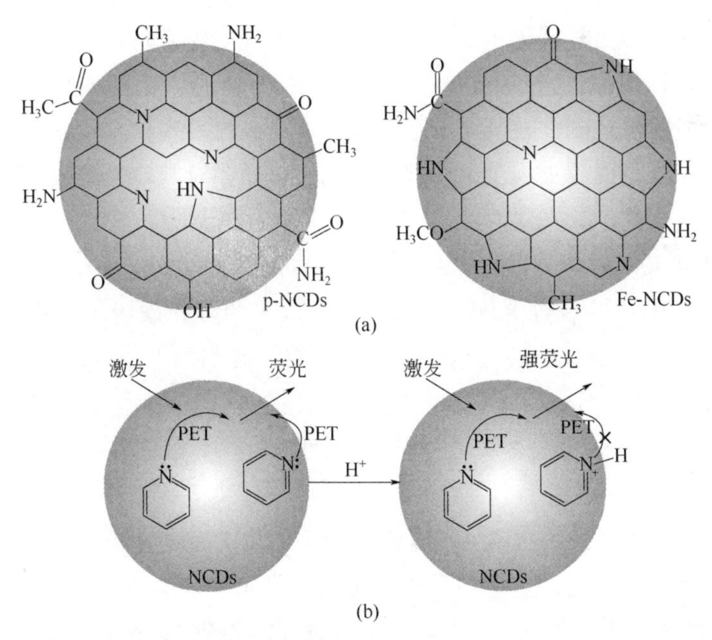

图 10-12　Fe^{3+}催化调节了碳点中氮形态的比率（a）和通过 PET 过程吡啶氮猝灭碳点发光及 pH 对 PET 的抑制作用（质子无法接近位于芯区的吡啶氮）（b）

此外，近些年人们在研究碳点的荧光光谱时观察到，除了不随激发波长变化而变化的碳点“正常”的荧光带以外，经常观察到随激发波长移动而移动的“荧光峰”，对其准确的归属一直是有争议的。上面已经阐述这应该与碳点的表面状态（各种复杂的C—O、C═O、C—C、C—O—C、C—N、C—N═N—H 等基团或吡啶氮、吡咯氮、石墨氮的比率）有关。但是，不妨从“碳点局域表面等离子体波”角度理解这种现象。贵金属溶胶可以产生局域表面等离子体波，因为在金属粒子/簇中存在三维运动的自由电子。而碳点的纳米级基体中电子被更紧密地束缚在 2D 空间，或许也可以通过石墨层间离域而游离到 3D 空间，构成产生弱的局域表面等离子体波的基础。所以，随激发波长变化而变化的荧光，可能源于碳点局域表面等离子体波耦合的发光，或者源于碳点局域表面等离子体波耦合增强的不同基团的发光。而富勒烯和碳纳米管应该不具有这种性质，因为它们是空心的分子，电子云的振荡在一定程度上会被空心结构阻尼消化，因此其荧光也未能展示出激发依赖的特征。

10.1.5 硅点和金刚石纳米粒子

之所以将硅点和金刚石纳米粒子放在一起讨论，主要基于它们晶体结构的相似性。

发光的多孔硅是直接由单晶硅腐蚀而得的多孔状纳米材料[103]，属于自上而下的化学或光刻蚀切削式制备方法，基体由纯硅原子组成，表面分布 Si—O 键或 Si—H 键，可发射橙色到红色甚至蓝色的光。多孔硅自发现以来也常用于化学传感方面，并利用常见的猝灭模型等解释，例如有机碱类对其发光猝灭现象可以利用空穴俘获模型解释，其具体的发光机理将在稍后讨论[104]。

由多孔硅可以转化为硅点。先由电化学方法制备发光波长位于 580 nm 左右的多孔硅发光膜。然后再电化学剥离，形成发光的多孔硅粉末，进一步在溶液中与烷基烯反应，制备出烷基包覆的胶态硅点，硅芯约 1.5 nm。如此制备的硅点具有多孔硅的发光特征，但发光波长红移至约 670 nm[105]。多孔硅表面 Si—H 键/Si—O 键和烷基包覆的多孔硅型硅点表面的 Si—C 键是引起发光波长移动的主因。

除自上而下方法外，更常用的是自下而上的化学组装方法，即采用硅氧烷或其他含硅化合物还原方法，所得硅点大多发生蓝光[106-109]。由于硅点化学反应速度快，似乎恐难形成如单晶硅那样非常规整的晶体结构，缺陷较多。但如图 10-13 所示，化学制备的硅点晶格还是相当完整的。据报道，电化学方法制备的硅点可以达到单晶硅级的结构水平[110,111]。激光光解也被认为是一种合成高质量硅点的方法[112,113]。

图 10-13 为一款起始原料为 $SiCl_4$、包覆层为辛醇的硅点高分辨 TEM 照片，可以

发现硅点的平均尺寸大约 5 nm。为了更清晰，选取一粒大约 10 nm 的硅点测量其晶格几何。其晶格间距与金刚石型晶体硅的（111）面晶格间距相近，约为 0.314 nm。以 392 nm 激发时此硅点发光波长在 410～430 nm[114]。

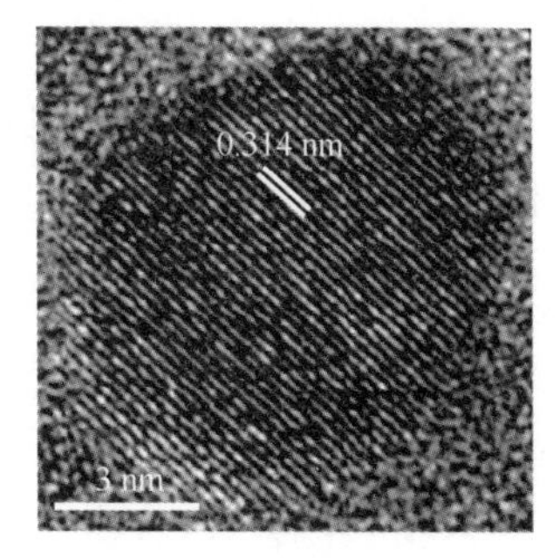

图 10-13 辛醇包覆的油溶性硅点

为了便于化学耦联，并利于在生物领域的分析应用，还发展了具有氨基终端包覆层的硅点[109]。图 10-14 显示了 3-丁烯-1-氨基功能化硅点的合成路线和发光光谱，Liu 等成功将其应用于蛋白质的凝胶电泳分析检测[106]。

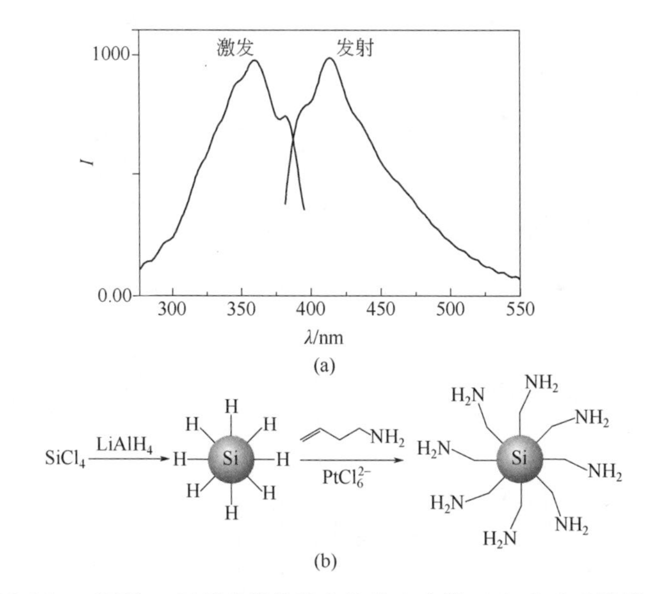

图 10-14 3-丁烯-1-氨基功能化硅点的发光光谱（a）和合成路线（b）

就结构特点而言，多孔硅和硅点的关系与石墨烯点和碳点的关系具有极大的类似性。但就发光机制而言，石墨烯点和碳点具有相似性，而多孔硅和硅点的发光则有所不同。多孔硅发光主要源于量子限制的硅晶带隙的变化，属于激子复合发光。当然，表面缺陷状态也是不可忽视的，甚至有学者认为在一定情况下，多孔硅的发光源于表面缺陷态。而硅点发光可能较大程度地受到表面基团的影响，甚至就是硅基表面生色团发光。由此看来，多孔硅与半导体量子点的发光机制更加相近，而硅点则与碳点类似，发光可能都与表面缺陷相关。

关于缺陷发光，还有一种荧光纳米材料值得关注，即纳米金刚石。具有完整结构的金刚石，无论在体相或纳米级别都不会在可见区发光。但是，在高能或低能粒子辐射作用下形成的有点缺陷（point defect）的纳米金刚石颗粒可以发光，发光中心为 C-V 态（碳-空位缺陷色心，carbon vacancy defect color center）[115]，如图 10-15（a）所示。但是这种状态的发光较弱，且稳定性较差。当掺杂氮的金刚石颗粒在辐射作用下并在 800℃适当退火处理，形成氮-空位缺陷发光中心（N-vacancy defect color center），即由氮原子俘获的空位形成不同的发色中心，所形成的发光中心类型取决于在金刚石中氮原子的状态（分散的或聚集的），如图 10-15 所示。分散状态的氮原子形成负电荷的$(N\text{-}V)^-$色心，其吸收在约 500 nm，荧光发射在约 700 nm[116]。而聚集态的氮原子形成 N-V-N 色心，可以产生绿色荧光，发射在约 530 nm（激发 473 nm 或 488 nm）[117]，光谱如图 10-16 所示。

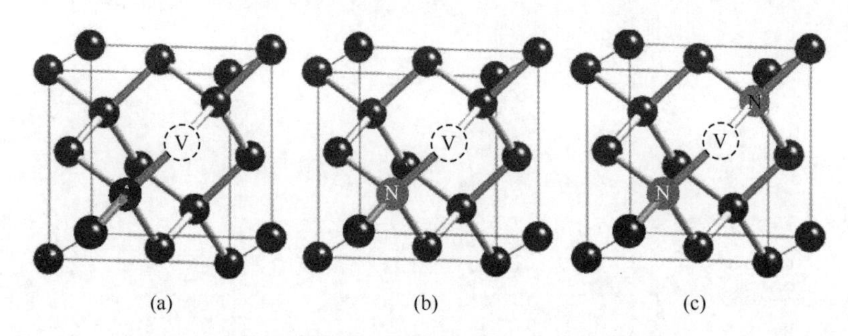

图 10-15　金刚石纳米粒子发光的 C-V（a）/N-V（b）/N-V-N（c）色心示意图

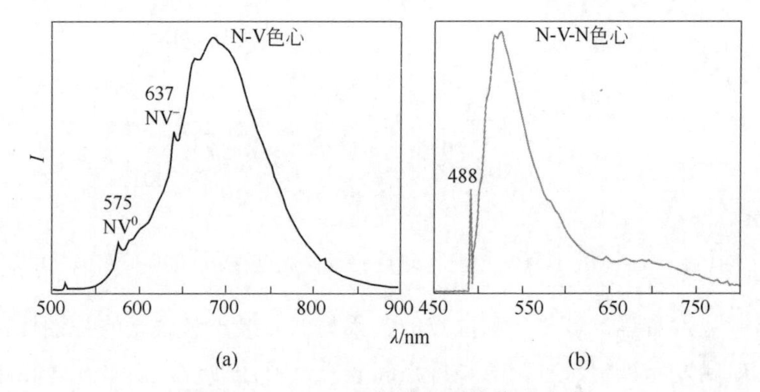

图 10-16　100 nm 金刚石颗粒荧光光谱

（a）中，激光激发波长 532 nm，位于 575 nm 和 637 nm 的零级声子线（zero phonon line）分别对应于$(N\text{-}V)^0$和$(N\text{-}V)^-$；（b）中位于 488 nm 的锐线为金刚石的拉曼线

荧光金刚石纳米粒子的缺点是：粒子尺寸较大，在 30 nm 以上。因为小尺寸的粒子难以保障足够的色心数量，以及高质量的色心密度/或浓度。其优点是，表面可以衍生出—COOH 基团，进一步与生物分子耦合；况且发光性质稳定，量子产率高，无光漂白和盲闪现象，无生物毒性，是较为理想的生物示踪剂[118]。

10.2 量子点和其他纳点发光猝灭或增强的一般途径

10.2.1 电子或空穴的俘获

图 10-17 显示了量子点光致发光猝灭的一般途径。图 10-17（a）表示电子溢出到量子点表面陷阱被捕获，正常的 e^{-}-h^{+}复合受阻，发光猝灭，如吸附在表面的吸电子猝灭剂 O_2 或 Cu^{2+}等；图 10-17（b）表示量子点外表面富电子组分，如胺和 NO 自由基等，将电子注入价带的空穴，在表面形成空穴相当于空穴被表面陷阱捕获，而导带中电子既不能回到价带的穴中，也不能转移到表面穴中，正常的 e^{-}-h^{+}复合受阻，发光猝灭[119]。

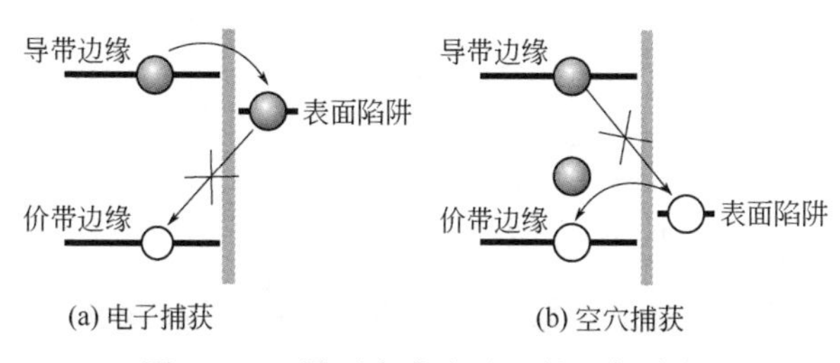

(a) 电子捕获　　(b) 空穴捕获

图 10-17　量子点发光猝灭的一般途径

10.2.2 量子点表面组成及形态的变化对其发光的猝灭或增强

表面结构：包括表面电荷、化学组成和结构，是影响量子点发光性质的重要因素。由于表面的原子排布不规则，因配位不饱和产生的悬空键，导致高的化学活性和表面缺陷。所以表面结构对其性质产生显著影响。表面缺陷会俘获电子或空穴，引起量子产率下降及光稳定性变差。改变量子点表面的电荷和化学组成，就有可能改变核 e^{-}-h^{+}的复合重组。

形态：对量子点的光学性能也有影响，如球形量子点，其光发射性质是非偏振的，或者是圆偏振的，而梭形/棒形的量子点则会发射沿长轴的完全线偏振光[120]。

因此，改变量子点的晶体组成、粒径、形态以及表面配体，对进一步拓宽量子点的应用具有重要的意义。

核壳结构：是改善量子点表面组成、提高其化学和光稳定性的重要途径[121]。因此，基于不同的目的，可以合成比核材料具更宽禁带或更窄禁带的核-壳型量子点，如图 10-18 所示。类型 I 有效减少了表面俘获，显著改善了量子点发光量子产率 [122,123]，图 10-2 所示的核壳型量子点属于这种类型，是荧光生物成像的良好探针。而类型Ⅱ更适用于基于电子转移的光化学或太阳能转化器件研究。从化学传感机理的角度，往往通过表面状态的变化，减少电子或空穴的捕获态，增强发光。这相当于在原量子点表面生成带隙更宽的壳层；或者，在原量子点表面生成带隙更窄的壳层，电子更容易泄露，或空穴更容易捕获，产生猝灭现象。在猝灭剂与量子点的反应过程中，生成的壳层材料，有时也会充当新的发光中心[124]。

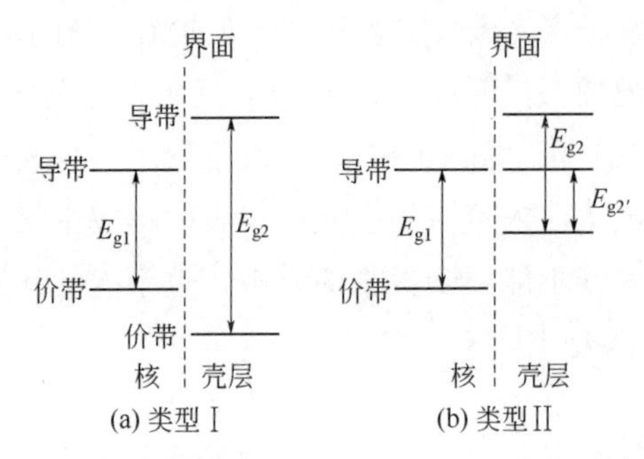

图 10-18　两种典型的核壳型量子点能带示意图

（a）带隙更宽的壳层；（b）和带隙更窄的壳层

10.2.3　顺磁效应或电子自旋交换猝灭

一氧化氮和氧分子，包括有机的稳定自由基都是顺磁性物种，也是适度的电子受体，与有机分子能形成碰撞络合物，或许借助介于类似内、外重原子效应的过程，增加非辐射的 $S_1 \rightarrow T_1$ 系间窜越速率 k_{ISC} 或辐射与非辐射的 $T_1 \rightarrow S_0$ 跃迁速率，从而引起荧光或磷光的增强或猝灭[125]。顺磁性组分引起荧光猝灭的自旋交换机制可以表示如下[126]：

$$QD(\uparrow)+Q(\downarrow) \longrightarrow QD(\downarrow)+Q(\uparrow) \qquad (10\text{-}7)$$

式中，QD 表示量子点；Q 表示自由基猝灭剂；箭头表示自旋电子及其状态。然而，在许多情况下，自由基与量子点间电子转移也应该是一种重要途径[127,128]。实际上，就是电子自旋交换转移。

顺磁性金属离子如 $Fe^{2+}(d^6)$、$Co^{2+}(d^7)$和 $Cu^{2+}(d^9)$等，对荧光的猝灭机理可能也是通过增加 k_{ISC}（S_1-T_1）而实现的[129~131]。同样可以通过增加非辐射的 k_{ISC}（T_1-S_0）而实现磷光猝灭。当然，顺磁性金属离子对荧光猝灭作用的选择性还可能与荧光受体基团具体的螯合过程有关。

此外，第 7 章介绍过的其他猝灭过程原则上也适用于解释纳点的荧光猝灭。

10.2.4　化学传感机理举例

针对量子点发光猝灭或增强的以上几个方面，在此剖析一些具体例子。由于纳米粒子具有较多的表面缺陷，如在其外表面包覆带隙比其本身带隙大的材料，将能有效地消除表面缺陷，使荧光增强；反之，则使荧光猝灭。如汪乐余等[132]

报道，在 pH=11.5 的 CdS 纳米溶胶中，加入 Cd^{2+}可在 CdS 纳米粒子的表面形成一层 $Cd(OH)_2$，因 $Cd(OH)_2$ 的带隙较 CdS 大，因而荧光增强。而加入 Cu^{2+}，则在 CdS 纳米粒子的外表面包覆了一层 $Cu(OH)_2$，因 $Cu(OH)_2$ 的带隙较 CdS 小，因而荧光猝灭。当然，这些猜测仍然需要更多的实验证据去确认。

量子点不同的表面配体与猝灭剂的结合能力不同，因此会表现出一定的选择性，尤其以金属离子的响应最为明显。如多聚磷酸、L-半胱氨酸和巯基甘油修饰的量子点的粒径分别是 5 nm、3 nm 和 3.5 nm[133]。对应的荧光峰值是 650 nm、460 nm 和 560 nm。多聚磷酸稳定的 CdS 量子点，对所有 M^{+}和 M^{2+}敏感，没有选择性；L-半胱氨酸修饰的 CdS 量子点仅对 Zn^{2+}有响应，增强发光。Zn^{2+}增强发光的机理为表面态的钝化，其实应该是前面提到的宽禁带作用。而 Cu^{2+}和 Fe^{3+}引起巯基甘油修饰的 CdS 量子点发光猝灭。Cu^{2+}和 Fe^{3+}引起 α-硫代甘油修饰的 CdS 量子点发光猝灭。推测 Cu^{2+}被还原为 Cu^{+}，CdS 量子点表面形成 CdS^{+}-Cu^{+}组分，其能级低于 CdS 本身的能级，为窄带隙材料，导致 CdS 量子点的荧光猝灭且发光红移。而 Fe^{3+}猝灭归于内滤效应，可借助形成 FeF_6^{3-}配合物而掩蔽。

据推测，当 Cu^{2+}接近 CdS 量子点表面时，会被迅速地还原为一价的 Cu^{+}，阻断激子复合[134]。同时，吸附或键合在量子点表面的 Cu^{+}形成 Cu_xS（$x = 1, 2$）层，引起表面电荷密度的变化，影响激子能级，从而在荧光猝灭的同时，还会使得量子点的发射峰发生红移。

Li 等[135]观察到，Zn^{2+}增强半胱氨酸包裹的 CdTe 量子点和量子棒发光，而 Mg^{2+}、Mn^{2+}、Ni^{2+}、Co^{2+}等猝灭其发光。Zn^{2+}与 CdTe 量子点之间的作用符合 Langmuir 吸附模式，Co^{2+}对 CdTe 量子点荧光的猝灭作用符合 Stern-Volmer 方程模式。虽然该文没有讨论机理，但仍然可以推测，Zn^{2+}的作用导致形成宽禁带的保护或钝化层。其他离子则属于顺磁性的猝灭。Cd^{2+}增强左旋肉碱修饰的 CdSe/ZnS 核壳量子点位于 550 nm 的发光。量子点的左旋肉碱层是铵基，带正电荷[136]。

在柠檬酸缓冲液中，Ag^{+}引起巯基乙酸修饰的 CdSe 量子点荧光猝灭[124]。同时，在更长的波长范围产生新的宽带发光谱。由于更强的亲和作用，Ag^{+}部分取代量子点表面的 Cd^{2+}，在 CdSe 量子点表面形成超细的 Ag_2Se 颗粒。一方面，表面状态的变化，加速非辐射的 e^{-}-h^{+}重组，引起 543 nm 处发光猝灭；而另一方面，Ag_2Se 颗粒作为新的发光中心，由于尺寸分布较宽，发光带也较宽，处于 625～650 nm。反应原理为：

$$Cd_mSe_n(CdSe\ pK_{sp}35.2)+2xAg^{+} \longrightarrow Cd_{m-x}Ag_{2x}Se_n(Ag_2Se\ pK_{sp}63.7)+xCd^{2+} \qquad (10\text{-}8)$$

就自旋单电子而言，Fe^{3+}和 Cu^{2+}应属于同一类型猝灭机理，而 Ag^{+}和 Hg^{2+}等离子可能为另一类型猝灭机理。Maria Teresa 等[137]采用以 2-巯基乙酸进行表面处理过的 CdSe 量子点测定 Cu^{2+}，结果显示共存离子 Na^{+}、K^{+}、Ca^{2+}、Mg^{2+}、Zn^{2+}、Mn^{2+}和 Co^{2+}对测定不产生干扰；Fe^{3+}的干扰可加入 NaF 使其形成 FeF_6^{3-}去除；而 Ag^{+}和 Hg^{2+}将会影响测定结果。但是由 Ag^{+}和 Hg^{2+}产生的荧光猝灭信号远小于 Cu^{2+}，只要 Ag^{+}和 Hg^{2+}的浓度不高于 1 mg/mL，其干扰可以忽略，就能实现高灵敏度、高选择性测量溶液中的 Cu^{2+}。

Li 等[138]观察到，Hg^{2+}选择性猝灭以硫化杯芳烃包裹的 CdSe/ZnS 量子点荧光，检出限达 15 nmol/L。猝灭中，荧光峰向红移，长波长处荧光曲线飘高。而 Mg^{2+}、Ca^{2+}、Cu^{2+}、Zn^{2+}、Mn^{2+}、Co^{2+}、Ni^{2+}等离子影响非常弱。作者按照软硬酸碱理论解释猝灭机理，即软酸 Hg^{2+}和软碱硫的结合力最大。如图 10-19 所示，实际上就是硫配体向 Hg^{2+}转移电荷，导致 S:→Zn^{2+}的配位解离，量子点表面电荷密度变化，引起荧光猝灭且向红移。

金属 Pb^{2+}引起的荧光猝灭与硫的相对键合强度相关[139]，Pb-S 的 K_{sp} 值是 3×10^{-7}，低于 Zn-S（2×10^{-4}）和 Cd-S（8×10^{-7}），因此 Pb^{2+}的加入，导致 QDs 的外层配体被取代脱落，如图 10-20 所示，QDs 聚沉，荧光猝灭，检出限为 20 nmol/L。

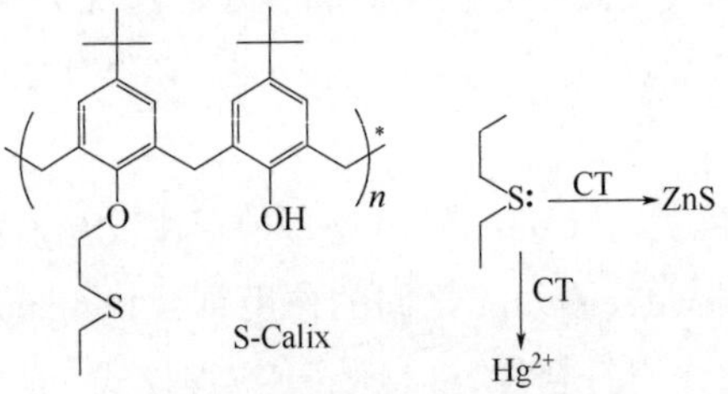

图 10-19　硫配体电荷转向 Hg^{2+}，导致 S:→Zn^{2+}的配位解离

图 10-20　Pb^{2+}和 Cd^{2+}配体交换示意图

Ag^{+}增强 L-半胱氨酸修饰的 CdS 量子点荧光，而 Cu(Ⅱ)、Hg(Ⅱ)、Co(Ⅱ)、Ni(Ⅱ)猝灭其发光，Hg^{2+}的猝灭最显著。作者提出了如下的表面取代作用（化学式似乎不平衡，原文如此）[140]：

$$Cd_mS_p + 2xM^{n+} \longrightarrow Cd_{m-xn}MS_{xn} + xnCd^{2+} \qquad (10\text{-}9)$$

由硫化物的 K_{sp} 可见，上述取代是可能的。$K_{sp}(Ag_2S)=6.0\times10^{-50}$；$K_{sp}(CoS, \beta)=2.0\times10^{-25}$；$K_{sp}(CuS)=6.0\times10^{-36}$；$K_{sp}(Cu_2S)=3.0\times10^{-48}$；$K_{sp}$(HgS, 黑色)$=1.6\times10^{-52}$；$K_{sp}(CdS)=7.1\times10^{-28}$。

“S^{-}-Ag^{+}”吸附在 L-半胱氨酸-CdS 表面，形成 CdS/AgS 类壳层结构，可以认为是宽带隙层，使原发光中心更有效，增强发光，并形成新的发光中心[141]。

图 10-21 表明，只有当 Hg^{2+}和 I^-共存时才能猝灭三乙醇胺修饰的 CdSe 量子点荧光[142]。这种独特的猝灭行为可用于选择性和灵敏地测定 Hg^{2+}和 I^-，这是第一例利用量子点互易地识别阴阳离子的报道。实验表明，I^-是 Hg^{2+}与 QDs 之间电荷转移的桥梁，Hg^{2+}与 I^-形成稳定的配合物并通过静电作用结合在量子点表面，进而从量子点到 Hg^{2+}发生有效的电子转移，导致量子点的荧光猝灭。如此高的选择性是因为 Hg^{2+}和 I^-具有最大的累计稳定常数，阴离子辅助转移 Hg^{2+}。随着 Hg^{2+}的加入，QDs 的荧光寿命显著下降，这证明猝灭至少部分是动态的，电荷转移过程是存在的。

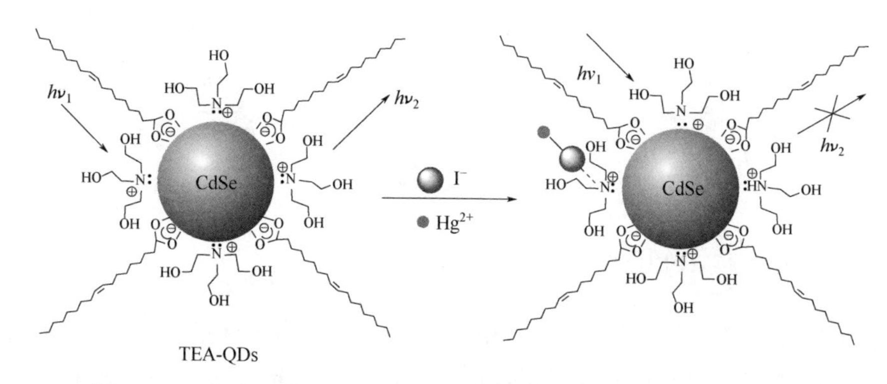

图 10-21　离子 Hg^{2+}、I^-、离子对 $Hg^{2+}\cdot I^-$与 QDs 相互作用的示意图

3-巯基丙酸（3-MPA）修饰的 ZnS 掺 Mn 量子点对金属离子的响应特性：Cd^{2+}增强磷光，而其他试验过的金属离子均猝灭磷光，猝灭的速率常数［k_q/(L/mol·s)］如下：Cd^{2+}，-0.097×10^6；Co^{2+}，6.12×10^6；Pb^{2+}，2.76×10^6；Cu^{2+}，0.1×10^6。其中，钴离子和铅离子表现最显著的猝灭作用，而 Cu^{2+}猝灭作用稍弱，其他金属离子的猝灭作用更弱。然而，所有试验过的金属离子对 L-半胱氨酸修饰的 ZnS 掺 Mn 量子点均表现为猝灭作用，几种猝灭速率常数［k_q/(L/mol·s)］较大的金属离子为：Hg^{2+}，39.4×10^6；Co^{2+}，15.5×10^6；Cu^{2+}，11.0×10^6；Pb^{2+}，6.5×10^6[12]。

谢剑炜等[13]观察到，铅离子猝灭 L-半胱氨酸修饰的 Mn 掺杂 ZnS 量子点磷光。推测，L-半胱氨酸羧基先与表面发强磷光的 Mn^{2+}静电结合，而加入的 Pb^{2+}与羧基键合作用强于 Mn^{2+}，而将表面结合的 Mn^{2+}替换下来，重新占据一定的电子或空穴，使磷光猝灭。

Hg^{2+}可以选择性的猝灭由柚子皮作为碳源制备的碳点的荧光[75]。并且当更强的 Hg^{2+}螯合剂——半胱氨酸加入时，Hg^{2+}会脱离碳纳米粒子表面使其荧光恢复。作者推测，Hg^{2+}可通过电子或能量转移使碳纳米粒子发生荧光猝灭。实际上，如果通过电子转移猝灭荧光，那么 Hg^{2+}被还原为低价，这时加入半胱氨酸恐怕也难恢复发光。所以，笔者推测，极大的可能性是重原子效应引起的猝灭。即 Hg^{2+}仅配合在碳点表面，并无价态变化。所以，当加入更强的配位剂时，Hg^{2+}可以通过竞争性配位而远离碳点表面，脱离有效的重原子效应范围。

Liu 等[143]利用碳点-罗丹明 B 硅胶球建立比率型传感器，Cu^{2+}选择性地猝灭硅胶球外面碳点的荧光，而内部罗丹明 B 的荧光不受其影响。

除了金属阳离子，利用发光量子点或其他纳米材料建立阴离子传感体系也是非常有意义的，氰根检测可以作为典型。如图 10-22 所示，笔者等[144]首次考察了利用 CdSe 量子点荧光猝灭灵敏检测阴离子氰根的可行性，氰根通过捕获空穴而阻止激子复合，量子点的荧光具有单指数衰减特征，寿命随氰根浓度的增加而缩短。

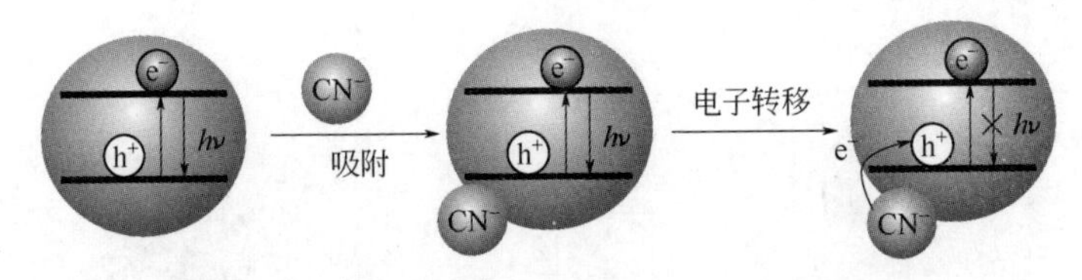

图 10-22 CdSe 量子点检测 CN^-机制示意图

2008 年，Hall 等[145]采用 CdSe/ZnS 量子点实现氯离子传感。量子点外层配体为 3-巯基丙酸和光泽精，荧光峰位置是 500 nm、540 nm 和 620 nm。随着氯离子浓度的增加，位于 540 nm 的发光减弱，而位于 620 nm 的发光增强，对氯离子的检出限为 0.29 mmol/L。

Yan 等[146]通过图 10-23 证明，NO 可能通过如下两步猝灭三乙醇胺（TEA）修饰的 CdSe 量子点发光。第一，猝灭曲线 a 的起始阶段，斜率大，推测 NO 消耗了量子点表面吸附的氧分子，改变了量子点表面状态，俘获激子引起发光高效

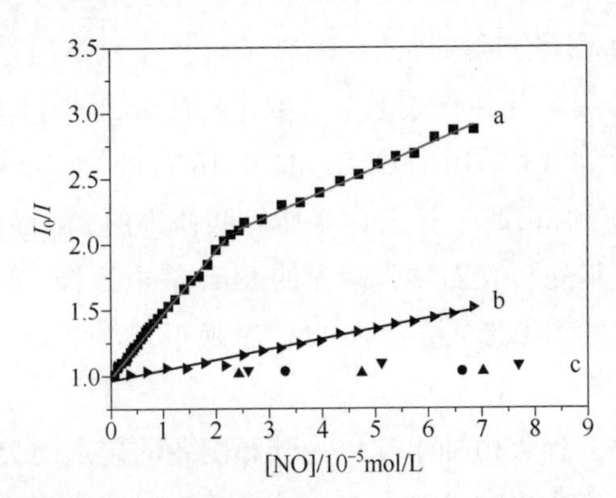

图 10-23 一氧化氮猝灭三乙醇胺修饰的 CdSe 量子点荧光的 Stern-Volmer 曲线

a. 不除氧的溶液；b. 用氮除氧的溶液；c. NO_3^-、NO_2^-、4-羟基-TEMPO 对 TEA-CdSe-QDs 发光的影响

猝灭；第二，猝灭曲线 a 的低斜率区段和曲线 b，代表 NO 自身进一步吸附于量子点表面，通过电子自旋交换转移猝灭发光。此外，硝酸根、亚硝酸根和有机的自由基猝灭效果并不显著。这说明所设计量子点传感体系具有较好的选择性。

Shi 等[147]率先实现了利用 CdSe 量子点识别硝基甲苯类爆炸物。如图 10-24 所示，推测目标物穿过量子点表面的十八烯酸层，通过捕获电子引起发光猝灭，检出限 TNT：3.12×10^{-9} mol/L（0.71 ng/mL）；DNT：5.10×10^{-9} mol/L（0.93 ng/mL）。

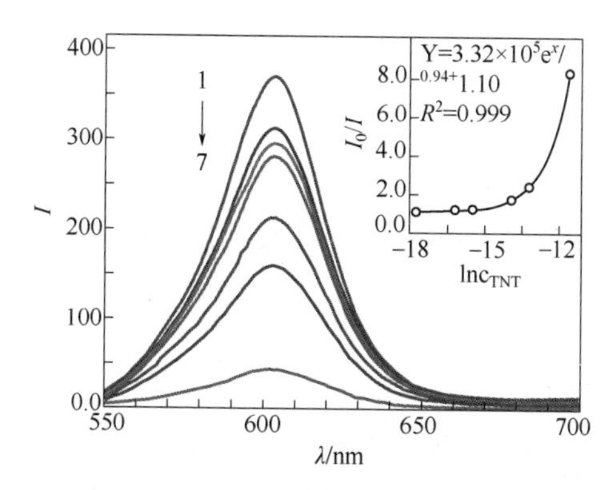

图 10-24　TNT 对 CdSe 量子点荧光的猝灭光谱

TNT 浓度：1～7 分别为：0.0，8.0×10^{-8} mol/L，4.0×10^{-7} mol/L，8.0×10^{-7} mol/L，4.0×10^{-6} mol/L，8.0×10^{-6} mol/L，4.0×10^{-5} mol/L

Yan 等[15]观察到，抗坏血酸能够萃取 Mn 掺杂 ZnS 量子点表面的 Mn^{2+}和 Zn^{2+}，产生更多的空穴并被 Mn^{2+}俘获，进而产生 Mn^{3+}；而抗坏血酸又能将 Mn^{3+}还原到 Mn^{2+}，并产生激发态 Mn^{2+}，因此增强了 Mn^{2+}磷光。进一步基于此建立了抗坏血酸的分析方法。Zou 等[14,23]将巯基氨基酸（如 L-半胱氨酸）修饰于 Mn^{2+}或 Co^{2+}掺杂的 ZnS 量子点表面，TNT 作为电子酸与氨基形成氢键和静电共同作用的迈森海默配合物，进而引起量子点聚集，导致缺陷态瑞利散射增强和金属离子磷光减弱，由此建立 TNT 的比率型发光传感平台。

三聚氰胺吸附于 DNA 包覆的银纳米簇（DNA-Ag NCs）表面，使得簇表面状态更加完整，发光增强，从而建立痕量三聚氰胺的检测方法[148]。

利用发光的金纳米簇（AuNCs@GSH）检测 ATP 非常简便。Fe^{3+}首先选择性地猝灭金纳米簇的荧光（可视荧光比色，UV 365 nm 激发）。而 Fe^{3+}与磷酸基的高亲和配位作用也是选择性的，在磷酸盐或 ATP 的存在下，发光得以恢复，由此检测 ATP [149]。

牛血清白蛋白包裹的金纳米簇（BSA-AuNCs）可以产生荧光（激发波长 350 nm，发射波长 670 nm），而亚硝酸根通过与 BSA 相互作用，可以诱导纳米簇聚集，从而引起荧光猝灭[150-152]。另一方面，亚硝酸根可以诱导发生氧化还原反应[153]。在酸性介质中，亚硝酸根与 H^+反应形成亚硝酸，进一步缔合质子并最终形成亚硝酰基阳离子（NO^+）和水，见方程式(10-10)。

$$^-O{-}N{=}O \xrightarrow{H^+} HO{-}N{=}O \xrightarrow{H^+} H\overset{+}{O}{-}\underset{H^+}{\underset{|}{N}}{=}O \xrightarrow{H^+} \overset{+}{N}{=}O + H_2O \qquad (10\text{-}10)$$

亚硝酰基是缺电子的，能够将 Au(0)氧化为 Au(Ⅰ)。此外，作者认为在酸性介质中，亚硝酸根也可能直接氧化 Au(0)为 Au(Ⅰ)。根据如下的氧化-还原电位，似乎直接氧化比较困难。但是，推测在纳米簇中，或(BSA)-S-Au(Ⅰ)···Au(0)簇体系中，由于配位状态的金或亲金键 Au(Ⅰ)···Au(0)作用，金电对的氧化还原电位会降低。

$$2HNO_2(aq)+4H^++4e \Longleftrightarrow N_2O(g)+3H_2O \qquad E_0=1.29\ V \qquad (10\text{-}11)$$

$$Au(\text{Ⅰ})+e \Longleftrightarrow Au\ (0) \qquad E_0=1.69\ V \qquad (10\text{-}12)$$

再有，NO 诱导金纳米簇荧光猝灭，或 NO 猝灭半导体量子点发光[146]，也可能通过下列途径实现。即在酸性介质中亚硝酸根是不稳定的，去质子反应［$3HNO_2(aq) \longrightarrow H_3O^++NO_3^-+2NO$］可能发生，通过 NO 和半胱氨酸（也叫巯基丙氨酸）的 *S*-亚硝基化反应生成亚硝基硫醇，从而引起荧光猝灭。

Zhang 等[154]制备 N-掺杂的碳点，Fe^{3+}与表面富氧基团（如酚羟基）配位，碳点将激发态电子转移给 Fe^{3+}d 轨道的非辐射电子转移引起荧光猝灭。计算表明，N 掺杂碳点的激发态能级相对于基态能级为 3.25 eV，而配位场导致分裂后 Fe^{3+}较高 d 轨道能级与较低轨道能级之差为 2.7 eV，碳点激发态能级高于 Fe^{3+}d 轨道能级，电子转移机制是可能的。这样的荧光猝灭机制应该是有代表性的。

10.2.5 偶极-偶极相互作用引起的荧光猝灭

Förster 共振能量转移（FRET）是引起供体荧光猝灭的一种重要途径，被广泛地应用于化学或生物传感设计中。借助 Förster 能量转移途径设计离子化学传感的一种体系如图 10-25 所示，利用 15-冠-5 衍生物分别修饰绿色的和红色的量子点，在 K^+存在下形成“绿色量子点-15-冠-5/K^+/15-冠-5-红色量子点”三明治型配合物，两个量子点的空间距离约 2.6 nm，处于 Förster 能量转移范围之内，在 430 nm 激发光下，发生由绿色荧光体向红色荧光体的能量转移，此消彼长[155]。

10.2.6 亲金/亲金属作用

亲金键概念于 1989 年提出的。闭壳层的金属离子之间具有强的专属性的色散相互作用，形成所谓的亲金键或亲金属键，键长大约 0.3 nm，键合能大约 23.3～

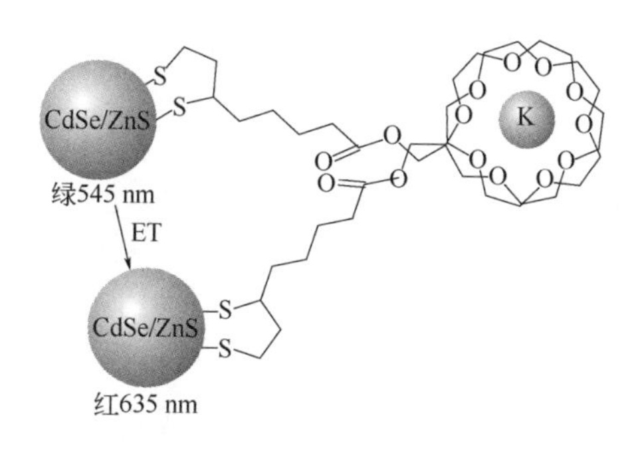

图 10-25　绿色和红色量子点间 Förster 能量转移示意图

50.2 kg/mol[156]。亲金键是一种超级的范德华键合作用[157]，是色散效应、电子相关效应和强的相对论效应共同贡献的。原子相对论效应指出，当高速运动的电子接近重原子核时，会引起该原子有效核电荷数增加，导致 s/p 轨道收缩以及 d 轨道扩张，从而降低 5d 和 6s/p 轨道的能级差，促进更加有效的轨道组态混合，从而产生这种亲金作用。有计算指出，大约 28%的亲金键合能源于 d 轨道的扩张[158]。重金属离子之间更倾向于这种作用[159-161]，其中 Au^+（$4f^{14}5d^{10}$）和 Au^+之间的作用是最强的[156,162]，其他如 Hg^{2+}（$4f^{14}5d^{10}$）和 Au^+（$4f^{14}5d^{10}$），Hg（Ⅱ）和 Pt（Ⅱ），Hg（Ⅱ）和 Pd（Ⅱ），Ag^+（$3d^{10}$）和 Au^+，Cu^+（$3d^{10}$）和 Ag^+等[160]。

如图 10-26 所示，由 25 个金原子组成的金纳米晶体/簇，发射最大位于 640 nm 的红色荧光。表面少量的 Au^+（约 17%）增强了该簇的稳定性，而正是这些少量

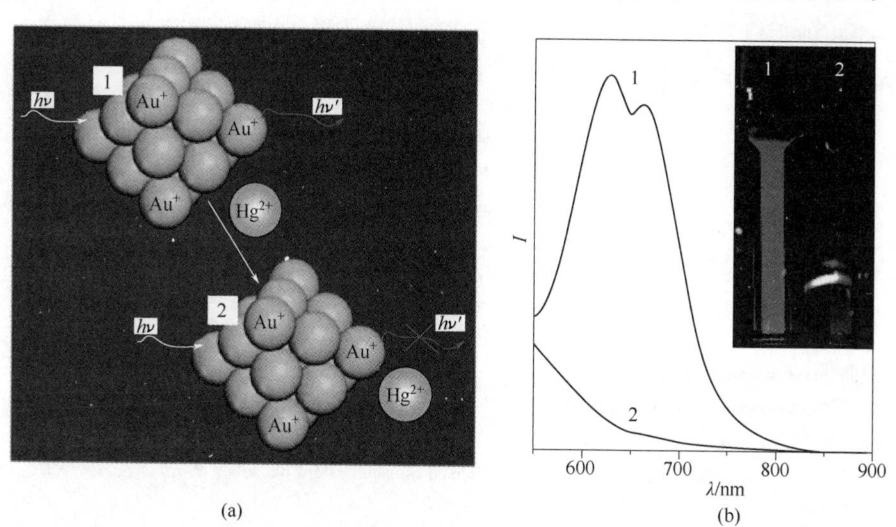

图 10-26　高亲和性的 Hg^{2+}-Au^+亲金属键示意图（a）和激发波长 470 nm 时的发射光谱（b）

插图为在紫外灯 354 nm 辐射下金纳米簇悬浮液加入 50 mmol/L 汞离子前后发光变化的照片

的 Au^{+}与 Hg^{2+}强的专属性的相互作用，使得金簇的荧光猝灭，从而建立 Hg^{2+}的荧光传感器[42]。

10.3 问题与策略

纳点在化学传感方面的确具有许多独到之处。但需注意的是，量子点的类型、表面状态和配体的特点决定了选择性。当涉及相同配位原子但配体分子结构和组成不同时，有的对 Hg^{2+}有选择性，而有的对 Pb^{2+}或其他离子有选择性。所以，量子点表面的配体在决定对金属离子或其他待测组分的选择性方面发挥着重要的作用。没有量子限制效应的碳点类发光材料，类同于小分子的发光，在设计这类材料时，既要考虑碳点的芯结构（石墨型或掺杂石墨型）对发光行为的影响，又要考虑表面基团对发光行为和选择性的影响。

在响应机理方面，除了与有机荧光染料有许多相似之处外，纳米材料也有其自身的特点。当触及响应机理时，应该在求证方面给予更多更充分的实验和思考[15]。利用各种谱学技术，对纳米材料的组成进行细致的表征，如晶态结构、半导体量子点核芯的元素组成、金属纳米簇的原子个数、表面配体的键合特征以及配位分子的比较准确的数目等，要定量化、精准化。

另外，新型发光纳点的开发也是化学传感领域值得研究的课题。那么如何设计一款新型的纳点？对照元素周期表，看看还有哪种元素没有参与纳点的制备？还有哪种元素的哪种纳点在哪些条件（如配体种类、比率、反应温度、制备方法等）下可能形成新型的结构、新型的形态或几何外形？ 有些情况下，新奇的材料不是靠理论预测出来的！祝你好运！

参 考 文 献

[1] L. E. Brus. Electron-electron and electron-hole interactions in small semi-conductor crystallites: The size dependence of the lowest excited electronic state. *J. Chem. Phys.*, **1984**, *80*: 4403-4409.

[2] Y. Kayanuma. Quantum-size effects of interacting electrons and holes in semiconductor microcrystals with spherical shape. *Phys. Rev. B.*, **1988**, *38*: 9797-9805.

[3] Y. Wang, N. Herron. Nanometer-sized semiconductor clusters: materials synthesis, quantum size effects and photophysical properties. *J. Phys. Chem.*, **1991**, *95*: 525-532.

[4] E. O. Chukwuocha, M. C. Onyeaju, Taylor S. T. Harry. Theoretical Studies on the Effect of Confinement on Quantum Dots Using the Brus Equation. World J. *Condensed Matter Physics*, **2012**, *2*: 96-100.

[5] X. F. Liu, Y. B. Qiao, G. P. Dong, et al. BCNO-based long-persistent phosphor. *J. Electrochem. Soc.*, **2009**, *156*: 81-84.

[6] Y. R. Tang, H. J. Song, Y. Y. Su, Y. Lv. Turn-on Persistent Luminescence Probe Based on Graphitic Carbon Nitride for Imaging Detection of Biothiols in Biological Fluids. *Anal. Chem.*, **2013**, *85*: 11876-11884.

[7] J. H. Chung, C. S. Ah, D. J. Jang. Formation and distinctive decay times of surface- and lattice-bound

Mn^{2+}impurity luminescence in ZnS Nanoparticles. *J. Phys. Chem. B*, **2001**, *105*: 4128-4132.

[8] X. Zhang, L. Li, X. Dong, et al. Luminescence properties of Cu and Cu, Al doped ZnS quantum dots. *Proc. SPIE* 6782, Optoelectronic Materials and Devices Ⅱ, 678221 (Nov.19, 2007).

[9] C. Corrado, M. Hawker, G. Livingston, et al. Enhanced Cu emission in ZnS: Cu,Cl/ZnS core-shell nanocrystals. *Nanoscale*, **2010**, *2*: 1213-1221.

[10] S. Y. Liu, X. G. Su. The synthesis and application of doped semiconductor Nanocrystals. *Anal. Methods*, **2013**, *5*: 4541-4548.

[11] Y. He, H. F. Wang, X. P. Yan. Exploring Mn-Doped ZnS Quantum Dots for the Room-Temperature Phosphorescence Detection of Enoxacinin Biological Fluids. *Anal. Chem.*, **2008**, *80*: 3832-3837.

[12] 段玉娇，李文婷，申前进，晋卫军. ZnS 掺 Mn 磷光量子点对金属离子传感机理的探讨. *化学传感器*, **2011**, *31*: 26-32.

[13] 陈娟，孙洁芳，郭磊，等. 锰掺杂硫化锌量子点室温磷光检测铅离子. *分析化学*, **2012**, *40(11)*: 1680-1685.

[14] W. S. Zou, S. Dong, X. Ge, et al. Room-temperature phosphorescence chemosensor and Rayleigh scattering chemodosimeter dual-Recognition probe for 2,4,6-trinitrotoluene based on manganese-doped ZnS quantum dots. *Anal. Chem.*, ***2011***, *83*: 30-37.

[15] H. F. Wang, Y. Li, Y. Y. Wu, et al. Ascorbic acid induced enhancement of room temperature phosphorescence of sodium tripolyphosphate-capped Mn-doped ZnS quantum dots: mechanism and bioprobe applications. *Chem. Eur. J.*, **2010**, *16*: 12988-12994.

[16] Y. He, H. F. Wang, X. P. Yan. Self-assembly of Mn-doped ZnS quantum dots/octa (3-aminopropyl) octasilsequioxane octahydrochloride nanohybrids for optosensing DNA. *Chem. Eur. J.*, **2009**, *15(22)*: 5436-5440.

[17] S. E. Irvine, T. Staudt, E. Rittweger, et al. Direct light-driven modulation of luminescence from Mn-doped ZnSe quantum dots. *Angew Chem. Int Ed.*, **2008**, *47*: 1-5.

[18] N. Pradhan, D. M. Battaglia, Y. Liu, X. Peng. Efficient, stable, small, and water-soluble doped ZnSe nanocrystal emitters as non-cadmium biomedical labels. *Nano Lett.*, **2007**, *7*: 312-317.

[19] D. A. Schwartz, N. S. Norberg, Q. P. Nguyen, et al. Gamelin. Magnetic quantum dots: synthesis, spectroscopy, and magnetism of Co^{2+}- and Ni^{2+}-doped ZnO nanocrystals. *J. Am. Chem. Soc.*, **2003**, *125*: 13205-13218.

[20] P. Lommens, F. Loncke, P. F. Smet, F. Callens, D. Poelman, H. Vrielinck, Z. Hens. Dopant incorporation in colloidal quantum dots: a case study on Co^{2+}doped ZnO. *Chem. Mater.* **2007**, *19*: 5576-5583.

[21] J. J. Zhang, P. Yu, S. Y. Chen, et al. Doping-induced emission of infrared light from Co^{2+}-doped ZnSe quantum dots. *Res. Chem. Intermed.*, **2011**, *37*: 383-388.

[22] T. Y. Tsai, M. Birnbaum. Characteristics of Co^{2+}: ZnS saturable absorber Q-switched neodymium lasers at 1.3 μm. *J. Appl. Phys.*, **2001**, *89*: 2006-2012.

[23] W. S. Zou, J. Q. Qiao, X. Hu, et al. Synthesis in aqueous solution and characterisation of a new cobalt-doped ZnS quantum dot as a hybrid ratiometric chemosensor. *Anal. Chim. Acta.*, **2011**, *708*: 134-140.

[24] G. Murugadoss, M. R. Kumar. Synthesis and optical properties of monodispersed Ni^{2+}-doped ZnS nanoparticles. *Appl. Nanosci.*, **2014**, *4*: 67-75.

[25]P. Pang, M. Lu, D. Xu, et al. Luminescence characteristics of ZnS nanoparticles co-doped with $Ni^{2+}$and Mn^{2+}. *Opt. Mater.*, **2003**, *24*: 497-502.

[26]P. Yang, M. K. Lu, D. Xu, et al. Strong Green Luminescence of Ni^{2+}-Doped ZnS Nanocrystals. *Appl. Phys. A*, **2002**, *74*: 257-259.

[27] O. Ehlert, A. Osvet, M. Batentschuk, et al. Synthesis and spectroscopic investigations of Cu- and Pb-doped colloidal ZnS nanocrystals. *J. Phys. Chem. B*, **2006**, *110*: 23175-23178.

[28] B. B. Srivastava, S. Jana, N. Pradhan. Doping Cu in semiconductor nanocrystals: some old and some new physical insights. *J. Am. Chem. Soc.*, **2011**, *133*: 1007-1015.

[29] R. Xie, X. Peng. Synthesis of Cu-doped InP nanocrystals (d-dots) with ZnSe diffusion barrier as efficient and color-tunable NIR emitters. *J. Am. Chem. Soc.*, **2009**, *131*(*30*): 10645-10651.

[30] N. Pradhan, D. Goorskey, J. Thessing, X. G. Peng. An alternative of CdSe nanocrystal emitters: pure and tunable impurity emissions in ZnSe nanocrystals. *J. Am. Chem. Soc.*, **2005**, *127*: 17586-17587.

[31] Q. Shen, Y. Liu, J. Xu, et al. Microwave induced center-doping of silver ions in aqueous CdS nanocrystals with tunable, impurity and visible emission. *Chem. Commun.*, **2010**, *46*: 5701-5703.

[32] K. A. Willets, R. P. Van Duyne. Localized surface plasmon resonance spectroscopy and sensing. *Annu. Rev. Phys. Chem.*, **2007**, *58*: 267-297.

[33] S. Pan, L. J. Rothberg. Enhancement of platinum octaethyl porphyrin phosphorescence near nanotextured silver surfaces. *J. Am. Chem. Soc.*, **2005**, *127*: 6087-6094.

[34] J. Zhang, Y. Fu, D. Liang, et al. Single-cell fluorescence imaging using metal plasmon-coupled probe 2: single-molecule counting on lifetime image. *Nano letters*, **2008**, *8*: 1179-1186.

[35] J. Zhang, Y. Fu, M. H. Chowdhury, J. R. Lakowicz. Metal-enhanced single-molecule fluorescence on silver particle monomer and dimer: coupling effect between metal particles. *Nano Lett.*, **2007**, *7*: 2101-2107.

[36] D. Graham, R. Goodacre. Chemical and bioanalytical applications of surface enhanced Raman scattering spectroscopy. *Chem. Soc. Rev.*, **2008**, *37*: 883-883.

[37] S. La, N. K. Grady, J. Kundu, et al. Tailoring plasmonic substrates for surface enhanced spectroscopies. *Chem. Soc. Rev.*, **2008**, *37*: 898-911.

[38] C. X. Niu, Q. W. Song, G. He, et al. Near-infrared-fluorescent probes for bioapplications based on silica-coated gold nanobipyramids with distance-dependent plasmon-enhanced fluorescence. *Anal. Chem.*, **2016**, *88*: 11062-11069.

[39] Y. You, Q. W. Song, L. Wang, et al. Silica-coated triangular gold nanoprisms as distance-dependent plasmon-enhanced fluorescence-based probes for biochemical applications. *Nanoscale*, **2015**, *7*: 8457-8465.

[40] R. Kubo. Eiectronic properties of metallic fine particles. *I. J. Phys. Soc. JPN.*, **1962**, *17*(*6*): 975-986.

[41] C. C. Huang, Z. Yang, K. H. Lee, H. T. Chang. Synthesis of highly fluorescent gold nanoparticles for sensing mercury(II). *Angew Chem. Int. Ed.*, **2007**, *46*: 6824-6828.

[42] J. P. Xie, Y. Zheng, J. Y. Ying. Highly selective and ultrasensitive detection of Hg^{2+}based on fluorescence quenching of Au nanoclusters by Hg^{2+}-Au^{+}interactions. *Chem. Commun.*, **2010**, *46*: 961-963.

[43] J. Zheng, P. R. Nicovich, R. M. Dickson. Highly fluorescent noble-metal quantum dots. *Annu. Rev. Phys. Chem.*, **2007**, *58*: 409-431.

[44] S. A. Miller, J. M. Womick, J. F. Parker, et al. Femtosecond relaxation dynamics of $Au_{25}L_{18}$-monolayer-protected clusters. *J. Phys. Chem. C.*, **2009**, *113*: 9440-9444.

[45] G. Wang, T. Huang, R. W. Murray, et al. Near-IR luminescence of monolayer-protected metal clusters. *J. Am. Soc. Chem.*, **2005**, *127*: 812-813.

[46] L. Shang, N. Azadfar, F. Stockmar, et al. One-pot synthesis of near-infrared fluorescent gold clusters for cellular fluorescence lifetime imaging. *Small*, **2011**, *7*: 2614-2620.

[47] T. Udaya Bhaskara Rao, T. Predeep. Luminescent Ag7 ang Ag8 clusters by interfacial synthesis. *Angew. Chem. Int. Ed.*, **2010**, *49*: 3925-3929.

[48] S. Roy, A. Baral, A. Banerjee. Tuning of silver cluster emission from blue to red using a bio-active peptide in water. *ACS Appl. Mater. Interfaces.*, **2014**, *6*: 4050-4056.

[49] B. Adhikari, A. Banerjee. Facile synthesis of water-soluble fluorescent silver nanoclusters and Hg(Ⅱ) sensing. *Chem. Mater.*, **2010**, *22*: 4364-4371.

[50] Y. Chen, T. Yang, H. Pan, et al. Photoemission mechanism of water-soluble silver nanoclusters:

Ligand-to-metal-metal charge transfer vs strong coupling between surface plasmon and emitters. *J. Am. Chem. Soc.*, **2014**, *136*: 1686-1689.

[51] Z. D. Gao, R. X. Hu, F. Liu, et al. Lysozyme-stabilized Ag nanoclusters: systhesis to different composition and fluorescent responses to sulfide ion with distinct mode. *RSC Adv.*, **2016**, *6*: 66233-66241.

[52] X. Yuan, M. I. Setyawati, S. A. Tan, et al. Highly luminescent silver nanoclusters with tunable emissions: cyclic reduction-decomposition synthesis and antimicrobial properties. *NPG Asia Materials*, **2013**, *5*: e39.

[53] L. Shang, S. Dong, G. U. Nienhaus. Ultra-small fluorescent metal nanoclusters: synthesis and biological applications. *Nano Today*, **2011**, *6*: 401-418.

[54] H. C. Yeh, J. Sharma, J. J. Han, et al. A DNA-silver nanocluster probe that fluoresces upon hybridization. *Nano Lett.*, **2010**, *10*: 3106-3110.

[55] W. Guo, J. Yuan, Q. Dong, E. Wang. Highly sequence-dependent formation of fluorescent silver nanoclusters in hybridized DNA duplexes for single nucleotide mutation identification. *J. Am. Chem. Soc.*, **2009**, *132*: 932-934.

[56]S. W. Yang, T. Vosch. Rapid detection of microrna by a silver nanocluster DNA probe. *Anal. Chem.*, **2011**, *83*: 6935-6939.

[57] J. Yu, S. Choi, R. M. Dickson. Shuttle-based fluorogenic silver-cluster biolabels. *Angew. Chem. Int. Ed.*, **2009**, *48*: 318-320.

[58] Y. Fu, J. R. Lakowicz. Enhanced fluorescence of Cy5-labeled oligonucleotides near silver island films: a distance effect study using single molecule spectroscopy. *J. Phys. Chem. B*, **2006**, *110(45)*: 22557-22562.

[59] X. Yuan, Z. T. Luo, Q. B. Zhang, et al. Synthesis of highly fluorescent metal (Ag, Au, Pt, and Cu) nanoclusters by electrostatically induced reversible phase transfer. *Acs Nano.*, **2011**, *5*: 8800-8808.

[60] H. Cao, Z. Chen, H. Zheng, Y. Huang. Copper nanoclusters as a highly sensitive and selective fluorescence sensor for ferric ions in serum and living cells by imaging. *Biosens Bioelectron.*, **2014** , *62*: 189-195.

[61] S. R. Nicewarner-Peña, R. G. Freeman, B. D. Reiss, et al. Submicrometer metallic barcodes. *Science*, **2001**, *294*: 137-141.

[62] J. Shen, Y. Zhu, X. Yang, C. Li. Graphene quantum dots: emergent nanolights for bioimaging, sensors, catalysis and photovoltaic devices. *Chem. Commun.*, **2012**, *48*： 3686-3699.

[63] G. Eda, Y. Y. Lin, C. Mattevi, et al. Blue photoluminescence from chemically derived graphene oxide. *Adv. Mater.*, **2010**, *22(4)*: 505-509.

[64] D. Pan, J. Zhang, Z. Li, M. Wu. Hydrothermal route for cutting graphene sheets into blue-luminescent graphene quantum dots, *Adv. Mater.*, **2010**, *22(6)*: 734-738.

[65] Y. .P Sun, B. Zhou, Y. Lin, et al. Quantum-sized carbon dots for bright and colorful photoluminescence. *J. Am. Chem. Soc.*, **2006**, *128*: 7756-7757.

[66] P. C. Hsu, H.T. Chang. Synthesis of high-quality carbon nanodots from hydrophilic compounds: role of functional groups. *Chem. Commun.*, **2012**, *48(33)*: 3984-3986.

[67] H. Liu, T. Ye, C. Mao. Fluorescent carbon nanoparticles derived from candle soot. *Angew. Chem. Int. Ed.*, **2007**, *46*: 6473-6475.

[68] H. Huang, J. J. Lv, D. L. Zhou, et al. One-pot green synthesis of nitrogen-doped carbon nanoparticles as fluorescent probes for mercury ions. *RSC Adv.*, **2013**, *3*: 21691-21696.

[69] H. Huang, Y. Xu, C. J. Tang, et al. Facile and green synthesis of photoluminescent carbon nanoparticles for cellular imaging. *New J. Chem.*, **2014**, *38*: 784-789.

[70] S. Liu, J. Tian, L. Wang, et al. Hydrothermal treatment of grass: a low-cost, green route to nitrogen-doped, carbon-rich, photoluminescent polymer nanodots as an effective fluorescent sensing platform for label-free detection of Cu(II) ions. *Adv. Mater.*, **2012**, *24*: 2037-2041.

[71] C. Zhu, J. Zhai, S. Dong. Bifunctional fluorescent carbon nanodots: green synthesis via soy milk and

application as metal-free electrocatalysts for oxygen reduction. *Chem. Commun.*, **2012**, *48*: 9367-9369.

[72] W. Li, Z. Zhang, B. Kong, et al. Simple and green synthesis of nitrogen-doped photoluminescent carbonaceous nanospheres for bioimaging. *Angew. Chem. Int. Ed.*, **2013**, *52*: 1-6.

[73] A. Prasannan, T. Imae. One-pot synthesis of fluorescent carbon dots from orange waste peels. *Ind. Eng. Chem. Res.*, **2013**, *52*: 15673-15678.

[74] A. Mewada, S. Pandey, S. Shinde, et al. Green synthesis of biocompatible carbon dots using aqueous extract of *T. bispinosa* peel. *Mater Sci. Eng C*, **2013**, *33(5)*: 2914-2917.

[75] W. Lu, X. Qin, S. Liu, et al. Economical, green synthesis of fluorescent carbon nanoparticles and their use as probes for sensitive and selective detection of mercury (Ⅱ) ions. *Anal. Chem.*, **2012**, *84(12)*: 5351-5357.

[76] H. T. Li, X. D. He, Z. H. Kang, et al. Water-soluble fluorescent carbon quantum dots and photocatalyst design. *Angew. Chem. Int. Ed.*, **2010**, *49*: 4430-4434.

[77] Y. X. Fang, S. J. Guo, D. Li, et al. Easy Synthesis and Imaging Applications of Cross-Linked Green Fluorescent Hollow Carbon Nanoparticles. *ACS Nano*, **2012**, *6*: 400-409.

[78] L. Z. Liu, F. Feng, Q. Hu, et al. Capillary electrophoretic study of green fluorescent hollow carbon nanoparticles. *Electrophoresis*, **2015**, *36*: 2110-2119.

[79] Y.-M. Long, C.-H. Zhou, Z.-L. Zhang, et al., Shifting and non-shifting fluorescence emitted by carbon nanodots. *J. Mater. Chem.*, **2012**, *22*(*13*): 5917-5922.

[80] W. Kwon, G. Lee, S. Do, et al. Size-controlled soft-template synthesis of carbon nanodots toward versatile photoactive materials. *Small*, **2014**, *10*(*3*): 506-513.

[81] J. Du, H. Wang, L. Wang, et al. Insight into the effect of functional groups on visible-fluorescence emissions of graphene quantum dots, *J. Mater. Chem. C*, **2016**, *4*(*11*): 2235-2242.

[82] S. Hu, A. Trinchi, P. Atkin, I. Cole. Tunable photoluminescence across the entire visible spectrum from carbon dots excited by white light. *Angew. Chem. Int. Ed.*, **2015**, *54*(*10*): 2970-2974.

[83] M. Zhang, L. Bai, W. Shang, et al. Facile synthesis of water-soluble, highly fluorescent graphene quantum dots as a robust biological label for stem cells. *J. Mater. Chem.*, **2012**, *22*: 7461-7467.

[84] S. L. Hu, A. Trinchi, P. Atkin, I. Cole. Tunable photoluminescence across the entire visible spectrum from carbon dots excited by white light. *Angew. Chem. Int. Ed.*, **2015**, *54*: 2970-2974.

[85] H. Ding, S. B. Yu, J. S. Wei, H. M. Xiong. Full-color light-emittiong carbon dots with a surface-state-controlled luminescence. *ACS Nano.*, **2016**, *10*(*1*): 484-491.

[86] Y. Song, S. Zhu, S. Zhang, et al. Investigation from chemical structure to photoluminescent mechanism: a type of carbon dots from the pyrolysis of citric acid and an amine. *J. Mater. Chem. C*, **2015**, *3*(*23*): 5976-5984.

[87] L. L. Pan, S. Sun, A. D. Zhang, et al. Truly fluorescent excitation-dependent carbon dots and their applications in multicolor cellular imaging and multidimensional sensing. *Adv. Mater.*, **2015**, *27*: 7782-7787.

[88] H. Zheng, Q. Wang, Y. Long, H. Zhang, X. Huang, R. Zhu, Enhancing the luminescence of carbon dots with a reduction pathway. *Chem. Commun.*, **2011**, *47*(*38*): 10650-10652.

[89] S. Zhu, J. Zhang, S. Tang, et al. Surface chemistry routes to modulate the photoluminescence of graphene quantum dots: from fluorescence mechanism to up-conversion bioimaging applications. *Adv. Funct. Mater.*, **2012**, *22*(*22*): 4732-4740.

[90] Y. Dong, H. Pang, H.B. Yang, et al., Carbon-based dots co-doped with nitrogen and sulfur for high quantum yield and excitation-independent emission. *Angew. Chem. Int. Ed.*, **2013**, *52*(*30*): 7800-7804.

[91] Y. Du, S. Guo. Chemically doped fluorescent carbon and graphene quantum dots for bioimaging, sensor, catalytic and photoelectronic applications. *Nanoscale*, **2016**, *8*(*5*): 2532-2543.

[92] Y. Li, Y. Zhao, H. Cheng, et al. Nitrogen-doped graphene quantum dots with oxygen-rich functional groups. *J. Am. Chem. Soc.*, **2012**, *134*(*1*): 15-18.

[93] L. Tang, R. Ji, X. Li, et al. Energy-level structure of nitrogen-doped graphene quantum dots. *J. Mater. Chem. C*, **2013**, *1*(*32*): 4908-4915.

[94] Z. Qian, J. Ma, X. Shan, et al. Surface functionalization of graphene quantum dots with small organic molecules from photoluminescence modulation to bioimaging applications: an experimental and theoretical investigation. *RSC Adv.*, **2013**, *3*(*34*): 14571-14579.

[95] Z. Qian, J. Ma, X. Shan, et al. Highly luminescent N-doped carbon quantum dots as an effective multifunctional fluorescence sensing platform. *Chem. Eur. J.*, **2014**, *20*(*8*): 2254-2263.

[96] M. Li, C. Hu, C. Yu, et al. Organic amine-grafted carbon quantum dots with tailored surface and enhanced photoluminescence properties. *Carbon*, **2015**, *91*: 291-297.

[97] J. Liu, X.L. Liu, H. Luo, Y. Gao. One-step preparation of nitrogen-doped and surface-passivated carbon quantum dots with high quantum yield and excellent optical properties. *RSC Adv.*, **2014**, *4*(*15*): 7648-7654.

[98] F. Arcudi, L. Dordevic, M. Prato. Synthesis, separation, and characterization of small and highly fluorescent nitrogen-doped carbon nanodots. *Angew. Chem. Int. Ed.*, **2016**, *55*(*6*): 2107-2112.

[99] H. Ding, J. S. Wei, H. M. Xiong. Nitrogen and sulfur co-doped carbon dots with strong blue luminescence. *Nanoscale*, **2014**, *6*(*22*): 13817-13823.

[100] S. Sarkar, M. Sudolská, M. Dubecký, et al. Graphitic nitrogen doping in carbon dots causes red-shifted absorption. *J. Phys. Chem. C*, **2016**, *120*(*2*): 1303-1308.

[101] L. Guo, J. Ge, W. Liu, et al. Tunable multicolor carbon dots prepared from well-defined polythiophene derivatives and their emission mechanism. *Nanoscale*, **2016**, *8*(*2*): 729-734.

[102] R. X. Hu, L. L. Li, W. J. Jin. Controlling speciation of nitrogen in nitrogen-doped carbon dots by ferric ion catalysis for enhancing fluorescence. *Carbon*, **2017**, *111*: 133-141.

[103] L. T. Canham. Silicon quantum wire array fabrication electrochemical and chemical dissolution of wafers. *Appl. Phys. Lett.*, **1990**, *57*(*10*): 1046-1048.

[104] W. J. Jin, G. L. Shen, R. Q. Yu. Organic solvent induced quenching of porous silicon photolumiescence. *Spectrochim. Acta A*, **1998**, *54*: 1407-1414.

[105] L. H. Lie, M. Duerdin, E. M. Tuite, et al. Preparation and characterisation of luminescent alkylated-silicon quantum dots. *J. Electroanal. Chem.*, **2002**, *538-539*: 183-190.

[106] P. P. Liu, N. Na, L. Y. Huang, et al. The Application of amine-terminated silicon quantum dots on the imaging of human serum proteins after PAGE. *Chem. Eur. J.*, **2012**, *18*: 1438-1443.

[107] P. K. Sudeep, T. Emrick. Functional Si and CdSe quantum dots: synthesis, conjugate formation, and photoluminescence quenching by surface interactions. *ACS Nano*, **2009**, *3*: 4105-4109.

[108] M. Rosso-Vasic, E. Spruijt, B. van Lagen, et al. Alkyl-functionalized oxide-free silicon nanoparticles: synthesis and optical properties. *Small* **2008**, *4*: 835-1841.

[109] J. H. Warner, A. Hoshino, K. Yamamoto, R. D. Tilley. Water-soluble photoluminescent silicon quantum dots. *Angew. Chem. Int. Ed.*, **2005**, *44*: 4550-4554. Or *Angew. Chem.*, **2005**, *117*： 4626-4630.

[110] Y. Zhang, X. Han, J. Zhang, et al. Photoluminescence of silicon quantum dots in nanospheres. *Nanoscale*, **2012**, *4*: 7760-7765.

[111] Z. H. Kang, C. H. A. T. Sang, Z. D. Zhang, et al. A polyoxometalate-assisted electrochemical method for silicon nanostructures preparation: from quantum dots to nanowires. *J. Am. Chem. Soc.*, **2007**, *129*: 5326-5327.

[112] F. Erogbogbo, K. T. Yong, I. Roy, et al. Biocompatible luminescent silicon quantum dots for imaging of cancer cells. *ACS Nano*, **2008**, *2*(*5*): 873-878.

[113] X. Li, Y. He, S. S. Talukdar, M. T. Swihart. Process for preparing macroscopic quantities of brightly photoluminescent silicon nanoparticles with emission spanning the visible spectrum. *Langmuir*, **2003**, *19*: 8490-8496.

[114] R. K. Baldwin, K. A. Pettigrew, E. Ratai, et al. Solution reduction synthesis of surface stabilized silicon nanoparticles. *Chem. Commun.*, **2002**: 1822-1823.

[115] A. Gruber, A. Drabenstedt, C. Tietz, et al. Scanning confocal optical microscopy and magnetic resonance on single defect centers. *Science*, **1997**, *276*: 2012-2014.

[116] Y. R. Chang, H. Y. Lee, K. Chen, et al. Mass production and dynamic imaging of fluorescent nanodiamonds. *Nat. NanoTech.*, **2008**, *3*: 284-288.

[117] T. L. Wee, Y. W. Mau, C. Y. Fang, et al. Preparation and characterization of green fluorescent nanodiamonds for biological applications. *Diam. Relat. Mater.*, **2009**, *18*: 567-573.

[118] W. W.-W. Hsiao, Y. Y. Hui, P.-C. Tsai, H.-C. Chang. Fluorescent nanodiamond: a versatile tool for long-term cell tracking, super-resolution imaging, and nanoscale temperature sensing. *Acc. Chem. Res.*, **2016**, *49*: 400-407.

[119] A. K. Gooding, D. E. Gómez, P. Mulvaney. The effects of electron and hole injection on the photoluminescence of CdSe/CdS/ZnS nanocrystal monolayers. *ACS Nano*, **2008**, *2*: 669-676.

[120] W. D. Yang, L. Manna, L. W. Wang, A. P. Alivisatos.Linearly polarized emission from colloidal semiconductor quantum rods. *Science*, **2001**, *292(5524)*: 2060-2063.

[121] M. A. Hines, P. Guyot-Sionnest. Synthesis and characterization of strongly luminescing ZnS-capped CdSe nanocrystals. *J. Phys. Chem.*, **1996**, *100*: 468-471.

[122] H. Bao, Y. Gong, Z. Li, M. Gao. Enhancement effect of illumination on the photoluminescence of water-soluble CdTe nanocrystals: toward highly fluorescent CdTe/CdS core-shell structure. *Chem. Mater.* **2004**, *16*: 3853-3859.

[123] S. Kim, B. Fisher, H. J. Eisler, M. Bawendi. Type-Ⅱ quantum dots: CdTe/CdSe(core/shell) and CdSe/ZnTe(Core/Shell) heterostructures. *J. Am. Chem. Soc.,* **2003**, *125*: 11466-11467.

[124] J. G. Liang, X. P. Ai, Z. K. He, D. W. Pang. Functionalized CdSe quantum dots as selective silver ion chemodosimeter. *Analyst*, **2004**, *129*: 619-622.

[125] T. Vo-Dinh. Room Temperature Phosphorimetry for Chemical Analysis, John Wiley & Sons, New York, **1984**: 32.

[126] M. Hof, R. Hutterer, V. Fidler. Fluorescence spectroscopy in biology. advanced methods and their applications to membranes, proteins, DNA,and cells. **2004**, 'Springer Series on Fluorescence, 3', Heidelberg: Springer, 290, ISBN 3-540-22338-X.

[127] J. C. Scaiano, M. Laferrière, R. E. Galian, et al. Non-linear effects in the quenching of fluorescent semiconductor nanoparticles by paramagnetic species. *Stat. Sol. A*, **2006**, *203*: 1337-1343.

[128] F. Lin, D. Pei, W. He, et al. Electron transfer quenching by nitroxide radicals of the fluorescence of carbon dots. *J. Mater. Chem.*, **2012**, *22*: 11801-11807.

[129] J. A. Kemlo, T. M. Shepard. Quenching of excited singlet states by metal ions. *Chem. Phys. Lett.*, **1977**, *47*: 158-162.

[130] A. W. Varnes, R. B. Dodson, E. L. Wehry. Fluorescence quenching studies. *J. Am. Chem. Soc.*, **1972**, *94*: 946-950.

[131] V. V. Volchkov, V. L. Ivanov, B. M. Uzhinov. Induced intersystem crossing at the fluorescence quenching of laser dye 7-amino-1,3-naphthalenedisulfonic acid by paramagnetic metal ions. *J. Fluoresc.* **2010**, *20(1)*: 299-303.

[132] 汪乐余，朱英贵，朱昌青，等. 硫化镉纳米荧光探针荧光猝灭法测定痕量铜. *分析化学*, **2002**, *30(11)*: 1352-1354.

[133] Y. F. Chen, Z. Rosenzweig. Luminescent CdS quantum dots as selective ion probes. *Anal. Chem.*, **2002**, *74*: 5132-5138.

[134] M. Cao, J. Wang, Y. Wang. Surface patterns induced by Cu^{2+}ions on BPEI/PAA layer-by-layer assembly.

Langmuir, **2007**, *23*: 3142-3149.

[135] J. Li, D. S. Bao, X. Hong, et al. Luminescent CdTe quantum dots and nanorods as metal ion probes. *Colloids and Surfaces A*: *Physicochem. Eng. Aspects*., **2005**, *257-258*: 267-271.

[136] H. B. Li, Y. Zhang, X. Q. Wang. L-Carnitine capped quantum dots as luminescent probes for cadmium ions. *Sens. Actuators B*, **2007**: 127, 593-597.

[137] M. T. Fernández-Argüelles, W. J. Jin, J. M. Costa-Fernández, et al. Surface-modified CdSe quantum dots for the sensitive and selective determination of Cu (Ⅱ) in aqueous solutions by luminescent measurements. *Anal. Chim. Acta*, **2005**, *549*: 20-25.

[138] H. Li, Y. Zhang, X. Wang, et al. Calixarene capped quantum dots as luminescent probes for Hg^{2+}ions. *Mater. Lett.*, **2007**, *61*: 1474-1477.

[139] E. M. Ali, Y. G. Zheng, H. H. Yu, J. Y. Ying. Ultrasensitive Pb^{2+}detection by glutathione-capped quantum dots. *Anal Chem*, **2007**, *79*: 9452-9458.

[140] J. L. Chen, A. F. Zheng, Y. C. Gao, et al. Functionalized CdS quantum dots-based luminescence probe for detection of heavy and transition metal ions in aqueous solution. *Spectrochim. Acta. A.*, **2008**, *69*: 1044-1052.

[141] J. L. Chen, C. Q. Zhu. Functionalized cadmium sulfide quantum dots as fluorescence probe for silver ion determination. *Anal. Chim. Acta*, **2005**, *546*: 147-153.

[142] Z. B. Shang, Y. Wang, W. J. Jin. Triethanolamine-capped CdSe quantum dots as fluorescent sensors for reciprocal recognition of mercury (Ⅱ) and iodide in aqueous solution. *Talanta*, **2009**, *78*: 364-369.

[143] X. Liu, N. Zhang, T. Bing, D. Shangguan. Carbon dots based dual-emission silica Nanoparticles as a ratiometric nanosensor for Cu^{2+}. *Anal. Chem.*, **2014**, *86*: 2289-2296.

[144] W. J. Jin, M. T. Fernández-Argüelles, J. M. Costa-Fernández, et al. Photoactivated luminescent CdSe quantum dots as sensitive cyanide probes in aqueous solutions. *Chem. Comm.*, **2005**: 883-885.

[145] M. J. Ruedas-Rama, E. A. H. Hall. A quantum dotolucigenin probe for Cl^-. *Analyst*, **2008**, *133*: 1556-1566

[146] X. Q. Yan, Z. B. Shang, Z. Zhang, et al. Fluorescence sensing of nitric oxide in aqueous solution by triethanolamine modified CdSe quantum dots. *Luminescence*, **2009**, *24*: 255-259.

[147] G. H. Shi, Z. B. Shang, Y. Wang, et al. Fluorescence quenching of CdSe quantum dots by nitroaromatic explosives and their relative compounds. *Spectrochim. Acta Part A*, **2008**, *70*: 247-252.

[148] S. Han, S. Zhu, Z. Liu, et al. Oligonucleotide-stabilized fluorescent silver nanoclusters for turn-on detection of melamine Biosens. *Bioelectronics*, **2012**, *36*: 267-270.

[149] P. H. Li, J. Y. Lin, C. T. Chen, et al. Using gold nanoclusters as selective luminescent probes for phosphate-containing metabolites. *Anal. Chem.*, **2012**, *84*: 5484-5488.

[150] H. Y Liu, G. H. Yang, E. S. Abdel-Halim, J. J. Zhu. Highly selective and ultrasensitive detection of nitrite based on fluorescent gold nanoclusters. *Talanta*, **2013**, *104*: 135-139.

[151] W. B. Chen, X. J. Tu, X. Q. Guo. Fluorescent gold nanoparticles-based fluorescence sensor for Cu^{2+}ions. *Chem. Commun.*, **2009**: 1736-1738.

[152] Z. Q. Yuan, M. H. Peng, Y. He, E. S. Yeung. Functionalized fluorescent gold nanodots: synthesis and application for Pb^{2+}sensing. *Chem. Commun.*, **2011**, *47*: 11981-11983.

[153] B. Unnikrishnan, S. C. Wei, W. J. Chiu, et al. Nitrite ion-induced fluorescence quenching of luminescent BSA-Au_{25} nanoclusters: mechanism and application. *Analyst*, **2014**, *139*: 2221-2228.

[154] H. Zhang, Y. Chen, M. Liang, et al. Solid-phase synthesis of hightly fluorescent nitrogen-doped carbon dots for sensitive and selective probing ferric ions in living cells. *Anal. Chem.*, **2014**, *86*: 9846-9852.

[155] C. Y. Chen, C. T. Cheng, C. W. Lai, et al. Potassium ion recognition by 15-crown-5 functionalized CdSe/ZnS quantum dots in H_2O. *Chem. Commun.*, **2006**: 263-265.

[156] H. Schmidbaur. The aurophilicity phenomenon: a decade of experimental findings, theoretical concepts and

emerging application. *Gold Bulletin.*, **2000**, *33(1)*: 3-10.

[157] H. Schmidbaur, A. Schier. A briefing on aurophilicity. *Chem. Soc. Rev.*, **2008**, *37*: 1931-1951.

[158] N. Runeberg, M. Schütz, H. J. Werner. The aurophilic attraction as interpreted by local correlation methods. *J. Chem. Phys.,* **1999**, *110(15): 7210-7215.*

[159] P. Pyykkö. Theoretical chemstry of gold. *Angew. Chem. Int. Ed.*, **2004**, *43*: 4412-4456.

[160] M. Kim, T. J. Taylor, F. P. Gabbai. Hg(Ⅱ)···Pd(Ⅱ) metallophilic interactions. *J. Am. Chem. Soc.*, **2008**, *130*: 6332-6333.

[161] A. Burini, J. P. Fackler, R. Galassi Jr, et al. Supramolecular chain assemblies formed by interaction of a π molecular acid complex of mercury with π-base trinuclear gold complexes. *J. Am. Chem. Soc.*, **2000**, *122*: 11264-11265.

[162] B. Assadollahzadeh, P. Schwerdtfege. A comparison of metallophilic interactions in group 11 $[X\text{-}M\text{-}PH_3]_n$ (n=2, 3) complex halides (M=Cu, Ag, Au; X=Cl, Br, I) from density functional theory. *Chem. Phy. Lett.*, **2008**, *462*: 222-228.

第11章　光散射现象和共振瑞利散射光谱分析

Chapter 11

11.1　光散射和共振光散射

当光线通过光学不均匀介质（例如，均匀物质中分散着大量折射率不同的其他物质的微粒、空气中悬浮着尘埃、悬浮液或乳浊液等）时，可以从侧面清晰地看到光线的轨迹，这种现象称为光的散射（light scattering 或 scattering of radiation），散射使得光在原来传播方向按照指数规律衰减。根据电动力学，如果一个正电荷和一个负电荷彼此之间相互振动，它就成为一个辐射源。同样，如果当电磁辐射波作用于物质后，受扰动的分子也变成了一个电磁辐射源，其振动频率与入射的辐射频率可以相同也可以不同，如图 11-1 所示。可以把物质分子看作气球，正常情况下保持固有的形状（实线）。当受到挤压（吸收电磁辐射）时变形（椭圆形虚线），随后又恢复到原始状态，这时就辐射出吸收的能量，如此反复，即振动。

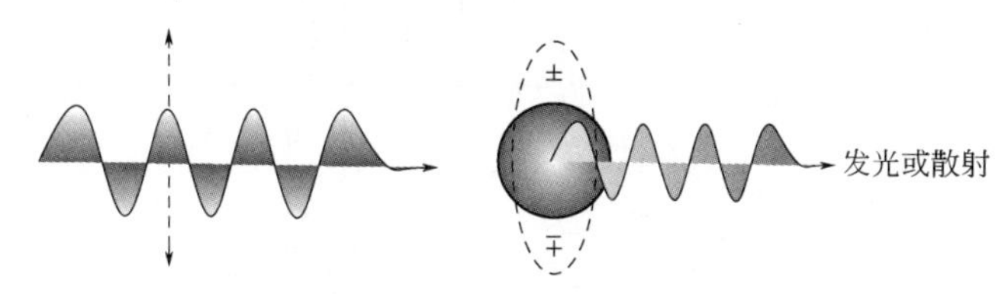

图 11-1　受光（电磁辐射）扰动的分子（荧光体或散射体）产生发光或辐射散射

如图 11-2 所示，当受到入射光辐射时，分子与激发光作用引起的极化可以看作虚的吸收，电子跃迁到受激虚态（virtual state），虚态能级上的电子很快（10^{-12} s）跃迁返回到低能级或基态而产生辐射发射，即为散射光。

散射是由于大量不规则排列的、不均匀的小“局域”结构集合体造成的光学现象（即产生结构的涨落，或对应于折光率的变化），这些小“局域”单元在线度上一般小于入射光的波长。从化学的角度，分子或分子聚集体适配所谓的小“局域”单元的线度。当这些小局域单元与光相互作用到达受激虚态，即分子中较高的基态振动能级（暂不考虑转动能级）后，如果把所吸收的能量 $h\nu$，以等同于入射光频率 ν 的形式释放出来，这种过程没有能量交换，光子仅改变其运动方向，称之为弹性（elastic）碰撞。基于弹性碰撞作用所产生的散射现象称为瑞利散射。所以，线度小于光的波长的微粒对入射光的散射现象通常称为瑞利散射，散射光强度与波长的四次方成反比的关系称为瑞利散射定律，$I_{RS}\propto f(\lambda)/\lambda^4$[1]。

如果分子从受激虚态返回到基态伴随着能量的增加或损失，产生与入射光频率不同的光，即发生非弹性（nonelastic）碰撞。基于非弹性碰撞作用所产生的散射现象称为拉曼散射，频率小于（或波长大于）入射光的称为 Stocks 线，反之为反 Stocks 线。由于光子与分子之间发生了能量交换，拉曼散射中光子不仅改变了传播方向，而且也改变了频率。拉曼散射光的强度约占总散射光强度的 10^{-6}～10^{-10}。

对普通瑞利或普通拉曼散射光而言，到达分子的受激虚态所需入射频率和分子的电子跃迁频率相差甚远，“吸收”概率很小，散射强度弱。而共振瑞利或共振拉曼效应则不同，如果所选择的入射激发光（普通光源或激光光源）的频率与物质的电子吸收带重合，或接近于重合，使虚拟态的吸收变成了本征态的吸收，则光子与分子发生相互作用微扰过程的效率将大大提高，如图 11-2 所示，从而大大增加了分子对入射光的吸收强度。普通拉曼光谱可检测 0.1 mol/L 量级的物质，而共振散射可以检测到 10^{-6} mol/L 或更低量级，表面增强的拉曼散射光谱（SERS）检测灵敏度更高。

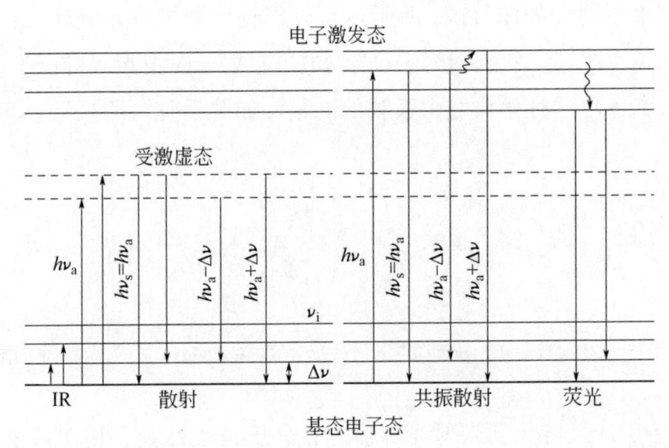

图 11-2　红外吸收（IR）、普通瑞利和拉曼散射、共振散射和荧光发射比较

IR 表示红外吸收对应的振动能级；$h\nu_a$ 表示吸收；$h\nu_s$ 表示散射；$\Delta\nu$ 表示一个振动能级的能量差；υ_i 表示振动能级，$i = 0, 1, 2, \cdots$

图 11-2 简化比较了共振瑞利散射和共振拉曼散射与荧光的特点。它们的相似性：都涉及本征的电子能级，所以对光的吸收效率高。这同时也是共振散射测量的

缺点，因为这种情况下测量拉曼光谱应该更容易遭受荧光背景的干扰。不同之处在于：共振散射光是从本征的电子激发能态的任意振动能级到基态相应振动能级的发射，而荧光是从第一电子激发单线态最低振动能级到基态任意可几振动能级的跃迁。在共振瑞利散射的情况下，散射光强度将会偏离与λ^{-4}的对应关系而增强。

11.2 共振瑞利光散射的条件和共振瑞利光散射光谱的获得

创造大量局域结构的涨落（或物质分子密度涨落、折射指数的涨落、自旋涨落等）这种“排列不规则的、不均匀的小‘局域’”事件是产生散射，尤其是共振散射的首要条件，例如，小分子自聚集为各种形式的有特定**几何结构**的聚集体，如*H*-聚集体、*J*-聚集体、胶束或胶囊的形成，脱氧胆酸盐的聚集或凝胶化，特殊形状的晶体颗粒的形成等；无特别几何结构的聚集体，如纳米粒子的主动或诱导聚集，或小分子在生物大分子、胶束或微囊表面、合成高分子表面的吸附聚集、沉淀的形成等。这些都是相对于均匀分布的小或单体分子的溶液本体，产生的“局域”结构的涨落。第二，由于物质与光的作用，首先必须产生吸收或准吸收，吸收能力越强，散射或发射能力才有可能越强，因此拥有较大摩尔吸光系数的电子高度离域化小“局域”结构有望产生强的散射。

从分析化学的角度，希望所测得的散射强度与物质浓度之间呈线性相关。下面是一种理论处理结果。共振瑞利散射强度可通过与其总散射强度的比率 $R_{\nu,\mathrm{V+H}}$（90°）来表达，即垂直偏振入射光束（V）与在入射光偏振平面成90°方向的总散射光强度（V+H）的比率为[2-4]：

$$R_{\nu,\mathrm{V+H}}=\frac{(2.303)^2\times 1000n^2c}{N_\mathrm{A}}\left\{\frac{\varepsilon^2(\lambda_0)}{4\lambda_0^2}+\left[\frac{1}{\pi}\int_0^\infty\frac{\varepsilon(\lambda)}{\lambda_0^2-\lambda^2}\mathrm{d}\lambda\right]^2\right\}C_\nu \qquad (11\text{-}1)$$

式中，λ_0为入射和散射光波长；c为物质的量浓度；N_A为阿伏伽德罗常量；n为介质折射率；$\varepsilon(\lambda)$为波长λ处物质的摩尔吸光系数；C_ν是一个与退偏比率有关的散射强度增强因子。可见，散射光强度与散射物质的浓度c成正比，与物质的摩尔吸光系数的二次方有关。而对一般吸收光谱和荧光光谱，吸光度和发光强度都分别正比于摩尔吸光系数的一次方。

由于$R_{\nu,\mathrm{V+H}}=\dfrac{I_\mathrm{RS}}{I_0}$，并根据固定波长差同步荧光光谱原理，可以得到如下关系式：

$$I_\mathrm{RS}=kcbE_\mathrm{ex}(\lambda_\mathrm{ex})E_\mathrm{em}(\lambda_\mathrm{em}) \qquad (11\text{-}2)$$

式中，I_RS为瑞利光散射强度；c为散射粒子/物质的浓度；b为光程；λ_ex和λ_em

分别为激发波长和发射波长；E_{ex} 和 E_{em} 分别为激发光谱函数和发射光谱函数。$\lambda_{em}=\lambda_{ex}+\Delta\lambda_{em-ex}$。当 $\Delta\lambda_{em-ex}=0$ 时，I_{RS} 则为 I_{RRS}：

$$I_{RRS}=kcbE_{ex}(\lambda_{ex})E_{em}(\lambda_{ex}) \tag{11-3}$$

即共振瑞利光散射强度 I_{RRS} 与散射粒子/物质的浓度成正比。同时，式（11-3）也表达了取得共振瑞利散射光谱的原理。即利用普通荧光分光光度计的同步扫描功能，设定 $\Delta\lambda_{em-ex}$ 为 0 nm，或某个适宜的波长间隔，并设定适宜的通带宽度，然后进行波长同步扫描，即可得到共振瑞利散射光谱。

值得注意的是，由于分子同时吸收入射光和散射光，因而在分子的最大吸收处常得到较弱的光散射强度，即通常的共振光散射光谱最大共振光散射信号常常位于共振波长的低能区（较长波长处）。获得最强光散射信号的条件并不一定总是 $\Delta\lambda_{em-ex}$=0 nm。

11.3 瑞利和拉曼散射光对荧光测量的影响

在检测拉曼光谱时，荧光是最大的干扰。同样，在荧光测量的条件下，散射光经常产生不同程度的干扰，也是最重要的干扰因素之一。图 11-3 展示了测量位于 640 nm 的 CdTe/CdS 量子点稀溶液荧光时可能伴随的散射光谱。可以看出，荧光光谱的位置不会随激发波长的变化而变化，而两种散射光的波长随激发波长的变化而相应变化。那么，如何才能区分荧光和散射光？

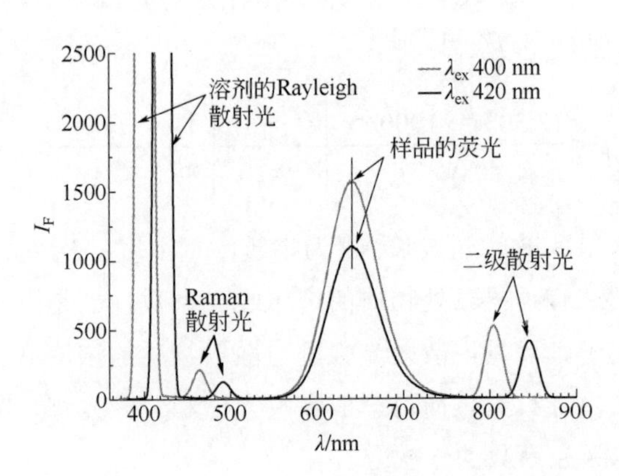

图 11-3 浓度 4.0 nmol/L CdTe/CdS 量子点水溶液的荧光光谱

激发波长为 400 nm 时（灰线），瑞利散射 400 nm，拉曼散射 464 nm，荧光 640 nm，二级瑞利散射 805 nm；激发波长为 420 nm 时（黑线），瑞利散射 420 nm，拉曼散射 492 nm，荧光仍然 640 nm，二级瑞利散射 846 nm

拉曼光没有固定的波长，随激发光波长的变化而变化，但拉曼光的频率与激发光频率的差值（拉曼频移或位移，Raman-shift）是一定的，相当于分子的振动-

转动频率。表 11-1 列出部分常用溶剂的部分拉曼频移[5,6]。含氢原子的溶剂均有频移为大约 3000 cm^{-1} 的拉曼线。此外，乙醇和环己烷还有大约 1400 cm^{-1} 的拉曼线。四氯化碳和氯仿含有大约 700 cm^{-1} 的拉曼线，它们由 C—Cl 基团振动引起。四氯化碳拉曼散射波长与激发光波长很接近，对荧光测定几乎无干扰，应是高灵敏度荧光分析的良好溶剂。氯仿的拉曼光强度也较其他溶剂弱得多，对荧光分析干扰也较小。当变换溶剂时，溶剂 Raman 带位置的变化与受溶剂极性等因素影响的荧光带位置的变化是不同的。所以，通过改变溶剂可以消除或减弱拉曼光干扰。

表 11-1　在不同汞射线激发下某些溶剂的拉曼波长及平均拉曼位移

溶剂	不同汞线下的拉曼波长/nm					平均位移/cm^{-1}
	248	313	365	405	436	
水	271	350	416	469	511	3379
乙醇	267	344	409	459	500	2907，1410
环己烷	267	344	408	458	499	2880，1360
四氯化碳	—	320	375	418	450	700，740
氯仿	—	346	410	461	502	700，3020

在荧光测试条件下，如果怀疑得到的随激发波长移动而移动的“荧光峰”是拉曼峰，可以首先通过公式（2-54）计算拉曼位移，然后检索所使用的溶剂以及涉及的荧光物质的拉曼位移（红外基团特征频率也可作为重要参考），经过对照，去判断所观察到的“荧光峰”究竟是源于溶剂，还是荧光物质本身特定基团的振动。

拉曼散射光的波长随激发光的波长而变，但荧光波长通常是不随激发光的波长而变化的，拉曼谱带比荧光带显得更窄。这是区分溶剂拉曼散射光和所涉及物质荧光的重要依据，在实验上也很容易实现：适当变化激发波长（如间隔 5 nm），扫描发射光谱，如果发射光谱的形状和峰位置不随激发波长的变化而变化，则为荧光。或在检测光路中插入适当滤光片，可以有效消除拉曼散射光的干扰。所以，可以通过改变激发波长使拉曼谱带远离荧光带，从而消除或减弱拉曼光干扰。

此外，荧光强度正比于光谱带宽的平方，$I_F \propto D^2$，而拉曼散射强度 $I_{Raman} \propto D$。适当增加光谱带宽，荧光强度增加得更快，而拉曼光强增加较缓，从而减弱拉曼散射干扰。

瑞利散射和二级散射（在可见光谱范围内，更弱的三级散射很难出现）也没有固定的波长，随激发波长的变化而变化。

拉曼散射或二次瑞利散射的确容易与荧光混淆，如不加小心区分，很容易发生错误。下面就是文献中将二次瑞利散射误判为本征荧光的一例。如图 11-4 所示，作者合成了几种Mn^{2+}和Eu^{3+}的Salen类似配合物，经扫描认为，最佳激发波长为295 nm、300 nm和305 nm，发光波长595 nm、606 nm和609 nm，且峰形非常对称。显然，这都是二次散射峰。如果是配合物的配体发光或电荷转移发光，波长不应该如此长。如果Mn^{2+}发光的话，其波长应该位于590 nm左右。Eu^{3+}配合物中，Eu^{3+}的$^5D_0$-$^7F_2$荧光光谱峰典型地位于615 nm，并且半峰宽小，似线性光谱，且不对称。

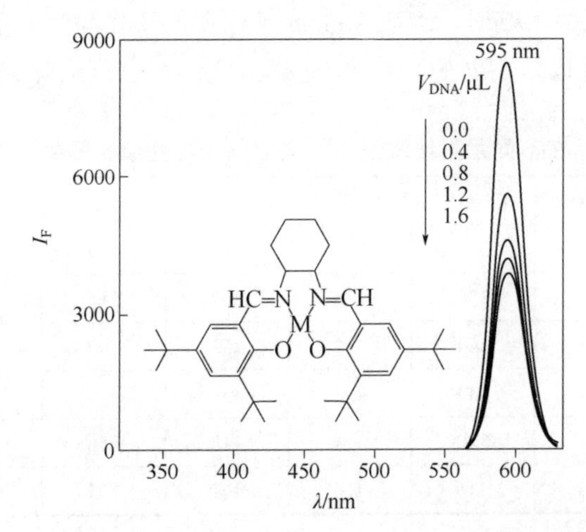

图 11-4 文献报道的配合物V［Salen-Mn(Ⅱ)］及其发光光谱（实际为次级散射）

11.4 共振瑞利光散射光谱在分析化学中的应用

11.4.1 核酸-卟啉相互作用的共振瑞利光散射现象

利用共振光散射技术研究有机染料分子的聚集行为，实际上已具有许多年的历史。然而，自从1993年Pasternack等[7,8]利用共振光散射技术研究了卟啉类化合物在核酸分子表面的聚集行为之后，光散射技术在分析化学方面的应用才引起人们的关注，并逐步成为分子光谱分析的重要分支[9]。那么，为什么之前共振光散射技术没有引起人们的重视呢？这既有巧合的成分，又包含着历史的必然。最关键的因素是，Pasternack等使用了DNA，而对DNA的分析或检测恰好是当时日趋热闹的生物分析内容。随后，黄等发表的论文，对共振光散射技术的发展也在一定程度上起到了推波助澜的作用[10,11]。

Pasternack等[7,8]认为，卟啉在DNA分子表面按照DNA模板结构的周期性进行排列时，使生色团的密度增大，它们间的静电作用也随之增大，从而显示出很大的电子离域效应，导致散射信号增强。

当有机小分子（无论有吸收还是无吸收）与生物大分子BSA之间有强烈的静电作用，且其在BSA上的结合数目达到一定程度时，也相当于电子离域程度增加，故而也可观察到增强的瑞利光散射信号。

图 11-5 表明，均四苯基卟啉（t-H_2P）及其铜离子配合物（t-CuP）在 DNA 诱使作用下都存在聚集行为，在 400～600 nm 的可见区展示散射信号，散射光谱带的峰值位置与卟啉聚集体的 Soret 带吸收光谱基本一致。

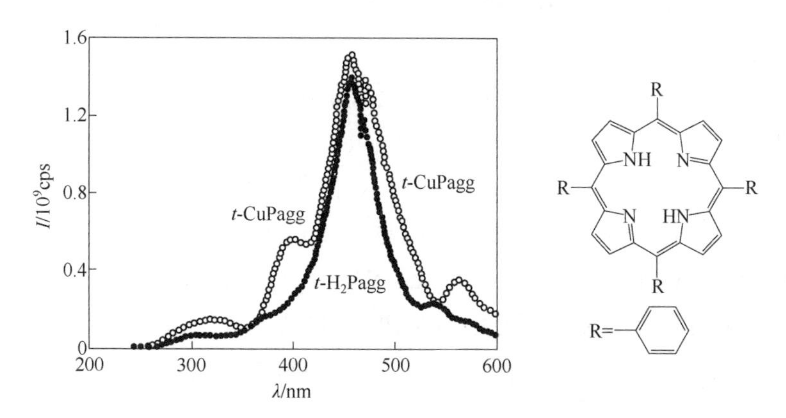

图 11-5　卟啉 t-H_2P 聚集体/DNA 和金属卟啉 t-CuP 聚集体/DNA 复合物的散射轮廓

NaCl 浓度 0.1 mol/L，卟啉浓度 5 μmol/L，[DNA] 40 μmol/L

图 11-6 进一步比较表明，浓缩剂六氨合钴（Ⅲ）尽管可以诱使 DNA 聚集，但并不影响卟啉聚集体的散射光谱测量。卟啉散射信号在 400～600 nm 的可见区，DNA 散射信号在 300～400 nm 范围。图中光谱 1：40 μmol/L DNA，浓缩剂六氨合钴（Ⅲ）适量，3 mmol/L NaCl；光谱 2：5 μmol/L t-H_2P，40 μmol/L DNA，六氨合钴（Ⅲ）适量，3 mmol/L NaCl，在此条件下卟啉发生散射增强作用，而 DNA 的散射不受影响；光谱 3：5 μmol/L t-H_2P，40 μmol/L DNA，无六氨合钴（Ⅲ），0.1 mol/L NaCl，在此条件下，尽管 NaCl 浓度高达 0.1 mol/L，可以检测到卟啉聚

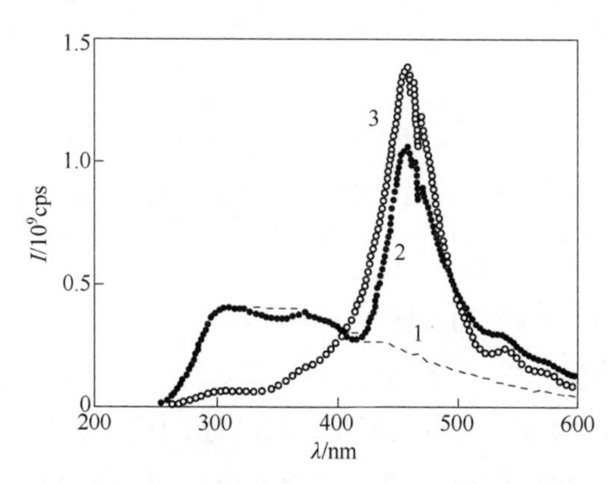

图 11-6　浓缩剂六氨合钴（Ⅲ）对 DNA 和卟啉 t-H_2P 聚集体/DNA 复合物光散射光谱的影响

集体的信号，但没有 DNA 的散射信号，说明没有加入浓缩剂时，DNA 没有发生聚集作用。图中 300 nm 以下散射信号的下降是由于仪器装置的光源和检测器响应效率下降引起的。

11.4.2 定量共振瑞利散射光谱分析

（1）以卟啉作为探针

如图 11-7 所示，在 DNA 存在下，在 pH 7.48 和离子强度 0.004 时，共振光散射信号最强，散射峰位置在 432 nm，与均四(三甲氨基苯基)卟啉（TAPP）的 Soret 带吸收基本一致。利用此原理可以检测 DNA，线性范围：1.8×10^{-7}～10.8×10^{-7} mol/L ct-DNA 和鱼精子 DNA，或 1.8×10^{-7}～1.8×10^{-6} mol/L 酵母 RNA。检出限（基于 3σ）：4.1×10^{-8} mol/L 小牛胸腺 DNA（ct-DNA），4.6×10^{-8} mol/L 鱼精子 DNA，以及 6.7×10^{-8} mol/L 酵母 RNA。核酸与 TAPP 浓度比 ＜4∶1 时，TAPP 的荧光光谱向红移，并被核酸猝灭，但光散射增强。当核酸与 TAPP 浓度比 >4∶1 时，产生新的荧光复合物[10]。

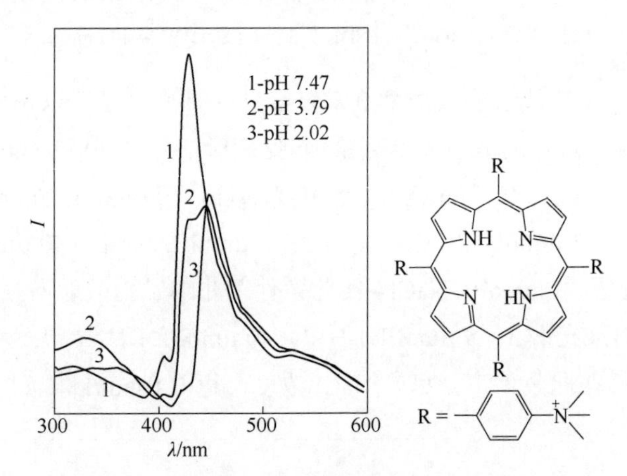

图 11-7 不同 pH 条件下小牛胸腺 DNA（ct-DNA）诱导的卟啉聚集体共振光散射光谱

实验条件：ct-DNA 9.0×10^{-7} mol/L；均四(三甲氨基苯基)卟啉（TAPP）1.2×10^{-6} mol/L。没有 DNA 存在时各 pH 条件下的散射强度非常弱，不及最高强度的 1/10

（2）以 Co(Ⅱ)配合物作为探针

前面以卟啉为散射子建立了 DNA 的测定方法。此外，其他诸如菁类 [2]、花青素类、二苯并吡喃类（又名氧杂蒽类、呫吨等）[12]、亚甲基蓝等染料也有非常好的聚集行为，应该在定量分析化学方面有所作为。然而，如图 11-8 所示，黄等[11]采用配位试剂 4-[(5-氯-2-吡啶基)偶氮]-1,3-二氨基苯（5-Cl-PADAB）与钴离子形成的配合物作为散射体，建立了 DNA 或 RNA 的检测方法。配合物以某种方式堆积于核酸分子表面，形成聚集散射体群，从而增强光散射。所以，散射强度与 DNA 或 RNA 浓度呈现定量关系。

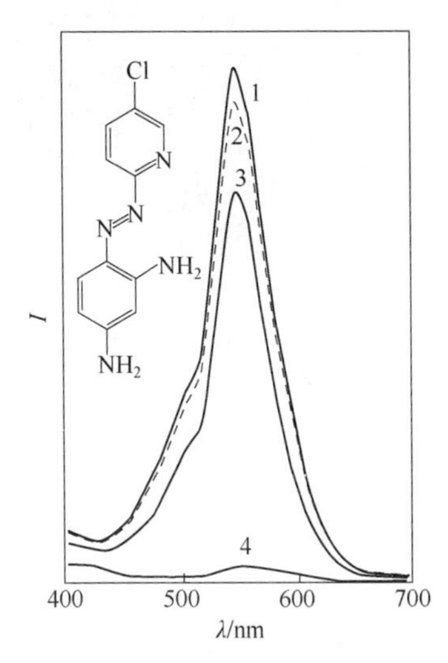

图 11-8　核酸-配合剂-钴三元体系的共振光散射光谱

曲线 1—鱼精子 DNA+5-Cl-PADAB/Co (Ⅱ)；曲线 2—酵母 RNA+5-Cl-PADAB/Co(Ⅱ)；
曲线 3—ct-DNA+5-Cl-PADAB/Co(Ⅱ)；曲线 4—配合物/5-Cl-PADAB/Co(Ⅱ)
浓度：[ct-DNA]200.0 ng/mL；[Co(Ⅱ)]=0.5[ct-DNA]；
[5-Cl-PADAB]5.0×10^{-6} mol/L；乙醇 12.9%（体积分数）
最大散射峰位于 547.0 nm

11.4.3　基于量子点和其他纳米材料共振光散射的分析应用

葡萄糖的检测具有现实的临床意义，利用纳米粒子表面修饰包裹组分的变化，引起粒子聚集状态的变化，进而引起共振光散射的变化，可以建立血清葡萄糖的分析方法[13]。

葡聚糖（Dex）是由 n 个 α-D-葡萄糖通过 α-1,6-苷键相连接形成的聚合物。将油酸修饰的 CdSe 量子点分散于有机相，将葡聚糖溶于 pH 8～9 的碱性水溶液中，两相充分混合后，葡聚糖完全或部分置换量子点表面油酸，在水相得到葡聚糖包裹的 CdSe 量子点（Dex-CdSe QDs），见图 11-9。

伴刀豆球蛋白 A（Con A）是一种植物凝集素蛋白，在中性 pH 条件下以四聚体的形式存在。每个单体都有一个葡萄糖的结合位点。通过 Con A 与葡聚糖之间的特异性结合作用，诱使量子点产生聚集作用，共振光散射信号增强，见图 11-10。但是，当加入葡萄糖时，由于其与葡聚糖竞争 Con A 上的结合位点，从而释放出 Dex-CdSe QDs，使得共振散射光谱特性发生变化，从而对葡萄糖传感。

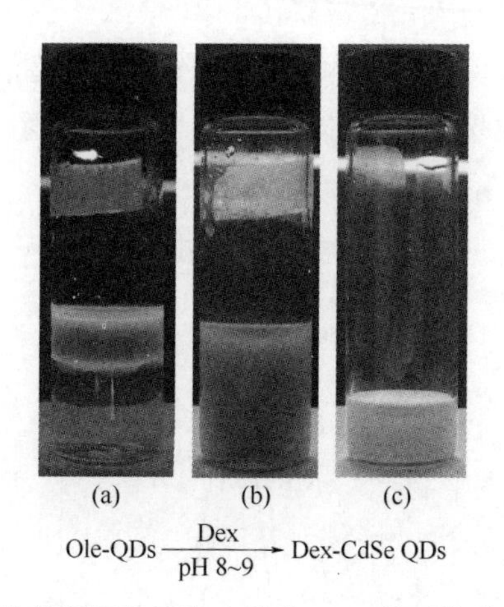

图 11-9　在 pH 8～9 碱性葡聚糖水溶液中转移 QDs 前后的荧光照片（紫外 365 nm）

（a）转移前的水溶液；（b、c）转移后的水溶液

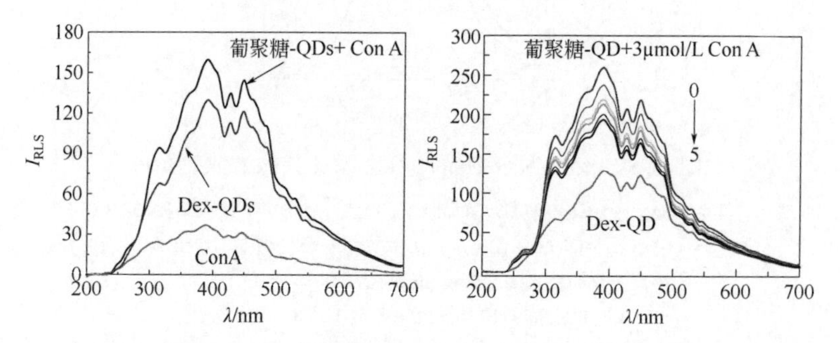

图 11-10 （a）Con A、葡聚糖-CdSe-QDs、葡聚糖-CdSe-QDs-Con A 的共振光散射光谱（[Dex-CdSe-QDs]约 31 nmol/L，[Con A]约 1.0 μmol/L）；（b）随着葡萄糖浓度变化 Con A/葡聚糖-CdSe-QDs 体系的散射光谱（[葡萄糖]0～5：0，10 mmol/L，20 mmol/L，30 mmol/L，60 mmol/L，95 mmol/L）

以共振散射强度的变化作为葡萄糖浓度的函数进行定量分析：$\Delta I_{390}=I_0-I$。式中，I_0 和 I 分别为不含和加入葡萄糖情况下体系在最大散射峰 390 nm 处的共振散射强度。所得试验数据能很好地利用下列方程拟合[14]：

$$\Delta I_{390}=\Delta I_{390(\max)}(1-\mathrm{e}^{-k[\mathrm{G}]}) \tag{11-4}$$

式中，$\Delta I_{390(\max)}$ 为 390 nm 处的最大散射强度变化值；k 为散射强度的变化速率，s^{-1}。k 与 Con A/Dex-CdSe QDs 聚集体的解聚速率成正比，并显著依赖于 Con A 的浓度。这是因为增大 Con A 浓度能使糖（葡聚糖和葡萄糖）结合位点增多，从而导致葡聚糖包覆的纳米粒子显著的聚集与解聚。结合其他情况，Con A 浓度确定为 1 μmol/L。选择分子量分别为 10 kD、70 kD、500 kD 的葡聚糖进行实验考察，相比而言，在 500 kD Dex-CdSe QDs 溶液中加入 Con A，500 kD 葡聚糖包覆的 QDs 与 Con A 组成的测定体系导致更强的散射信号，并且动力学的散射强度变化速率（k）比 70 kD 及 10 kD 葡聚糖-QDs 体系分别高约 3.1 倍和 7.2 倍。因为分子量越大，葡聚糖中所含的与 Con A 结合的羟基就越多，导致散射强度增加。反过来，就会使单糖竞争性地占据 Con A 上更多的糖结合位点，产生更大程度的 Con A/Dex-CdSe QDs 复合物解聚。响应机理如图 11-11 所示，血清样品的分析结果见表 11-2。

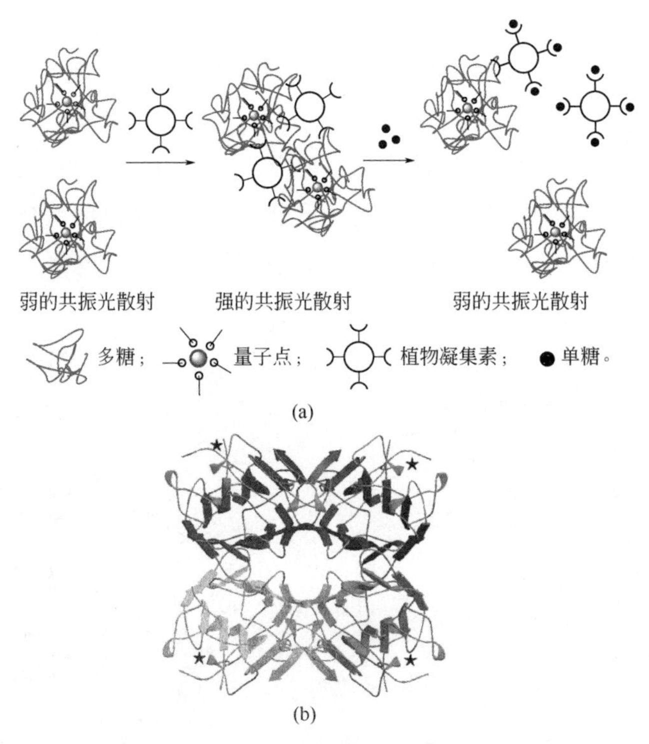

图 11-11　响应机理的卡通式示意图（a）和 Con A 的丝带式结构（b）（星号★为结合位点域）

表 11-2　人血清样品中葡萄糖测定的回收率测定结果

样品	原含量[①] /(mmol/L)	外加的 /(mmol/L)	测到的总量 /(mmol/L)	回收率	RSD[②]（n=5）
1	4.43	5.50	10.2±0.33	104.7%	3.2%
2	3.85	5.50	9.60±0.26	104.5%	2.7%
3	4.51	5.50	9.79±0.36	96.0%	3.7%

① 根据传统生化分析仪测得。

② RSD 为相对标准偏差。

早在 2003 年，蔡课题组就利用抗甲状腺药物甲巯咪唑和降压药甲巯丙脯酸（Captopril，卡托普利）等含巯基的化合物诱导金胶在 550 nm 附件共振光散射增强的作用，建立了药物的测试方法[15]。

最近，仍然有报道利用相似原理建立含硫化合物的测定方法。福美双，化学名称为双(二甲基硫代氨基甲酰基)二硫化物，英文通用名为 Thiram，其他名称有秋兰姆、赛欧散、阿锐生，属低毒杀菌剂，对皮肤和黏膜有刺激作用，可以治疗疫病等菌类感染疾病。

以氯金酸和柠檬酸-硼氢化物为原料，合成金胶的溶液呈现紫红色，其吸收光谱如图 11-12 所示，在紫外和可见区均有吸收。当加入福美双后，金胶失色。重要的是，金胶本身共振光散射信号较弱，而加入福美双后在 331 nm 处的散射信号急剧增加，如图 11-12 所示。其原理是，福美双的多硫基团与金胶作用，使得金胶聚集。由此建立福美双的测定方法[16]。以同样的原理，建立了 2-巯基苯并噻唑测定方法[17]。

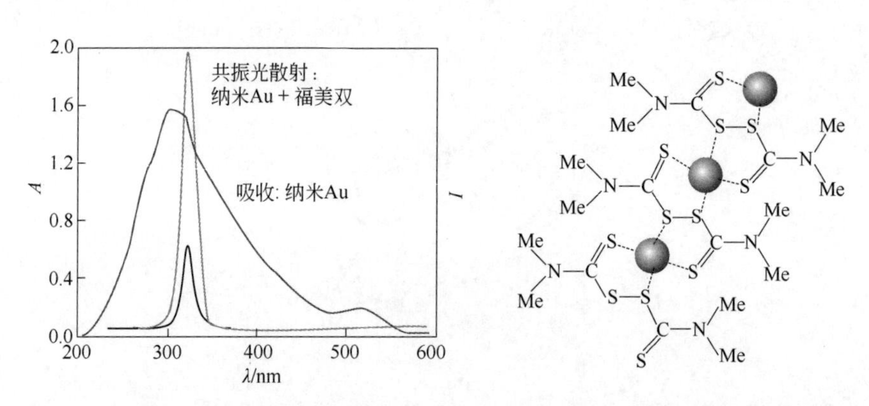

图 11-12　金胶的吸收光谱和福美双加入前后共振光散射光谱的变化（最大散射位于 331 nm，激发/发射通带均设定为 1.5 nm。金胶浓度 0.3 μg/mL，pH 6）以及散射增强原理

利用 DNA 功能化的金胶探针检测靶向 DNA。Du 等[18]报道，利用 5′或 3′端巯基修饰金纳米粒子。靶 DNA 与探针形成短的双链 DNA，如此纳米粒子之间相互锁定，纳米粒子的局部浓度大大增加，出现大幅度的浓度涨落，导致共振光散射增强，如图 11-13 所示。这种空间的网络结构，有别于简单的金纳米粒子的聚集。再有，由于激光非线性的干涉作用，利用强激光增强共振光散射时，散射强度与散射子浓度之间可能存在非线性相关[19]。而利用普通荧光分光光度计的弱光源产生的散射与散射子浓度之间是线性相关的。

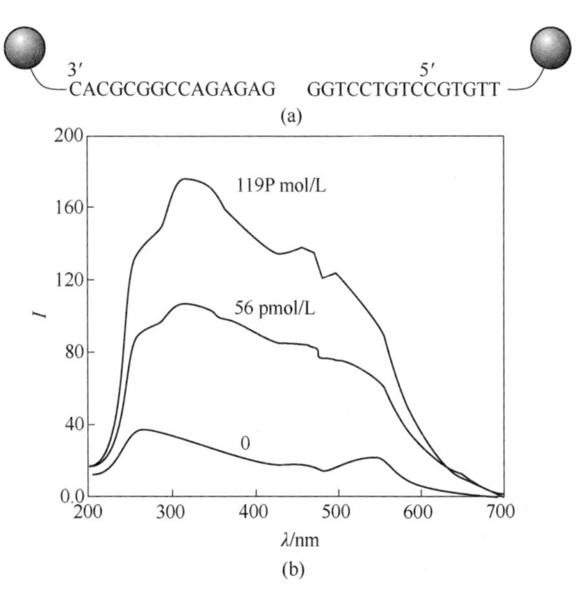

图 11-13 （a）尾-尾 DNA 功能化金胶粒子以及（b）其共振光散射光谱

光振光散射强度随靶 DNA 浓度的增加而增强的散射峰位于 315 nm（对应的吸收约 300 nm），弱的散射峰 545 nm（对应的吸收 520 nm）。图中数据为靶 DNA 的浓度。金胶粒子约 13 nm

利用生物大分子和小分子之间奇特的超分子组装作用，建立基于共振光增强作用的生物或药物分析方法。肝素钠（heparin），又名肝磷脂，是硫酸氨基葡聚糖的钠盐，属黏多糖类物质，抗凝血类注射剂。它可以与 Con A 通过静电、氢键和固-液界面作用紧密堆积在一起，形成球形或线状的纳米结构（后者又称为砖-砂浆纳米结构或砌块式纳米结构），如图 11-14 所示。

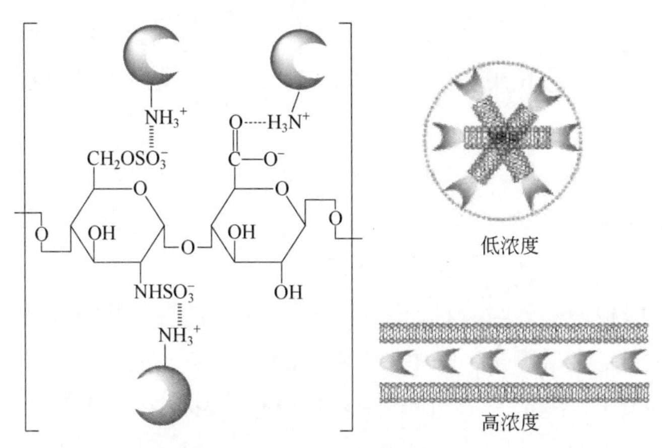

图 11-14 Con A 和肝素钠之间静电吸引和氢键作用以及受肝素钠浓度影响的 Con A-肝素钠聚集体的形状（Con A 浓度 22.5 μg/mL）

当肝素钠浓度小于 2.5 μg/mL 时，形成尺寸较大的球形纳米结构，散射强度随肝素钠浓度的增加而线性地增加，如图 11-15 所示，由此建立肝素钠选择性的灵敏的共振光散射分析方法[20]。而当浓度大于 2.5 μg/mL 时，由于肝素钠分子间的静电排斥作用，球形结构转化为尺寸较小的线形纳米结构，散射强度随之非线性地降低。

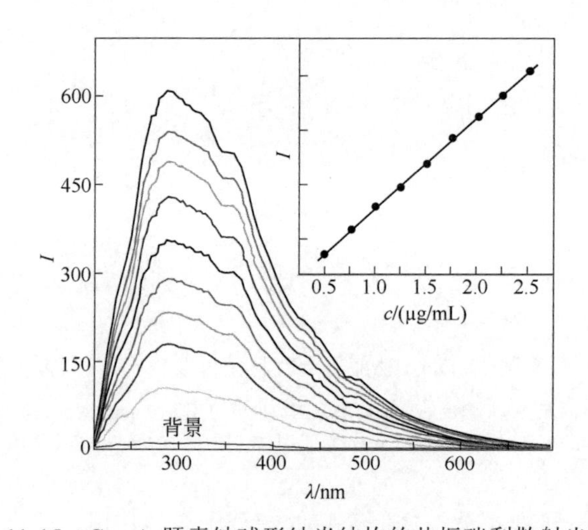

图 11-15　Con A-肝素钠球形纳米结构的共振瑞利散射光谱

Con A 浓度 22.5 μg/mL；肝素钠浓度从下往上依次为 0.5 μg/mL、0.75 μg/mL、1.0 μg/mL、1.25 μg/mL、1.5 μg/mL、1.75 μg/mL、2.0 μg/mL、2.25 μg/mL、2.5 μg/mL

插图为 294 nm 处散射强度与肝素钠浓度的线性相关关系

11.4.4　离子缔合物散射光谱及其应用

除了分子或离子的自聚集散射体外，大的阳离子（supercation）或大阴离子与相反离子之间的缔合作用形成离子缔合物，是另一类强的瑞利散射体，可以用于定量分析化学。

如图 11-16 所示，阳离子染料维多利亚蓝 B（VBB）为探针，与阴离子表面活性剂十二烷基苯磺酸钠（SDBS）相互作用，形成离子缔合物，产生强烈的 RLS 增强效应，定量地表征水中相应的表面活性剂[21]。

利用杂多酸根阴离子与有机的大阳离子形成缔合物，增强共振光散射的特点，可以选择性地测定金属离子。例如。铑 Rh(Ⅲ)与钨酸盐形成铑-钨杂多酸盐（可能的组成$[RhW_{12}O_{40}]^{5-}$），进一步与阳离子染料罗丹明 B(RB)或罗丹明 6G（图 11-16）形成离子缔合物，在 579 nm 处散射信号增强，或散射信号的变化最大，从而建立铑的测定方法[22,23]。阿拉伯胶等作为分散剂防止缔合物体系发生沉淀。

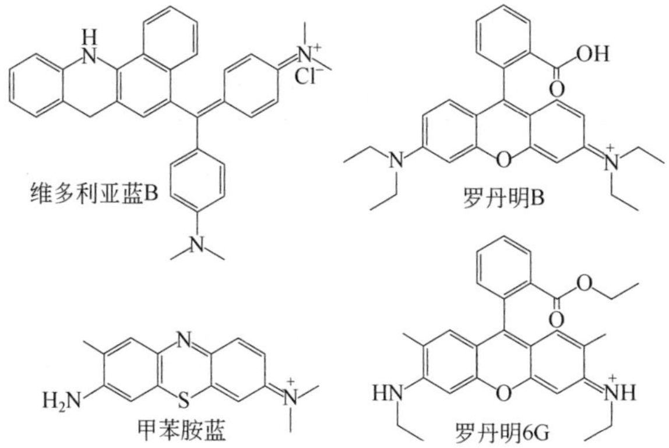

维多利亚蓝B　　罗丹明B

甲苯胺蓝　　罗丹明6G

图 11-16　四种阳离子染料分子结构

同样，在聚乙烯醇分散剂的存在下，铑（Ⅲ）与钨酸盐及甲苯胺蓝（TB）形成离子缔合物，在 362 nm 处产生强烈的共振瑞利光散射现象，而且随 Rh(Ⅲ)加入量的增加而增强，在此处缔合物体系与试剂空白的散射光强度差值Δ*I* 也最大[24]。

令人遗憾的是，这些文献并没有给出涉及分析机理的杂多酸的任何结构信息，也没有给出杂多酸根与阳离子染料缔合聚集体的计量比和结构信息。

例：利用共振瑞利散射光谱研究卟啉的聚集行为

阴离子卟啉在水溶液中可以自由聚集。而相比之下，阳离子卟啉，特别是中位取代基也带正电荷的阳离子卟啉聚集就困难了。因为阳离子卟啉外围的吡啶环存在离域正电荷，此正电荷间的排斥力大于阴离子卟啉间负电荷排斥力，因此阳离子卟啉不易聚集。当卟啉遭遇带异种电荷的表面活性剂（如十二烷基硫酸钠，SDS）时，卟啉与表面活性剂分子间静电吸引，使得卟啉间的静电排斥力减小，从而有利于阳离子卟啉聚集。

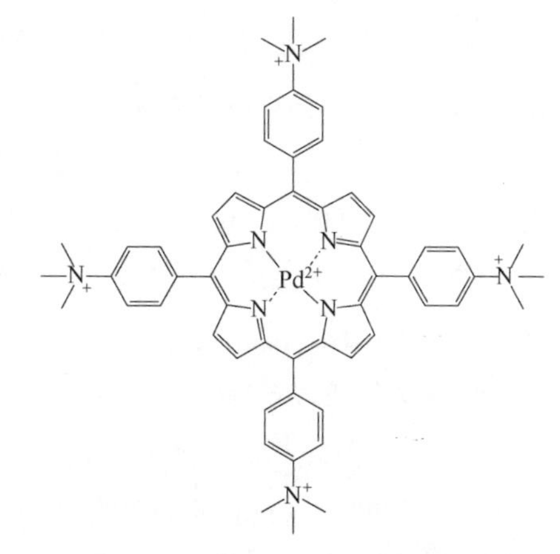

图 11-17　均四(4-三甲氨基苯基)卟啉(TAPP)-钯配合物结构

当图 11-17 所示的阳离子卟啉均四(4-三甲氨基苯基)卟啉（TAPP）的钯配合物（Pd-TAPP）的浓度大于其临界聚集浓度（CAC）4.0 μmol/L 时（如将其浓度设定为 20.0 μmol/L 及 30.0 μmol/L），以非典型聚集形式存在[25]。

按照双倒数模型，室温磷光和 UV-Vis

吸收光谱法测得 Pd-TAPP 和 SDS 按照如下形式聚集的缔合常数，见表 11-3。

表 11-3　Pd-TAPP/SDS 结合常数 K

缔合体系	[Pd-TAPP] < CAC		[Pd-TAPP] > CAC	
	室温磷光	UV-Vis	室温磷光	UV-Vis
Pd-TAPP/4SDS 单体	1.02×10^{22}	1.12×10^{22}	5.6×10^{17}	3.1×10^{17}
Pd-TAPP/SDS 胶束	9×10^{4}	6.78×10^{4}	—①	—①

① 与胶束共存的非典型聚集态卟啉由于两者之间的摩尔比无法得到，因此没有计算出缔合常数。

$$\text{Pd-TAPP} + 4\text{SDS} = \text{Pd-TAPP} \cdot 4\text{SDS} \tag{11-5}$$

$$\text{Pd-TAPP} + \text{SDS 胶束} = \text{Pd-TAPP} + \text{胶束} \tag{11-6}$$

由表可见，在 Pd-TAPP 浓度低于 CAC 的情况下，与 SDS 以 1∶4 缔合形成 Pd-TAPP/SDS 缔合物($K\approx10^{22}$)比 Pd-TAPP 浓度大于 CAC 的情况下 Pd-TAPP/SDS 缔合物（$K\approx10^{17}$）更稳定；形成 H-聚集体的 Pd-TAPP /SDS 缔合体系（$K\approx10^{22}$）比单体 Pd-TAPP/SDS 胶束缔合体系（$K\approx10^{4}$）具有更强的结合能力，说明 SDS 胶束的形成减弱了 Pd-TAPP 和 SDS 之间的结合能力（注意，虽然缔合比不一致，不可以利用缔合常数直接比较。但是可以仿照难溶物溶度积常数与其溶解度的关系，估计不同化学计量比的缔合物之间的稳定性）。

共振光散射技术用于研究分子间相互作用非常有效，可以作为室温磷光和电子吸收光谱等方法的辅助手段。图 11-18（a）中的 1 号、2 号和 3 号谱线代表当固定 Pd-TAPP 浓度为 3.0 μmol/L 时，SDS 浓度分别是 0、2.0×10^{-5} mol/L 和 1.0×10^{-2} mol/L 时的共振光散射光谱。它们对应的分别是卟啉的游离单体、H-聚集体、胶束形成后的卟啉单体。由图 11-18 可以看到，游离单体的共振光散射峰非常弱，而当形成聚集体后，散射明显增强，说明此时卟啉以多重聚集体存在，足以产生强的散射光。同时图 11-18（b）中的浓度比也指示，Pd-TAPP 与 SDS 形成 1∶4 Pd-TAPP/SDS 缔合物。从 SDS 滴定曲线可以看出，SDS 在胶束形成前可以诱导卟啉聚集。当 SDS 浓度大于其临界胶束浓度（CMC）时，散射光强度突然下降，说明卟啉又重新以单体形势存在。

如图 11-19 所示，当[Pd-TAPP]远大于其临界聚集浓度时，共振光散射光谱有所红移，且在 525 nm 处的谷加深，大概应该归于高浓度卟啉的自吸收作用，以及非典型 H-聚集的双重作用。因 H-聚集光谱通常会向蓝移，自然在蓝边的自吸收更强。

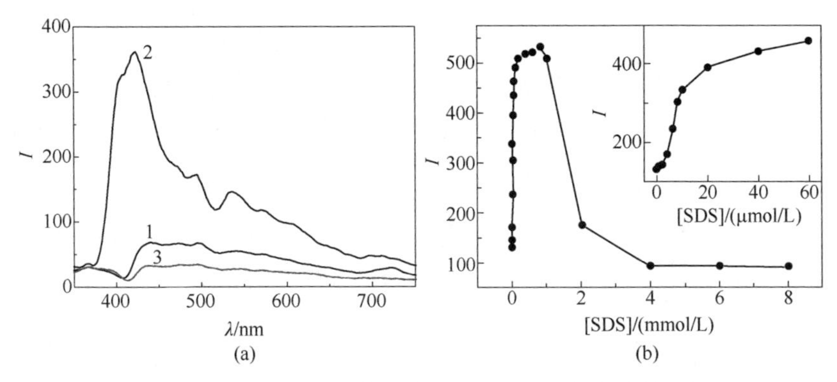

图 11-18　SDS 浓度对 Pd-TAPP 共振光散射光谱的影响(注意光谱最大位置和光谱的形状)

（a）[Pd-TAPP] = 3 μmol/L，[SDS]1～3 分别为 0、2.0×10^{-5} mol/L 和 1.0×10^{-2} mol/L；
（b）共振光散射强度随 SDS 浓度的变化趋势

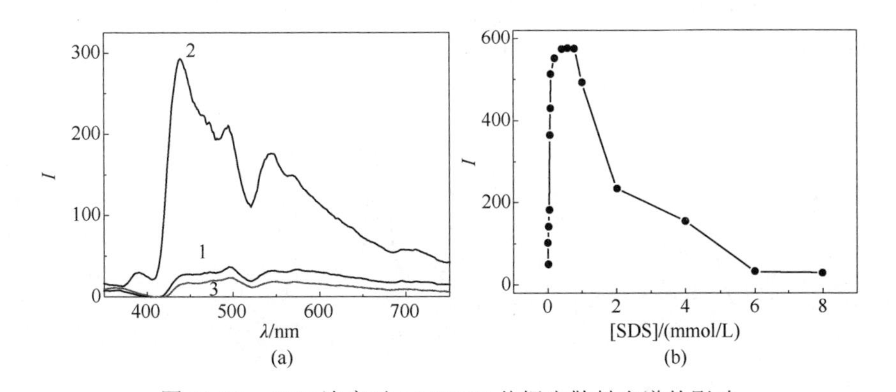

图 11-19　SDS 浓度对 Pd-TAPP 共振光散射光谱的影响

（a）[Pd-TAPP] 20 μmol/L，[SDS]1～3 分别为 0.0、8.0×10^{-5} mol/L 和 1.0×10^{-2} mol/L；
（b）共振光散射强度随 SDS 浓度的变化趋势

总之，随着 SDS 浓度的增加，逐渐形成 Pd-TAPP 与 SDS 的 1∶4 结合体。SDS 中和了 Pd-TAPP 部分电性，由于 Pd-TAPP 间的静电斥力减小，在水溶液中逐渐形成 Pd-TAPP/SDS 的 *H*-聚集体。而且继续加入 SDS，对 Pd-TAPP 的 *H*-聚集状态并无影响。直到当 SDS 浓度达到 CMC 时，SDS 形成胶束，这时无论 Pd-TAPP 的单体还是其非典型聚集体都暴露在水溶液中，被溶液中 SDS 胶束包围，且没有进入到 SDS 胶束里，而是附着在胶束表面。很显然，在这种卟啉-胶束体系中形成了相界面，从而改变了 Pd-TAPP 的微环境。研究方法和结果对于以卟啉作为探针的肿瘤光动力疗法、人工光合作用捕获光能的应用等具有重要的意义。

11.4.5　共振瑞利散射光谱用于碳纳米管的结构表征

单壁碳纳米管可看作是由石墨烯沿一定方向卷曲而成的空心圆柱体，根据卷曲方式（通常称为“手性”）的不同，可以是金属性导体或带隙不同的半导体。手性结构的可控制性是碳纳米管应用的最关键问题，金属纳米簇晶体如钨基合金纳米晶催化剂是控制单一手性结构的关键[26]。同时利用 TEM 和瑞利散射光谱检测技术，可以观察碳纳米管的形貌，以便检测单根单壁或多壁、半导体性或金属性手性碳纳米管的瑞利散射光谱。如拉曼光谱一样，瑞利散射光谱结合其他光学光谱可以用于研究碳纳米管的电子能态或振动能态以及手性结构特点，或者它们之间的相关性。

当入射光辐射碳纳米管时，光被吸收并在一定的散射角再次发射。共振散射峰对应于散射光的能级水平。对于研究碳管的电子特征、直径和手性（或者晶格取向）是重要的信息[27]。半导体型碳纳米管（semi-conducting carbon nanotubes）标记为 S_{ii}，i 表示光学跃迁次序（optical transition order）。图 11-20 显示不同直径和手性半导体单壁碳纳米管（SWNTs）的散射光谱。

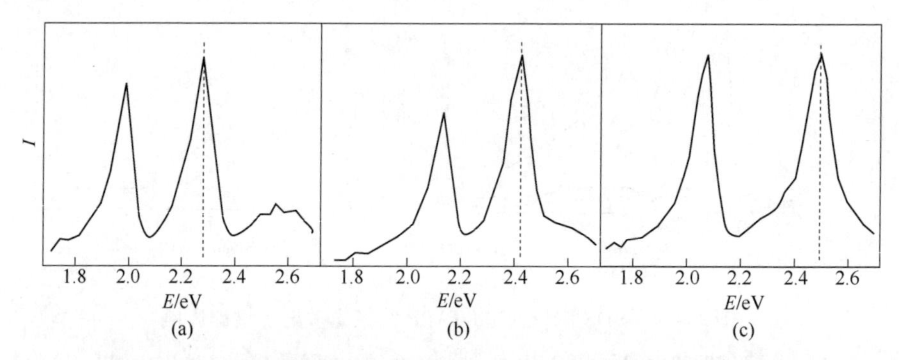

图 11-20　半导体型 SWNTs 的手性和直径对锐利散射光谱的影响

（a）(16,11)SWNT 的 S_{33} 和 S_{44} 跃迁的瑞利散射光谱；（b）(15,10)SWNT 的 S_{33} 和 S_{44} 跃迁的瑞利散射光谱［上述两种 SWNT 的手性角仅差 0.5°，23.9° 对 23.4°，但是直径分别为 1.83 nm 和 1.71 nm。可以看到，直径越小，跃迁能越大（向上/蓝移约 150 meV）。但是跃迁能的比率 S_{44}/S_{33} 变化很小（1.135 对 1.150）］；（c）(13, 12)SWNT 的 S_{33} 和 S_{44} 跃迁的瑞利散射光谱［(13,12)SWNT 和(15,10)SWNT 具有几乎相同的直径，但手性角分别为 28.7° 和 23.4°。它们的 S_{33} 和 S_{44} 的跃迁能差别较小，但是跃迁能的比率 S_{44}/S_{33} 明显不同］

金属型 SWNT 标记为 M_{ii}。金属性 SWNT 是没有荧光的，所以对其光学特征知之甚少。虽然拉曼光谱能够提供一定的结构-光学信息，但许多结果并不理想。高度对称的金属型 SWNT 只产生一个散射峰，如图 11-21（a）所示。而手性金属型 SWNT 的 M_{ii} 跃迁产生分裂的散射峰，如图 11-21（b）和（c）所示。

同时对碳纳米管进行 TEM 观察导引和散射光谱检测的实验原理见图 11-22[28]。有趣的是，利用该技术可以分别观察手性的单根双臂碳纳米管(16,6)@(22,11)DWCNT 的内管和外管的瑞利散射光谱，以及声子旁带，如图 11-23 所示。

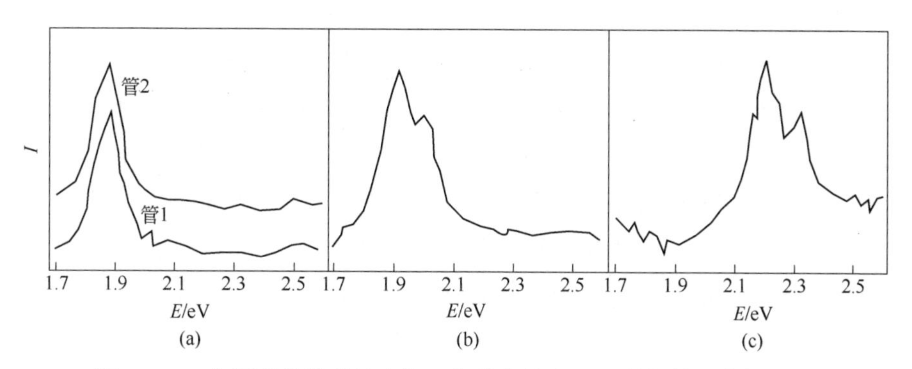

图 11-21 金属型单壁碳纳米管三角卷曲效应对瑞利散射光谱的影响

（a）两根相同(10,10)SWNT 的 M_{11} 跃迁的瑞利散射光谱（仅产生一个共振峰）；（b）(11,8)SWNT 的 M_{11} 跃迁的瑞利散射光谱（M_{11} 跃迁清晰地分裂为两个峰，正是三角卷曲效应所预期的）；（c）(20,14)SWNT 的 M_{22} 跃迁也发生明显的分裂

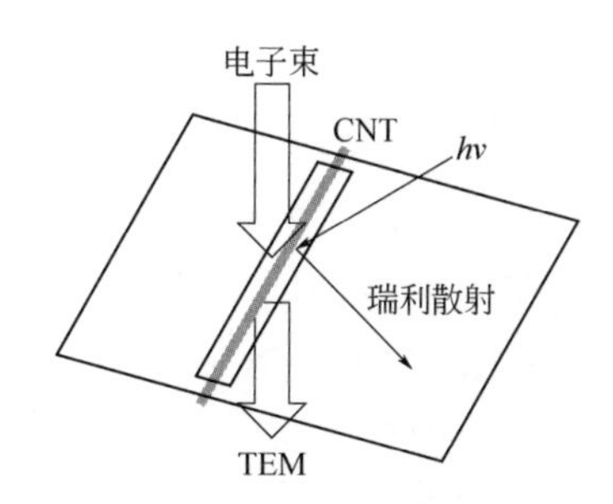

图 11-22 同时对单独随意放置的双臂碳纳米管进行结构导引和光谱表征的实验原理图（自立，不需依靠支撑物的）

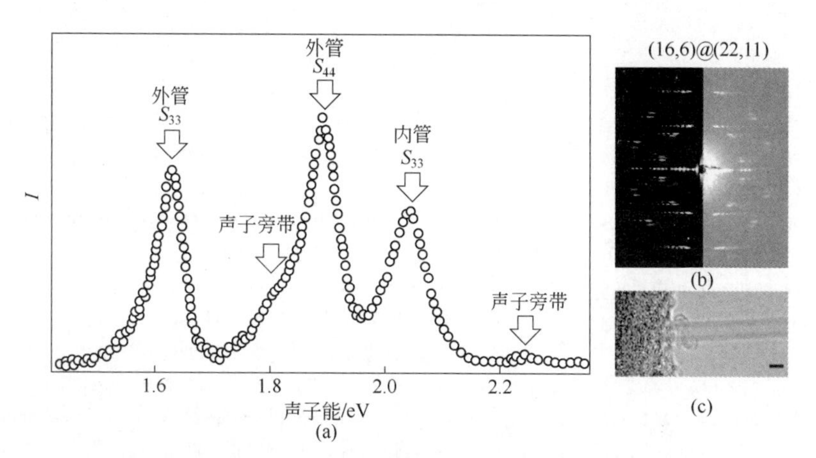

图 11-23 (16,10)@(22,11)DWCNT 的瑞利散射光谱（a）和相同 DWCNT 的 TEM 衍射图（b）以及相片（c）（每一跃迁带的实验数据可以用非对称 Lorentzian 函数拟合）

瑞利散射光谱的分辨率优于上述提到的文献，如外管的 S_{33} 和 S_{44} 散射峰分辨特别好，峰位置分别为 1.63 eV、1.90 eV，相差 0.27 eV。而且内管的 S_{33} 位于 2.05 eV，比外管的 S_{44} 还要向蓝移 0.15 eV。位于 1.81 eV 处的肩峰和 2.25 eV 的弱峰则为声子旁带。衍射图样可以说明 DWCNT 的手性特征，而且分裂的散射峰是由手性特征引起的。图 11-23（c）证明了所观察双臂碳纳米管的外貌特征。

如图 11-24 所示，像增强的拉曼光谱一样，单根单壁碳纳米管（SWCNT）瑞利散射光谱也可以通过界面偶极增强效应（Interface dipole enhanced effect，IDEE）得以增强[29]。当其处于介电球（如贵金属纳米簇）的热点区域时增强效应明显。这种增强效应对于利用纳米材料的瑞利散射光谱进行真彩实时成像，或者探测微妙的界面现象是有意义的。

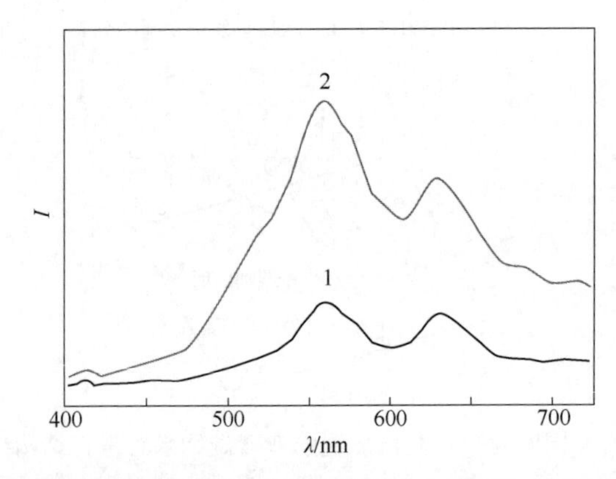

图 11-24　单根 SWCNT 增强的瑞利散射光谱（曲线 1 和曲线 2 分别表示荷电前和荷电后）

参 考 文 献

[1] 姚启钧 原著. 华东师大《光学》教材编写组改编.《光学教程》. 北京: 高等教育出版社, **1981**: 366-373.

[2] J. Anglister, I. Z. Steinberg. Resonance Rayleigh scattering of cyanine dyes in solution. *J. Chem. Phys.*, **1983**, *78*(*9*): 5358-5368.

[3] J. Anglister, I. Z. Steinberg. Measurement of the depolarization ratio of Rayleigh scattering at absorption bands. *J. Chem. Phys.*, **1981**, *74*: 786-791.

[4] C. S. Johnson, Jr. Efficiency of resonance-enhanced Rayleigh scattering in dilute solutions and its relation to diffraction by volume holograms. *J. Opt. Soc. Am.*, **1983**, *73*(*10*): 1263-1267.

[5] 陈国珍, 黄贤智, 郑朱梓, 等. 荧光分析法. 第 2 版. 北京: 科学出版社, **1990**: 101-107.

[6] 李宏亮, 张加玲, 田若涛. 荧光分析中溶剂的拉曼散射. *中国卫生检验杂志*, **2009**, *19*: 478-480,494.

[7] R. F. Pasternack, C. Bustamante, P. J. Collings, et al. Porphyrin assemblies on DNA as studied by a resonance light-scattering technique. *J. Am. Chem. Soc.*, **1993**, *115*: 5393-5399.

[8] R. F. Pasternack, P. J. Collings. Resonance light-scattering: A new technique for studying chromophore aggregation. *Science*, **1995**, *269*: 935-939.

[9] 李原芳，黄承志，胡小莉. 共振光散射技术的原理及其在生化研究和分析中的应用. *分析化学*, **1998**, *26*: 1508-1515.

[10] C. Z. Huang, K. A. Li, S. Y. Tong. Determination of nucleic acids by a resonance light-scattering technique with α, β, δ, γ-tetrakis[4-(trimethylammoniumyl)phenyl]porphine. *Anal. Chem.*, **1996**, *68*: 2259-2263.

[11] C. Z. Huang, K. A. Li, S. Y. Tong. Determination of nanograms of nucleic acids by their enhancement effect on the resonance light scattering of the cobalt(Ⅱ)/4-[(5-chloro-2-pyridyl)azo]-1,3-diaminobenzene complex. *Anal. Chem.*, **1997**, *69*: 514-520.

[12] O. Valdes-Aguilera, D. C. Neckers. Aggregation phenomena in xanthene dyed. *Acc. Chem. Res.* **1989**, *22*: 171-177.

[13] S. Hu, Z. B. Shang, Y. Wang, W. J. Jin. Dextran-coated CdSe quantum dots for the optical detection of monosaccharides by resonance light scattering technique. *Supramol. Chem.*, **2010**, *22*(*9*): 554-561.

[14] K. Aslan, J. R. Lakowicz, C. D. Geddes. Nanogold-plasmon-resonance-based glucose sensing. *Anal. Biochem.*, **2004**, *330*: 145-155.

[15] X. L. Liu, R. X. Cai, H. Yuan. Resonance light scattering spectroscopy study on interaction between gold colloid and thiol containing pharmaceutical. *Wuhan Univ. J. Nat. Sci.*, **2003**, *8*: 99-100.

[16] H. Parhamn, N. Pourreza, F. Marahel. Determination of thiram using gold nanoparticles and Resonance Rayleigh scattering method. *Talanta*, **2015**, *141*: 143-149.

[17] H. Parhamn, N. Pourreza, F. Marahel. Resonance Rayleigh scattering method for determination of 2-mercaptobenzothiazole using gold nanoparticles probe. *Spectrochim. Acta A*, **2015**, *151*: 308-314.

[18] B. A. Du, Z. P. Li, C. H. Liu. One-step homogeneous detection of DNA hybridization with gold nanoparticle probes by using a linear light-scattering technique. *Angew. Chem. Int. Ed.*, **2006**, *45*: 8022 -8025.

[19] P. C. Ray. Diagnostics of single base-mismatch DNA hybridization on gold nanoparticles by using the hyper-Rayleigh scattering technique. *Angew. Chem. Int. Ed.*, **2006**, *45*: 1151-1154.

[20] S. Yan, Y. Tang and M. Yu. Resonance Rayleigh scattering detection of heparin with Concanavalin A. *RSC Adv.*, **2015**, 5: 59603-59608.

[21]陈展光，谢非，蒋文艳，等. 共振光散射技术测定地表水中阴离子表面活性剂. *中国环境监测*, **2009**, *25*: 35-37.

[22] 李怡，曹秋娥，丁中涛. 铑-钨酸盐-罗丹明 B 缔合体系的共振光散射现象及其应用. *分析试验室*, **2004**, *23*: 49-51.

[23] 苗兆涛，龙巍然，陶晋飞，等. 铑-钨酸盐-罗丹明 6G 缔合体系的共振光散射技术研究及其应用. *贵金属*, **2012**, *33*: 59-62.

[24]赵霞，方卫，杨明惠，杨志毅. 铑(Ⅲ)-钨酸盐-甲苯胺蓝体系的共振光散射法测定铑(Ⅲ).*冶金分析*, **2008**, *28*(*12*): 23-26.

[25] Y. T. Wang, W. J. Jin. H-aggregation of cationic palladium-porphyrin as a function of anionic surfactant studied using phosphorescence, absorption and RLS spectra. *Spectrochim. Acta A*, **2008**, *70*: 871-877.

[26] F. Yang, X. Wang, D. Zhang, et al. Chirality-specific growth of single-walled carbon nanotubes on solid alloy catalysts. *Nature*, **2014**, *510*: 522-524.

[27] M. Y. Sfeir, T. Beetz, F. Wang, et al. Optical spectroscopy of individual single-walled carbon nanotubes of defined chiral structure. *Science*, **2006**, *312*: 554-556.

[28] S. Zhao, T. Kitagawa, Y. Miyauchi, et al. Rayleigh scattering studies on inter-layer interactions in structure-defined individual double-wall carbon nanotubes. *Nano Research*, **2014**, *7*(*10*): 1548-1555.

[29] W. Y. Wu, J. Y. Yue, D. Q. Li, et al. Interface dipole enhancement effect and enhanced Rayleigh scattering. *Nano Research,* **2015**, *8*(*1*): 303-319.

第12章 拉曼光谱分析原理和应用

前一章简单介绍了散射光产生的原理，在此不再赘述。拉曼光谱和红外吸收光谱都涉及分子的振动和转动，但它们是一对互补的光谱学方法，正像分子荧光和紫外-可见吸收光谱的差别一样，拉曼光谱涉及光辐射的射出，而红外吸收光谱涉及光辐射的吸入。在研究分子结构和表征新材料以及定量分析化学中从不同侧面发挥着相同或相似的作用。

12.1 拉曼光谱基本原理

12.1.1 拉曼光谱产生的条件：拉曼活性

极化（polarization）是指在外场（如邻近的离子或偶极子、外加电场等）作用下，非极性分子或极性分子发生电子云相对于分子骨架的移动和分子骨架的变形而导致诱导偶极或偶极增大的现象。极化率（polarizability）是指当分子相对于正常的形状发生畸变时，原子或分子的电荷分布的相对趋向。

分子在静电场中，如光波交变电磁场，极化变形，产生感应偶极矩μ。在场强比较小的情况下，极化感应偶极矩μ正比于静电场强度 E：

$$\mu = \alpha E \tag{12-1}$$

式中，α 为分子极化率，将$\mu = \alpha E$ 变形为 $\alpha = \mu/E$，即分子极化率的定义式：诱导偶极矩或极化感应偶极矩与外电场的强度之比，量度化学键在外电场中的变形性（deformability）。它与分子结构（如原子核间距离变化）有关，分子中两相邻原子间距离越大，α 也越大。所以 α 是分子内在的性质，而电场强度 E 是外在条件。

如前一章所述，在光辐射的作用下，分子作为一个次级辐射源可以发射或散射辐射。然而，如果分子的极化率不变，分子的振动就不能形成辐射源，则能量以振动光量子的增加或损失形式的变化不会发生。

根据经典电动力学，分子在外电场作用下产生诱导或感应偶极矩μ，在一定条件下符合表达式（不考虑转动情况）：

$$\mu = \alpha_0 E_0 \cos(2\pi \nu_{ex} t) + \frac{E_0}{2} r_\mu \left(\frac{\partial \alpha}{\partial r}\right) \cos[2\pi(\nu_{ex} - \nu_\upsilon)t] + \frac{E_0}{2} r_\mu \left(\frac{\partial \alpha}{\partial r}\right) \cos[2\pi(\nu_{ex} + \nu_\upsilon)t] \tag{12-2}$$

随着外场（光辐射）振动而变化着的分子诱导偶极矩μ与激发频率ν_{ex}和$\nu_{ex}\pm\nu_\upsilon$相关。式（12-2）中第一项$\nu=\nu_0$或ν_{ex}，$\mu=\mu_0$，$\alpha=\alpha_0$为分子处于平衡位置的极化率。即如果振动没有引起分子极化率变化，$\left(\frac{\partial \alpha}{\partial r}\right)=0$，则无感应偶极矩，发生弹性散射，发生在激发频率$\nu_{ex}$处，对应于瑞利散射光。而$\Delta\nu$等于$\nu_{ex}-\nu_\upsilon$或$\nu_{ex}+\nu_\upsilon$的谱线分别对应于拉曼的 Stocks 和反 Stocks 线（$\nu=\nu_0=\nu_{ex}$，ν_υ为振动能级频率，角标υ为振动量子数）。$\Delta\nu$对应于分子中振动基团的固有振动频率，像红外光谱一样，取决于振动基团的原子折合质量和键的力常数。而极化率的变化项$\left(\frac{\partial \alpha}{\partial r}\right)\neq 0$为拉曼活性的条件或拉曼选律（拉曼选律$\Delta\upsilon = 0, \pm1, \pm2, \pm3, \cdots$，$\Delta\upsilon = 0\rightarrow1$相应于基频）。拉曼散射强度与分子的极化率成正比关系。

极化率与分子振动模式有关，如图 12-1 所示，CO_2（O═C═O）对称伸缩振动时，偶极矩不变，但分子极化率变，因此此振动模式无红外活性，有拉曼活性；反对称伸缩振动时，极化率在键增长的那一端增加，而在键缩短的那一端降低，其净结果相互抵消，故此振动模式是非拉曼活性的。但分子的偶极矩发生变化，是红外活性的振动模式。

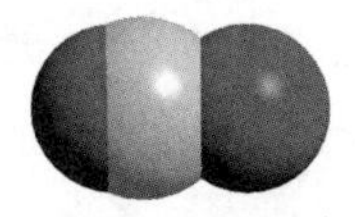

图 12-1　二氧化碳的振动模式与红外和拉曼活性的关系

四氯化碳（CCl_4）分子的对称结构及振动方式与拉曼光谱的关系。CCl_4分子为四面体结构，有 13 个对称轴，24 个对称操作。CCl_4分子可以有$(3\times5-6) = 9$个自由度，或称为 9 个独立的简正振动。根据分子的对称性，这 9 种简正振动可归成下列四类：

① 只有一种振动方式，4 个 Cl 原子沿着与 C 原子连线的方向作伸缩振动（C—Cl 的 a_1 对称伸缩振动），记作 ν_1（460 cm^{-1}，全对称），表示非简并振动。此外，由于天然同位素 ^{35}Cl 和 ^{37}Cl 影响，该频率对应的峰可能会分为多个峰。

② 有两种振动方式，相邻两对 Cl 原子在与 C 原子连线方向上，或在该连线垂直方向上同时作反向运动（C—Cl_2 的 e 对称弯曲振动），记作 ν_2（214 cm^{-1}），表示二重简并（doubly degenerate）振动。

③ 有三种振动方式，4 个 Cl 原子与 C 原子作反向运动（C—Cl 反对称伸缩），记作 ν_3（780 cm^{-1}），表示三重简并（triply degenerate）振动。通常，位于 780 cm^{-1} 处的拉曼频移可能会分裂为 762 cm^{-1} 和 790 cm^{-1} 两个峰，其原因如下：这两个拉曼光谱线是费米共振（Fermi resonance）拉曼线，其中 762 cm^{-1} 线是小于 ν_1（459 cm^{-1}）线和 ν_4（314 cm^{-1}）线的组合频（$\nu_1+\nu_4$），如果不发生费米共振，大约为 459 cm^{-1}+314 cm^{-1} = 773 cm^{-1}。而 790 cm^{-1} 是费米共振后 C—Cl 的 f 对称伸缩振动频率[1]。

④ 有三种振动方式，相邻的一对 Cl 原子作舒张运动，另一对作压缩运动（C—Cl_2 的 f 对称弯曲振动），记作 ν_4（313 cm^{-1}），表示另一种三重简并振动。

【知识拓展】

1. 当四面体绕其自身的某一轴旋转一定角度，分子的几何构型不变的操作称为对称操作，其旋转轴称为对称轴。

2. 简正振动（normal vibration），最简单、最基本的振动，即分子中所有原子以相同频率和相同位相在平衡位置附近所作的简谐振动（simple harmonic oscillation/vibration）。一个由 n 个原子组成的分子有 $3n-6$（直线型分子为 $3n-5$）种简正振动。简正振动方式基本可分为两大类，一类是键长发生变化的伸缩振动，一类是键角发生变化的弯曲振动(或变形振动)。每个简正振动都有一个特征频率，对应于红外或拉曼光谱上可能的一个吸收峰或散射峰。由于选律、简并状态、仪器分辨率和检测范围等因素使得红外吸收或拉曼光谱的峰数目少于简正振动数。

3. “简并”（degeneration）是指在同一类振动中，虽然包含不同的振动方式但具有相同的能量。它们在拉曼光谱中对应同一条谱线。因此，CCl_4 分子振动拉曼光谱应有 4 条基本谱线，根据实验中测得各谱线的相对强度依次为 $\nu_1>\nu_2>\nu_3>\nu_4$。考虑到振动之间的相互耦合引起的微扰，有的谱线分裂成两条。

4. 振动耦合和费米共振。振动耦合：两个化学键振动频率相等或相近，并有一个公共原子，一个键的振动通过公共原子使另一个键长度发生变化，产生微扰，即一个频率上升（高于正常频率）和一个频率下降（低于正常频率）的现象。费米共振：当一振动的倍频（或组频）与另一振动的基频吸收峰接近时，由于发生相互作用而产生很强的吸收峰或发生裂分，这种倍频（或组频）与基频峰之间的振动偶合称费米共振。其结果是出现两个新的能级。

分子的振动频率除与基团的折合质量、力常数等因素有关外，还与分子内和分子间的耦合有关。其中分子内和分子间费米共振就是很重要的一种耦合。如苯红外光谱的 3 个基频为 1485 cm^{-1}、1585 cm^{-1} 和 3070 cm^{-1}，前两个基频的组合频为 3070 cm^{-1}，于是基频与组合频发生费米共振，在 3099 cm^{-1} 和 3045 cm^{-1} 两处观测到 2 个强度差不多的吸收带。

分子也可以按基频的整数倍频率发生振动，这种频率称为分子振动的一级、二级、……级倍频。若分子中存在几种频率的振动，则在一定条件下两种频率的振动可以发生耦合，形成频率相当于两种频率之和的所谓合频振动。在红外光谱中，基频任何整数倍的频率均为泛频（overtones），也将倍频峰、合频峰及差频峰统称为泛频峰。

那么，这些振动模式都能在拉曼或红外光谱中体现出来吗？不一定，一是取决于一定的振动模式是否导致分子偶极矩或极化率变化（拉曼或红外光谱振动活性）、振动模式的简并状态，再就是取决于拉曼光谱和红外光谱检测的范围，当然有时候还取决于仪器的因素等。图 12-2 显示了早期拍摄到的 CCl_4 拉曼光谱的感光胶板以及对应的拉曼光谱线位置，其特点是：a. Stocks 线和反 Stocks 线对称地分布于瑞利线的两侧，分别相应于得到或失去了一个振动量子的能量。b. Stocks 线比反 Stocks 线强很多，这是 Boltzmann 分布决定的，即处于振动基态上的粒子数远大于处于振动激发态上的粒子数。此外，图 12-3 比较了四氯化碳的拉曼光谱（Stocks 线部分）和红外光谱。可以看到，拉曼光谱能检测到的振动模式，红外光谱可能检测不到；两种光谱中特定谱带或谱峰的强度和形状存在差异，这些都是结构分析必须注意的特点；拉曼光谱检测的范围显然更宽。

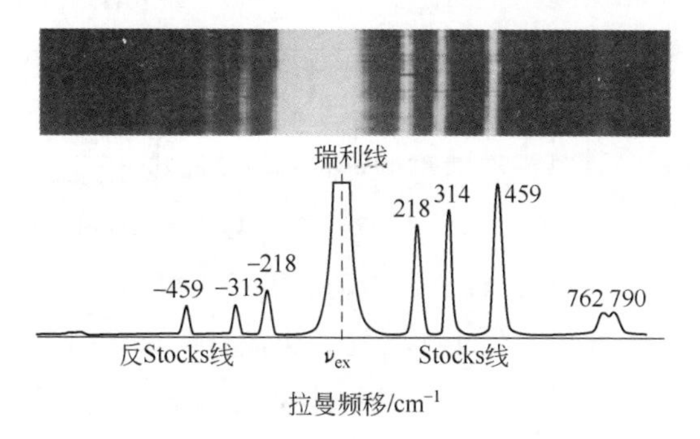

图 12-2　早期拍摄到的 CCl_4 拉曼光谱的感光胶板以及对应的拉曼光谱线位置

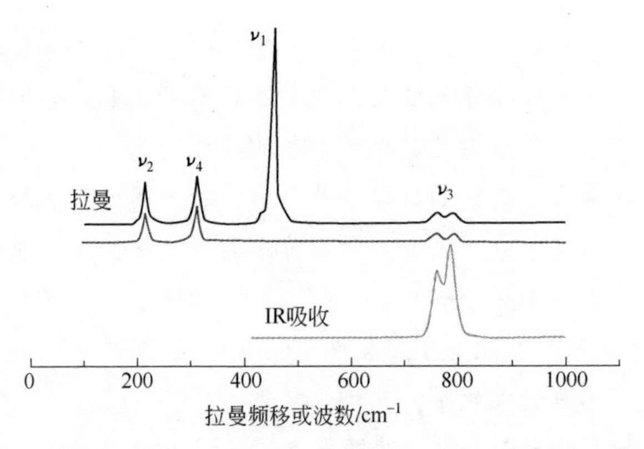

图 12-3　四氯化碳的拉曼（Stocks 线部分）和红外吸收光谱比较

12.1.2　拉曼光谱和红外光谱选律的比较

前面已经提到，拉曼散射与红外吸收虽然都涉及分子振动或转动光谱，但产生的机理不同。拉曼光谱通过拉曼频移表征特征的振动状态，而红外光谱吸收通过峰值频率表征特征的振动状态，这也决定了测量拉曼光谱和红外光谱所使用光源、检测器以及其他仪器部件的差别。拉曼频移与红外谱峰为什么会在同一位置？因为都对应于一个振动量子数对应的能级差。当然，重要的还有拉曼散射与红外吸收选律不同：

红外活性振动，伴有偶极矩变化的振动可以产生红外吸收谱带：永久偶极矩，极性基团；瞬时偶极矩；非对称分子。

拉曼活性振动，伴随有极化率变化的振动：诱导偶极矩，非极性基团、对称分子。

对称分子的对称振动，显示拉曼活性；对称分子的不对称振动，显示红外活性。与光辐射作用时，分子的非对称性振动和极性基团的振动，都会引起分子偶极矩的变化，因而这类振动是红外活性的；而分子对称性振动和非极性基团振动，会使分子变形，极化率随之变化，具有拉曼活性。

对任何分子都可粗略地用下面的原则来判断其拉曼活性或红外活性：

① 相互排斥规则。凡具有对称中心的分子，若其分子振动对拉曼是活性的，则其红外就是非活性的。反之亦然。选律不相容。如 CO_2、CS_2 等。

② 相互允许规则。凡是没有对称中心的分子，若其分子振动对拉曼是活性的，则其红外也是活性的。如 SO_2 等，三种振动既是红外活性的，又是拉曼活性的。

③ 相互禁阻规则。对于少数分子振动，其红外和拉曼光谱都是非活性的。如乙烯分子的扭曲振动，既没有偶极矩变化，也没有极化率的变化。

图 12-4 显示了二硫化碳（CS_2）几种典型振动模式与其拉曼光红外光谱活性的关系。

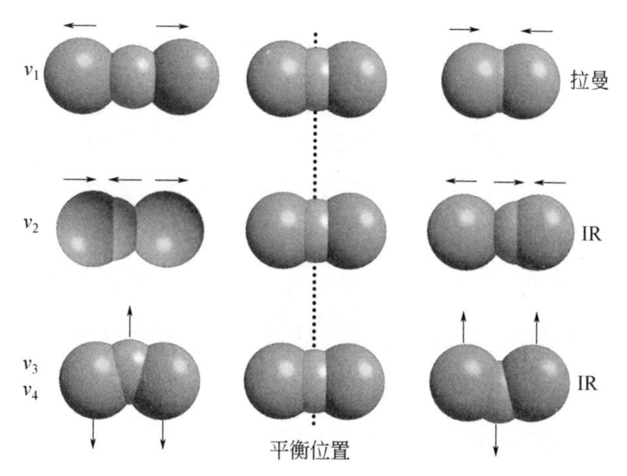

图 12-4　二硫化碳 CS_2 振动模式、电子云分布变化与拉曼光谱和红外光谱活性的关系（振动自由度 $3N-4=4$）

12.1.3　拉曼光谱中的同位素效应

当分子中的某一原子被其同位素取代后，所涉及共价键的力常数 k 不变，但其约化质量 μ 发生变化，从而使其特征振动频率 ν_0 发生变化，这就是分子振动光谱的同位素效应（isotopic effect）。图 12-5 为四氯化碳分子中四个氯原子相对于中心 C 原子作对称伸缩振动的频率 ν_1，因为 ^{35}Cl 和 ^{37}Cl 同位素效应产生的精细结构。

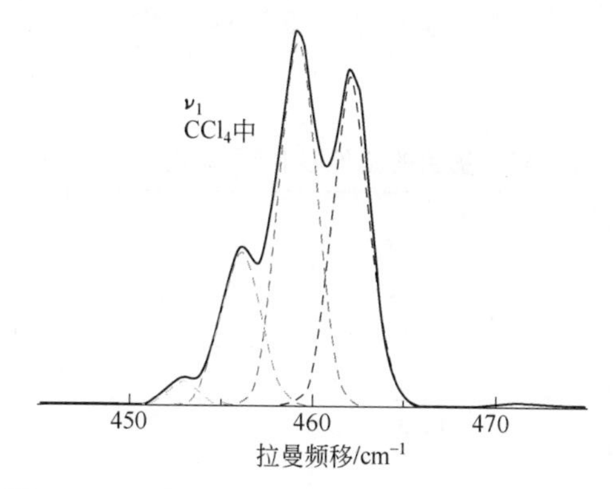

图 12-5　四氯化碳拉曼光谱 ν_1 带可能精细结构

虚线为假定每一个精细结构符合一定的数学模型而进行分峰的结果，可以更准确地表达拉曼频移

再如，有机分子中，独立的 C═C 的伸缩振动模式，在不完全的 ^{13}C 取代情况下，$^{12}C═^{13}C$ 的拉曼频移变化约 30 cm^{-1}，而 $^{13}C═^{13}C$ 约 60 cm^{-1}。所以，会观察到正常峰的分裂和每个精细结构峰的强度的不同。完全的 ^{13}C 取代产物不会发生这种情况。在富勒烯(Fullerene) C_{60} 分子中，由于 C═C 键之间在这个特殊的球形网络结构中强烈耦合，并非独立存在，会表现一定的平均效应。但对纯同位素

取代的 C_{60} 分子，拉曼频移变化还是明显的，如 $^{12}C_{60}$ 的 Ag 带位于 1467 cm^{-1}，而 $^{13}C_{60}$ 的相应谱带位于 1420 cm^{-1}，红移了 47 cm^{-1}[2]。

对于石英而言，其 Si—O 基团含 2 个氧原子，Si—^{16}O 振动的拉曼特征谱峰为 465 cm^{-1}，则其发生 1 个 ^{18}O 原子交换后的拉曼特征峰为 451 cm^{-1}，发生 2 个 ^{18}O 原子交换后的拉曼特征峰为 438 cm^{-1}。对于方解石而言，其 C—O 基团含 3 个氧原子，C—^{16}O 振动的拉曼特征谱峰为 1088 cm^{-1}，则其发生 1 个 ^{18}O 原子交换后的拉曼特征峰为 1066 cm^{-1}，发生 2 个 ^{18}O 原子交换后的拉曼特征峰为 1045 cm^{-1}，发生 3 个 ^{18}O 原子交换后的拉曼特征峰为 1026 cm^{-1}[3]。

12.1.4 拉曼光谱的特征参量：拉曼频移

散射光频率与激发光频率之差，或者拉曼散射光和瑞利散射光的频率差称为拉曼频移或拉曼位移（Raman shift）$\Delta\nu$：

$$\Delta\nu = |\nu_{ex} - \nu_S| \tag{12-3}$$

式中，ν_{ex}（有时也表示为 ν_0）和 ν_S 分别表示激发光频率和拉曼散射光频率（注意，通常取 Stocks 线，参见图 12-2）。$\Delta\nu$ 取决于分子的振动和转动能级的改变，所以它是表征物质分子振动和转动能级特征的物理量。拉曼频移和红外吸收峰值频率是一致的，因为都对应于一个振动量子数的能量差。拉曼散射峰的位置 ν_S 随激发波长的变化而变化，但拉曼频移与激发光波长无关，所以在选择光源方面比红外光谱仪器方便多了。表 12-1 比较了一些基团的红外光谱频率和拉曼频移的特征。

表 12-1 某些基团的红外吸收频率和拉曼频移的比较

基团	频率或频移/cm^{-1}	拉曼强度	红外强度
O—H	3650～3000	w	s
C—H	3000～2800	s	s
C═O	1820～1680	s-w	vs
C═C	1600～1680		
C—O—C	1150～1060	w	s
C—Cl（伸缩）	800～550	s	s
C—Br（伸缩）	700～500	s	s
C—I（伸缩）	660～480		

注：C═C，1600～1680 cm^{-1}，如 1620 cm^{-1}（乙烯），1608 cm^{-1}（氯乙烯），1618 cm^{-1}（烯醛），1647 cm^{-1}（丙烯）等。

12.1.5 拉曼散射与红外吸收的互补性

通过荧光光谱可以反映电子能级的基态性质，紫外-可见吸收光谱反映电子能级的激发态性质，它们具有互补性。与此类似，拉曼光谱可看作发光光谱，红外光谱是吸收光谱，同样也有如下的互补性，可以取得互补的信息，在解析分子结构方面互相印证：① 光物理机制互补，辐射的散射与吸收；②选律（振动活性）互补（许多情况下），拉曼活性，红外非活性，反之亦然；③由于选律（振动活性）互补，导致强度互补（许多情况下），红外强，拉曼弱，反之亦然。同时，在光谱的形状方面能看出互补性。图 12-6 比较了尼龙 66 的拉曼光谱和红外光谱，可以看到上述的互补性。当然，有时拉曼强，红外也强；或者都弱。

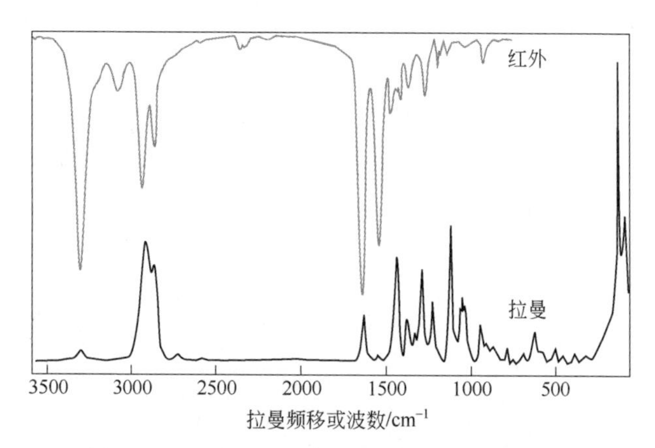

图 12-6 尼龙 66 的拉曼光谱和红外光谱比较

拉曼光谱和红外光谱的互补性还表现在分子中特定基团和分子骨架鉴定方面的差异性。拉曼光谱适合同原子的非极性键的振动。如 C—C、S—S、N—N 键等的对称性骨架振动，均可从拉曼光谱中获得丰富的信息。而极性共价键，如 C═O、C—H、N—H 和 O—H 等基团，会显示特征的红外光谱吸收带。从图 12-7 四甲基乙烯的拉曼光谱和红外光谱可以看到这种互补性。

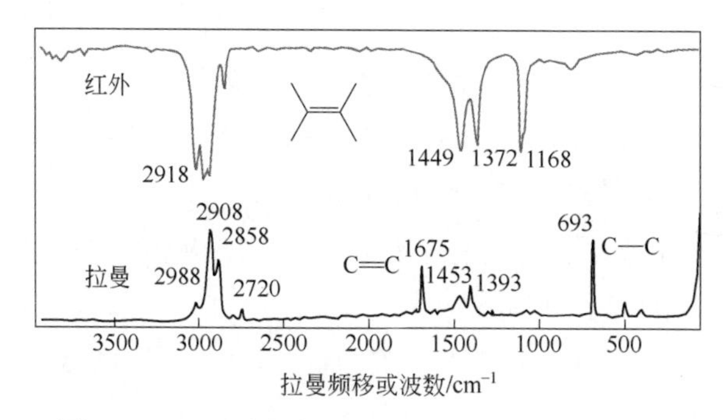

图 12-7 四甲基乙烯的拉曼光谱和红外光谱比较

12.1.6 拉曼光谱的识谱

分子光谱中的谱峰对应的横坐标反映分子体系的能级差，纵坐标反映分子跃迁偶极矩变化或极化率变化程度，二者都与分子结构有关，因此分子光谱方法是人们洞悉分子微观结构的一种有力手段。但各种光谱方法，在识别图谱时应该注意各自的特点。对拉曼光谱而言特点如下。

① 横坐标：拉曼频移或拉曼位移，25～4000 cm^{-1}。一般选用 Stokes 线部分，而不选反 Stokes 线部分。在拉曼光谱中，待表征化学基团的拉曼频移是拉曼光谱中最重要的参数，与测量拉曼光谱时选用光源的输出波长无关。但要注意，在荧光测量状态下，拉曼光谱峰的位置随荧光激发波长的变化而移动，但激发波长和拉曼谱峰位置对应的能量差，即拉曼频移是不变的。同时，像红外吸收光谱一样，也要注意简谐振动和倍频等。拉曼光谱的横坐标应该是拉曼频移/cm^{-1}，如图 12-8 所示[4]。而许多文献将纵坐标标记为波数/cm^{-1}，严格说是不妥当的，波数是能量单位，而不是坐标名称。

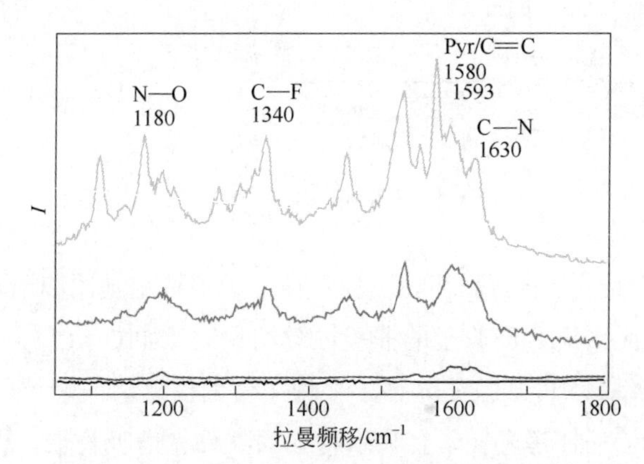

图 12-8 在硅基质上组装金纳米粒子/BPEB

从下往上依次为单层 M1 和 3 步、6 步和 8 步沉积金纳米粒子

② 纵坐标：相对强度（I）或者光子计数。因拉曼光强度与光源强度等因素有关。拉曼光谱的纵坐标与荧光光谱的纵坐标一样，都是相对强度或计量的光子数目，而红外吸收光谱的纵坐标与紫外-可见吸收光谱的纵坐标相似，可以吸光度、透射率、摩尔吸光系数、振子强度等参数表示。拉曼光的相对强度，也是其特征之一，有助于光谱解析。

③ 形状或轮廓：是否对称？是否有重叠峰/合频？注意这些细微特征信息对于结构解析是有益的。

④ 分峰：光谱中几个谱带或谱峰重合，或者要得到光谱的精细结构时，可以

用分峰技术，常用的是去卷积方法。荧光光谱，常假设每个谱带或振动精细结构对应的谱峰符合高斯函数模型。一般认为，拉曼峰是高斯或者 Voigt 函数（洛伦兹和高斯函数的对称卷积）。而晶体的拉曼峰用洛伦兹函数解析，非晶的用高斯函数解析较为合适[5]。

12.2 拉曼光谱的偏振和退偏

偏振测量装置类似于第 8 章图 8-4。当电磁辐射与一分子系统相互作用时，偏振态常会发生变化，这种现象称为退偏（见第 8 章）。与荧光或磷光偏振研究的角度不同，在拉曼散射中，分子偏振退偏的程度（用退偏度表示）和分子的对称性是密切相关的，定义退偏度 ρ_P 为：

$$\rho_P=I_{\perp}/I_{||} \tag{12-4}$$

退偏度越小，分子对称性越高；球形分子 $\rho_P=0$，拉曼散射为完全偏振光；非对称振动分子 $\rho_P=3/4$，拉曼散射是退偏的。例如 CCl_4 分子，位于大约 460 cm^{-1} 的拉曼频移起源于全对称呼吸振动，其 $\rho_P=0.005$，该振动是偏振的。相反，位于大约 214 cm^{-1} 和 313 cm^{-1} 的拉曼频移源于非对称的振动，其 $\rho_P=0.75$，该振动是退偏振的。非对称振动的最大退偏度等于 6/7[6]。

12.3 拉曼光谱新技术与新方法

12.3.1 激光共振拉曼效应

在一篇纪念 P. P. Shorygin 教授九十华诞的文章中[7]，作者写道：In 1947, distinct Raman spectra were obtained for deeply colored solutions of *p*-nitroaniline with excitation in the long-wavelength part of the absorption band. Following this, the spectra of other nitro compounds in the region of λ_{max} of the band corresponding to the π-π* transition were recorded[8,9]. These were the spectra of ‘resonance Raman scattering’, which emerges when the frequency of light ν coincides with the absorption frequency of the molecular electron system. The results obtained were presented in 1953 at the meeting of the French Physico-Chemical Society[9]。该结果引起了与会光谱学家的热烈讨论。同样，在另一篇更早的纪念 Brandmüller 教授退休的文章“Josef Brandmüller—an appreciation”中，作者写道：At an international conference in Gmunden (Austria) in 1953, Brandmuller heard a paper by P. P. Shorygin which aroused his interest in the resonance Raman effect[10]。由此可断，Shorygin 教授是共振拉曼的发现者。

普通拉曼光谱，入射频率和分子的电子跃迁频率所需频率相差很远。这样的散射效率是极低的，散射强度弱。在普通拉曼光谱中涉及的所谓的虚拟态，不是分子的本征态，吸收和散射的概率都很低。

共振拉曼效应：如果所选择的入射光的频率与物质的电子吸收带重合，或接近于重合，光与分子虚拟态的作用变成了与本征态的作用，则光子与分子发生相互作用的微扰过程的效率将大大增加。从而大大增加了分子对入射光的吸收强度。灵敏度(以检出限表示)可由普通拉曼的 0.1 mol/L 或 mmol/L 量级提高到 1μmol/L 或更低量级。

共振拉曼效应除了灵敏度显著提高外，还可以提高选择性，可以选择性地研究血色素和肌球素中亚铁血红素的发色团[11,12]以及蛋白质构象[13]。因为，仅那些与生色团有关的振动模式才具有拉曼增强效应，而所有其他振动模式则保持它们那种在正常拉曼散射过程中的固有低效率。例如，在血红素蛋白质的测定中，所观测到的拉曼带仅与四吡咯大环的振动模式有关，而与蛋白质主链和支链相关的大量的振动不会干扰。所以可以利用共振拉曼效应获取诸如酶和蛋白质等生物大分子体系活性位点上生色团的振动光谱信息。

激光共振拉曼光谱：由受激辐射发射所增强的光称为激光（laser = light amplified by stimulated emission of radiation），激光在拉曼光谱中的应用使得拉曼光谱脱胎换骨一样，由光谱分析家族中的小矮人变成了能力无比的超人。

激光拉曼光谱就是利用激光照射样品，通过检测散射谱峰的拉曼频移及其强度获取物质分子振动-转动信息的一种光谱分析法，其显著特点为：

① 基频的强度可以达到瑞利线的强度。

② 泛频和合频的强度有时大于或等于基频的强度。

③ 选择适当的激发频率，使之仅与样品中某一物质发生共振，从而选择性地研究某一物质。如生物分子中特定生色团的分析。

④ 激光共振拉曼光谱的缺点是，需要连续可调的激光器，以满足不同样品在不同区域的吸收。当然，实际上并不需要配备“连续”可调的激光器，针对实际的应用情况选择几种激光器即可，从紫外到红外区段有许多激光器可以选择。

12.3.2 表面增强拉曼光谱

这是 20 世纪 70 年代后期发现的一种现象。吸附在胶态金属粒子表面上的分子，其拉曼散射的强度显著增强，检测灵敏度大幅度提高。目前已经成为检测和表征表面吸附物种的高灵敏的谱学技术。如纳米 Ag、纳米 Au 胶颗粒吸附的染料或有机物质，其检测灵敏度可以提高 10^5～10^9 量级。表面增强与共振拉曼光谱联用，检测限可达 10^{-9}～10^{-12} mol/L，甚至取得单分子检测水平。为此，*Chem. Soc. Rev.*设专辑讨论了 SERS 在化学和生物学领域的应用[14]。

表面增强拉曼光谱（surface enhanced raman scattering，SERS）普遍接受的原理为局域表面等离子体（surface plasmon）共振效应(详见 10.1.3)。处于纳米金属胶粒的等离子体热点区域的分子才能产生共振增强效应[15]。这种增强机理应该是没有选择性的。

基于腔量子电动力学，表面等离激元（SPP）主要是利用金属或者其他介质表面的电磁场的局域性，把光子局域在很小的空间，从而大幅度提高了单个光子的电场强度（电场强度跟光子所占据的空间大小成反比），进而，可以实现与胶态金属粒子很强的相互作用，由此提高分子探测的灵敏度[16-18]。

然而，当电磁理论-表面等离子体无法解释所吸附分子的拉曼增强效应时，化学理论也许该登场了[19-21]。许多分子可以通过孤对电子键合吸附于金属表面。这种化学吸附组分与金属表面之间可能发生电荷转移。

通常，对于任何体系，能级的高低顺序都是 LUMO＞费米能级＞HOMO。按照最简单的理解，在费米能级不起作用的情况下，完成一次激发跃迁需要的能量大概等于 LUMO 和 HOMO 能级差（图 12-9 中 a 途径）。假设，当吸附组分的 LUMO 和 HOMO 位于金属的费米能级范围内，且相对于金属的费米能级是对称分布时，则可以借助金属费米能级，用两个能量只有原来 LUMO 和 HOMO 能级差一半能量的光子分两步完成激发跃迁，简单图像就是一个电子从 HOMO 到费米能级再到 LUMO 能级，如图 12-9 中 b 和 c 所示。金属作为电荷转移介体而起作用。所以，那些通常需要紫外光激发的吸附分子，在此情况下可以利用可见光通过电荷转移激发到高能态。

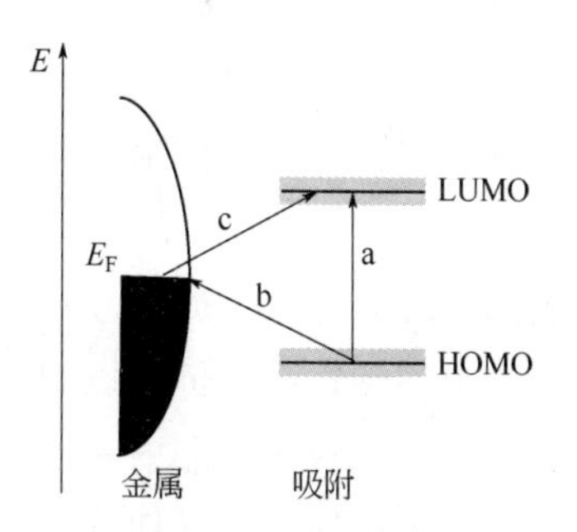

图 12-9　金属的费米能级和吸附于金属表面的分子能级示意图

由于吸附分子和金属态之间的相互作用，HOMO 和 LUMO 能级共振展宽；分子轨道的布居取决于费米能量；箭头为可能的电荷转移激发途径

12.3.3　显微共焦拉曼光谱

显微共焦拉曼光谱（microscopic confocal raman spectroscopy）中，“共焦”是采用光源针孔，即点光源，样品在显微镜的焦平面上，而样品的光谱信息被聚焦到检测器 CCD，都是焦点，即“光源针孔”“共焦针孔”相对于样品的照射点是共轭的，三者都在显微光学系统的“焦点”上，所以称“共焦”，三点共焦，如图 12-10 所示。

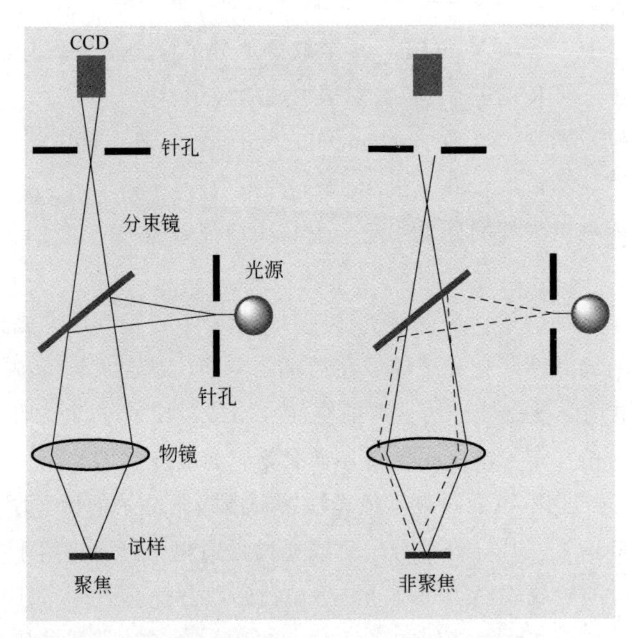

图 12-10　显微共焦拉曼光谱仪示意图

偏离光轴的任何邻近区域的信号都会被针孔阻挡；即使在光轴上，在样品不同深度处（偏离照射点）的信号也因散焦而绝大部分通不过针孔（图 12-10）。这时，位于取样点（即照射点）的"像斑"处的针孔起了空间滤波的作用；通过调节针孔孔径，可以控制及精确地界定被探测区域的轴向位置和横向尺寸。共焦拉曼空间滤波的能力大大提高，并且被分析样品的体积大大减小。

显微共焦拉曼不但可以观测样品同一层面（平面）内不同微区的拉曼光谱信号，还能分别观测样品内深度不同的各个层面的拉曼信号，从而在不损伤样品的情况下达到进行"光学切片"的效果。层析深度达 500～800 nm，纵向空间分辨率 2 μm，横向空间分辨率 1 μm。

除了上述的针孔共焦（又称真共焦）外，还有简单共焦（赝共焦）。在简单共焦中，取消了"光源针孔"，激光束直接引入显微光轴，也经显微物镜会聚至样品照射点。由于不是"点光源"照射，在样品照射点处的光斑就会大一些。

12.3.4　受激拉曼散射和相干反斯托克斯拉曼散射显微技术

在第 1 章介绍过荧光"显纳"技术。同样，纳米级别的生物成像也可以由拉曼光谱获得。哈佛大学的 Brian Saar、Gary Holtom 和谢晓亮教授等分别开创了相干反斯托克斯拉曼散射（coherent anti-Stokes Raman scattering，CARS）和受激拉曼散射（stimulated Raman scattering，SRS）显微技术[22]。图 12-11 是受激拉曼散射成像的例子。

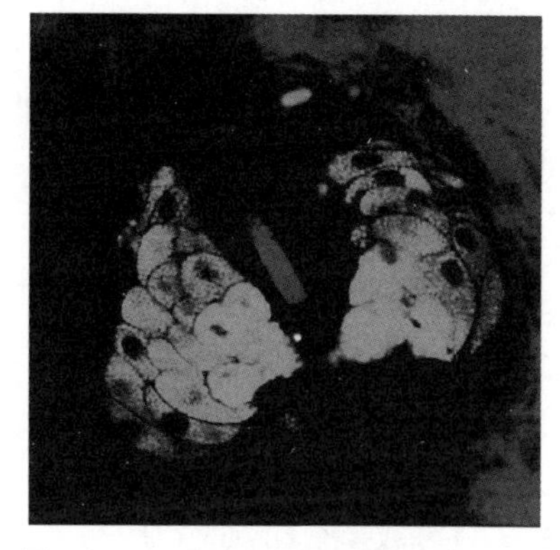

图 12-11　受激拉曼散射成像：一个富含脂肪的皮脂腺环绕蛋白质

12.3.5　时间分辨振动光谱

正如第 2 章所述，由于振动过程很快，时间分辨的振动光谱测量技术显得更加困难，仪器昂贵。但飞秒、皮秒级时间分辨振动光谱技术在化学反应动力学、分子间非共价的弱相互作用、生物反应过程、振动-转动理论研究等方面显得非常重要。为此，发展了时间分辨共振拉曼散射光谱、时间分辨相干反斯托克斯拉曼散射光谱、飞秒相干拉曼光谱技术、时间分辨的受激拉曼光谱、纳秒瞬态拉曼光谱技术等等[23]。国内学者近些年也开始了相关的研究工作[24,25]。

12.4　拉曼光谱的典型应用

拉曼光谱可提供快速简便、重复性好、无损伤的定性定量分析。样品无须预处理，可直接通过光纤探头或普通玻璃、石英玻璃和蓝宝石窗测量。此外，由于水的拉曼散射很微弱，拉曼光谱是研究水溶液中的生物样品和化学物质的理想工具，而这一点红外光谱是无法比拟的；对于激光拉曼光谱仪而言，因为激光束的聚焦点只有 0.2～2 mm 宽度，拉曼光谱测量只需要少量的样品。而且，显微拉曼光谱仪的物镜可将激光束进一步聚焦至 20 μm，甚至更小，可分析更小面积的样品。共振拉曼效应可用来有选择性地增强生物大分子特殊发色基团的振动，这些发色基团的拉曼光强能被选择性地增强 10^3～10^5 倍。在可见区，有时受样品的荧光干扰，可采用红外激发予以避免。

12.4.1　化学结构鉴定

拉曼光谱更擅长分子骨架鉴定，如 C═C 双键振动的拉曼频移位于 1600～1680 cm^{-1}，特殊地，乙烯 1620 cm^{-1}、氯乙烯 1608 cm^{-1}、烯醛 1618 cm^{-1}、丙烯 1647 cm^{-1} 等。此外，C—C、C≡C、S—S、C—S、C═S、S—H、C—N、C═N、N=N 和 N—H 等拉曼散射强度高。红外光谱中，由 C≡N、C═S、S—H 伸缩振动产生的谱带一般较弱或强度可变，而在拉曼光谱中则是强谱带。

环状化合物的对称呼吸振动常常是最强的拉曼谱带。在拉曼光谱中，X═Y═Z，如 C═N═C、O═C═O—这类键的对称伸缩振动是强谱带，而这类键的反对称伸缩振动是弱谱带。红外光谱与此相反。

拉曼光谱与红外光谱配合使用，可以确认分子几何构型，如顺反异构。

图 12-12 和图 12-13 展示了两种简单环状化合物的拉曼光谱，以及各主要位移的归属。

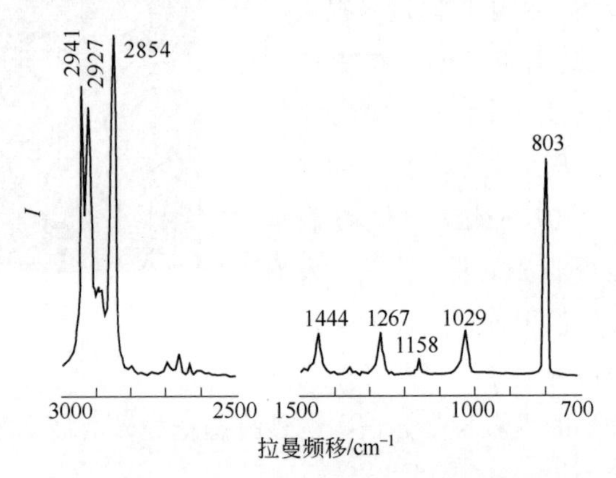

图 12-12　纯环己烷的拉曼光谱

2941cm^{-1} 和 2927 cm^{-1} 为反对称伸缩 $\nu_{as}CH_2$；2854 cm^{-1} 为对称伸缩 ν_sCH_2；1444 cm^{-1} 和 1267 cm^{-1} 为 δCH_2；1029 cm^{-1} 为 ν(C—C)；803 cm^{-1} 为环呼吸。

环呼吸振动模式：一个环上原子同时扩张和收缩，使截面变大变小，类似于呼吸

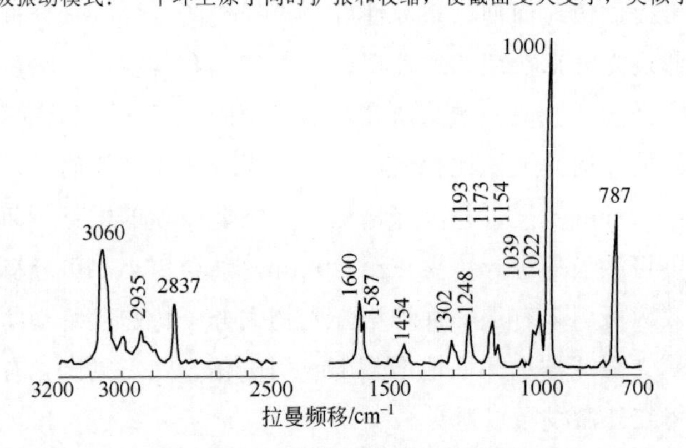

图 12-13　纯苯甲醚的拉曼光谱

3060 cm^{-1} 为 ν(Ar-H)；1600 cm^{-1} 和 1587 cm^{-1} 为 ν(C═C)苯环；1039 cm^{-1} 和 1022 cm^{-1} 为单取代；1000 cm^{-1} 为环呼吸；787 cm^{-1} 为环变形

12.4.2　几种炭材料的表征

炭材料的拉曼光谱，实际上就是表征碳元素 sp^2 和 sp^3 杂化状态导致的物质结构差异性。更具体地讲，就是 C_{60} 态、石墨态或金刚石态、非晶态炭等。

（1）富勒烯 C_{60}

不同于其他炭材料的是，C_{60} 是一个完美对称性的完整分子，没有残基。其拉曼光谱如图 12-14 所示[26-28]。单晶和粉末样品的拉曼频移会有些差别，实测的粉

末样品的拉曼频移：272 cm^{-1}，432 cm^{-1}，496 cm^{-1}，568 cm^{-1}，710 cm^{-1}，772 cm^{-1}，1100 cm^{-1}，1249 cm^{-1}，1423 cm^{-1}，1467 cm^{-1}，1574 cm^{-1}。C_{60}衍生物或吸附于固体表面、或金属溶胶，其对称性可能遭到破坏，对称性降低，有些振动带发生分裂。再有，比如 C_{70}对称性降低，其拉曼光谱要比 C_{60}复杂得多。

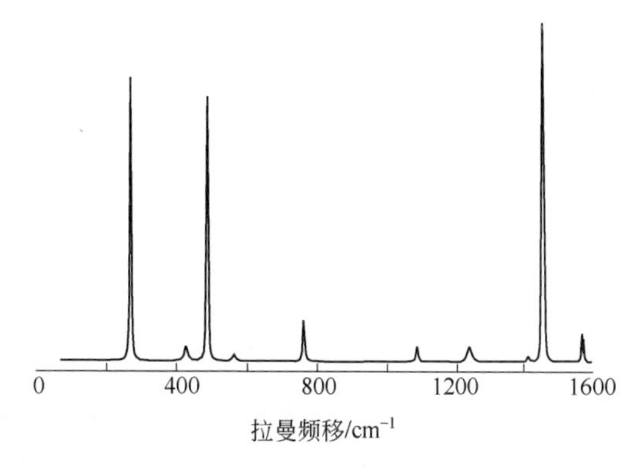

图 12-14　C_{60}粉末 FT-拉曼光谱

（2）单壁和多壁碳纳米管

图 12-15 展示了单壁碳纳米管典型的拉曼光谱[29]。由于单壁碳纳米管在 200 cm^{-1}左右有较强的环呼吸或辐射呼吸振动峰（RBM，每个碳原子都沿着辐射方向振动），所以拉曼光谱已经成为单壁碳纳米管强力的表征手段[30~32]。但该峰随纳米管的直径、手性、激光频率等因素的变化而变化（激光频率不同而导致拉曼频移的移动叫做色散）。此外，单壁碳纳米管还有两个叫做 D 带与 G 带的特征拉曼峰，它们都是由 sp^2杂化碳引起的，两处拉曼带为类石墨碳（如石墨、炭黑、活性炭等）的典型拉曼峰。1320～1360 cm^{-1}处的拉曼峰源于晶态石墨碳边缘基团的振动，是无序化峰（无序碳），称为 D 带，变化范围较宽。在 1589 cm^{-1}左右（接

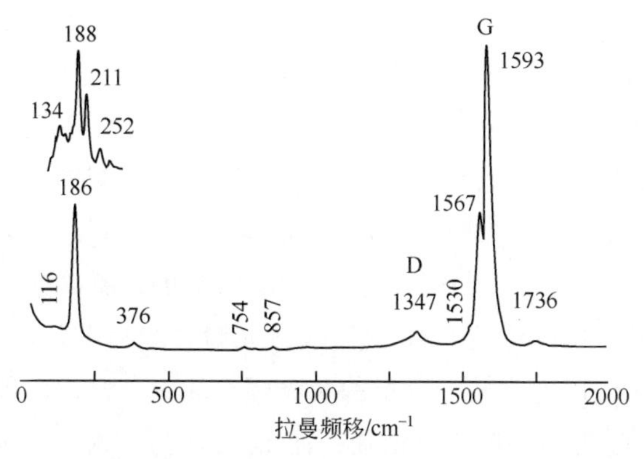

图 12-15　单壁碳纳米管典型的拉曼光谱（根据[32]重新绘制）

近 1600 cm^{-1}）有一个较强的谱带（G 线），是体相晶态石墨的典型拉曼峰，是石墨晶体的基本振动模式，称为 G 带，其强度与晶体的尺寸有关。碳纳米管对 D 线只有很小的贡献，而微晶石墨和纳米碳颗粒贡献较大，故 D 线和 G 线的强度比通常被用来估算样品的纯度。另外，met-SWNTs 在 G 带较低波数处（1520～1530 cm^{-1}）的拉曼峰较强，是标志峰，而 semi-SWNTs 的 G 带较强，而在其较低能量处（约 1567 cm^{-1}）很弱。根据 G 带峰形的这种差别，可以判断单壁碳纳米管属性。

另外，还可能检测到 G 和 D 的倍频峰，以及 G′和 D′等（见石墨烯）。

单壁碳纳米管可看作是由石墨烯沿一定方向卷曲而成的空心圆柱体，根据卷曲方式（手性）的不同，可以形成金属性导体或带隙不同的半导体碳纳米管。而手性结构的可控制性是碳纳米管应用的最关键问题。同时利用 TEM/SEM 和散射光谱检测技术（参见第 11 章），可以为检测单根单壁或多壁、半导体性或金属性手性碳纳米管的瑞利或拉曼散射光谱提供导向。例如，根据同时检测技术，通过 197 cm^{-1} 处环呼吸拉曼带或约 1580 cm^{-1} 处的 G 带跟踪专一性手性单壁纳米管制备过程[33]。重要的是，散射光谱结果对于研究碳纳米管的电子能态或振动能态以及手性结构特点，或者它们之间的相关性是有益的。

（3）石墨烯或氧化石墨烯

石墨烯具有典型的 D 和 G 带结构。D 峰（约 1350 cm^{-1}）相应于石墨烯的结构缺陷，G 峰（约 1582 cm^{-1}）相应于 sp^2 碳原子的面内振动。而 G′ 峰（约 2700 cm^{-1}）反映了碳原子的层间堆垛方式，也被认为应该属于 D 带的泛频（2D）。D′ 峰位于约 1620 cm^{-1}。同时，通过各种化学或物理方法制备的石墨烯，由于边界的化学基团的位置和种类的不同、缺陷、掺杂、堆积层数、激光能量以及偏振特性等因素，也会在一定程度影响到石墨烯基频和泛频拉曼频移的位置和形状，其归属有时显得很复杂[34-36]。

（4）碳点

这里把石墨烯点和碳点统称为碳点（参见第 10 章）。从结构上，它们都包含晶态石墨结构单元和表面缺陷 C═C 单元，所以都会出现 D 带和 G 带[37-39]。根据对石墨的氧化或还原程度，石墨烯点材料的 D 带和 G 带的强度比率会有变化。而碳点由于制备方法的不同，表面基团各异，D 带和 G 带的强度比率同样会有变化。但不同的是，自下而上方法制备的碳点，由于荧光的干扰（大多情况下，无论蓝光激发或近红光激发都产生荧光），测量拉曼光谱并非易事。不过，采用一定方式猝灭碳点的荧光，可以得到较为满意的荧光碳点的拉曼光谱。图 12-16 表明，在 Fe^{3+}催化作用下，G 带的强度比率增加，而 D 带减弱。意味着碳点的核心区域石墨型结构更加完整，从而碳点的发光行为得到极大改善[40]。

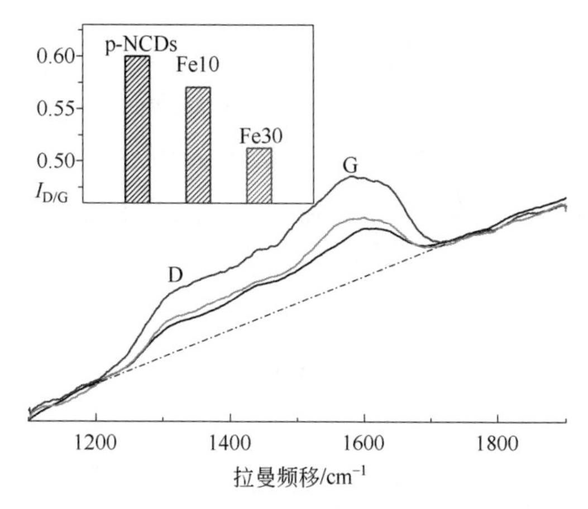

图 12-16　猝灭荧光后碳点的拉曼光谱

p-NCDs 为无铁催化掺氮碳点，Fe10 和 Fe30 分别为摩尔比率为 10%和 30%的 Fe 参与催化制备的掺氮碳点

（5）合成金刚石

1332 cm^{-1} 是金刚石特征的 sp^3 杂化 C—C 振动峰。纳米尺寸的金刚石 C—C 振动特征峰会红移到约 1325 cm^{-1}。

利用紫外光激发的拉曼散射表征金刚石和化学蒸气沉积（chemical-vapor-deposition，CVD）金刚石薄膜的优点是，不会出现可见光激发拉曼散射所遇到的荧光背景，光谱的信噪比很高，因为可见光激发光容易激发 sp^2 杂化π电子，而紫外光激发主要激励 sp^3 杂化σ电子。如图 12-17 所示，它不仅能够测得金刚石的一

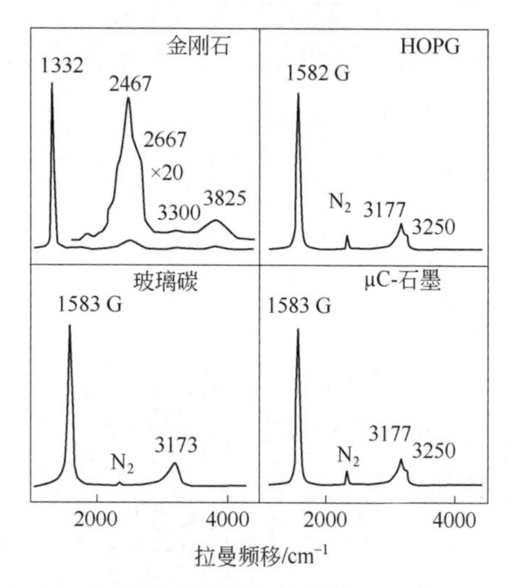

图 12-17　合成金刚石与其他炭材料的典型拉曼光谱（激发 228.9 nm）[41]

HOPG = 高度有序热解石墨，μC = 微晶

级声子谱（1332 cm^{-1}，三重简并带），还能测得二级和可见区拉曼散射从未测到过的三级声子谱带，而三级声子谱带的位置和强度对金刚石晶粒尺度是很敏感的，晶粒尺度减小，其谱带向低波数位移，而且强度降低。此外，由于紫外拉曼光谱信噪比大大改善，在 CVD 金刚石膜的检测中，位于 2930 cm^{-1} 的 C—H 伸缩振动谱带也可能显现出来。并且与一级声子带的峰强之比和共价键合的氢原子分数成正比[41]。对微晶石墨，在 1355 cm^{-1} 处有一较强散射峰，这是由于散射发生在布里渊（Brillouin）区边界的结果；非晶碳由于结构上的无序性，拉曼散射峰是位于 1530 cm^{-1} 附近的宽带。其他各带或峰的归属，1583 cm^{-1} 对应于前面所述 G 线。HOPG 和μC-石墨还展示，G 带泛频 3175 cm^{-1}，禁跃带 1620 cm^{-1}、1360 cm^{-1}、1225 cm^{-1} 的泛频 3250 cm^{-1}、2735 cm^{-1}、2450 cm^{-1} 等。不同的激发波长对光谱的特征峰的数目和形状也会产生一定或显著的影响。

12.4.3 生物医学分析

拉曼光谱可以检测蛋白质中的酪氨酸暴露程度。含酪氨酸的蛋白质除在 642 cm^{-1} 会有酚环振动特征峰外，还会在约 850 cm^{-1} 和约 830 cm^{-1} 出现费米共振双峰。由这两个峰强比值可判明酪氨酸在蛋白质分子中所处的状态（直接相关于酚羟基的氢键或其离子化状态，并非直接相关于苯环的环境和氨基酸骨架的构象）。被包埋藏在内部时，酚羟基为氢键供体，拉曼峰比值 850/830 为 0.5；反之，酪氨酸被暴露在蛋白质外部，酚羟基为氢键受体，850/830 比值增大，如图 12-18 所示[42]。

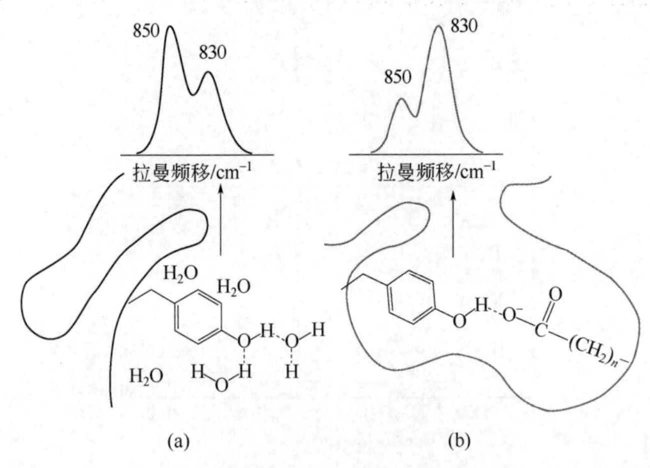

图 12-18　蛋白质中酪氨酸的拉曼线强度与其所处的环境相关

（a）暴露的酪氨酸；（b）深埋的酪氨酸

Asher 等[43]利用 UV-共振拉曼光谱研究了肌红蛋白变性机制。根据肌红蛋白酰胺带随不同 pH 值的变化关系，推出该蛋白质中 α-螺旋（α-helix, β-sheet）结构从 pH＞4 时约 80%减少到 pH＜3 时约 20%。实验还证明，Trp 残基在水中变为完全暴露，而 Tyr 残基则依然是埋藏的。不同 pH 值条件下肌红蛋白的 UV-拉曼光谱见图 12-19[43]。激发波长为 UV 206.5 nm，对应于酰胺键ππ*跃迁，Am Ⅰ、Am Ⅱ、Am Ⅲ为酰胺振动带，C_α—H 为α螺旋结构中酰胺 C—H 对称弯曲振动，环呼吸为芳香氨基酸的环呼吸振动[44,45]。

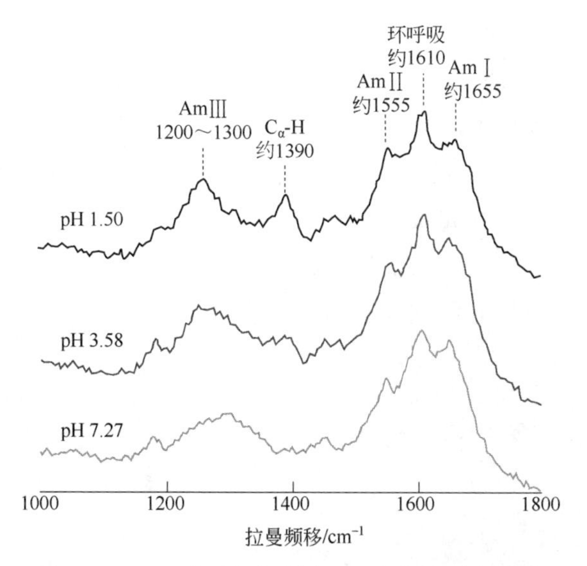

图 12-19　pH 值对肌红蛋白 UV-拉曼光谱的影响

血红素（hemoglobin）的氧合状态，或与 NO、CO 等其他小分子结合状态或过程的定性、定量分析是生物分析的一个重要内容，而拉曼光谱在此方面可以发挥重要的作用[46-48]。表 12-2 总结了氧合血红素和去氧血红素的主要拉曼带及其归属以及与蛋白化学环境的关系。

表 12-2　血红素拉曼带的归属（514 nm 激发）

拉曼带位置/cm^{-1}		振动模式	局域状态
1356（去氧）	1371（氧合）	ν_4	ν（吡咯半环）对称振动
1471（去氧）	1470（氧合）	—CH_2—/—CH_3	—CH_2—/—CH_3（剪切振动）
1546（去氧）	1547（氧合）	ν_{11}	ν（$C_\beta C_\beta$）
1608（去氧）	1638（氧合）	ν_{10}	ν（$C_\alpha C_m$）反对称振动

1356 cm^{-1} 归属于去氧血红蛋白的特征谱线，吡咯半环对称振动。该谱带在 514 nm 激发光下处于明显的共振模式，是血红蛋白所有特征谱线中信号最强，最不易受噪声干扰的谱带，稳定性高。对血红素的氧合态也非常敏感，被称为其氧化标记带[46,47]。血红蛋白与氧结合后，该谱带移至 1371 cm^{-1} 处。

1546 cm^{-1}、1608 cm^{-1} 谱带分别归属于 ν（$C_\beta C_\beta$）振动模式和 ν（$C_\alpha C_m$）不对称振动模式，当使用这两个谱带做定量分析时，同样受到血红蛋白所处分子构象（氧合态和去氧态）的影响。1546 cm^{-1} 带的位置受氧合和去氧状态的影响较小。1608 cm^{-1} 谱带属于去氧血红蛋白的特征谱线，当血红蛋白结合氧后，该谱带消失，产生位于 1638 cm^{-1} 属于 ν_{10} 模式的谱线。

1471 cm^{-1} 谱带表征—CH_2—的剪切振动模式，对血红素的氧合态不敏感，可以作为定量分析的参比带。

图 12-20 显示了单红血细胞（磷酸缓冲液）氧合态和去氧态拉曼光谱的高位移区域和低位移区域。1650 cm^{-1} 归属于 Am Ⅰ带，1446 cm^{-1} 归属于主要氨基酸侧链—CH_2/CH_3—变形振动，在氧合状态下的 567 cm^{-1} 源于 Fe—O_2 伸缩振动，419 cm^{-1} 源于 Fe—O—O 弯曲振动[46]。

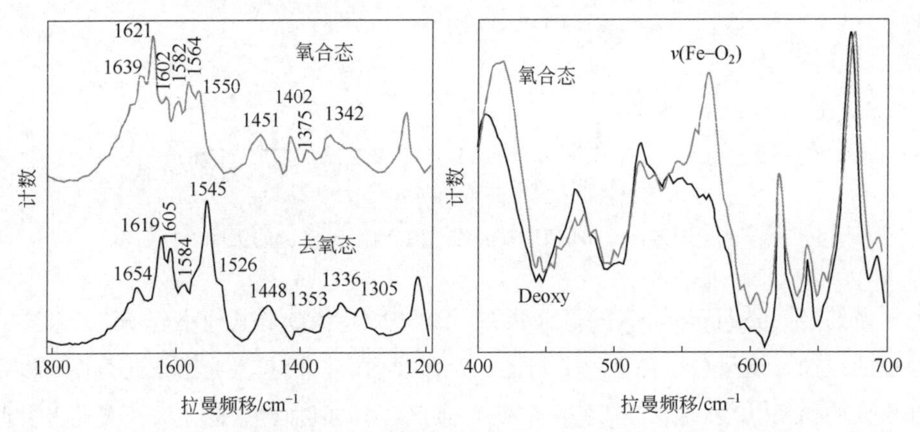

图 12-20 单红血细胞（磷酸缓冲液）氧合和去氧状态的平均拉曼光谱高频移区域和低频移区域[46]

癌症或癌细胞检测：

目前多采用活组织切片检查癌症。将来有望通过拉曼光谱完成癌症或癌细胞的无损伤、无疼痛活检诊断、癌前检测和早期癌细胞变化。武汉大学胡继明教授在将拉曼光谱应用与生物、临床医学等方面完成了许多探索性的工作[49]。图 12-21 插图为两个 Hela 细胞与核靶向探针共培养后得到的拉曼成像，图中红色代表拉曼信号的总强度，探针已定位在细胞核上。对从细胞核上获取的信号进行了初步的归属。1115 cm^{-1} 处的峰是蛋白质中的 C—N 伸缩振动峰，1000 cm^{-1} 附近为苯丙氨酸基团的苯环环呼吸振动峰，而 1507 cm^{-1} 的峰来自核酸中的腺嘌呤（A）。

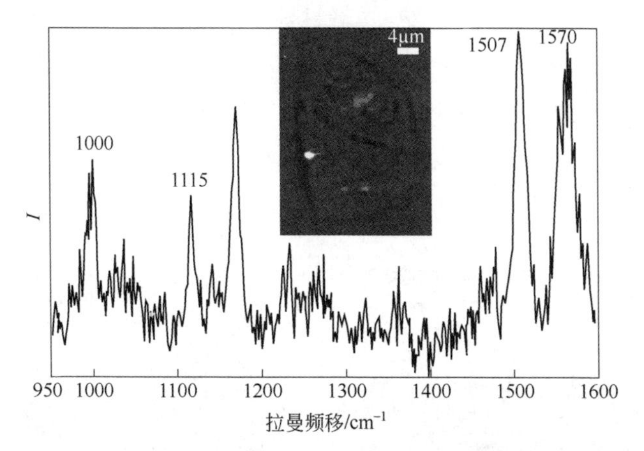

图 12-21　两个 Hela 细胞的 SERS 成像及其局部拉曼光谱（激发 633 nm，获取时间 1 s）

12.4.4　文物鉴定和保护

拉曼光谱在文物鉴定和保护、文化遗产的科学探索中得到广泛的应用。例如，在一种唐卡画的黄色区域检测到使用颜料雌黄，典型的拉曼频移 345 cm^{-1}[50]。中外古代绘画，甚至现在，经常使用的三种含砷颜料为雌黄（As_2S_3）、雄黄（As_4S_4）和拟雄黄（As_4S_4）。它们的拉曼光谱特点总结在表 12-3 中。

表 12-3　“三黄”颜料的拉曼光谱特征

颜料	拉曼频移（w—弱；v—非常；m—中强；s—强）/cm^{-1}
雄黄	142w, 164w, 171w, 182vs, 192s, 220s, 233m, 327vw, 342m, 354s, 367w, 375w
雌黄	136w, 154s, 181vw, 202, 220vw, 230vw, 292m, 309s, 353vs, 381w
拟雄黄	141w, 152w, 171w, 190w, 195w, 202w, 229vs, 235s, 273w, 319w, 332m, 344m

非晶态的 As_2S_3 和 As_2Se_3 的主要特征峰分别为：约 182 cm^{-1} 由 As—S—As 弯曲振动引起，345 cm^{-1} 和 230 cm^{-1} 归属于 As—S—As 反对称或 As—Se—As 的伸缩振动；约 231 cm^{-1}，由非极性键 As—As 共振引起（或 As—As—As 不对称伸缩振动），非晶态 As_2S_3 光致变黑时该峰值趋于增强。

朱砂（cinnabar，HgS）是古代常用的红色颜料，其在 252 cm^{-1}、282 cm^{-1} 和 341 cm^{-1} 左右的拉曼频移由 Hg—S 键伸缩振动引起[51]。中国古代赭（zhě）色指红色、赤红色、深红色，由赭石（矿物，土状赤铁矿）制备的天然颜料呈现红褐色。赤口岱赭（riebeckite）是一种暗红色混合物，其中主要成分为赭石

（Fe_2O_3）[51]。

山西出土的一枚中国古币隋五铢直径约为 25.8 mm，厚约 1.0 mm，重 3.387 g。孔尺寸：10 mm×10 mm。“五”字交笔弯曲。该铜币腐蚀情况严重，表面呈青黑色，大多区域被绿色覆盖，边缘呈黑色，见图 12-22（a）和（b），绿色和黑色区域的显微放大图如图 12-22（c）和（d）所示。隋五铢铜锈以及近表面基体组成经拉曼光谱、X 射线光电子能谱（XPS）和能量色散谱（EDS）无损分析。

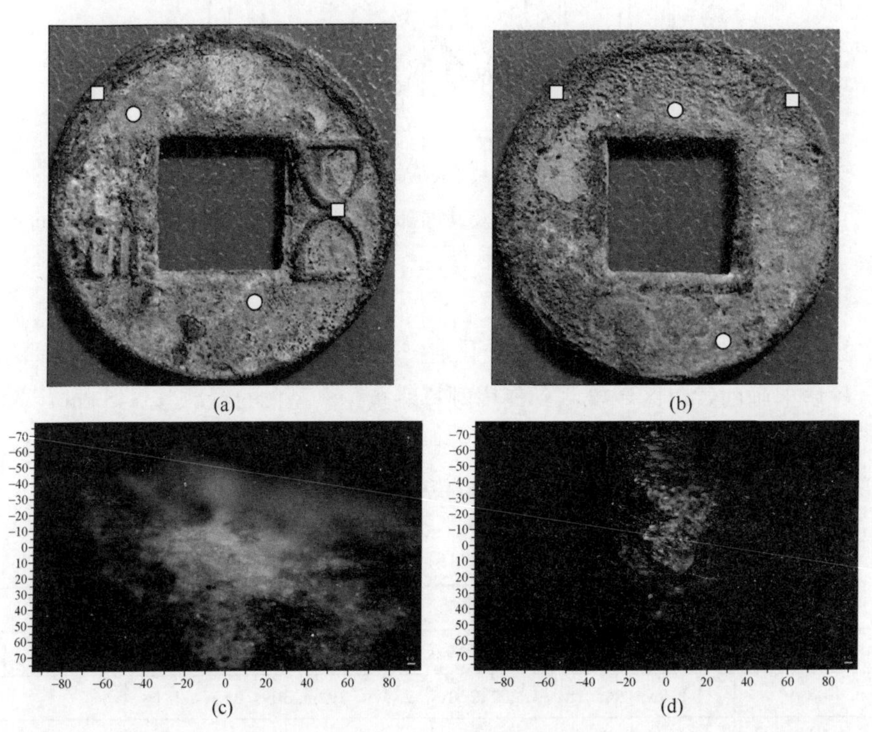

图 12-22　古铜币正面（a）和反面（b）照片以及绿色（c）和黑色（d）采样点代表性照片（□黑色区域；○绿色区域）

拉曼光谱测试，激光共焦显微拉曼光谱仪（LabRAM Aramis，horiba jobin yivon，HJY），分辨率优于 1 cm^{-1}。横向空间分辨率最好为 1 μm，纵向深度分辨率最好为 2 μm。物镜为 50 倍长焦，光斑尺寸为 d=1.3 μm，采样光斑面积 1.33 μm^2，空间分辨率为 2 μm（横），样品表面处激光功率为 8 mW，信号采集时间为 10 s 激光波长为 532 nm，测试时选择的绿色区域及黑色区域，结果如图 12-23 所示，各峰的归属见表 12-4。

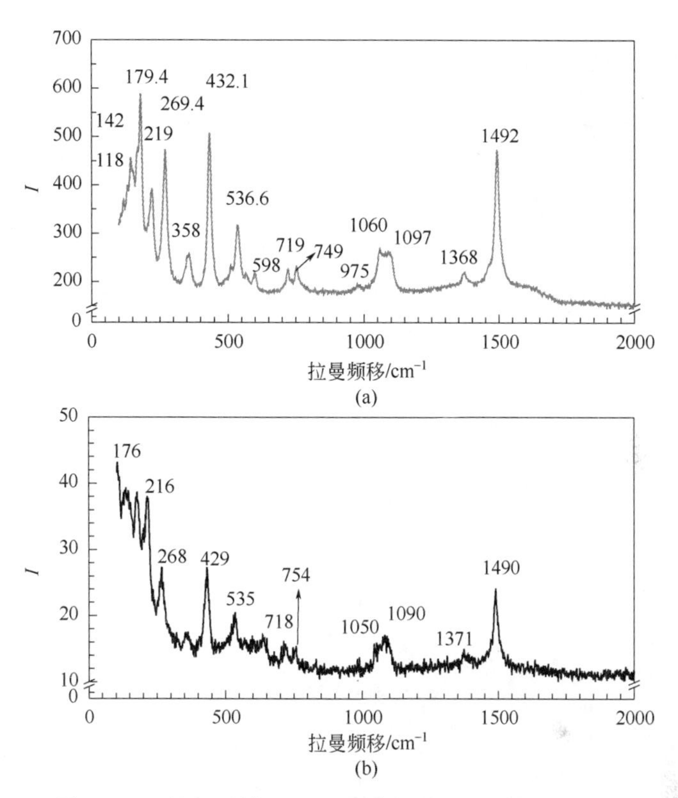

图 12-23　绿色区域（a）和黑色区域（b）的拉曼光谱

表 12-4　拉曼频移及可能的归属

拉曼频移/cm^{-1}	归属	文献
143	PbO	[52, 53]
176/179.4; 268、270; 363、358; 429、432.1; 535、537; 718、754/719～749; 1050、1090/1060、1095; 1490/1492	$CuCO_3 \cdot Cu(OH)_2$： 双峰 718、754 和平 719、749 源于 CO_3^{2-}的面内弯曲振动/变形/扭曲；双峰 1050、1090 和 1060、1095 源于 CO_3^{2-}的对称伸缩振动——应由振动耦合和费米共振引起 1490、1492：反对称伸缩振动（强）	[54]
216、220	Cu_2O	[55]
598（黑）	$CuPbSO_4(OH)_2$：SO_4^{2-}的不对称变角振动	[54]
975/986	$CuPbSO_4(OH)_2$：SO_4^{2-}的对称伸缩	[54-57]
1368、1371	$PbCO_3$：CO_3^{2-}的对称伸缩（弱）	[52]

结合 XPS 和 EDS 得出主要结论：①隋五铢的近表面基体元素为 Cu 和 Pb；②铜锈层主要成分为 $CuCO_3 \cdot Cu(OH)_2$；③铜锈层含少量 Cu_2O、$CuPbSO_4(OH)_2$、$PbCO_3$ 和 PbO。

12.4.5 宝石鉴定和鉴别

可以鉴定和分析真假宝石（如钻石、石英、红宝石、绿宝石等）以及对珍珠、玉石及其他珠宝产品进行分类等。翡翠的主要成分为硬玉（$NaAlSi_2O_6$），天然绿色翡翠在 785 nm 激光激励下产生极强荧光（Cr^{3+}的 $3d^3$ 组态所致），其强度取决于翡翠晶格中 Cr^{3+}的含量，而其他颜色翡翠无明显荧光。其他颜色的翡翠显示硬玉的特征拉曼移位 1045 cm^{-1}（Si—O 对称伸缩）、698 cm^{-1}（Si—O 对称弯曲）和 373 cm^{-1}（Si—O—Si 不对称弯曲）。染色翡翠绿色部位拉曼信号弱，所需积分时间长，拉曼频移高频区产生多个拉曼峰，有时可见有机拉曼峰；荧光现象明显及拉曼峰的湮没，说明翡翠经有机物充填和酸处理致表层晶体结构破坏[58]。从图 12-24 结果可以明确看出，拉曼光谱可以准确而又高效地进行珠宝玉石的真伪鉴别[59]。

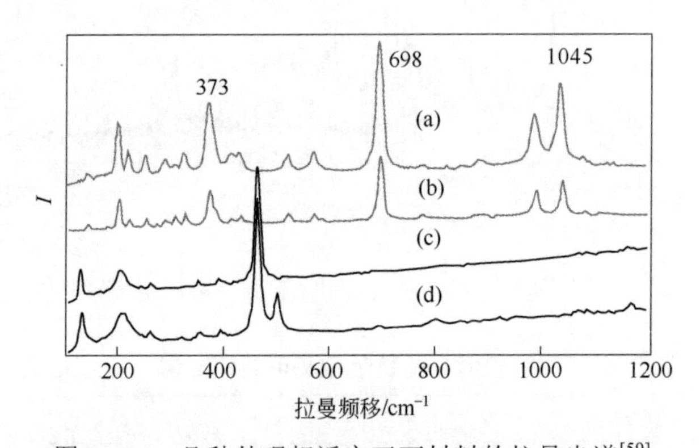

图 12-24 几种外观相近宝玉石材料的拉曼光谱[59]

（a）标准缅甸玉样品；（b）某人收藏的缅甸玉样品；（c）外形酷似缅甸玉的雨花石样品；（d）某送检“缅甸玉”样品

TiO_2 矿物的情况比较特殊，它们有三种晶型：锐钛矿、板钛石和金红石。其中板钛矿比较少见。锐钛石的特征是 142 cm^{-1} 左右的强峰，金红石中此峰消失或很弱。但经常见到的不是这两种极端情况，而多是介于金红石或锐钛石中间的 TiO_2 相。有时一个颗粒中，若激光作用在不同的点上，也会打出差别较大的谱图来。

12.4.6 卤键非共价相互作用的辅助表征

Stammreich 等[60]最早用拉曼光谱研究了涉及卤素的电荷转移复合物，紧接着 Klaboe 等[61]报道了类似工作。他们考察了 I_2、Br_2、ICl 与多种溶剂间的相互作用。I—I 伸缩振动出现在 210～140 cm^{-1}，随着相互作用化合物的供电子能力增强，该伸缩振动频率逐渐红移（如在苯中移至约 205 cm^{-1}、在乙醇中移至约 202 cm^{-1} 和在吡啶中移至约 167 cm^{-1}）。对于溴也存在同样的变化趋势，其频率变化范围在 251～384 cm^{-1}，而 I—Cl 频率变化范围在 317～276 cm^{-1}。对于这两个分子，其拉曼峰的频率变化是与电子供体的碱性变化相关的，因此可以用于衡量相互作用的强度。除此之外，拉曼谱带对溶剂极性也有依赖性，溶剂极性越强相互作用越强，谱带频率越低。在无竞争性的非极性溶剂中的卤键强度要强于在极性溶剂中的卤键强度[62,63]。在解析拉曼光谱时要注意溶剂效应和卤键作用的差异性。

相干反斯托克斯拉曼光谱法（noisy light-based coherent anti-Stokes Raman scattering，CARS）是一种与拉曼光谱不同的测量方法，用于研究碘代全氟烷烃与吡啶之间的卤键作用具有更高的灵敏性[64]。用吡啶在 990 cm^{-1} 处的环呼吸振动拉曼频移的蓝移程度和减弱幅度来表示相互作用的强度，发现与吡啶形成卤键的作用强度（8 cm^{-1}）和与水形成氢键的作用强度（7～10 cm^{-1}）差不多。吡啶位于 1030 cm^{-1} 处的三角模式无论位置和强度都不随卤键的发生而变化，但三角模式与环呼吸模式的强度比随卤键的形成而急剧增加。通过变温实验发现，尽管 2-碘-全氟丙烷、1-碘-全氟丙烷与吡啶间的卤键作用强度相似。但是它们与吡啶相互作用的热力学行为却差别很大。结果显示，2-碘-全氟丙烷与吡啶相互作用的结合常数比 1-碘-全氟丙烷大一个数量级，这与其他谱学手段获得的结果相一致[62,63]。这是由于 2-碘-全氟丙烷分子间发生了 I…F 自卤键作用，从而使得分子排列更有序，而打破这种有序结构则需要更多的能量。而且发现相比于直链的碘代全氟烷烃，这种 I…F 的自卤键作用更容易在带支链的碘代全氟烷烃中发生。这一作用会改变体系焓变和熵变的观测值。这是第一个关于讨论卤键供体的自卤键作用对热力学数据的影响的报道。凡是研究涉及全氟代的卤键供体参与的卤键时，这种现象需得到关注。

近期，拉曼和红外光谱用于研究在液氩或液氪中的小分子化合物$(CH_3)_2S$ 和 CF_3X（X=Cl，Br，I）间的作用。尽管这些复合物在低于 83 K 和 120 K 的温度下才呈现液态，但这些研究为提高计算化学的预测能力提供了更多的支持[65,66]。

拉曼光谱提供了与红外光谱相似的信息，但它提供的信息更全面，包括相互作用过程中几乎所有物质的键强度变化的信息，如卤键供体、卤键受体，还有形成的卤键复合物 Y—X…B，因此拉曼光谱在卤键的研究中有独到之处。

1,6-二碘代全氟己烷与卤素阴离子可以发生 C—I…Cl^-卤键作用，紫外吸收光谱、拉曼光谱、^{19}F NMR 以及 ^{13}C NMR 谱、单晶 X 射线衍射以及计算化学等都可以证明[67]。图 4-27 利用分子表面静电势图的变化展示了 C—I…Cl^-卤键的形成过程。这种卤键本质上是静电吸引的相互作用[68]，但阴离子电荷可以部分地转入

C—I 的 σ*轨道，C—I 共价键变得松弛。I 原子的电子云远离 C 原子，C 电子云密度降低；而由于 C—I 分离得更远，碳的电子云又偏向 F 原子。I 原子的诱导效应使得 ^{13}C 化学位移移向低场，而重原子效应移向高场。发生卤键作用后，或许距离增加，重原子效应减弱，诱导效应增强，^{13}C 化学位移又移向低场[67]。直链的碘代全氟烷烃的 C—I 伸缩振动的拉曼带在约 260～280 cm^{-1} 处[69]。图 12-25 的拉曼光谱辅助证明了上述推论，吸附后的碘代全氟烷烃的 C—I 伸缩振动带都移向了低频[70]。自由 1,6-二碘代全氟己烷的 C—I 伸缩振动相应的拉曼频移位于 275.4 cm^{-1}，而当吸附在强阴离子交换剂（氯化三甲基正丙基氨基硅胶，SAX）表面发生 C—I…Cl^-卤键作用后红移至 269.1 cm^{-1}（10 mg SAX 吸附剂加入到 1 mL 浓度为 0.1 mol/L 的碘代全氟烷烃正己烷溶液中）。同样，对于 1,2-二碘四氟乙烷，由 269.1 cm^{-1} 红移至 262.7 cm^{-1}。在乙腈溶液中，也发生同样的作用（碘代全氟烷烃和四丁基氯化铵 $Bu_4N^+Cl^-$的浓度均为 0.02 mol/L）。四丁基氯化铵加入前后 C—I 伸缩振动带的变化为，1,6-二碘代全氟己烷由 276.6 cm^{-1} 红移到 263.2 cm^{-1}，1,2-二碘四氟乙烷由 269.2 cm^{-1} 移动到 258.2 cm^{-1}，如图 12-26 所示。

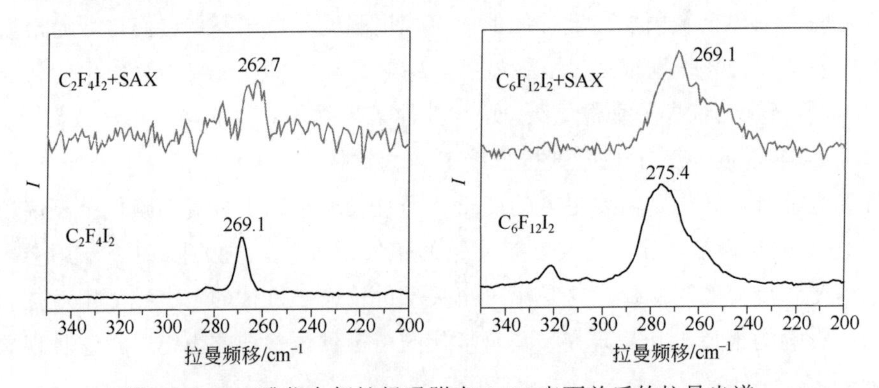

图 12-25 二碘代全氟烷烃吸附在 SAX 表面前后的拉曼光谱

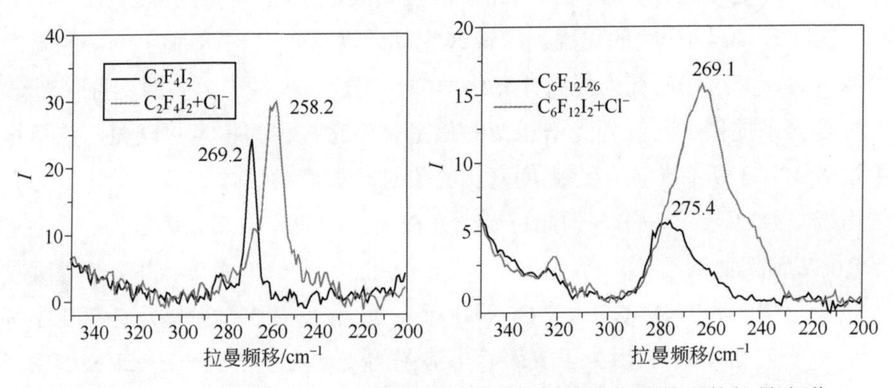

图 12-26 在乙腈中二碘代全氟烷烃与四丁基氯化铵作用前后的拉曼光谱

显然，在 C—I···Cl^-复合物中，C—I 键显得更加松弛，力常数减小，这是频曼频移红移的主要原因。

碘代全氟芳烃中 C—I 对称伸缩振动的拉曼频移（$\Delta\nu_{(C-I)} \approx 875\ cm^{-1}$）可以作为探针指示卤键的形成，甚至作用强度。但是，在芳环体系中不容易观察到单独的 C—I 伸缩振动峰。耦合苯环呼吸/伸展的 C—I 对称伸缩振动（A 带，约 150～250 cm^{-1}），以及耦合 C—I 和 C—F 对称伸缩的环侧向扩张，B 带，约 490～500 cm^{-1}，是更有效的探针[71]。A 带频率，1,2-DITFB(230.67 cm^{-1}) >1-ITFB (205.41 cm^{-1}) >1,4-DITFB (157.58 cm^{-1})，DITFB 表示二碘代全氟苯，ITFB 表示碘代全氟苯。在以碘代全氟苯作为卤键供体组装的复合晶体中，由于 C—I···π/lep 卤键作用，这两个峰均向低频方向移动，移动程度分别为 1 cm^{-1} 和 2 cm^{-1}[72-74]。比较而言，与二氮杂菲形成的复合晶体中，1,4-DITFB 的同类振动带向低频移动了 2～7 cm^{-1}[75]。

再如图 12-27 所示，吸附于 SAX-1.85（1.85 为交换容量）和 $Bu_4N^+Cl^-$的碘代全氟苯，与自由的纯试剂相比，吸附状态的 A 带和 B 带均向低频移动[76]。如前所述，在卤键形成过程中，阴离子或孤对电子电荷可以部分地转移到 C—I 的 σ*轨道，C—I 共价键变得松弛。C—I 共价键键长增加，强度变弱[73]。而且如表 12-5 所示，A 带移动的幅度总是大于 B 带。因为对于耦合的 A 带，C—I 伸缩振动模式其主导作用，卤键的形成必然对 C—I 伸缩振动产生更显著的影响，对苯环振动或 C—F 基团的振动产生较弱的影响。在一定程度上，拉曼频移移动的幅度与卤键强度或共价键距离的缩短幅度是相关的[72,77]，这与 NMR 测量的结果应该具有一致性[78]。

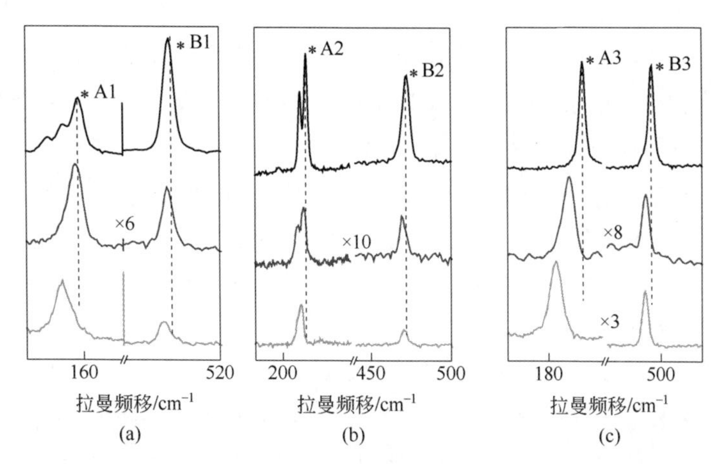

图 12-27　1,4-二碘-（a）/1,2-二碘-（b）/1-碘代-（c）全氟苯吸附于强阴离子交换剂的拉曼光谱［上—纯的全氟碘代苯试剂；中—吸附于强阴离子交换剂氯化三甲基丙基铵硅胶（SAX）；下—吸附于氯化四丁基铵盐］

表 12-5　碘代全氟芳烃(IPFAr)通过卤键吸附于强阴离子交换剂（SAX-1.85 和 $Bu_4N^+Cl^-$）时拉曼频移 A 带和 B 带的变化

样品	1,4-DITFB		1,2-DITFB		IPFB	
	A1	B1	A2	B2	A3	B3
ν_{C-I}（自由的无吸附 IPFArs）	157.58	499.89	230.67	472.86	205.41	493.76
ν_{C-I}（吸附于 SAX-1.85 上）	155.75	498.99	225.45	469.37	195.83	489.41
$\Delta\nu_{C-I}$（吸附于 SAX-1.85 上）	1.83	0.90	5.22	3.48	9.58	4.36
ν_{C-I}（吸附于 $Bu_4N^+Cl^-$上）	148.78	498.12	226.32	470.24	185.37	488.54
$\Delta\nu_{C-I}$（吸附于 $Bu_4N^+Cl^-$上）	8.80	1.77	4.35	2.61	20.04	5.23

由表可见，吸附于 SAX-1.85 的三种碘代全氟芳烃的$\Delta\nu_{C-I}$（吸附在 SAX-1.85 上）具有次序：$\Delta\nu_{C-I}$（IPFB）>$\Delta\nu_{C-I}$（1,2-DITFB）>$\Delta\nu_{C-I}$（1,4-DITFB）。意味着卤键强度 IPFB…Cl^->1,2-DITFB…Cl^->1,4-DITFB…Cl^-（液相中次序是 IPFB>1,4-DITFB>1,2-DITFB）。这种差别应该与吸附的复杂性有关，可以推测一个 1,4-DITFB 分子倾向于与两个氯离子形成两个卤键，而 1,2-DITFB 由于立体障碍仅形成一个卤键。所以，在吸附状态平均的卤键强度就是 1,2-DITFB…Cl^->1,4-DITFB…Cl^-。

有时，在复合晶体还存在 C—H…I 氢键、C—H…F 氢键、π-穴…π键、C—F…F—C 键等。这种情况下，C—I 伸缩振动的拉曼频移不一定发生红移，而有可能蓝移，产生相反的影响。如 1,4-DITFB 和 1,2-DITFB 和芘分子复合晶体，没有发生预期的典型的 C—I…π卤键，主要发生了（DITFB）π-穴…π键合作用和单或双叉 C—H…F 氢键。所以，分别位于 155 cm^{-1} 和 231cm^{-1} 的 1,4-DITFB 和 1,2-DITFB 的对称 C—I 伸缩振动和环伸缩振动相结合的拉曼光谱活性带，经历了约 3 cm^{-1} 向高能量的转移；在 1,4-DITFB 中具有红外活性的 C—F 伸缩振动从 939 cm^{-1} 上移至 941 cm^{-1}，而在 1,2-DITFB 中具有红外活性的 C—F 伸缩振动从 1108 cm^{-1}、1022 cm^{-1} 分别红移至 1102 cm^{-1}、1121 cm^{-1} 处，是 C—H…F 氢键的标志[79]。类似的情况也发生在 1,4-DITFB 和 1,2-DITFB 与萘/菲的复合晶体中，157 cm^{-1} 处的 C—I 对称伸缩振动在三个复合晶体中全部蓝移至 159 cm^{-1} 处，498 cm^{-1} 处的苯环侧向伸展振动和 1611 cm^{-1} 处环四级伸缩振动也有 1～2 cm^{-1} 的蓝移。在红外光谱中，DITFB 的振动频率变化更为明显：1457 cm^{-1} 处的半环伸缩振动（semicyclic stretch）分别蓝移 4～5 cm^{-1}，939 cm^{-1} 处的 C—F 伸缩振动蓝移 3～5 cm^{-1}，而 758 cm^{-1} 处的 C—I 不对称伸缩振动也均蓝移至 760 cm^{-1} 处[80]。有时候，环面外扭曲（393 cm^{-1}）也会移向高频，而环面外摇摆则移向低频[71]。

如图 12-28 所示，在制备的复合晶体中 I_5^-以 V 形构型存在[81]，两个 I_2 与一

个位于中心的 I^-以卤键作用相结合{C_{2v}, [(I^-)・2I_2]}。位于 103 cm^{-1}、141 cm^{-1}和 156 cm^{-1}的拉曼频移属于弯曲 I_5^-的特征振动模式，分别归属为面内不对称伸缩振动、面外不对称伸缩振动和面外对称伸缩振动。而位于 180 cm^{-1}处拉曼频移则归于 I_2 分子的特征振动模式[81-83]。碘分子的这一特征振动模式也被用于监测金刚烷胺和碘分子之间的卤键作用[84]。

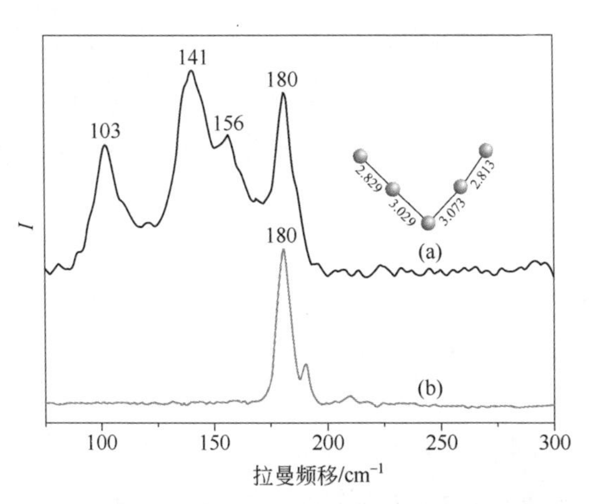

图 12-28　一种复合晶体（a）和 I_2 分子晶体（b）的拉曼光谱

易挥发或不稳定样品，在光源无法选择的情况下，可以减少扫描次数。例如：利用显微 Raman 检测 SAX 吸附的 1,2-二碘四氟乙烷（$C_2F_4I_2$）样品时，采用 632.8 nm 的激发波长，每次扫描需要大约需要 2×2 s。$C_2F_4I_2$ 在常温下是液体的，吸附后仍然容易解析。所以，第一次辐射激发可以检测到特征的 C—I 伸缩振动信号。第二次，仍然可分辨，第三次则几乎没有信号了，如图 12-29 所示。

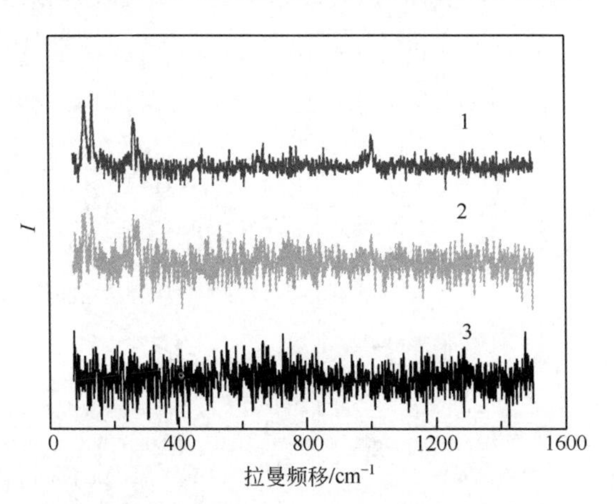

图 12-29　通过 C—I…Cl^-卤键吸附在离子交换剂（SAX）中的 1,2-二碘四氟乙烷拉曼光谱与扫描次数的关系

12.5 拉曼光谱的定量分析

虽然拉曼光谱主要地应用于分子结构或材料结构的表征以及许多物质的定性鉴定、鉴别方面，但在定量分析方面仍然可以有所作为，尤其各种表面增强的激光拉曼光谱。定量分析包含两层意思，即某种待测物的浓度与拉曼信号或其变化定量相关、复杂物质或材料体系的定量组成表征。由于表面增强拉曼散射属于近场现象，待测分子只有位于高度增强的电磁场之内（所谓的热点，通常< 2 nm）才能发挥作用[15,85]。所以，固体或金属溶胶材料的组成和结构特性、分子在固体或金属溶胶表面的取向、激光源的激发波长（如紫外、可见、红外各有特点）、采用的内标和数据分析方法等可能都会影响到拉曼光谱定量分析的灵敏度和可靠性[86]。总之，利用 SERS 完成定量检测需要解决以下问题：①均一和较大面积的基底；②精确控制基底和分析物之间的距离；③测量分析物的绝对拉曼信号并可重复；④其他相关问题。

人们在利用表面增强拉曼光谱定量分析时，容易想当然地认为所产生的拉曼散射信号源于表面增强效应，而不去充分地对照试验，从许多文献可以看到这种不严谨性。例如，食品中的香豆素（约 1016 cm^{-1}，C—O—C 振动）、工业品中联苯胺（约 831 cm^{-1}，约 1280 cm^{-1}）检测中，看不到在没有纳米粒子存在下，目标物以及随其浓度变化的拉曼光谱。在检测限并不是太低的情况下，不免觉得，也许没有所谓的金属溶胶的存在，所检测化合物照样可以产生可供分析测试的拉曼信号。

为了克服上述定量拉曼光谱分析中的各种问题，任斌课题组发展了一个新的探针体系[85]。即包封内标的核-壳纳米粒子体系：Au@CA+MPY@Ag，高度均一的金纳米球为核，银为壳层以获得可能最好的增强效应，半胱胺（CA）为网架，4-巯基吡啶（MPY）为探针或内标。如图 12-30 所示，目标物尿酸（UA）在 1135 cm^{-1}

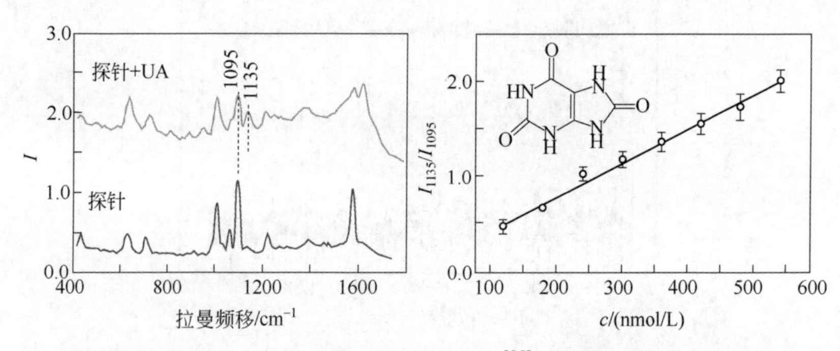

图 12-30　纳米探针和尿酸的拉曼光谱以及线性相关[85]（尿酸 130 μmol/L，638 nm 激发，每个点为 16 个光谱的平均，每个光谱收集时间为 10 s）

处产生特征峰，而探针体系内标物MPY在1095 cm^{-1}处产生稳定的特征振动带（其他各带的归属参见下述）。峰强度之比I_{1135}/I_{1095}与UA浓度具有良好的线性关系，线性范围覆盖了男女正常血液中UA含量。

文献以银胶-4-巯基吡啶（Ag-MPY）为探针，探索了表面增强拉曼光谱在定量的手性识别中的应用[87]。如图12-31所示，拉曼频移1009 cm^{-1}为与ν_{C-S}耦合的吡啶环呼吸振动（取代基与芳香环的强组合），1578 cm^{-1}为吡啶氮去质子化情况下的ν_{C-C}振动，1612 cm^{-1}为吡啶氮质子化情况下的ν_{C-C}振动；1202 cm^{-1}为β(CH)/δ(NH)。与混消旋体1,1,1-三氟-2-丙醇（TFIP）接触后，探针拉曼光谱的形状明显改变。有意思的是，几组双峰的相对强度发生反转，1009 cm^{-1}/1096 cm^{-1}、1202 cm^{-1}/1220 cm^{-1}、1578 cm^{-1}/1612 cm^{-1}。而且，源于TFIP的新的振动带出现在795 cm^{-1}。1096 cm^{-1}对局域环境敏感，随着MPY与TFIP形成强的分子间N⋯H—O氢键而减弱。同样，1612 cm^{-1}也可以指示氢键。而当与(*R*)-TFIP单独接触后的拉曼光谱，与其他非手性醇情况相似。这就说明，(*S*)-TFIP更倾向与MPY形成分子间氢键。这种差别，与TFIP分子中羟基偶极矩强烈的方向性有关。进一步表明，以795 cm^{-1}峰强度为基础，归一化的强度比I_{1202}/I_{1220}与TFIP的*ee*值（对映体过量百分率，%）线性相关，相关系数R^2达到0.9948。这一成果说明，可以利用非手性系统识别手性分子。定量手性识别拉曼光谱的进展情况可参考文献[88]。

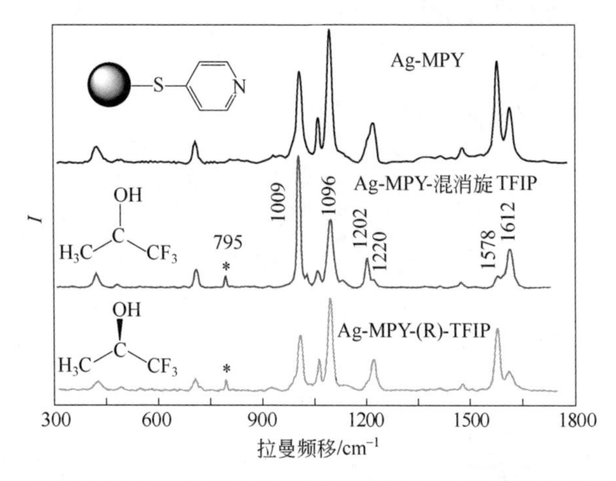

图12-31 银纳米粒子-MPY复合物（上）、银纳米粒子-MPY复合物-混消旋TFIP（中）和银纳米粒子-MPY复合物-(*R*)-TFIP（下）的拉曼光谱

（激发波长514 nm。根据文献[87]重新绘制）

薄层分离结合纳米金胶表面增强拉曼光谱，定量监测反应进程。苯硼酸与2-溴吡啶的Suzuki偶合反应产物2-苯基吡啶。以2,2-联吡啶（2,2-bipy）为内标，

可以定量检测反应产物 2-苯基吡啶。2-苯基吡啶的特征拉曼带位于 755 cm^{-1}，其峰面积与浓度成良好的线性相关，线性范围 2～200 mg/L，检出限估计为 1 mg/L[89]。图 12-32 为反应产物的薄层色谱板拉曼成像以及二维拉曼光谱。

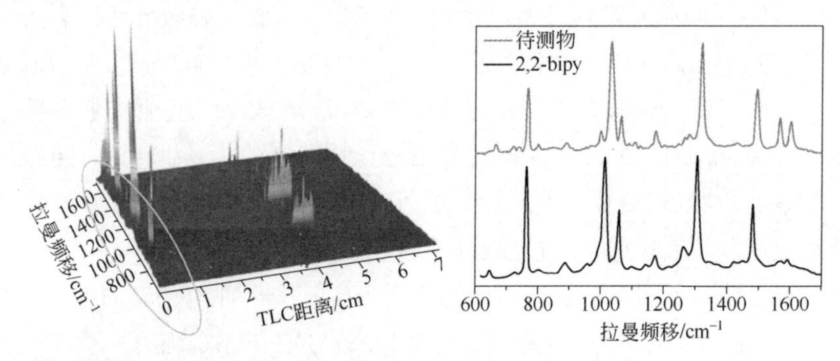

图 12-32 产物混合物经色谱分离后的增强拉曼成像和待测物与 2,2-联吡啶的拉曼光谱比较（激光 785 nm）

SERS 在生物定量分析中最严重的也是信号的重现性问题。吴课题组[90]首次提出适配体的比率型 SERS 传感方法（就方法的本质而言，与前面采用内标的强度比率法是一致的），可以更有效地克服这一问题。如图 12-33 所示，首先采用两条标记有拉曼信标分子的核酸序列，其中 cDNA 的一端标记巯基，一端标记拉曼信标 Rox（一种有机染料分子），并通过 Au—S 键将其修饰于金纳米颗粒表面。而另一条核酸序列作为识别探针，是一端标记有拉曼信标 Cy5（一种有机染料分子）的 ATP 适配体（aptamer）。在无 ATP 存在时，两条核酸链通过互补杂交形成

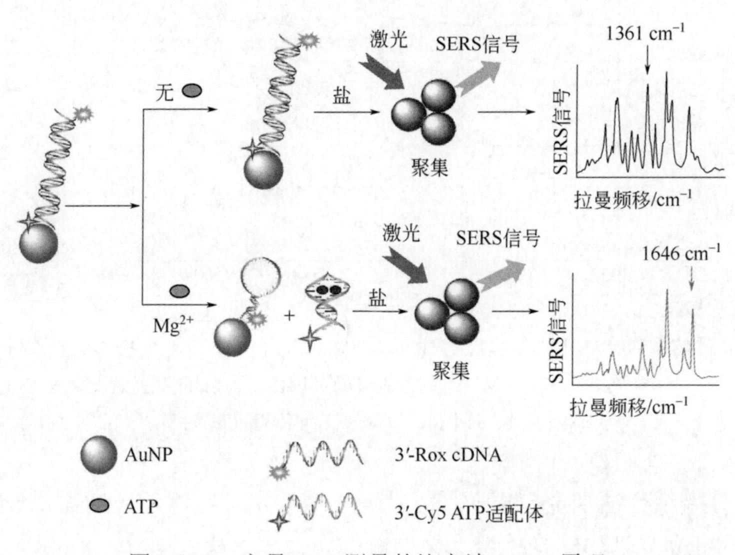

图 12-33 定量 ATP 测量的比率法 SERS 原理

刚性的双链 DNA 结构，拉近了 Cy5 分子与金纳米颗粒表面之间的距离，而使得 Rox 远离金纳米颗粒表面。进一步地，在高盐浓度条件下，携带双链 DNA 的纳米粒子团聚，导致颗粒间隙位置的局域电场明显增强，极大地增强 Cy5 的拉曼信号。而在 ATP 存在下，当 ATP 与其适配体结合时，部分探针则从金纳米颗粒表面解离并游离于溶液中。同时在镁离子存在下，金颗粒表面残余 cDNA 的部分碱基互配形成发卡结构，拉近了 Rox 分子与金纳米颗粒间距，进一步在高盐下携带发卡结构 DNA 的金颗粒团聚在一起，颗粒间隙位置增强的局域电场使得 Rox 信号显著增强，而游离于溶液中的 Cy5 由于远离金颗粒局域电场拉曼信号减弱。所以，ATP 的浓度与拉曼信号之间具有相关性：ATP 浓度越大，与之特异性结合的识别探针数量越多，互补 DNA 形成发卡结构的数目也就越多，由此远离金纳米颗粒表面的 Cy5 分子越多，靠近颗粒表面的 Rox 分子越多。

如图 12-34 所示（承蒙作者同意，对原图做了适当修改），拉曼光谱主要拉曼频移可以归属为：Cy5 探针 $\nu(\text{C—H})_{平面内弯曲}$ 1120 cm^{-1}，$\nu(\text{C—N})_{伸展}$ 1230 cm^{-1}，$\nu(\text{C=C})_{环}$ 1361 cm^{-1}，$\nu(\text{C=C})_{环\text{-}伸展}$ 1500 cm^{-1}，$\nu(\text{C=N})_{伸展}$ 1605 cm^{-1}；Rox 探针 $\nu(\text{C=C})_{环\text{-}伸展}$ 1499 cm^{-1} 和 1646 cm^{-1}。随着 ATP 浓度的增加，拉曼信标分子 Rox 位于 1646 cm^{-1} 的拉曼频移逐渐增强，而 Cy5 位于 1361 cm^{-1} 的拉曼频移逐渐减弱。以 $I_{\text{Rox}(1646\ \text{cm}^{-1})}/I_{\text{Cy5}(1361\ \text{cm}^{-1})}$ 对 ATP 浓度作图，工作曲线线性范围为 0.1～100 nmol/L，检出限达到 20 pmol/L。

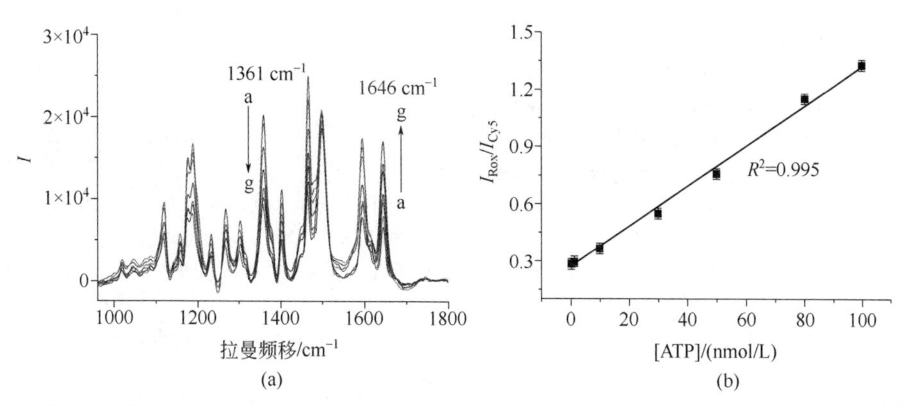

图 12-34　随 ATP 浓度变化的拉曼光谱（a）以及比率法工作曲线（对应的浓度分别为 0.1 nmol/L、1 nmol/L、10 nmol/L、30 nmol/L、50 nmol/L、80 nmol/L 和 100 nmol/L）（b）

与传统定量 SERS 相比，该方法除了具有灵敏度较高、重现性好外，对基底没有严格要求。这为 ATP 和其他小分子 SERS 适配体传感提供了新的思路。

参 考 文 献

[1] 高淑琴，贺家宁，李荣福，等. 四氯化碳费米共振的拉曼光谱研究. *光谱学与光谱分析*, **2007**, *27*: 2042-2044.

[2] S. Lefrant, E. Faulques, C. Godon, et al. Isotope effects in the Raman spectra of ^{13}C enriched C_{60}. *Synthetic Metals*, **1993**, *56*: 3044-3049.

[3] 王世霞，郑海飞. 金刚石压腔结合拉曼光谱技术进行氧同位素分馏的实验研究. *矿物学报*, **2011**, *31*(*2*): 230-236.

[4] T. Shirman, R. Kaminker, D. Freeman, M. E. van der Boom. Halogen-bonding mediated stepwise assembly of gold nanoparticles onto planar surfaces. *ACS nano*., **2011**, *5*: 6553-6563.

[5] G. S. Babu, M. Valant, K. Page, et al. New $(Bi_{1.88}Fe_{0.12})(Fe_{1.42}Te_{0.58})O_{6.87}$pyrochlore with Spin-Glass transition. *Chem. Mater.*, **2011**, *23*: 2619-2625.

[6] D. A. Skoog, F. J. Holler, T. A. Nieman. Principles of instrumental analysis. 4th Ed. Harcourt Brace & Company, Philadelphia, **1998**: 435.

[7] V. L. Ginzburg, I. L. Fabelinsky, M. D. Galanin. Peter P. Shorygin—An appreciation on his 90th birthday. *J. Raman Spectrosc.*, **2001**, *32*: 407-411.

[8] P. P. Shorygin. Resonance Raman scattering. *Dokl. Akad. Nauk SSSR* **1952**, *87*: 201-201.

[9] P. P. Choruiguine. Etude de l'inteusité des raies dans les spectres de diffusion de combinaison de la lumière. *J. Chim. Phys*., **1953**, *50* : 31D. (P. P. Shorygin. *J. Chim. Phys*., **1953**, *50*: D31).

[10] I. Dietrich, W. Kiefer, H. W. Schrötter. Josef Brandmüller—an appreciation. *J. Raman Spectrosc*., **1986**, *17*: 1-7.

[11]. T. G. Spiro, T. C. Strekas. Resonance Raman spectra of hemoglobin and cytochrome C: Inverse polarization and vibronic scattering. *Proc. Nat. Acad. Sci. USA*, **1972**, *69*(*9*): 2622-2626.

[12]. T. C. Strekas, T. G. Spiro. Resonance Raman spectra of heme proteins. Effect of oxidation and spin state. *J. Am. Chem. Soc*., **1974**, *96(2)*: 338-345.

[13]. R. D. Ji, G. Balakrishnan, Y. Hu, T. G. Spiro. Intermediacy of poly(L-proline) II and β-strand conformations in poly(L-lysine) β-sheet formation probed by temperature-Jump/UV resonance Raman spectroscopy. *Biochemistry*, **2006**, *45(1)*: 34-41.

[14] D. Graham, R. Goodacre. Chemical and bioanalytical applications of surface enhanced Raman scattering spectroscopy. *Chem. Soc. Rev*., **2008**, *37*: 883-884.

[15] H.Y. Chen, M.H. Lin, C.Y.Wang, et al. Large-scale hot spot engineering for quantitative SERS at the single-molecule scale. *J. Am. Chem. Soc*., **2015**, *137*: 13698-13705.

[16] 张天才，李刚. 腔量子电动力学与单原子操控//张卫平. 量子光学研究前沿. 上海：上海交通大学出版社, 2014: 211-252.

[17] J. Ren, Y. Gu, D. Zhao, et al. Evanescent-Vacuum-Enhanced Photon-Exciton Coupling and Fluorescence Collection. *Phys. Rev. Lett*., **2017**, *118*: 073604(1-6).

[18] D. Zhao, Y. Gu, H. Chen, et al. Quantum statistics control with a plasmonic nanocavity: Multimode-enhanced interferences. *Phys. Rev. A*, **2015**, *92*: 033836(1-10).

[19] A. Campion, P. Kambhampati. Surface-enhanced Raman scattering. *Chem. Soc. Rev*., **1998**, *27(4)*: 241-250.

[20] J. R. Lombardi, R. L. Birke, T. H. Lu, J. Xu. Charge-transfer theory of surface enhanced Raman spectroscopy: Herzberg-Teller contributions. *J. Chem. Phys*., **1986**, *84(8)*: 4174-4180.

[21] J. R. Lombardi, R. L. Birke. A unified approach to surface-enhanced Raman spectroscopy. *J. Phys. Chem. C*., **2008**, *112(14)*: 5605-5617.

[22] M. Baker. Laser tricks without labels. *Nat. Methods*, **2010**, *7*: 261-266.

[23] S. Fujiyoshi, S. Takeuchi, T. Tahara. Time-resolved impulsive stimulated Raman scattering from excited-state polyatomic molecules in solution. *J. Phys. Chem. A*, **2003**, *107*: 494-500.

[24] 赵晓辉，马菲，吴义室，等. 飞秒时间分辨拉曼光谱用于研究β-胡萝卜素单重激发态内转换和振动弛豫过程. *物理学报*, **2008**, *57*: 298-306.

[25] 李涛，吕荣，于安池. 时间分辨拉曼光谱研究一氧化氮与肌红蛋白的结合过程. *物理化学学报*, **2010**, *26*: 18-22.

[26] P. J. Hendra. The industrial value of Fourier transform Raman spectroscopy. *J. Mol. Struct.*, **1992**, *266*: 97-114.

[27] M. S. Dresselhaus, G. Dresselhaus, P. C. Eklund. Raman scattering in fullerenes. *J. Raman Spectrosc.*, **1996**, *27*: 351-371.

[28] 渠成兵，方炎. 一种新基底上的 C_{60} 表面增强拉曼光谱研究. *光散射学报*, **2008**, *20*: 122-125.

[29] M. S. Dresselhaus, A. Jorio, R. Saito. Characterizing Graphene, Graphite, and Carbon Nanotubes by Raman Spectroscopy. *Annu. Rev. Condens. Matter Phys.*, **2010**, *1*: 89-108.

[30] A. M. Rao, E. Richter, S. Bandow, et al. Diameter-Selective Raman Scattering from Vibrational Modes in Carbon Nanotubes. *Science*, **1997**, *275*: 187-191.

[31] D. Chattopadhyay, I. Galeska, F. Papadimitrakopoulos. A Route for Bulk Separation of Semiconducting from Metallic Single-Wall Carbon Nanotubes. *J. Am. Chem. Soc.*, **2003**, *125*: 3370-3375.

[32] M. S. Dresselhaus, G. Dresselhaus, R. Saito, A. Jorio. Raman spectroscopy of carbon nanotubes. *Physics Reports*, **2005**, *409*: 47-99.

[33] F. Yang, X. Wang, D. Zhang, et al. Chirality-specific growth of single-walled carbon nanotubes on solid alloy catalysts. *Nature*, **2014**, *510*: 522-524.

[34] L. M. Malard, M. A. Pimenta, G. Dresselhaus, M. S. Dresselhaus. Raman spectroscopy in graphene. *Physics Reports*, **2009**, *473*: 51-87.

[35] A. C. Ferrari, D. M. Basko. Raman spectroscopy as a versatile tool for studying the properties of graphene. *Nat. Nanotech.*, **2013**, *18*: 235-246

[36] 吴娟霞，徐华，张锦. 拉曼光谱在石墨烯结构表征中的应用. *化学学报*, **2014**, *72*: 301-318.

[37] Z. H. Sheng, L. Shao, J. J. Chen, et al. Catalyst-free synthesis of nitrogen-doped graphene via thermal annealing graphite oxide with melamine and its excellent electrocatalysis. *ACS Nano*, **2011**, *5*: 4350-4358.

[38] Y. Q. Dong, H. H. Pang, H. B. Yang, et al. Carbon-based dots Co-doped with nitrogen and sulfur for high quantum yield and excitation-independent emission. *Angew. Chem. Int. Ed.*, **2013**, *52*: 7800 -7804.

[39] H. Ding, S. B. Yu, J. S. Wei, H. M. Xiong. Full-color light-emittiong carbon dots with a surface-state-controlled luminescence. *ACS Nano.*, **2016**, *10(1)*: 484-491.

[40] R. X. Hu, L. L. Li, W. J. Jin. Controlling speciation of nitrogen in nitrogen-doped carbon dots by ferric ion catalysis for enhancing fluorescence. *Carbon.*, **2017**, *111*: 133-141.

[41] R. W. Bormett, S. A. Asher, R. E. Witowski, et al. Ultraviolet Raman spectroscopy characterizes chemical vapor deposition diamotmd film growth and oxidation. *J. Appl. Phys.*, **1995**, *77*: 5916-5923.

[42] M. N. Siamwiza, R. C. Lord, M. C. Chen, et al. Interpretation of the doublet at 850 and 830 cm^{-1} in the Raman spectra of tyrosyl residues in proteins and certain model compounds. *Biochemstry*, **1975**, *14*: 4870-4876.

[43] S. A. Asher, C. H. Munro, Z. H. Chi. UV lasers revolutionize Raman spectroscopy. *Laser Focus World*, **1997**, *33(7)*: 99-109.

[44] Z. Chi, X. G. Chen, J. S. W. Holtz, S. A. Asher. UV resonance Raman selective amide vibrational enhancement: quantitative methodology for determining protein secondary structure. *Biochemistry*, **1998**, *37*: 2854-2864.

[45] D. Punihaole, R. S. Jakubek, E. M. Dahlburg, et al. UV resonance Raman investigation of the aqueous

solvation dependence of primary amide vibrations. *J. Phys. Chem. B.*, 2015, *119*: 3931-3939.

[46] B. R. Wood, P. Caspers, G. J. Puppels, et al. Resonance Raman spectroscopy of red blood cells using near-infrared laser excitation (785 nm). *Anal. Bioanal. Chem.* **2007**, *387*(*5*): 1691-1703.

[47] B. R. Wood, L. Hammer, L. Davis, D. McNaughton. Raman microspectroscopy and imaging provides insights into heme aggregation and denaturation within human erythrocytes. *J. biomed. Optics*, **2005**, *10*(*1*): 014005(1-13).

[48] L. L. Kang, Y. X. Huang, W. J. Liu, et al. Confocal Raman microscopy on single living young and old erythrocytes. *Biopolymers*, **2008**, *89*: 951-959.

[49] 谢微，沈爱国，胡继明. 第二届全国生命分析化学学术报告与研讨会, 2007, 北京.

[50] Elizabeth Zubritsky. Science meets art and dharma—a Nobel-Prize-winning chemist turns his attention, and his Raman microscope, to ancient Tibetan art. *Anal. Chem.*, **2009**, *81*: 7863-7865.

[51] 孙鹏飞, 李星辰, 吴强, 等. 古代壁画中常用颜料的拉曼光谱. *科技视界*, **2016**(*27*): 232-233.

[52] L. I. McCann, K. Trentelman, T. Possley, B. Golding. Corrosion of ancient Chinese bronze money trees studied by Raman microscopy. *J. Raman Spectrosc.*, **1999**, *30*: 121-132.

[53] G. D. Smith, R. J. H. Clark. Raman microscopy in archaeological science. *J. Archaeol. Sci.*, **2004**, *31*: 1137-1160.

[54] 翁诗甫. 傅立叶变换红外光谱分析. 北京: 化学工业出版社，2010: 304, 342.

[55] M. Bouchard, D. C. Smith. Catalogue of 45 reference Raman spectra of minerals concerning research in art history or archaeology, especially on corroded metals and coloured glass. *Spectrochim. Acta.*, **2003**, *59*: 2247-2266.

[56] 扬群，王怡林，张鹏翔，李朝真. 拉曼光谱对古青铜矛腐蚀情形的无损研究. *光散射学报*, **2001**, *13*(*1*): 49-53.

[57] J. O. Nriagu. Saturnine gout among Roman aristocrats-did lead-poisoning contribute to the fall of the empire. *N. Engl. J. Med.*, **1983**, *308*: 660-663.

[58] 范建良，郭守国，刘学良. 拉曼光谱（785 nm）在翡翠检测中的应用. *光谱学与光谱分析*, **2007**, *27*(*10*): 2057-2060.

[59] 张燕，张鹏翔，李茂材，等. 显微拉曼光谱在珠宝鉴定中的应用. *光散射学报*, **1999**, *11*(*1*): 7-13.

[60] H. Stammreich, R. Forneris, Y. Tavares. High-resolution Raman spectroscopy in the red and near infrared—Ⅱ: Vibrational frequencies and molecular interactions of halogens and diatomic interhalogens. *Spectrochim. Acta*, **1961**, *17*: 1173-1184.

[61]. P. Klaboe. The Raman spectra of some iodine, bromine, and iodine monochloride charge-transfer coomplexes in solution. *J. Am. Chem. Soc.*, **1967**, *89*: 3667-3676.

[62]. P. Metrangolo, W. Panzeri, F. Recupero, G. Resnati. Perfluorocarbon-hydrocarbon self-assembly: Part 16. ^{19}F NMR study of the halogen bonding between halo-perfluorocarbons and heteroatom containing hydrocarbons. *J. Fluorine Chem.*, **2002**, *114*: 27-33.

[63]. M. G. Sarwar, B. Dragisic, L. J. Salsberg, et al. *J. Am. Chem. Soc.*, **2010**, *132*: 1646-1653.

[64]. H. Fan, J. K. Eliason, A. C. Moliva, et al. Halogen bonding in iodo-perfluoroalkane/pyridine mixtures. *J. Phys. Chem. A*, **2009**, *113*: 14052-14059.

[65] D. Hauchecorne, A. Moiana, B. J. van der Veken, W. A. Herrebout. Halogen bonding to a divalent sulfur atom: an experimental study of the interactions of CF_3X (X=Cl, Br, I) with dimethyl sulfide. *Phys. Chem. Chem. Phys.*, **2011**, *13*: 10204-10213.

[66]. D. Hauchecorne, R. Szostak, W. A. Herrebout, B. J. van der Veken. C—X···O Halogen bonding: interactions of trifluoromethyl halides with dimethyl ether. *ChemPhysChem*, **2009**, *10*: 2105-2115.

[67] Q. J. Shen, W. J. Jin. Strong halogen bonding of 1,2-diiodoperfluoroethane and 1,6-diiodoperfluorohexane with halide anions revealed by UV-Vis, FT-IR, NMR spectroscopes and crystallography. *Phys. Chem. Chem.*

Phys, **2011**, *13*: 13721-13729.

[68] H. Wang, C. Li, W.Z. Wang, W. J. Jin. Strength order and nature of the π-hole bond of cyanuric chloride and 1,3,5-triazine with halide. *Phys. Chem. Chem. Phys.*, **2015**, *17*: 20636-20646.

[69] D. A. C. Compton, D. M. Rayner. An analysis of the vibrational spectra of C_2F_5I, n-C_3H_7I, and the corresponding perfiuoroaikyl radicals, $C_2F_5^{\bullet}$. and n-$C_3F_7^{\bullet}$. *J. Phys. Chem.*, **1982**, *86*: 1628-1636.

[70] X. Q. Yan, Q. J. Shen, X. R. Zhao, et al. Halogen bonding: a new retention mechanism for the solid phase extraction of perfluorinated iodoalkanes. *Anal. Chim. Acta.*, **2012**, *753*: 48-56.

[71] G. R. Hanson, P. Jensen, J. McMurtrie, et al. Halogen bonding between an isoindoline nitroxide and 1,4-diiodotetrafluorobenzene: new tools and tectons for self-assembling organic spin systems. *Chem. Eur. J.*, **2009**, *15(16)*: 4156-4164.

[72] P. Cardillo, E. Corradi, A. Lunghi, et al. The N···I intermolecular interaction as a general protocol for the formation of perfluorocarbon-hydrocarbon supramolecular architectures. *Tetrahedron*, **2000**, *56*: 5535-5550.

[73] R. Liantonio, S. Luzzati, P. Metrangolo, et al. Perfluorocarbon-hydrocarbon self-assembly. Part 16: anilines as new electron donor modules for halogen bonded infinite chain formation. *Tetrahedron*, **2002**, *58*: 4023-4029.

[74] X. Pang, X. R. Zhao, et al, W. J. Jin. Modulating crystal packing and magnetic properties of nitroxide free radicals by halogen bonding. *Cryst. Growth Des.*, **2013**, *13(8)*: 3739-3745.

[75] Y. J. Gao, C. Li, R. Liu, W.J. Jin. Phosphorescence of several cocrystals assembled by diiodotetra-fluorobenzene and bent dinitrogen heterocyclic aromatic ring systems via C-I···N halogen bond. *Spectrochim.Acta A.*, **2017**, *173*: 792-799.

[76] C. Li, L. Li, X. Yang, W. J. Jin. Halogen bonding-assisted adsorption of iodoperfluoroarenes on astrong anion exchanger and its potential application in solid-phase extraction. *Colloids and Surfaces A: Physicochem. Eng. Aspects.*, **2017**, *520*: 497-504.

[77] H. Wang, W. Wang, W. J. Jin. σ-Hole bond *vs.* π-hole bond: a comparison based on halogen bond. *Chem. Rev.*, **2016**, *116*: 5072-5104.

[78] J. Viger-Gravel, S. Leclerc, I. Korobkov, D. L. Bryce. Correlation between ^{13}C chemical shifts and the halogen bonding environment in a series of solid *para*-diiodotetrafluorobenzene complexes. *CrystEng-Comm.*, **2013**, *15*: 3168-3177.

[79] Q. J. Shen, H. Q. Wei, W. S. Zou, et al. Cocrystals assembled by pyrene and 1,2- or 1,4-diiodote-trafluorobenzenes and their phosphorescent behaviors modulated by local molecular environment. *CrystEngComm.*, **2012**, *14*: 1010-1015.

[80] Q. J. Shen, X. Pang, X. R. Zhao, et al. Phosphorescent cocrystals constructed by 1,4-diiodotetrafluo-robenzene and polyaromatic hydrocarbons based on C—I···π halogen bonding and other assistant weak interactions. *CrystEngComm*, **2012**, *14*: 5027-5034.

[81] X. Pang, H. Wang, X. R. Zhao, W. J. Jin. Anionic 3D cage networks self-assembled by iodine and V-shaped pentaiodides using dimeric oxoammonium cations produced *in situ* as templates. *Dalton Trans*, **2013**, *42(24)*: 8788-8795.

[82] P. H. Svensson, L. Kloo. Synthesis, structure, and bonding in polyiodide and metal iodide-iodine systems. *Chem. Rev.*, **2003**, *103*: 1649-1684.

[83] S. B. Sharp, Gellene G. I. Ab initio calculations of the ground electronic state of polyiodide anions. *J. Phys. Chem. A*, **1997**, *101*: 2192-2197.

[84] X. Q. Yan, H. W., W. D. Chen, W. J. Jin. The halogen bond between amantadine and iodine and its application in the determination of amantadine hydrochloride in pharmaceuticals. *Anal. Sci.*, **2014**, *30*: 365-370.

[85] W. Shen, X. Lin, C. Y. Jiang, et al. Reliable quantitative SERS analysis facilitated by core-shell

nanoparticles with embedded internal standards. *Angew. Chem. Int. Ed.*, **2015**, *54*: 7308-7312.

[86] 陶琴, 董健, 钱卫平. 表面增强拉曼光谱在定量分析中的应用. *化学进展*, **2013**, *25*: 1031-1041.

[87] Y. Wang, Z. Yu, W. Ji, et al. Enantioselective discrimination of alcohols by hydrogen bonding: a SERS study. *Angew. Chem. Int. Ed.*, **2014**, *53*: 13866-13870.

[88] J. Kiefer. Quantitative enantioselective Raman spectroscopy. *Analyst*, **2015**, *140*: 5012-5018.

[89] Z. M. Zhang, J. F. Liu, R. Liu, et al. Thin layer chromatography coupled with surface-enhanced Raman scattering as a facile method for on-site quantitative monitoring of chemical reactions. *Anal. Chem*, **2014**, *86*: 7286-7292.

[90] Y. Wu, F. Xiao, Z. Y. Wu, et al. Novel aptasensor platform based on ratiometric surface-enhanced Raman spectroscopy. *Anal. Chem.*, **2017**, *89*: 2852-2858.